U0489558

清华社"视频大讲堂"大系

网络开发视频大讲堂

上册 · HTML5+CSS3篇

前端科技 —— 编著

HTML5+CSS3+JavaScript
从入门到精通
（微课精编版）（第2版）

清华大学出版社
北京

内 容 简 介

本书系统地讲解了 HTML5、CSS3 和 JavaScript 的基础理论和实际运用技术，结合大量实例进行深入浅出的讲解。全书分为上下两册，共 31 章。上册为 HTML5+CSS3 篇，内容包括 HTML5 基础、设计 HTML5 文档结构、设计 HTML5 文本、设计 HTML5 图像和多媒体、设计列表和超链接、设计表格、设计表单、CSS3 基础、字体和文本样式、背景样式、列表和超链接样式、表格和表单样式、CSS3 盒模型、网页布局基础、CSS3 弹性布局、设计动画样式、媒体查询与页面自适应；下册为 JavaScript 篇，内容包括 JavaScript 基础、设计程序结构、处理字符串、使用正则表达式、使用数组、使用函数、使用对象、JavaScript 高级编程、客户端操作、文档操作、事件处理、CSS 样式操作、使用 Ajax、项目实战。其中，项目实战为纯线上资源，更加实用。书中所有知识点均结合具体实例展开讲解，代码注释详尽，可使读者轻松掌握前端技术精髓，提升实际开发能力。

除纸质内容外，本书还配备了 10 大学习资源库，具体如下：

- ☑ 同步讲解视频库
- ☑ 网页配色库
- ☑ 示例源码库
- ☑ JavaScript 分类网页特效库
- ☑ 开发参考工具库
- ☑ 网页模板库
- ☑ 案例库
- ☑ 网页欣赏库
- ☑ 网页素材库
- ☑ 面试题库

另外，本书每一章均针对性地配有在线支持，提供知识拓展、专项练习、更多实战案例等，可以让读者体验到以一倍的价格购买两倍的内容，实现超值的收获。

本书可以作为 HTML5、CSS3 和 JavaScript 从入门到实战、HTML5 移动开发方面的自学用书，也可以作为高等院校网页设计、网页制作、网站建设、Web 前端开发等专业的教学用书或相关机构的培训教材。

本书封面贴有清华大学出版社防伪标签，无标签者不得销售。
版权所有，侵权必究。举报：010-62782989，beiqinquan@tup.tsinghua.edu.cn。

图书在版编目（CIP）数据

HTML5+CSS3+JavaScript 从入门到精通：微课精编版/前端科技编著. —2 版. —北京：清华大学出版社，2022.8（2023.9 重印）
（清华社"视频大讲堂"大系. 网络开发视频大讲堂）
ISBN 978-7-302-61638-2

Ⅰ. ①H… Ⅱ. ①前… Ⅲ. ①超文本标记语言－程序设计 ②网页制作工具 ③JAVA 语言－程序设计 ④HTML5 ⑤CSS3 Ⅳ. ①TP312.8②TP393.092.2

中国版本图书馆 CIP 数据核字（2022）第 145469 号

责任编辑：贾小红
封面设计：姜　龙
版式设计：文森时代
责任校对：马军令
责任印制：刘海龙

出版发行：清华大学出版社
网　　址：http://www.tup.com.cn，http://www.wqbook.com
地　　址：北京清华大学学研大厦 A 座　　　邮　编：100084
社 总 机：010-83470000　　　邮　购：010-62786544
投稿与读者服务：010-62776969，c-service@tup.tsinghua.edu.cn
质量反馈：010-62772015，zhiliang@tup.tsinghua.edu.cn

印 装 者：三河市天利华印刷装订有限公司
经　　销：全国新华书店
开　　本：203mm×260mm　　印　张：32.25　　字　数：952 千字
版　　次：2018 年 8 月第 1 版　　2022 年 10 月第 2 版　　印　次：2023 年 9 月第 2 次印刷
定　　价：128.00 元（全 2 册）

产品编号：091835-01

前言 Preface

　　Web 开发技术可以粗略划分为前台浏览器端技术和后台服务器端技术。当前，Web 前端技术层出不穷，日新月异，但有一点基本确定，那就是 HTML5 负责页面结构，CSS3 负责样式表现，JavaScript 负责网页动态行为。因此，HTML5、CSS3 和 JavaScript 技术是网页制作技术的基础和核心。本书全面讲解 HTML5、CSS3 和 JavaScript 从入门到项目开发的基本知识，选择当前面试、就业急需的内容进行深入剖析，同时配备了前端开发必备的 10 大资源库，以帮助读者快速掌握 Web 前端开发的技术精髓。

本书内容

```
                                          ┌─ 实用小程序类实战
                          ┌─ 使用Ajax       ├─ 网页游戏类实战
                          ├─ CSS样式操作    项目实战
                          ├─ 事件处理       ├─ 网站设计类实战
                          ├─ 文档操作       └─ 基本技术巩固类实战
                          ├─ 客户端操作
                          ├─ JavaScript高级编程     精通
                          ├─ 使用对象     ← JavaScript 开发
                          ├─ 使用函数
                          ├─ 使用数组                     ┌─ 媒体查询与页面自适应
                          ├─ 使用正则表达式     高级       ├─ 设计动画样式
                          ├─ 处理字符串                   ├─ CSS3弹性布局
                          ├─ 设计程序结构                 ├─ 网页布局基础
                          └─ JavaScript基础       CSS3网页样式 ─┼─ CSS3盒模型
                                                                ├─ 表格和表单样式
                          ┌─ 设计表单                            ├─ 列表和超链接样式
                          ├─ 设计表格                            ├─ 背景样式
                          ├─ 设计列表和超链接     进阶            ├─ 字体和文本样式
                          ├─ 设计HTML5图像和多媒体 ← HTML5网页设计 └─ CSS3基础
                          ├─ 设计HTML5文本
                          ├─ 设计HTML5文档结构    入门
                          └─ HTML5基础

                    ┌───────────────────────────────────────────┐
                    │   HTML5+CSS3+JavaScript从入门到精通        │
                    └───────────────────────────────────────────┘
                          │        │        │         │         │
                       技术详解  精彩实例  同步视频  在线知识拓展  在线专项练习  更多在线案例
```

本书特色

30万+读者体验，畅销书全新；10年开发教学经验，一线讲师半生心血。

📖 系统详解

本书系统地讲解了HTML5+CSS3+JavaScript技术在Web前端开发各个方面应用的知识，从最基础的HTML5开始讲起，配合大量实例，循序渐进地全面展开，可帮助读者奠定坚实的Web前端开发理论基础，做到知其然也知其所以然。

📖 入门容易

本书遵循学习规律，入门和实战相结合。采用"基础知识+中小案例+实战案例"的编写模式，内容由浅入深、循序渐进，从入门中学习实战应用，从实战应用中激发学习兴趣。

📖 案例超多

通过例子学习是最好的学习方式，本书通过一个知识点、一个例子、一个结果、一段评析的模式，透彻详尽地讲述了使用HTML5+CSS3+JavaScript技术进行Web前端开发的各类知识，并且几乎每一章都配有综合应用的实战案例。实例、案例丰富详尽，跟着大量案例去学习，边学边做，从做中学，学习可以更深入、更高效。

📖 体验超好

配套同步视频讲解，微信扫一扫，随时随地看视频；配套在线支持，知识拓展，专项练习，更多案例，在线预览网页设计效果，阅读或下载源代码，同样微信扫一扫即可学习。

📖 技术新颖

本书全面、细致地讲解了Web前端开发的基础知识，同时讲解在未来Web时代中备受欢迎的各种新知识，让读者能够真正学习到最实用、最流行的Web新技术。

📖 栏目贴心

本书根据需要在各章使用了很多"注意""提示"等小栏目，让读者可以在学习过程中更轻松地理解相关知识点及概念，并轻松地掌握个别技术的应用技巧。

📖 资源丰富

本书配套Web前端学习人员（尤其是零基础学员）最需要的10大资源库，包括同步讲解视频库、示例源码库、开发参考工具库、案例库、网页素材库、网页配色库、JavaScript分类网页特效库、网页模板库、网页欣赏库、面试题库。这些资源，不仅学习中需要，工作中更有用。

📖 在线支持

顺应移动互联网时代知识获取途径变化的潮流，本书每一章均配有在线支持，提供与本章知识相关的知识拓展、专项练习、更多案例等优质在线学习资源，并且新知识、新题目、新案例不断更新中。这样一来，在有限的纸质图书中承载了更丰富的学习内容，让读者真实体验到以一倍的价格购买两倍的学习内容，更便捷，更超值。

本书资源

配套10大资源库	
同步讲解视频库	○ 546集同步视频精讲
示例源码库	○ 全书所有示例源代码
开发参考工具库	○ Web前端开发规范参考手册（1本）

	○ HTML 参考文档（11 本） ○ CSS 参考文档（9 本） ○ JavaScript 参考文档（15 本） ○ jQuery 参考文档（11 本） ○ PHP 与 MySQL 参考文档（5 本） ○ PS-FL-DW 参考文档（4 本）
案例库	○ 网页设计初级示例大全（240 例） ○ 网页应用分类案例大全（14 类，1792 例） ○ HTML5+CSS3+JavaScript 开发实用案例大全（3304 例）
网页素材库	○ Photoshop 设计大全（18 类，5000+个） ○ 图形图像设计素材大全（16 类，12000+个）
网页配色库	○ 经典原色配色（7 种） ○ 常用配色条（12 张） ○ 配色卡（532 张） ○ 实用网页配色参考表（18 张） ○ 网页色彩搭配卡（40 张） ○ 网页配色参考大辞典（1 本）
JavaScript 分类网页特效库	○ JavaScript 分类网页特效（HTML 版，23 类） ○ JavaScript 分类网页特效（代码演示版） ○ JavaScript 分类网页特效（CHM 版）
网页模板库	○ DIV+CSS 国内网页模板（70 套） ○ HTML5 手机网页模板（15 套） ○ Web2.0 风格网页模板（40 套） ○ 流行 Bootstrap 网页模板（500 套） ○ 实用 PSD 中文网页分层模板（426 套） ○ 传统表格页面模板（50 套） ○ 电商网站模板（44 套） ○ 国内流行网站模板（30 套） ○ 国外流行 HTML+CSS 网页模板（100 套） ○ 国外流行网页模板（245 套） ○ 后台管理模板（18 套） ○ 精美网页模板（20 套）
网页欣赏库	○ 6 大类、508 个知名的网站首页供欣赏
面试题库	○ HTML+CSS 入职面试题-含参考答案（351 道） ○ JavaScript 入职面试题-含参考答案（685 道） ○ 2018~2022 前端面试题目汇总网址（15 个）

读前须知

　　本书从初学者的角度出发，结合大量的案例来讲解相关知识，使得学习不再枯燥、拘泥、教条，因此要求读者边学习边实践操作，避免学习的知识流于表面、限于理论。

　　作为入门书籍，本书知识点比较庞杂，所以不可能面面俱到。技术学习的关键是方法，本书在很多实例中体现了方法的重要性，读者只要掌握了各种技术的运用方法，在学习更深入的知识时便可大大提高自学的效率。

　　本书提供了大量示例，需要用到 Edge、IE、Firefox、Chrome 等主流浏览器进行测试和预览。为了方便示例测试，以及做浏览器兼容设计，读者需要安装上述类型的最新版本浏览器，各种浏览器在部分细节的表现上可能会稍有差异。

　　HTML5 中部分 API 可能需要服务器端测试环境，本书部分章节所用的服务器端测试环境为 Windows

操作系统+Apache 服务器 + PHP 开发语言。如果读者的本地系统没有搭建 PHP 虚拟服务器，建议先搭建该虚拟环境。

限于篇幅，本书示例没有提供完整的 HTML 代码，测试示例时读者应该先补充完整 HTML 代码结构，然后进行测试，或者直接参考本书提供的示例源码库，根据章节编号找到对应的示例源文件，边参考边练习，边学习边思考，努力做到举一反三。

为了给读者提供更多的学习资源，本书在配套资源库中提供了很多参考链接，许多本书无法详细介绍的问题都可以通过这些链接找到答案。由于这些链接地址会因时间而有所变动或调整，所以在此说明，这些链接地址仅供参考，本书无法保证所有的这些地址是长期有效的。

本书适用对象

- ☑ Web 前端开发的初学者。
- ☑ Web 前端开发初级工程师。
- ☑ Web 前端设计师和 UI 设计师。
- ☑ Web 前端项目管理人员。
- ☑ 开设 Web 前端开发等相关专业的院校的师生。
- ☑ 开设 Web 前端开发课程的培训机构的讲师及学员。
- ☑ Web 前端开发爱好者。

关于作者

本书由前端科技团队负责编写，并提供在线支持和技术服务，由于作者水平有限，书中难免存在疏漏和不足之处，欢迎读者朋友不吝赐教。读者如有好的建议、意见，或在学习本书时遇到疑难问题，可以通过电子邮件（css148@163.com）的方式联系我们，我们会尽快为您解答。

编　者
2022 年 8 月

清大文森学堂

文森时代（清大文森学堂）是一家 20 年专注为清华大学出版社提供知识内容生产服务的高新科技企业，依托清华大学科教力量和出版社作者团队，联合行业龙头企业，开发网校课程、学术讲座视频和实训教学方案，为院校科研教学及学生就业提供优质服务。

扫码关注文森学堂

目 录
Contents

上册·HTML5+CSS3 篇

- 第 1 章 HTML5 基础 1
  - 视频讲解：28 分钟
  - 1.1 HTML5 概述 1
    - 1.1.1 HTML 历史 1
    - 1.1.2 HTML5 起源 2
    - 1.1.3 HTML5 组织 3
    - 1.1.4 HTML5 规则 3
    - 1.1.5 HTML5 特性 3
    - 1.1.6 浏览器支持 5
  - 1.2 HTML5 设计原则 5
    - 1.2.1 避免不必要的复杂性 6
    - 1.2.2 支持已有内容 6
    - 1.2.3 解决实际问题 7
    - 1.2.4 根据用户使用习惯设计规范 7
    - 1.2.5 优雅地降级 7
    - 1.2.6 支持优先级 8
  - 1.3 HTML5 语法特性 9
    - 1.3.1 文档和标记 9
    - 1.3.2 宽松的约定 9
  - 1.4 HTML5 基本结构 11
    - 1.4.1 新建 HTML5 文档 11
    - 1.4.2 标签 12
    - 1.4.3 文本内容 13
    - 1.4.4 超文本内容 14
  - 1.5 案例实战 14
    - 1.5.1 编写简洁的 HTML5 文档 14
    - 1.5.2 比较 HTML4 与 HTML5 文档结构 15
  - 1.6 在线支持 16

- 第 2 章 设计 HTML5 文档结构 17
  - 视频讲解：54 分钟
  - 2.1 头部结构 17
    - 2.1.1 定义网页标题 17
    - 2.1.2 定义网页元信息 17
    - 2.1.3 定义文档视口 18
  - 2.2 主体基本结构 20
    - 2.2.1 定义文档结构 20
    - 2.2.2 定义内容标题 21
    - 2.2.3 使用 div 22
    - 2.2.4 使用 id 和 class 23
    - 2.2.5 使用 title 24
    - 2.2.6 HTML 注释 24
  - 2.3 主体语义化结构 25
    - 2.3.1 定义页眉 25
    - 2.3.2 定义导航 26
    - 2.3.3 定义主要区域 27
    - 2.3.4 定义文章块 28
    - 2.3.5 定义区块 29
    - 2.3.6 定义附栏 30
    - 2.3.7 定义页脚 31
    - 2.3.8 使用 role 32
  - 2.4 案例实战 33
  - 2.5 在线支持 35

- 第 3 章 设计 HTML5 文本 36
  - 视频讲解：68 分钟
  - 3.1 通用文本 36
    - 3.1.1 标题文本 36
    - 3.1.2 段落文本 36

3.2	描述性文本	37
	3.2.1 强调文本	37
	3.2.2 标记细则	37
	3.2.3 特殊格式	38
	3.2.4 定义上标和下标	38
	3.2.5 定义术语	40
	3.2.6 标记代码	40
	3.2.7 预定义格式	41
	3.2.8 定义缩写词	42
	3.2.9 标注编辑或不用文本	42
	3.2.10 指明引用或参考	43
	3.2.11 引述文本	44
	3.2.12 换行显示	45
	3.2.13 修饰文本	45
	3.2.14 非文本注解	46
3.3	特殊用途文本	46
	3.3.1 标记高亮显示	46
	3.3.2 标记进度信息	47
	3.3.3 标记刻度信息	48
	3.3.4 标记时间信息	49
	3.3.5 标记联系信息	50
	3.3.6 标记显示方向	51
	3.3.7 标记换行断点	51
	3.3.8 标记旁注	52
	3.3.9 标记展开/收缩详细信息	52
	3.3.10 标记对话框信息	53
3.4	案例实战	54
3.5	在线支持	55

第 4 章 设计 HTML5 图像和多媒体 56

📹 视频讲解：54 分钟

4.1	认识 HTML5 图像	56
4.2	设计图像	56
	4.2.1 使用 img 元素	57
	4.2.2 定义流内容	57
	4.2.3 插入图标	58
	4.2.4 定义替代文本	59
	4.2.5 定义 Retina 显示	59
	4.2.6 使用 picture 元素	60
	4.2.7 设计横屏和竖屏显示	60

	4.2.8 根据分辨率显示不同图像	61
	4.2.9 根据格式显示不同图像	61
	4.2.10 自适应像素比	62
	4.2.11 自适应视图宽	63
4.3	设计多媒体	63
	4.3.1 使用 embed 元素	63
	4.3.2 使用 object 元素	64
4.4	使用 HTML5 多媒体	65
	4.4.1 使用 audio 元素	65
	4.4.2 使用 video 元素	67
4.5	案例实战	70
	4.5.1 设计 MP3 播放条	70
	4.5.2 设计视频播放器	71
4.6	在线支持	73

第 5 章 设计列表和超链接 74

📹 视频讲解：30 分钟

5.1	定义列表	74
	5.1.1 无序列表	74
	5.1.2 有序列表	75
	5.1.3 描述列表	76
5.2	定义超链接	78
	5.2.1 普通链接	78
	5.2.2 块链接	79
	5.2.3 锚点链接	80
	5.2.4 目标链接	80
	5.2.5 下载链接	81
	5.2.6 图像热点	81
	5.2.7 框架链接	82
5.3	案例实战	83
	5.3.1 设计栏目列表	83
	5.3.2 设计图文列表	84
5.4	在线支持	86

第 6 章 设计表格 87

📹 视频讲解：29 分钟

6.1	新建表格	87
	6.1.1 定义普通表格	87
	6.1.2 定义列标题	87
	6.1.3 定义表格标题	88
	6.1.4 表格行分组	89

	6.1.5 表格列分组	90
6.2	设置 table 属性	92
	6.2.1 定义单线表格	93
	6.2.2 定义分离单元格	93
	6.2.3 定义细线边框	94
	6.2.4 添加表格说明	94
6.3	设置 td 和 th 属性	95
	6.3.1 定义跨单元格显示	95
	6.3.2 定义表头单元格	96
	6.3.3 为单元格指定表头	97
	6.3.4 定义信息缩写	97
	6.3.5 单元格分类	98
6.4	案例实战	98
6.5	在线支持	101

第 7 章 设计表单 102

视频讲解：70 分钟

7.1	认识 HTML5 表单	102
7.2	定义表单	103
7.3	组织表单	104
7.4	常用表单控件	105
	7.4.1 文本框	105
	7.4.2 标签	105
	7.4.3 密码框	106
	7.4.4 单选按钮	106
	7.4.5 复选框	106
	7.4.6 文本区域	107
	7.4.7 选择框	108
	7.4.8 上传文件	108
	7.4.9 隐藏字段	108
	7.4.10 提交按钮	109
7.5	HTML5 新型输入框	109
	7.5.1 定义 email 框	109
	7.5.2 定义 URL 框	110
	7.5.3 定义数字框	110
	7.5.4 定义范围框	111
	7.5.5 定义日期选择器	112
	7.5.6 定义搜索框	116
	7.5.7 定义电话号码框	116
	7.5.8 定义拾色器	116

7.6	HTML5 输入属性	117
	7.6.1 定义自动完成	117
	7.6.2 定义自动获取焦点	118
	7.6.3 定义所属表单	119
	7.6.4 定义表单重写	120
	7.6.5 定义高和宽	120
	7.6.6 定义列表选项	120
	7.6.7 定义最小值、最大值和步长	120
	7.6.8 定义多选	121
	7.6.9 定义匹配模式	121
	7.6.10 定义替换文本	122
	7.6.11 定义必填	122
	7.6.12 定义复选框状态	123
	7.6.13 获取文本选取方向	123
	7.6.14 访问标签绑定的控件	124
	7.6.15 访问控件的标签集	124
7.7	HTML5 新表单元素	125
	7.7.1 定义数据列表	125
	7.7.2 定义密钥对生成器	125
	7.7.3 定义输出结果	126
7.8	HTML5 表单属性	127
	7.8.1 定义自动完成	127
	7.8.2 定义禁止验证	127
7.9	在线支持	128

第 8 章 CSS3 基础 129

视频讲解：66 分钟

8.1	初次使用 CSS	129
	8.1.1 CSS 样式	129
	8.1.2 引入 CSS 样式	130
	8.1.3 CSS 样式表	130
	8.1.4 导入外部样式表	131
	8.1.5 CSS 注释	131
	8.1.6 CSS 属性	131
	8.1.7 CSS 继承性	131
	8.1.8 CSS 层叠性	132
	8.1.9 CSS3 选择器	133
8.2	元素选择器	133
	8.2.1 标签选择器	134
	8.2.2 类选择器	134

8.2.3 ID 选择器 134
8.2.4 通配选择器 135
8.3 关系选择器 135
8.3.1 包含选择器 135
8.3.2 子选择器 136
8.3.3 相邻选择器 136
8.3.4 兄弟选择器 137
8.3.5 分组选择器 137
8.4 属性选择器 137
8.5 伪类选择器 139
8.5.1 伪选择器概述 139
8.5.2 结构伪类选择器 140
8.5.3 否定伪类选择器 141
8.5.4 状态伪类 141
8.5.5 目标伪类选择器 142
8.5.6 动态伪类选择器 142
8.6 伪对象选择器 143
8.7 在线支持 143

第 9 章 字体和文本样式 144
视频讲解：116 分钟
9.1 字体样式 144
9.1.1 定义字体类型 144
9.1.2 定义字体大小 144
9.1.3 定义字体颜色 145
9.1.4 定义字体粗细 145
9.1.5 定义艺术字体 145
9.1.6 定义修饰线 146
9.1.7 定义字体的变体 146
9.1.8 定义大小写字体 147
9.2 文本样式 147
9.2.1 定义水平对齐 147
9.2.2 定义垂直对齐 148
9.2.3 定义文本间距 149
9.2.4 定义行高 149
9.2.5 定义首行缩进 150
9.2.6 书写模式 150
9.2.7 文本溢出 150
9.2.8 文本换行 151
9.3 特殊设置 152

9.3.1 initial 值 152
9.3.2 inherit 值 153
9.3.3 unset 值 153
9.3.4 all 属性 154
9.3.5 opacity 属性 154
9.3.6 transparent 值 155
9.3.7 currentColor 值 155
9.3.8 rem 值 156
9.3.9 font-size-adjust 属性 156
9.4 色彩模式 157
9.4.1 rgba()函数 157
9.4.2 hsl()函数 158
9.4.3 hsla()函数 158
9.5 文本阴影 158
9.6 动态生成内容 159
9.7 自定义字体 160
9.8 案例实战 161
9.9 在线支持 162

第 10 章 背景样式 163
视频讲解：51 分钟
10.1 设计背景图像 163
10.1.1 设置背景图像 163
10.1.2 设置显示方式 163
10.1.3 设置显示位置 164
10.1.4 设置固定背景 165
10.1.5 设置定位原点 165
10.1.6 设置裁剪区域 166
10.1.7 设置背景图像大小 166
10.1.8 设置多重背景图像 167
10.2 设计渐变背景 168
10.2.1 定义线性渐变 168
10.2.2 定义重复线性渐变 170
10.2.3 定义径向渐变 171
10.2.4 定义重复径向渐变 173
10.3 案例实战 174
10.3.1 设计网页渐变色 174
10.3.2 设计栏目折角效果 175
10.3.3 设计纹理背景 176
10.3.4 设计条纹背景 177

10.4 在线支持 177	13.4 边界 208
第 11 章 列表和超链接样式 178	13.5 补白 209
📹 视频讲解：28 分钟	13.6 界面 210
11.1 超链接样式 178	13.6.1 显示方式 210
11.1.1 动态伪类 178	13.6.2 调整大小 211
11.1.2 定义下画线样式 178	13.6.3 缩放比例 212
11.1.3 定义特效样式 180	13.7 轮廓样式 212
11.1.4 定义光标样式 180	13.8 圆角样式 213
11.2 列表样式 181	13.9 阴影样式 215
11.2.1 定义项目符号类型 181	13.10 案例实战 217
11.2.2 定义项目符号图像 182	13.10.1 设计照片特效 217
11.2.3 模拟项目符号 183	13.10.2 设计栏目特效 218
11.3 案例实战 183	13.11 在线支持 219
11.3.1 设计背景自由滑动的菜单 183	**第 14 章 网页布局基础** 220
11.3.2 设计 Tab 选项菜单 185	📹 视频讲解：57 分钟
11.4 在线支持 187	14.1 流动布局 220
第 12 章 表格和表单样式 188	14.2 浮动布局 221
📹 视频讲解：46 分钟	14.2.1 定义浮动显示 221
12.1 表格基本样式 188	14.2.2 清除浮动 222
12.1.1 设计表格边框线 188	14.2.3 案例：设计专题页 223
12.1.2 定义单元格间距和空隙 189	14.3 定位布局 225
12.1.3 隐藏空单元格 190	14.3.1 定义定位显示 226
12.1.4 定义标题样式 190	14.3.2 相对定位 226
12.2 设计表单样式 191	14.3.3 定位框 227
12.2.1 定义文本框样式 191	14.3.4 层叠顺序 227
12.2.2 设计单选按钮和复选框样式 194	14.3.5 案例：设计定位模板页 227
12.2.3 定义选择框样式 195	14.4 案例实战 228
12.3 案例实战 197	14.4.1 设计固宽+弹性页面 229
12.3.1 设计数据分组表格 197	14.4.2 设计两栏弹性页面 230
12.3.2 设计单线表格 199	14.4.3 设计三栏弹性页面 231
12.3.3 设计表格自动布局 200	14.4.4 设计两栏固宽+弹性页面 232
12.3.4 设计表格水平滚动显示 201	14.5 在线支持 233
12.3.5 设计登录表单 202	**第 15 章 CSS3 弹性布局** 234
12.4 在线支持 203	📹 视频讲解：24 分钟
第 13 章 CSS3 盒模型 204	15.1 旧版本弹性盒 234
📹 视频讲解：61 分钟	15.1.1 启动弹性盒 234
13.1 盒模型基础 204	15.1.2 设置宽度 234
13.2 大小 205	15.1.3 设置顺序 236
13.3 边框 206	15.1.4 设置方向 237

15.1.5 设置对齐方式 238
15.2 新版本弹性盒 239
 15.2.1 认识 Flexbox 系统 240
 15.2.2 启动弹性盒 240
 15.2.3 设置主轴方向 241
 15.2.4 设置行数 242
 15.2.5 设置对齐方式 243
 15.2.6 设置弹性项目 245
15.3 案例实战 247
15.4 在线支持 250

第 16 章 设计动画样式 251
视频讲解：38 分钟

16.1 CSS3 变形 251
 16.1.1 设置原点 251
 16.1.2 2D 旋转 252
 16.1.3 2D 缩放 252
 16.1.4 2D 平移 252
 16.1.5 2D 倾斜 253
 16.1.6 2D 矩阵 253
16.2 过渡动画 254
 16.2.1 设置过渡属性 254
 16.2.2 设置过渡时间 255
 16.2.3 设置延迟过渡时间 255

 16.2.4 设置过渡动画类型 256
 16.2.5 设置过渡触发动作 256
16.3 帧动画 260
 16.3.1 设置关键帧 260
 16.3.2 设置动画属性 261
16.4 案例实战 263
 16.4.1 设计照片特效 263
 16.4.2 设计动画效果菜单 264
 16.4.3 设计帧运动效果 266
16.5 在线支持 267

第 17 章 媒体查询与页面自适应 268
视频讲解：30 分钟

17.1 媒体查询基础 268
 17.1.1 媒体类型和媒体查询 268
 17.1.2 使用@media 269
 17.1.3 应用@media 270
17.2 案例实战 273
 17.2.1 判断显示屏幕宽度 273
 17.2.2 设计响应式版式 274
 17.2.3 设计响应式菜单 276
 17.2.4 设计自动隐藏布局 278
 17.2.5 设计自适应手机页面 280
17.3 在线支持 283

第 1 章 HTML5 基础

随着互联网技术的不断更新迭代，网页内容变得越来越庞杂，但是 Web 底层技术依然相对稳定，其核心技术主要包括 HTML5、CSS3 和 JavaScript。作为前端开发的第一课，本章将主要介绍 HTML5 的基础知识和相关概念。

1.1 HTML5 概述

2014 年 10 月 28 日，W3C（world wide web consortium，万维网联盟）的 HTML 工作组发布了 HTML5 的正式推荐标准。HTML5 作为构建开放 Web 平台的核心，增加了支持 Web 应用的许多新特性，以及更符合开发者使用习惯的新元素，更关注定义的清晰、一致的标准，确保 Web 应用和内容在不同浏览器中的互操作性。

1.1.1 HTML 历史

HTML 从诞生至今，经历了近 30 年的发展历程，其中经历的版本及发布日期如表 1.1 所示。

表 1.1 HTML 语言的发展历程

版 本	发 布 日 期	说 明
超文本标记语言（第一版）	1993 年 6 月	作为互联网工程工作小组（IETF）工作草案发布，非标准
HTML 2.0	1995 年 11 月	作为 RFC 1866 发布，在 RFC 2854 于 2000 年 6 月发布之后被宣布已经过时
HTML 3.2	1996 年 1 月 14 日	W3C 推荐标准
HTML 4.0	1997 年 12 月 18 日	W3C 推荐标准
HTML 4.01	1999 年 12 月 24 日	微小改进，W3C 推荐标准
ISO HTML	2000 年 5 月 15 日	基于严格的 HTML 4.01 语法，是国际标准化组织和国际电工委员会的标准
XHTML 1.0	2000 年 1 月 26 日	W3C 推荐标准，修订后于 2002 年 8 月 1 日重新发布
XHTML 1.1	2001 年 5 月 31 日	较 XHTML 1.0 有微小改进
XHTML 2.0 草案	没有发布	2009 年，W3C 停止了 XHTML 2.0 工作组的工作
HTML5 草案	2008 年 1 月	HTML5 规范先是以草案发布，经历了漫长的过程
HTML5	2014 年 10 月 28 日	W3C 推荐标准
HTML 5.1	2017 年 10 月 3 日	W3C 发布 HTML5 第 1 个更新版本（http://www.w3.org/TR/html51/）
HTML 5.2	2017 年 12 月 14 日	W3C 发布 HTML5 第 2 个更新版本（http://www.w3.org/TR/html52/）
HTML 5.3	2018 年 3 月 15 日	W3C 发布 HTML5 第 3 个更新版本（http://www.w3.org/TR/html53/）
HTML Living Standard	2019 年 5 月 28 日	WHATWG 的 HTML Living Standard 正式取代 W3C 标准成为官方标准（https://html.spec.whatwg.org/multipage/）

> 提示：从表 1.1 HTML 语言的发展历程来看，HTML 没有 1.0 版本，这主要是因为当时有很多不同的版本。有些人认为，Tim Berners-Lee 的版本应该算初版，但这个版本没有 img 元素，也就是说，HTML 刚开始时仅能够显示文本信息。

2019 年 5 月 28 日，W3C 与 WHATWG 宣布放下分歧，签署新的谅解备忘录，根据这项新协议，W3C 正式放弃发布 HTML 和 DOM 标准，将 HTML 和 DOM 标准的制定权全权移交给浏览器厂商联盟 WHATWG。

1.1.2 HTML5 起源

在 20 世纪末期，W3C 开始考虑改良 HTML 语言，当时的版本是 HTML 4.01，但是在后来的开发和维护过程中，出现了方向性分歧：是开发 XHTML1 再到 XHTML2 最后终极目标是 XML，还是坚持实用主义原则，快速开发出改良的 HTML5 版本。

2004 年，在 W3C 成员内部的一次研讨会上，当时 Opera 公司的代表伊恩·希克森（Ian Hickson）提出了一个扩展和改进 HTML 的建议。他建议新任务组可以跟 XHTML2 并行，前提是在已有 HTML 的基础上开展工作，目标是对 HTML 进行扩展。但是 W3C 投票表示反对，他们认为 HTML 已无前途，XHTML2 才是未来的方向。

后来，Opera、Apple 等浏览器厂商，以及部分成员忍受不了 W3C 的工作机制和拖沓的行事节奏，决定脱离 W3C，他们成立了 Web 超文本应用技术工作组（Web Hypertext Applications Technology Working Group，WHATWG），这就为 HTML5 将来的命运埋下了伏笔。

WHATWG 决定完全脱离 W3C，在 HTML 的基础上开展工作，并向其中添加一些新内容。这个工作组的成员有浏览器厂商，他们不断提出一些好点子，并且逐一整合到新版本的浏览器中。

WHATWG 的工作效率很高，不久就初见成效。在此期间，W3C 的 XHTML2 却没有什么实质性的进展。2006 年，蒂姆·伯纳斯·李写了一篇博客反思 HTML 的发展历史："你们知道吗？我们错了。我们错在企图一夜之间就让 Web 跨入 XML 时代，我们的想法太不切实际了。是的，也许我们应该重新组建 HTML 工作组。"

W3C 在 2007 年组建了 HTML5 工作组，这个工作组面临的第一个问题是："我们是从头开始做起，还是在 2004 年成立的 WHATWG 工作组既有成果的基础上开始工作。"

答案是显而易见的，他们当然希望从已经取得的成果着手，并以此为基础展开工作。工作组投了一次票，同意在 WHATWG 工作成果的基础上继续开展工作。

第二个问题就是理顺两个工作组之间的关系。那么，W3C 工作组的编辑应该由谁担任？是不是还让 WHATWG 的编辑，也就是 Google 的伊恩·希克森兼任？于是他们又投了一次票，赞成让伊恩·希克森担任 W3C HTML5 规范的编辑，同时兼任 WHATWG 的编辑，这样更有助于新工作组开展工作。

这就是他们投票的结果，也就是我们今天看到的局面：一种格式，两个版本。WHATWG 网站上有这个规范，而 W3C 网站上也有一份同样的规范。

如果不了解内情，你很可能会产生这样的疑问："哪个版本才是真正的规范？"当然，这两个版本的规范内容基本相同。实际上，这两个版本将来还会分道扬镳。现在已经有了分道扬镳的迹象。W3C 最终要制定一个具体的规范，这个规范会成为一个工作草案，定格在某个历史时刻。

而 WHATWG 还在不断地迭代，即使目前的 HTML5 也不能完全涵盖 WHATWG 正在从事的工作。最准确的理解就是，WHATWG 正在开发一项简单的 HTML 或 Web 技术，因为这才是他们工作的核心目标。然而，同时存在两个工作组，这两个工作组同时开发一个基本相同的规范，这容易让人产生误解，从而可能造成麻烦。

其实，这两个工作组各自有各自的流程，因为它们的工作理念完全不同。在 WHATWG 内部，可以说是一种独裁的工作机制。伊恩·希克森是编辑，他会听取各方意见，在所有成员充分陈述自己的观点之后，他会批准他认为正确的意见。而 W3C 则截然相反，可以说是一种民主的工作机制，所有成员都可以发表意见，而且每个人都有投票表决的权利。这个流程的关键在于投票表决。从表面上看，WHATWG 的工作机制让人难以接受，而 W3C 的工作机制听起来让人很舒服，起码它体现了人人平等的精神。但在实践中，WHATWG 的工作机制运行得非常好。这主要归功于伊恩·希克森，他在听取各方意见时，始终可以做到丝毫不带个人感情色彩。

从原理上讲，W3C 的工作机制很公平，而实际上却非常容易在某些流程或环节上卡壳，造成工作停滞不前，一件事情要达成决议往往需要花费很长时间。到底哪种工作机制更好呢？笔者认为，最好的工作机制是将二者结合起来。而事实上，也是两个规范的制定主体在共同制定一份相同的规范，这非常有利于两种工作机制相互取长补短。

两个工作组之所以能够同心同德，主要原因是 HTML5 的设计思想从一开始就确定了设计 HTML5 所要坚持的原则。结果，我们不仅看到了一份规范，也就是 W3C 站点上公布的文档，即 HTML5 语言规范，还在 W3C 站点上看到了另一份文档，也就是 HTML5 设计原理。

1.1.3　HTML5 组织

HTML5 是 W3C 与 WHATWG 合作的结晶。HTML5 的开发主要由下面三个组织负责。

- ☑ WHATWG。WHATWG 由来自 Apple、Mozilla、Google、Opera 等浏览器厂商的专家组成，成立于 2004 年，负责开发 HTML 和 Web 应用 API。
- ☑ W3C。W3C 指万维网联盟（world wide web consortium），负责发布 HTML5 规范。
- ☑ IETF（因特网工程任务组）。IETF 负责因特网（Internet）协议开发。HTML5 定义的 WebSocket API 依赖于新的 WebSocket 协议，IETF 工作组负责开发这个协议。

1.1.4　HTML5 规则

为了避免 HTML5 开发过程中出现的各种分歧和偏差，HTML5 开发工作组在共识基础上建立了一套行事规则。

- ☑ 新特性应该基于 HTML、CSS、DOM 以及 JavaScript。
- ☑ 减少对外部插件的依赖，如 Flash。
- ☑ 更优秀的错误处理。
- ☑ 更多取代脚本的标记。
- ☑ HTML5 应该独立于设备。
- ☑ 开发进程应即时、透明，倾听技术社区的声音，吸纳社区内优秀的 Web 应用。
- ☑ 允许试错，允许纠偏，从实践中来，服务于实践，快速迭代。

1.1.5　HTML5 特性

下面简单介绍 HTML5 的特征和优势，以便提高读者自学 HTML5 的动力和目标。

1. 兼容性

考虑到在互联网上 HTML 文档已经存在 20 多年，因此支持所有现存 HTML 文档是非常重要的。HTML5 不是颠覆性的革新，它的核心理念就是要保持与过去技术的兼容和过渡。一旦浏览器不支持

HTML5 的某项功能，针对该功能的备选行为就会悄悄运行。

2．实用性

HTML5 新增加的元素都是对现有网页和用户习惯进行跟踪、分析和概括而推出的。例如，Google 分析了上百万的页面，从中分析出 DIV 标签的通用 ID 名称，并且发现其重复量很大，如很多开发人员使用<div id="header">标记页眉区域，为了解决实际问题，HTML5 就直接添加一个<header>标签。也就是说，HTML5 新增的很多元素、属性或者功能都是根据现实互联网中已经存在的各种应用进行技术精炼，而不是在实验室中进行理想化的虚构新功能。

3．效率

HTML5 规范是基于用户优先的原则编写的，其宗旨是用户即上帝。这意味着，在遇到无法解决的冲突时，首先是用户，其次是页面制作者，再次是浏览器解析标准和规范制定者（如 W3C、WHATWG），最后才考虑理论的纯粹性。因此，HTML5 的绝大部分功能是实用的，只是在有些情况下还不够完美。例如，下面的几种代码写法在 HTML5 中都能被识别。

```
id="prohtml5"
id=prohtml5
ID="prohtml5"
```

当然，上面几种写法比较混乱，不够严谨，但是从用户和开发的角度考虑，用户不在乎代码怎么写，开发人员根据个人习惯书写反而提高了代码的编写效率。

4．安全性

为保证足够安全，HTML5 引入了一种新的基于来源的安全模型，该模型不仅易用，而且对各种不同的 API 都通用。这个安全模型不需要借助于任何所谓聪明、有创意却不安全的 hack 就能跨域进行安全对话。

5．分离

在清晰分离表现与内容方面，HTML5 迈出了很大的步伐。HTML5 在所有可能的地方都努力进行分离，包括 HTML 和 CSS。实际上，HTML5 规范已经不支持旧版本 HTML 的大部分表现功能。

6．简化

HTML5 要的就是简单，避免不必要的复杂性。HTML5 的口号是：简单至上，尽可能简化。因此，HTML5 做了以下改进。

- ☑ 以浏览器原生能力替代复杂的 JavaScript 代码。
- ☑ 简化的 DOCTYPE。
- ☑ 简化的字符集声明。
- ☑ 简单而强大的 HTML5 API。

7．通用性

通用访问的原则可以分成三个概念。

- ☑ 可访问性。出于对残障用户的考虑，HTML5 与 WAI（Web 可访问性倡议）和 ARIA（可访问的富 Internet 应用）做到了紧密结合，WAI-ARIA 中以屏幕阅读器为基础的元素已经被添加到 HTML 中。
- ☑ 媒体中立。如果可能的话，HTML5 的功能在所有不同的设备和平台上应该都能正常运行。
- ☑ 支持所有语种。如新的<ruby>元素支持在东亚页面排版中会用到的 Ruby 注释。

8．无插件

在传统 Web 应用中，很多功能只能通过插件或者复杂的 hack 实现，但在 HTML5 中提供了对这些功能的原生支持。插件的方式存在以下问题。

- ☑ 插件安装可能失败。
- ☑ 插件可以被禁用或屏蔽，如 Flash 插件。
- ☑ 插件自身会成为被攻击的对象。
- ☑ 因为插件边界、剪裁和透明度的问题，插件不容易与 HTML 文档的其他部分集成。

以 HTML5 中的 canvas 元素为例，有很多非常底层的操作以前是没办法做到的，如在 HTML4 的页面中就很难画出对角线，而有了 canvas 就可以很轻易地实现了。基于 HTML5 的各类 API 的优秀设计，可以轻松地对它们进行组合应用。例如，从 video 元素中抓取的帧可以显示在 canvas 里面，用户单击 canvas 即可播放这帧对应的视频文件。

最后，用万维网联盟创始人 Tim Berners-Lee 的评论来小结："今天，我们想做的事情已经不再是通过浏览器观看视频或收听音频，或者在一部手机上运行浏览器。我们希望通过不同的设备，在任何地方，都能够共享照片、网上购物、阅读新闻，以及查找信息。虽然大多数用户对 HTML5 和开放 Web 平台（Open Web Platform，OWP）并不熟悉，但是它们正在不断改进用户体验。"

1.1.6 浏览器支持

HTML5 发展的速度非常快，主流浏览器对于 HTML5 各 API 的支持也不尽统一，用户需要访问 https://www.caniuse.com/，在首页输入 API 的名称或关键词了解各浏览器，以及各版本对其支持的详细情况，如图 1.1 所示。在默认主题下，绿色表示完全支持，紫色表示部分支持，红色表示不支持。

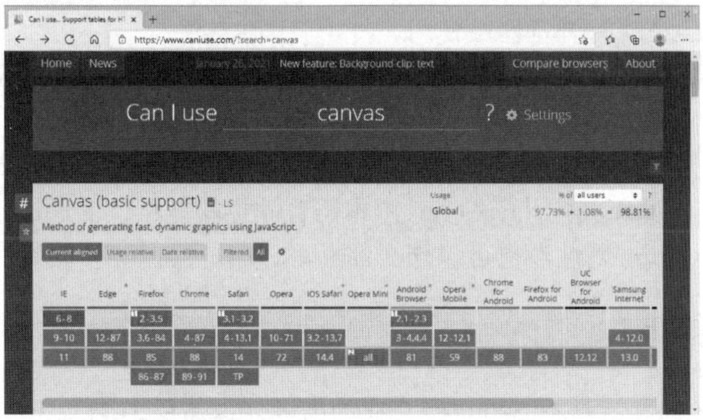

图 1.1 查看各浏览器和各版本对 HTML5 各 API 的支持情况

如果访问 http://html5test.com/，可以获取用户当前浏览器和版本对于 HTML5 规范的所有 API 支持的详情。另外，也可以使用 Modernizr（JavaScript 库）进行特性检测，它提供了非常先进的 HTML5 和 CSS3 检测功能。

1.2 HTML5 设计原则

为了规范 HTML5 开发的兼容性、实用性和可操作性，W3C 发布了 HTML5 设计原则（http://www.w3.org/TR/html-design-principles/），简单说明如下。

1.2.1 避免不必要的复杂性

规范可以写得十分复杂，但浏览器的实现应该非常简单。把复杂的工作留给浏览器后台去处理，用户仅需要输入最简单的字符，甚至不需要输入，这才是最佳文档规范。因此，HTML5 首先采用化繁为简的思路进行设计。

【示例 1】在 HTML 4.01 中定义文档类型的代码如下。

```
<!DOCTYPE html PUBLIC "-//W3C/DTD HTML 4.01//EN" "http://www.w3.org/TR/html4/strict.dtd">
```

HTML5 简化如下。

```
<!DOCTYPE html>
```

HTML 4.01 和 XHTML 中的 DOCTYPE 过于冗长，连自己都记不住这些内容，但在 HTML5 中只需要简单的<!DOCTYPE html>就可以了。DOCTYPE 是给验证器用的，而非给浏览器，浏览器只需在 DOCTYPE 切换时关注这个标签，因此并不需要写得太复杂。

【示例 2】在 HTML 4.01 中定义字符编码的代码如下。

```
<meta http-equiv="Content-Type" content="text/html; charset=utf-8">
```

在 XHTML 1.0 中还需要再次声明 XML 标签，并在其中指定字符编码。

```
<?xml version="1.0" encoding="UTF-8" ?>
<meta http-equiv="Content-Type" content="text/html; charset=utf-8" />
```

HTML5 简化如下。

```
<meta charset="utf-8">
```

关于省略不必要的复杂性，或者说避免不必要的复杂性的例子还有不少，但关键是既能避免不必要的复杂性，又不会妨碍在现有浏览器中使用。

在 HTML5 中，如果使用 link 元素链接到一个样式表，先定义 rel="stylesheet"，然后再定义 type="text/css"，这样就重复了。对浏览器而言，只要设置 rel="stylesheet"就够了，因为它可以猜出要链接的是一个 CSS 样式表，不必再指定 type 属性。

对 Web 开发而言，大家都使用 JavaScript 脚本语言，也就是默认的通用语言，用户可以为 script 元素定义 type="text/javascript"属性，也可以什么都不写，浏览器自然会假设在使用 JavaScript。

1.2.2 支持已有内容

XHTML 2.0 最大的问题就是不支持已经存在的内容，这违反了 Postel 法则（即对自己发送的内容要严格，对接收的内容则要宽容）。现实中，开发者可以写出各种风格的 HTML，浏览器遇到这些代码时，在内部所构建的结构应该是一样的，呈现的效果也应该是一样的。

【示例】下面代码展示了编写同样内容的 4 种不同写法，4 种写法唯一的不同点就是语法。

```
<!--写法 1-->
<img src="foo" alt="bar" />
<p class="foo">Hello world</p>
<!--写法 2-->
<img src="foo" alt="bar">
<p class="foo">Hello world
<!--写法 3-->
<IMG SRC="foo" ALT="bar">
<P CLASS="foo">Hello world</P>
<!--写法 4-->
```

```
<img src=foo alt=bar>
<p class=foo>Hello world</p>
```

从浏览器解析的角度分析，这些写法实际上都是一样的。HTML5 必须支持已经存在的约定，以适应不同的用户习惯，而不是要求用户适应浏览器的严格解析标准。

1.2.3 解决实际问题

规范应该解决现实中实际遇到的问题，而不应该考虑复杂的理论问题。

【示例】既然有在<a>中嵌套多个段落标签的需要，那就让规范支持它。

如果块内容包含一个标题、一个段落，按 HTML4 规范，必须至少使用 2 个链接。例如：

```
<h2><a href="#">标题文本</a></h2>
<p><a href="#">段落文本</a></p>
```

在 HTML5 中，只需要把所有内容都包裹在一个链接中。例如：

```
<a href="#">
    <h2>标题文本</h2>
    <p>段落文本</p>
</a>
```

其实，这种写法早已经存在，当然以前这样写是不合乎规范的。HTML5 解决现实的问题，其本质还是纠正因循守旧的规范标准，现在把标准改了，允许用户这样写。

1.2.4 根据用户使用习惯设计规范

当一个实践已经被广泛接受时，就应该考虑将它吸纳进来，而不是禁止它或搞一个新的实践。例如，HTML5 新增了 nav、section、article、aside 等标签，引入了新的文档模型，即文档中的文档。在 section 中，还可以嵌套 h1～h6 的标签，这样就有了无限的标题层级，这也是很早之前 Tim Berners-Lee 所设想的。

【示例】下面几行代码都是频繁使用过的 ID 名称。

```
<div id="header">...</div>
<div id="navigation">...</div>
<div id="main">...</div>
<div id="aside">...</div>
<div id="footer">...</div>
```

在 HTML5 中，可以用新的元素代替它们。

```
<header>...</header>
<nav>...</nav>
<div id="main">...</div>
<aside>...</aside>
<footer>...</footer>
```

实际上，这并不是 HTML5 工作组发明的，也不是 W3C 开会研究出来的，而是谷歌根据大数据分析用户习惯总结出来的。

1.2.5 优雅地降级

渐进增强的另一面就是优雅地回退。最典型的例子就是使用 type 属性增强表单。

【示例 1】下面代码列出了可以为 type 属性指定的新值，如 number、search、range 等。

```
<input type="number" />
<input type="search" />
<input type="range" />
<input type="email" />
<input type="date" />
<input type="url" />
```

最关键的问题在于：当浏览器看到新 type 值时会如何处理。旧版本浏览器是无法解析新 type 值的，但是当它们看到不理解的 type 值时，会将 type 的值解析为 text。

【示例 2】对于新的 video 元素，它设计得很简单且实用。针对不支持 video 元素的浏览器可以这样写：

```
<video src="movie.mp4">
    <!-- 回退内容 -->
</video>
```

这样 HTML5 视频与 Flash 视频就可以协同起来，用户就不用纠结如何进行选择了。

```
<video src="movie.mp4">
    <object data="movie.swf">
        <!-- 回退内容 -->
    </object>
</video>
```

如果愿意的话，还可以使用 source 元素，而非用 src 属性来指定不同的视频格式。

```
<video>
    <source src="movie.mp4">
    <source src="movie.ogv">
    <object data="movie.swf">
        <a href="movie.mp4">download</a>
    </object>
</video>
```

上面代码包含以下 4 个不同的层次。
- ☑ 如果浏览器支持 video 元素，也支持 H264，那么用第一个视频。
- ☑ 如果浏览器支持 video 元素，也支持 Ogg，那么用第二个视频。
- ☑ 如果浏览器不支持 video 元素，那么就要试试 Flash 视频。
- ☑ 如果浏览器不支持 video 元素，也不支持 Flash 视频，那么可以给出下载链接。

总之，无论是 HTML5，还是 Flash，一个也不能少。如果只使用 video 元素提供视频，难免会遇到问题；如果只提供 Flash 影片，性质是一样的。所以，还是应该两者兼顾。

1.2.6 支持优先级

用户与开发者的重要性要远远高于规范和理论。在考虑优先级时，应该按照下面的顺序。

用户 > 编写 HTML 的开发者 > 浏览器厂商 > 规范制定者 > 理论

这个设计原则本质上是一种解决冲突的机制。例如，当面临一个要解决的问题时，如果 W3C 给出了一种解决方案，而 WHATWG 给出了另一种解决方案。一旦遇到冲突，第一是最终用户，第二是编写 HTML 的开发者，第三是浏览器厂商，第四是规范制定者，第五才是理论上的完美。

根据最终用户优先原理，开发人员在链条中的位置高于实现者。假如我们发现规范中的某些地方有问题，即不支持实现这个特性，那么就等于把相应的特性给否定了，其在规范里就得删除，因为用户有更高的权重。在本质上，用户拥有更大的发言权，开发人员也拥有更多的主动性。

1.3 HTML5 语法特性

HTML5 以 HTML4 为基础，对 HTML 4 进行了全面的升级改造。与 HTML4 相比，HTML5 在语法上有很大的变化，具体说明如下。

1.3.1 文档和标记

1. 内容类型

HTML5 的文件扩展名和内容类型保持不变。例如，扩展名仍然为 ".html" 或 ".htm"，内容类型（ContentType）仍然为 "text/html"。

2. 文档类型

在 HTML4 中，文档类型的声明方法如下。

```
<!DOCTYPE html PUBLIC "-//W3C//DTD XHTML 1.0 Transitional//EN" "http://www.w3.org/TR/xhtml1/DTD/xhtml1-transitional.dtd">
```

在 HTML5 中，文档类型的声明方法如下。

```
<!DOCTYPE html>
```

当使用工具时，也可以在 DOCTYPE 声明中加入 SYSTEM 识别符，声明方法如下。

```
<!DOCTYPE HTML SYSTEM "about:legacy-compat">
```

在 HTML5 中，DOCTYPE 的声明方式是不区分大小写的，引号也不区分是单引号还是双引号。

> **注意**：使用 HTML5 的 DOCTYPE 会触发浏览器以标准模式显示页面。众所周知，网页都有多种显示模式，如怪异模式（Quirks）、标准模式（Standards）。浏览器根据 DOCTYPE 识别应该使用哪种解析模式。

3. 字符编码

在 HTML4 中，使用 meta 元素定义文档的字符编码，如下所示。

```
<meta http-equiv="Content-Type" content="text/html;charset=UTF-8">
```

在 HTML5 中，继续沿用 meta 元素定义文档的字符编码，但是简化了 charset 属性的写法，如下所示。

```
<meta charset="UTF-8">
```

对于 HTML5 来说，上述两种方法都有效，用户可以继续使用前面一种方式，即通过 content 元素的属性指定。但是不能同时混用两种方式。

> **注意**：在传统网页中，下面标记是合法的。在 HTML 5 中，这种字符编码方式将被认为是错误的。
>
> ```
> <meta charset="UTF-8" http-equiv="Content-Type" content="text/html;charset=UTF-8">
> ```

从 HTML5 开始，对于文件的字符编码推荐使用 UTF-8。

1.3.2 宽松的约定

HTML5 语法是为了保证与 HTML4 语法达到最大程度的兼容而设计的。

1. 标记省略

在 HTML5 中，元素的标记可以分为三种类型：不允许写结束标记、可以省略结束标记、开始标记和结束标记可以全部省略。下面简单介绍这三种类型各包括哪些 HTML5 元素。

（1）不允许写结束标记的元素有：area、base、br、col、command、embed、hr、img、input、keygen、link、meta、param、source、track、wbr。

（2）可以省略结束标记的元素有：li、dt、dd、p、rt、rp、optgroup、option、colgroup、thead、tbody、tfoot、tr、td、th。

（3）开始标记和结束标记可以全部省略的元素有：html、head、body、colgroup、tbody。

> 提示：不允许写结束标记的元素是指不允许使用开始标记与结束标记将元素括起来的形式，只允许使用<元素/>的形式进行书写。例如：
> ☑ 错误的书写方式如下。
> `<br></br>`
> ☑ 正确的书写方式如下。
> `<br/>`
> HTML5 之前的版本中
这种写法可以继续沿用。

开始标记和结束标记可以全部省略的元素是指元素可以完全被省略。注意，该元素还是会以隐式的方式存在的。例如，将 body 元素省略时，它在文档结构中还是存在的，可以使用 document.body 进行访问。

2. 布尔值

对于布尔型属性，如 disabled 与 readonly 等，当只写属性而不指定属性值时，表示属性值为 true；如果属性值为 false，可以不使用该属性。另外，要想将属性值设定为 true，可以将属性名设定为属性值，或将空字符串设定为属性值。

【示例 1】下面是几种正确的书写方法。

```
<!--只写属性，不写属性值，代表属性为true-->
<input type="checkbox" checked>
<!--不写属性，代表属性为false-->
<input type="checkbox">
<!--属性值=属性名，代表属性为true-->
<input type="checkbox" checked="checked">
<!--属性值=空字符串，代表属性为true-->
<input type="checkbox" checked="">
```

3. 属性值

属性值可以加双引号，也可以加单引号。HTML5 在此基础上做了一些改进，当属性值不包括空字符串、<、>、=、单引号、双引号等字符时，属性值两边的引号可以省略。

【示例 2】下面的写法都是合法的。

```
<input type="text">
<input type='text'>
<input type=text>
```

1.4 HTML5 基本结构

1.4.1 新建 HTML5 文档

完整的 HTML5 文档结构一般包括两部分：头部消息（<head>）和主体信息（<body>）。

在<head>和</head>标签之间的内容表示网页文档的头部消息。在头部代码中，有一部分是浏览者可见的，如<title>和</title>之间的文本，也称为网页标题，会显示在浏览器标签页中；但是大部分内容是不可见的，是专门为浏览器解析网页服务的，如网页字符编码、各种元信息等。

在<body>和</body>标签之间的内容表示网页文档的主体信息。它包括三部分。

- ☑ 文本内容。在页面上让访问者了解页面信息的纯文字，如关于产品、资讯的内容，以及其他任何内容。
- ☑ 外部引用。用来加载图像、音视频文件，以及 CSS 样式表文件、JavaScript 脚本文件等，还可以指向其他 HTML 页面或资源。
- ☑ 标签。对文本内容进行分类标记，以确保浏览器能够正确显示。

【示例 1】使用记事本或者其他类型的文本编辑器新建文本文件，保存为 index.html。注意，扩展名为.html，而不是.txt。

输入下面的代码，由于网页没有包含任何信息，在浏览器中显示为空，如图 1.2 所示。

```
<!DOCTYPE html>
<html lang="en">
<head>
<meta charset="utf-8" />
<title>网页标题</title>
</head>
<body>
</body>
</html>
```

由于网页内容都由文本构成，因此网页可以保存为纯文本格式，可以在任何平台使用任何编辑器查看源代码，这个特性也确保了用户能够很容易地创建 HTML 页面。

提示：如果使用专业网页编辑器，如 Dreamweaver 等，在新建网页文件时，会自动构建基本的网页结构。

本书所称 HTML 泛指 HTML 语言本身。如果需要强调某个版本的特殊性，则使用它们各自的名称。例如，HTML5 引入了一些新的元素，并重新定义或删除了 HTML 4 和 XHTML 1.0 中的某些元素。

【示例 2】在示例 1 基础上，为页面添加内容，代码如下。

```
<!DOCTYPE html>
<html lang="en">
<head>
<meta charset="utf-8" />
<title>HTML5 示例</title>
</head>
<body>
<article>
    <h1>第一个 HTML5 网页</h1>
```

```
            <img src="images/html5.jpg" width="200" alt="html5 图标" />
            <p>我是<em>小白</em>，现在准备学习<a href="https://www.w3.org/TR/html5/" rel="external" title="HTML5 参考手册" > HTML5</a></p>
        </article>
    </body>
</html>
```

在浏览器中预览，显示效果如图 1.3 所示。

图 1.2　空白页面 　　　　　　　图 1.3　添加主体内容

示例 2 演示了 6 种最常用的标签：a、article、em、h1、img 和 p。每个标签都表示不同的语义，例如，h1 定义标题，a 定义链接，img 定义图像。

注意：在代码中行与行之间通过回车符分开，不过它不会影响页面的呈现效果。对 HTML 进行代码缩进显示，与在浏览器中的显示效果没有任何关系，但是 pre 元素是一个例外。习惯上，我们会对嵌套结构的代码进行缩进排版，这样更容易看出元素之间的层级关系。

1.4.2　标签

一个标签由 3 部分组成：元素、属性和值。

1. 元素

元素表示标签的名称。大多数标签由开始标签和结束标签配对使用。习惯上，标签名称采用小写形式，HTML5 对此未做强制要求，也可以使用大写字母。除非特殊需要，否则不推荐使用大写字母。例如：

```
<em>小白</em>
```

- ☑ 开始标签：
- ☑ 被标记的文本：小白
- ☑ 结束标签：

还有一些标签不包含文本，仅有开始标签，称为孤标签。例如：

```
<img src="images/xiaobai.jpg" width="50" alt="小白者，我也" />
```

在 HTML5 中，孤标签名称结尾处的空格和斜杠是可选的。不过，">"是必需的。

元素包含父元素和子元素。

如果一个元素包含另一个元素，它就是被包含元素的父元素，被包含元素称为子元素。子元素中包含的任何元素都是外层父元素的后代。这种类似家谱结构的 HTML 代码的结构特性，有助于在元素上添加样式和应用 JavaScript 行为。

当元素中包含其他元素时，每个元素都必须嵌套正确，也就是子元素必须完全包含在父元素中，不能把子元素的结束标签放在外面。例如：

```
<article>
    <h1>小白自语</h1>
    <img src="images/xiaobai.jpg" width="50" alt="小白者，我也" />
    <p>我是<em>小白</em>，现在准备学习<a href="https://www.w3.org/TR/html5/" rel="external" title="HTML5 参考手册">HTML5</a></p>
</article>
```

在这段 HTML 代码中，article 元素是 h1、img 和 p 元素的父元素，h1、img 和 p 元素是 article 元素的子元素（也是后代）。p 元素是 em 和 a 元素的父元素，em 和 a 元素是 p 元素的子元素，也是 article 元素的后代（但不是子元素）。article 元素是它们的祖先元素。

2. 属性和值

属性用来设置标签的特性。在 HTML5 中，属性的值可以不加引号，习惯上建议添加，同时尽量使用小写形式。例如：

```
<label  for="email">电子邮箱</label>
```

- ☑ 一个标签可以设置多个属性，每个属性都有各自的值。属性的顺序并不重要。不同的属性之间用空格隔开。例如：

```
<a href="https://www.w3.org/TR/html5/" rel="external" title="HTML5 参考手册">HTML5</a>
```

- ☑ 有的属性可以接收任何值，有的属性则有限制。最常见的是仅接收预定义值（即枚举值）的属性。此时，用户必须从一个标准列表中选一个值，枚举值一般用小写字母编写。例如：

```
<link  rel="stylesheet"  media="screen" href="style.css"  />
```

- ☑ 用户只能将 link 元素的 media 属性设为 all、screen、print 等值中的一个，不能像 href 属性和 title 属性可以输入任意值。
- ☑ 有很多属性的值需要设置为数字，特别是描述大小和长度的属性。数字值不需要包含单位，只需输入数字本身。图像和视频的宽度和高度是有单位的，默认为像素。
- ☑ 有的属性（如 href 和 src）用于引用其他文件，它们只能包含 URL 形式的字符串。
- ☑ 有一种特殊的属性称为布尔属性，这种属性的值是可选的，只要这种属性出现就表示其值为真。布尔属性是预定义好的，无法自创。例如：

```
<input  type="email"  name="emailaddr"  required />
```

上面代码提供了一个让用户输入电子邮件地址的输入框。布尔属性 required 表示用户必须填写该输入框。布尔属性不需要属性值，如果一定要加上属性值，则可以编写为 required="required"。

1.4.3 文本内容

网页中显示的文本内容，就是元素中包含的文本，它是网页最基本的构成成分。在 HTML 早期的版本中，只能使用 ASCII 字符。

ASCII 字符仅包括英语字母、数字和少数几个常用符号。开发人员必须用特殊的字符引用创建很多日常符号。例如， 表示空格，©表示版权符号©，®表示注册商标符号®等。完整列表请访问 http://www.elizabethcastro.com/html/extras/entities.html。

📢 **注意**：浏览器在呈现 HTML 页面时，会把文本内容中的多个空格或制表符压缩成单个空格，把回车符和换行符转换成单个空格或者忽略。字符引用也替换成对应的符号，如把©显示为©。

Unicode 字符集极大地缓解了特殊字符的显示问题。使用 UTF-8 对页面进行编码，并用同样的编码保存 HTML 文件已成为一种标准做法。推荐在网页中将 charset 值指定为 UTF-8。HTML5 不区分大小写，UTF-8 和 utf-8 的编码结果是一样的。

1.4.4 超文本内容

在网页中除了大量的文本内容外，还有很多非文本内容，如链接、图像、视频、音乐等。从网页外引用图像和其他非文本内容时，浏览器会将这些内容与文本一起显示。在默认情况下，链接文本的颜色与其他文本的颜色不一样，而且带有下画线。

外部文件（如图像）实际上并没有存储在 HTML 文件中，而是单独保存，页面只是简单地引用这些文件。例如：

```
<article>
    <h1>小白自语</h1>
    <img src="images/xiaobai.jpg" width="50" alt="小白者，我也" />
    <p>我是<em>小白</em>，现在准备学习<a href="https://www.w3.org/TR/html5/" rel="external" title="HTML5 参考手册">HTML5</a></p>
</article>
```

在基本 HTML 文档中，有一个对图像文件 xiaobai.jpg 的引用（img 标签的 src 属性），浏览器在加载页面其他部分的同时，会请求、加载和显示这个图像，该页面包括一个指向 HTML5 参考页面的链接（a 标签的 href 属性）。

浏览器可以处理链接和图像，不过无法处理其他任何文件类型。例如，对于一般浏览器来说，要查看 PDF 格式的外部文件，就需要在系统中预先安装 Adobe Reader 软件，要查看电子表格就需要预先安装 Open Office 等软件。早期 HTML 没有内置的方法播放视频和音频文件，各软件厂商都开发出相应的播放软件，用户可以下载并安装这些软件，从而弥补浏览器缺失的功能。这样的软件称为插件。

在浏览器插件中，使用最广泛的是 Flash 插件。多年以来，Flash 插件是网页视频必备的工具。不过，这个插件也有一些问题，如它会耗费较多的计算资源。HTML5 新增了 audio 和 video 元素，这样无须使用插件就可以播放音频和视频。新的浏览器提供了内置的媒体播放器，用户仍然可以使用 Flash 播放器作为旧浏览器的备用工具。

1.5 案例实战

1.5.1 编写简洁的 HTML5 文档

本节示例将遵循 HTML5 语法规范编写一个文档。本例文档省略了<html>、<head>、<body>等标签，使用 HTML5 的 DOCTYPE 声明文档类型，简化<meta>的 charset 属性设置，省略<p>标签的结束标记，使用<元素/>的方式结束<meta>和
标签等。

```
<!DOCTYPE html>
<meta charset="UTF-8">
<title>HTML5 基本语法</title>
<h1>HTML5 的目标</h1>
<p>HTML 5 的目标是为了能够创建更简单的 Web 程序，书写出更简洁的 HTML 代码。
<br/>例如，为了使 Web 应用程序的开发变得更容易，提供了很多 API；为了使 HTML 变得更简洁，开发出了新的属性、新的元素等。总体来说，为下一代 Web 平台提供了许许多多新的功能。
```

这段代码在 IE 浏览器中的运行结果如图 1.4 所示。

通过短短几行代码就完成一个页面的设计，这充分说明 HTML5 语法的简洁，同时也说明 HTML5 不是一种 XML 语言，其语法也很随意。下面从这两方面进行逐句分析。

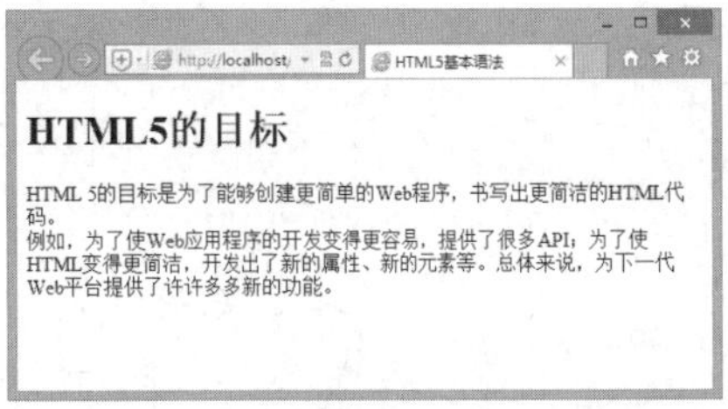

第一行代码如下。

```
<!DOCTYPE HTML>
```

不需要版本号，仅告诉浏览器需要一个 doctype 触发标准模式，可谓简明扼要。

图 1.4 HTML5 文档运行结果

接下来，说明文档的字符编码，否则将出现浏览器不能正确解析的情况。

```
<meta charset="utf-8">
```

HTML5 不区分大小写，不需要标记结束符，不介意属性值是否加引号，即下列代码是等效的。

```
<meta charset="utf-8">
<META charset="utf-8" />
<META charset=utf-8
```

在主体中，可以省略主体标记，直接编写需要显示的内容。虽然在编写代码时省略了<html>、<head>和<body>标记，但在浏览器进行解析时，将会自动进行添加。考虑到代码的可维护性，在编写代码时，应该尽量增加基本结构标签。

1.5.2 比较 HTML4 与 HTML5 文档结构

下面通过示例具体说明 HTML 5 是如何使用全新的结构化标签编织网页的。

【示例 1】本例设计将页面分成上、中、下三部分：上面显示网站标题；中间分两部分，左侧为辅助栏，右侧显示网页正文内容；下面显示版权信息，如图 1.5 所示。使用 HTML4 构建文档基本结构如下。

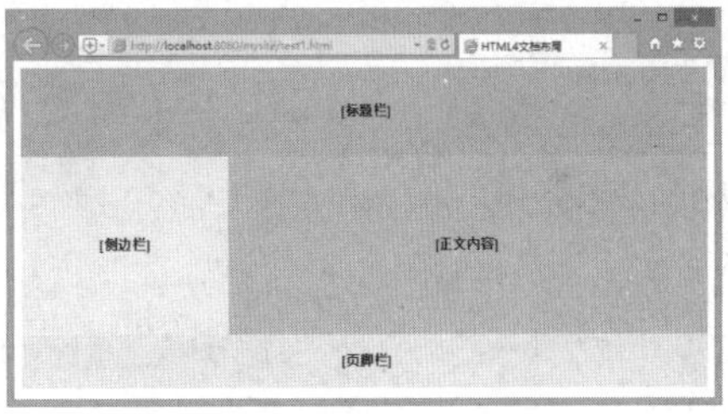

```
<div id="header">[标题栏]</div>
<div id="aside">[侧边栏]</div>
<div id="article">[正文内容]</div>
<div id="footer">[页脚栏]</div>
```

图 1.5 简单的网页布局

尽管上述代码不存在任何语法错误，也可以在 HTML5 中很好地解析，但该页面结构对于浏览器来说不具有区分度。对于不同的用户来说，ID 命名可能因人而异；但对浏览器来说，就无法辨别每个 div 元素在页面中的作用，必然影响其对页面的语义解析。

【示例 2】下面使用 HTML5 新增元素重新构建页面结构，明确定义每部分在页面中的作用。

```
<header>[标题栏]</header>
<aside>[侧边栏]</aside>
<article>[正文内容]</article>
<footer>[页脚栏]</footer>
```

虽然示例 1 和示例 2 的两段代码不一样，但比较这两段代码可以发现，使用 HTML5 新增元素创建的页面代码更简洁、明晰。通过比较可以很容易地看出，HTML4 使用<div id="header">、<div id="aside">、<div id="article">和<div id="footer">标记元素没有任何语义，浏览器不能根据标记的 ID 名称推断它的作用，因为 ID 名称是随意变化的。而 HTML5 新增元素 header，明确地告诉浏览器此处是页头，aside 元素用于构建页面辅助栏目，article 元素用于构建页面正文内容，footer 元素定义页脚注释内容，这样极大地提高了开发者的便利性和浏览器的解析效率。

1.6 在线支持

一、基础知识
- ☑ 网页设计基础
- ☑ HTML 历史
- ☑ HTML5 组织
- ☑ HTML5 浏览器检测

二、补充知识
- ☑ HTML5 元素表 PC 端浏览
- ☑ HTML5 元素表 移动端浏览

☑ 人类最早的 Web 页面
☑ 完整的 HTML5 结构模板

三、HTML5 主体结构标签参考
- ☑ HHTML5 基础标签列表
- ☑ 文档结构、节和样式标签列表

☑ 元信息类标签列表
☑ 框架标签列表

四、HTML5 API
- ☑ 新增的 API
- ☑ 修改的 API
- ☑ 扩展 Document
- ☑ 扩展 HTMLElement
- ☑ 扩展 DOM HTML
- ☑ 弃用的 API

新知识、新案例不断更新中……

扫码免费学习
更多实用技能

第 2 章 设计 HTML5 文档结构

定义清晰、一致的文档结构不仅方便后期维护和拓展，同时也大大降低了 CSS 和 JavaScript 的应用难度。为了提高搜索引擎的检索率，适应智能化处理，设计符合语义的结构显得很重要。本章将主要介绍设计 HTML5 文档结构所需的 HTML 元素及其使用技巧。

2.1 头部结构

在 HTML 文档的头部区域，存储着各种网页元信息，这些信息主要为浏览器所用，一般不会显示在网页中。另外，搜索引擎也会检索头部信息，因此重视并设置这些信息非常重要。

2.1.1 定义网页标题

使用<title>标签可以定义网页标题。例如：

```
<html>
<head>
<title>网页标题</title>
</head>
<body>
</body>
</html>
```

浏览器会把它放在窗口的标题栏或状态栏中显示，如图 2.1 所示。当把文档加入用户的链接列表、收藏夹或书签列表时，标题将作为该文档链接的默认名称。

提示：title 元素必须位于 head 部分。确保每个页面的 title 是唯一的，从而提升搜索引擎的结果排名，并让访问者获得更好的体验。title 不能包含任何格式、HTML、图像或指向其他页面的链接。

图 2.1 显示网页标题

2.1.2 定义网页元信息

使用<meta>标签可以定义网页的元信息。例如，定义针对搜索引擎的描述和关键词，一般网站都必须设置这两条元信息，以方便搜索引擎检索。

☑ 定义网页的描述信息：

`<meta name="description" content="标准网页设计专业技术资讯" />`

☑ 定义页面的关键词信息：

`<meta name="keywords" content="HTML,DHTML,CSS,XML,XHTML,JavaScript" />`

<meta>标签位于文档的头部，<head>标签内不包含任何内容。使用<meta>标签的属性可以定义与文档相关联的名称/值对。<meta>标签属性说明如表 2.1 所示。

表 2.1 <meta>标签属性说明

属性	说明
content	必需，定义与 http-equiv 或 name 属性相关联的元信息
http-equiv	把 content 属性关联到 HTTP 头部。取值包括 content-type、expires、refresh、set-cookie 等
name	把 content 属性关联到一个名称。取值包括 author、description、keywords、generator、revised 等
scheme	定义用于翻译 content 属性值的格式
charset	定义文档的字符编码

【示例】下面列举常用元信息的设置代码，更多元信息的设置可以参考 HTML 手册。

使用 http-equiv 等于 content-type，可以设置网页的编码信息。

☑ 设置 UTF-8 编码：

```
<meta http-equiv="content-type" content="text/html; charset=UTF-8" />
```

提示：HTML5 简化了字符编码的设置方式为<meta charset="utf-8">，其作用是相同的。

☑ 设置简体中文 gb2312 编码：

```
<meta http-equiv="content-type" content="text/html; charset=gb2312" />
```

注意：每个 HTML 文档都需要设置字符编码类型，否则可能会出现乱码，其中 UTF-8 是国家通用编码，独立于任何语言，因此都可以使用。

使用 content-language 属性值可以定义页面语言的代码。如下所示设置中文版本语言：

```
<meta http-equiv="content-language" content="zh-CN" />
```

使用 refresh 属性值可以设置页面刷新时间或跳转页面，如 5 s 之后刷新页面：

```
<meta http-equiv="refresh" content="5" />
```

5 s 之后跳转到百度首页：

```
<meta http-equiv="refresh" content="5; url= https://www.baidu.com/" />
```

使用 expires 属性值设置网页缓存时间：

```
<meta http-equiv="expires" content="Sunday 20 October 2019 01:00 GMT" />
```

可以使用如下方式设置页面不缓存：

```
<meta http-equiv="pragma" content="no-cache" />
```

类似设置还有：

```
<meta name="author" content="https://www.baidu.com/" />      <!--设置网页作者-->
<meta name="copyright" content=" https://www.baidu.com/" />  <!--设置网页版权-->
<meta name="date" content="2019-01-12T20:50:30+00:00" />     <!--设置创建时间-->
<meta name="robots" content="none" />                         <!--设置禁止搜索引擎检索-->
```

2.1.3 定义文档视口

在移动 Web 开发中，经常会遇到 viewport（视口）问题，也就是浏览器显示页面内容的屏幕区域。一般移动设备的浏览器都默认设置一个<meta name="viewport">标签，定义一个虚拟的布局视口，用于解决早期的页面在手机上显示的问题。

iOS、Android 基本都将视口分辨率设置为 980 px，所以桌面网页基本能够在手机上呈现，只不过看上去很小，用户可以通过手动方式缩放网页进行阅读。这种方式令用户体验很差，建议使用<meta name="viewport">标签设置视图大小。

<meta name="viewport">标签的设置代码如下。

`<meta id="viewport" name="viewport" content="width=device-width; initial-scale=1.0; maximum-scale=1; user-scalable=no;">`

<meta name="viewport">标签的属性说明如表 2.2 所示。

表 2.2 <meta name="viewport">标签的属性说明

属性	取值	说明
width	正整数或 device-width	定义视口的宽度，单位为像素
height	正整数或 device-height	定义视口的高度，单位为像素，一般不用
initial-scale	[0.0-10.0]	定义初始缩放值
minimum-scale	[0.0-10.0]	定义缩小最小比例，它必须小于或等于 maximum-scale 设置
maximum-scale	[0.0-10.0]	定义放大最大比例，它必须大于或等于 minimum-scale 设置
user-scalable	yes/no	定义是否允许用户手动缩放页面，默认值为 yes

【示例】在页面中输入一个标题和两段文本，如果没有设置文档视口，则在移动设备中所呈现的效果如图 2.2 所示，而设置文档视口之后，所呈现的效果如图 2.3 所示。

```
<!doctype html>
<html>
<head>
<meta charset="utf-8">
<title>设置文档视口</title>
<meta name="viewport" content="width=device-width, initial-scale=1">
</head>
<body>
<h1>width=device-width, initial-scale=1</h1>
<p>width=device-width 将 layout viewport（布局视口）的宽度设置 ideal viewport（理想视口）的宽度。</p>
<p>initial-scale=1 表示将 layout viewport（布局视口）的宽度设置为 ideal viewport（理想视口）的宽度。</p>
</body>
</html>
```

提示：ideal viewport（理想视口）通常就是指设备的屏幕分辨率。

图 2.2　默认被缩小的页面视图　　　图 2.3　保持正常的布局视图

2.2 主体基本结构

HTML 文档的主体部分包括要在浏览器中显示的所有信息,这些信息需要在特定的结构中呈现。下面介绍网页通用结构的设计方法。

2.2.1 定义文档结构

HTML5 包含 100 多个标签,大部分继承自 HTML4,新增加 30 个标签。这些标签基本上都被放置在主体区域内(<body>),我们将在各章节中逐一进行说明。

正确选用 HTML5 标签可以避免代码冗余。在设计网页时,不仅需要使用<div>标签构建网页通用结构,还要使用下面几类标签完善网页结构。

- ☑ <h1>、<h2>、<h3>、<h4>、<h5>、<h6>:定义文档标题,1 表示一级标题,6 表示六级标题,常用标题包括一级、二级和三级。
- ☑ <p>:定义段落文本。
- ☑ <ul>、<ol>、<li>等:定义信息列表、导航列表、榜单结构等。
- ☑ <table>、<tr>、<td>等:定义表格结构。
- ☑ <form>、<input>、<textarea>等:定义表单结构。
- ☑ <span>:定义行内包含框。

【示例】下面是一个简单的 HTML 页面,使用少量 HTML 标签。它演示了一个简单的文档应该包含的内容,以及主体内容在浏览器中的显示。

第 1 步,新建文本文件,输入以下代码。

```html
<html>
    <head>
        <meta charset="utf-8">
        <title>一个简单的文档包含内容</title>
    </head>
    <body>
        <h1>我的第一个网页文档</h1>
        <p>HTML 文档必须包含三个部分:</p>
        <ul>
            <li>html——网页包含框</li>
            <li>head——头部区域</li>
            <li>body——主体内容</li>
        </ul>
    </body>
</html>
```

第 2 步,保存文本文件,命名为 test,设置扩展名为.html。
第 3 步,使用浏览器打开这个文件,预览效果如图 2.4 所示。
为了更好地选用标签,读者可以参考 W3school 网站的 http://www.w3school.com.cn/tags/index.asp 页面信息。 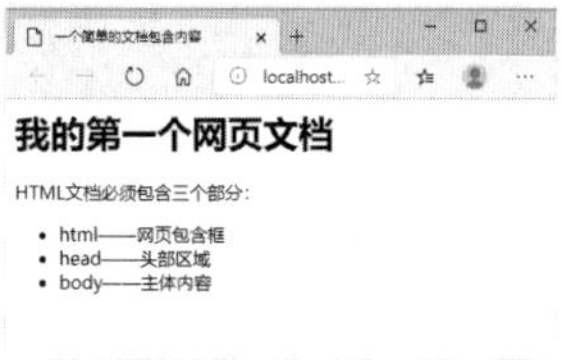

图 2.4 网页文档演示效果

2.2.2 定义内容标题

HTML 提供了六级标题用于创建页面信息的层级关系。使用 h1、h2、h3、h4、h5 或 h6 元素对各级标题进行标记，其中 h1 是最高级别的标题，h2 是 h1 的子标题，h3 是 h2 的子标题，以此类推。

【示例 1】标题代表文档的大纲。当设计网页内容时，可以根据需要为内容的每个主要部分指定一个标题和任意数量的子标题，以及子子标题等。

```
<h1>唐诗欣赏</h1>
<h2>春晓</h2>
<h3>孟浩然</h3>
<p>春眠不觉晓，处处闻啼鸟。</p>
<p>夜来风雨声，花落知多少。</p>
```

在示例 1 中，标记为 h2 的"春晓"是标记为 h1 的顶级标题"唐诗欣赏"的子标题，而"孟浩然"是 h3，它就成了"春晓"的子标题，也是 h1 的子子标题。如果继续编写页面其余部分的代码，相关的内容（段落、图像、视频等）就要紧跟在对应的标题后面。

对任何页面来说，分级标题都是最重要的 HTML 元素。标题通常传达的是页面的主题。对搜索引擎而言，如果标题与搜索词匹配，标题就会被赋予很高的权重，尤其是等级最高的 h1。当然，不是说页面中的 h1 越多越好，搜索引擎能够聪明地判断出哪些 h1 是可用的。

【示例 2】使用标题组织内容。下面的产品指南有 3 个主要部分，每个部分都有不同层级的子标题。标题之间的空格和缩进只是为了让层级关系更清楚一些，它们不会影响最终的显示效果。

```
<h1>所有产品分类</h1>
    <h2>进口商品</h2>
    <h2>食品饮料</h2>
        <h3>糖果/巧克力</h3>
            <h4>巧克力 果冻</h4>
            <h4>口香糖 棒棒糖 软糖 奶糖 QQ 糖</h4>
        <h3>饼干糕点</h3>
            <h4>饼干 曲奇</h4>
            <h4>糕点 蛋卷 面包 薯片/膨化食品</h4>
    <h2>粮油副食</h2>
        <h3>大米面粉</h3>
        <h3>食用油</h3>
```

在默认情况下，浏览器会从 h1 到 h6 逐级减小标题的字号。如图 2.5 所示，所有的标题都以粗体显示，h1 的字号比 h2 的大，而 h2 的又比 h3 的大，以此类推。每个标题之间的间隔也是由浏览器默认的 CSS 定制的，它们并不代表 HTML 文档中有空行。

提示：在创建分级标题时，要避免跳过某些级别，如从 h3 直接跳到 h5。不过，允许标题从低级别跳到高级别。例如，在"<h4>糕点 蛋卷 面包 薯片/膨化食品</h4>"后面紧跟"<h2>粮油副食</h2>"，因为包含"<h4>糕点 蛋卷 面包 薯片/膨化食品</h4>"的"<h2>食品饮料</h2>"在这里结束了，而"<h2>粮油副食</h2>"的内容开始了。

图 2.5　网页内容标题的层级

不要使用 h1～h6 标记副标题、标语以及无法成为独立标题的子标题。例如，假设有一篇新闻报道，它的主标题后面紧跟一个副标题，这时副标题就应该使用段落或其他非标题元素。

```
<h1>天猫超市</h1>
<p>在乎每件生活小事</p>
```

提示，HTML5 包含一个名为 hgroup 的元素，用于将连续的标题组合在一起，后来 W3C 将这个元素从 HTML 5.1 规范中移除了。

```
<h1>客观地看日本，理性地看中国</h1>
<p class="subhead">日本距离我们并不远，但是如果真的要说它在这十年、二十年有什么样的发展和变化，又好像对它了解得并不多。本文出自一个在日本生活了快 10 年的中国作者，来看看他描述的日本，一个除了老龄化和城市干净标签之外的真实国度。</p>
```

上面代码是标记文章副标题的一种方法。可以添加一个 class，从而能够应用相应的 CSS，该 class 可以被命名为 subhead 等名称。

提示，曾有人提议在 HTML5 中引入 subhead 元素，用于对子标题、副标题、标语、署名等内容进行标记，但是未被 W3C 采纳。

2.2.3 使用 div

有时需要在一段内容外围包一个容器，从而可以为其应用 CSS 样式或 JavaScript 效果。如果没有这个容器，页面就会不一样。在评估内容的时候，考虑使用 article、section、aside、nav 等元素，却发现它们从语义上来讲都不合适。

这时，真正需要的是一个通用容器，一个完全没有任何语义含义的容器。这个容器就是 div 元素，用户可以为其添加样式或 JavaScript 效果。

【示例 1】为页面内容加上 div 元素以后，可以添加更多样式的通用容器。

```
<div>
    <article>
        <h1>文章标题</h1>
        <p>文章内容</p>
        <footer>
            <p>注释信息</p>
            <address><a href="#">W3C</a></address>
        </footer>
    </article>
</div>
```

现在有一个 div 包着所有的内容，页面的语义没有发生改变，但现在我们有了一个可以用 CSS 添加样式的通用容器。

与 header、footer、main、article、section、aside、nav、h1～h6、p 等元素一样，在默认情况下，div 元素没有任何样式，只是其包含的内容从新的一行开始。不过，我们可以对 div 添加样式以实现设计效果。

div 对使用 JavaScript 实现一些特定的交互行为或效果是有帮助的。例如，在页面中展示一张照片或一个对话框，同时让背景页面覆盖一个半透明的层（这个层通常是一个 div）。

尽管 HTML 用于对内容的含义进行描述，但 div 并不是唯一没有语义价值的元素。span 是与 div 对应的一个元素，div 是块级内容的无语义容器，而 span 是短语内容的无语义容器。例如，span 可以放在段落元素 p 之内。

【示例 2】对段落文本中的部分信息进行分隔显示，以便应用不同的类样式。

```
<h1>新闻标题</h1>
<p>新闻内容</p>
```

```
<p>......</p>
<p>发布于<span class="date">2016 年 12 月</span>，由<span class="author">张三</span>编辑</p>
```

> **提示**：在 HTML 结构化元素中，div 是除了 h1～h6 以外唯一早于 HTML5 出现的元素。在 HTML5 之前，div 是包围大块内容（如页眉、页脚、主要内容、插图、附栏等）的，从而成为 CSS 为之添加样式的不二选择。之前 div 没有任何语义含义，现在也一样，这就是 HTML5 引入 header、footer、main、article、section、aside 和 nav 元素的原因。这些类型的构造块在网页中普遍存在，因此它们可以成为具有独立含义的元素。在 HTML5 中，div 并没有消失，只是使用它的场合变少了。

为 article 和 aside 元素分别添加一些 CSS 样式，让它们各自成为一栏。在大多数情况下，每一栏都有不止一个区块的内容。例如，主要内容区第一个 article 下面可能还有另一个 article（或 section、aside 等元素）。又如，也许想在第二栏再放一个 aside 显示指向关于其他网站的链接，或许再添加一个其他类型的元素。这时可以将期望在同一栏出现的内容包在一个 div 里，然后对这个 div 添加相应的样式。但是不可以用 section，因为该元素并不能作为添加样式的通用容器。

div 没有任何语义。大多数时候，使用 header、footer、main（仅使用一次）、article、section、aside 或 nav 代替 div 会更合适。但是，如果语义上不合适，也不必为了刻意避免使用 div 而使用上述元素。div 适合所有页面容器，可以作为 HTML5 的备用容器使用。

2.2.4 使用 id 和 class

HTML 是简单的文档标识语言，而不是界面语言。文档结构大部分使用<div>标签完成，为了能够识别不同的结构，一般通过定义 id 或 class 赋予它们额外的语义，给 CSS 样式提供有效的"钩子"。

【示例 1】构建一个简单的列表结构，并给它分配一个 id，自定义导航模块。

```
<ul id="nav">
    <li><a href="#">首页</a></li>
    <li><a href="#">新闻</a></li>
    <li><a href="#">互动</a></li>
</ul>
```

在使用 id 标识页面上的元素时，id 名必须是唯一的。id 可以用来标识持久的结构性元素，如主导航或内容区域；id 可以用来标识一次性元素，如某个链接或表单元素。

在整个网站上，id 名应该应用于语义相似的元素以避免混淆。如果联系人表单和联系人详细信息在不同的页面上，那么可以给它们分配同样的 id 名（如 contact）；但是如果在外部样式表单中给它们定义样式，就会遇到问题，因此使用不同的 id 名（如 contact_form 和 contact_details）就会简单得多。

与 id 不同，同一个 class 可以应用于页面上任意数量的元素，因此 class 非常适合标识样式相同的对象。例如，设计一个新闻页面，其中包含每条新闻的日期，此时不必给每个日期分配不同的 id，而是可以给所有日期分配类名 date。

> **提示**：id 和 class 的名称一定要保持语义性，并与表现方式无关。例如，可以给导航元素分配 id 名为 right_nav，因为希望它出现在右边。但是，如果以后将它的位置改到左边，那么 CSS 和 HTML 就会发生歧义。所以，将这个元素命名为 sub_nav 或 nav_main 更合适。这种名称解释就不再涉及如何表现它。

对于 class 名称，也是如此。如果定义所有错误消息以红色显示，不要使用类名 red，而应该选择更有意义的名称，如 error 或 feedback。

注意：class 和 id 名称需要区分大小写，虽然 CSS 不区分大小写，但是在标签中是否区分大小写取决于 HTML 的文档类型。如果使用 XHTML 严谨型文档，那么 class 和 id 名称是区分大小写的。最好的方式是保持一致的命名约定。如果在 HTML 中使用驼峰命名法，那么在 CSS 中也采用这种形式。

【示例 2】在实际设计中，class 被广泛使用，这就容易产生滥用现象。例如，很多初学者对所有的元素添加类，以便更方便地控制它们，这种现象被称为"多类症"。在某种程度上，这和使用基于表格的布局一样糟糕，因为它在文档中添加了无意义的代码。

```
<h1 class="newsHead">标题新闻</h1>
<p class="newsText">新闻内容</p>
<p>......</p>
<p class="newsText"><a href="news.php" class="newsLink">更多</a></p>
```

【示例 3】在示例 2 中，每个元素都使用一个与新闻相关的类名进行标识，这使新闻标题和正文可以采用与页面其他部分不同的样式。但是，不需要用这么多类区分每个元素，可以将新闻条目放在一个包含框中，并加上类名 news，从而标识整个新闻条目。然后，可以使用包含框选择器识别新闻标题或文本。

```
<div class="news">
    <h1>标题新闻</h1>
    <p>新闻内容</p>
    <p>......</p>
    <p><a href="news.php">更多</a></p>
</div>
```

以这种方式删除不必要的类，有助于简化代码，使页面更简洁。过度依赖类名是不必要的，我们只需要在不适合使用 id 的情况下对元素应用类，而且尽可能少地使用类。实际上，创建大多数文档常常只需要添加几个类。如果初学者发现自己添加了许多类，那么这很可能意味着自己创建的 HTML 文档的结构有问题。

2.2.5 使用 title

可以使用 title 属性为文档中的任何部分加上提示标签。不过，它们并不只是提示标签，加上它们之后屏幕阅读器可以为用户朗读 title 文本，因此使用 title 可以提升无障碍访问功能。

【示例】可以为任何元素添加 title，不过用得最多的是链接。

```
<ul title="列表提示信息">
    <li><a href="#" title="链接提示信息">列表项</a></li>
</ul>
```

当访问者将鼠标指针指向加了说明标签的元素时，就会显示 title。如果 img 元素同时包括 title 和 alt 属性，则提示框会采用 title 属性的内容，而不是 alt 属性的内容。

2.2.6 HTML 注释

可以在 HTML 文档中添加注释，标明区块开始和结束的位置，提示某段代码的意图，或者阻止内容显示等。这些注释只会在源代码中可见，访问者在浏览器中是看不到它们的。

【示例】下面代码使用"<!--"和"-->"分隔符定义了 6 处注释。

```
<!-- 开始页面容器 -->
<div class="container">
    <header role="banner"></header>
```

```html
        <!-- 应用 CSS 后的第一栏 -->
        <main role="main"></main>
        <!-- 结束第一栏 -->
        <!-- 应用 CSS 后的第二栏 -->
        <div class="sidebar"></div>
        <!-- 结束第二栏 -->
        <footer role="contentinfo"></footer>
</div>
<!-- 结束页面容器 -->
```

在主要区块的开头和结尾处添加注释是一种常见的做法，这样可以让一起合作的开发人员在将来修改代码时变得更加容易。

在发布网站之前，应该用浏览器查看一下加了注释的页面，这样可以避免由于弄错注释格式导致注释内容直接暴露给访问者的情况。

2.3 主体语义化结构

HTML5 新增了多个结构化元素，以方便用户创建更友好的页面主体框架，下面我们来详细学习。

2.3.1 定义页眉

如果页面中有一块包含一组介绍性或导航性内容的区域，应该用 header 元素对其进行标记。一个页面可以有任意数量的 header 元素，它们的含义可以根据其上下文而有所不同。例如，处于页面顶端或接近这个位置的 header 可能代表整个页面的页眉（也称为页头）。

通常，页眉包括网站标志、主导航和其他全站链接，甚至搜索框，这是 header 元素最常见的使用形式，不过不是唯一的形式。

【示例 1】下面的 header 代表整个页面的页眉，它包含一组代表整个页面主导航的链接（在 nav 元素中）。可选的 role="banner" 并不适用于所有的页眉，它明确定义该页眉为页面级页眉，因此可以提高可访问性权重。

```html
<header role="banner">
    <nav>
        <ul>
            <li><a href="#">公司新闻</a></li>
            <li><a href="#">公司业务</a></li>
            <li><a href="#">关于我们</a></li>
        </ul>
    </nav>
</header>
```

这种页面级页眉的形式在网上很常见，它包含网站名称（通常为一个标识）、指向网站主要板块的导航链接，以及一个搜索框。

【示例 2】header 适合对页面深处的一组介绍性或导航性内容进行标记。例如，一个区块的目录。

```html
<main role="main">
    <article>
        <header>
            <h1>客户反馈</h1>
            <nav>
```

```html
            <ul>
                <li><a href="#answer1">新产品什么时候上市？</a>
                <li><a href="#answer2">客户电话是多少？</a>
                <li> ...
            </ul>
        </nav>
    </header>
    <article id="answer1">
        <h2>新产品什么时候上市？</h2>
        <p>5月1日上市</p>
    </article>
    <article id="answer2">
        <h2>客户电话是多少？</h2>
        <p>010-66668888</p>
    </article>
</article>
</main>
```

提示，只在必要时使用 header。在大多数情况下，如果使用 h1～h6 能满足需求，就没有必要用 header 将它包起来。header 与 h1～h6 元素中的标题是不能互换的，它们都有各自的语义用法。

不能在 header 里嵌套 footer 元素或另一个 header，也不能在 footer 或 address 元素里嵌套 header。当然，不一定要像示例一样包含一个 nav 元素，不过在大多数情况下，如果 header 包含导航性链接，就可以用 nav。nav 包住链接列表是恰当的，因为它是页面内的主要导航组。

2.3.2 定义导航

HTML 早期版本没有元素明确表示主导航链接的区域，HTML5 新增了 nav 元素定义导航。nav 中的链接可以指向页面中的内容，也可以指向其他页面或资源，或者两者兼具。无论是哪种情况，应该仅对文档中重要的链接群使用 nav。例如，以下代码。

```html
<header role="banner">
    <nav>
        <ul>
            <li><a href="#">公司新闻</a></li>
            <li><a href="#">公司业务</a></li>
            <li><a href="#">关于我们</a></li>
        </ul>
    </nav>
</header>
```

这些链接（a 元素）代表一组重要的导航，因此将它们放入一个 nav 元素。role 属性并不是必需的，不过它可以提高可访问性。除了开启一个新行以外，nav 元素不会对其内容添加任何默认样式，该元素没有任何默认样式。

一般习惯使用 ul 或 ol 元素对链接进行结构化。在 HTML5 中，nav 并没有取代最佳实践，应该继续使用这些元素，只是在它们的外围简单地包一个 nav。

nav 能帮助不同设备和浏览器识别页面的主导航，并允许用户通过键盘直接跳至这些链接，这样可以提高页面的可访问性，并提升访问者的体验。

HTML5 规范不推荐对辅助性的页脚链接使用 nav，如"使用条款""隐私政策"等。不过，有时页脚会再次显示顶级全局导航，或者包含"商店位置""招聘信息"等重要链接。在大多数情况下，推荐将页脚中的此类链接放入 nav 中。同时，HTML5 不允许将 nav 嵌套在 address 元素中。

在页面中插入一组链接并非意味着一定要将它们包在 nav 元素里。例如，在一个新闻页面中包含一篇文章，该页面包含 4 个链接列表，其中只有两个列表比较重要，可以包在 nav 中，而位于 aside 中的次级导航和 footer 里的链接可以忽略。

如何判断是否对一组链接使用 nav？

这取决于内容的组织情况。一般应该将网站全局导航标记为 nav，让用户可以跳至网站各个主要部分的导航，这种 nav 通常出现在页面级的 header 元素里面。

【示例】在下面的页面中，只有两组链接放在 nav 里，另外两组则由于不是主要的导航而没有放在 nav 里。

```html
<!--开始页面级页眉-->
<header role="banner">
    <!-- 站点标识可以放在这里 -->
    <!-- 全站导航 -->
    <nav role="navigation">
        <ul></ul>
    </nav>
</header>
<!--开始主要内容-->
<main role="main">
    <h1>客户反馈</h1>
    <article>
        <h2>问题</h2>
        <p>反馈</p>
    </article>
    <aside>
        <h2>关于</h2>
        <!-- 没有包含在 nav 里 -->
        <ul></ul>
    </aside>
</main>
<!--开始附注栏-->
<aside>
    <! -- 次级导航 -->
    <nav role="navigation">
        <ul>
            <li><a href="#">国外业务</a></li>
            <li><a href="#">国内业务</a></li>
        </ul>
    </nav>
</aside>
<!--开始页面级页脚-->
<footer role="contentinfo">
    <!-- 辅助性链接并未包在 nav 中 -->
    <ul></ul>
</footer>
```

2.3.3 定义主要区域

一般网页都有一些不同的区块，如页眉、页脚、包含额外信息的附注栏、指向其他网站的链接等。不过，一个页面只有一个部分代表其主要内容，可以将这样的内容包在 main 元素中，该元素在一个页面中仅使用一次。

【示例】下面页面是一个完整的主体结构，main 元素包围着代表页面主题的内容。

```
<header role="banner">
    <nav role="navigation">[包含多个链接的 ul]</nav>
</header>
<main role="main">
    <article>
        <h1 id="gaudi">主要标题</h1>
        <p>[页面主要区域的其他内容]
    </article>
</main>
<aside role="complementary">
    <h1>侧边标题</h1>
    <p>[附注栏的其他内容]
</aside>
<footer role="info">[版权]</footer>
```

main 元素是 HTML5 新添加的元素，在一个页面里仅使用一次。在 main 开始标签中添加 role="main"，这样可以帮助屏幕阅读器定位页面的主要区域。

与 p、header、footer 等元素一样，main 元素的内容显示在新的一行，除此之外不会影响页面的任何样式。如果创建的是 Web 应用，应该使用 main 包围其主要的功能。

注意：不能将 main 放置在 article、aside、footer、header 或 nav 元素中。

2.3.4 定义文章块

HTML5 的一个新元素是 article，使用它可以定义文章块。

【示例 1】演示 article 元素的应用。

```
<header role="banner">
    <nav role="navigation">[包含多个链接的 ul]</nav>
</header>
<main role="main">
    <article>
        <h1 id="news">区块链"时代号"列车驶来</h1>
        <p>对于精英们来说，这个春节有点特殊。</p>
        <p>他们身在曹营心在汉，他们被区块链搅动得燥热难耐，在兴奋、焦虑、恐慌、质疑中度过一个漫长的春节。</p>
        <h2 id="sub1">1. 三点钟无眠</h2>
        <p><img src="images/0001.jpg" width="200" />春节期间，一个互联网大佬云集的区块链群建立，因为有蔡文胜、薛蛮子、徐小平等人的参与，该群被封上了"市值万亿"的称号。这个名为"三点钟无眠区块链"的群，搅动了一池春水。</p>
        <h2 id="sub2">2. 被碾压的春节</h2>
        <p>......</p>
    </article>
</main>
```

为了精简，本示例对文章内容进行了缩写，略去了与上一节相同的 nav 代码。尽管在这个示例里只有段落和图像，但 article 可以包含各种类型的内容。

现在，页面有了 header、nav、main 和 article 元素，以及它们各自的内容。在不同的浏览器中，article 中标题的字号可能不同，可以应用 CSS 使它们在不同的浏览器中显示相同的大小。

article 用于包含文章一样的内容，不过并不局限于此。在 HTML5 中，article 元素表示文档、页面、应用或网站中一个独立的容器，原则上是可以独立分配或再用的，就像聚合内容中的各部分。它可以是一篇论坛帖子、一篇杂志或报纸文章、一篇博客条目、一则用户提交的评论、一个交互式的小部件或小工具，或者任何其他独立的内容项。其他 article 的例子包括电影或音乐评论、案例研究、产品描述等。这些确定是独立的、可再分配的内容项。

可以将 article 嵌套在另一个 article 中,只要里面的 article 与外面的 article 是部分与整体的关系。一个页面可以有多个 article 元素。例如,博客的主页通常包括几篇最新的文章,其中每一篇都是其自身的 article。一个 article 元素可以包含一个或多个 section 元素。在 article 元素里包含独立的 h1~h6 元素。

【示例 2】示例 1 只是使用 article 元素的一种方式,下面看看其他的用法。下面代码展示了对基本的新闻报道或报告进行标记的方法。注意 footer 和 address 元素的使用。这里,address 只应用于其父元素 article(即这里显示的 article),而非整个页面或任何嵌套在 article 里面的 article。

```
<article>
    <h1 id="news">区块链"时代号"列车驶来</h1>
    <p>对于精英们来说,这个春节有点特殊。</p>
    <!-- 文章的页脚,并非页面级的页脚 -->
    <footer>
        <p>出处说明</p>
        <address>
            访问网址<a href="https://www.huxiu.com/article/233472.html">虎嗅</a>
        </address>
    </footer>
</article>
```

【示例 3】下面代码展示了嵌套在父元素 article 里面的 article 元素。该示例中嵌套的 article 是用户提交的评论,就像在博客或新闻网站上见到的评论部分。该示例还显示了 section 元素和 time 元素的用法。这些只是使用 article 及有关元素的几个常见方式。

```
<article>
    <h1 id="news">区块链"时代号"列车驶来</h1>
    <p>对于精英们来说,这个春节有点特殊。</p>
    <section>
        <h2>读者评论</h2>
        <article>
            <footer>发布时间
                <time datetime="2020-02-20">2020-02-20</time>
            </footer>
            <p>评论内容</p>
        </article>
        <article>[下一则评论]</article>
    </section>
</article>
```

每条读者评论都包含在一个 article 元素里,这些 article 元素又嵌套在主 article 元素里。

2.3.5 定义区块

section 元素代表文档或应用的一个一般的区块。section 是具有相似主题的一组内容,通常包含一个标题。section 包含章节、标签式对话框中的各种标签页、论文中带编号的区块。例如,网站的主页可以分成介绍、新闻条目、联系信息等区块。

Section 元素定义通用的区块,但不要将它与 div 元素相混淆。从语义上讲,section 标记的是页面中的特定区域,而 div 则不传达任何语义。

【示例 1】下面代码把主体区域划分为 3 个独立的区块。

```
<main role="main">
```

```
<h1>主要标题</h1>
<section>
    <h2>区块标题 1</h2>
    <ul>[标题列表]</ul>
</section>
<section>
    <h2>区块标题 2</h2>
    <ul>[标题列表]</ul>
</section>
<section>
    <h2>区块标题 3</h2>
    <ul>[标题列表]</ul>
</section>
</main>
```

【示例 2】一般新闻网站都会对新闻进行分类，每个类别都可以标记为一个 section。

```
<h1>网页标题</h1>
<section>
    <h2>区块标题 1</h2>
    <ol>
        <li>列表项目 1</li>
        <li>列表项目 2</li>
        <li>列表项目 3</li>
    </ol>
</section>
<section>
    <h2>区块标题 2</h2>
    <ol>
        <li>列表项目 1</li>
    </ol>
</section>
```

与其他元素一样，section 并不影响页面的显示。

如果只是出于添加样式的目的要对内容添加一个容器，应使用 div 而不是 section。

可以将 section 嵌套在 article 里，从而显式地标出报告、故事、手册等文章的不同部分或不同章节。例如，可以在本示例中使用 section 元素包裹不同的内容。

在使用 section 时，记住"具有相似主题的一组内容"，这也是 section 区别于 div 的另一个原因。section 和 article 的区别在于，section 在本质上其组织性和结构性更强，而 article 代表的是自包含的容器。

在考虑是否使用 section 的时候，一定要仔细思考，不过也不必每次都对是否使用正确而感到担心。有时，些许主观想法并不会影响页面的正常工作。

2.3.6 定义附栏

在页面中可能会有一部分内容与主体内容无关，但可以独立存在。在 HTML5 中，我们可以使用 aside 元素表示重要引述、侧栏、指向相关文章的一组链接（针对新闻网站）、广告、nav 元素组（如博客的友情链接）、微信或微博源、相关产品列表（通常针对电子商务网站）等。

从表面上看，aside 元素表示侧栏，但该元素还可以用在页面的很多地方，具体依上下文而定。如果 aside 嵌套在页面的主要内容内（而不是作为侧栏位于主要内容之外），则其中的内容应与其所在的内容密切相关，而不是仅与页面整体内容相关。

【示例】aside 是有关次要信息的元素，它与页面主要关注的内容的相关性稍差，且可以在没有上下文的情况下独立存在。可以将它嵌套在 article 里面，或者将它放在 article 后面，添加 CSS 样式让它看起来像侧栏。aside 里面的 role="complementary"是可选的，可以提高可访问性。

```html
<header role="banner">
    <nav role="navigation">[包含多个链接的 ul]</nav>
</header>
<main role="main">
    <article>
        <h1 id="gaudi">主要标题</h1>
    </article>
</main>
<aside role="complementary">
    <h1>次要标题</h1>
    <p>描述文本</p>
    <ul>
        <li>列表项</li>
    </ul>
    <p><small>出自: <a href="http://www.w3.org/" rel="external"><cite>W3C</cite></a></small></p>
</aside>
```

在 HTML 中，应该将附栏内容放在 main 的内容之后。出于搜索引擎优化（SEO）和可访问性的目的，最好将重要的内容放在前面，可以通过 CSS 改变它们在浏览器中的显示顺序。

对于与内容有关的图像，使用 figure 而非 aside。HTML5 不允许将 aside 嵌套在 address 元素内。

2.3.7 定义页脚

页脚一般位于页面底部，通常包括版权声明，可能还包括指向隐私政策页面的链接，以及其他类似的内容。HTML5 的 footer 元素可以用在这样的地方，但它同 header 一样，还可以用在其他地方。

footer 元素表示嵌套它的最近的 article、aside、blockquote、body、details、fieldset、figure、nav、section 或 td 元素的页脚。只有当它最近的祖先是 body 时，它才是整个页面的页脚。

如果一个 footer 包着它所在的区块（如一个 article）的所有内容，它代表的是像附录、索引、版权页、许可协议的内容。

页脚通常包含关于它所在区块的信息，如指向相关文档的链接、版权信息、作者及其他类似条目。页脚并不一定要位于所在元素的末尾，不过通常位于所在元素的末尾。

【示例 1】footer 代表页脚，因为它最近的祖先是 body 元素。

```html
<header role="banner">
    <nav role="navigation">链接列表</nav>
</header>
<main role="main">
    <article>
        <h1 id="gaudi">主要标题</h1>
        <h2>次标题</h2>
    </article>
</main>
<aside role="complementary">
    <h1>次标题</h1>
</aside>
<footer>
    <p><small>版权信息</small></p>
</footer>
```

页面具有 header、nav、main、article、aside 和 footer 元素，但是并非每个页面都需要具备这些元素，它们代表 HTML 中主要页面的构成要素。

footer 元素本身不会为文本添加任何默认样式。这里，版权信息的字号比普通文本的小，因为它嵌套在 small 元素里。像其他内容一样，可以通过 CSS 修改 footer 元素所包含内容的字号。

> 提示：不能在 footer 元素里嵌套 header 元素或另一个 footer 元素。同时，也不能将 footer 元素嵌套在 header 或 address 元素里。

【示例 2】下面的第一个 footer 包含在 article 内，属于该 article 的页脚。第二个 footer 是页面级的，只能对页面级的 footer 使用 role="contentinfo"，且一个页面只能使用一次。

```html
<article>
    <h1>文章标题</h1>
    <p>文章内容</p>
    <footer>
        <p>注释信息</p>
        <address><a href="#">W3C</a></address>
    </footer>
</article>
<footer role="contentinfo">版权信息</footer>
```

2.3.8　使用 role

role 是 HTML5 新增的属性，其作用是告诉 Accessibility 类应用（如屏幕阅读器等）当前元素所扮演的角色，主要是供残疾人使用，使用 role 可以增强文本的可读性和语义化。

在 HTML5 元素内，标签本身就是有语义的，因此 role 作为可选属性使用，但是在很多流行的框架（如 Bootstrap）中都很重视类似的属性和声明，目的是为了兼容旧版本的浏览器（用户代理）。

role 属性主要应用于文档结构和表单中。例如，设置输入密码框，对于正常人可以用 placaholder 提示输入密码，但是对于残障人士是无效的，这时就需要用到 role 属性。另外，在旧版本的浏览器中，由于不支持 HTML5 标签，所以有必要使用 role 属性。

例如，下面代码告诉屏幕阅读器，此处有一个复选框，且已经被选中。

```html
<div role="checkbox" aria-checked="checked"> <input type="checkbox" checked></div>
```

下面是常用的 role 角色值。

- ☑ role="banner"（横幅）：面向全站的内容，通常包含网站标志、网站赞助者标志、全站搜索工具等。横幅通常显示在页面的顶端，而且通常横跨整个页面的宽度。

    使用方法：将其添加到页面级的 header 元素中，每个页面只使用一次。

- ☑ role="navigation"（导航）：文档内不同部分或相关文档的导航性元素（通常为链接）的集合。

    使用方法：与 nav 元素是对应关系。应将其添加到每个 nav 元素中，或其他包含导航性链接的容器。这个角色可以在每个页面上使用多次，但是同 nav 一样，不要过度地使用该属性。

- ☑ role="main"（主体）：文档的主要内容。

    使用方法：与 main 元素的功能是一样的。对于 main 元素来说，建议也应该设置 role="main" 属性，其他结构元素更应该设置 role="main"属性，以便让浏览器能够识别它是网页的主体内容。在每个页面仅使用一次。

- ☑ role="complementary"（补充性内容）：文档中作为主体内容补充的支撑部分。它对区分主体内容是有意义的。

    使用方法：与 aside 元素是对应关系。应将其添加到 aside 或 div 元素中（前提是该 div 仅包含补充性内容）。可以在一个页面包含多个 complementary 角色，但不要过度使用。
- ☑ role="contentinfo"（内容信息）：包含关于文档信息的大块、可感知区域。这类信息的例子包括版权声明和指向隐私权声明的链接等。

使用方法：将其添加至页脚（通常为 footer 元素），每个页面仅使用一次。

【示例】下面代码演示了在文档结构中如何应用 role。

```html
<!-- 开始页面容器 -->
<div class="container">
    <header role="banner">
        <nav role="navigation">[包含多个链接的列表]</nav>
    </header>
    <!-- 应用 CSS 后的第一栏 -->
    <main role="main">
        <article></article>
        <article></article>
        [其他区块]
    </main>
    <!-- 结束第一栏 -->
    <!-- 应用 CSS 后的第二栏 -->
    <div class="sidebar">
        <aside role="complementary"></aside>
        <aside role="complementary"></aside>
        [其他区块]
    </div>
    <!-- 结束第二栏 -->
    <footer role="contentinfo"></footer>
</div>
<!-- 结束页面容器 -->
```

注意：即便不使用 role 角色，页面看起来也没有任何差别，但是使用它们可以提升使用辅助设备的用户的体验。有鉴于此，推荐使用它们。

对表单元素来说，form 角色是多余的，search 用于标记搜索表单，application 则属于高级用法。当然，不要在页面上过多地使用地标角色。过多的 role 角色会让屏幕阅读器的用户感到累赘，降低 role 的作用，从而影响用户的整体体验。

2.4 案例实战

本节将使用 HTML5 新元素设计一个博客首页的框架结构。

【操作步骤】

第 1 步，新建 HTML5 文档，保存为 test1.html。

第 2 步，构建个人博客首页的框架结构。在设计框架结构时，最大限度地选用 HTML5 新结构元素，所设计的模板页面的基本结构如下所示。

```html
<header>
    <h1>[网页标题]</h1>
    <h2>[次级标题]</h2>
    <h4>[标题提示]</h4>
</header>
```

```html
<main>
    <nav>
        <h3>[导航栏]</h3>
        <a href="#">链接 1</a> <a href="#">链接 2</a> <a href="#">链接 3</a>
    </nav>
    <section>
        <h2>[文章块]</h2>
        <article>
            <header>
                <h1>[文章标题]</h1>
            </header>
            <p>[文章内容]</p>
            <footer>
                <h2>[文章脚注]</h2>
            </footer>
        </article>
    </section>
    <aside>
        <h3>[辅助信息]</h3>
    </aside>
    <footer>
        <h2>[网页脚注]</h2>
    </footer>
</main>
```

整个页面包括标题部分和主要内容部分。标题部分包括网站标题、副标题和提示性标题信息；主要内容部分包括导航、文章块、侧边栏、脚注。文章块包括标题部分、正文部分和脚注部分。

第 3 步，在模板页面的基础上，开始细化博客首页。下面仅给出本示例首页的静态页面结构，如果用户需要后台动态生成内容，可以考虑在模板结构的基础上另外设计。把 test1.html 另存为 test2.html，细化后的静态首页效果如图 2.6 所示。

图 2.6 细化后的首页页面效果

提示：限于篇幅，本节没有展示完整的页面代码，读者可以通过本节示例源代码了解完整的页面结构。

第 4 步，设计页面样式代码。考虑到本章重点学习 HTML5 新元素的应用，所以本节示例不再深入讲解 CSS 样式的设计过程，感兴趣的读者可以参考本节示例源代码中的 test2.html 文档。

第 5 步，对于早期版本的浏览器，或者不支持 HTML5 的浏览器，需要添加一个 CSS 样式，因为未知元素默认为行内显示（display:inline）。对于 HTML5 结构元素来说，我们需要让它们默认为块状显示。

```
article, section, nav, aside, main, header, hgroup, footer {
    display: block;
}
```

第 6 步，一些浏览器不允许样式化不支持的元素。这种情形出现在 IE8 及以前的浏览器中，因此还需要使用以下 JavaScript 脚本进行兼容。

```
<!--[if lt IE 9]>
  <script>
    document.createElement("article");
    document.createElement("section");
    document.createElement("nav" );
    document.createElement("aside");
    document.createElement("main" );
    document.createElement("header" );
    document.createElement("hgroup" );
    document.createElement("footer" );
  </script>
<![endif]-->
```

第 7 步，如果浏览器禁用了脚本，则不会显示，因为这些元素定义了整个页面的结构。为了预防这种情况，可以加上<noscript>标签进行提示。

```
<noscript>
    <h1>警告</h1>
    <p>因为你的浏览器不支持 HTML5，一些元素是模拟使用 JavaScript。不幸的是，您的浏览器已禁用脚本。请启用它以显示此页。</p>
</noscript>
```

2.5 在线支持

扫码免费学习
更多实用技能

一、专项练习
☑ HTML5 文档结构

二、答疑解惑
☑ 为什么要编写语义化 HTML

三、参考
☑ 最新 head 指南
☑ 移动版头信息
☑ HTML5 标签列表说明

四、补充知识
☑ HTML5 文档大纲

五、旧知识
☑ HTML 基本语法
☑ HTML 标记
☑ HTML 属性

新知识、新案例不断更新中……

第 3 章 设计 HTML5 文本

网页文本内容丰富、形式多样,通过不同的版式显示在页面中,为用户提供最直接、最丰富的信息。HTML5 新增了很多文本标签,它们都有特殊的语义,正确使用这些标签,可以让网页文本更严谨、更符合语义。本章将介绍各种 HTML5 文本标签的使用方法,以帮助读者准确标记各种正文信息。

3.1 通用文本

3.1.1 标题文本

<h1>、<h2>、<h3>、<h4>、<h5>、<h6>标签可以定义标题文本,按级别高低从大到小分别为 h1、h2、h3、h4、h5、h6,它们包含的信息依据重要性逐渐递减。其中,h1 表示最重要的信息,h6 表示最次要的信息。

【示例】根据文档结构层次,定义不同级别的标题文本。

```
<div id="wrapper">
    <h1>网页标题</h1>
    <div id="box2">
        <h2>栏目标题</h2>
        <div id="sub_box1">
            <h3>子栏目标题</h3>
            <p>正文</p>
        </div>
    </div>
</div>
```

h1、h2 和 h3 比较常用,h4、h5 和 h6 不是很常用,除非在结构层级比较深的文档中才会考虑选用,因为一般文档的标题层次在三级左右。对于标题元素的位置,应该出现在正文内容的顶部,一般处于容器的第一行。

3.1.2 段落文本

在网页中输入段落文本,应该使用 p 元素,它是最常用的 HTML 元素之一。在默认情况下,浏览器会在标题与段落之间,以及段落与段落之间添加间距,约为一个字体的距离,以方便阅读。

【示例】使用 p 元素设计两段诗句正文。

```
<p>白日依山尽,黄河入海流。</p>
<p>欲穷千里目,更上一层楼。</p>
```

使用 CSS 可以为段落添加样式,如字体、字号、颜色等,也可以改变段落文本的对齐方式,包括水平对齐和垂直对齐。

3.2 描述性文本

HTML5 强化了字体标签的语义性，弱化了其修饰性，对于纯样式字体标签不再建议使用，如 acronym（首字母缩写）、basefont（基本字体样式）、center（居中对齐）、font（字体样式）、s（删除线）、strike（删除线）、tt（打印机字体）、u（下画线）、xmp（预格式）等。

3.2.1 强调文本

strong 元素表示内容的重要性，而 em 表示内容的着重点。根据内容需要，这两个元素既可以单独使用，也可以一起使用。

【示例 1】在下面的代码中既有 strong，又有 em。浏览器通常将 strong 文本以粗体显示，将 em 文本以斜体显示。如果 em 是 strong 的子元素，将同时以斜体和粗体显示文本。

```
<p><strong>警告: 不要接近展品<em>在任何情况下</em></strong></p>
```

不要使用 b 元素代替 strong，也不要使用 i 元素代替 em。尽管它们在浏览器中显示的样式是一样的，但是它们的含义不一样。

em 在句子中的位置会影响句子的含义。例如，"<p>你看着我</p>"和"<p>你看着我</p>"表达的意思是不一样的。

【示例 2】可以在标记为 strong 的短语中嵌套 strong 文本。如果这样做，strong 的子元素的 strong 文本的重要程度会递增。这种规则对嵌套在 em 里的 em 文本也适用。

```
<p><strong>记住密码是<strong>111222333</strong></strong></p>
```

其中，"111222333"文本要比其他 strong 文本更为重要。

可以使用 CSS 将任何文本变为粗体或斜体，也可以覆盖 strong 和 em 等元素的浏览器默认显示样式。

注意：在旧版本的 HTML 中，strong 所表示文本的强调程度比 em 表示的文本要高。不过，在 HTML5 中，em 是表示强调的唯一元素，而 strong 表示的则是重要程度。

3.2.2 标记细则

HTML5 重新定义了 small 元素，由通用展示性元素变为更具体的、专门标识所谓"小字印刷体"的元素，通常表示细则一类的旁注。例如，免责声明、注意事项、法律限制、版权信息等，有时还可以表示署名、许可要求等。

注意：small 元素不允许被应用在页面主内容中，只允许被当作辅助信息以 inline 方式内嵌在页面上。同时，small 元素也不意味着元素中内容的字体会变小，要将字体变小，需要配合使用 CSS 样式。

【示例 1】small 通常是行内文本中的一小块，而不是包含多个段落或其他元素的大块文本。

```
<dl>
    <dt>单人间</dt>
    <dd>399 元 <small>含早餐，不含税</small></dd>
    <dt>双人间</dt>
    <dd>599 元 <small>含早餐，不含税</small></dd>
```

Note

```
</dl>
```

一些浏览器会将 small 包含的文本显示为小字号。不过，一定要在符合内容语义的情况下使用该元素，而不是为了减小字号而使用该元素。

【示例 2】第一个 small 元素表示简短的提示声明，第二个 small 元素表示包含在页面级 footer 里的版权声明，这是一种常见的用法。

```
<p>现在订购免费送货。<small>（仅限于五环以内）</small></p>
<footer role="contentinfo">
    <p><small>&copy; 2021 Baidu  使用百度前必读</small></p>
</footer>
```

small 只适用于短语，因此不要用它标记长的法律声明，如“使用条款”和“隐私政策”页面。根据需要，应该用段落或其他语义标签标记这些内容。

提示：HTML5 支持 big 元素，用来定义大号字体。<big>标签包含的文字字体比周围的文字要大一号，如果文字已经是最大号字体，则<big>标签将不起任何作用。用户可以嵌套使用<big>标签逐步放大文本，每一个 <big> 标签都可以使字体大一号，直到上限 7 号文本。

3.2.3 特殊格式

b 和 i 元素是早期 HTML 遗留下来的元素，它们分别用于将文本变为粗体和斜体，因为那时候 CSS 还未出现。从 HTML4 和 XHTML1 开始不再使用，因为它们本质上是用于表现的。

当时的规范建议编码人员用 strong 替代 b，用 em 替代 i。事实证明，em 和 strong 有时在语义上并不合适。为此，HTML5 重新定义了 b 和 i。

传统出版业里的某些排版规则在现有的 HTML 语义中还找不到对应物，其中就包括用斜体表示植物学名、具体的交通工具名称及外来语，这些词语不是为了强调而设置为斜体，只是样式上的惯例。

为了应对这些情况，HTML5 没有创建一些新的语义化元素，而是采取一种很实际的做法，直接利用现有元素：em 用于所有层次的强调，strong 用于表示重要性，而其他情况则使用 b 和 i。

这意味着，尽管 b 和 i 并不包含任何明显的语义，但浏览者仍能发现它们与周边文字的差别，而且还可以通过 CSS 改变它们粗体或斜体的样式。HTML5 强调：b 和 i 应该是其他元素（如 strong、em、cite 等）都不适用时的最后选择。

☑ HTML5 将 b 元素重新定义为：表示出于实用目的提醒读者注意的一块文字，不传达任何额外的重要性，也不表示其他的语态和语气，用于如文档摘要里的关键词、评论中的产品名、基于文本的交互式软件中指示操作的文字、文章导语等。例如，在以下代码中，b 文本默认显示为粗体。

```
<p>这是一个<b>红</b>房子，那是一个<b>蓝</b>盒子</p>
```

☑ HTML5 将 i 元素重新定义为：表示一块不同于其他文字的文字，具有不同的语态或语气，或其他不同于常规之处，用于如分类名称、技术术语、外语里的惯用词、翻译的散文、西方文字中的船舶名称等。例如，在以下代码中，i 文本默认显示为斜体。

```
<p>这块<i class="taxonomy">玛瑙</i>来自西亚</p>
<p>这篇<i>散文</i>已经发表.</p>
<p>There is a certain <i lang="fr">je ne sais quoi</i> in the air.</p>
```

3.2.4 定义上标和下标

使用 sup 和 sub 元素可以创建上标和下标，上标和下标文本比主体文本稍高或稍低。常见的上标包括商标符号、指数和脚注编号等；常见的下标包括化学符号等。例如：

```
<p>这段文本包含 <sub>下标文本</sub></p>
<p>这段文本包含 <sup>上标文本</sup></p>
```

【示例 1】sup 元素的一种用法就是表示脚注编号。根据从属关系，将脚注放在 article 的 footer 里，而不是整个页面的 footer 里。

```
<article>
    <h1>王维</h1>
    <p>王维参禅悟理，学庄信道，精通诗、书、画、音乐等，以诗名盛于开元、天宝间，尤长五言，多咏山水田园，与孟浩然合称"王孟"，有"诗佛"之称<a href="#footnote-1" title="参考注释"><sup>[1]</sup></a>。</p>
    <footer>
        <h2>参考资料</h2>
        <p id="footnote-1"><sup>[1]</sup>孙昌武《佛教与中国文学》第二章："王维的诗歌受佛教影响是很显著的。因此在生前，就得到'当代诗匠，又精禅理'的赞誉。后来，更得到'诗佛'的称号。"</p>
    </footer>
</article>
```

为文章中每个脚注编号创建链接，指向 footer 内对应的脚注，从而让访问者更容易找到它们。同时，链接中的 title 属性提供了一些提示。

上标是对某些外语缩写词进行格式化的理想方式。例如，法语中用 Mlle 表示 Mademoiselle（小姐），西班牙语中用 3a 表示 tercera（第三）。此外，一些数字形式也要用到上标，如 2nd、5th。下标适用于化学分子式，如 H_2O。

提示：sub 和 sup 元素会轻微地增加行高，不过使用 CSS 可以修复这个问题。修复样式代码如下：

```
<style type="text/css">
sub, sup {
    font-size: 75%;
    line-height: 0;
    position: relative;
    vertical-align: baseline;
}
sup { top: -0.5em; }
sub { bottom: -0.25em; }
</style>
```

用户可以根据内容的字号对 CSS 做一些调整，以使各行行高保持一致。

【示例 2】对于下面数学解题演示的段落文本，使用格式化语义结构能够很好地解决数学公式中各种特殊格式的要求。对于浏览器来说，也能够很好地理解它们的用途，效果如图 3.1 所示。

```
<article>
    <h1>解一元二次方程</h1>
    <p>一元二次方程求解有四种方法：</p>
    <ul>
        <li>直接开平方法 </li>
        <li>配方法 </li>
        <li>公式法 </li>
        <li>分解因式法</li>
    </ul>
    <p>例如，针对下面这个一元二次方程：</p>
    <p><i>x</i><sup>2</sup><b>5</b><i>x</i>+<b>4</b>=0</p>
    <p>我们使用<big><b>分解因式法</b></big>来演示解题思路如下：</p>
    <p><small>由：</small>(<i>x</i>-1)(<i>x</i>-4)=0</p>
    <p><small>得：</small><br />
```

```
            <i>x</i><sub>1</sub>=1<br />
            <i>x</i><sub>2</sub>=4</p>
</article>
```

在上面代码中，使用 i 元素定义变量 x 以斜体显示；使用 sup 定义一元二次方程中的二次方；使用 b 加粗显示常量值；使用 big 和 b 加大加粗显示"分解因式法"这个短语；使用 small 缩写操作谓词"由"和"得"的字体大小；使用 sub 定义方程的两个解的下标。

3.2.5 定义术语

在 HTML 中定义术语时，可以使用 dfn 元素对其做语义上的区分。例如：

图 3.1 格式化文本的语义结构效果

```
<p><dfn id="def-internet">Internet</dfn>是一个全球互联网络系统，使用因特网协议套件（TCP/IP）为全球数十亿用户提供服务。</p>
```

通常，dfn 元素默认以斜体显示。由 dfn 标记的术语与其定义的距离远近相当重要。如 HTML5 规范所述："如果一个段落、描述列表或区块是某 dfn 元素距离最近的祖先，那么该段落、描述列表或区块必须包含该术语的定义。"简言之，dfn 元素及其定义必须挨在一起，否则便是错误的用法。

【示例】可以在描述列表（dl 元素）中使用 dfn。

```
<p><dfn id="def-internet">Internet</dfn>是一个全球互联网络系统，使用因特网协议套件（TCP/IP）为全球数十亿用户提供服务。</p>
<dl>
    <!-- 定义"万维网"和"因特网"的参考定义 -->
    <dt> <dfn> <abbr title="World-Wide Web">WWW</abbr> </dfn> </dt>
    <dd>万维网（WWW）是一个互连的超文本文档访问系统，它建立在<a href="#def-internet">Internet</a>之上。</dd>
</dl>
```

仅在定义术语时使用 dfn，而不是为了让文字以斜体显示使用该元素。使用 CSS 可以将任何文字设置为斜体。

dfn 可以在适当的情况下包住其他的短语元素，如 abbr。例如：

```
<p><dfn><abbr title="Junior">Jr.</abbr></dfn>他儿子的名字和他父亲的名字一样吗？</p>
```

如果在 dfn 中添加可选的 title 属性，其值应与 dfn 术语一致。如果只在 dfn 里嵌套一个单独的 abbr，dfn 本身没有文本，那么可选的 title 只能出现在 abbr 里。

3.2.6 标记代码

使用 code 元素可以标记代码或文件名。例如：

```
<code>
p{ margin:2em; }
</code>
```

如果代码需要显示"<"或">"字符，应分别使用<和>表示。如果直接使用"<"或">"字符，浏览器会将这些代码当作 HTML 元素处理，而不是当作文本处理。

要显示单独的一块代码，可以用 pre 元素包住 code 元素以维持其格式。例如：

```
<pre>
<code>
p{
```

```
        margin:2em;
    }
</code>
</pre>
```

【拓展】

其他与计算机相关的元素有 kbd、samp 和 var，这些元素极少使用，不过可能会在内容中用到它们。下面对它们做简要说明。

- ☑ 使用 kbd 标记用户输入指示。例如：

```
<ol>
    <li>使用<kbd>TAB</kbd>键，切换到提交按钮</li>
    <li>点按<kbd>RETURN</kbd>或<kbd>ENTER</kbd>键</li>
</ol>
```

与 code 一样，kbd 默认以等宽字体显示。

- ☑ samp 元素用于指示程序或系统的示例输出。例如：

```
<p>一旦在浏览器中预览，则显示<samp>Hello,World</samp></p>
```

samp 默认以等宽字体显示。

- ☑ var 元素表示变量或占位符的值。例如：

```
<p>爱因斯坦称为是最好的 <var>E</var>=<var>m</var><var>c</var><sup>2</sup>.</p>
```

var 也可以作为内容中占位符的值，例如，在填词游戏的答题纸上可以放入`<var>adjective</var>`、`<var>verb</var>`。

var 默认以斜体显示。注意，可以在 HTML5 页面中使用 math 等 MathML 元素表示高级的数学相关的标记。

3.2.7 预定义格式

使用 pre 元素可以定义预定义文本，它是计算机代码示例的理想元素。预定义文本就是可以保持文本固有的换行和空格。例如：

```
<pre>
p{
    margin:2em;
}
</pre>
```

对于包含重要的空格和换行的文本（如这里显示的 CSS 代码），使用 pre 元素是非常适合的。同时，要注意 code 元素的使用，该元素可以标记 pre 外面的代码块或与代码有关的文本。

预定义文本通常以等宽字体显示，可以使用 CSS 改变字体样式。如果要显示包含 HTML 元素的内容，应将包围元素名称的"<"和">"分别改为其对应的字符实体<和>。否则，浏览器就会试着显示这些元素。

一定要对页面进行验证，检查是否在 pre 中嵌套了 HTML 元素。不要将 pre 作为逃避以合适的语义标记内容和用 CSS 控制样式的快捷方式。例如，如果想发布一篇在字处理软件中写好的文章，不要为了保留原来的格式而简单地将它复制、粘贴到 pre 里。相反，应该使用 p 元素，以及其他相关的文本元素标记内容，编写 CSS 控制页面的布局。

同段落一样，pre 默认从新一行开始显示，浏览器通常会对 pre 里面的内容关闭自动换行。如果这些内容很宽，就会影响页面的布局，或产生横向滚动条。

> **提示**：使用下面的 CSS 样式可以对 pre 包含的内容打开自动换行，但在 IE 7 及以下版本中并不适用。
>
> ```
> pre {
>     white-space: pre-wrap;
> }
> ```

在大多数情况下，不推荐对 div 等元素使用 white-space:pre 以代替 pre，因为空格可能对这些内容（尤其是代码）的语义非常重要，而只有 pre 才能始终保留这些空格。同时，如果用户在其浏览器中关闭 CSS，格式就丢失了。

3.2.8 定义缩写词

使用 abbr 元素可以标记缩写词并解释其含义。当然，不必对每个缩写词都使用 abbr，只在需要帮助访问者了解该缩写词含义的时候使用。例如：

```
<abbr title=" HyperText Markup Language">HTML</abbr>是一门标识语言。
```

使用可选的 title 属性提供缩写词的全称，也可以将全称放在缩写词后面的括号里（这样做更好）。另外，还可以同时使用这两种方式，并使用一致的全称。如果大多数人都很熟悉了，就没有必要对它们使用 abbr 并提供 title，这里只是用它们演示示例。

通常，仅在缩写词第一次出现在屏幕上时，通过 title 或括号的方式给出其全称。用括号提供缩写词的全称是解释缩写词最直接的方式，以让尽可能多的访问者看到这些内容。例如，使用智能手机和平板电脑等触摸屏设备的用户可能无法移到 abbr 元素上查看 title 的提示框。如果要提供缩写词的全称，应该尽量将它放在括号里。

如果使用复数形式的缩写词，全称也要使用复数形式。作为对用户的视觉提示，Firefox 和 Opera 等浏览器会对带 title 的 abbr 文字使用虚线下画线。如果希望在其他浏览器中也这样显示，可以在样式表中加上下面的样式。

```
abbr[title] { border-bottom: 1px dotted #000; }
```

无论 abbr 是否添加了下画线样式，浏览器都会将 title 属性内容以提示框的形式显示出来。如果看不到 abbr 有虚线下画线，可以为其父元素的 CSS 添加 line-height 属性。

> **提示**：在 HTML5 之前有 acronym（首字母缩写词）元素，但设计和开发人员常常分不清楚缩写词和首字母缩写词，因此 HTML5 废除了 acronym 元素，以让 abbr 适用于所有的场合。

当访问者将鼠标移至 abbr 上，该元素 title 属性的内容就会显示在一个提示框里。在默认情况下，Chrome 等一些浏览器不会让带有 title 属性的缩写词与普通文本有任何显示上的差别。

3.2.9 标注编辑或不用文本

有时可能需要将在前一个版本之后对页面内容的编辑标出来，或者对不再准确、不再相关的文本进行标记。有两种用于标注编辑的元素：代表添加内容的 ins 元素和标记已删除内容的 del 元素。这两个元素既可以单独使用，也可以一起使用。

【示例 1】在下面的列表中，继上一次发布之后，又增加了一个条目，同时根据 del 元素的标注，移除了一些条目。使用 ins 的时候不一定要使用 del，反之亦然。浏览器通常会让它们看起来与普通文本不一样。同时，s 元素用以标注不再准确或不再相关的内容（一般不用于标注编辑内容）。

```
<ul>
```

```html
<ul>
    <li><del>删除项目</del></li>
    <li>列表项目</li>
    <li><del>删除项目</del></li>
    <li><ins>插入项目</ins></li>
</ul>
```

浏览器通常对已删除的文本加上删除线，对插入的文本加上下画线。可以用 CSS 修改这些样式。

【示例 2】del 和 ins 是少有的既可以包围短语内容（HTML5 之前称"行内元素"），又可以包围块级内容的元素。

```html
<ins>
    <p>文本 1</p>
</ins>
<del>
    <ul>
        <li><del>删除项目</del></li>
        <li>列表项目</li>
        <li><del>删除项目</del></li>
        <li><ins>插入项目</ins></li>
    </ul>
</del>
```

del 和 ins 都支持 cite 和 datetime 两个属性。cite 属性（区别于 cite 元素）用于提供一个 URL，指向说明编辑原因的页面。

【示例 3】下面演示 del 和 ins 两个元素的显示效果，如图 3.2 所示。

```html
<p> <cite>因为懂得，所以慈悲</cite>。<ins cite="http://news.sanwen8.cn/a/2014-07-13/9518.html" datetime="2020-8-1">这是张爱玲对胡兰成说的话</ins>。</p>
<p> <cite>笑，全世界便与你同笑；哭，你便独自哭</cite>。<del datetime="2020-8-8">出自冰心的《遥寄印度哲人泰戈尔》</del>，<ins cite="http://news.sanwen8.cn/a/2014-07-13/9518.html" datetime="2020-8-1">出自张爱玲的小说《花凋》</ins> </p>
```

datetime 属性提供编辑的时间。浏览器不会将 cite 和 datetime 属性的值显示出来，因此它们的使用并不广泛。不过，应该尽量包含它们，从而为内容提供一些背景信息。它们的值可以通过 JavaScript 或分析页面的程序提取出来。

如果需要向访问者展示内容的变化情况，可以使用 del 和 ins 元素。例如，我们经常可以看见一些站点使用它们表示初次发布后的更新信息，这样可以保持原始信息的完整性。

图 3.2　插入和删除信息的语义结构效果

- ☑ 使用 ins 标记的文本通常会显示一条下画线。由于链接通常以下画线表示，这可能会让访问者感到困惑。可以使用 CSS 改变插入的段落文本的样式。
- ☑ 使用 del 标记的文本通常会显示一条删除线。加上删除线以后，用户就很容易看出修改了什么。

提示：HTML5 指出，s 元素不适用于指示文档的编辑，要标记文档中一块已移除的文本，应使用 del 元素。有时，它们之间的差异是很微妙的，只能由个人决定哪种选择更符合内容的语义，仅在有语义价值的时候使用 del、ins 和 s。如果只是出于装饰的目的给文字添加下画线或删除线，可以使用 CSS 实现这些效果。

3.2.10　指明引用或参考

使用 cite 元素可以定义作品的标题，以指明对某内容源的引用或参考。例如，戏剧、脚本或图书的标题，歌曲、电影、照片或雕塑的名称，演唱会或音乐会，规范、报纸或法律文件等。

【示例】在下面代码中，cite 元素标记的是音乐专辑、电影、图书和艺术作品的标题。

```
<p>他正在看<cite>红楼梦</cite></p>
```

对于要从引用来源中引述内容的情况，使用 blockquote 或 q 元素标记引述的文本。要弄清楚的是，cite 只用于参考源本身，而不是从中引述的内容。

注意：HTML5 声明不应使用 cite 作为对人名的引用，但 HTML5 以前的版本允许这样做，而且很多设计和开发人员仍在这样做。HTML4 的规范有以下例子。

```
<cite>鲁迅</cite>说过：<q>其实地上本没有路，走的人多了，也便成了路。</q>
```

除了这些例子，有的网站经常用 cite 标记在博客和文章中发表评论的访问者的名字（WordPress 的默认主题就是这样做的）。很多开发人员表示，他们将继续对与页面中的引文有关的名称使用 cite，因为 HTML5 没有提供给他们认为可接收的其他元素（即 span 和 b 元素）。

3.2.11 引述文本

blockquote 元素表示单独存在的引述（通常很长），它默认显示在新的一行。而 q 元素则用于短的引述，如句子里面的引述。例如：

```
<p>毛泽东说过：
    <blockquote>帝国主义都是纸老虎……</blockquote>
</p>
<p>世界自然基金会的目标是：<q cite="http://www.wwf.org">建设一个与自然和谐相处的未来</q>我们希望他们成功。</p>
```

如果要添加署名，署名应该放在 blockquote 的外面。可以把署名放在 p 里面，不过使用 figure 和 figcaption 可以更好地将引述文本与其来源关联起来。如果 blockquote 中仅包含一个单独的段落或短语，可以不必将其包在 p 中再放入 blockquote。

浏览器应对 q 元素中的文本自动加上特定语言的引号，但不同浏览器的显示效果并不相同。

浏览器默认对 blockquote 文本进行缩进，cite 属性的值则不会显示出来。不过，所有的浏览器都支持 cite 元素，通常对其中的文本以斜体显示。

【示例】下面这个结构综合展示了 cite、q 和 blockquote 元素以及 cite 引文属性的用法，演示效果如图 3.3 所示。

```
<div id="article">
    <h1>智慧到底是什么呢？</h1>
    <h2>《卖拐》智慧摘录</h2>
    <blockquote cite="http://www.szbf.net/Article_Show.asp?ArticleID=1249">
        <p>有人把它说成是知识，以为知识越多，就越有智慧。我们今天无时无刻不在受到信息的包围和信息的轰炸，似乎所有的信息都是真理，仿佛离开这些信息，就不能生存下去。但是你掌握的信息越多，只能说明你知识越丰富，并不等于你掌握了智慧。有的人，知识丰富，智慧不足，难有大用；有的人，知识不多，却无所不能，成为奇才。</p>
    </blockquote>
    <p>下面让我们看看<cite>大忽悠</cite>赵本山的这段台词，从中你可以体会到语言的智慧。</p>
    <div id="dialog">
        <p>赵本山：<q>对头，就是你的腿有病，一条腿短！</q></p>
        <p>范　伟：<q>没那个事儿！我要一条腿长、一条腿短的话，那卖裤子的人就告诉我了！</q></p>
        <p>赵本山：<q>卖裤子的告诉你你还买裤子吗，谁像我心眼这么好啊。这样吧，我给你调调。信不信，你的腿随着我的手往高抬，能抬多高抬多高，往下使劲落，好不好？信不信？腿指定有病，右腿短！来，起来！</q></p>
        <p class="action">（范伟配合做动作）</p>
        <p>赵本山：<q>停！麻没？</q></p>
        <p>范　伟：<q>麻了。</q></p>
        <p>高秀敏：<q>哎，他咋麻了呢？</q></p>
        <p>赵本山：<q>你踩，你也麻！</q></p>
    </div>
</div>
```

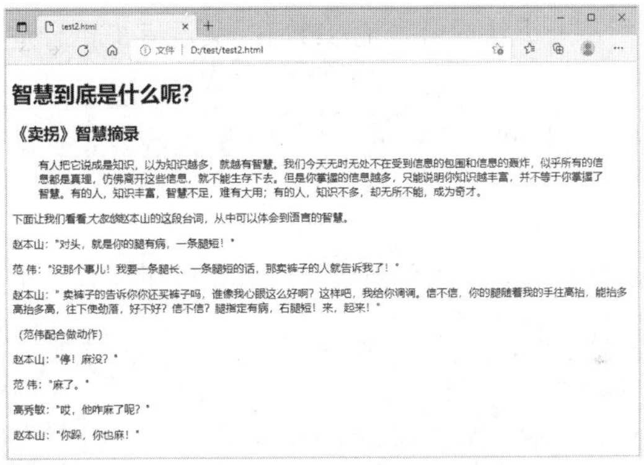

图 3.3　引用信息的语义结构效果

> **提示**：可以对 blockquote 和 q 使用可选的 cite 属性，提供引述内容来源的 URL。尽管浏览器通常不会将 cite 的 URL 呈现给用户。但从理论上讲，该属性对搜索引擎或其他收集引述文本及其引用的自动化工具还是有用的。如果要让访问者看到 URL，可以在内容中使用链接（a 元素）重复 URL，也可以使用 JavaScript 将 cite 的值暴露出来，但这样做的效果稍差一些。

q 元素引用的内容不能跨越不同的段落，在这种情况下，应使用 blockquote。不要仅仅因为需要在字词两端添加引号就使用 q。

blockquote 和 q 元素可以嵌套，嵌套的 q 元素应该自动加上正确的引号。由于内外引号在不同语言中的处理方式不一样，因此应根据需要在 q 元素中加上 lang 属性，不过浏览器对嵌套 q 元素的支持程度并不相同，其实浏览器对非嵌套 q 元素的支持程度也不相同。由于 q 元素的跨浏览器问题，很多开发人员避免使用 q 元素，而是选择直接输入正确的引号或使用字符实体。

3.2.12　换行显示

使用 br 元素可以实现文本的换行显示。要确保使用 br 是最后的选择，因为该元素将表现样式带入 HTML，而不是让所有的呈现样式都交由 CSS 控制。例如，不要使用 br 模拟段落之间的距离。相反，应该用 p 标记两个段落并通过 CSS 的 margin 属性规定两段之间的距离。

那么，什么时候该用 br 呢？实际上，对于诗歌、街道地址等应该紧挨着出现的短行都适合用 br 元素。例如：

```
<p>北京市<br />
海淀区<br />
北京大学<br />
32 号楼</p>
```

每个 br 元素强制让接下来的内容在新的一行显示。如果没有 br 元素，整个地址都会显示在同一行，除非浏览器窗口太窄导致内容换行。可以使用 CSS 控制段落中的行间距以及段落之间的距离。在 HTML5 中，输入
或
都是有效的。

> **提示**：hCard 微格式（http://microformats.org/wiki/hcard）是用于表示人、公司、组织和地点的人类和机器都可读的语义形式。可以使用微格式替代上面示例中表示地址的方式。

3.2.13　修饰文本

span 元素是没有任何语义的行内容器，适合包围字词或短语内容，而 div 适合包含块级内容。如果想将下面列出的项目应用到某一小块内容，而 HTML 又没有提供合适的语义化元素，就可以使用 span。

- ☑ 属性，如 class、dir、id、lang、title 等。
- ☑ CSS 样式。
- ☑ JavaScript 行为。

由于 span 没有任何语义，因此应将它作为最后的选择，仅在没有其他合适的元素时使用它。例如：

```
<style type="text/css">
.red { color: red; }
</style>
<p><span class="red">HTML</span>是通向 WEB 技术世界的钥匙。</p>
```

在上面示例中，想对一小块文字指定不同的颜色，但从句子的上下文看，没有一个语义适合 HTML 元素，因此额外添加 span 元素定义一个类样式。

span 没有任何默认格式，但就像其他 HTML 元素一样，可以用 CSS 添加自己的样式。可以对一个 span 元素同时添加 class 和 id 属性，但通常只应用这两个中的一个（如果真要添加的话）。二者的主要区别在于：class 用于一组元素，而 id 用于标识页面中单独的、唯一的元素。

在 HTML 没有提供合适的语义化元素时，微格式经常使用 span 为内容添加语义化类名，以填补语义上的空白。要了解更多信息，可以访问 http://microformats.org。

3.2.14 非文本注解

与 b、i、s 和 small 元素一样，HTML5 重新定义了 u 元素，使之不再是无语义的、用于表现的元素。以前，u 元素用来为文本添加下画线；现在，u 元素用于为非文本注解。HTML5 将 u 元素定义为：u 元素为一块文字添加明显的非文本注解，如在中文中将文本标为专有名词（即中文的专名号①），或者标明文本拼写有误。例如：

```
<p>When they <u class="spelling"> recieved</u> the package, they put it with <u class="spelling">there</u></p>
```

class 完全是可选的，它的值（可以是任何内容）不会在内容中明显指出这是拼写错误。不过，可以用它对拼错的词添加不同于普通文本的样式（u 默认仍以下画线显示）。通过 title 属性可以为该元素包含的内容添加注释。

仅在 cite、em、mark 等其他元素语义不合适的情况下使用 u 元素，同时最好改变 u 文本的样式，以免与同样默认添加下画线的链接文本混淆。

3.3 特殊用途文本

HTML5 为标识特定用途的信息新增了很多文本标签，具体说明如下。

3.3.1 标记高亮显示

HTML5 使用新的 mark 元素实现突出显示文本，可以使用 CSS 对 mark 元素里的文字应用样式（不应用样式也可以），但应仅在合适的情况下使用该元素。无论何时使用 mark，该元素总是用于提示浏览者对特定文本的注意。

最能体现 mark 元素作用的应用是在网页中检索某个关键词时呈现的检索结果，现在许多搜索引擎都用其他方法实现了 mark 元素的功能。

【示例 1】使用 mark 元素高亮显示对"HTML 5"关键词的搜索结果，演示效果如图 3.4 所示。

```
<article>
    <h2><mark>HTML5</mark>中国:中国最大的<mark>HTML5</mark>中文门户 - Powered by Discuz!官网</h2>
    <p><mark>HTML5</mark>中国,是中国最大的<mark>HTML5</mark>中文门户。为广大<mark>html5</mark>开发者提供<mark>html5</mark>教程、<mark>html5</mark>开发工具、<mark>html5</mark>网站示例、<mark>html5</mark>视频、js教程等多种<mark>html5</mark>在线学习资源。</p>
    <p>www.html5cn.org/ - 百度快照 - 86%好评</p>
</article>
```

mark 元素还可以标识引用原文，为了某种特殊目的而把原文作者没有重点强调的内容标示出来。

【示例 2】使用 mark 元素将唐诗中的韵脚高亮显示出来，效果如图 3.5 所示。

```
<article>
    <h2>静夜思 </h2>
    <h3>李白</h3>
    <p>床前明月<mark>光</mark>，疑是地上<mark>霜</mark>。</p>
    <p>举头望明月，低头思故<mark>乡</mark>。</p>
</article>
```

图 3.4　使用 mark 元素高亮显示关键字　　　　图 3.5　使用 mark 元素高亮显示韵脚

> **注意**：在 HTML4 中，用户习惯使用 em 或 strong 元素突出显示文字，但是 mark 元素的作用与这两个元素的作用是有区别的，不能混用。

mark 元素的标示目的与原文作者无关，或者说，它不是被原文作者用来标示文字的，而是后来被引用时添加上去的，它的目的是吸引当前用户的注意力，供用户参考，希望能对用户有帮助。而 strong 是原文作者用来强调一段文字的重要性，如错误信息等，em 元素是作者为了突出文章的重点文字而使用的。

> **提示**：目前，所有最新版本的浏览器都支持 mark 元素。IE8 以及更早的版本不支持 mark 元素。

3.3.2 标记进度信息

progress 是 HTML5 的新元素，它指示某项任务的完成进度。可以用它表示一个进度条，就像在 Web 应用中看到的指示保存或加载大量数据操作进度的组件。

支持 progress 的浏览器会根据属性值自动显示一个进度条，并根据值对其进行着色。<progress> 和</progress>之间的文本不会显示出来。例如：

```
<p>安装进度: <progress max="100" value="35">35%</progress></p>
```

一般只能通过 JavaScript 动态地更新 value 属性值和元素里面的文本以指示任务进程。通过 JavaScript（或直接在 HTML 中）将 value 属性的值设为 35（假定 max="100"）。

progress 元素支持三个属性：max、value 和 form。它们都是可选的，max 属性指定任务的总工作量，其值必须大于 0。value 是任务已完成的量，值必须大于 0、小于或等于 max 属性值。如果 progress 没有嵌套在 form 元素里面，又需要将它们联系起来，可以添加 form 属性并将其值设为该 form 的 id。

目前，Firefox 8+、Opera11+、IE 10+、Chrome 6+、Safari 5.2+ 版本的浏览器都以不同的表现形式对 progress 元素提供支持。

【示例】下面简单演示如何使用 progress 元素，演示效果如图 3.6 所示。

```
<section>
    <p>百分比进度: <progress id="progress" max="100"><span>0</span>%</progress></p>
    <input type="button" onclick="click1()"  value="显示进度"/>
</section>
<script>
function click1(){
    var progress = document.getElementById('progress');
    progress.getElementsByTagName('span')[0].textContent ="0";
    for(var i=0;i<=100;i++)
        updateProgress(i);
}
function updateProgress(newValue){
    var progress = document.getElementById('progress');
    progress.value = newValue;
    progress.getElementsByTagName('span')[0].textContent = newValue;
}
</script>
```

注意：progress 元素不适合用来表示度量衡，例如，磁盘空间使用情况或查询结果。如须表示度量衡，应使用 meter 元素。

3.3.3 标记刻度信息

meter 是 HTML5 的新元素，它很像 progress 元素。可以用 meter 元素表示分数的值或已知范围的测量结果。简单地说，它代表的是投票结果。例如，已售票数（共 850 张，已售 811 张）、考试分数（百分制的 90 分）、磁盘使用量（如 256 GB 中的 74 GB）等测量数据。

HTML5 建议（并非强制）浏览器在呈现 meter 时，在旁边显示一个类似温度计的图形、一个表示测量值的横条，测量值的颜色与最大值的颜色有所区别（相等除外）。作为当前少数几个支持 meter 的浏览器，Firefox 正是这样显示的。对于不支持 meter 的浏览器，可以通过 CSS 对 meter 添加一些额外的样式，或用 JavaScript 进行改进。

【示例】下面简单演示如何使用 meter 元素，演示效果如图 3.7 所示。

```
<p>项目的完成状态: <meter value="0.80">80%完成</meter></p>
<p>汽车损耗程度: <meter low="0.25" high="0.75" optimum="0" value="0.21">21%</meter></p>
<p>十公里竞走里程:<meter min="0" max="13.1" value="5.5" title="Miles">4.5</meter></p>
```

图 3.6　使用 progress 元素　　　　图 3.7　刻度值

支持 meter 的浏览器（如 Firefox）会自动显示测量值，并根据属性值进行着色。<meter>和</meter>之间的文字不会显示出来。如最后一个示例所示，如果包含 title 文本，就会在鼠标悬停在横条上时显示出来。虽然并非必需的，但最好在 meter 里包含一些反映当前测量值的文本，供不支持 meter 的浏览器显示。

IE 不支持 meter，它会将 meter 元素里的文本内容显示出来，而不是显示一个彩色的横条。可以通过 CSS 改变其外观。

meter 不提供定义好的单位，但可以使用 title 属性指定单位，如示例所示。通常，浏览器会以提示框的形式显示 title 文本。meter 并不用于标记没有范围的普通测量值，如高度、宽度、距离、周长等。

meter 元素包含 7 个属性，简单说明如下。

- ☑ value：在元素中特别标示出来的实际值。该属性值默认为 0，可以为该属性值指定一个浮点小数值。它是唯一必须包含的属性。
- ☑ min：设置规定范围时，允许使用的最小值，默认为 0，设定的值不能小于 0。
- ☑ max：设置规定范围时，允许使用的最大值。如果设定时，该属性值小于 min 属性的值，那么把 min 属性的值视为最大值。max 属性的默认值为 1。
- ☑ low：设置范围的下限值，必须小于或等于 high 属性的值。如果 low 属性值小于 min 属性的值，那么把 min 属性的值视为 low 属性的值。
- ☑ high：设置范围的上限值。如果该属性值小于 low 属性的值，那么把 low 属性的值视为 high 属性的值；如果该属性值大于 max 属性的值，那么把 max 属性的值视为 high 属性的值。
- ☑ optimum：设置最佳值，该属性值必须在 min 属性值与 max 属性值之间，可以大于 high 属性值。
- ☑ form：设置 meter 元素所属的一个或多个表单。

> 提示：目前，Safari 5.2+、Chrome 6+、Opera 11+、Firefox 16+版本的浏览器支持 meter 元素。浏览器对 meter 的支持情况还在变化，关于最新的浏览器支持情况，可以访问 http://caniuse.com/#feat=progressmeter。
>
> 有人尝试针对支持 meter 的浏览器和不支持 meter 的浏览器统一编写 meter 的 CSS。在网上搜索"style HTML5 meter with CSS"就可以找到一些解决方案，其中一些用到了 JavaScript。

3.3.4 标记时间信息

使用 time 元素标记时间、日期或时间段，这是 HTML5 新增的元素。呈现这些信息的方式有多种。例如：

```
<p>我们在每天早上 <time>9:00</time> 开始营业。</p>
<p>我在 <time datetime="2020-02-14">情人节</time> 有个约会。</p>
```

time 元素最简单的用法是不包含 datetime 属性。在忽略 datetime 属性的情况下，它们的确提供了具备有效的机器可读格式的时间和日期。如果提供 datetime 属性，time 标签中的文本可以不严格使用有效的格式；如果忽略 datetime 属性，文本内容就必须是合法的日期或时间格式。

time 中包含的文本内容会出现在屏幕上，对用户可见，而可选的 datetime 属性则是为机器准备的。该属性需要遵循特定的格式。浏览器只显示 time 元素的文本内容，而不会显示 datetime 的值。

datetime 属性不会单独产生任何效果，但可以用于在 Web 应用（如日历应用）之间同步日期和时间。这就是必须使用标准的机器可读格式的原因，这样程序之间就可以使用相同的"语言"共享信息。

> **提示**：不能在 time 元素中嵌套一个 time 元素，也不能在没有 datetime 属性的 time 元素中包含其他元素（只能包含文本）。

在早期的 HTML5 说明中，time 元素可以包含 pubdate 的可选属性。不过，后来 pubdate 已不再是 HTML5 的一部分。读者可能在早期的 HTML5 示例中见到过该属性。

【拓展】

datetime 属性（或者没有 datetime 属性的 time 元素）必须提供特定的机器可读格式的日期和时间。这可以简化为下面的形式。

```
YYYY-MM-DDThh: mm: ss
```

例如（当地时间）：

```
2020-11-03T17: 19: 10
```

表示"当地时间 2020 年 11 月 3 日 17 时 19 分 10 秒"。小时部分使用 24 小时制，因此表示下午 5 点应使用 17，而非 05。如果包含时间，秒是可选的。也可以使用 hh:mm.sss 格式提供时间的毫秒数。注意，毫秒数之前的符号是一个点。

如果要表示时间段，则格式稍有不同。有几种语法，不过最简单的形式为：

```
nh nm ns
```

其中，三个 n 分别表示小时数、分钟数和秒数。

也可以将日期和时间表示为世界时。在末尾加上字母 Z，就成了全球标准时间（Coordinated Universal Time，UTC）。UTC 是主要的全球时间标准。例如（使用 UTC 的世界时）：

```
2020-11-03T17: 19: 10Z
```

也可以通过相对 UTC 时差的方式表示时间。这时不写字母 Z，写上 -（减）或 +（加）及时差即可。例如，含相对 UTC 时差的世界时：

```
2020-11-03T17: 19: 10-03: 30
```

表示"纽芬兰标准时（NST）2020 年 11 月 3 日 17 时 19 分 10 秒"（NST 比 UTC 晚 3 小时 30 分）。

> **提示**：如果确实要包含 datetime，则不必提供时间的完整信息。

3.3.5 标记联系信息

HTML 没有专门用于标记通信地址的元素，address 元素是用以定义与 HTML 页面或页面一部分（如一篇报告或新文章）有关的作者、相关人士或组织的联系信息，通常位于页面底部或相关部分的内容中。至于 address 具体表示哪一种信息，取决于该元素出现的位置。

【示例】 下面是一个简单的联系信息演示示例。

```html
<main role="main">
    <article>
        <h1>文章标题</h1>
        <p>文章正文</p>
        <footer>
            <p>说明文本</p>
            <address>
                <a href="mailto:zhangsan@163.com">zhangsan@163.com</a>.
            </address>
        </footer>
    </article>
</main>
```

```
<footer role="contentinfo">
    <p><small>&copy; 2020 baidu, Inc.</small></p>
    <address>
    北京 8 号<a href="index.html">首页</a>
    </address>
</footer>
```

在大多数时候，联系信息的形式是作者的电子邮件地址或指向联系信息页的链接。联系信息有可能是作者的通讯地址，这时将地址用 address 标记就是有效的。但是用 address 标记公司网站"联系我们"页面中的办公地点，则是错误的用法。

在上面的示例中，页面中有两个 address 元素：一个用于 article 的作者，另一个位于页面级的 footer 里，用于对整个页面的维护。注意，article 的 address 元素只包含联系信息。尽管 article 的 footer 里也有关于作者的背景信息，但这些信息位于 address 元素的外面。

address 元素中的文字默认以斜体显示。如果 address 嵌套在 article 里，则属于其所在的最近的 article 元素，否则属于页面的 body。说明整个页面的作者的联系信息时，通常将 address 放在 footer 元素里。article 里的 address 提供的是该 article 作者的联系信息，而不是嵌套在该 article 里的其他任何 article（如用户评论）的作者的联系信息。

address 只能包含作者的联系信息，而不能包含其他内容，如文档或文章的最后修改时间。此外，HTML5 禁止在 address 里包含 h1~h6、article、address、aside、footer、header、hgroup、nav 和 section 元素。

3.3.6 标记显示方向

如果在 HTML 页面中混合了从左到右书写的字符（如大多数语言所用的拉丁字符）和从右到左书写的字符（如阿拉伯语或希伯来语字符），就可能要用到 bdi 和 bdo 元素。

要使用 bdo，必须包含 dir 属性，取值包括 ltr（由左至右）或 rtl（由右至左），指定希望呈现的显示方向。

bdo 适用于段落里的短语或句子，不能用它包围多个段落。bdi 元素是 HTML5 中新添加的元素，用于内容的方向未知的情况，不必包含 dir 属性，因为默认已设为自动判断。

【示例】设置用户名，根据语言的不同自动调整显示顺序。

```
<ul>
    <li><bdi>jcranmer</bdi></li>
    <li><bdi>hober</bdi></li>
    <li><bdi>نايا</bdi></li>
</ul>
```

目前，只有 Firefox 和 Chrome 浏览器支持 bdi 元素。

3.3.7 标记换行断点

HTML5 为 br 引入一个相近的元素——wbr，它代表"一个可换行处"。可以在一个较长的无间断短语（如 URL）中使用该元素，表示此处可以在必要的时候进行换行，从而让文本在有限的空间内更具可读性。因此，与 br 不同，wbr 不会强制换行，而是让浏览器知道在哪里可以根据需要进行换行。

【示例】为 URL 字符串添加换行符标签，这样当窗口宽度变化时，浏览器会自动根据断点确定换行位置，效果如图 3.8 所示。

```
<p>本站旧地址为 https:<wbr>//<wbr>www.old_site.com/，新地址为 https:<wbr>//<wbr>www.new_site.com/。</p>
```

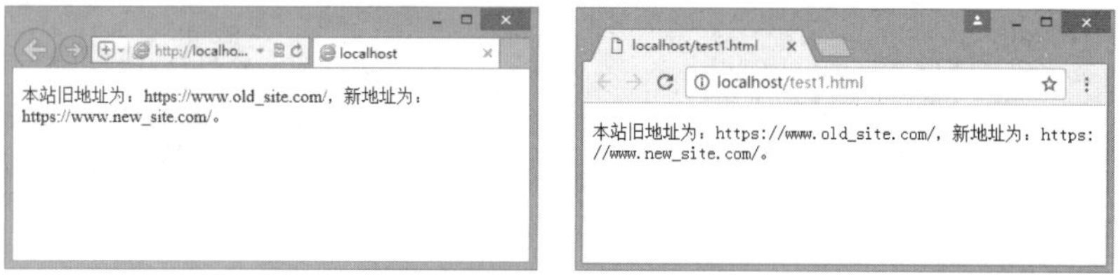

（a）IE 中换行断点无效　　　　（b）Chrome 中换行断点有效

图 3.8　定义换行断点

3.3.8　标记旁注

旁注标记是东亚语言（如中文和日文）中一种惯用的符号，通常用于表示生僻字的发音。这些小的注解字符出现在它们标注的字符的上方或右方，常简称为旁注（ruby 或 rubi）。日语中的旁注字符称为振假名。

ruby 元素以及它们的子元素 rt 和 rp 是 HTML5 中为内容添加旁注标记的机制。rt 指明对基准字符进行注解的旁注字符。可选的 rp 元素用于在不支持 ruby 的浏览器中的旁注文本周围显示括号。

【示例】使用<ruby>和<rt>标签为唐诗诗句注音，效果如图 3.9 所示。

```
<style type="text/css">
ruby { font-size: 40px; }
</style>
<ruby>少<rt>shào</rt>小<rt>xiǎo</rt>离<rt>lí</rt>家<rt>jiā</rt>老<rt>lǎo</rt>大<rt>dà</rt>回<rt>huí</rt></ruby>，
<ruby>乡<rt>xiāng</rt>音<rt>yīn</rt>无<rt>wú</rt>改<rt>gǎi</rt>鬓<rt>bìn</rt>毛<rt>máo</rt>衰<rt>shuāi</rt></ruby>。
```

支持旁注标记的浏览器会将旁注文本显示在基准字符的上方（也可能在旁边），不显示括号；不支持旁注标记的浏览器会将旁注文本显示在括号里，就像普通的文本一样。

目前，IE 9+、Firefox、Opera、Chrome 和 Safari 都支持<ruby>和<rt>标签。

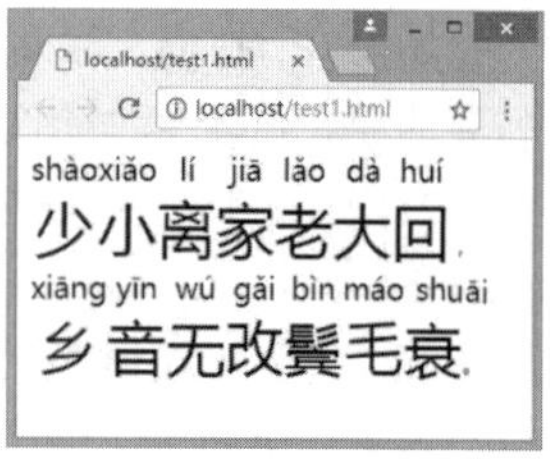

图 3.9　给唐诗注音

3.3.9　标记展开/收缩详细信息

HTML5 新增 details 和 summary 元素，允许用户创建一个可展开、折叠的元件，让一段文字或标题包含一些隐藏的信息。

在一般情况下，details 用来对显示在页面中的内容做进一步的解释，details 元素内并不仅限于放置文字，也可以放置表单、插件或对一个统计图提供详细数据的表格。

details 元素有一个布尔型的 open 属性，当该属性值为 true 时，details 包含的内容会展开显示；当该属性值为 false（默认值）时，其包含的内容被收缩起来不显示。

summary 元素从属于 details 元素，当单击 summary 元素包含的内容时，details 包含的其他所有从属子元素将会展开或收缩。如果 details 元素内没有 summary 元素，浏览器会提供默认文字以供单击，同时还会提供一个类似上下箭头的图标，提示 details 的展开或收缩状态。

当 details 元素的状态从展开切换为收缩，或者从收缩切换为展开时，均将触发 toggle 事件。

【示例】设计一个商品的详细数据展示，演示效果如图 3.10 所示。

```
<details>
    <summary>HUAWEI Mate 40 Pro 5G</summary>
    <p>商品详情：</p>
```

```
        <dl>
            <dt>电池</dt>
            <dd>4400mAh</dd>
            ……
        </dl>
</details>
```

（a）收缩　　　　　　　　　　　（b）展开

图 3.10　展开信息效果

目前，Chrome 12+、Edge 79+、Firefox 49+、Safari 8+和 Opera 26+都支持 details 和 summary 元素。

3.3.10　标记对话框信息

HTML5 新增 dialog 元素，用来定义一个对话框或窗口。dialog 在界面中默认为隐藏状态，可以设置 open 属性，定义是否打开对话框或窗口，也可以在脚本中使用该元素的 show()或 close()方法动态地控制对话框的显示或隐藏状态。

【示例 1】下面是一个简单的演示示例，效果如图 3.11 所示。

```
<dialog>
    <h1>Hi, HTML5</h1>
    <button id="close">关闭</button>
</dialog>
<button id="open">打开对话框</button>
<script>
var d = document.getElementsByTagName("dialog")[0],
    openD = document.getElementById("open"),
    closeD = document.getElementById("close");
openD.onclick = function() {d.show();}        // 显示对话框
closeD.onclick = function() {d.close();}      // 关闭对话框
</script>
```

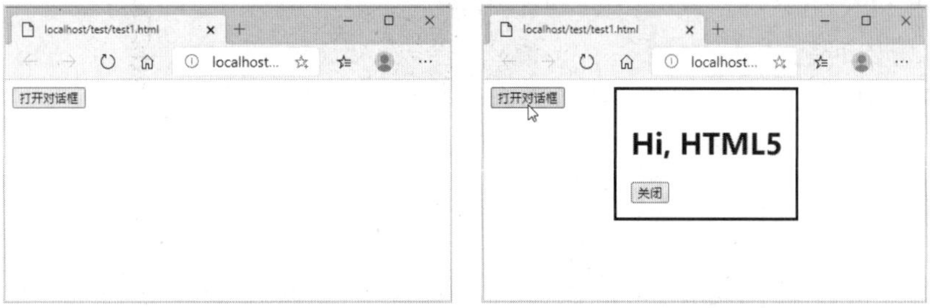

（a）隐藏状态　　　　　　　　　　（b）打开对话框状态

图 3.11　打开对话框效果

提示：在脚本中，设置 dialog.open="open"可以打开对话框，设置 dialog.open=""可以关闭对话框。

【示例 2】如果调用 dialog 元素的 showModal()方法可以以模态对话框的形式打开，效果如图 3.12 所示。然后使用::backdrop 伪类设计模态对话框的背景样式。

```
<style>
::backdrop{background-color:black;}
</style>
<input type="button" value="打开对话框"  onclick=" document.getElementById('dg'). showModal(); ">
<dialog id="dg" onclose="alert('对话框被关闭')" oncancel="alert('在模式窗口中按下 Esc 键')">
    <h1>Hi, HTML5</h1>
    <input type="button" value="关闭"  onclick="document.getElementById('dg').close();"/>
</dialog>
```

图 3.12　以模态对话框形式打开

3.4　案例实战

网页主要用来传达信息，一个标题、一个段落文本、一张图片都可以组成一个网页。本例以唐诗《春晓》为题材制作一个简单的网页，演示效果如图 3.13 所示。

设计要求：
- ☑ 在制作网页时，要遵循语义化设计要求，选用不同的标签表达不同的信息。
- ☑ 使用<article>标签设计文章块。
- ☑ 使用<h1>标签设计标题。
- ☑ 使用<address>标签设计出处。
- ☑ 使用<p>标签设计正文信息。

图 3.13　设计一个简单的网页

示例完整代码如下。

```
<!doctype html>
<html>
<head>
<meta charset="utf-8">
<title>示例</title>
</head>
<body>
<article>
    <h1>《春晓》</h1>
    <address>唐代&middot;孟浩然</address>
    <p>春眠不觉晓，处处闻啼鸟。</p>
    <p>夜来风雨声，花落知多少。</p>
</article>
```

```
</body>
</html>
```

> 💡 **提示**：网页为什么会出现乱码？出现网页乱码是因为网页没有明确设置字符编码。
>
> 有时候没有明确指明网页的字符编码，但是网页能够正确显示，这是因为网页的字符编码与浏览器解析网页时默认采用的编码一致，所以不会出现乱码。如果浏览器的默认编码与网页的字符编码不一致，而网页又没有明确定义字符编码，则浏览器依然使用默认字符编码来解析，这时候就会出现乱码。
>
> 解决方法：使用可视化网页编辑工具，如 Dreamweaver，打开该文档，选择"文件→页面属性"菜单命令，在打开的"页面属性"对话框中，设置"编码"为"简体中文（GB2312）"或者其他类型编码，然后单击"确定"按钮即可。

3.5 在线支持

扫码免费学习
更多实用技能

一、专项练习
- ☑ HTML5 网页文本

二、参考
- ☑ 格式标签列表
- ☑ 编程标签列表

三、旧知识
- ☑ 把 HTML 转换为 XHTML
- ☑ 标签的语义化解析

📝 新知识、新案例不断更新中……

第 4 章 设计 HTML5 图像和多媒体

在网页中的文本信息直观、明了，而多媒体信息更富内涵和视觉冲击力。恰当使用不同类型的多媒体可以展示个性，突出重点，吸引用户。在 HTML5 之前，需要借助插件为网页添加多媒体，如 Adobe Flash Player、苹果的 QuickTime 等。HTML5 引入原生的多媒体技术，设计多媒体更简便，用户体验更好。本章将详细讲解不同类型的多媒体对象在网页中的应用。

4.1 认识 HTML5 图像

图像与文本一样都是重要的网页对象，适当插入图像可以丰富网页信息，增强页面的可欣赏性。图像本身具有很强的视觉冲击力，可以吸引浏览者的眼球，制作精巧、设计合理的图像能激发浏览者浏览网页的兴趣。

在网页中使用的图像类型包括 3 种：GIF、JPEG 和 PNG。简单介绍如下。

1. GIF 图像

（1）无损压缩，不降低图像的品质，而是减少显示色，最多可以显示 256 色。
（2）支持透明背景。
（3）可以设计 GIF 动画。

2. JPEG 图像

（1）有损压缩，在压缩过程中，图像的某些细节将被忽略，但一般的浏览者看不出来。
（2）支持 1670 万种颜色，可以很好地再现色彩丰富的摄影图像。
（3）不支持透明背景和交错显示功能。

3. PNG 图像

PNG 具有 GIF 图像和 JPEG 图像的双重优点。一方面，它可以无损压缩文件，压缩技术比 GIF 好；另一方面，它支持的颜色数量达到 1670 万种，同时支持索引色、灰度、真彩色以及 Alpha 通道透明等功能。

在网页设计中，如果图像颜色少于 256 色，推荐使用 GIF 格式，如 logo 等；如果颜色较丰富，建议选用 JPEG 或 PNG 格式，如新闻照片等。

4.2 设计图像

HTML 5.1 新增 picture 元素和 img 元素的 srcset、sizes 属性，使得响应式图片的实现更为简单便捷，很多主流浏览器的新版本也对这些新增加的内容支持良好。

4.2.1 使用 img 元素

在 HTML5 中，使用<img>标签可以把图像插入网页中，具体用法如下。

```
<img src="URL" alt="替代文本" />
```

img 元素向网页中嵌入一幅图像，从技术上分析，<img>标签并不会在网页中插入图像，而是从网页上链接图像，<img>标签创建的是被引用图像的占位空间。

提示：<img>标签有两个必需的属性：alt 属性和 src 属性。具体说明如下。

- ☑ alt 属性：设置图像的替代文本。
- ☑ src 属性：定义显示图像的 URL。

【示例】在页面中插入一幅照片，在浏览器中的预览效果如图 4.1 所示。

图 4.1 在网页中插入图像

```
<img src="images/1.jpg" width="400"    alt="读书女生"/>
```

HTML5 为<img>标签定义了多个可选属性，简单说明如下。

- ☑ height：定义图像的高度。取值单位可以是像素或者百分比。
- ☑ width：定义图像的宽度。取值单位可以是像素或者百分比。
- ☑ ismap：将图像定义为服务器端图像映射。
- ☑ usemap：将图像定义为客户端图像映射。
- ☑ longdesc：指向包含长的图像描述文档的 URL。

不再推荐使用 HTML4 中的部分属性，如 align（水平对齐方式）、border（边框粗细）、hspace（左右空白）、vspace（上下空白），对于这些属性，HTML5 建议使用 CSS 属性代替使用。

4.2.2 定义流内容

流内容是由页面上的文本引述出来的。在 HTML5 出现之前，没有专门实现这个目的的元素，因此一些开发人员使用没有语义的 div 元素表示。通过引入 figure 和 figcaption 元素，HTML5 改变了这种情况。

流内容可以是图表、照片、图形、插图、代码片段，以及其他类似的独立内容。可以由页面上的其他内容引出 figure。figcaption 是 figure 的标题，可选，出现在 figure 内容的开头或结尾处。例如：

```
<figure>
    <p>思索</p>
    <img src="images/1.jpg" width="350" />
</figure>
```

这里 figure 只有一张照片，放置多个图像或其他类型的内容（如数据表格、视频等）也是允许的。figcaption 元素并不是必需的，但如果包含它，它就必须是 figure 元素内嵌的第一个或最后一个元素。

【示例】下面包含新闻图片及其标题的 figure，显示在 article 文本中间。图以缩进的形式显示，这是浏览器的默认样式，如图 4.2 所示。

```
<article>
    <h1>我国首次实现月球轨道交会对接  嫦娥五号完成在轨样品转移</h1>
    <p>12 月 6 日，航天科技人员在北京航天飞行控制中心指挥大厅监测嫦娥五号上升器与轨道器返回器组合体交会对接情况。</p>
```

```
<p>记者从国家航天局获悉，12 月 6 日 5 时 42 分，嫦娥五号上升器成功与轨道器返回器组合体交会对接，并于 6 时
12 分将月球样品容器安全转移至返回器中。这是我国航天器首次实现月球轨道交会对接。</p>
    <figure>
        <figcaption>新华社记者<b>金立旺</b>摄</figcaption>
        <img src="images/news.jpg" alt="嫦娥五号完成在轨样品转移" /> </figure>
    <p>来源：<a href="http://www.xinhuanet.com/">新华网</a></p>
</article>
```

图 4.2　流内容显示效果

figure 元素可以包含多个内容块。不过，不管 figure 包含多少内容，只允许有一个 figcaption。

注意： 不要简单地将 figure 作为在文本中嵌入独立内容实例的方法。在这种情况下，通常更适合用 aside 元素。要了解如何结合使用 blockquote 和 figure 元素。

可选的 figcaption 必须与其他内容一起包含在 figure 里面，不能单独出现在其他位置。figcaption 中的文本是对内容的一句简短描述即可，就像照片的描述文本。

在默认情况下，现代浏览器会为 figure 添加宽 40 px 的左右外边距。可以使用 CSS 的 margin-left 和 margin-right 属性修改这一样式。例如，使用 margin-left:0;让图像直接抵到页面左边缘。还可以使用 figure { float: left; }让包含 figure 的文本环绕在它周围，这样文本就会围绕在图像的右侧。可能还需要为 figure 设置 width，使之不至于占据太大的水平空间。

4.2.3　插入图标

网站图标一般显示在浏览器选项卡、历史记录、书签、收藏夹或地址栏中。图标大小一般为 16 px× 16 px，透明背景。移动设备 iPhone 图标大小为 57 px×57 px 或 114 px×114 px（Retina 屏），iPad 图标大小为 72 px×72 px 或 144 px×144 px（Retina 屏）。Android 系统支持该尺寸的图标。

【示例】下面通过多步操作，演示如何在一个网站中插入图标。

第 1 步，创建一个大小为 16 px×16 px 的图像，保存为 favicon.ico，注意扩展名为.ico。为 Retina 屏创建一个 32 px×32 px 的图像。

提示： ico 文件允许在同一个文件中包含多个不同尺寸的同名文件。

第 2 步，为触屏设备至少创建一个图像，并保存为 PNG 格式。如果只创建了一个图像，将其命名为 apple-touchicon.png。如有需要，还可以创建其他的触屏图标。

第 3 步，将图标图像放在网站根目录下。

第 4 步，新建 HTML5 文档，在网页头部位置输入下面的代码。

```
<link rel="icon" href="/favicon.ico" type="image/x-icon" />
<link rel="shortcut icon" href="/favicon.ico" type="image/x-icon" />
```

第 5 步，浏览网页，浏览器会自动在根目录寻找特定的文件名，找到后就将图标显示出来。

如果浏览器无法显示，可能是浏览器缓存过大和生成图标过慢，尝试清除缓存，或者先访问图标链接（http://localhost/favicon.ico），然后再访问网站，就可以正常显示了。

4.2.4 定义替代文本

使用 alt 属性可以为图像添加一段描述性文本，当图像由于某种原因不显示的时候，就将这段文字显示出来。屏幕阅读器可以朗读这些文本，以帮助视障访问者理解图像的内容。

HTML5 规范推荐将 alt 文本理解为图像的替代性描述。例如：

```
<img src="tulip.jpg" alt="上海鲜花港 - 郁金香" />
```

在 IE 浏览器中，替代文本出现在一个带叉的小方块旁边，且两者由一个方框包围。在 Firefox 和 Opera 等其他浏览器中，替代文本是单独出现的。Chrome 和 Safari 浏览器不会显示 alt 文本，而是显示缺失图像的图标。

> 提示：如果图像对内容的价值较小，对视障用户来说不太重要，则可以提供空的替代文本，即 alt=""。如果图像与邻近的文本表达的信息相似，也可以将 alt 属性置空。

注意，不要用 alt 文本代替图像的 caption。在这种情况下，可以考虑将 img 放入一个 figure 元素，并添加一个 figcaption 元素。

如果图像是页面设计的一部分，而不是内容的一部分，则考虑使用 CSS 的 backgroundimage 属性引入该图像，而不是使用 img 标记。

4.2.5 定义 Retina 显示

Retina 是一种显示标准，就是把更多的像素点压缩至一块屏幕里，从而达到更高的分辨率并提高屏幕显示的细腻程度，也称为视网膜显示屏。

在网页设计中，通过改变图像显示的尺寸，在保持所有显示屏上图像尺寸相同的情况下，让使用 Retina 显示屏的用户看到更高清的图像。

【实现方法】

调整 img 的 height 和 width 属性均为原图像的 1/2，由于图像的高度和宽度比例保持不变，图像不会失真。注意，由于图像源是同一个文件，加载时间没有变化。

【示例】假设在网页中插入一个 40 px×30 px 尺寸的图像，也就是让图像在所有的显示屏上都显示为 40 px×30 px，包括普通屏和 Retina 屏。那么，先创建 80 px×60 px 大小的图像。然后，设计如下代码。

```
<img src="photo.jpg" width="40" height="30" alt="" />
```

浏览器将 80 px×60 px 的图像缩小，以 40 px×30 px 的尺寸显示。对于 80 px×60 px 的图像来说，总数为 4800 px，普通屏会显示为 1200 px，Retina 屏就可以显示为 4800 px，让图像看起来更清晰。

如果设计 40 px×30 px 的图像，Retina 屏就会拉伸图像，使用 1200 px 填充 4800 px 的空间，就会导致图像清晰度降低。

> **提示**：图标字体与 SVG 图像文件格式在缩放时不会导致失真。对于单色的图标，建议尽可能地使用图标字体，而非使用图像。对于标识和其他非照片类图像，可以考虑使用 SVG 格式。

4.2.6 使用 picture 元素

<picture>标签仅作为容器，可以包含一个或多个<source>子标签。<source>可以加载多媒体源，它包含如下属性。

- srcset：必需，设置图片文件路径，如 srcset=" img/minpic.png"。或者是由逗号分隔的用像素密度描述的图片路径，如 srcset="img/minpic.png,img/maxpic.png 2x"。
- media：设置媒体查询，如 media=" (min-width: 320px) "。
- sizes：设置宽度，如 sizes="100vw"。或者是媒体查询宽度，如 sizes="(min-width: 320 px) 100vw"。也可以是逗号分隔的媒体查询宽度列表，如 sizes="(min-width: 320 px) 100vw, (min-width: 640 px) 50vw, calc(33vw – 100 px) "。
- type：设置 MIME 类型，如 type= "image/webp"或者 type= "image/vnd.ms-photo "。

浏览器将根据 source 的列表顺序，使用第一个合适的 source 元素，并根据设置属性，加载具体的图片源，同时忽略后面的<source>标签。

> **注意**：建议在<picture>标签尾部添加<img>标签，用来兼容不支持<picture>标签的浏览器。

【示例】使用 picture 元素设计在不同视图下加载不同的图片，演示效果如图 4.3 所示。

```
<picture>
    <source media="(min-width: 650px)" srcset="images/kitten-large.png">
    <source media="(min-width: 465px)" srcset="images/kitten-medium.png">
    <!-- img 标签用于不支持 picture 元素的浏览器 -->
    <img src="images/kitten-small.png" alt="a cute kitten" id="picimg">
</picture>
```

（a）小屏　　　　　　　（b）中屏　　　　　　　（c）大屏

图 4.3　根据视图大小加载图片

4.2.7 设计横屏和竖屏显示

本例以屏幕的方向作为条件，当屏幕方向为横屏时加载 kitten-large.png 图片，当屏幕方向为竖屏时加载 kitten-medium.png 图片。演示效果如图 4.4 所示。

```
<picture>
```

```
        <source media="(orientation: portrait)" srcset="images/kitten-medium.png">
        <source media="(orientation: landscape)" srcset="images/kitten-large.png">
        <!-- img 标签用于不支持 picture 元素的浏览器 -->
        <img src="images/kitten-small.png" alt="a cute kitten" id="picimg">
```

（a）横屏　　　　　　　　　（b）竖屏

图 4.4　根据屏幕方向加载图片

提示：可以结合多种条件，例如屏幕方向和视图大小，分别加载不同的图片，代码如下。

```
<picture>
        <source media="(min-width: 320px) and (max-width: 640px) and (orientation: landscape)" srcset=" images/minpic_landscape.png">
        <source media="(min-width: 320px) and (max-width: 640px) and (orientation: portrait)" srcset=" images/minpic_portrait.png">
        <source media="(min-width: 640px) and (orientation: landscape)" srcset=" images/middlepic_landscape.png">
        <source media="(min-width: 640px) and (orientation: portrait)" srcset="images/middlepic_portrait.png">
        <img src="images/picture.png" alt=" this is a picture ">
</picture>
```

4.2.8　根据分辨率显示不同图像

本例以屏幕像素密度作为条件，设计当像素密度为 2 x 时，加载后缀为_retina.png 的图片，当像素密度为 1 x 时加载无 retina 后缀的图片。

```
<picture>
        <source media="(min-width: 320px) and (max-width: 640px)" srcset="images/minpic_retina.png 2x">
        <source media="(min-width: 640px)" srcset="img/middle.png,img/middle_retina.png 2x">
        <img src="img/picture.png,img/picture_retina.png 2x" alt="this is a picture">
</picture>
```

提示：有关 srcset 属性的详细说明请参考下面的介绍。

4.2.9　根据格式显示不同图像

本例以图片的文件格式作为条件。当支持 webp 格式图片时，加载 webp 格式图片；当不支持 webp 格式图片时，加载 png 格式图片。

```
<picture>
```

```
    <source type="image/webp" srcset="images/picture.webp">
    <img src="images/picture.png" alt=" this is a picture ">
</picture>
```

4.2.10　自适应像素比

除了 source 元素外，HTML5 为 img 元素新增了 srcset 属性。srcset 属性是一个包含一个或多个源图的集合，不同源图用逗号分隔，每一个源图由以下两部分组成。

- ☑ 图像 URL。
- ☑ x（图像像素比描述）或 w（图像像素宽度描述）的描述符。描述符需要与图像 URL 以一个空格进行分隔，w 描述符的加载策略是通过 sizes 属性里的声明计算选择的。

如果没有设置第二部分，则默认为 1 x。在同一个 srcset 里，不能混用 x 描述符和 w 描述符，也不能在同一个图像中既使用 x 描述符，又使用 w 描述符。

sizes 属性的写法与 srcset 相同，也是用逗号分隔的一个或多个字符串，每个字符串由以下两部分组成。

- ☑ 媒体查询。最后一个字符串不能设置媒体查询，作为匹配失败后回退选项。
- ☑ 图像 size（大小）信息。注意，不能使用%描述图像大小，如果想用百分比表示，应使用类似于 vm（100 vm = 100%设备宽度）的单位描述，其他（如 px、em 等）的可以正常使用。

sizes 给出的不同媒体查询选择图像大小的建议，只对 w 描述符起作用。也就是说，如果 srcset 用的是 x 描述符，或根本没有定义 srcset，则 sizes 是没有意义的。

> 注意：除了 IE 浏览器不兼容外，其他浏览器全部支持该技术，详细信息可以访问 http://caniuse.com/#search=srcset。

【示例】设计屏幕 5 像素比（如高清 2k 屏）的设备使用 2500 px×2500 px 的图片，3 像素比的设备使用 1500 px×1500 px 的图片，2 像素比的设备使用 1000 px×1000 px 的图片，1 像素比（如普通笔记本显示屏）的设备使用 500 px×500 px 的图片。对于不支持 srcset 的浏览器，显示 src 的图片。

第 1 步，设计之前，先准备 5 张图片。

- ☑ 500.png：大小等于 500 px×500 px。
- ☑ 1000.png：大小等于 1000 px×1000 px。
- ☑ 1500.png：大小等于 1500 px×1500 px。
- ☑ 2000.png：大小等于 2000 px×2000 px。
- ☑ 2500.png：大小等于 2500 px×2500 px。

第 2 步，新建 HTML5 文档，输入以下代码，然后在不同屏幕比的设备上进行测试。

```
<img width="500" srcset="
    images/2500.png 5x,
    images/1500.png 3x,
    images/1000.png 2x,
    images/500.png 1x "
    src="images/500.png"
/>
```

对于 srcset 没有给出像素比的设备，不同浏览器的选择策略不同。例如，没有给出 1.5 像素比的设备要使用哪张图片，浏览器可以选择 2 像素比的图片，也可以选择 1 像素比的图片。

4.2.11 自适应视图宽

w 描述符可以简单地理解为描述源图的像素大小，无关宽度还是高度，在大部分情况下可以理解为宽度。如果没有设置 sizes，一般是按照 100 vm 选择加载图片的。

【示例 1】如果视口在 500 px 及以下时，使用 500 w 的图片；如果视口在 1000 px 及以下时，使用 1000 w 的图片，以此类推。如果在媒体查询都满足的情况下，使用 2000 w 的图片。实现代码如下所示。

```
<img width="500" srcset="
        images/2000.png 2000w,
        images/1500.png 1500w,
        images/1000.png 1000w,
        images/500.png 500w
        "
    sizes="
        (max-width: 500px) 500px,
        (max-width: 1000px) 1000px,
        (max-width: 1500px) 1500px,
        2000px "
    src="images/500.png"
/>
```

如果没有对应的 w 描述符，一般选择第一个大于它的。如果有一个媒体查询是 700 px，一般加载 1000 w 对应的源图。

【示例 2】使用百分比设置视口宽度。

```
<img width="500" srcset="
        images/2000.png 2000w,
        images/1500.png 1500w,
        images/1000.png 1000w,
        images/500.png 500w
        "
    sizes="
        (max-width: 500px) 100vm,
        (max-width: 1000px) 80vm,
        (max-width: 1500px) 50vm,
        2000px "
    src="images/500.png"
/>
```

这里设计图片的选择：视口宽度乘以 1、0.8 或 0.5，根据得到的像素选择不同的 w 描述符。例如，如果 viewport 为 800 px，对应 80 vm，就是 800 px×0.8=640 px，应该加载一个 640 w 的源图，但是 srcset 中没有 640 w，这时会选择第一个大于 640 w 的源图，也就是 1000 w 的源图。如果没有设置，一般是按照 100 vm 选择加载图片的。

4.3 设计多媒体

在 HTML5 之前，可以通过第三方插件为网页添加音频和视频，但这样做有一些问题：在某个浏览器中嵌入 Flash 视频的代码，在另一个浏览器中可能不起作用，也没有优雅的兼容方式。同时，像 Flash 这样的插件会占用大量的计算资源，会使浏览器的反应变慢，从而影响用户体验。

4.3.1 使用 embed 元素

<embed>标签可以定义嵌入插件，以便播放多媒体信息。它的用法如下。

```
<embed src="helloworld.swf" />
```

src 属性必须设置，用来指定媒体源。<embed>标签包含的属性说明如表 4.1 所示。

表 4.1 <embed>标签属性

属性	值	描述
height	pixels（像素）	设置嵌入内容的高度
src	url	设置嵌入内容的 URL
type	type	定义嵌入内容的类型
width	pixels（像素）	设置嵌入内容的宽度

【示例 1】设计背景音乐。备用练习文档 test1.html，另存为 test2.html。在<body>标签内输入下面的代码。

```
<embed src="images/bg.mp3" width="307" height="32" hidden="true" autostart="true" loop="infinite"></embed>
```

指定背景音乐为"images/bg.mp3"，通过 hidden="true"属性隐藏插件，使用 autostart="true"属性设置背景音乐自动播放，使用 loop="infinite"属性设置背景音乐循环播放。设置属性完毕，在浏览器中浏览，这时就可以边浏览网页边听着背景音乐。

提示：要正确使用<embed>标签，需要浏览器支持对应的插件。

【示例 2】可以播放视频。新建 test3.html，在<body>标签内输入下面的代码。

```
<embed src="images/vid2.avi" width="413" height="292"></embed>
```

使用 width 和 height 属性设置视频播放窗口的大小，在浏览器中的浏览效果如图 4.5 所示。

图 4.5 插入视频

4.3.2 使用 object 元素

使用<object>标签可以定义一个嵌入对象，主要用于在网页中插入多媒体信息，如图像、音频、视频、Java applets、ActiveX、PDF 和 Flash。

<object>标签包含大量属性，说明如表 4.2 所示。

表 4.2 <object>标签属性

属性	值	描述
data	URL	定义引用对象数据的 URL。如果有需要对象处理的数据文件，要用 data 属性指定数据文件
form	form_id	规定对象所属的一个或多个表单
height	pixels	定义对象的高度
name	unique_name	为对象定义唯一的名称（以便在脚本中使用）
type	MIME_type	定义被规定在 data 属性中指定的文件中出现的数据的 MIME 类型
usemap	URL	规定与对象一同使用的客户端图像映射的 URL
width	pixels	定义对象的宽度

【示例 1】下面代码使用<object>标签在页面中嵌入一幅图片，效果如图 4.6 所示。

`<object width="100%" type="image/jpg" data="images/1.jpg"></object>`

【示例 2】下面代码使用<object>标签在页面中嵌入网页，效果如图 4.7 所示。

`<object type="text/html" height="100%" width="100%" data="https://www.baidu.com/"></object>`

图 4.6　嵌入图片　　　　　　　　　图 4.7　嵌入网页

【示例 3】下面代码使用<object>标签在页面中嵌入音频。

```
<object width="100%"    classid="clsid:22D6F312-B0F6-11D0-94AB-0080C74C7E95">
    <param name="AutoStart" value="1" />
    <param name="FileName" value="images/bg.mp3" />
</object>
```

提示：<param>标签必须包含在<object>标签内，用来定义嵌入对象的配置参数，通过名/值对属性进行设置，name 属性设置配置项目，value 属性设置项目值。

object 的功能很强大，初衷是取代 img 和 applet 元素。不过，由于漏洞以及缺乏浏览器的支持，并未完全实现，同时主流浏览器都使用不同的代码加载相同的对象。如果浏览器不能显示 object 元素，就会执行位于<object>和</object>之间的代码，通过这种方式，我们针对不同的浏览器嵌套多个 object 元素，或者嵌套 embed、img 等元素。

4.4　使用 HTML5 多媒体

HTML5 添加了原生的多媒体。这样做有很多好处：速度更快（任何浏览器原生的功能势必比插件要快一些）；媒体播放按钮和其他控件内置到浏览器，极大地降低了对插件的依赖性。

现代浏览器都支持 HTML5 的 audio 元素和 video 元素，如 IE 9.0+、Firefox 3.5+、Opera 10.5+、Chrome 3.0+、Safari 3.2+等。

4.4.1　使用 audio 元素

<audio>标签可以播放声音文件或音频流，支持 Ogg Vorbis、MP3、Wav 等音频格式，其用法如下。

`<audio src="samplesong.mp3" controls="controls"></audio>`

其中，src 属性用于指定要播放的声音文件，controls 属性用于设置是否显示工具条。<audio>标签可用的属性如表 4.3 所示。

表 4.3 <audio>标签支持属性

属　　性	值	说　　明
autoplay	autoplay	如果出现该属性，则音频在就绪后马上播放
controls	controls	如果出现该属性，则向用户显示控件，比如播放按钮
loop	loop	如果出现该属性，则每当音频结束时重新开始播放
preload	preload	如果出现该属性，则音频在页面加载时进行加载，并预备播放 如果使用"autoplay"，则忽略该属性
src	url	要播放的音频的 URL

提示：如果浏览器不支持<audio>标签，可以在<audio>与</audio>标识符之间嵌入替换的 HTML 字符串，这样旧的浏览器就可以显示这些信息。例如：

```
<audio src=" test.mp3" controls="controls">
您的浏览器不支持 audio 标签。
</audio>
```

替换内容可以是简单的提示信息，也可以是一些备用音频插件，或者是音频文件的链接等。

【示例 1】<audio>标签可以包裹多个<source>标签，用来导入不同的音频文件，浏览器会自动选择第一个可以识别的格式进行播放。

```
<audio controls>
    <source src="medias/test.ogg" type="audio/ogg">
    <source src="medias/test.mp3" type="audio/mpeg">
    <p>你的浏览器不支持 HTML5 audio，你可以 <a href="piano.mp3">下载音频文件</a> (MP3, 1.3 MB)</p>
</audio>
```

以上代码在 Chrome 浏览器中的运行结果如图 4.8 所示。这个 audio 元素（含默认控件集）定义了两个音频源文件，一个编码为 Ogg，另一个编码为 MP3。完整的过程同指定多个视频源文件的过程是一样的。浏览器会忽略它不能播放的文件，仅播放它能播放的文件。

支持 Ogg 的浏览器（如 Firefox）会加载 piano.ogg。Chrome 同时理解 Ogg 和 MP3，但是会加载 Ogg 文件，因为在 audio 元素的代码中，Ogg 文件位于 MP3 文件之前。不支持 Ogg 格式，但支持 MP3 格式的浏览器（IE10）会加载 test.mp3，旧浏览器（如 IE8）会显示备用信息。

图 4.8　播放音频

【补充】

<source>标签可以为<video>和<audio>标签定义多媒体资源，它必须包裹在<video>或<audio>标识符内。<source>标签包含以下 3 个可用属性。

☑ media：定义媒体资源的类型。
☑ src：定义媒体文件的 URL。
☑ type：定义媒体资源的 MIME 类型。如果媒体类型与源文件不匹配，浏览器可能会拒绝播放。可以省略 type 属性，让浏览器自动检测编码方式。

为了兼容不同浏览器，一般使用多个<source>标签包含多种媒体资源。对于数据源，浏览器会按照声明顺序进行选择，如果支持的不止一种，那么浏览器会优先播放位置靠前的媒体资源。数据源列表应按照用户体验由高到低排序，或者按照服务器消耗由低到高列出。

【示例 2】演示在页面中插入背景音乐，在<audio>标签中设置 autoplay 和 loop 属性，详细代码如下所示。

```
<audio autoplay loop>
    <source src="medias/test.ogg" type="audio/ogg">
    <source src="medias/test.mp3" type="audio/mpeg">
您的浏览器不支持 audio 标签。
</audio>
```

4.4.2 使用 video 元素

<video>标签可以播放视频文件或视频流，支持 Ogg、MPEG 4、WebM 等视频格式，其用法如下。

```
<video src="samplemovie.mp4" controls="controls"></video>
```

其中，src 属性用于指定要播放的视频文件，controls 属性用于提供播放、暂停和音量控件。<video>标签可用的属性如表 4.4 所示。

表 4.4 <video>标签支持属性

属性	值	描述
autoplay	autoplay	如果出现该属性，则视频在就绪后马上播放
controls	controls	如果出现该属性，则向用户显示控件，如播放按钮
height	pixels	设置视频播放器的高度
loop	loop	如果出现该属性，则当媒介文件完成播放后再次开始播放
muted	muted	设置视频的音频输出应该被静音
poster	URL	设置视频下载时显示的图像，或者在用户单击播放按钮前显示的图像
preload	preload	如果出现该属性，则视频在页面加载时进行加载，并预备播放；如果使用"autoplay"，则忽略该属性
src	url	要播放的视频的 URL
width	pixels	设置视频播放器的宽度

【补充】

HTML5 的<video>标签支持以下 3 种常用的视频格式，简单说明如下。

- ☑ Ogg：带有 Theora 视频编码和 Vorbis 音频编码的 Ogg 文件。
- ☑ MPEG4：带有 H.264 视频编码和 AAC 音频编码的 MPEG 4 文件。
- ☑ WebM：带有 VP8 视频编码和 Vorbis 音频编码的 WebM 文件。

提示：如果浏览器不支持<video>标签，可以在<video>与</video>标识符之间嵌入替换的 HTML 字符串，这样旧的浏览器就可以显示这些信息。例如：

```
<video src=" test.mp4" controls="controls">
您的浏览器不支持 video 标签。
</video>
```

【示例 1】使用<video>标签在页面中嵌入一段视频，然后使用<source>标签链接不同的视频文件，浏览器会自己选择第一个可以识别的格式。

```
<video controls>
    <source src="medias/trailer.ogg" type="video/ogg">
    <source src="medias/trailer.mp4" type="video/mp4">
您的浏览器不支持 video 标签。
</video>
```

一个 video 元素中可以包含任意数量的 source 元素，因此为视频定义两种不同的格式是相当容易的。浏览器会加载第一个它支持的 source 元素引用的文件格式，并忽略其他的来源。

将以上代码在 Chrome 浏览器中运行，当鼠标经过播放画面时，可以看到出现一个比较简单的视频播放控制条，包含播放、暂停、位置、时间显示、音量控制等控件，如图 4.9 所示。

当为<video>标签设置 controls 属性时，可以在页面上以默认方式进行播放控制。如果不设置 controls 属性，那么在播放的时候就不会显示控制条界面。

【示例 2】通过设置 autoplay 属性，不需要播放控制条，音频或视频文件就会在加载完成后自动播放。

```
<video autoplay>
    <source src="medias/trailer.ogg" type="video/ogg">
    <source src="medias/trailer.mp4" type="video/mp4">
您的浏览器不支持 video 标签。
</video>
```

也可以使用 JavaScript 脚本控制媒体播放，简单说明如下。
- ☑ load()：可以加载音频或视频文件。
- ☑ play()：可以加载并播放音频或视频文件，除非已经暂停，否则默认从开头播放。
- ☑ pause()：暂停处于播放状态的音频或视频文件。
- ☑ canPlayType(type)：检测 video 元素是否支持给定 MIME 类型的文件。

【示例 3】演示通过移动鼠标触发视频的 play 和 pause 功能。设计当用户移动鼠标到视频界面上时，播放视频，如果移出鼠标，则暂停视频播放。

```
<video id="movies" onmouseover="this.play()" onmouseout="this.pause()" autobuffer="true"
    width="400px" height="300px">
    <source src="medias/trailer.ogv" type='video/ogg; codecs="theora, vorbis"'>
    <source src="medias/trailer.mp4" type='video/mp4'>
</video>
```

上面代码在浏览器中预览，显示效果如图 4.10 所示。

图 4.9 播放视频　　　　　　　　　图 4.10 使用鼠标控制视频播放

提示：要实现循环播放，只需要使用 autoplay 和 loop 属性。如果不设置 autoplay 属性，通常浏览器会在视频加载时显示视频的第一帧，用户可能想对此做出修改，指定自己的图像，这可以通过海报图像实现。

例如，下面代码设置自动播放和循环播放的单个 WebM 视频。如果不设置 controls，访问者就无法停止视频。因此,如果将视频指定为循环,最好包含 controls。

```
<video src="paddle-steamer.webm" width="369" height="208" autoplay loop></video>
```

下面代码指定了海报图像(当页面加载并显示视频时显示该图像)的单个 WebM 视频(含控件)。

```
<video src="paddle-steamer.webm" width="369" height="208" poster="paddle-steamer-poster.jpg" controls></video>
```

其中,paddle-steamer.webm 指向你的视频文件,paddle-steamer-poster.jpg 是想用作海报图像的图像。

如果用户观看视频的可能性较低(如该视频并不是页面的主要内容),那么可以告诉浏览器不要预先加载该视频。对于设置了 preload="none" 的视频,在初始化视频之前,浏览器显示视频的方式并不一样。

```
<video src="paddle-steamer.webm" preload="none" controls></video>
```

上面代码说明在页面完全加载时也不会加载单个 WebM 视频,仅在用户试着播放该视频时才会加载它。注意这里省略了 width 和 height 属性。

将 preload 设为 none 的视频,在 Firefox 中什么也不会显示,因为浏览器没有得到关于该视频的任何信息(连尺寸都不知道),也没有指定海报图像。如果用户播放该视频,则浏览器会获取该视频的尺寸,并调整视频大小。

Chrome 在控制组件上面显示一个空白的矩形。这时,控制组件的大小比访问者播放视频时显示的组件要窄一些。

preload 的默认值是 auto,这会让浏览器具有用户将要播放该视频的预期,从而做好准备,让视频可以很快进入播放状态。由于浏览器会预先加载大部分视频甚至整个视频,所以在视频播放的过程中对其进行多次开始、暂停的操作会变得更不容易,因为浏览器总是试着下载较多的数据让访问者观看。

在 none 和 auto 之间有一个不错的中间值,即 preload="metadata"。这样设置会让浏览器仅获取视频的基本信息,如尺寸、时长,甚至一些关键帧。在开始播放之前,浏览器不会显示白色的矩形,而且视频的尺寸也会与实际尺寸一致。

使用 metadata 会告诉浏览器,用户的连接速度并不快,因此需要在不妨碍播放的情况下尽可能地保留带宽资源。

> **注意**:如果要获得所有兼容 HTML5 的浏览器的支持,至少需要提供两种格式的视频:MP4 和 WebM。这时须用到 HTML5 的 source 元素。通常,source 元素用于定义一个以上的媒体元素的来源。例如,下面代码为视频定义了两个源:MP4 文件和 WebM 文件。
>
> ```
> <video width="369" height="208" controls>
>     <source src="paddle-steamer.mp4" type="video/mp4">
>     <source src="paddle-steamer.webm" type="video/webm">
>     <p><a href="paddle-steamer.mp4">下载视频</a></p>
> </video>
> ```

【补充】

利用现代浏览器提供的原生可访问性支持,原生多媒体可以更好地使用键盘进行控制,这是原生多媒体的另一个好处。HTML5 视频和音频的键盘可访问性支持在 Firefox、IE 和 Opera 浏览器中表现良好。不过,对于 Chrome 和 Safari 浏览器,实现键盘可访问性的唯一办法是自制播放控件。为此,需要使用 JavaScript Media API(这也是 HTML5 的一部分)。

HTML5 指定了一种新的文件格式 WebVTT(Web Video Text Track,Web 视频文本轨道)用于包含文本字幕、标题、描述、篇章等视频内容。更多信息可以参见 www.iandevlin.com/blog/2011/05/html5/webvtt-and-video-subtitles,其中包括为了对接规范,修改在 2012 年进行的更新。

4.5 案例实战

4.5.1 设计 MP3 播放条

本例设计一个 MP3 播放条，初始界面效果如图 4.11 所示。

图 4.11 MP3 播放条初始界面效果

在播放条中单击■按钮，即可展示歌曲列表，单击歌曲名称即可开始播放音乐，如图 4.12 所示。

本节示例的设计思路和实现代码与上一节的示例基本相同，只不过是重设了 HTML 结构，主体结构分为上、中、下 3 部分，上部分布多个播放按钮，中部为音乐列表，下部为播放模式切换按钮。HTML 的结构代码如下所示。

```html
<audio id="myMusic"> </audio>
<input id="PauseTime" type="hidden" />
<div class="musicBox">
    <div class="leftControl"></div>
    <div id="mainControl" class="mainControl"></div>
    <div class="rightControl"></div>
    <div class="processControl">
        <div class="songName">MY's Music!</div>
        <div class="songTime">00:00 | 00:00</div>
        <div class="process"></div>
        <div class="processYet"></div>
    </div>
    <div class="voiceEmp"></div>
    <div class="voidProcess"></div>
    <div class="voidProcessYet"></div>
    <div class="voiceFull"></div>
    <div class="showMusicList"></div>
</div>
<div class="musicList">
    <div class="author"></div>
    <div class="list">
        <div class="single"> <span class="songName" kv="感恩的心">01.感恩的心</span> </div>
        <div class="single"> <span class="songName" kv="相思风雨中">02.相思风雨中</span> </div>
        <div class="single"> <span class="songName" kv="北京北京">03.北京北京</span> </div>
        <div class="single"> <span class="songName" kv="爱与诺言">04.爱与诺言</span> </div>
    </div>
</div>
```

在页面中通过<div class="musicBox">容器设计一个个性的 MP3 播放条 UI，内部包含多个 div 元素，然后使用 CSS 分别设计播放条的各种控制按钮。

在 audio.js 脚本文件中，为每个按钮绑定 click 事件，监听控制条的行为，并根据用户操作执行相应的命令。

<div class="musicList">容器包含一个歌曲列表，默认隐藏显示。当在控制条内单击"展开"按钮时，显示<div class="musicList">容器，当用户选择一首歌曲，则通过 JavaScript 脚本把歌曲的路径传

递给 audio 元素进行播放。详细代码请参考本节示例源代码。

4.5.2 设计视频播放器

本例将设计一个视频播放器，会用到 HTML5 提供的 video 元素以及多媒体 API 的扩展，示例演示效果如图 4.13 所示。

图 4.12　显示播放列表

图 4.13　设计视频播放器

使用 JavaScript 控制播放控件的行为（自定义播放控件），实现如下功能。
- ☑ 利用 HTML+CSS 制作一个自己的播放控制条，然后定位到视频最下方。
- ☑ 视频加载 loading 效果。
- ☑ 播放、暂停。
- ☑ 总时长和当前播放时长显示。
- ☑ 播放进度条。
- ☑ 全屏显示。

【操作步骤】

第 1 步，设计播放控件。

```html
<figure>
    <figcaption>视频播放器</figcaption>
    <div class="player">
        <video src="./video/mv.mp4"></video>
        <div class="controls">
            <!-- 播放/暂停 -->
            <a href="javascript:;" class="switch fa fa-play"></a>
            <!-- 全屏 -->
            <a href="javascript:;" class="expand fa fa-expand"></a>
            <!-- 进度条 -->
            <div class="progress">
                <div class="loaded"></div>
                <div class="line"></div>
                <div class="bar"></div>
            </div>
            <!-- 时间 -->
            <div class="timer">
                <span class="current">00:00:00</span> /
                <span class="total">00:00:00</span>
            </div>
            <!-- 声音 -->
```

```
            </div>
        </div>
</figure>
```

上面是全部 HTML 代码，controls 类就是播放控件 HTML，引用 CSS 外部样式表如下。

```
<link rel="stylesheet" href="css/font-awesome.css">
<link rel="stylesheet" href="css/player.css">
```

为了显示播放按钮等图标，本例使用了字体图标。

第 2 步，设计视频加载 loading 效果。先隐藏视频，用一个背景图片替代，等视频加载完毕之后，再显示并播放视频。

```
.player {
    width: 720px; height: 360px;
    margin: 0 auto; position: relative;
    background: #000 url(images/loading.gif) center/300px no-repeat;
}
video {
    display: none; margin: 0 auto;
    height: 100%;
}
```

第 3 步，设计播放功能。在 JavaScript 脚本中，先获取要用到的 DOM 元素。

```
var video = document.querySelector("video");
var isPlay = document.querySelector(".switch");
var expand = document.querySelector(".expand");
var progress = document.querySelector(".progress");
var loaded = document.querySelector(".progress > .loaded");
var currPlayTime = document.querySelector(".timer > .current");
var totalTime = document.querySelector(".timer > .total");
```

当视频可以播放时，显示视频。

```
//当视频可播放的时候
video.oncanplay = function(){
        //显示视频
        this.style.display = "block";
        //显示视频总时长
        totalTime.innerHTML = getFormatTime(this.duration);
};
```

第 4 步，设计播放、暂停按钮。当单击"播放"按钮时，显示暂停图标，在播放和暂停状态之间切换图标。

```
//播放按钮控制
isPlay.onclick = function(){
        if(video.paused) {
            video.play();
        } else {
            video.pause();
        }
        this.classList.toggle("fa-pause");
};
```

第 5 步，获取并显示总时长和当前播放时长。前面代码中其实已经有了相关设置代码，此时只需要把获取到的毫秒数转换成需要的时间格式即可。先定义 getFormatTime()函数，用于转换时间格式。

```
function getFormatTime(time) {
    var time = time || 0;
    var h = parseInt(time/3600),
        m = parseInt(time%3600/60),
```

```
        s = parseInt(time%60);
    h = h < 10 ? "0"+h : h;
    m = m < 10 ? "0"+m : m;
    s = s < 10 ? "0"+s : s;
    return h+":"+m+":"+s;
}
```

第 6 步，设计播放进度条。

```
video.ontimeupdate = function(){
    var currTime = this.currentTime,      //当前播放时间
    duration = this.duration;             //视频总时长
    //百分比
    var pre = currTime / duration * 100 + "%";
    //显示进度条
    loaded.style.width = pre;
    //显示当前播放进度时间
    currPlayTime.innerHTML = getFormatTime(currTime);
};
```

现在可以实时显示进度条了。此时，还需要单击进度条进行跳跃播放，即单击任意时间点视频跳转到当前时间点播放。

```
//跳跃播放
progress.onclick = function(e){
    var event = e || window.event;
    video.currentTime = (event.offsetX / this.offsetWidth) * video.duration;
};
```

第 7 步，设计全屏显示。这个功能可以使用 HTML5 提供的全局 API（webkitRequestFullScreen）实现，与 video 元素无关，经测试在 firefox、IE 浏览器下全屏功能不可用，仅针对 webkit 内核浏览器可用。

```
//全屏
expand.onclick = function(){
    video.webkitRequestFullScreen();
};
```

4.6 在线支持

扫码免费学习更多实用技能

一、专项练习
- ☑ HTML5 音频和视频

二、参考
- ☑ 图像标签列表
- ☑ 音频/视频标签列表

三、HTML5 多媒体 API
- ☑ HTML5 多媒体 API 的属性
- ☑ HTML5 多媒体 API 的方法
- ☑ HTML5 多媒体 API 的事件
- ☑ 综合案例

四、更多案例实战
- ☑ 图文混排
- ☑ 设计图文新闻
- ☑ 设计阴影白边
- ☑ 设计音乐播放器
- ☑ 设计 MP3 播放器
- ☑ 设计视频播放器

新知识、新案例不断更新中……

第 5 章 设计列表和超链接

在网页中,大部分信息都是列表结构,如菜单栏、图文列表、分类导航、新闻列表、栏目列表等。HTML5 定义了一套列表标签,通过列表结构实现对网页信息的合理排版。另外,网页中还包含大量超链接,通过它实现网页、位置的跳转,超链接能够把整个网站、互联网联系在一起。列表结构与超链接关系紧密,经常需要配合使用。

5.1 定义列表

5.1.1 无序列表

无序列表是一种不分排序的列表结构,使用<ul>标签定义,在<ul>标签中可以包含多个<li>标签定义的列表项目。

【示例 1】 使用无序列表定义一元二次方程的求解方法,预览效果如图 5.1 所示。

```
<h1>解一元二次方程</h1>
<p>一元二次方程求解有四种方法:</p>
<ul>
    <li>直接开平方法 </li>
    <li>配方法 </li>
    <li>公式法 </li>
    <li>分解因式法</li>
</ul>
```

无序列表可以分为一级无序列表和多级无序列表。一级无序列表在浏览器中解析后,会在每个列表项目的前面添加一个小黑点的修饰符,而多级无序列表则会根据级数调整列表项目的修饰符。

【示例 2】 在页面中设计三层嵌套的多级列表结构,浏览器默认解析的显示效果如图 5.2 所示。

```
<ul>
    <li>一级列表项目 1
        <ul>
            <li>二级列表项目 1</li>
            <li>二级列表项目 2
                <ul>
                    <li>三级列表项目 1</li>
                    <li>三级列表项目 2</li>
                </ul>
            </li>
        </ul>
    </li>
    <li>一级列表项目 2</li>
</ul>
```

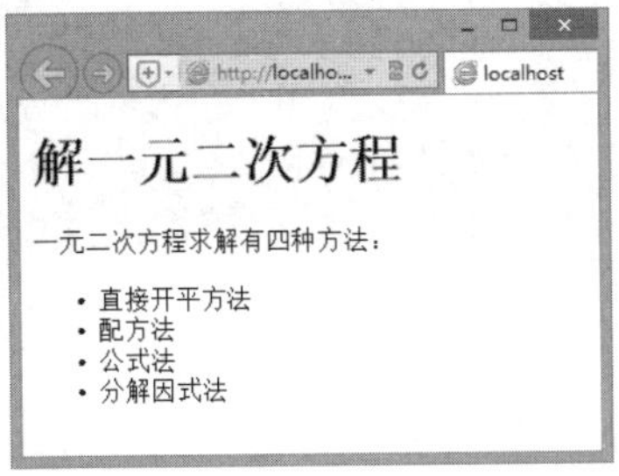

图 5.1　定义无序列表 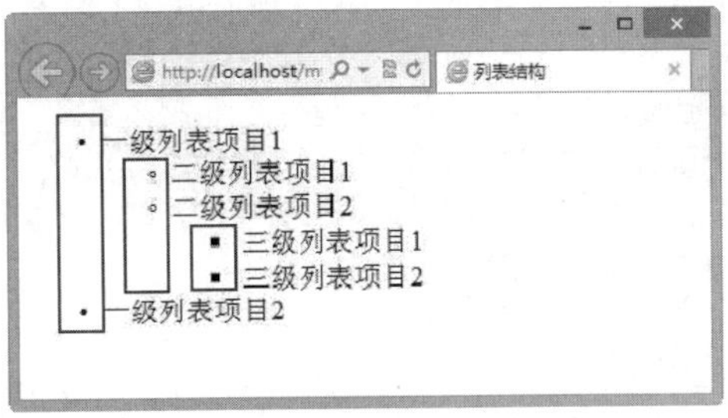　　　　图 5.2　多级无序列表的默认解析效果

无序列表在嵌套结构中随着其所包含的列表级数的增加而逐渐缩进，并且随着列表级数的增加而改变不同的修饰符。合理使用列表结构能让页面的结构更加清晰。

5.1.2　有序列表

有序列表是一种在意排序位置的列表结构，使用<ol>标签定义，其中包含多个<li>列表项目标签。在强调项目排序的栏目中，选用有序列表会更科学，如新闻列表（根据新闻时间排序）、排行榜（强调项目的名次）等。

【示例 1】列表结构在网页中比较常见，其应用范畴比较宽泛，既可以是新闻列表、销售列表，也可以是导航、菜单、图表等。下面代码显示 3 种列表应用样式，效果如图 5.3 所示。

```html
<h1>列表应用</h1>
<h2>百度互联网新闻分类列表</h2>
<ol>
    <li>网友热论网络文学：渐入主流还是刹那流星？</li>
    <li>电信封杀路由器？消费者质疑：强迫交易</li>
    <li>大学生创业俱乐部为大学生自主创业助力</li>
</ol>
<h2>焊机产品型号列表</h2>
<ul>
    <li>直流氩弧焊机系列 </li>
    <li>空气等离子切割机系列</li>
    <li>氩焊/手弧/切割三用机系列</li>
</ul>
<h2>站点导航菜单列表</h2>
<ul>
    <li>微博</li>
    <li>社区</li>
    <li>新闻</li>
</ul>
```

【示例 2】有序列表也可分为一级有序列表和多级有序列表。浏览器在默认解析时都是将有序列表以阿拉伯数字表示，并增加缩进，如图 5.4 所示。

```html
<ol>
    <li>一级列表项目 1
        <ol>
            <li>二级列表项目 1</li>
            <li>二级列表项目 2
                <ol>
                    <li>三级列表项目 1</li>
                    <li>三级列表项目 2</li>
                </ol>
```

```
            </li>
        </ol>
    </li>
    <li>一级列表项目2</li>
</ol>
```

图5.3 列表的应用形式

图5.4 多级有序列表默认解析效果

<ol>标签包含3个比较实用的属性，这些属性同时获得HTML5的支持，且reversed为新增属性。具体说明如表5.1所示。

表5.1 <ol>标签属性

属 性	取 值	说 明
s	reversed	定义列表顺序为降序，如9，8，7…
start	number	定义有序列表的起始值
type	1、A、a、I、i	定义在列表中使用的标记类型

【示例3】设计有序列表降序显示，序列的起始值为5，类型为大写罗马数字，效果如图5.5所示。

```
<ol type="I" start="5" reversed >
    <li>黄鹤楼  <span>崔颢</span> </li>
    <li>送元二使安西  <span>王维</span> </li>
    <li>凉州词（黄河远上）  <span>王之涣</span> </li>
    <li>登鹳雀楼  <span>王之涣</span> </li>
    <li>登岳阳楼  <span>杜甫</span> </li>
</ol>
```

图5.5 在Firefox浏览器中的预览效果

5.1.3 描述列表

描述列表是一种特殊的结构，它包括词条和解释两块内容，包含的标签说明如下。
- ☑ <dl>…</dl>：标识描述列表。
- ☑ <dt>…</dt>：标识词条。
- ☑ <dd>…</dd>：标识解释。

【示例1】下面代码定义了一个中药词条列表。

```
<h2>中药词条列表</h2>
<dl>
    <dt>丹皮</dt>
```

```html
        <dd>为毛茛科多年生落叶小灌木植物牡丹的根皮。产于安徽、山东等地。秋季采收，晒干。生用或炒用。</dd>
</dl>
```

在上面的列表结构中，"丹皮"是词条，而"为毛茛科多年生落叶小灌木植物牡丹的根皮。产于安徽、山东等地。秋季采收，晒干。生用或炒用"是对词条进行的描述（或解释）。

【示例2】下面代码使用描述列表显示两个成语的解释。

```html
<h1>成语词条列表</h1>
<dl>
        <dt>知无不言，言无不尽</dt>
        <dd>知道的就说，要说就毫无保留。</dd>
        <dt>智者千虑，必有一失</dt>
        <dd>不管多聪明的人，在很多次的考虑中，也一定会出现个别错误。</dd>
</dl>
```

提示：描述列表内的<dt>和<dd>标签组合形式有单条形式、一带多形式和多条形式。

单条形式如下。

```html
<dl>
        <dt>描述列表标题</dt>
        <dd>描述列表内容</dd>
</dl>
```

一带多形式如下。

```html
<dl>
        <dt>描述列表标题1</dt>
        <dd>描述列表内容1.1</dd>
        <dd>描述列表内容1.2</dd>
</dl>
```

多条形式如下。

```html
<dl>
        <dt>描述列表标题1</dt>
        <dd>描述列表内容1</dd>
        <dt>描述列表标题2</dt>
        <dd>描述列表内容2</dd>
</dl>
```

【示例3】下面描述列表中包含两个词条，用来介绍花圃中花的种类，列表结构代码如下。

```html
<div class="flowers">
        <h1>花圃中的花</h1>
        <dl>
                <dt>玫瑰花</dt>
                <dd>玫瑰花，一名赤蔷薇，为蔷薇科落叶灌木。茎多刺。花有紫、白两种，形似蔷薇和月季。一般用作蜜饯、糕点等食品的配料。花瓣、根均作药用，入药多用紫玫瑰。</dd>
                <dt>杜鹃花</dt>
                <dd>中国十大名花之一。在所有观赏花木之中，称得上花叶兼美，地栽、盆栽皆宜，用途最为广泛。……</dd>
        </dl>
</div>
```

当列表包含内容集中时，可以适当添加一个标题，演示效果如图5.6所示。

注意：描述列表不局限于定义词条解释关系，搜索引擎认为dt包含抽象、概括或简练的内容，对应的dd包含与dt内容相关联的具体、详细或生动说明。例如：

```html
<dl>
        <dt>软件名称</dt>
```

```
        <dd>小时代 2.6.3.10</dd>
        <dt>软件大小</dt>
        <dd>2431 KB</dd>
        <dt>软件语言</dt>
        <dd>简体中文</dd>
    </dl>
```

图 5.6　描述列表结构分析图

5.2　定义超链接

超链接一般包括两部分：链接目标和链接标签。目标通过 href 定义，指定访问者单击链接时会发生什么。标签就是访问者在浏览器中看到的内容，激活标签就可以转到链接的目标。

5.2.1　普通链接

创建指向另一个网页的链接的方法如下。

```
<a href="page.html ">标签文本</a>
```

其中，page.html 是目标网页的 URL。标签文本默认突出显示，访问者激活它时，就会转到 page.html 所指向的页面。

可以添加一个 img 元素替代文本（或同文本一起）作为标签，例如：

```
<a href="page.html "><img src="images/1.jpg" /></a>
```

也可以创建指向另一个网站页面的链接，例如：

```
<a href="http://www.w3school.com.cn" rel="external"> W3School</a>
```

将 href 的值替换为目标 URL 地址，rel 属性是可选的，即便没有它，链接也能照常工作。但对于指向另一网站的链接，推荐包含这个设置。此外，还可以对带有 rel="external"的链接添加不同的样式，从而告知访问者这是一个指向外部网站的链接。

访问者将鼠标移到指向其他网站的链接上时，目标 URL 会出现在状态栏里，title 文字（如果指定了）也会显示在链接旁边。

☝ 提示：可以通过键盘对网页进行导航，每按一次 Tab 键，焦点就会转移到 HTML 代码中出现的下一个链接、表单控件或图像映射。每按一次 Shift+Tab 键，焦点就会向前转移。这个顺序不一定与网页上出现的顺序一致，因为页面的 CSS 布局可能不同。通过使用 tabindex 属性，可以改变 Tab 键访问的顺序。

<a>标签包含众多属性,其中被 HTML5 支持的属性如表 5.2 所示。

表 5.2 <a>标签属性

属性	取值	说明
download	filename	规定被下载的链接目标
href	URL	规定链接指向的页面的 URL
hreflang	language_code	规定被链接文档的语言
media	media_query	规定被链接文档是为何种媒介/设备优化的
rel	text	规定当前文档与被链接文档之间的关系
target	_blank、_parent、_self、_top、framename	规定在何处打开链接文档
type	MIME type	规定被链接文档的 MIME 类型

提示:如果不使用 href 属性,则不可以使用 download、hreflang、media、rel、target 以及 type 属性。在默认状态下,被链接页面会显示在当前浏览器窗口中,可以使用 target 属性改变页面显示的窗口。

下面代码定义一个链接文本,设计当单击该文本时将在新的标签页中显示百度首页。

```
<a href="https://www.baidu.com/" target="_blank">百度一下</a>
```

注意:在 HTML4 中,<a>标签可以定义链接,也可以定义锚点。但是在 HTML5 中,<a>标签只能定义链接,如果不设置 href 属性,则只是链接的占位符,而不再是一个锚点。

5.2.2 块链接

HTML5 放开对<a>标签的使用限制,允许在链接内包含任何类型的元素或元素组,如段落、列表、整篇文章和区块,这些元素大部分为块级元素,也称为块链接。在 HTML4 中,链接只能包含图像、短语,以及标记文本短语的行内元素,如 em、strong、cite 等。

注意:链接内不能包含其他链接、音频、视频、表单控件、iframe 等交互式内容。

【示例】下面以文章的一小段内容为链接,指向完整的文章。如果想让这一小段内容和提示都形成指向完整文章页面的链接,就应使用块链接。可以通过 CSS 让部分文字显示下画线,或者所有的文字都不会显示下画线。

```
<a href="pages.html">
    <h1>标题文本</h1>
    <p>段落文本</p>
    <p>更多信息</p>
</a>
```

一般建议将最相关的内容放在链接的开头,而且不要在一个链接中放入过多的内容。例如:

```
<a href="pioneer-valley.html">
    <h1>标题文本</h1>
    <img src="images/1.jpg" width="143" height="131" alt="1" />
    <img src=" images/2.jpg" width="202" height="131" alt="2" />
    <p>段落文本</p>
</a>
```

注意:不要过度地使用块链接,尽量避免将一大段内容使用一个链接包起来。

5.2.3 锚点链接

锚点链接是定向同一页面或者其他页面中的特定位置的链接。例如，在一个很长的页面的底部设置一个锚点，单击后可以跳转到页面顶部，这样避免了上下滚动的麻烦。

创建锚点链接的方法如下。

第 1 步，创建用于链接的锚点。任何被定义了 ID 值的元素都可以作为锚点标记，都可以定义指向该位置点的锚点链接。注意，给页面标签的 ID 锚点命名时不要含有空格，同时不要置于绝对定位元素内。

第 2 步，在当前页面或者其他页面的不同位置定义链接，为<a>标签设置 href 属性，属性值为"#+锚点名称"，如输入"#p4"。如果链接到不同的页面，如 test.html，则输入"test.html#p4"，可以使用绝对路径，也可以使用相对路径。注意，锚点名称是区分大小写的。

【示例】定义一个锚点链接，链接到同一个页面的不同位置，效果如图 5.7 所示。当单击网页顶部的文本链接后，会跳转到页面底部的图片 4 所在位置。

```
<!doctype html>
<body>
<p><a href="#p4">查看图片 4</a> </p>
<h2>图片 1</h2>
<p><img src="images/1.jpg" /></p>
<h2>图片 2</h2>
<p><img src="images/2.jpg" /></p>
<h2>图片 3</h2>
<p><img src="images/3.jpg" /></p>
<h2 id="p4">图片 4</h2>
<p><img src="images/4.jpg" /></p>
<h2>图片 5</h2>
<p><img src="images/5.jpg" /></p>
<h2>图片 6</h2>
<p><img src="images/6.jpg" /></p>
</body>
```

（a）跳转前　　　　　　　　　（b）跳转后

图 5.7　定义锚链接

5.2.4　目标链接

链接指向的目标可以是网页、位置，也可以是一张图片、一个电子邮件地址、一个文件、FTP 服务器，甚至是一个应用程序、一段 JavaScript 脚本。

【示例 1】如果浏览器能够识别 href 属性指向链接的目标类型，会直接在浏览器中显示；如果浏览器不能识别该类型，会弹出"文件下载"对话框，允许用户下载到本地，如图 5.8 所示。

```
<p><a href="images/1.jpg">链接到图片</a></p>
<p><a href="demo.html">链接到网页</a></p>
<p><a href="demo.docx">链接到 Word 文档</a></p>
```

定义链接地址为邮箱地址，即为 email 链接。通过 email 链接可以为用户提供方便的反馈与交流机

图 5.8 下载 Word 文档

会。当浏览者单击邮件链接时，会自动打开客户端浏览器默认的电子邮件处理程序，收件人的邮件地址被电子邮件链接中指定的地址自动更新，浏览者不用手工输入。

创建 email 链接的方法如下。

为<a>标签设置 href 属性，属性值为"mailto:+电子邮件地址+?+subject=+邮件主题"，其中 subject 表示邮件主题，为可选项目，例如，mailto:namee@mysite.cn?subject=意见和建议。

【示例 2】下面使用<a>标签创建电子邮件链接。

```
<a href="mailto:namee@mysite.cn">namee@mysite.cn</a>
```

注意：如果为 href 属性设置"#"，则表示一个空链接，单击空链接，页面不会发生变化。

```
<a href="#">空链接</a>
```

如果为 href 属性设置 JavaScript 脚本，单击脚本链接，将会执行脚本。

```
<a href="javascript:alert(&quot;谢谢关注，投票已结束。&quot;);">我要投票</a>
```

5.2.5 下载链接

HTML5 新增 download 属性，使用该属性可以强制浏览器执行下载操作，而不是直接解析并显示出来。

【示例】比较链接使用 download 和不使用 download 的区别。

```
<p><a href="images/1.jpg" download >下载图片</a></p>
<p><a href="images/1.jpg" >浏览图片</a></p>
```

提示：目前，只有 Firefox 和 Chrome 浏览器支持 download 属性。

5.2.6 图像热点

图像热点就是为图像的局部区域定义链接，当单击热点区域时，会激活链接，并跳转到指定目标页面或位置。图像热点是一种特殊的链接形式，常用来在图像上设置多热点的导航。

使用<map>和<area>标签可以定义图像热点，具体说明如下。

- ☑ <map>：定义热点区域。该标签包含 id 属性，可定义热点区域的 ID，或者定义可选的 name 属性，也可以作为一个句柄，与热点图像进行绑定。<img>中的 usemap 属性可引用<map>中的 id 或 name 属性（根据浏览器），所以应同时向<map>添加 id 和 name 属性。
- ☑ <area>：定义图像映射中的区域，area 元素必须嵌套在<map>标签中。该标签包含一个必须设置的属性 alt，定义热点区域的替换文本。该标签包含多个可选属性，其说明如表 5.3 所示。

表 5.3 <area>标签属性

属 性	取 值	说 明
coords	坐标值	定义可单击区域（对鼠标敏感的区域）的坐标
href	URL	定义此区域的目标 URL
nohref	nohref	从图像映射排除某个区域
shape	default、rect（矩形）、circ（圆形）、poly（多边形）	定义区域的形状
target	_blank、_parent、_self、_top	规定在何处打开 href 属性指定的目标 URL

【示例】下面代码具体演示了如何为一幅图片定义多个热点区域。

```
<img src="images/china.jpg" width="618" height="499" border="0" usemap="#Map">
<map name="Map">
    <area shape="circle" coords="221,261,40" href="show.php?name=青海">
    <area shape="poly" coords="411,251,394,267,375,280,395,295,407,299,431,307,436,303,429,284,431,271,426,255" href="show.php?name=河南">
    <area shape="poly" coords="385,336,371,346,370,375,376,385,394,395,403,403,410,397,419,393,426,385,425,359,418,343,399,337" href="show.php?name=湖南">
</map>
```

提示：定义图像热点，建议用户借助 Dreamweaver 可视化设计视图，可以快速实现。

5.2.7 框架链接

HTML5 已经不支持 frameset 框架，但是仍然支持 iframe 浮动框架。浮动框架可以自由控制窗口大小，可以配合网页布局在任何位置插入窗口。

使用 iframe 创建浮动框架的用法如下。

```
<iframe src="URL">
```

src 表示浮动框架中显示网页的路径，可以是绝对路径，也可以是相对路径。

【示例】下面代码是在浮动框架中链接到百度首页，显示效果如图 5.9 所示。

```
<iframe src="http://www.baidu.com"></iframe>
```

图 5.9　使用浮动框架

在默认情况下，浮动框架的宽度和高度为 220 px×120 px。如果需要调整浮动框架的尺寸，应该使用 CSS 样式。<iframe>标签包含多个属性，其中被 HTML5 支持或新增的属性如表 5.4 所示。

表 5.4 <iframe>标签属性

属 性	取 值	说 明
frameborder	1、0	规定是否显示框架周围的边框
height	pixels、%	规定 iframe 的高度
longdesc	URL	规定一个页面，该页面包含有关 iframe 的较长描述
marginheight	pixels	定义 iframe 的顶部和底部的边距
marginwidth	pixels	定义 iframe 的左侧和右侧的边距
name	frame_name	规定 iframe 的名称

续表

属　性	取　值	说　明
Sandbox	"" allow-forms allow-same-origin allow-scripts allow-top-navigation	启用一系列对<iframe>中内容的额外限制
scrolling	yes、no、auto	规定是否在 iframe 中显示滚动条
seamless	seamless	规定<iframe>看上去像是包含文档的一部分
src	URL	规定在 iframe 中显示的文档的 URL
srcdoc	HTML_code	规定在<iframe>中显示的页面的 HTML 内容
width	pixels、%	定义 iframe 的宽度

5.3　案　例　实　战

5.3.1　设计栏目列表

音乐排行榜主要体现的是当前某个时间段中某些歌曲的排名情况。如图 5.10 所示为本节示例的效果图，该例展示音乐排行榜在网页中的基本设计样式。

【操作步骤】

第 1 步，新建网页，保存为 index.html，在<body>标签内编写如下结构，构建 HTML 文档。

```
<div class="music_sort">
    <h1>音乐排行榜</h1>
    <div class="content">
        <ol>
            <li><strong>浪人情歌</strong> <span>伍佰</span></li>
            <li><strong>K 歌之王</strong> <span>陈奕迅</span></li>
            ……
        </ol>
    </div>
</div>
```

第 2 步，理清设计思路。首先，将默认的显示效果与通过 CSS 样式修饰过的显示效果进行对比，如图 5.11 所示，可以发现两者的不同之处如下。

图 5.10　音乐排行榜栏目

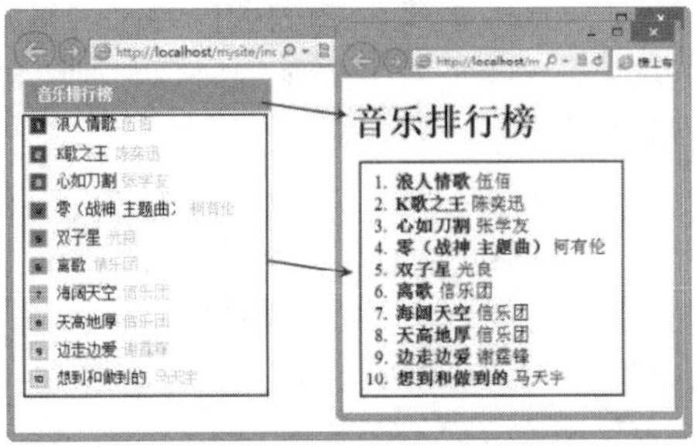

图 5.11　CSS 样式修饰后(左)与无 CSS 样式修饰(右)的对比

- ☑ 文字的大小。
- ☑ 榜单排名序号的样式。
- ☑ 背景色和边框色的修饰。

通过对比可见，数字序号已经不再是普通的常见文字，而是经过特殊处理的文字效果。换言之，就是这个数字必须使用图片才可以达到预期效果。这个数字图片在列表中的处理方式就是本例中需要讲解的部分，在讲解之前先思考以下两个问题。

- ☑ 10 个数字，也就是 10 张图片，可不可以将 10 张图片合并成 1 张图片。
- ☑ 将 10 张图片合并成 1 张图片，但 HTML 结构中又没有针对每个列表<li>标签添加 Class 类名，怎么将图片指定到相对应的排名中。

第 3 步，在<head>标签内添加<style type="text/css">标签，定义一个内部样式列表。

第 4 步，针对第 2 步分析的两个主要问题，编写如下 CSS 样式。

```css
.music_sort {
    width:200px;
    border:1px solid #E8E8E8;}
.music_sort ol {
    height:220px; /* 固定榜单列表的整体高度 */
    padding-left:26px; /* 利用内补丁增加 ol 容器的空间显示背景图片 */
    list-style:none; /* 去除默认的列表修饰符 */
    background:url(images/number.gif) no-repeat 0 0;}
.music_sort li {
    width:100%; height:22px;
    list-style:none; /* 去除默认的列表修饰符 */}
.music_sort li span {color:#CCCCCC; /* 将列表中的歌手名字设置为灰色 */}
```

这段 CSS 样式就是为了实现最终效果而写的，其代码设计思路如下。

将有序列表<ol>标签的高度属性值设定为一个固定值，这个固定值为列表<li>标签的 10 倍，并将列表所有的默认样式修饰符取消，利用有序列表<ol>标签中增加左补丁的空间显示合并后的数字背景图。

简单的方法代替了给不同的列表<li>标签添加不同背景图片的麻烦步骤。但这种处理方式的缺陷就是必须调整好背景图片中 10 个数字图片之间的间距，而且如果增加了每个列表<li>标签的高度，那么就需要重新修改背景图片中 10 个数字图片之间的间距。

第 5 步，保存页面之后，在浏览器中预览，演示效果如图 5.10 所示。

5.3.2 设计图文列表

图文列表的结构就是将列表内容以图片的形式在页面中显示，简单地理解就是图片列表信息附带简短的文字说明。在图中展示的内容主要包含列表标题、图片和与图片相关的说明文字。下面结合示例进行说明。

【操作步骤】

第 1 步，新建网页，保存为 index.html，在<body>标签内编写如下结构，构建 HTML 文档。

```html
<div class="pic_list">
    <h3>爱秀</h3>
    <div class="content">
        <ul>
            <li><a href="#">
                <img src="images/1.jpg" alt="美女个性搞怪自拍">
                美女个性搞怪自拍</a></li>
```

```
            ……
        </ul>
    </div>
</div>
```

第 2 步，梳理结构。对于列表的内容不再细解，细心的用户应该发现这个列表的 HTML 结构层次清晰而富有条理，如图 5.12 所示。

该结构不仅在 HTML 代码中能很好地体现页面的结构层次，而且更方便后期使用 CSS 设计。

第 3 步，梳理设计思路。图文列表的排列方式最讲究的是宽度属性的计算。横向排列的列表，当整体的列表（有序列表或者无序列表）横向空间不足以将所有列表横向显示时，浏览器会将列表换行显示。这样的情况只有在宽度计算正确时，才足够将所有列表横向排列显示并且不会产生空间的浪费。列表宽度计算不正确时导致的结果如图 5.13 所示。

图 5.12　列表结构的分析示意图　　　　图 5.13　列表宽度计算不正确时导致的结果

这种情况是必须避免的，因此准确计算列表内容区域所需要的空间是有必要的。

第 4 步，设计栏目宽度。在本例中，每张图片的宽度为 134 px，左、右内补丁都为 3 px，左、右边框都为 1 px 宽度的线条，且图片列表与图片列表之间的间距为 15 px（即右外补丁为 15 px），根据盒模型的计算方式，最终列表 <li> 标签的盒模型宽度值为 1 px+3 px+134 px+3 px+1 px+15 px=157 px，因此图文列表区域总宽度值为 157 px×6=942 px。

第 5 步，在 <head> 标签内添加 <style type="text/css"> 标签，定义一个内部样式表。

第 6 步，编写图文列表区域的相关 CSS 样式代码。

```
.pic_list .content {
    width:942px;
    height:150px;
    overflow:hidden; /* 设置图文列表内容区域的宽度和高度，超过部分隐藏 */
    padding:22px 0 0 15px; /* 利用内补丁增加列表内容区域与其他元素之间的间距 */
}
.pic_list .content li {
    float:left;
    width:142px;
    margin-right:15px; /* 列表 <li> 标签设置浮动后，所有列表将根据盒模型的计算方式计算列表宽度，并且并排显示 */
    display:inline; /* 设置浮动后并且增加了左、右外补丁，IE6 会产生双倍间距的 bug，利用该属性可解决 */}
```

.pic_list .content 作为图文列表内容区域，增加相应的内补丁使其与整体之间有空间感，这是视觉效果中必然会处理的一个问题。

.pic_list .content li 具有浮动属性，并且具备左、右外补丁中的一个外补丁属性，在 IE6 浏览器中会产生双倍间距的 bug 问题。而神奇的是添加 display:inline 可以解决该问题，并且不会对其他浏览器产生任何影响。

第 7 步，主要的内容设置成功之后，就可以对图文列表的整体效果做 CSS 样式的修饰了，如图文列表的背景和边框以及图文列表标题的高度、文字样式和背景等。

```css
.pic_list {
    width:960px; /* 设置图文列表整体的宽度 */
    border:1px solid #D9E5F5; /* 添加图文列表的边框 */
    background:url(images/wrap.jpg) repeat-x 0 0; /* 添加图文列表整体的背景图片 */
}
.pic_list * {/* 重置图文列表内部所有基本样式 */
    margin:0; padding:0;
    list-style:none;
    font:normal 12px/1.5em "宋体", Verdana,Lucida,Arial, Helvetica, sans-serif;
}
.pic_list h3 { /* 设置图文列表的标题的高度、行高、文字样式和背景图片 */
    height:34px; line-height:34px;
    font-size:14px; text-indent:12px;
    font-weight:bold; color:#223A6D;
    background:url(images/h3bg.jpg) no-repeat 0 0;
}
```

第 8 步，调整图文列表信息的细节，如图片的边框、背景和文字的颜色等。并且还要考虑当鼠标经过图片时，为了能更好地体现视觉效果，给用户一个全新的体验，添加当鼠标经过图片列表信息时图片以及文字的样式变化。完整代码请参考本节示例源代码。

第 9 步，保存页面之后，在浏览器中预览，演示效果如图 5.14 所示。

图 5.14 图文信息列表页面效果

5.4 在线支持

扫码免费学习
更多实用技能

一、参考
- ☑ 列表标签列表
- ☑ 链接标签列表

二、更多案例实战
- ☑ 设计排行榜列表结构
- ☑ 设计图文列表栏目

新知识、新案例不断更新中……

第 6 章 设计表格

在网页设计中，表格主要用于显示包含行、列结构的二维数据，如财务表格、调查数据、日历表、时刻表、节目表等。在大多数情况下，这类信息都由列标题或行标题及数据构成。本章将详细介绍表格在网页设计中的应用，包括设计符合标准化的表格结构，以能够正确设置表格属性。

6.1 新建表格

6.1.1 定义普通表格

使用 table 元素可以定义 HTML 表格。简单的 HTML 表格由一个 table 元素，以及一个或多个 tr 和 td 元素组成，其中 tr 元素定义表格行，td 元素定义表格的单元格。

【示例】设计一个简单的 HTML 表格，包含两行两列，演示效果如图 6.1 所示。

图 6.1 设计简单的表格

```
<article>
    <h1>《春晓》</h1>
    <table>
        <tr>
            <td>春眠不觉晓，</td>
            <td>处处闻啼鸟。</td>
        </tr>
        <tr>
            <td>夜来风雨声，</td>
            <td>花落知多少。</td>
        </tr>
    </table>
</article>
```

6.1.2 定义列标题

在 HTML 表格中，有以下两种类型的单元格。
- ☑ 表头单元格：包含表头信息，由 th 元素创建。
- ☑ 标准单元格：包含数据，由 td 元素创建。

在默认状态下，th 元素内部的文本呈现为居中、粗体显示，而 td 元素内部通常是左对齐的普通文本。在 HTML 中，使用 th 元素定义列标题单元格。

【示例 1】设计一个含有表头信息的 HTML 表格，包含两行两列，演示效果如图 6.2 所示。

```
<table>
    <tr>
```

```
        <th>用户名</th><th>电子邮箱</th>
    </tr>
    <tr>
        <td>张三</td><td>zhangsan@163.com</td>
    </tr>
</table>
```

表头单元格一般位于表格的第一行，当然用户可以根据需要把表头单元格放在表格中任意位置，例如，第一行或最后一行，第一列或最后一列等。另外，也可以定义多重表头。

【示例 2】设计了一个简单的课程表，表格中包含行标题和列标题，即表格被定义了 2 类表头单元格，演示效果如图 6.3 所示。

```
<table>
    <tr>
        <th> </th>
        <th>星期一</th><th>星期二</th><th>星期三</th><th>星期四</th><th>星期五</th>
    </tr>
    <tr>
        <th>第 1 节</th>
        <td>语文</td><td>物理</td> <td>数学</td><td>语文</td> <td>美术</td>
    </tr>
    <tr>
        <th>第 2 节</th>
        <td>数学</td><td>语文</td> <td>体育</td><td>英语</td><td>音乐</td>
    </tr>
    <tr>
        <th>第 3 节</th>
        <td>语文</td><td>体育</td><td>数学</td><td>英语</td><td>地理</td>
    </tr>
    <tr>
        <th>第 4 节</th>
        <td>地理</td><td>化学</td> <td>语文</td><td>语文</td><td>美术</td>
    </tr>
</table>
```

图 6.2　设计带有表头的表格　　　　　图 6.3　设计双表头的表格

6.1.3　定义表格标题

有时需要为表格添加一个标题。使用 caption 元素可以定义表格标题。注意，caption 元素必须紧随 table 元素，且每个表格只能定义一个标题。

【示例】以 6.1.2 节示例 1 为基础，为表格添加一个标题，演示效果如图 6.4 所示。

```
<table>
    <caption>通讯录</caption>
```

图 6.4　设计带有标题的表格

```html
    <tr>
        <th>用户名</th>
        <th>电子邮箱</th>
    </tr>
    <tr>
        <td>张三</td>
        <td>zhangsan@163.com</td>
    </tr>
</table>
```

从图 6.4 可以看到，在默认状态下标题位于表格上面呈居中显示。

> **提示**：在 HTML4 中，可以使用 align 属性设置标题的对齐方式，取值包括 left、right、top、bottom。在 HTML5 中已不建议使用，可使用 CSS 样式取而代之。

6.1.4 表格行分组

thead、tfoot 和 tbody 元素可以对表格中的行进行分组。在创建表格时，如果有一个标题行、一些带有数据的行，以及位于底部的一个总计行，这样就可以设计独立于表格标题和页脚的表格正文滚动了。当长的表格被打印时，表格的表头和页脚可以被打印在包含表格数据的每张页面上。

使用 thead 元素可以定义表格的表头，该标签用于组合 HTML 表格的表头内容，一般与 tbody 和 tfoot 元素结合起来使用。其中 tbody 元素用于对 HTML 表格中的主体内容进行分组，而 tfoot 元素用于对 HTML 表格中的表注（页脚）内容进行分组。

【示例】下面使用各种表格标签，设计一个符合标准的表格结构，代码如下所示。

```html
<style type="text/css">
table { width: 100%; }
caption { font-size: 24px; margin: 12px; color: blue; }
th, td { border: solid 1px blue; padding: 8px; }
tfoot td { text-align: right; color: red; }
</style>
<table>
    <caption>结构化表格标签</caption>
    <thead>
        <tr><th>标签</th><th>说明</th></tr>
    </thead>
    <tfoot>
        <tr><td colspan="2">* 在表格中，上述标签属于可选标签。</td></tr>
    </tfoot>
    <tbody>
        <tr><td>&lt;thead&gt;</td> <td>定义表头结构。</td></tr>
        <tr><td>&lt;tbody&gt;</td><td>定义表格主体结构。</td></tr>
        <tr><td>&lt;tfoot&gt;</td><td>定义表格的页脚结构。</td></tr>
    </tbody>
</table>
```

在上面示例代码中，可以看到<tfoot>是放在<thead>和<tbody>之间的，而最终在浏览器中会发现<tfoot>中的内容显示在表格底部。在<tfoot>标签中有一个 colspan 属性，该属性的主要功能是横向合并单元格，将表格底部的两个单元格合并为一个单元格，示例效果如图 6.5 所示。

> **注意**：当使用 thead、tfoot 和 tbody 元素时，必须使用全部的元素，排列次序是 thead、tfoot、tbody，这样浏览器就可以在收到所有数据前呈现页脚，且这些元素必须在 table 元素内部使用。

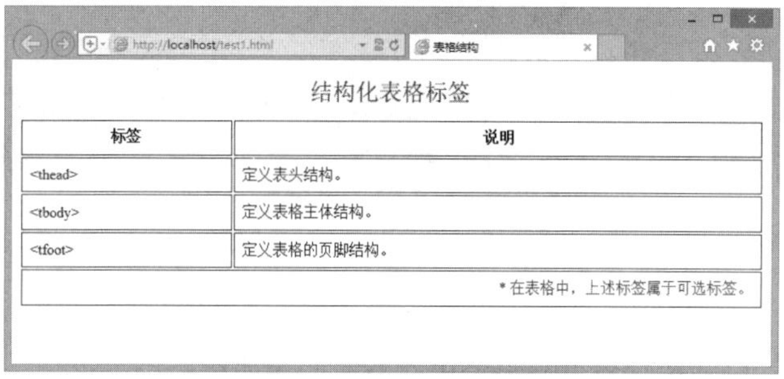

图 6.5　表格结构效果图

在默认情况下，这些元素不会影响到表格的布局。不过，用户可以通过使用 CSS 使这些元素改变表格的外观。在<thead>标签内部必须包含<tr>标签。

6.1.5　表格列分组

col 和 colgroup 元素可以对表格中的列进行分组。其中使用<col>标签可以为表格中一个或多个列定义属性值。如果需要对全部列应用样式，<col>标签很有用，这样就不需要对各个单元格和各行重复应用样式了。

【示例 1】使用 col 元素为表格中的三列设置不同的对齐方式，效果如图 6.6 所示。

```
<table width="100%" border="1">
    <col align="left" />
    <col align="center" />
    <col align="right" />
    <tr><td>慈母手中线，</td><td>游子身上衣。</td><td>临行密密缝，</td></tr>
    <tr><td>意恐迟迟归。</td><td>谁言寸草心，</td><td>报得三春晖。</td></tr>
</table>
```

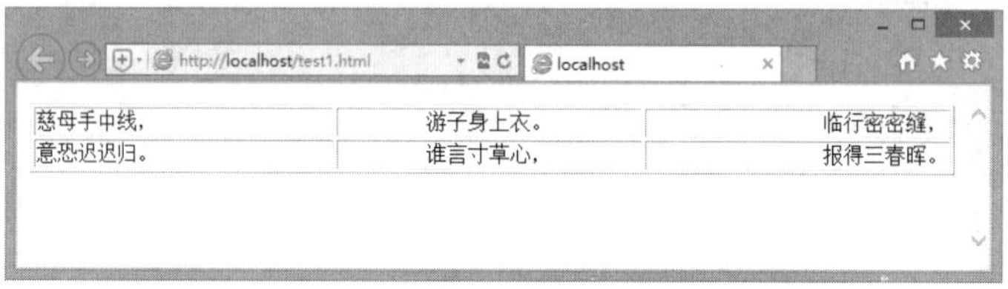

图 6.6　表格列分组样式

在上面示例中，使用 3 个 col 元素为表格中三列分别定义不同的对齐方式。这里使用 HTML 标签属性 align 设置对齐方式，取值包括 right（右对齐）、left（左对齐）、center（居中对齐）、justify（两端对齐）和 char（对准指定字符）。由于浏览器支持不统一，不建议使用 align 属性。

提示：只能在 table 或 colgroup 元素中使用 col 元素。col 元素是仅包含属性的空元素，不能够包含任何信息。如要创建列，就必须在 tr 元素内嵌入 td 元素。

使用<colgroup>标签也可以对表格中的列进行组合，以便对其进行格式化。如果需要对全部列应用样式，<colgroup>标签很有用，这样就不需要对各个单元格和各行重复应用样式了。

【示例 2】使用 colgroup 元素为表格中每列定义不同的宽度，效果如图 6.7 所示。

```
<style type="text/css">
.col1 { width:25%; color:red; font-size:16px; }
.col2 { width:50%; color:blue; }
```

```
</style>
<table width="100%" border="1">
    <colgroup span="2" class="col1"></colgroup>
    <colgroup class="col2"></colgroup>
    <tr><td>慈母手中线，</td><td>游子身上衣。</td><td>临行密密缝，</td></tr>
    <tr><td>意恐迟迟归。</td><td>谁言寸草心，</td><td>报得三春晖。</td></tr>
</table>
```

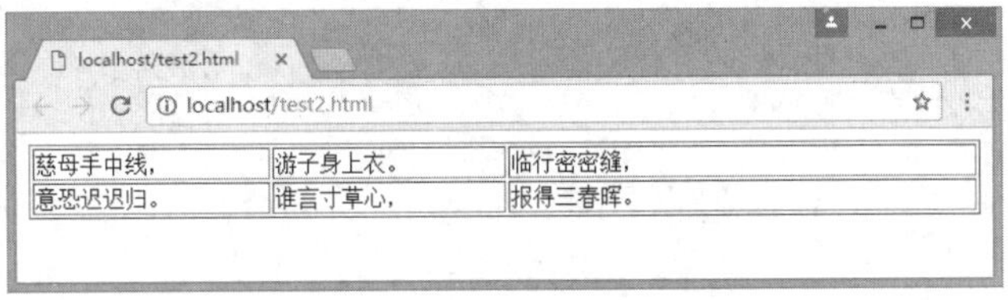

图 6.7 定义表格列分组样式

注意：<colgroup>标签只能在 table 元素中使用。

为列分组定义样式时，建议为<colgroup>或<col>标签添加 class 属性，然后使用 CSS 类样式定义列的对齐方式、宽度和背景色等样式。

【示例 3】从示例 1 和示例 2 可以看到，<colgroup>和<col>标签具有相同的功能，同时也可以把<col>标签嵌入<colgroup>标签中使用。

```
<table width="100%" border="1">
    <colgroup>
        <col span="2" class="col1" />
        <col class="col2" />
    </colgroup>
    <tr><td>慈母手中线，</td><td>游子身上衣。</td><td>临行密密缝，</td></tr>
    <tr><td>意恐迟迟归。</td><td>谁言寸草心，</td><td>报得三春晖。</td></tr>
</table>
```

如果没有对应的 col 元素，列会从 colgroup 元素继承所有的属性值。

提示：span 是<colgroup>和<col>标签的专用属性，规定列组应该横跨的列数，取值为正整数。例如，在一个包含 6 列的表格中，第一组有 4 列，第二组有 2 列，这样的表格在列上进行分组如下所示。

```
<colgroup span="4"></colgroup>
<colgroup span="2"></colgroup>
```

浏览器将表格的单元格合成列时，会将每行前四个单元格合成第一个列组，将接下来的两个单元格合成第二个列组。这样，<colgroup>标签的其他属性就可以用于该列组包含的列中了。

如果没有设置 span 属性，则每个<colgroup>或<col>标签代表一列，按顺序排列。

注意：现代浏览器都支持<colgroup>和<col>标签，但是 Firefox、Chrome 和 Safari 浏览器仅支持 col 和 colgroup 元素的 span 和 width 属性。也就是说，用户只能够通过列分组为表格的列定义统一的宽度，另外也可以定义背景色，但是其他 CSS 样式不支持。虽然 IE 支持，但是不建议用户应用它。通过示例 2，用户也能够看到 CSS 类样式中的 color:red;和 font-size:16px;都没有发挥作用。

【示例 4】下面定义几个类样式，然后分别应用到<col>列标签中，显示效果如图 6.8 所示。

```
<style type="text/css">
table { /* 表格默认样式 */
    border:solid 1px #99CCFF;
    border-collapse:collapse;}
```

```
.bg_th { /* 标题行类样式 */
    background:#0000FF;
    color:#fff;}
.bg_even1 { /* 列 1 类样式 */
    background:#CCCCFF;}
.bg_even2 { /* 列 2 类样式 */
    background:#FFFFCC;}
</style>
<table>
    <caption>IE 浏览器发展大事记</caption>
    <colgroup>
        <col class="bg_even1" id="verson" />
        <col class="bg_even2" id="postTime" />
        <col class="bg_even1" id="OS" />
    </colgroup>
    <tr class="bg_th">
        <th>版本</th><th>发布时间</th><th>绑定系统</th>
    </tr>
    ……
</table>
```

图 6.8 设计隔列变色的样式效果

6.2 设置 table 属性

表格标签包含大量属性，其中大部分属性都可以使用 CSS 属性代替使用，也有几个专用属性无法使用 CSS 实现。HTML5 支持的<table>标签属性说明如表 6.1 所示。

表 6.1 HTML5 支持的<table>标签属性

属　　性	说　　明
border	定义表格边框，值为整数，单位为像素。当值为 0 时，表示隐藏表格边框线。功能类似于 CSS 中的 border 属性，但是没有 CSS 提供的边框属性的功能强大
cellpadding	定义数据表单元格的补白。功能类似于 CSS 中的 padding 属性，但是功能比较弱
cellspacing	定义数据表单元格的边界。功能类似于 CSS 中的 margin 属性，但是功能比较弱
width	定义数据表的宽度。功能类似于 CSS 中的 width 属性
frame	设置数据表的外边框线显示，实际上它是对 border 属性的功能扩展；取值包括 void（不显示任一边框线）、above（顶端边框线）、below（底部边框线）、hsides（顶部和底部边框线）、lhs（左边框线）、rhs（右边框线）、vsides（左右边框线）、box（四周边框线）、border（四周边框线）

续表

属 性	说 明
Rules	设置数据表的内边线显示,实际上它是对 border 属性的功能扩展;取值包括 none(禁止显示内边线)、groups(仅显示分组内边线)、rows(显示每行的水平线)、cols(显示每列的垂直线)、all(显示所有行和列的内边线)
summary	定义表格的摘要,没有 CSS 的对应属性

6.2.1 定义单线表格

rules 和 frame 是两个特殊的表格样式属性,用于定义表格的内、外边框线是否显示。由于使用 CSS 的 border 属性可以实现相同的效果,所以不建议用户选用。这两个属性的取值可以参考表 6.1 的说明。

【示例】借助表格标签的 frame 和 rules 属性定义表格以单行线形式显示。

```
<table border="1" frame="hsides"  rules="rows" width="100%">
    <caption>frame 属性取值说明</caption>
    <tr><th>值</th><th>说明</th></tr>
    <tr><td>void</td><td>不显示外侧边框。</td></tr>
    <tr><td>above</td><td>显示上部的外侧边框。</td></tr>
    <tr><td>below</td><td>显示下部的外侧边框。</td></tr>
    <tr><td>hsides</td><td>显示上部和下部的外侧边框。</td></tr>
    <tr><td>vsides</td><td>显示左边和右边的外侧边框。</td></tr>
    <tr><td>lhs</td><td>显示左边的外侧边框。</td></tr>
    <tr><td>rhs</td><td>显示右边的外侧边框。</td></tr>
    <tr><td>box</td><td>在所有四个边上显示外侧边框。</td></tr>
    <tr><td>border</td><td>在所有四个边上显示外侧边框。</td></tr>
</table>
```

上面示例通过 frame 属性定义表格仅显示上、下框线,使用 rules 属性定义表格仅显示水平内边线,从而设计出单行线数据表格效果。在使用 frame 和 rules 属性时,同时定义 border 属性,指定数据表显示边框线。在浏览器中预览,显示效果如图 6.9 所示。

图 6.9 定义单线表格样式

6.2.2 定义分离单元格

cellpadding 属性用于定义单元格边沿与其内容之间的空白,cellspacing 属性用于定义单元格之间的空间,这两个属性的取值单位为像素(px)或者百分比。

【示例】设计井字形状的表格。

```
<table border="1" frame="void" cellpadding="6" cellspacing="16">
```

```
    <caption>rules 属性取值说明</caption>
    <tr><th>值</th><th>说明</th></tr>
    <tr><td>none</td><td>没有线条。</td></tr>
    <tr><td>groups</td><td>位于行组和列组之间的线条。</td></tr>
    <tr><td>rows</td><td>位于行之间的线条。</td></tr>
    <tr><td>cols</td><td>位于列之间的线条。</td></tr>
    <tr><td>all</td><td>位于行和列之间的线条。</td></tr>
</table>
```

上面示例通过 frame 属性隐藏表格外框，然后使用 cellpadding 属性定义单元格内容的边距为 6 px，单元格之间的间距为 16 px，在浏览器中的预览效果如图 6.10 所示。

提示：cellpadding 属性定义的效果，可以使用 CSS 的 padding 样式属性代替，建议不要直接使用 cellpadding 属性。

6.2.3 定义细线边框

使用<table>标签的 border 属性可以定义表格的边框粗细，取值单位为像素。当值为 0 时，表示隐藏边框线。

图 6.10 定义分离单元格样式

【示例】如果直接为<table>标签设置 border="1"，则表格呈现的边框线效果如图 6.11 所示。下面配合使用 border 和 rules 属性，设计细线表格。

```
<table border="1" rules="all" width="100%">
    <caption>rules 属性取值说明</caption>
    <tr><th>值</th><th>说明</th></tr>
    <tr><td>none</td><td>没有线条。</td></tr>
    <tr><td>groups</td><td>位于行组和列组之间的线条。</td></tr>
    <tr><td>rows</td><td>位于行之间的线条。</td></tr>
    <tr><td>cols</td><td>位于列之间的线条。</td></tr>
    <tr><td>all</td><td>位于行和列之间的线条。</td></tr>
</table>
```

定义<table>标签的 border 属性值为 1，同时设置 rules 属性值为"all"，则显示效果如图 6.12 所示。

图 6.11 表格默认边框样式   图 6.12 设计细线边框效果

6.2.4 添加表格说明

使用<table>标签的 summary 属性可以设置表格内容的摘要，该属性的值不会显示，但是屏幕阅读器可以利用该属性，也方便计算机进行表格内容检索。

【示例】使用 summary 属性为表格添加一个简单的说明，以方便搜索引擎检索。

```
<table border="1"   rules="all" width="100%" summary="rules 属性取值说明">
    <tr><th>值</th><th>说明</th></tr>
    <tr><td>none</td><td>没有线条。</td></tr>
    <tr><td>groups</td><td>位于行组和列组之间的线条。</td></tr>
    <tr><td>rows</td><td>位于行之间的线条。</td></tr>
    <tr><td>cols</td><td>位于列之间的线条。</td></tr>
    <tr><td>all</td><td>位于行和列之间的线条。</td></tr>
</table>
```

6.3 设置 td 和 th 属性

单元格标签（<td>和<th>）包含大量属性，其中大部分属性都可以使用 CSS 属性代替使用，也有几个专用属性无法使用 CSS 实现。HTML5 支持的<td>和<th>标签属性说明如表 6.2 所示。

表 6.2　HTML5 支持的<td>和<th>标签属性

属　　性	说　　明
abbr	定义单元格中内容的缩写版本
align	定义单元格内容的水平对齐方式。取值包括：right（右对齐）、left（左对齐）、center（居中对齐）、justify（两端对齐）和 char（对准指定字符）。功能类似 CSS 中的 text-align 属性，建议使用 CSS 完成设计
axis	对单元格进行分类。取值为一个类名
char	定义根据哪个字符进行内容的对齐
charoff	定义对齐字符的偏移量
colspan	定义单元格可横跨的列数
headers	定义与单元格相关的表头
rowspan	定义单元格可横跨的行数
scope	定义将表头数据与单元格数据相关联的方法。取值包括：col（列的表头）、colgroup（列组的表头）、row（行的表头）、rowgroup（行组的表头）
valign	定义单元格内容的垂直排列方式。取值包括：top（顶部对齐）、middle（居中对齐）、bottom（底部对齐）、baseline（基线对齐）。功能类似 CSS 中的 vertical-align 属性，建议使用 CSS 完成设计

6.3.1 定义跨单元格显示

colspan 和 rowspan 是两个重要的单元格属性，分别定义单元格可跨列或跨行显示，取值为正整数。取值为 0 时，表示浏览器横跨到列组的最后一列或者行组的最后一行。

【示例】使用 colspan=5 属性，定义单元格跨列显示，效果如图 6.13 所示。

```
<table border=1>
    <tr>
        <th align=center colspan=5>课程表</th>
    </tr>
    <tr>
        <th>星期一</th><th>星期二</th> <th>星期三</th><th>星期四</th><th>星期五</th>
```

```
        </tr>
        <tr>
            <td align=center colspan=5>上午</td>
        </tr>
        <tr>
            <td>语文</td><td>物理</td> <td>数学</td> <td>语文</td><td>美术</td>
        </tr>
        <tr>
            <td>数学</td><td>语文</td><td>体育</td> <td>英语</td><td>音乐</td>
        </tr>
        <tr>
            <td>语文</td> <td>体育</td><td>数学</td><td>英语</td><td>地理</td>
        </tr>
        <tr>
            <td>地理</td><td>化学</td><td>语文</td> <td>语文</td><td>美术</td>
        </tr>
        <tr>
            <td align=center colspan=5>下午</td>
        </tr>
        <tr>
            <td>作文</td><td>语文</td><td>数学</td><td>体育</td><td>化学</td>
        </tr>
        <tr>
            <td>生物</td><td>语文</td><td>物理</td><td>自修</td><td>自修</td>
        </tr>
</table>
```

图 6.13 定义单元格跨列显示

6.3.2 定义表头单元格

使用 scope 属性，可以将单元格与表头单元格联系起来。其中，属性值 row 表示将当前行的所有单元格和表头单元格绑定起来；属性值 col 表示将当前列的所有单元格和表头单元格绑定起来；属性值 rowgroup 表示将单元格所在的行组（由<thead>、<tbody> 或 <tfoot> 标签定义）和表头单元格绑定起来；属性值 colgroup 表示将单元格所在的列组（由<col>或<colgroup>标签定义）和表头单元格绑定起来。

【示例】将两个 th 元素标识为列的表头，将两个 td 元素标识为行的表头。

```
<table border="1">
    <tr>
        <th></th>
        <th scope="col">月份</th>
        <th scope="col">金额</th>
    </tr>
```

```
    <tr>
        <td scope="row">1</td>
        <td>9</td>
        <td>$100.00</td>
    </tr>
    <tr>
        <td scope="row">2</td>
        <td>4/td>
        <td>$10.00</td>
    </tr>
</table>
```

> 提示：由于不会在普通浏览器中产生任何视觉效果，很难判断浏览器是否支持 scope 属性。

6.3.3 为单元格指定表头

使用 headers 属性可以为单元格指定表头，该属性的值是一个表头名称的字符串，这些名称是用 id 属性定义的不同表头单元格的名称。

headers 属性对非可视化的浏览器，也就是在显示出相关数据单元格内容之前就显示表头单元格内容的浏览器非常有用。

【示例】分别为表格中不同的数据单元格定义表头，演示效果如图 6.14 所示。

```
<table border="1" width="100%">
    <tr>
        <th id="name">姓名</th>
        <th id="email">电子邮件</th>
        <th id="Phone">电话</th>
        <th id="Address">地址</th>
    </tr>
    <tr>
        <td headers="name">张三</td>
        <td headers="email">zhangsan@163.com</td>
        <td headers="Phone">13522228888</td>
        <td headers="Address">北京长安街 38 号</td>
    </tr>
</table>
```

图 6.14 为数据单元格定义表头

6.3.4 定义信息缩写

使用 abbr 属性可以为单元格中的内容定义缩写版本。abbr 属性不会在 Web 浏览器中产生任何视觉效果方面的变化，主要为计算机检索服务。

【示例】演示如何在 HTML 中使用 abbr 属性。

```
<table border="1">
    <tr>
        <th>名称</th>
        <th>说明</th>
    </tr>
    <tr>
        <td abbr="HTML">HyperText Markup Language</td>
        <td>超级文本标记语言</td>
    </tr>
    <tr>
        <td abbr="CSS">Cascading Style Sheets</td>
        <td>层叠样式表</td>
    </tr>
</table>
```

6.3.5 单元格分类

使用 axis 属性可以对单元格进行分类，用于对相关的信息列进行组合。在一个大型数据表格中，表格里通常填满了数据，通过分类属性 axis，浏览器可以快速地检索特定信息。

axis 属性的值是引号包括的一列类型的名称，这些名称可以形成一个查询。例如，在一个食物购物的单元格中使用 axis=meals，浏览器能够找到单元格并获取它的值，从而计算出总数。

目前，还没有浏览器支持该属性。

【示例】使用 axis 属性为表格中的每列数据进行分类。

```
<table border="1" width="100%">
    <tr>
        <th axis="name">姓名</th>
        <th axis="email">电子邮件</th>
        <th axis="Phone">电话</th>
        <th axis="Address">地址</th>
    </tr>
    <tr>
        <td axis="name">张三</td>
        <td axis="email">zhangsan@163.com</td>
        <td axis="Phone">13522228888</td>
        <td axis="Address">北京长安街 38 号</td>
    </tr>
</table>
```

6.4 案例实战

本案例使用表格设计一个日历表。日历表在网页开发中经常会用到，它适合使用表格结构进行设计。本案例日历表的结构比较简单，日历数据以静态方式进行显示，没有使用 JavaScript 脚本动态生成。为了方便预览，使用 CSS 进行适当修饰：当天日期高亮显示，双休日日期红色字体、浅色背景显示，周日到周一的标题加粗显示，非本月单元格日期浅色字体显示。

【操作步骤】

第 1 步，新建网页，保存为 index.html，在 <body> 标签内输入以下代码。

```
<table
```

```html
        <caption>2021年1月1日</caption>
        <thead>
            <tr>
                <th>日</th>
                <th>一</th>
                <th>二</th>
                <th>三</th>
                <th>四</th>
                <th>五</th>
                <th>六</th>
            </tr>
        </thead>
        <tbody>
            <tr>
                <td>27</td>
                <td>28</td>
                <td>29</td>
                <td>30</td>
                <td>31</td>
                <td>1</td>
                <td>2</td>
            </tr>
            ……
        </tbody>
</table>
```

日历表以表格的结构形式表示,这不仅在结构上表现了日历表是一种数据型的结构,而且能更显著地在页面无 CSS 样式的情况下表现日历表所应该具有的结构,如图 6.15 所示。

第 2 步,在<head>标签内添加<style type="text/css">标签,定义一个内部样式表,然后输入下面的样式,设计表格框样式。

```css
table {/* 定义表格文字样式 */
border-collapse:collapse; /* 合并单元格之间的边 */
border:1px solid #DCDCDC;
font:normal 12px/1.5em Arial, Verdana, Lucida, Helvetica, sans-serif;
}
```

图 6.15　无 CSS 样式的日历表

💡 **提示**：从本步开始将会用到 CSS 技术,需要本书后面的知识储备。如果阅读有难度,可以选择跳过,等学完 CSS 知识后,再回头阅读。

合并表格单元格之间的边框,设计表格内对象的继承样式。例如,单元格之间的边框合并,文字样式。考虑日历表中显示的内容以数字居多,因此文字主要采用英文字体。

第 3 步,设计表格标题样式。设置表头的高度属性以及文字颜色。

```css
caption { /* 定义表头的样式、文字居中等 */
    text-align:center;
        line-height:46px;
        font-size:20px; color: blue;
}
```

第 4 步,设计单元格基本样式。

```css
td, th {/* 将单元格内容和单元格标题的共同点归为一组样式定义 */
    width: 40px; height: 40px;
        text-align: center;
```

```
        border: 1px solid #DCDCDC;
}
th {/* 针对单元格标题定义样式,使其与单元格内容产生区别 */
    color: #000000;
        background-color: #EEEEEE;
}
```

单元格内容<td>标签和单元格标题<th>标签所需要的样式只有背景颜色和文字颜色的不同,因此可以将这两个元素归为一个组定义样式,然后再单独针对单元格标题定义背景颜色和文字颜色。这样的处理方式不仅减少了 CSS 样式的代码,也能使 CSS 样式的代码更加直观,这也为后期维护带来不少的帮助。

第 5 步,单元格内容<td>标签中所显示的时间是当前系统所显示的时间,添加一个名为 current 的 class 类名,并将其 CSS 样式定义的与其他单元格内容不同,突出显示当前日期。而且.current 类还有一个作用是为程序开发人员提供一个接口,方便他们在程序开发的过程中调用这个类名,以便于判断系统当前日期后为页面实现效果。

```
td.current {/* 定义当前日期的单元格内容样式 */
    font-weight:bold;
    color:#FFFFFF;
    background-color: blue;
}
```

第 6 步,设计.current 类之后,把该类绑定到表格当日单元格中,如<td class="current">1</td>。

第 7 步,日历表中为了能更好地体现某个月份的上一个月份的月末几天和下一个月份的月初几天在当前月份中的位置,可以在页面中添加该内容,并通过 CSS 样式将其视觉效果弱化。

```
/* 定义上个月以及下个月在当前月中的文字颜色 */
td.last_month, td.next_month {color:#DFDFDF;}
```

第 8 步,设计.last_month 和.next_month 类之后,把这两个类绑定到表格非当月单元格中,代码如下。

```
<tr>
    <td class="last_month">27</td>
    <td class="last_month">28</td>
    <td class="last_month">29</td>
    <td class="last_month">30</td>
    <td class="last_month">31</td>
    <td class="current">1</td>
    <td>2</td>
</tr>
```

第 9 步,设计表格列组样式。在表格框<table>内部前面添加如下代码。

```
<table>
    <caption>2021 年 1 月 1 日</caption>
    <colgroup span="7">
    <col span="1" class="day_off">
    <col span="5">
    <col span="1" class="day_off">
    </colgroup>
……
```

第 10 步,使用<colgroup>标签将表格的前后两列(即双休日)的日期定义为一种样式,相对于其他单元格内容中的日期形成落差。

```
/* 定义第一列以及最后一列的单元格内容(即双休日)的样式 */
```

```
tr>td, tr>td+td+td+td+td+td+td {
        color:#B3222B;
    background-color:#F8F8F8;
}
tr>td+td {/* 定义中间五列单元格内容的样式 */
    color:#333333;
    background-color:#FFFFFF;
}
col.day_off {/* 针对 IE 浏览器定义双休日的单元格样式 */
    color:#B3222B;
    background-color:#F8F8F8;
}
```

其中，tr>td 子选择符是将所有的单元格内容<td>标签设置文字颜色和背景颜色；tr>td+td+td+td+td+td+td 是子选择符与相邻选择符的结合，定义最后一列单元格内容<td>标签的文字颜色和背景颜色；tr>td+td 是将除了第一列以外的所有单元格内容<td>标签定义样式，但因为 CSS 优先级的关系，无法覆盖最后一列单元格<td>标签的样式。最终形成的前后两列的样式与中间五列的样式不同。

col.day_off 是针对 IE 浏览器定义的样式，主要是第一列和最后一列的文字颜色和背景颜色。该选择符的定义方式需要 HTML 结构支持，读者可以查看 HTML 结构中<col>标签选择控制列的方式。

第 11 步，设计完毕，保存页面，在浏览器中预览，显示效果如图 6.16 所示。

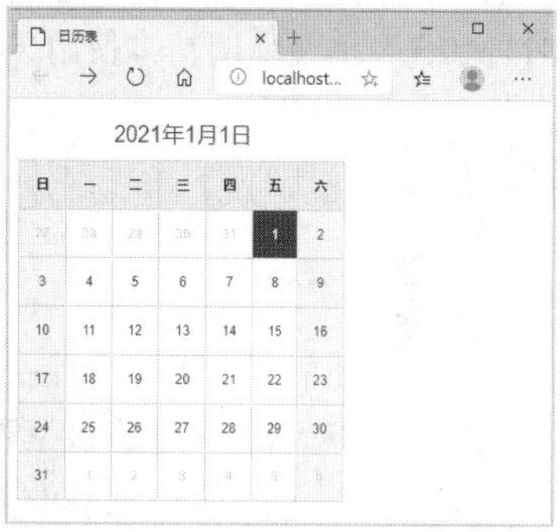

图 6.16　日历表页面设计效果

6.5　在线支持

扫码免费学习
更多实用技能

一、参考
- ☑ 表格标签列表
- ☑ 表格属性列表
- ☑ 单元格属性列表

二、更多案例实战
- ☑ 设计可访问的统计表格
- ☑ 设计产品信息列表

新知识、新案例不断更新中……

第 7 章 设计表单

HTML5 基于 Web Forms 2.0 标准对 HTML4 表单进行全面升级，在保持简便、易用的基础上，新增了很多控件和属性，从而减轻了开发人员的负担。表单为访问者提供了与网站进行互动的途径，完整的表单一般由控件和脚本两部分组成。本章将重点介绍 HTML5 表单控件的基本使用。

7.1 认识 HTML5 表单

HTML5 的一个重要特性就是对表单的完善，其引入了新的表单元素和属性，简单概况如下。

（1）HTML5 新增输入型表单控件如下。
- ☑ 电子邮件框：<input type="email">。
- ☑ 搜索框：<input type="search">。
- ☑ 电话框：<input type="tel">。
- ☑ URL 框：<input type="url">。

（2）以下控件得到部分浏览器的支持，更多信息可以访问链接 www.wufoo.com/html5。
- ☑ 日期：<input type="date">，浏览器支持 https://caniuse.com/#feat=input-datetime。
- ☑ 数字：<input type="number">，浏览器支持 https://caniuse.com/#feat=input-number。
- ☑ 范围：<input type="range">，浏览器支持 https://caniuse.com/#feat=input-range。
- ☑ 数据列表：<input type="text" name="favfruit" list="fruit" />
  <datalist id="fruit">
  <option>备选列表项目 1</option>
  <option>备选列表项目 2</option>
  <option>备选列表项目 3</option>
  </datalist>

（3）以下控件争议较大，浏览器对其支持也不统一，W3C 曾经放弃把它们列入 HTML5，不过最后还是保留了下来。
- ☑ 颜色：<input type="color" />。
- ☑ 全局日期和时间：<input type="datetime" />。
- ☑ 局部日期和时间：<input type="datetime-local" />。
- ☑ 月：<input type="month" />。
- ☑ 时间：<input type="time" />。
- ☑ 周：<input type="week" />。
- ☑ 输出：<output></output>。

（4）HTML5 新增的表单属性如下。
- accept：限制用户可以上传文件的类型。
- autocomplete：如果对 form 元素或特定的字段添加 autocomplete="off"，就会关闭浏览器对该表单或该字段的自动填写功能。默认值为 on。
- autofocus：页面加载后将焦点放到该字段。
- multiple：允许输入多个电子邮件地址，或者上传多个文件。
- list：将 datalist 与 input 联系起来。
- maxlength：指定 textarea 的最大字符数，HTML5 之前的文本框就支持该特性。
- pattern：定义一个用户所输入的文本在提交之前必须遵循的模式。
- placeholder：指定一个出现在文本框中的提示文本，用户开始输入后该文本消失。
- required：需要访问者在提交表单之前必须完成该字段。
- formnovalidate：关闭 HTML5 的自动验证功能。应用于提交按钮。
- novalidate：关闭 HTML5 的自动验证功能。应用于表单元素。

提示：有关浏览器支持信息，https://caniuse.com/ 上的信息通常比 www.wufoo.com/html5 上的更新一些，不过后者仍然是有关 HTML5 表单信息的一个重要资源。Ryan Seddon 的 H5F（https://github.com/ryanseddon/H5F）可以为旧式浏览器提供模仿 HTML5 表单行为的 JavaScript 方案。

7.2 定义表单

每个表单都以 <form> 标签开始，以 </form> 标签结束。两个标签之间是各种标签和控件。每个控件都有一个 name 属性，用于在提交表单时标识数据。访问者通过"提交"按钮提交表单，触发"提交"按钮时，填写的表单数据将被发送给服务器端的处理脚本。

【示例】新建 HTML5 文档，保存为 test.html，在 <body> 内使用 <form> 标签设计一个简单的用户登录表单。

```html
<form method="post" action="show-data.php">
    <!-- 各种表单元素 -->
    <fieldset>
        <h2 class="hdr-account">登录</h2>
        <div class="fields">
            <p class="row">
                <label for="first-name">用户名:</label>
                <input type="text" id="first-name" name="first_name" class="field-large" />
            </p>
            <p class="row">
                <label for="last-name">昵称:</label>
                <input type="text" id="last-name" name="last_name" class="field-large" />
            </p>
        </div>
    </fieldset>
    <!-- 提交按钮 -->
    <input type="submit" value="提交" class="btn" />
</form>
```

<form> 标签包含很多属性，其中 HTML5 支持的属性如表 7.1 所示。

表 7.1　HTML5 支持的 \<form\> 标签属性

属　性	值	说　明
accept-charset	charset_list	规定服务器可处理的表单数据字符集
action	URL	规定提交表单时向何处发送表单数据
autocomplete	on、off	规定是否启用表单的自动完成功能
enctype	application/x-www-form-urlencoded、multipart/form-data、text/plain	规定在发送表单数据之前对其进行编码
method	get、post	规定用于发送 form-data 的 HTTP 方法
name	form_name	规定表单的名称
novalidate	novalidate	如果使用该属性，则提交表单时不进行验证
target	_blank、_self、_parent _top、framename	规定在何处打开 action URL

> **提示**：如果使用 method="get" 方式提交表单，表单中的数据会显示在浏览器的地址栏里；如果使用 method="post" 方式提交表单，表单中的数据不会显示在浏览器的地址栏里，这样比较安全。同时，使用 post 可以向服务器发送更多的数据。如果需要在数据库中保存、添加和删除数据，那么就应选择 post 方式提交数据。

7.3　组　织　表　单

使用\<fieldset\>标签可以组织表单结构，为表单对象进行分组，这样表单会更容易理解。在默认状态下，分组的表单对象外面会显示一个包围框。

使用\<legend\>标签可以定义每组的标题，描述每个分组的目的，有时这些描述还可以使用 h1～h6 标题。默认显示在\<fieldset\>包含框的左上角。

对于一组单选按钮或复选框，建议使用\<fieldset\>把它们包裹起来，为其添加一个明确的上下文，让表单结构显得更清晰。

【示例】为表单的四个部分分别使用\<fieldset\>标签，并将公共字段部分的性别单选按钮使用一个嵌套的 fieldset 包围起来。被嵌套的 fieldset 添加 radios 类，方便为其添加特定的样式。同时，还在其中添加了一个 legend 元素，用于描述单选按钮。

```
<h1>表单标题</h1>
<form method="post" action="show-data.php">
    <fieldset>
        <h2 class="hdr-account">字段分组标题</h2>
        ... 用户名字段 ...
    </fieldset>
    <fieldset>
        <h2 class="hdr-address">字段分组标题</h2>
        ... 联系地址字段 ...
    </fieldset>
    <fieldset>
        <h2 class="hdr-public-profile">字段分组标题</h2>
        ... 公共字段 ...
        <div class="row">
```

```
            <fieldset class="radios">
                <legend>性别:</legend>
                <input type="radio" id="gender-male" name="gender" value="male" />
                <label for="gender-male">男士</label>
                <input type="radio" id="gender-female" name="gender" value="female" />
                <label for="gender-female">女士</label>
            </fieldset>
        </div>
    </fieldset>
    <fieldset>
        <h2 class="hdr-emails">电子邮箱</h2>
        ... Emails 字段 ...
    </fieldset>
    <input type="submit" value="提交表单" class="btn" />
</form>
```

使用 fieldset 元素对表单进行组织是可选的，使用 legend 也是可选的（使用 legend 则必须有 fieldset）。不过，推荐使用 fieldset 和 legend 对相关的单选按钮、复选框进行分组。

7.4 常用表单控件

7.4.1 文本框

文本框是访问者输入单行字符串的控件，常用于提交姓名、地址等信息。每个文本框都是通过带有 type="text" 的 input 标签定义。除了 type 之外，还有一些其他可用的属性，其中最重要的就是 name。服务器端的脚本使用 name 获取访问者在文本框中输入的值或预设的值（即 value 属性值）。注意，name 和 value 对其他的表单控件也是很重要的，具有相同的功能。

HTML5 允许使用下面两种形式的定义文本框。

```
<input type="text" />
<input type="text">
```

7.4.2 标签

标签（label）是描述表单字段用途的文本。label 元素有一个特殊的属性：for。如果 for 的值与一个表单字段的 id 的值相同，该 label 就与该字段显式地关联起来。如果访问者与标签进行交互，如使用鼠标单击标签，与之对应的表单字段就会获得焦点，这对提升表单的可用性和可访问性都有帮助。因此，建议在 label 元素中包含 for 属性。

【示例】使用 label 标记提示标签，提升用户体验。

```
<p class="row">
    <label for="name">用户名<span class="required">*</span>:</label>
    <input type="text" id="name" name="name" class="field-large" required="required" aria-required="true" />
</p>
```

也可以将一个表单字段放在一个包含标签文本的 label 内，例如：

```
<label>用户名：<input type="text" name="name" /></label>。
```

在这种情况下，就不需要使用 for 和 id 了。不过，将标签与字段分开是更常见的做法，原因之一是这样更容易添加样式。

7.4.3 密码框

密码框与文本框的唯一区别,就是在密码框中输入的文本会使用圆点或星号进行隐藏。密码框的作用是防止其他人看到用户输入的密码。如果要真正地保护密码,可以使用安全服务器(https://)。

使用 type="password" 创建密码框,而不要用 type="text",例如:

```
<p class="row">
    <label for="password">密码:</label>
    <input type="password" id="password" name="password" />
</p>
```

当访问者在表单中输入密码时,密码会以圆点或星号的形式隐藏起来。但提交表单后访问者输入的真实值会被发送给服务器。信息在发送过程中没有加密。

使用 size="n" 属性可以定义密码框的大小,n 表示密码框宽度,以字符为单位。如果需要,可以使用 maxlength="n" 设置密码框允许输入的最大字符数。

7.4.4 单选按钮

为 input 元素设置 type="radio" 属性,可以创建单选按钮。

【示例】设计一个性别选项组。

```
<fieldset class="radios">
    <legend>姓名</legend>
    <p class="row">
        <input type="radio" id="gender-male" name="gender" value="male" />
        <label for="gender-male">男士</label>
    </p>
    <p class="row">
        <input type="radio" id="gender-female" name="gender" value="female" />
        <label for="gender-female">女士</label>
    </p>
</fieldset>
```

同一组单选按钮的 name 属性值必须相同,这样在同一时间只有其中一个能被选中。value 属性也很重要,因为对于单选按钮来说,访问者无法输入值。

name="radioset" 用于识别发送至服务器的数据,同时用于将多个单选按钮联系在一起,以确保同一组中最多只有一个被选中。推荐使用 fieldset 组织单选按钮组,并用 legend 进行描述。

7.4.5 复选框

在一组单选按钮中,只允许选择一个答案,但在一组复选框中,可以选择任意数量的答案。为 input 元素设置 type="checkbox" 属性,可以创建复选框。

【示例】演示如何创建复选框。

```
<div class="fields checkboxes">
    <p class="row">
        <input type="checkbox" id="email" name="email[]" value="电子邮箱" />
        <label for="email">电子邮件</label>
    </p>
    <p class="row">
        <input type="checkbox" id="phone" name="email[]" value="电话" />
        <label for="phone">电话</label>
    </p>
```

</div>

标签文本不需要与 value 属性值一致。因为标签文本用于在浏览器中提示复选框，而 value 则是发送到服务器端脚本的数据。

创建.checkboxes 类，可以方便地为复选框添加样式。使用 checked 或 checked="checked"可以设置复选框在默认情况下处于选中状态。

访问者可以根据需要选择任意数量的复选框，每个复选框对应的 value 值，以及复选框组的 name 名称都会被发送给服务器端脚本。

使用 name="email"可以识别发送到服务器端的数据。对于组内所有复选框使用同一个 name 值，可以将多个复选框组织在一起。空的方括号是为 PHP 脚本的 name 准备的，如果使用 PHP 处理表单，使用 name=" email[]"就会自动地创建一个包含复选框值的数组，名为$_POST['email']。

7.4.6 文本区域

如果要设计多行文本框，如回答问题、评论反馈等，可以使用文本区域。

【示例 1】演示如何创建一个反馈框。

```
<label for="jianyi">建议：</label>
<textarea id="jianyi" name="jianyi" cols="40" rows="5" class="field-large"></textarea>
```

maxlength="n"设置输入的最大字符数，cols="n"设置文本区域的宽度（以字符为单位），rows="n"设置文本区域的高度（以行为单位）。

也可以使用 CSS 更好地控制文本区域的尺寸。如果没有使用 maxlength 限制文本区域的最大字符数，最大可以输入 32 700 个字符，如果输入内容超出文本区域，则会自动显示滚动条。

textarea 没有 value 属性，在<textarea>和</textarea>标签之间包含的文本，将作为默认值显示在文本区域中。可以设置 placeholder 属性，定义用于占位的文本。

使用 wrap 属性，可以定义当输入内容大于文本区域宽度时的显示方式。

☑ wrap="hard"，如果文本区域内的文本自动换行显示，则提交文本中会包含换行符。当使用"hard"时，必须设置 cols 属性。

☑ wrap="soft"，为默认值，提交的文本不会为自动换行位置添加换行符。

【示例 2】比较设置 wrap="hard"与 wrap="soft"时，提交数据的不同，效果如图 7.1 所示。

☑ 客户端表单。

```
<form action="test.php"  method="post">
<textarea name="test" maxlength=40 rows=6 wrap="hard" cols=30></textarea>
<input type="submit" value="提交"/>
</form>
```

☑ 服务器端脚本。

```
<?php
echo "<pre>".$_POST['test']."</pre>";
?>
```

（a）提交的文本　　　　　（b）wrap="hard"　　　　　（c）wrap="soft"

图 7.1　提交多行文本及其回显效果

7.4.7 选择框

选择框为访问者提供一组选项，允许从中选择。如果允许单选，则呈现为下拉菜单样式；如果允许多选，则呈现为一个列表框，在需要时会自动显示滚动条。

选择框由 select 和 option 元素合成。通常，在 select 元素里设置 name 属性，在每个 option 元素里设置 value 属性。

【示例1】创建一个简单的城市选择框。

```html
<label for="state">省市</label>
<select id="state" name="state">
    <option value="BJ">北京</option>
    <option value="SH">上海</option>
    ...
</select>
```

在下拉菜单中，默认选中的是第一个选项；而在列表框中，默认没有选中的项。

使用 size="n" 设置选择框的高度（以行为单位）。使用 multiple 或者 multiple="multiple" 允许多选。每个选项的 value 属性值是选项选中后要发送给服务器的数据，如果省略 value，则包含的文本会被发送给服务器。使用 selected 或者 selected="selected" 可以指定该选项被默认选中。

使用<optgroup>标签可以对选择项目进行分组，一个<optgroup>标签包含多个<option>标签，然后使用 label 属性设置分类标题，分类标题是一个不可选的伪标题。

【示例2】使用 optgroup 元素对下拉菜单项目进行分组。

```html
<select name="选择城市">
    <optgroup label="山东省">
        <option value="潍坊">潍坊</option>
        <option value="青岛" selected="selected">青岛</option>
    </optgroup>
    <optgroup label="山西省">
        <option value="太原">太原</option>
        <option value="榆次">榆次</option>
    </optgroup>
</select>
```

7.4.8 上传文件

为 input 元素设置 type="file"属性，可以创建文件域，用来把本地文件上传到服务器。

【示例】演示如何创建上传控件。

```html
<form method="post" action="show-data.php" enctype="multipart/form-data">
    <label for="picture">图片:</label>
    <input type="file" id="picture" name="picture" />
    <p class="instructions">最大 700k，JPG, GIF 或 PNG</p>
</form>
```

使用 multiple 属性可以允许上传多个文件。

7.4.9 隐藏字段

隐藏字段用于存储表单中的数据，但不会显示给访问者，可以视为不可见的文本框。它常用于存储先前表单收集的信息，以便将这些信息同当前表单的数据一起提交给服务器脚本进行处理。

【示例】演示如何定义隐藏域。

```
<form method="post" action="your-script.php">
    <input type="hidden" name="step" value="6" />
    <input type="submit" value="提交" />
</form>
```

注意：不要将密码、信用卡号等敏感信息放在隐藏字段中。虽然它们不会显示到网页中，但访问者可以通过查看 HTML 源代码看到它。

7.4.10 提交按钮

提交按钮可以呈现为文本。

```
<input type="submit" value="提交表单" class="btn" />
```

也可以呈现为图像，使用 type="image" 可以创建图像提交按钮，width 和 height 属性为可选。

```
<input type="image" src="button-submit.png" width="188" height="95" alt="提交表单" />
```

如果激活"提交"按钮，可以将表单数据发送给服务器端的脚本。如果不设置 name 属性，则"提交"按钮的 value 属性值就不会发送给服务器脚本。如果省略 value 属性，那么根据不同的浏览器，"提交"按钮会显示默认的"提交"文本。如果有多个"提交"按钮，可以为每个按钮设置 name 属性和 value 属性，从而让脚本知道用户按下的是哪个按钮，否则最好省略 name 属性。

7.5 HTML5 新型输入框

7.5.1 定义 email 框

email 类型的 input 元素是一种专门用于输入 email 地址的文本框，在提交表单的时候，会自动验证 email 输入框的值。如果不是一个有效的电子邮件地址，则该输入框不允许提交该表单。

【示例】email 类型的应用。

```
<form action="demo_form.php" method="get">
请输入您的 email 地址：<input type="email" name="user_email" /><br />
<input type="submit" />
</form>
```

以上代码在 Chrome 浏览器中的运行结果如图 7.2 所示。如果输入了错误的 email 地址格式，单击"提交"按钮时会出现如图 7.3 所示的"请在电子邮件地址中包括'@'"的提示。

图 7.2　email 类型的 input 元素示例　　　　图 7.3　检测到不是有效的 email 地址

对于不支持 type="email" 的浏览器来说，将会以 type="text" 来处理，所以并不妨碍旧版浏览器浏览采用 HTML5 中 type="email" 输入框的网页。

7.5.2 定义 URL 框

url 类型的 input 元素提供用于输入 url 地址的文本框。当提交表单时，如果所输入的是 url 地址格式的字符串，则会提交给服务器；如果不是，则不允许提交。

【示例】url 类型的应用。

```
<form action="demo_form.php" method="get">
请输入网址：<input type="url" name="user_url" /><br/>
<input type="submit" />
</form>
```

以上代码在 Chrome 浏览器中的运行结果如图 7.4 所示。如果输入了错误的 url 地址格式，单击"提交"按钮时会出现如图 7.5 所示的"请输入网址"的提示。

注意：www.baidu.com 并不是有效的 URL，URL 必须以 http:// 或 https:// 开头。这里最好使用占位符提示访问者。另外，还可以在该字段下面的解释文本中指出合法的格式。

图 7.4 url 类型的 input 元素示例　　　　图 7.5 检测到不是有效的 url 地址

对于不支持 type="url" 的浏览器，将会以 type="text" 来处理。

7.5.3 定义数字框

number 类型的 input 元素提供用于输入数值的文本框。用户还可以设定对所接收的数字的限制，包括允许的最大值和最小值、合法的数字间隔或默认值等。如果所输入的数字不在限定范围之内，则会提示错误信息。number 类型的属性如表 7.2 所示。

表 7.2 number 类型的属性

属性	值	描述
max	number	规定允许的最大值
min	number	规定允许的最小值
step	number	规定合法的数字间隔（如果 step="4"，则合法的数是-4、0、4、8等）
value	number	规定默认值

【示例】number 类型的应用。

```
<form action="demo_form.php" method="get">
请输入数值：<input type="number" name="number1" min="1" max="20" step="4">
<input type="submit" />
</form>
```

以上代码在 Chrome 浏览器中的运行结果如图 7.6 所示。如果输入了不在限定范围之内的数字，单击"提交"按钮时会出现如图 7.7 所示的提示。

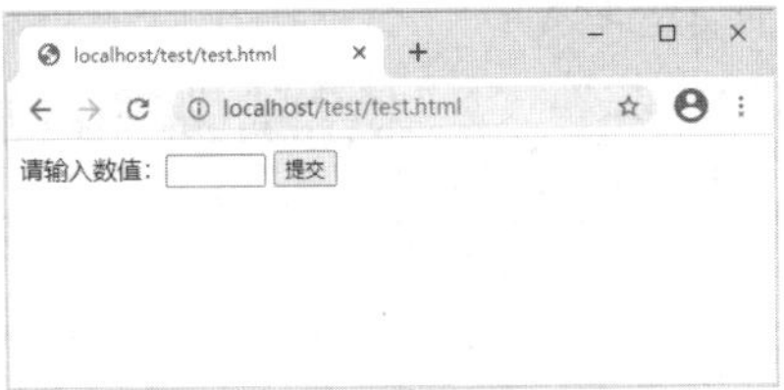

图 7.6　number 类型的 input 元素示例 　　　　图 7.7　检测到输入了不在限定范围之内的数字

图 7.7 所示为输入了大于规定的最大值时所出现的提示。同样，如果违反了其他限定，也会出现相关提示。例如，如果输入数值 15，单击"提交"按钮时会出现值无效的提示，如图 7.8 所示。这是因为限定了合法的数字间隔为 4，在输入时只能输入 4 的倍数，如 4、8、16 等。又如，如果输入数值-12，则会提示"值必须大于或等于 1"，如图 7.9 所示。

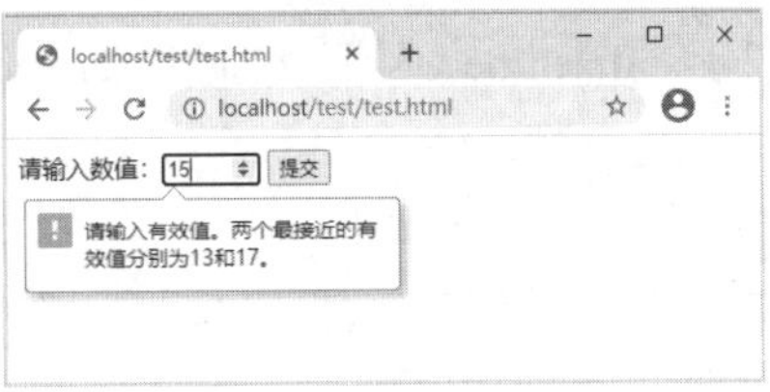

图 7.8　出现值无效的提示 　　　　　　　　　图 7.9　提示"值必须大于或等于 1"

7.5.4　定义范围框

range 类型的 input 元素提供用于输入包含一定范围内数字值的文本框，在网页中显示为滑动条。用户可以设定对所接收的数字的限制，包括规定允许的最大值和最小值、合法的数字间隔或默认值等。如果所输入的数字不在限定范围之内，则会出现错误提示。

range 类型的属性如表 7.3 所示。

表 7.3　range 类型的属性

属　　性	值	描　　述
max	number	规定允许的最大值
min	number	规定允许的最小值
step	number	规定合法的数字间隔（如果 step="4"，则合法的数是-4、0、4、8 等）
value	number	规定默认值

从表 7.3 可以看出，range 类型的属性与 number 类型的属性相同。这两种类型的不同在于外观表现上，支持 range 类型的浏览器都会将其显示为滑块的形式，而不支持 range 类型的浏览器则会将其显示为普通的文本框，即以 type="text"来处理。

【示例】range 类型的应用。

```
<form action="demo_form.php" method="get">
请输入数值：<input type="range" name="range1" min="1" max="30" />
<input type="submit" />
</form>
```

以上代码在 Chrome 浏览器中的运行结果如图 7.10 所示。range 类型的 input 元素在不同浏览器中的外观也不同，例如，在 Firefox 浏览器中的外观如图 7.11 所示。

图 7.10 range 类型的 input 元素示例　　　　图 7.11 range 类型的 input 元素在 Firefox 浏览器中的外观

7.5.5　定义日期选择器

HTML5 提供了多个可用于选取日期和时间的输入类型，即 6 种日期选择器控件，可选择的日期格式包括 date（日期）、month（月）、week（星期）、time（时间）、datetime（日期+时间）、dateime-local（日期+时间+时区），如表 7.4 所示。

表 7.4　日期选择器类型

输入类型	HTML 代码	功能与说明
date	\<input type="date"\>	选取日、月、年
month	\<input type="month"\>	选取月、年
week	\<input type="week"\>	选取周和年
time	\<input type="time"\>	选取时间（小时和分钟）
datetime	\<input type="datetime"\>	选取时间、日、月、年（UTC 时间）
datetime-local	\<input type="datetime-local"\>	选取时间、日、月、年（本地时间）

提示：UTC 时间就是 0 时区的时间，而本地时间就是本地时区的时间。例如，北京时间为早上 8 点，则 UTC 时间为 0 点，也就是说，UTC 时间比北京时间晚 8 小时。

1. date 类型

date 类型的日期选择器用于选取日、月、年，即选择一个具体的日期。例如，2021 年 1 月 10 日，选择后会以 2021/01/10 的形式显示。

【示例 1】date 类型的应用。

```
<form action="demo_form.php" method="get">
请输入日期：   <input type="date" name=" date1" />
<input type="submit" />
</form>
```

以上代码在 Chrome 浏览器中的运行结果如图 7.12 所示，在 Edge 浏览器中的运行结果如图 7.13 所示。单击右侧小图标时会显示日期控件，用户可以使用日期控件选择具体日期。

2. month 类型

month 类型的日期选择器用于选取月、年，即选择一个具体的月份。例如，2021 年 1 月，选择后会以 "2021 年 01 月" 的形式显示。

【示例 2】month 类型的应用。

```
<form action="demo_form.php" method="get">
请输入月份：   <input type="month" name=" month1" />
```

```
<input type="submit" />
</form>
```

图 7.12　date 类型在 Chrome 浏览器中的运行结果

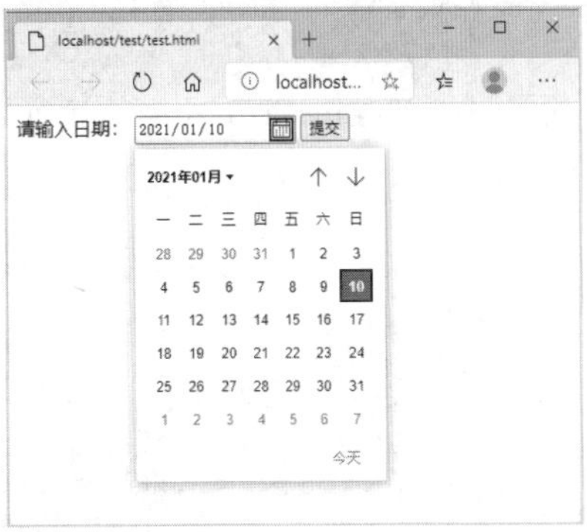

图 7.13　date 类型在 Edge 浏览器中的运行结果

以上代码在 Chrome 浏览器中的运行结果如图 7.14 所示，在 Edge 浏览器中的运行结果如图 7.15 所示。单击右侧小图标时会显示日期控件，用户可以使用日期控件选择具体月份，但不能选择具体日期。可以看到，整个月份中的日期都会以深灰色显示，单击该区域可以选择整个月份。

图 7.14　month 类型在 Chrome 浏览器中的运行结果

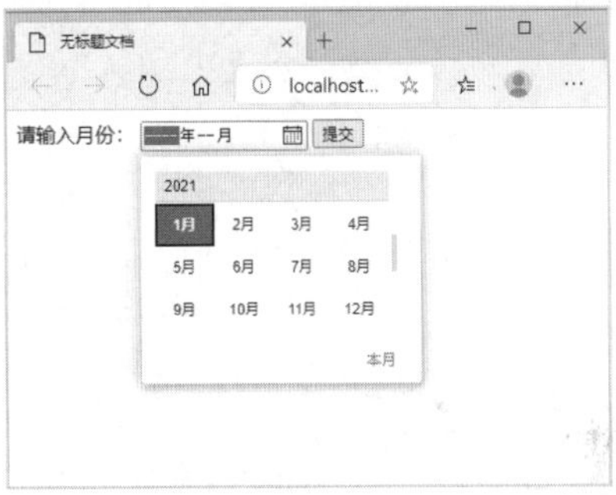

图 7.15　month 类型在 Edge 浏览器中的运行结果

3. week 类型

week 类型的日期选择器用于选取周和年，即选择一个具体的周。例如 2021 年 1 月第 1 周，选择后会以"第 01 周，2021"的形式显示。

【示例 3】week 类型的应用。

```
<form action="demo_form.php" method="get">
请选择年份和周数：　<input type="week" name="week1" />
<input type="submit" />
</form>
```

以上代码在 Chrome 浏览器中的运行结果如图 7.16 所示，在 Edge 浏览器中的运行结果如图 7.17 所示。单击右侧小方块时会显示日期控件，用户可以使用日期控件选择具体的年份和周数，但不能选择具体日期。可以看到，整个月份中的日期都会以深灰色按周数显示，单击该区域可以选择某一周。

4. time 类型

time 类型的日期选择器用于选取时间，具体到小时和分钟。例如，选择时间后会以 00:00 的形式显示。

【示例 4】time 类型的应用。

```
<form action="demo_form.php" method="get">
请选择或输入时间：<input type="time" name="time1" />
<input type="submit" />
</form>
```

以上代码在 Chrome 浏览器中的运行结果如图 7.18 所示，在 Edge 浏览器中的运行结果如图 7.19 所示。

图 7.16　week 类型在 Chrome 浏览器中的运行结果

图 7.17　week 类型在 Edge 浏览器中的运行结果

图 7.18　time 类型在 Chrome 浏览器中的运行结果

图 7.19　time 类型在 Edge 浏览器中的运行结果

除了可以使用控制按钮之外，还可以直接输入时间值。如果输入了错误的时间格式并单击"提交"按钮，则在 Chrome 浏览器中会自动更正为最接近的合法值，而在 IE10 浏览器中则以普通的文本框显示，如图 7.20 所示。

time 类型支持使用一些属性来限定时间的大小范围或合法的时间间隔，如表 7.5 所示。

表 7.5　time 类型的属性

属　　性	值	描　　述
max	time	规定允许的最大值
min	time	规定允许的最小值
step	number	规定合法的时间间隔
value	time	规定默认值

【示例 5】使用下列代码来限定时间。

```
<form action="demo_form.php" method="get">
请选择或输入时间：<input type="time" name="time1" step="5" value="09:00">
<input type="submit" />
</form>
```

以上代码在 Chrome 浏览器中的运行结果如图 7.21 所示。可以看到，在输入框中出现设置的默认值 09:00，并且当单击微调按钮时，会以 5 s 为单位递增或递减。当然，用户还可以使用 min 和 max 属性指定时间的范围。

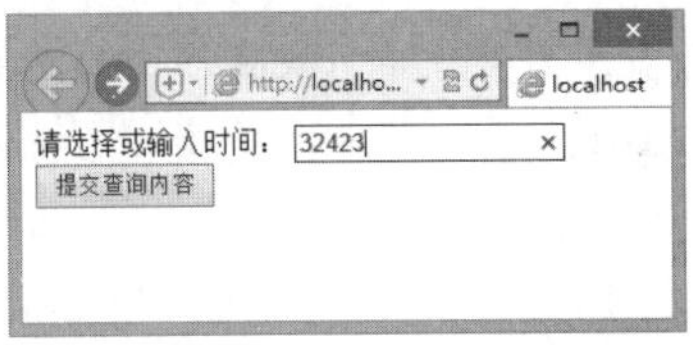

图 7.20　IE10 不支持该类型输入框 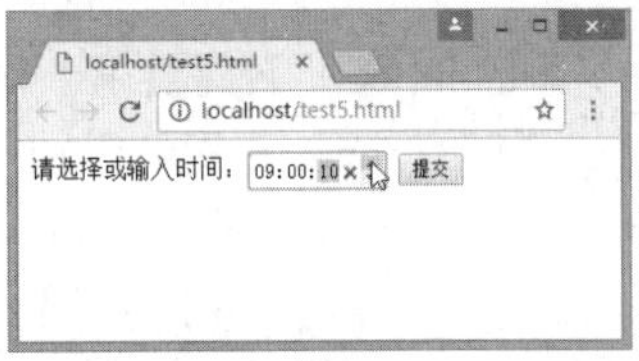　　　　图 7.21　使用属性值限定时间类型

在 date 类型、month 类型、week 类型中也支持使用上述属性值。

5. datetime 类型

datetime 类型的日期选择器用于选取时间、日、月、年，其中时间为 UTC 时间。

【示例 6】datetime 类型的应用。

```
<form action="demo_form.php" method="get">
请选择或输入时间：<input type="datetime" name="datetime1" />
<input type="submit" />
</form>
```

以上代码在 Edge 浏览器中的运行结果如图 7.22 所示。

注意：IE、Edge、Firefox 和 Chrome 最新版本不再支持<input type="datetime">元素，Chrome 和 Safari 部分版本支持，Opera 12 及更早的版本完全支持。

6. datetime-local 类型

datetime-local 类型的日期选择器用于选取时间、日、月、年，其中时间为本地时间。

图 7.22　datetime 类型在 Edge 浏览器中的运行结果

【示例 7】datetime-local 类型的应用。

```
<form action="demo_form.php" method="get">
请选择或输入时间：<input type="datetime-local" name="datetime-local1" />
<input type="submit" />
</form>
```

以上代码在 Chrome 浏览器中的运行结果如图 7.23 所示，在 Edge 浏览器中的运行结果如图 7.24 所示。

图 7.23　datetime-local 类型在 Chrome 浏览器中的运行结果 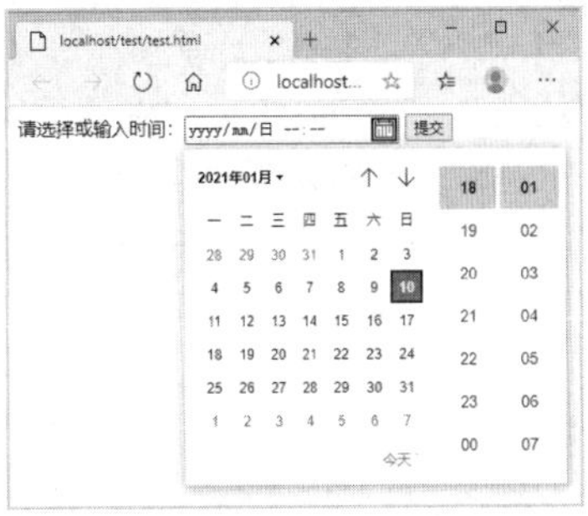　　　　图 7.24　datetime-local 类型在 Edge 浏览器中的运行结果

7.5.6　定义搜索框

search 类型的 input 元素提供用于输入搜索关键词的文本框。从外观上看，search 类型的 input 元素与普通的 text 类型的 input 元素的区别：当输入内容时，右侧会出现一个×图标，单击即可清除搜索框。

【示例】Search 类型的应用示例。

```
<form method="get" action="search-results.php" role="search">
    <label for="search">请输入搜索关键词：</label>
    <input type="search" id="search" name="search" size="30" placeholder="输入的关键字" />
    <input type="submit" value=" Go " />
</form>
```

以上代码在 Chrome 浏览器中的运行结果如图 7.25 所示。搜索框是应用 placeholder 的最佳控件。同时，注意这里的 form 用的是 method="get"，而不是 method="post"。这是搜索字段的常规做法（无论是 type="search"，还是 type="text"）。如果在搜索框中输入要搜索的关键词，在搜索框右侧就会出现一个×按钮，单击该按钮可以清除已经输入的内容。

OS X 上的 Chrome、Safari 以及 iOS 上的 Mobile Safari 会让搜索框显示为圆角边框，当用户开始输入时，字段右侧会出现一个×按钮，用于清除输入的内容。新版的 IE、Chrome、Opera 浏览器支持×按钮功能，Firefox 浏览器则不支持该功能，显示为常规文本框，如图 7.26 所示。

图 7.25　search 类型的应用　　　　　　　　　图 7.26　Firefox 没有×按钮

7.5.7　定义电话号码框

tel 类型的 input 元素提供专门用于输入电话号码的文本框。它并不限定只输入数字，因为很多电话号码还包括其他字符，如+、-、(、)等，例如，86-0536-8888888。

【示例】tel 类型的应用。

```
<form action="demo_form.php" method="get">
    请输入电话号码：<input type="tel" name="tel1" />
    <input type="submit" value="提交"/>
</form>
```

以上代码在 Chrome 浏览器中的运行结果如图 7.27 所示。从某种程度上说，所有的浏览器都支持 tel 类型的 input 元素，因为它们都会将其作为一个普通的文本框显示。HTML5 规则并不需要浏览器执行任何特定的电话号码语法或以任何特别的方式显示电话号码。

图 7.27　tel 类型的应用

7.5.8　定义拾色器

color 类型的 input 元素提供专门用于选择颜色的文本框。当 color 类型的文本框获取焦点后，会自动调用系统的颜色窗口，包括苹果系统也能弹出相应的系统色盘。

【示例】color 类型的应用。

```
<form action="demo_form.php" method="get">
请选择一种颜色：<input type="color" name="color1" />
<input type="submit" value="提交"/>
</form>
```

以上代码在 Edge 浏览器中的运行结果如图 7.28 所示。单击颜色文本框，会打开"颜色"控件，如图 7.29 所示。选择一种颜色之后，可以看到颜色文本框显示对应颜色效果，如图 7.30 所示。

提示：IE 和 Safari 浏览器暂不支持 color 类型。

图 7.28　color 类型的应用　　　图 7.29　"颜色"控件　　　图 7.30　设置颜色后效果

7.6　HTML5 输入属性

7.6.1　定义自动完成

autocomplete 属性可以帮助用户在输入框中实现自动完成输入，取值包括 on 和 off，用法如下所示。

```
<input type="email" name="email" autocomplete="off" />
```

autocomplete 属性适用 input 类型，包括 text、search、url、telephone、email、password、datepickers、range 和 color。

autocomplete 属性适用于 form 元素。默认状态下，表单的 autocomplete 属性处于打开状态，其包含的输入域会自动继承 autocomplete 状态，也可以为某个输入域单独设置 autocomplete 状态。

注意：在某些浏览器中，需要先启用浏览器本身的自动完成功能，才能使 autocomplete 属性起作用。

【示例】设置 autocomplete 为 "on" 时，可以使用 HTML5 新增的 datalist 元素和 list 属性提供一个数据列表供用户进行选择。下面演示如何应用 autocomplete 属性、datalist 元素和 list 属性实现自动完成。

```
<h2>输入你最喜欢的城市名称</h2>
<form autocompelete="on">
    <input type="text" id="city" list="cityList">
    <datalist id="cityList" style="display:none;">
        <option value="BeiJing">BeiJing</option>
        <option value="QingDao">QingDao</option>
        <option value="QingZhou">QingZhou</option>
        <option value="QingHai">QingHai</option>
```

```
    </datalist>
</form>
```

在浏览器中预览，当用户将焦点定位到文本框中，会自动出现一个城市列表供用户选择，如图 7.31 所示。而当用户单击页面的其他位置时，这个列表就会消失。

当用户输入时，该列表会随用户的输入而自动更新。例如，当输入字母 q 时，会自动更新列表，只列出以 q 开头的城市名称，如图 7.32 所示。随着用户不断地输入新的字母，下面的列表还会随之变化。

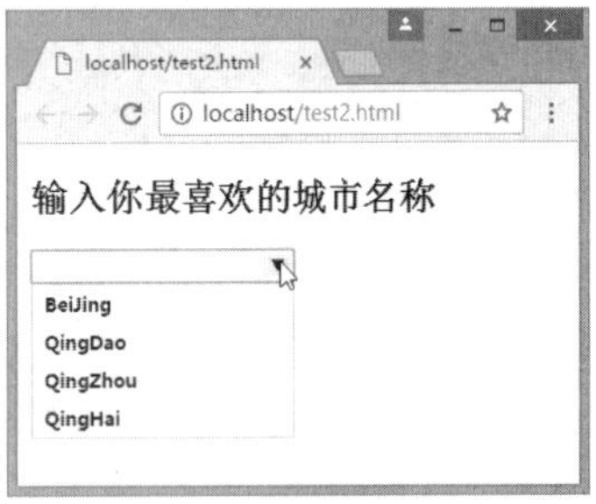

图 7.31　自动完成数据列表

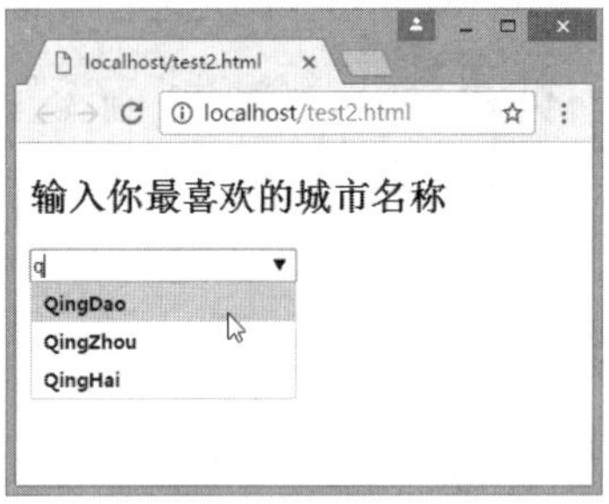

图 7.32　数据列表随用户输入而更新

提示： 多数浏览器都带有辅助用户完成输入的自动完成功能，只要开启了该功能，浏览器就会自动记录用户所输入的信息，当再次输入相同的内容时，浏览器就会自动完成内容的输入。从安全性和隐私的角度考虑，这个功能存在较大的隐患。如果不希望浏览器自动记录这些信息，则可以为 form 或 form 中的 input 元素设置 autocomplete 属性，关闭该功能。

7.6.2　定义自动获取焦点

autofocus 属性可以实现在页面加载时，让表单控件自动获得焦点。用法如下所示。

```
<input type="text" name="fname" autofocus="autofocus" />
```

autocomplete 属性适用所有<input>标签的类型，如文本框、复选框、单选按钮、普通按钮等。

注意： 在同一页面中只能指定一个 autofocus 对象，当页面中的表单控件比较多时，建议为最需要聚焦的控件设置 autofocus 属性值，如在页面中搜索文本框，或者许可协议的“同意”按钮等。

【示例 1】演示如何应用 autofocus 属性。

```
<form>
    <p>请仔细阅读许可协议：</p>
    <p>
        <label for="textarea1"></label>
        <textarea name="textarea1" id="textarea1" cols="45" rows="5">许可协议具体内容......</textarea>
    </p>
    <p>
        <input type="submit" value="同意" autofocus>
        <input type="submit" value="拒绝">
    </p>
</form>
```

以上代码在 Chrome 浏览器中的运行结果如图 7.33 所示。页面载入后，按“同意”按钮自动获得焦点，因为通常会希望用户直接单击该按钮。如果将“拒绝”按钮的 autofocus 属性的值设置为 on，则页面载入后焦点就会在“拒绝”按钮上，如图 7.34 所示，但从页面功用的角度来说并不合适。

图 7.33 "同意"按钮自动获得焦点 　　　　图 7.34 "拒绝"按钮自动获得焦点

【示例 2】如果浏览器不支持 autofocus 属性，可以使用 JavaScript 实现相同的功能。在下面的脚本中，先检测浏览器是否支持 autofocus 属性，如果不支持则获取指定的表单域，为其调用 focus()方法，强迫其获取焦点。

```
<script>
if (!("autofocus" in document.createElement("input"))) {
    document.getElementById("ok").focus();
}
</script>
```

7.6.3　定义所属表单

form 属性可以设置表单控件归属的表单，它适用于所有<input>标签的类型。

提示：在 HTML4 中，用户必须把相关的控件放在表单内部，即<form>和</form>之间。在提交表单时，在<form>和</form>之外的控件将被忽略。

【示例】form 属性必须引用所属表单的 id，如果一个 form 属性要引用两个或两个以上的表单，则需要使用空格将表单的 id 值分隔开。下面是一个 form 属性应用。

```
<form action="" method="get" id="form1">
请输入姓名：<input type="text" name="name1" autofocus/>
<input type="submit"    value="提交"/>
</form>
请输入住址：<input type="text" name="address1" form="form1" />
```

以上代码在 Chrome 浏览器中的运行结果如图 7.35 所示。如果填写姓名和住址并单击"提交"按钮，则 name1 和 address1 会被分别赋值为所填写的值。例如，如果在姓名处填写"zhangsan"，住址处填写"北京"，则单击"提交"按钮后，服务器端会接收到"name1=zhangsan"和"address1=北京"。用户也可以在提交后观察浏览器的地址栏，可以看到有"name1=zhangsan&address1=北京"的信息，如图 7.36 所示。

图 7.35　form 属性的应用 　　　　图 7.36　地址中要提交的数据

7.6.4 定义表单重写

HTML5 新增了 5 个表单重写属性,用于重写<form>标签属性设置,简单说明如下。
- ☑ formaction:重写<form>标签的 action 属性。
- ☑ formenctype:重写<form>标签的 enctype 属性。
- ☑ formmethod:重写<form>标签的 method 属性。
- ☑ formnovalidate:重写<form>标签的 novalidate 属性。
- ☑ formtarget:重写<form>标签的 target 属性。

注意:表单重写属性仅适用于 submit 和 image 类型的 input 元素。

【示例】通过 formaction 属性,实现将表单提交到不同的服务器页面。

```
<form action="1.asp" id="testform">
请输入电子邮件地址: <input type="email" name="userid" /><br />
    <input type="submit" value="提交到页面 1" formaction="1.asp" />
    <input type="submit" value="提交到页面 2" formaction="2.asp" />
    <input type="submit" value="提交到页面 3" formaction="3.asp" />
</form>
```

7.6.5 定义高和宽

height 和 width 属性仅用于设置<input type="image">标签的图像高度和宽度。

【示例】演示 height 与 width 属性的应用。

```
<form action="testform.asp" method="get">
请输入用户名: <input type="text" name="user_name" /><br />
<input type="image" src="images/submit.png" width="72" height="26" />
</form>
```

源图像的大小为 288 px×104 px,使用以上代码将其大小限制为 72 px×267 px,在 Chrome 浏览器中的运行结果如图 7.37 所示。

7.6.6 定义列表选项

list 属性用于设置输入域的 datalist,datalist 是输入域的选项列表。list 属性适用于 text、search、url、telephone、email、date pickers、number、range 和 color 类型的<input>标签。

演示示例可参考 7.6.1 节 datalist 元素介绍。

图 7.37 height 与 width 属性的应用

注意:目前,最新的主流浏览器都已支持 list 属性,不过呈现形式略有不同。

7.6.7 定义最小值、最大值和步长

min、max 和 step 属性用于为包含数字或日期的 input 输入类型设置限值,适用于 date pickers、number 和 range 类型的<input>标签。具体说明如下。
- ☑ max 属性:设置输入框所允许的最大值。
- ☑ min 属性:设置输入框所允许的最小值。
- ☑ step 属性:为输入框设置合法的数字间隔(步长)。例如,step="4",则合法值包括-4、0、4 等。

【示例】 设计一个数字输入框，并规定该输入框接收 0~12 的值，且数字间隔为 4。

```
<form action="testform.asp" method="get">
    请输入数值：<input type="number" name="number1" min="0" max="12" step="4" />
    <input type="submit" value="提交" />
</form>
```

在 Chrome 浏览器中的运行，如果单击数字输入框右侧的微调按钮，则可以看到数字以 4 为步进值递增，如图 7.38 所示；如果输入不合法的数值，如 5，单击"提交"按钮时会显示错误提示，如图 7.39 所示。

图 7.38　list 属性应用　　　　　　　　图 7.39　显示错误提示

7.6.8　定义多选

multiple 属性可以设置输入域一次选择多个值，适用于 email 和 file 类型的 <input> 标签。

【示例】 在页面中插入一个文件域，使用 multiple 属性允许用户一次可以提交多个文件。

```
<form action="testform.asp" method="get">
    请选择要上传的多个文件：<input type="file" name="img" multiple />
    <input type="submit" value="提交" />
</form>
```

在 Chrome 浏览器中的运行结果如图 7.40 所示。如果单击"添加文件"按钮，则会允许在打开的对话框中选择多个文件。选择文件并单击"打开"按钮后会关闭对话框，同时在页面中显示选中文件的个数，如图 7.41 所示。

图 7.40　multiple 属性的应用　　　　　　图 7.41　显示被选中文件的个数

7.6.9　定义匹配模式

pattern 属性规定用于验证 input 域的模式。模式就是 JavaScript 正则表达式，通过自定义的正则表达式匹配用户输入的内容，以便进行验证。该属性适用于 text、search、url、telephone、email 和 password 类型的 <input> 标签。

【示例】 使用 pattern 属性设置文本框必须输入 6 位数的邮政编码。

```
<form action="/testform.asp" method="get">
```

```
        请输入邮政编码: <input type="text" name="zip_code" pattern="[0-9]{6}"
            title="请输入 6 位数的邮政编码" />
        <input type="submit" value="提交" />
    </form>
```

在 Chrome 浏览器中的运行结果如图 7.42 所示。如果输入的数字不是 6 位,则会出现错误提示,如图 7.43 所示。如果输入的并非规定的数字,而是字母,也会出现错误提示,因为 pattern="[0-9]{6}" 中规定必须输入 0~9 的阿拉伯数字,并且必须为 6 位数。

提示,读者可以在 http://html5pattern.com 上面找一些常用的正则表达式,并将它们复制、粘贴到自己的 pattern 属性中进行应用。

图 7.42　pattern 属性的应用 　　　　　　　　　图 7.43　出现错误提示

7.6.10　定义替换文本

placeholder 属性用于为 input 类型的输入框提供一种文本提示,这些提示可以描述输入框期待用户输入的内容,在输入框为空时显示,而当输入框获取焦点时则自动消失。placeholder 属性适用于 text、search、url、telephone、email 和 password 类型的<input>标签。

【示例】placeholder 属性的应用。请注意比较本例与上例提示方法的不同。

```
<form action="/testform.asp" method="get">
    请输入邮政编码:
    <input type="text" name="zip_code" pattern="[0-9]{6}"
placeholder="请输入 6 位数的邮政编码" />
    <input type="submit" value="提交" />
</form>
```

以上代码在 Chrome 浏览器中的运行结果如图 7.44 所示。当输入框获得焦点并输入字符时,提示文字消失,如图 7.45 所示。

图 7.44　placeholder 属性的应用 　　　　　　　　图 7.45　提示文字消失

7.6.11　定义必填

required 属性用于定义输入框填写的内容不能为空,否则不允许提交表单。该属性适用于 text、

search、url、telephone、email、password、date pickers、number、checkbox、radio 和 file 类型的<input>标签。

【示例】使用 required 属性规定文本框必须输入内容。

```
<form action="/testform.asp" method="get">
    请输入姓名: <input type="text" name="usr_name" required="required" />
    <input type="submit" value="提交" />
</form>
```

以上代码在 Chrome 浏览器中的运行结果如图 7.46 所示。当输入框内容为空并单击"提交"按钮时，会出现"请填写此字段"的提示，只有输入内容之后才允许提交表单。

7.6.12 定义复选框状态

在 HTML4 中，复选框有两种状态：选中和未选中。HTML5 为复选框添加了一种状态——未知，使用 indeterminate 属性可以对其进行控制，它与 checked 属性一样，都是布尔属性，用法相同。

图 7.46 required 属性的应用

```
<label><input type="checkbox" id="chk1" >未选中状态</label>
<label><input type="checkbox" id="chk2" checked >选中状态</label>
<label><input type="checkbox" id="chk3" indeterminate >未知状态</label>
```

【示例】在 JavaScript 脚本中直接设置或访问复选框的状态。

```
<style>
input:indeterminate {width: 20px; height: 20px;}    /*未知状态的样式*/
input:checked {width: 20px; height: 20px;}          /*选中状态的样式*/
</style>
<script>
chk3.indeterminate = true;                          //设置为未知状态
chk2.indeterminate = false;                         //设置为确知状态
if ( chk3.indeterminate ){ alert("未知状态") }
else{
    if ( chk3.checked ){ alert("选中状态") }
    else{ alert("未选中状态") }
}
</script>
```

值得注意的是，目前浏览器仅支持使用 JavaScript 脚本控制未知状态，如果直接为复选框标签设置 indeterminate 属性，则无任何效果，如图 7.47 所示。

另外，复选框的 indeterminate 状态的价值仅是视觉意义，在用户界面上看起来更友好，复选框的值仍然只有选中和未选中两种。

图 7.47 复选框的三种状态

7.6.13 获取文本选取方向

HTML5 为文本框和文本区域控件新增了 selectionDirection 属性，用来检测用户在这两个元素中使用鼠标选取文字时的操作方向。如果是正向选择，则返回 forward；如果是反向选择，则返回 backford；如果没有选择，则返回 forward。

【示例】简单演示如何获取用户选择文本的操作方向。

```
<script>
function ok() {
    var a=document.forms[0]['test'];
    alert(a.selectionDirection);
}
</script>
<form>
<input type="text"  name="test" value="selectionDirection 属性">
<input type="button" value="提交" onClick="ok()">
</form>
```

7.6.14　访问标签绑定的控件

HTML5 为 label 元素新增 control 属性，允许使用该属性访问 label 绑定的表单控件。

【示例】使用<label>包含一个文本框，然后通过 label.control 来访问文本框。

```
<script type="text/javascript">
function setValue() {
    var label =document.getElementById("label");
    label.control.value = "010888";    // 访问绑定的文本框，并设置它的值
}
</script>
<form>
<label id="label">邮编 <input id="code" maxlength="6"></label>
<input type="button" value="默认值" onclick="setValue()">
</form>
```

提示：可以通过 label 元素的 for 属性绑定文本框，然后使用 label 的 control 属性访问它。

7.6.15　访问控件的标签集

HTML5 为所有表单控件新增 labels 属性，允许使用该属性访问与控件绑定的标签对象，该属性返回一个 NodeList 对象（节点集合），再通过下标或 for 循环可以访问某个具体绑定的标签。

【示例】使用 text.labels.length 获取与文本框绑定的标签个数，如果仅绑定一个标签，则创建一个标签，然后绑定到文本框上，设置它的属性，并显示在按钮前面。然后判断用户输入的信息，并把验证信息显示在第二个绑定的标签对象中，效果如图 7.48 所示。

```
<script type="text/javascript">
window.onload = function () {
    var text = document.getElementById('text');
    var btn = document.getElementById('btn');
    if(text.labels.length==1) {                      // 如果文本框仅绑定一个标签
        var label = document.createElement("label");  // 创建标签对象
        label.setAttribute("for","text");             // 绑定到文本框上
        label.setAttribute("style","font-size:9px;color:red"); // 设置标签文本的样式
        btn.parentNode.insertBefore(label,btn);       // 插入按钮前面并显示
    }
    btn.onclick = function() {
        if (text.value.trim() == "") {                // 如果文本框为空，则提示错误信息
            text.labels[1].innerHTML = "不能够为空";
        }
        else if(! /^[0-9]{6}$/.test(text.value.trim() )){  // 如果不是 6 个数字，则提示非法
```

```
                text.labels[1].innerHTML = "请输入 6 位数字";
            } else{        // 否则提示验证通过
                text.labels[1].innerHTML = "验证通过";
            }
        }
    }
</script>
<form>
    <label id="label" for="text">邮编 </label>
    <input id="text">
    <input id="btn" type="button" value="验证">
</form>
```

图 7.48 验证输入的邮政编码

7.7 HTML5 新表单元素

7.7.1 定义数据列表

datalist 元素用于为输入框提供一个可选的列表，供用户输入匹配或直接选择。如果不想从列表中选择，也可以自行输入内容。

datalist 元素需要与 option 元素配合使用，每一个 option 选项都必须设置 value 属性值。其中<datalist>标签用于定义列表框，<option>标签用于定义列表项。如果要把 datalist 提供的列表绑定到某输入框上，还需要使用输入框的 list 属性引用 datalist 元素的 id。

【示例】演示 datalist 元素和 list 属性如何配合使用。

```
<form action="testform.asp" method="get">
    请输入网址：<input type="url" list="url_list" name="weblink" />
    <datalist id="url_list">
        <option label="新浪" value="http://www.sina.com.cn" />
        <option label="搜狐" value="http://www.sohu.com" />
        <option label="网易" value="http://www.163.com" />
    </datalist>
    <input type="submit" value="提交" />
</form>
```

在 Chrome 浏览器中运行，当用户单击输入框之后，就会弹出一个下拉列表，供用户选择网址，效果如图 7.49 所示。

7.7.2 定义密钥对生成器

keygen 元素的作用是提供一种验证用户的可靠方法。

作为密钥对生成器，当提交表单时，keygen 元素会生成两个键：

图 7.49 list 属性的应用

私钥和公钥。私钥存储于客户端；公钥被发送到服务器，可用于之后验证用户的客户端证书。

目前，浏览器对该元素的支持不是很理想。

【示例】keygen 属性的应用。

```
<form action="/testform.asp" method="get">
    请输入用户名: <input type="text" name="usr_name" /><br>
    请选择加密强度: <keygen name="security" /><br>
    <input type="submit" value="提交" />
</form>
```

以上代码在 Chrome 浏览器中的运行结果如图 7.50 所示。在"请选择加密强度"右侧的 keygen 元素中可以选择一种密钥强度，在 Chrome 浏览器中有 2048（高强度）和 1024（中等强度）两种，在 Firefox 浏览器中也提供两种选项，即高级和中级，如图 7.51 所示。

图 7.50 Chrome 浏览器提供的密钥等级

图 7.51 Firefox 浏览器提供的密钥等级

7.7.3 定义输出结果

output 元素用于在浏览器中显示计算结果或脚本输出，其语法如下。output 元素应该位于表单结构的内部，或者设置 form 属性指定所属表单，也可以设置 for 属性绑定输出控件。

```
<output name="">Text</output>
```

【示例】下面是 output 元素的一个应用示例。该示例计算用户输入的两个数字的乘积。

```
<script type="text/javascript">
    function multi(){
        a=parseInt(prompt("请输入第 1 个数字。",0));
        b=parseInt(prompt("请输入第 2 个数字。",0));
        document.forms["form"]["result"].value=a*b;
    }
</script>
<body onload="multi()">
<form action="testform.asp" method="get" name="form">
    两数的乘积为: <output name="result"></output>
</form>
</body>
```

以上代码在 Chrome 浏览器中的运行结果如图 7.52、图 7.53 所示。当页面载入时，会首先提示"请输入第 1 个数字"，输入并单击"确定"按钮后，再根据提示输入第 2 个数字，再次单击"确定"按钮后，显示计算结果，如图 7.54 所示。

图 7.52 提示输入第 1 个数字

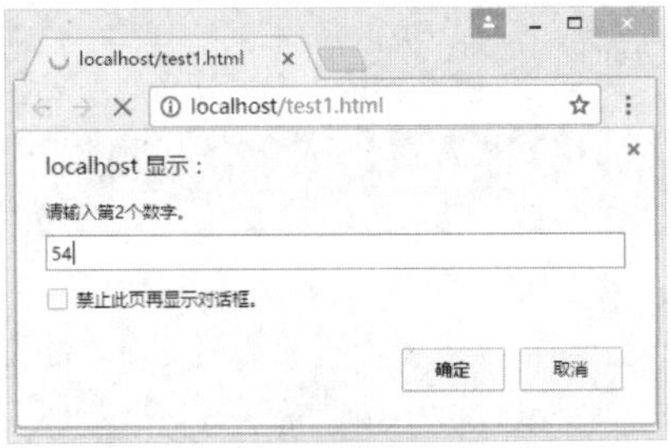

图 7.53　提示输入第 2 个数字 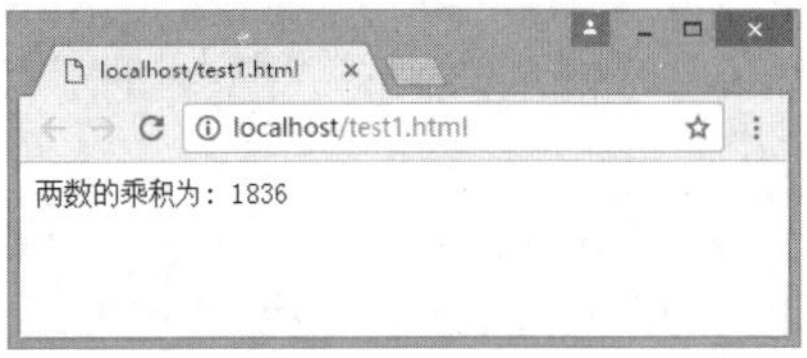　　　　　图 7.54　显示计算结果

7.8　HTML5 表单属性

7.8.1　定义自动完成

autocomplete 属性用于规定 form 中所有元素都拥有自动完成功能。该属性在介绍 input 属性时已经介绍过，用法与之相同。

但是，当 autocomplete 属性用于整个 form 时，所有从属于该 form 的控件都具备自动完成功能。如果要关闭部分控件的自动完成功能，则需要单独设置 autocomplete="off"，具体示例可参考 autocomplete 属性的介绍。

7.8.2　定义禁止验证

HTML5 表单控件具有自动验证功能，如果要禁止验证，可以使用 novalidate 属性，该属性规定在提交表单时不应该验证 form 或 input 域。它适用于<form>标签，以及 text、search、url、telephone、email、password、date pickers、range 和 color 类型的<input>标签。

【示例 1】使用 novalidate 属性取消整个表单的验证。

```
<form action="testform.asp" method="get" novalidate>
    请输入电子邮件地址：<input type="email" name="user_email" />
    <input type="submit" value="提交" />
</form>
```

【补充】

HTML5 为 form、input、select 和 textarea 元素定义了一个 checkValidity()方法。调用该方法，可以显式地对表单内所有元素内容或单个元素内容进行有效性验证。checkValidity()方法将返回布尔值，以提示是否通过验证。

【示例 2】使用 checkValidity()方法，主动验证用户输入的 email 地址是否有效。

```
<script>
function check(){
    var email = document.getElementById("email");
    if(email.value==""){
        alert("请输入 email 地址");
        return false;
    }
    else if(!email.checkValidity()){
```

```
            alert("请输入正确的email地址");
            return false;
        }
        else
            alert("您输入的email地址有效");
    }
</script>
<form id=testform onsubmit="return check();" novalidate>
    <label for=email>email</label>
    <input name=email id=email type=email /><br/>
    <input type=submit>
</form>
```

> 提示：在 HTML5 中，form 和 input 元素都有一个 validity 属性，该属性返回一个 ValidityState 对象。该对象具有很多属性，其中最简单、最重要的属性为 valid 属性，它表示表单内所有元素内容是否有效或单个 input 元素内容是否有效。

7.9 在线支持

扫码免费学习
更多实用技能

一、参考
- ☑ 表单标签列表
- ☑ form 标签的属性

二、更多案例实战
- ☑ 组织表单结构
- ☑ 添加提示文本
- ☑ 文本框
- ☑ 密码框
- ☑ 文本区域
- ☑ 设计注册页
- ☑ 表单验证

新知识、新案例不断更新中……

第 8 章 CSS3 基础

CSS3 在 CSS2 的基础上增加了很多功能，如圆角、多背景、透明度、阴影等，以帮助开发人员解决一些实际问题。本章将简要介绍 CSS3 的基础知识，以初步了解 CSS3 的基本用法。

8.1 初次使用 CSS

与 HTML5 一样，CSS3 也是一种标识语言，可以使用任意文本编辑器编写代码。下面简单介绍 CSS3 的基本用法。

8.1.1 CSS 样式

CSS 语法单元是样式，每个样式包含两部分内容，即选择器和声明（或称规则），如图 8.1 所示。

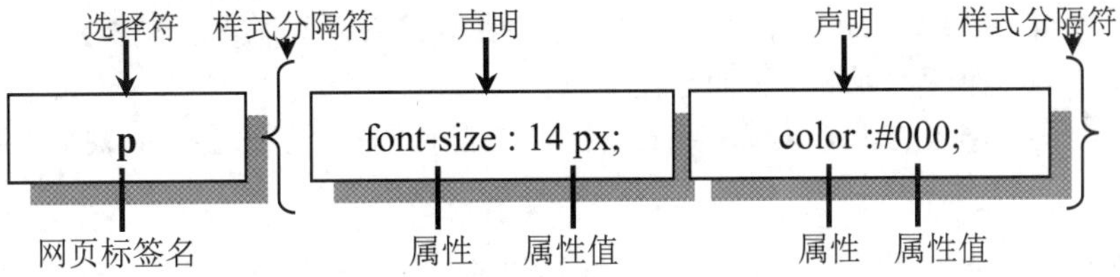

图 8.1 CSS 样式的基本格式

- ☑ 选择器（selector）：指定样式作用于哪些对象，这些对象可以是某个标签、指定 Class 或 ID 值的元素等。浏览器在解析样式时，根据选择器来渲染对象的显示效果。
- ☑ 声明（declaration）：指定浏览器如何渲染选择器匹配的对象。声明包括两部分，即属性和属性值，并用分号来标识一个声明的结束，在一个样式中最后一个声明可以省略分号。所有声明被放置在一对大括号内，然后位于选择器的后面。
- ☑ 属性（property）：CSS 预设的样式选项。属性名由一个单词或多个单词组成，多个单词之间通过连字符相连，这样能够很直观地了解属性所要设置样式的类型。
- ☑ 属性值（value）：定义显示效果的值，包括值和单位，或者仅定义一个关键字。

【示例】演示如何在网页中设计 CSS 样式。

第 1 步，新建网页文件，保存为 test.html。

第 2 步，在<head>标签内添加<style type="text/css">标签，定义一个内部样式表。

第 3 步，在<style>标签内输入下面的样式，定义网页字体大小为 24 px，字体颜色为白色。

```
body{font-size: 24px; color: #fff;}
```

第 4 步，输入下面样式代码，定义段落文本的背景色为蓝色。

```
p { background-color: #00F; }
```

第 5 步,在<body>标签内输入下面一段话,然后在浏览器中预览,效果如图 8.2 所示。

```
<p>莫等闲、白了少年头,空悲切。</p>
```

图 8.2　使用 CSS 定义段落文本样式

8.1.2　引入 CSS 样式

在网页文档中,如何让浏览器能够识别和解析 CSS 样式,共有 3 种方法。

1. 行内样式

把 CSS 样式代码置于标签的 style 属性中,例如:

```
<span style="color:red;">红色字体</span>
<div style="border:solid 1px blue; width:200px; height:200px;"></div>
```

一般不建议使用行内样式,这种用法没有真正把 HTML 结构与 CSS 样式分离出来。

2. 内部样式

```
<style type="text/css">
body {/*页面基本属性*/
    font-size: 12px;
    color: #CCCCCC;
}
/*段落文本基础属性*/
p { background-color: #FF00FF; }
</style>
```

把 CSS 样式代码放在<style>标签内,这种用法也称为网页内部样式。该方法适合为单页面定义 CSS 样式,不适合为一个网站或多个页面定义样式。

内部样式一般位于网页的头部区域,目的是让 CSS 源代码早于页面源代码被下载并解析。

3. 外部样式

把样式放在独立的文件中,然后使用<link>标签或者@import 关键字导入。一般网站都采用这种方法来设计样式,真正实现 HTML 结构和 CSS 样式的分离,以便统筹规划、设计、编辑和管理 CSS 样式。

8.1.3　CSS 样式表

样式表是由一个或多个 CSS 样式组成的样式代码段。样式表包括内部样式表和外部样式表,它们没有本质不同,只是存放位置不同。

内部样式表包含在<style>标签内,一个<style>标签就表示一个内部样式表。而通过标签的 style 属性定义的样式属性就不是样式表。如果一个网页文档中包含多个<style>标签,就表示该文档包含多个内部样式表。

如果 CSS 样式被放置在网页文档外部的文件中,则称为外部样式表。一个 CSS 样式表文档就表示一个外部样式表。实际上,外部样式表就是一个文本文件,其扩展名为.css。当把不同的样式复制到一个文本文件中后,另存为.css 文件,则它就是一个外部样式表。

在外部样式表文件顶部可以定义 CSS 源代码的字符编码。例如,下面代码定义样式表文件的字符编码为中文简体。

```
@charset "gb2312";
```

如果不设置 CSS 文件的字符编码，可以保留默认设置，则浏览器会根据 HTML 文件的字符编码解析 CSS 代码。

8.1.4 导入外部样式表

外部样式表文件可以通过两种方法导入 HTML 文档中。

1. 使用<link>标签

使用<link>标签导入外部样式表文件的代码如下。

```
<link href="001.css" rel="stylesheet" type="text/css" />
```

该标签必须设置的属性说明如下：
- href：定义样式表文件 URL。
- type：定义导入文件类型，同 style 元素一样。
- rel：用于定义文档关联，这里表示关联样式表。

2. 使用@import 命令

在<style>标签内使用@import 关键字导入外部样式表文件的方法如下。

```
<style type="text/css">
@import url("001.css");
</style>
```

在@import 关键字后面，利用 url()函数包含具体的外部样式表文件的地址。

8.1.5 CSS 注释

在 CSS 中增加注释很简单，所有被放在"/*"和"*/"分隔符之间的文本信息都称为注释。

```
/* 注释 */
```

或

```
/*
注释
*/
```

在 CSS 源代码中，各种空格是不被解析的，因此可以利用 Tab 键、空格键对样式表和样式代码进行格式化排版，以方便阅读和管理。

8.1.6 CSS 属性

CSS 属性众多，在 W3C CSS 2.0 版本中共有 122 个标准属性（http://www.w3.org/TR/CSS2/propidx.html），在 W3C CSS 2.1 版本中共有 115 个标准属性（http://www.w3.org/TR/CSS21/propidx.html），其中删除了 CSS 2.0 版本中的 7 个属性：font-size-adjust、font-stretch、marker-offset、marks、page、size 和 text-shadow。在 W3C CSS 3.0 版本中又增加了 20 多个属性（http://www.w3.org/Style/ CSS/current-work#CSS3）。

本书将在后面各章节中详细介绍各种主要属性，用户也可以参考 CSS3 参考手册了解其具体内容。

8.1.7 CSS 继承性

CSS 样式具有两个基本特性：继承性和层叠性。

CSS 继承性是指后代元素可以继承祖先元素的样式。继承样式主要包括字体、文本等基本属性，如字体、字号、颜色、行距等，不允许继承的类型属性包括边框、边界、补白、背景、定位、布局、尺寸等。

提示：灵活应用 CSS 继承性，可以优化 CSS 代码，但是继承的样式的优先级是最低的。

【示例】在 body 元素中定义整个页面的字体大小、字体颜色等基本页面属性，这样包含在 body 元素内的其他元素都将继承该基本属性，以实现页面显示效果的统一。

新建网页文档，在<body>标签内输入如下代码，设计一个多级嵌套结构。

```
<div id="wrap">
    <div id="header">
        <div id="menu">
            <ul>
                <li><span>首页</span></li>
                <li>菜单项</li>
            </ul>
        </div>
    </div>
    <div id="main">
        <p>主体内容</p>
    </div>
</div>
```

在<head>标签内添加<style type="text/css">标签，定义内部样式表，然后为 body 定义字体大小为 12 px，通过继承性，则包含在 body 元素的所有其他元素都将继承该属性，并显示包含的字体大小为 12 px。在浏览器中预览，显示效果如图 8.3 所示。

```
body {font-size:12px;}
```

图 8.3 CSS 继承性演示效果

8.1.8 CSS 层叠性

CSS 层叠性是指 CSS 能够对同一个对象应用多个样式的能力。

【示例 1】新建网页文档，保存为 test.html，在<body>标签内输入如下代码。

```
<div id="wrap">看看我的样式效果</div>
```

在<head>标签内添加<style type="text/css">标签，定义一个内部样式表，分别添加两个样式。

```
div {font-size:12px;}
div {font-size:14px;}
```

两个样式中都声明相同的属性，并应用于同一个元素上。在浏览器中测试，则会发现最后字体显示为 14 px。也就是说，14 px 字体大小覆盖了 12 px 的字体大小，这就是样式层叠。

当多个样式作用于同一个对象，则根据选择器的优先级确定对象最终应用的样式。

- ☑ 标签选择器：权重值为 1。
- ☑ 伪元素或伪对象选择器：权重值为 1。
- ☑ 类选择器：权重值为 10。
- ☑ 属性选择器：权重值为 10。
- ☑ ID 选择器：权重值为 100。
- ☑ 其他选择器：权重值为 0，如通配选择器等。

然后，以上面权值数为起点计算每个样式中选择器的总权值数。计算规则如下。
- ☑ 统计选择器中 ID 选择器的个数，然后乘以 100。
- ☑ 统计选择器中类选择器的个数，然后乘以 10。
- ☑ 统计选择器中标签选择器的个数，然后乘以 1。

以此类推，最后把所有权重值数相加，即可得到当前选择器的总权重值，最后根据权重值来决定哪个样式的优先级大。

【示例 2】新建一个网页，保存为 test.html，在<body>标签内输入如下代码。

```
<div id="box" class="red">CSS 选择器的优先级</div>
```

在<head>标签内添加<style type="text/css">标签，定义一个内部样式表，添加如下样式。

```
body div#box { border:solid 2px red;}
#box {border:dashed 2px blue;}
div.red {border:double 3px red;}
```

对于上面的样式表，可以按如下方式计算它们的权重值。

body div#box = 1 + 1 + 100 = 102;
#box = 100
di.red = 1 + 10 = 11

因此，最后的优先级为 body div#box 大于#box，#box 大于 di.red。可以看到显示效果为 2 px 宽的红色实线，在浏览器中预览，显示效果如图 8.4 所示。

图 8.4　CSS 优先级的样式演示效果

提示：与样式表中的样式相比，行内样式优先级最高；相同权重值时，样式最近的优先级最高；使用!important 命令定义的样式优先级绝对高；!important 命令必须位于属性值和分号之间，如 #header{color:Red!important;}，否则无效。

8.1.9　CSS3 选择器

CSS3 选择器是在 CSS 2.1 选择器的基础上新增了部分属性选择器和伪类选择器，以减少对 HTML 类和 ID 的依赖，使编写网页代码更加简单轻松。

根据所获取页面中元素的不同，可以把 CSS3 选择器分为 5 大类：元素选择器、关系选择器、伪类选择器、伪对象选择器和属性选择器。

其中，伪选择器包括伪类选择器和伪对象选择器。根据执行任务不同，伪类选择器又分为 6 种：动态伪类选择器、目标伪类选择器、语言伪类选择器、状态伪类选择器、结构伪类选择器、否定伪类选择器。

注意：CSS3 将伪对象选择符前面的单个冒号（:）修改为双冒号（::），用以区别伪类选择符，但以前的写法仍然有效。

8.2　元素选择器

元素选择器包括：标签选择器、类选择器、ID 选择器和通配选择器。

8.2.1 标签选择器

标签选择器也称为类型选择器,它直接引用 HTML 标签名称,用来匹配同名的所有标签。
- ☑ 优点:使用简单,直接引用,不需要为标签添加属性。
- ☑ 缺点:匹配的范围过大,精度不够。

因此,一般常用标签选择器重置各个标签的默认样式。

【示例】统一定义网页中段落文本的样式为:段落内文本字体大小为 12 px,字体颜色为红色。为实现该效果,可以考虑选用标签选择器定义如下样式。

```
p {
    font-size:12px;              /* 字体大小为 12px */
    color:red;                   /* 字体颜色为红色 */
}
```

8.2.2 类选择器

类选择器以点号(.)为前缀,后面是一个类名。应用方法:在标签中定义 class 属性,然后设置属性值为类选择器的名称。
- ☑ 优点:能够为不同标签定义相同样式;使用灵活,可以为同一个标签定义多个类样式。
- ☑ 缺点:需要为标签定义 class 属性,影响文档结构,操作相对麻烦。

【示例】演示如何在对象中应用多个样式类。

第 1 步,新建文档,在<head>标签内添加<style type="text/css">标签,定义一个内部样式表。

第 2 步,在<style>标签内输入下面样式代码,定义 3 个类样式:red、underline 和 italic。

```
/* 颜色类 */
.red { color: red; }                              /* 红色 */
/* 下画线类 */
.underline { text-decoration: underline; }        /*下画线 */
/* 斜体类 */
.italic { font-style: italic; }
```

第 3 步,在段落文本中分别引用这些类,其中第 2 段文本标签引用 3 个类,则演示效果如图 8.5 所示。

```
<p class="underline">问君能有几多愁?恰似一江春水向东流。</p>
<p class="red italic underline">剪不断,理还乱,是离愁。别是一般滋味在心头。</p>
<p class="italic">独自莫凭栏,无限江山,别时容易见时难。流水落花春去也,天上人间。</p>
```

8.2.3 ID 选择器

ID 选择器以井号(#)为前缀,后面是一个 ID 名。应用方法:在标签中定义 id 属性,然后设置属性值为 ID 选择器的名称。
- ☑ 优点:精准匹配。
- ☑ 缺点:需要为标签定义 id 属性,影响文档结构,相对于类选择器,缺乏灵活性。

【示例】演示如何在文档中应用 ID 选择器。

第 1 步,新建网页文档,在<body>标签内输入<div>标签。

```
<div id="box">问君能有几多愁?恰似一江春水向东流。</div>
```

第 2 步,在<head>标签内添加<style type="text/css">标签,定义一个内部样式表。

第3步，输入下面样式代码，为盒子定义固定宽和高，设置背景图像、边框和内边距大小。

```
#box {/* ID 样式   */
    background:url(images/1.png) center bottom;    /* 定义背景图像并居中、底部对齐 */
    height:200px;                                  /* 固定盒子的高度 */
    width:400px;                                   /* 固定盒子的宽度 */
    border:solid 2px red;                          /* 边框样式 */
    padding:100px;                                 /* 增加内边距 */
}
```

第4步，在浏览器中预览，效果如图8.6所示。

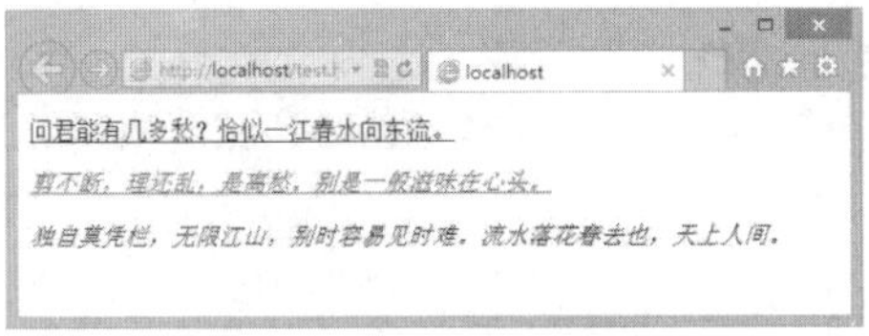

图 8.5　多类应用效果 　　　　　图 8.6　ID 选择器的应用

提示：不管是类选择器，还是 ID 选择器，都可以指定一个限定标签名，用于限定它们的应用范围。例如，针对上面示例，在 ID 选择器前面增加一个 <div> 标签，这样 div#box 选择器的优先级会大于 #box 选择器的优先级。在同等条件下，浏览器会优先解析 div#box 选择器定义的样式。对于类选择器，也可以使用这种方式限制类选择器的应用范围，并增加其优先级。

8.2.4　通配选择器

通配选择器使用星号（*）表示，用来匹配文档中的所有标签。

【示例】使用下面样式可以清除所有标签的边距。

```
* { margin: 0; padding: 0; }
```

8.3　关系选择器

当把两个简单的选择器组合在一起，就形成了一个复杂的关系选择器，通过关系选择器可以精确匹配 HTML 结构中特定范围的元素。

8.3.1　包含选择器

包含选择器通过空格连接两个简单的选择器，前面选择器表示包含的对象，后面选择器表示被包含的对象。

- ☑　优点：可以缩小匹配范围。
- ☑　缺点：匹配范围相对较大，影响的层级不受限制。

【示例】新建网页文档，在<body>标签内输入如下结构。

```
<div id="wrap">
    <div id="header">
        <p>头部区域段落文本</p>
    </div>
    <div id="main">
        <p>主体区域段落文本</p>
    </div>
</div>
```

在<head>标签内添加<style type="text/css">标签，定义一个内部样式表。然后定义样式，实现如下设计目标。

- ☑ 定义<div id="header">包含框内的段落文本的字体大小为 14 px。
- ☑ 定义<div id="main">包含框内的段落文本的字体大小为 12 px。

这时可以利用包含选择器来快速定义样式，代码如下。

```
#header p { font-size:14px;}
#main p {font-size:12px;}
```

8.3.2 子选择器

子选择器使用尖角号（>）连接两个简单的选择器，前面选择器表示包含的父对象，后面选择器表示被包含的子对象。

- ☑ 优点：相对于包含选择器，匹配的范围更小，从层级结构上看，匹配目标更明确。
- ☑ 缺点：相对于包含选择器，匹配范围有限，需要熟悉文档结构。

【示例】新建网页文档，在<body>标签内输入如下结构。

```
<h2><span>虞美人·春花秋月何时了</span></h2>
<div><span>春花秋月何时了？往事知多少。小楼昨夜又东风，故国不堪回首月明中。雕栏玉砌应犹在，只是朱颜改。问君能有几多愁？恰似一江春水向东流。</span></div>
```

在<head>标签内添加<style type="text/css">标签，在内部样式表中定义所有 span 元素的字体大小为 18 px，再用子选择器定义 h2 元素包含的 span 子元素的字体大小为 28 px。

```
span { font-size: 18px; }
h2 > span { font-size: 28px; }
```

在浏览器中预览，显示效果如图 8.7 所示。

8.3.3 相邻选择器

相邻选择器使用加号（+）连接两个简单的选择器，前面选择器指定相邻的前面一个元素，后面选择器指定相邻的后面一个元素。

- ☑ 优点：在结构中能够快速、准确地找到同级、相邻元素。
- ☑ 缺点：使用前需要熟悉文档结构。

图 8.7 子选择器的应用

【示例】通过相邻选择器快速匹配标题下面相邻的 p 元素，并设计其包含的文本居中显示，效果如图 8.8 所示。

```
<style type="text/css">
h2, h2 + p { text-align: center; }
</style>
<h2>虞美人·春花秋月何时了</h2>
```

```
<p>李煜 </p>
<p>春花秋月何时了？往事知多少。小楼昨夜又东风，故国不堪回首月明中。 </p>
<p>雕栏玉砌应犹在，只是朱颜改。问君能有几多愁？恰似一江春水向东流。 </p>
```

如果不使用相邻选择器，用户需要使用类选择器来设计，这样就相对麻烦很多。

8.3.4 兄弟选择器

兄弟选择器使用波浪符号（~）连接两个简单的选择器，前面选择器指定同级的前置元素，后面选择器指定其后同级所有匹配的元素。

- ☑ 优点：在结构中能够快速、准确地找到同级靠后的元素。
- ☑ 缺点：使用前需要熟悉文档结构，匹配精度没有相邻选择器具体。

【示例】以上节示例为基础，添加如下样式，定义标题后面所有段落文本的字体大小为 14 px，字体颜色为红色。

```
h2 ~ p { font-size: 14px; color:red; }
```

在浏览器中预览，页面效果如图 8.9 所示，可以看到兄弟选择器匹配的范围包含相邻选择器匹配的元素。

图 8.8　相邻选择器的应用　　　　　图 8.9　兄弟选择器的应用

8.3.5 分组选择器

分组选择器使用逗号（,）连接两个简单的选择器，前面选择器匹配的元素与后面选择器匹配的元素混合在一起作为分组选择器的结果集。

- ☑ 优点：可以合并相同样式，减少代码冗余。
- ☑ 缺点：不方便个性管理和编辑。

【示例】使用分组选择器给所有标题元素统一样式。

```
h1, h2, h3, h4, h5, h6 {
    margin: 0;                  /* 清除标题的默认外边距 */
    margin-bottom: 10px;        /* 使用下边距拉开标题距离 */
}
```

8.4 属性选择器

属性选择器是根据标签的属性来匹配元素的，使用中括号进行定义。

[属性表达式]

CSS3 包括 7 种属性选择器形式，下面结合示例具体说明。

【示例】设计一个简单的图片灯箱导航，其中 HTML 结构和样式代码请参考本节示例源代码，初始预览效果如图 8.10 所示。

1. E[attr]

选择具有 attr 属性的 E 元素。例如：

.nav a[id] {background: blue; color:yellow;font-weight:bold;}

上面代码表示：选择 div.nav 下所有带有 id 属性的 a 元素，并在这个元素上使用背景色为蓝色，前景色为黄色，字体加粗的样式。对照上面的 HTML 结构，不难发现，只有第一个和最后一个链接使用了 id 属性，所以选中了这两个 a 元素，效果如图 8.11 所示。也可以指定多属性：

图 8.10 设计的灯箱广告效果图

.nav a[href][title] {background: yellow; color:green;}

上面代码表示选择 div.nav 下具有 href 和 title 两个属性的 a 元素，效果如图 8.12 所示。

图 8.11 属性快速匹配

图 8.12 多属性快速匹配

2. E[attr="value"]

选择具有 attr 属性，且属性值等于 value 的 E 元素。例如：

.nav a[id="first"] {background: blue; color:yellow;font-weight:bold;}

选中 div.nav 中的 a 元素，且这个元素有一个 id="first"属性值，预览效果如图 8.13 所示。

E[attr="value"]属性选择器也可以多个属性并写，以进一步缩小选择范围，用法如下所示，预览效果如图 8.14 所示。

.nav a[href="#1"][title] {background: yellow; color:green;}

图 8.13 属性值快速匹配

图 8.14 多属性值快速匹配

3. E[attr~="value"]

选择具有 attr 属性，且属性值为一空格分隔的字词列表，其中一个等于 value 的 E 元素。包含只有一个值，且该值等于 val 的情况。例如：

.nav a[title~="website"]{background:orange;color:green;}

在 div.nav 下的 a 元素的 title 属性中，只要其属性值中含有 website 就会被选择，结果 a 元素中 2、6、7、8 这 4 个 a 元素的 title 中都含有，所以被选中，如图 8.15 所示。

4. E[attr^="value"]

选择具有 attr 属性，且属性值为以 value 开头的字符串的 E 元素。例如：

.nav a[title^="http://"]{background:orange;color:green;}
.nav a[title^="mailto:"]{background:green;color:orange;}

上面代码表示选择了 title 属性，并且以"http://"和"mailto:"开头的属性值的所有 a 元素，匹配效果如图 8.16 所示。

图 8.15　属性值局部词匹配 　　　　　图 8.16　匹配属性值开头字符串的元素

5. E[attr$="value"]

选择具有 attr 属性，且属性值为以 value 结尾的字符串的 E 元素。例如：

`.nav a[href$="png"]{background:orange;color:green;}`

上面代码表示选择 div.nav 中元素具有 href 属性，并以 png 结尾的 a 元素。

6. E[attr*="value"]

选择具有 attr 属性，且属性值为包含 value 的字符串的 E 元素。例如：

`.nav a[title*="site"]{background:black;color:white;}`

上面代码表示选择 div.nav 中 a 元素的 title 属性中只要有 site 字符串就可以，预览效果如图 8.17 所示。

7. E[attr|="value"]

选择具有 attr 属性，其值是以 value 开头，并用连接符"-"分隔的字符串的 E 元素；如果值仅为 value，也将被选择。例如：

`.nav a[lang|="zh"]{background:gray;color:yellow;}`

上面代码会选中 div.nav 中 lang 属性等于 zh 或以 zh-开头的所有 a 元素，如图 8.18 所示。

图 8.17　匹配属性值中的特定子串 　　　　　图 8.18　匹配属性值开头字符串的元素

8.5　伪类选择器

伪类选择器是一种特殊的类选择器，它的用处就是可以对不同状态或行为下的元素定义样式，这些状态或行为是无法通过静态的选择器匹配的，具有动态特性。

8.5.1　伪选择器概述

伪选择器包括伪类选择器和伪对象选择器。伪选择器能够根据元素或对象的特征、状态、行为进行匹配。

伪选择器以冒号（:）作为前缀标识符。冒号前可以添加限定选择符，限定伪类应用的范围，冒号后为伪类和伪对象名，冒号前后没有空格。

CSS 伪类选择器有两种用法方式。

☑　单纯式的用法。

`E:pseudo-class { property:value }`

其中，E 为元素，pseudo-class 为伪类名称，property 是 CSS 的属性，value 为 CSS 的属性值。例如：

`a:link {color:red;}`

- ☑ 混用式的用法。

```
E.class:pseudo-class{property:value}
```

其中，.class 表示类选择符。把类选择符与伪类选择符组成一个混合式的选择器，能够设计更复杂的样式，以精准匹配元素。例如：

```
a.selected:hover {color: blue;}
```

由于 CSS3 伪选择器众多，下面仅针对 CSS3 中新增的伪类选择器进行说明，其他选择器请参考 CSS3 参考手册进行详细了解。

8.5.2 结构伪类选择器

结构伪类选择器是根据文档结构的相互关系匹配特定的元素，从而减少文档元素的 class 属性和 ID 属性的无序设置，以使文档更加简洁。

结构伪类形式多样，但用法固定，以便设计各种特殊样式的效果。结构伪类主要包括以下几种，简单说明如下所示。

- ☑ :fist-child：第一个子元素。
- ☑ :last-child：最后一个子元素。
- ☑ :nth-child()：按正序匹配特定子元素。
- ☑ :nth-last-child()：按倒序匹配特定子元素。
- ☑ :nth-of-type()：在同类型中匹配特定子元素。
- ☑ :nth-last-of-type()：按倒序在同类型中匹配特定子元素。
- ☑ :first-of-type：第一个同类型子元素。
- ☑ :last-of-type：最后一个同类型子元素。
- ☑ :only-child：唯一子元素。
- ☑ :only-of-type：同类型的唯一子元素。
- ☑ :empty：空元素。

【示例1】设计推荐栏目列表样式，设计效果如图 8.19 所示。在列表框中为每个列表项定义相同的背景图像。

设计的列表结构和样式请参考本节示例源代码。下面结合本示例分析结构伪类选择器的用法。

【示例2】如果设计第一个列表项前的图标为1，且字体加粗显示，则使用:first-child 匹配。

```
#wrap li:first-child {
    background-position:2px 10px;
    font-weight:bold;
}
```

【示例3】如果单独给最后一个列表项定义样式，就可以使用:last-child 匹配，显示效果如图 8.20 所示。

```
#wrap li:last-child {background-position:2px -277px;}
```

【示例4】下面6个样式分别匹配列表中第2个到第7个列表项，并分别定义它们的背景图像 y 轴的坐标位置，显示效果如图 8.21 所示。

```
#wrap li:nth-child(2) { background-position: 2px -31px; }
#wrap li:nth-child(3) { background-position: 2px -72px; }
#wrap li:nth-child(4) { background-position: 2px -113px; }
#wrap li:nth-child(5) { background-position: 2px -154px; }
#wrap li:nth-child(6) { background-position: 2px -195px; }
```

`#wrap li:nth-child(7) { background-position: 2px -236px; }`

图 8.19 设计推荐栏目样式 　　图 8.20 设计最后一个列表项样式 　　图 8.21 设计每个列表项样式

8.5.3 否定伪类选择器

:not()表示否定选择器，即过滤掉 not()函数匹配的特定元素。

【示例】为页面中所有段落文本设置字体大小为 24 px，然后使用:not(.author)排出第一段文本，设置其他段落文本的字体大小为 14 px，显示效果如图 8.22 所示。

```
<style type="text/css">
p { font-size: 24px; }
p:not(.author){ font-size: 14px; }
</style>
<h2>虞美人·春花秋月何时了</h2>
<p class="author">李煜 </p>
<p>春花秋月何时了？往事知多少。小楼昨夜又东风，故国不堪回首月明中。</p>
<p>雕栏玉砌应犹在，只是朱颜改。问君能有几多愁？恰似一江春水向东流。</p>
```

8.5.4 状态伪类

CSS3 包含 3 个 UI 状态伪类选择器，简单说明如下。

- ☑ :enabled：匹配指定范围内所有可用 UI 元素。
- ☑ :disabled：匹配指定范围内所有不可用 UI 元素。
- ☑ :checked：匹配指定范围内所有可用 UI 元素。

【示例】设计一个简单的登录表单，效果如图 8.23 所示。在实际应用中，当用户登录完毕，不妨通过脚本把文本框设置为不可用（disabled="disabled"）状态，这时可以通过:disabled 选择器让文本框显示为灰色，以告诉用户该文本框不可用，这样就不用设计"不可用"样式类，并把该类添加到 HTML 结构中。

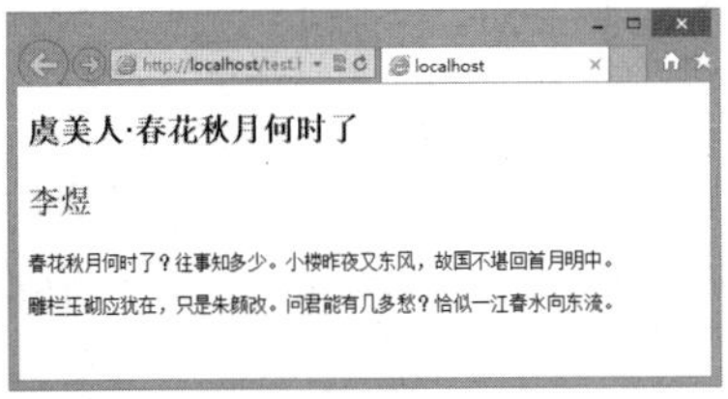

图 8.22 否定伪类选择器的应用 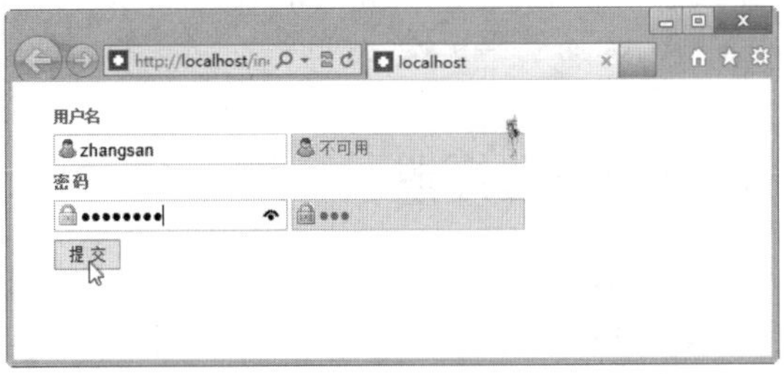　　　　图 8.23 设计登录表单样式

【操作步骤】

第 1 步，新建一个文档，在文档中构建一个简单的登录表单结构。在这个表单结构中，使用 HTML 的 disabled 属性分别定义两个不可用的文本框对象。详细代码请参考本节示例的源代码。

第 2 步，新建一个内部样式表，使用属性选择器定义文本框和密码域的基本样式。

```css
input[type="text"], input[type="password"] {
    border:1px solid #0f0;
    width:160px;
    height:22px;
    padding-left:20px;
    margin:6px 0;
    line-height:20px;
}
```

第 3 步，再利用属性选择器，分别为文本框和密码域定义内嵌标识图标。

```css
input[type="text"] { background:url(images/name.gif) no-repeat 2px 2px; }
input[type="password"] { background:url(images/password.gif) no-repeat 2px 2px; }
```

第 4 步，使用状态伪类选择器定义不可用表单对象显示为灰色，以提示用户该表单不可用。

```css
input[type="text"]:disabled {
    background:#ddd url(images/name1.gif) no-repeat 2px 2px;
    border:1px solid #bbb;}
input[type="password"]:disabled {
    background:#ddd url(images/password1.gif) no-repeat 2px 2px;
    border:1px solid #bbb;
}
```

8.5.5 目标伪类选择器

目标伪类选择器的类型形式如 E:target，它表示选择匹配 E 的所有元素，且匹配元素被相关 URL 指向。该选择器是动态选择器，只有当 URL 指向该匹配元素时，样式效果才有效。

【示例】 设计当单击页面中的锚点链接，页面跳转到指定标题位置时，该标题会自动高亮显示，以提醒用户当前跳转的位置，效果如图 8.24 所示。

```html
<style type="text/css">
/* 设计导航条固定在窗口右上角位置显示 */
h1{ position:fixed; right:12px; top:24px;}
/* 让锚点链接堆叠显示*/
h1 a{ display:block;}
/* 设计锚点链接的目标高亮显示*/
h2:target { background:hsla(93,96%,62%,1.00); }
</style>
<h1><a href="#p1">图片 1</a> <a href="#p2">图片 2</a> <a href="#p3">图片 3</a> <a href="#p4">图片 4</a></h1>
……
```

图 8.24 目标伪类选择器样式应用效果

8.5.6 动态伪类选择器

动态伪类选择器是一种行为类样式，只有当用户与页面进行交互时才有效，详细示例演示请参考 11.1 节的内容。动态伪类选择器包括如下两种形式。

- ☑ 锚点伪类选择器，如:link、:visited。
- ☑ 行为伪类选择器，如:hover、:active 和:focus。

8.6 伪对象选择器

伪对象选择器主要针对不确定对象定义样式，如第一行文本、第一个字符、前面内容、后面内容。这些对象具体存在，但又无法具体确定，需要使用特定类型的选择器匹配它们。

伪对象选择器以冒号（:）作为语法标识符。冒号前可以添加选择符，限定伪对象应用的范围，冒号后为伪对象名称，冒号前后没有空格。语法格式如下。

:伪对象名称

CSS3 新语法格式如下。

::伪对象名称

> **提示**：伪对象前面包含两个冒号，主要是为了与伪类选择器进行语法区分。

【示例】 使用:first-letter 伪对象选择器设置段落文本第一个字符放大下沉显示，并使用:first-line 伪对象选择器设置段落文本第一行字符放大带有阴影显示，效果如图 8.25 所示。

```
<style type="text/css">
p{ font-size:18px; line-height:1.6em;}
p:first-letter {/* 段落文本中第一个字符样式 */
    float:left;
    font-size:60px;
    font-weight:bold;
    margin:26px 6px;
}
p:first-line {/* 段落文本中第一行字符样式 */
    color:red;
    font-size:24px;
    text-shadow:2px 2px 2px rgba(147,251,64,1);
}
</style>
```

图 8.25 定义第一个字符和第一行字符特殊显示

8.7 在线支持

扫码免费学习 更多实用技能

一、补充知识
- ☑ CSS 历史
- ☑ CSS3 模块
- ☑ CSS3 开发状态
- ☑ 浏览器支持状态
- ☑ CSS3 属性概述
- ☑ CSS3 属性值概述

二、专项练习
- ☑ CSS3 选择器

三、参考
- ☑ CSS3 选择器列表
- ☑ CSS 单位列表

四、更多案例实战
- ☑ 设计分类表格页
- ☑ 设计百度文库下载列表
- ☑ 标准设计师与传统设计师初次 PK

新知识、新案例不断更新中……

第 9 章 字体和文本样式

CSS3 优化了 CSS 2.1 的字体和文本属性，同时新增了各种文字特效，使网页文字更具表现力和感染力，丰富了网页设计效果，如自定义字体类型、更多的色彩模式、文本阴影、生态生成内容、各种特殊值、函数等。本章将重点讲解 CSS3 字体和文本样式。

9.1 字体样式

字体样式包括类型、大小、颜色、粗细、下画线、斜体、大小写等，下面分别进行介绍。

9.1.1 定义字体类型

使用 CSS3 的 font-family 属性可以定义字体类型，用法如下。

```
font-family : name
```

其中，name 表示字体名称，可以设置字体列表，多个字体按优先顺序排列，以逗号隔开。

如果字体名称包含空格，则应使用引号括起。第二种声明方式使用所列出的字体序列名称，如果使用 fantasy 序列，将提供默认字体序列。

【示例】新建网页，保存为 test1.html，在<body>标签内输入两行段落文本。

```
<p>月落乌啼霜满天，江枫渔火对愁眠。</p>
<p>姑苏城外寒山寺，夜半钟声到客船。</p>
```

在<head>标签内添加<style type="text/css">标签，定义一个内部样式表，然后输入下面样式，用来定义网页字体的类型。

```
p {/* 段落样式 */
    font-family: "隶书";                /* 隶书字体 */
}
```

在浏览器中的预览效果如图 9.1 所示。

9.1.2 定义字体大小

使用 CSS3 的 font-size 属性可以定义字体大小，用法如下。

```
font-size : xx-small | x-small | small | medium | large | x-large | xx-large | larger | smaller | length
```

图 9.1 设计隶书字体效果

其中，xx-small（最小）、x-small（较小）、small（小）、medium（正常）、large（大）、x-large（较大）、xx-large（最大）表示绝对字体尺寸，这些特殊值将根据对象字体进行调整。

larger（增大）和 smaller（减少）这对特殊值能够根据父对象中字体尺寸进行相对增大或者缩小处理，使用成比例的 em 单位进行计算。

length 可以是百分数，或者浮点数字和单位标识符组成的长度值，但不可为负值。其百分比取值是基于父对象中字体的尺寸进行计算，与 em 单位的计算相同。

【示例】新建网页，在<head>标签内添加<style type="text/css">标签，定义一个内部样式表。然后输入下面样式，分别设置网页字体的默认大小、正文字体大小，以及栏目中的字体大小。

```
body {font-size:12px;}                         /* 以像素为单位设置字体大小 */
p {font-size:0.75em;}                          /* 以父辈字体大小为参考设置字体大小 */
div {font:9pt Arial, Helvetica, sans-serif;}   /* 以点为单位设置字体大小 */
```

9.1.3 定义字体颜色

使用 CSS3 的 color 属性可以定义字体颜色，用法如下。

```
color : color
```

其中，参数 color 表示颜色值，取值包括颜色名、十六进制值、RGB 等颜色函数等。

【示例】分别定义页面、段落文本、<div>标签、<span>标签包含字体的颜色。

```
body { color:gray;}                    /* 使用颜色名 */
p { color:#666666;}                    /* 使用十六进制 */
div { color:rgb(120,120,120);}         /* 使用 RGB */
span { color:rgb(50%,50%,50%);}        /* 使用 RGB */
```

9.1.4 定义字体粗细

使用 CSS3 的 font-weight 属性可以定义字体粗细，用法如下。

```
font-weight : normal | bold | bolder | lighter | 100 | 200 | 300 | 400 | 500 | 600 | 700 | 800 | 900
```

其中，normal 为默认值，表示正常的字体，相当于取值为 400；bold 表示粗体，相当于取值为 700，或者使用<b>标签定义的字体效果。

bolder（较粗）和 lighter（较细）是相对于 normal 字体粗细而言。

另外，也可以设置值为 100、200、300、400、500、600、700、800、900，它们分别表示字体的粗细，是对字体粗细的一种量化方式，值越大就表示字体越粗，相反就表示字体越细。

【示例】新建 test.html 文档，定义一个内部样式表，然后输入下面样式，分别定义段落文本、一级标题、<div>标签包含字体的粗细效果，同时定义一个粗体样式类。

```
p { font-weight: normal }              /* 等于 400 */
h1 { font-weight: 700 }                /* 等于 bold */
div{ font-weight: bolder }             /* 可能为 500 */
.bold {font-weight:bold;}              /* 粗体样式类 */
```

注意：设置字体粗细也可以称为定义字体的重量。对于中文网页设计来说，一般仅用到 bold（加粗）、normal（普通）两个属性值。

9.1.5 定义艺术字体

使用 CSS3 的 font-style 属性可以定义字体的倾斜效果，用法如下。

```
font-style : normal | italic | oblique
```

其中，normal 为默认值，表示正常的字体，italic 表示斜体，oblique 表示倾斜的字体。italic 和 oblique 两个取值只能在英文等西方文字中有效。

【示例】新建 test.html 文档，输入下面样式，定义一个斜体样式类。

```
.italic {/* 斜体样式类 */
    font-style:italic;
}
```

在\<body\>标签中输入两段文本，并把斜体样式类应用到其中一段文本中。

```
<p>知我者，谓我心忧，不知我者，谓我何求。</p>
<p class="italic">君子坦荡荡，小人长戚戚。</p>
```

最后在浏览器中预览，比较效果如图9.2所示。

9.1.6 定义修饰线

使用CSS3的text-decoration属性可以定义字体的修饰线效果，用法如下。

图9.2 比较正常字体和斜体效果

```
text-decoration : none || underline || blink || overline || line-through
```

其中，normal为默认值，表示无装饰线，blink表示闪烁效果，underline表示下画线效果，line-through表示贯穿线效果，overline表示上画线效果。

【操作步骤】

第1步，新建test.html文档，在\<head\>标签内添加\<style type="text/css"\>标签，定义一个内部样式表。然后定义3个装饰字体样式类。

```
.underline {text-decoration:underline;}      /*下画线样式类 */
.overline {text-decoration:overline;}        /*上画线样式类 */
.line-through {text-decoration:line-through;} /* 删除线样式类 */
```

第2步，在\<body\>标签中输入3行段落文本，并分别应用上面的装饰类样式。

```
<p class="underline">昨夜西风凋碧树，独上高楼，望尽天涯路</p>
<p class="overline">衣带渐宽终不悔，为伊消得人憔悴</p>
<p class="line-through">众里寻他千百度，蓦然回首，那人却在灯火阑珊处</p>
```

第3步，定义一个样式，在该样式中，同时声明多个装饰值，定义的样式如下。

```
.line { text-decoration:line-through overline underline; }
```

第4步，在正文中输入一行段落文本，并把line样式类应用到该行文本中。

```
<p class="line">古今之成大事业、大学问者，必经过三种之境界。</p>
```

第5步，在浏览器中预览，多种修饰线比较效果如图9.3所示。

提示：CSS3增强text-decoration功能，新增如下5个子属性。

- ☑ text-decoration-line：设置装饰线的位置，取值包括none（无）、underline、overline、line-through、blink。
- ☑ text-decoration-color：设置装饰线的颜色。
- ☑ text-decoration-style：设置装饰线的形状，取值包括solid、double、dotted、dashed、wavy（波浪线）。
- ☑ text-decoration-skip：设置文本装饰线条必须略过内容中的哪些部分。
- ☑ text-underline-position：设置对象中的下画线的位置。

图9.3 多种下画线的应用效果

9.1.7 定义字体的变体

使用CSS3的font-variant属性可以定义字体的变体效果，用法如下。

font-variant : normal | small-caps

其中，normal 为默认值，表示正常的字体，small-caps 表示小型大写字母字体。

【示例】新建 test.html 文档，在内部样式表中定义一个类样式。

.small-caps {font-variant:small-caps;}   /* 小型大写字母样式类 */

然后，在<body>标签中输入一行段落文本，并应用上面定义的类样式。

<p class="small-caps">font-variant </p>

注意：font-variant 仅支持拉丁字体，中文字体没有大小写效果区分。

9.1.8 定义大小写字体

使用 CSS3 的 text-transform 属性可以定义字体的大小写效果，用法如下。

text-transform : none | capitalize | uppercase | lowercase

其中，none 为默认值，表示无转换发生；capitalize 表示将每个单词的第一个字母转换成大写，其余无转换发生；uppercase 表示把所有字母转换成大写；lowercase 表示把所有字母转换成小写。

【示例】新建 test.html 文档，在内部样式表中定义 3 个类样式。

```
.capitalize {text-transform:capitalize;}        /*首字母大小样式类 */
.uppercase {text-transform:uppercase;}          /*大写样式类 */
.lowercase {text-transform:lowercase;}          /* 小写样式类 */
```

然后，在<body>标签中输入 3 行段落文本，并分别应用上面定义的类样式。

<p class="capitalize">text-transform:capitalize;</p>
<p class="uppercase">text-transform:uppercase;</p>
<p class="lowercase">text-transform:lowercase;</p>

分别在 IE 和 Firefox 浏览器中预览，比较效果如图 9.4、图 9.5 所示。

图 9.4　IE 中解析的大小效果　　　　图 9.5　Firefox 中解析的大小效果

比较发现：IE 认为只要是单词就把首字母转换为大写，而 Firefox 认为只有单词通过空格间隔之后，才能够成为独立意义上的单词，所以几个单词连在一起时就算作一个单词。

9.2 文本样式

文本样式主要设计正文的排版效果，属性名以 text 为前缀进行命名，下面分别进行介绍。

9.2.1 定义水平对齐

使用 CSS3 的 text-align 属性可以定义文本的水平对齐方式，用法如下。

```
text-align : left | right | center | justify
```

其中，left 为默认值，表示左对齐；right 为右对齐；center 为居中对齐；justify 为两端对齐。

【示例】新建 test.html 文档，在内部样式表中定义 3 个对齐类样式。

```
.left { text-align: left; }
.center { text-align: center; }
.right { text-align: right; }
```

然后，在<body>标签中输入 3 段文本，并分别应用这 3 个类样式。

```
<p align="left">昨夜西风凋碧树，独上高楼，望尽天涯路</p>
<p class="center">衣带渐宽终不悔，为伊消得人憔悴</p>
<p class="right">众里寻他千百度，蓦然回首，那人却在灯火阑珊处</p>
```

在浏览器中预览，比较效果如图 9.6 所示。

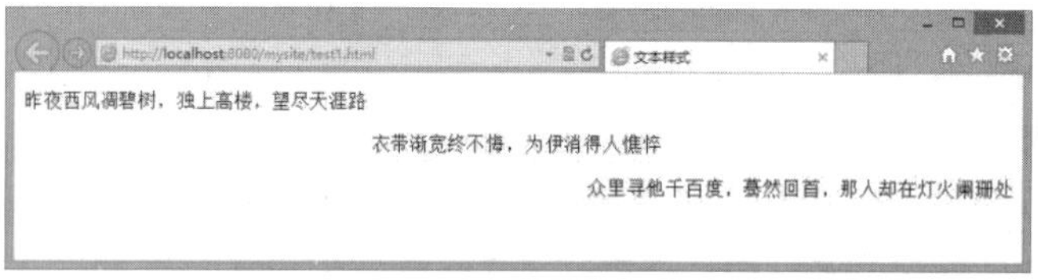

图 9.6 比较 3 种文本的对齐效果

9.2.2 定义垂直对齐

使用 CSS3 的 vertical-align 属性可以定义文本垂直对齐的方式，用法如下。

```
vertical-align : auto | baseline | sub | super | top | text-top | middle | bottom | text-bottom | length
```

取值简单说明如下。

- ☑ auto：将根据 layout-flow 属性的值对齐对象内容。
- ☑ baseline：表示默认值，将支持 valign 特性的对象内容与基线对齐。
- ☑ sub：表示垂直对齐文本的下标。
- ☑ super：表示垂直对齐文本的上标。
- ☑ top：表示将支持 valign 特性的对象的内容对象顶端对齐。
- ☑ text-top：表示将支持 valign 特性的对象的文本与对象顶端对齐。
- ☑ middle：表示将支持 valign 特性的对象的内容与对象中部对齐。
- ☑ bottom：表示将支持 valign 特性的对象的内容与对象底端对齐。
- ☑ text-bottom：表示将支持 valign 特性的对象的文本与对象底端对齐。
- ☑ length：表示由浮点数字和单位标识符组成的长度值或者百分数，可为负数，定义由基线算起的偏移量，基线对于数值来说为 0，对于百分数来说就是 0%。

【示例】新建 test1.html 文档，在<head>标签内添加<style type="text/css">标签，定义一个内部样式表，然后输入下面样式，定义上标类样式。

```
.super {vertical-align:super;}
```

然后在<body>标签中输入一行段落文本，并应用该上标类样式。

```
<p>vertical-align 表示垂直<span class=" super ">对齐</span>属性</p>
```

在浏览器中预览，显示效果如图 9.7 所示。

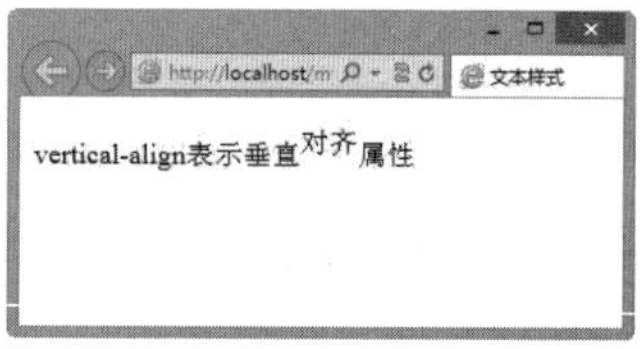

图 9.7 文本上标样式效果

9.2.3 定义文本间距

使用 CSS3 letter-spacing 属性可以定义字距，使用 word-spacing 属性可以定义词距。这两个属性的取值都是长度值，由浮点数字和单位标识符组成，默认值为 normal，表示默认间隔。

定义词距时，以空格为基准进行调节，如果多个单词被连在一起，则被 word-spacing:视为一个单词；如果汉字被空格分隔，则分隔的多个汉字就被视为不同的单词，word-spacing:属性有效。

【示例】新建网页，设计内部样式表，定义两个类样式。

```
.lspacing {letter-spacing:1em;}        /* 字距样式类 */
.wspacing {word-spacing:1em;}          /* 词距样式类 */
```

然后在<body>标签中输入两行段落文本，并应用上面两个类样式。

```
<p class="lspacing">letter spacing word spacing（字间距）</p>
<p class="wspacing">letter spacing word spacing（词间距）</p>
```

在浏览器中预览，显示效果如图 9.8 所示。从图 9.8 中可以直观地看到，所谓字距就是定义字母之间的间距，而词距就是定义西文单词的距离。

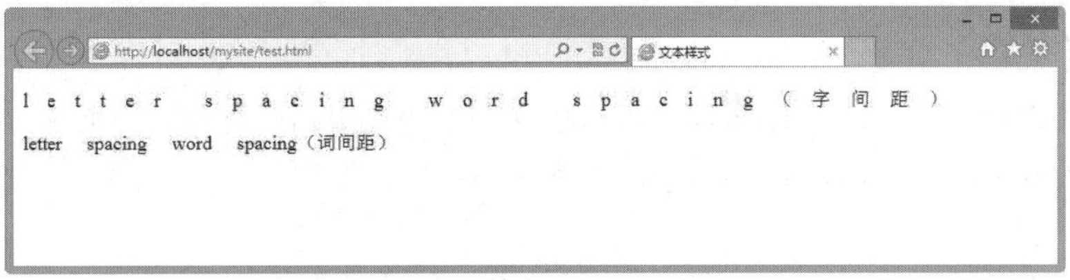

图 9.8　字距和词距演示效果比较

注意：字距和词距一般很少使用，使用时应慎重考虑用户的阅读体验和感受。对于中文用户来说，letter-spacing 属性有效，而 word-spacing:属性无效。

9.2.4 定义行高

使用 CSS3 的 line-height 属性可以定义行高，用法如下。

```
line-height : normal | length
```

其中，normal 表示默认值，一般为 1.2em，length 表示百分比数字，或者由浮点数字和单位标识符组成的长度值，允许为负值。

【示例】新建网页文档，在<head>标签内添加<style type="text/css">标签，定义一个内部样式表，输入下面样式，定义两个行高类样式。

```
.p1 {/* 行高样式类 1 */
    line-height:1em;            /* 行高为一个字大小 */}
.p2 {/* 行高样式类 2 */
    line-height:2em;            /* 行高为两个字大小 */}
```

然后在<body>标签中输入两行段落文本，并应用上面两个类样式。在浏览器中预览，显示效果如图 9.9 所示。

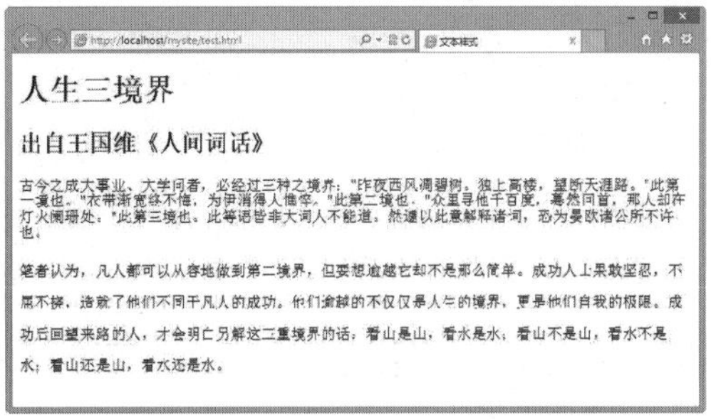

图 9.9　段落文本的行高演示效果

9.2.5 定义首行缩进

使用 CSS3 的 text-indent 属性可以定义文本首行缩进，用法如下。

text-indent : length

其中，length 表示百分比数字，或者由浮点数字和单位标识符组成的长度值，允许为负值。建议在设置缩进单位时，以 em 为设置单位，它表示一个字距，这样可以比较精确地确定首行缩进的效果。

【示例】新建文档，设计内部样式表，输入下面样式，定义段落文本首行缩进 2 个字符。

p { text-indent:2em;}   /* 首行缩进 2 个字符 */

然后在<body>标签中输入标题和段落文本，代码可以参考本节示例源代码。在浏览器中预览，可以看到文本的缩进效果，如图 9.10 所示。

图 9.10　首行缩进效果

9.2.6 书写模式

使用 CSS3 新增的 writing-mode 属性，可以增强文本布局中的书写模式，基本语法如下所示。

writing-mode: horizontal-tb | vertical-rl | vertical-lr | lr-tb | tb-rl

取值简单说明如下。
- horizontal-tb：水平方向自上而下的书写方式，类似 IE 私有值 lr-tb。
- vertical-rl：垂直方向自右而左的书写方式，类似 IE 私有值 tb-rl。
- vertical-lr：垂直方向自左而右的书写方式。
- lr-tb：左-右，上-下。对象内容在水平方向上从左向右流入，后一行在前一行的下面显示。
- tb-rl：上-下，右-左。对象内容在垂直方向上从上向下流入，自右向左。后一竖行在前一竖行的左面。全角字符是竖直向上的，半角字符如拉丁字母或片假名顺时针旋转 90 度。

【示例】设计唐诗从右侧流入，自上而下显示，效果如图 9.11 所示。

```
<style type="text/css">
#box {
    float: right;
    writing-mode: tb-rl;
    -webkit-writing-mode: vertical-rl;
    writing-mode: vertical-rl;
}
</style>
<div id="box">
    <h2>春晓</h2>
    <p>春眠不觉晓，处处闻啼鸟。夜来风雨声，花落知多少。</p>
</div>
```

9.2.7 文本溢出

使用 text-overflow 属性可以设置超长文本省略显示，基本语法如下所示。

text-overflow: clip | ellipsis

适用于块状元素，取值简单说明如下。
- clip：当内联内容溢出块容器时，将溢出部分裁切掉，为默认值。
- ellipsis：当内联内容溢出块容器时，将溢出部分替换为…。

【示例】设计新闻列表有序显示，对于超出指定宽度的新闻项，则使用 text-overflow 属性省略并附加省略号，避免新闻换行或者撑开板块，演示效果如图 9.12 所示。

图 9.11　设计唐诗传统书写方式　　　图 9.12　设计固定宽度的新闻栏目

主要样式代码如下，详细代码请参考本节示例源代码。

```
dd {/*设计新闻列表项样式*/
    font-size:0.78em;
    height:1.5em;width:280px;              /*固定每个列表项的大小*/
    padding:2px 2px 2px 18px;              /*为添加新闻项目符号腾出空间*/
    background: url(images/icon.gif) no-repeat 6px 25%;   /*以背景方式添加项目符号*/
    margin:2px 0;
    white-space: nowrap;                   /*为应用 text-overflow 做准备，禁止换行*/
    overflow: hidden;                      /*为应用 text-overflow 做准备，禁止文本溢出显示*/
    -o-text-overflow: ellipsis;            /* 兼容 Opera */
    text-overflow: ellipsis;               /* 兼容 IE、Safari (WebKit) */
    -moz-binding: url('images/ellipsis.xml#ellipsis');   /* 兼容 Firefox */
}
```

9.2.8　文本换行

使用 word-break 属性可以定义文本自动换行，基本语法如下所示。

word-break: normal | keep-all | break-all

取值简单说明如下。
- normal：为默认值，依照亚洲语言和非亚洲语言的文本规则，允许在字内换行。
- keep-all：对于中文、韩文、日文不允许字断开，适合包含少量亚洲文本的非亚洲文本。
- break-all：与 normal 相同，允许非亚洲语言文本行的任意字内断开。该值适合包含一些非亚洲文本的亚洲文本，如使连续的英文字母间断行。

【示例】设计表格样式，由于标题行文字较多，标题行被撑开，影响用户的浏览体验。这里使用 word-break: keep-all;禁止换行，主要样式如下，详细代码请参考本节示例源代码。比较效果如图 9.13 所示。

```
th {
    background-image: url(images/th_bg1.gif);   /*使用背景图模拟渐变背景*/
    background-repeat: repeat-x;                /*定义背景图平铺方式*/
    height: 30px;
```

```
        vertical-align:middle;              /*垂直居中显示*/
        border: 1px solid #cad9ea;          /*添加淡色细线边框*/
        padding: 0 1em 0;
        overflow: hidden;                   /*超出范围隐藏显示，避免撑开单元格*/
        word-break: keep-all;               /*禁止词断开显示*/
        white-space: nowrap;                /*强迫在一行内显示*/
}
```

（a）处理前　　　　　　　　　　　　　　　（b）处理后

图 9.13　禁止表格标题文本换行显示

9.3　特殊设置

9.3.1　initial 值

initial 表示初始化值，所有的属性都可以接收该值。如果重置属性值，那么就可以使用该值，这样就可以取消用户定义的 CSS 样式。注意，IE 暂不支持该属性值。

【示例】在页面中插入了 4 段文本，然后在内部样式表中定义这 4 段文本为蓝色、加粗显示，字体大小为 24 px，显示效果如图 9.14 所示。

```
<style type="text/css">
p {
    color: blue;
    font-size:24px;
    font-weight:bold;
}
</style>
<p>春眠不觉晓，</p>
<p>处处闻啼鸟。</p>
<p>夜来风雨声，</p>
<p>花落知多少。</p>
```

如果想禁止使用第一句和第三句用户定义的样式，只需在内部样式表中添加一个独立样式，然后把文本样式的值都设为 initial 值，具体代码如下所示，运行结果如图 9.15 所示。

```
p:nth-child(odd){
```

```
    color: initial;
    font-size:initial;
    font-weight:initial;
}
```

图9.14　定义段落文本样式　　图9.15　禁止定义段落文本样式

在浏览器中可以看到，第一句和第三句文本恢复为默认的黑色、常规字体，大小为 16 px。

9.3.2　inherit 值

inherit 表示继承值，所有属性都可以接收该值。

【示例】 设置一个包含框，高度为 200 px，包含 2 个盒子，定义盒子高度分别为 100%和 inherit。在正常情况下显示 200 px，但是在特定情况下，如定义盒子绝对定位显示，则设置 height: inherit;能够按预定效果显示，而 height: 100%;就可能撑开包含框，效果如图 9.16 所示。

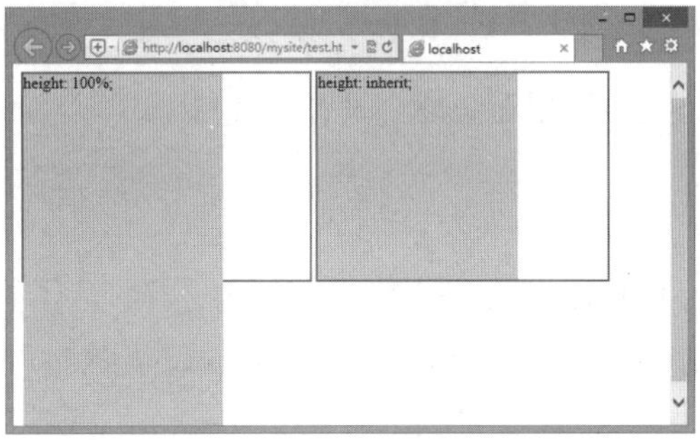

```
<style type="text/css">
……
.height1 { height: 100%;}
.height2 {height: inherit;}
</style>
<div class="box">
    <div class="height1">height: 100%;</div>
</div>
<div class="box">
    <div class="height2">height: inherit;</div>
</div>
```

图 9.16　比较 inherit 和 100%高度效果

> **提示：** inherit 一般用于字体、颜色、背景等；auto 表示自适应，一般用于高度、宽度、外边距和内边距等关于长度的属性。

9.3.3　unset 值

unset 表示清除用户声明的属性值，所有的属性都可以接收该值。如果属性有继承的值，则该属性的值等同于 inherit，即继承的值不被擦除；如果属性没有继承的值，则该属性的值等同于 initial，即擦除用户声明的值，恢复初始值。注意，IE 和 Safari 暂时不支持该属性值。

【示例】 设计 4 段文本，第一段和第二段位于<div class="box">容器中，设置段落文本为 30 px 的蓝色字体，现在擦除第二段和第四段文本样式，则第二段文本显示继承样式，即 12 px 的红色字体，而第四段文本显示初始化样式，即 16 px 的黑色字体，效果如图 9.17 所示。

图 9.17　比较擦除后的文本效果

```
<style type="text/css">
.box {color: red; font-size: 12px;}
p {color: blue; font-size: 30px;}
p.unset {
    color: unset;
    font-size: unset;
}
</style>
<div class="box">
    <p>春眠不觉晓,</p>
    <p class="unset">处处闻啼鸟。</p>
</div>
<p>夜来风雨声,</p>
<p class="unset">花落知多少。</p>
```

9.3.4　all 属性

all 属性表示除了 unicode-bidi 和 direction 两个 CSS 属性以外的所有 CSS 属性。

注意：IE 暂时不支持该属性。

【示例】针对上节示例，我们可以简化 p.unset 类样式。

```
p.unset {
    all: unset;
}
```

如果在样式中，声明的属性非常多，使用 all 会极为方便，可以避免逐个设置每个属性。

9.3.5　opacity 属性

opacity 属性定义元素对象的不透明度，其语法格式如下所示。

```
opacity: <alphavalue> | inherit;
```

其取值简单说明如下。
- ☑ <alphavalue>是由浮点数字和单位标识符组成的长度值，不可为负值，默认值为 1。opacity 取值为 1 时，元素是完全不透明的；取值为 0 时，元素是完全透明的，不可见的；介于 0～1 的任何值都表示该元素的不透明程度。如果超过了这个范围，其计算结果将截取到与之最相近的值。
- ☑ inherit 表示继承父辈元素的不透明性。

【示例】设计<div class="bg">对象铺满整个窗口，显示为黑色背景，不透明度为 0.7，这样可以模拟一种半透明的遮罩效果；再使用 CSS 定位属性设计<div class="login">对象显示在上面。主要代码如下，演示效果如图 9.18 所示。

```
<style type="text/css">
body {margin: 0; padding: 0;}
div { position: absolute; }
.bg {
    width: 100%;
    height: 100%;
    background: #000;
    opacity: 0.7;
    filter: alpha(opacity=70);
```

```
}
</style>
<div class="web"><img src="images/bg.png" /></div>
<div class="bg"></div>
<div class="login"><img src="images/login.png"    /></div>
```

图9.18 设计半透明的背景布效果

📢 **注意**：使用色彩模式函数的 alpha 通道可以针对元素的背景色或文字颜色单独定义不透明度，而 opacity 属性只能为整个对象定义不透明度。

9.3.6 transparent 值

transparent 属性值用来指定全透明色彩，等效于 rgba(0,0,0,0)值。

【示例】使用 CSS 的 border 设计三角形效果，通过 transparent 颜色值让部分边框透明显示，代码如下所示，效果如图 9.19 所示。

```
<style type="text/css">
#demo {
    width: 0; height: 0;
    border-left: 50px solid transparent;
    border-right: 50px solid transparent;
    border-bottom: 100px solid red;
}
</style>
<div id="demo"></div>
```

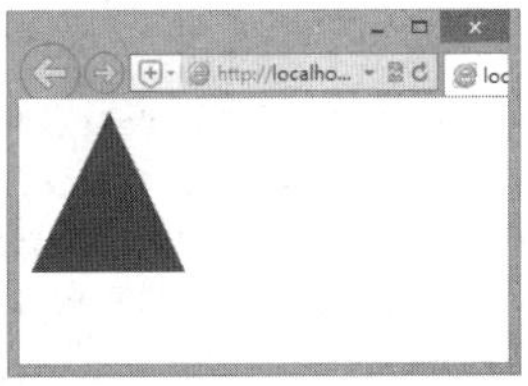

图9.19 设计三角形效果

9.3.7 currentColor 值

border-color、box-shadow 和 text-decoration-color 属性的默认值是 color 属性的值。使用 currentColor 关键字可以表示 color 属性的值，并用于所有接收颜色的属性上。

【示例】设计图标背景颜色值为 currentColor，这样在网页中随着链接文本的字体颜色的不断变化，图标的颜色也跟随链接文本的颜色变化而变化，确保整体导航条色彩的一致性，达到图文合一的境界，效果如图 9.20 所示。

图9.20 设计图标背景色为 currentColor

```
<style type="text/css">
……
.link { margin-right: 15px; }
.link:hover { color: red; }   /* 虽然改变的是文字颜色,但是图标颜色也一起变化了 */
</style>
<a href="##" class="link"><i class="icon icon1"></i>首页</a>
<a href="##" class="link"><i class="icon icon2"></i>刷新</a>
<a href="##" class="link"><i class="icon icon3"></i>收藏</a>
<a href="##" class="link"><i class="icon icon4"></i>展开</a>
```

提示：如果将 color 属性设置为 currentColor，则相当于设置为 color: inherit。

9.3.8　rem 值

CSS3 新增 rem 单位，用来设置字体的相对大小，与 em 类似。em 总是相对于父元素的字体大小进行计算，而 rem 是相对于根元素的字体大小进行计算。

rem 的优点：在设计弹性页面时，以 rem 为单位，所有元素的尺寸都参考一个根元素，整个页面更容易控制，避免父元素的不统一，带来页面设计的混乱，特别适合移动页面设计。

【示例】浏览器默认字体大小是 16 px，如果预设 rem 与 px 的关系为：1rem = 10 px，那么就可以设置 html 的字体大小为 font-size:62.5%（10/16=0.625=62.5%），在设计稿中把 px 固定尺寸转换为弹性尺寸，只需要除以 10 就可以得到相应的 rem 尺寸，整个页面所有元素的尺寸设计就非常方便。

```
html { font-size:62.5%; }
.menu{ width:100%; height:8.8rem; line-height:8.8rem; font-size:3.2rem; }
```

在 Web App 开发中推荐使用 rem 作为单位，它能够等比例适配所有屏幕。

9.3.9　font-size-adjust 属性

在项目开发中，经常会遇到不同类型的字体，在相同的大小下显示的效果并不统一。

【示例 1】为每个单词 Text 统一大小为 20 px，但是字体类型不同，在浏览器中预览，可以看到字体的视觉效果并不统一，效果如图 9.21 所示。

```
<div class="font1">Text 1</div>
<div class="font2">Text 2</div>
<div class="font3">Text 3</div>
<div class="font4">Text 4</div>
<style>
div {font-size: 20px;}
.font1 {font-family: Comic Sans Ms;}
.font2 {font-family: Tahoma;}
.font3 {font-family: Arial;}
.font4 {font-family: Times New Roman;}
</style>
```

因此，CSS3 新增 font-size-adjust 属性，该属性可以设置 aspect 值。

提示：aspect 值就是字体的小写字母 x 的高度与 font-size 高度之间的比率。当字体的 aspect 值很高时，如果为当前字体设置很小的尺寸会更易阅读。

注意：目前仅有 Firefox 3+支持该属性。

【示例 2】针对示例 1，分别调整每种字体的 aspect 值，效果如图 9.22 所示。

```
.font1 { font-size-adjust: 0.50; font-family: Comic Sans Ms; }
.font2 { font-size-adjust: 0.54; font-family: Tahoma; }
.font3 { font-size-adjust: 0.54; font-family: Arial; }
.font4 { font-size-adjust: 0.49; font-family: Times New Roman; }
```

图 9.21　不同字体类型相同字体大小比较效果　　图 9.22　使用 aspect 统一字体的效果

9.4　色　彩　模　式

CSS 2.1 支持 Color Name（颜色名称）、HEX（十六进制颜色值）、RGB。CSS 3 新增三种颜色模式：RGBA、HSL 和 HSLA。

9.4.1　rgba()函数

RGBA 是 RGB 色彩模式的扩展，它在红、绿、蓝三原色通道基础上增加了 Alpha 通道。其语法格式如下所示。

```
rgba(r,g,b,<opacity>)
```

参数说明如下。

- ☑ r、g、b：分别表示红色、绿色、蓝色 3 种原色所占的比重，取值为正整数或者百分数。正整数的取值范围为 0～255，百分数的取值范围为 0.0%～100.0%。超出范围的数值将被截至其最接近的取值极限。注意，并非所有浏览器都支持使用百分数值。
- ☑ <opacity>：表示不透明度，取值为 0～1。

【示例】使用 CSS3 的 box-shadow 属性和 rgba()函数为表单控件设置半透明度的阴影来模拟柔和的润边效果。其主要样式代码如下，预览效果如图 9.23 所示。

图 9.23　设计带有阴影边框的表单效果

```
input, textarea {                       /*统一文本框样式*/
    padding: 4px;                       /*增加内补白，增大表单对象尺寸，看起来更大方*/
    border: solid 1px #E5E5E5;          /*增加淡淡的边框线*/
    outline: 0;                         /*清除轮廓线*/
    font: normal 13px/100% Verdana, Tahoma, sans-serif;
    width: 200px;                       /*固定宽度*/
    background: #FFFFFF;                /*白色背景*/
    /*设置边框阴影效果*/
    box-shadow: rgba(0, 0, 0, 0.1) 0px 0px 8px;
}
```

💡 **提示**：rgba(0,0,0,0.1)表示不透明度为 0.1 的黑色，这里不宜直接设置为浅灰色，因为对于非白色背景来说，灰色发虚，而半透明效果可以避免这种情况。

9.4.2 hsl()函数

HSL 是一种标准的色彩模式，包括人类视力所能感知的所有颜色，在屏幕上可以重现 16 777 216 种颜色，是目前运用最广泛的颜色系统。它通过色调（H）、饱和度（S）和亮度（L）3 个颜色通道的叠加来获取各种颜色。其语法格式如下所示。

```
hsl(<length>,<percentage>,<percentage>)
```

参数说明如下。

- ☑ <length>表示色调（Hue），可以为任意数值，用以确定不同的颜色。其中，0（或 360）表示红色，60 表示黄色，120 表示绿色，180 表示青色，240 表示蓝色，300 表示洋红。
- ☑ <percentage>（第一个）表示饱和度（Saturation），可以为 0%～100%。其中，0%表示灰度，即没有使用该颜色；100%表示饱和度最高，即颜色最艳。
- ☑ <percentage>（第二个）表示亮度（Lightness），取值为 0%～100%。其中，0%最暗，显示为黑色；50%表示均值；100%最亮，显示为白色。

9.4.3 hsla()函数

HSLA 是 HSL 色彩模式的扩展，在色相、饱和度、亮度三要素基础上增加不透明度参数。使用 HSLA 色彩模式，可以定义不同透明效果。其语法格式如下所示。

```
hsla(<length>,<percentage>,<percentage>,<opacity>)
```

其中，前 3 个参数与 hsl()函数的参数含义和用法相同，第 4 个参数<opacity>表示不透明度，取值为 0～1。

9.5 文本阴影

使用 text-shadow 属性可以给文本添加阴影效果，具体语法格式如下。

```
text-shadow: none | <length>{2,3} && <color>?
```

取值简单说明如下。

- ☑ none：无阴影，为默认值。
- ☑ <length>①：第 1 个长度值用来设置对象的阴影水平偏移值，可以为负值。
- ☑ <length>②：第 2 个长度值用来设置对象的阴影垂直偏移值，可以为负值。
- ☑ <length>③：如果提供了第 3 个长度值，则用来设置对象的阴影模糊值，不允许为负值。
- ☑ <color>：设置对象的阴影颜色。

【示例 1】为段落文本定义一个简单的阴影效果，演示效果如图 9.24 所示。

图 9.24 定义文本阴影效果

```
<style type="text/css">
p {
    text-align: center;
    font: bold 60px helvetica, arial, sans-serif;
```

```
        color: #999;
        text-shadow: 0.1em 0.1em #333;
}
</style>
<p>HTML5+CSS3</p>
```

【示例 2】text-shadow 属性可以使用在:first-letter 和:first-line 伪元素上。本例使用阴影叠加设计立体文本特效，通过左上和右下各添加一个 1 px 错位的补色阴影，营造一种淡淡的立体效果，代码如下，演示效果如图 9.25 所示。

```
p {text-shadow: -1px -1px white, 1px 1px #333;}
```

【示例 3】设计凹体效果。设计方法就是把上面示例中左上和右下阴影颜色颠倒即可，主要代码如下，演示效果如图 9.26 所示。

```
<style type="text/css">
p {text-shadow: 1px 1px white, -1px -1px #333;}
```

图 9.25　定义凸起的文字效果　　　　　　　图 9.26　定义凹下的文字效果

9.6　动态生成内容

使用 content 属性可以在 CSS 样式中临时添加非结构性的标签，或者说明性内容等。具体语法格式如下。

```
content: normal | string | attr() | url() | counter() | none;
```

取值说明如下。

- ☑ normal：默认值。表现与 none 值相同。
- ☑ string：插入文本内容。
- ☑ attr()：插入元素的属性值。
- ☑ url()：插入一个外部资源，如图像、音频、视频或浏览器支持的其他任何资源。
- ☑ counter()：计数器，用于插入排序标识。
- ☑ none：无任何内容。

【示例 1】使用 content 属性，配合 CSS 计数器设计多层嵌套有序列表序号样式，效果如图 9.27 所示。

```
<style type="text/css">
ol { list-style:none;}                                        /*清除默认的序号*/
li:before {color:#f00; font-family:Times New Roman;}          /*设计层级目录序号的字体样式*/
li{counter-increment:a 1;}                                    /*设计递增函数 a，递增起始值为 1 */
li:before{content:counter(a)". ";}                            /*把递增值添加到列表项前面*/
li li{counter-increment:b 1;}                                 /*设计递增函数 b，递增起始值为 1 */
li li:before{content:counter(a)"."counter(b)". ";}            /*把递增值添加到二级列表项前面*/
li li li{counter-increment:c 1;}                              /*设计递增函数 c，递增起始值为 1 */
li li li:before{content:counter(a)"."counter(b)"."counter(c)". ";}  /*把递增值添加到三级列表项前面*/
```

```
</style>
```

【**示例 2**】使用 content 为引文动态添加引号，演示效果如图 9.28 所示。

```
<style type="text/css">
/* 为不同语言指定引号的表现  */
:lang(en) > q {quotes:"" "";}
:lang(no) > q {quotes:"«" "»";}
:lang(ch) > q {quotes:""" """;}
/* 在 q 标签的前后插入引号  */
q:before {content:open-quote;}
q:after   {content:close-quote;}
</style>
```

【**示例 3**】使用 content 为超链接动态添加类型图标，演示效果如图 9.29 所示。

```
<style type="text/css">
a[href $=".pdf"]:after { content:url(images/icon_pdf.png);}
a[rel = "external"]:after { content:url(images/icon_link.png);}
</style>
```

图 9.27　使用 CSS 计数器设计多层级目录序号　　图 9.28　动态生成引号　　图 9.29　动态生成超链接类型图标

9.7　自定义字体

使用@font-face 规则可以自定义字体类型，具体语法格式如下。

```
@font-face { <font-description> }
```

<font-description>是一个名值对的属性列表，属性及其取值说明如下。

- ☑ font-family：设置字体名称。
- ☑ font-style：设置字体样式。
- ☑ font-variant：设置字体是否大小写。
- ☑ font-weight：设置字体粗细。
- ☑ font-stretch：设置字体是否横向拉伸变形。
- ☑ font-size：设置字体大小。
- ☑ src：设置字体文件的路径。注意，该属性只用在@font-face 规则里。

【**示例**】简单演示如何利用@font-face 规则在页面中使用网络字体，示例代码如下，演示效果如图 9.30 所示。

```
<style type="text/css">
@font-face {                                    /* 引入外部字体文件 */
    font-family: "lexograph";                   /* 选择默认的字体类型 */
    src: url(http://randsco.com//fonts/lexograph.eot);  /* 兼容 IE */
```

```
        /* 兼容非 IE */
        src: local("Lexographer"), url(http://randsco.com/fonts/lexograph.ttf) format("truetype");
}
h1 { /* 设置引入字体文件中的 lexograph 字体类型 */
    font-family: lexograph, verdana, sans-serif;
    font-size:4em;}
</style>
<h1>http://www.baidu.com/</h1>
```

图 9.30 设置为 lexograph 字体类型的文字

9.8 案例实战

本例通过 @font-face 规则引入外部字体文件 glyphicons-halflings-regular.eot，然后定义几个字体图标，嵌入导航菜单项目中，效果如图 9.31 所示。

图 9.31 设计包含字体图标的导航菜单

主要代码如下所示。

```
<style type="text/css">
/* 引入外部字体文件 */
@font-face {
    font-family: 'Glyphicons Halflings';                    /* 选择默认的字体类型 */
    /* 外部字体文件列表 */
    src: url('fonts/glyphicons-halflings-regular.eot');
    src: url('fonts/glyphicons-halflings-regular.eot?#iefix') format('embedded-opentype'),
        url('fonts/glyphicons-halflings-regular.woff2') format('woff2'),
        url('fonts/glyphicons-halflings-regular.woff') format('woff'),
        url('fonts/glyphicons-halflings-regular.ttf') format('truetype'),
        url('fonts/glyphicons-halflings-regular.svg#glyphicons_halflingsregular') format('svg');
}
/* 应用外部字体*/
.glyphicon-home:before { content: "\e021"; }
.glyphicon-user:before { content: "\e008"; }
.glyphicon-search:before { content: "\e003"; }
.glyphicon-plus:before { content: "\e081"; }
……
</style>
<ul>
    <li><span class="glyphicon glyphicon-home"></span> <a href="#">主页</a></li>
```

```html
<li><span class="glyphicon glyphicon-user"></span> <a href="#">登录</a></li>
<li><span class="glyphicon glyphicon-search"></span> <a href="#">搜索</a></li>
<li><span class="glyphicon glyphicon-plus"></span> <a href="#">添加</a></li>
</ul>
```

9.9 在线支持

一、补充知识
- ☑ CSS3 文本模块
- ☑ 字体类型
- ☑ 字体大小
- ☑ 字体颜色
- ☑ 定义文本对齐
- ☑ 定义垂直对齐
- ☑ 定义行高

二、专项练习
- ☑ CSS3 文本样式

三、参考
- ☑ Color 属性列表
- ☑ CSS 字体属性（Font）列表
- ☑ 内容生成（Generated Content）属性列表
- ☑ CSS 打印属性（Print）列表
- ☑ CSS 文本属性（Text）列表

四、更多案例实战
- ☑ 设计棋子
- ☑ 设计目录索引
- ☑ 设计引号
- ☑ 引入外部资源
- ☑ 绘制图形
- ☑ 网页正文版式：杂志风格
- ☑ 网页正文版式：缩进风格
- ☑ 网页正文版式：码农风格

新知识、新案例不断更新中……

扫码免费学习
更多实用技能

第 10 章 背景样式

在 CSS 2.1 中，background 属性的功能还无法满足设计的需求，为了方便设计师更灵活地设计需要的网页效果，CSS3 在原有 background 基础上新增了一些功能属性，可以在同一个对象内叠加多个背景图像，可以改变背景图像的大小尺寸，还可以指定背景图像的显示范围，以及指定背景图像的绘制起点等。另外，CSS3 允许用户使用渐变函数绘制背景图像，这极大地降低了网页设计的难度，激发了设计师的创意灵感。

10.1 设计背景图像

CSS3 增强了 background 属性的功能，允许在同一个元素内叠加多个背景图像，还新增了 3 个与背景相关的属性：background-clip、background-origin、background-size。

10.1.1 设置背景图像

在 CSS 中可以使用 background-image 属性定义背景图像，具体用法如下。

background-image：none | <url>

其中，默认值为 none，表示无背景图；<url>表示使用绝对或相对地址指定背景图像。

【示例】如果背景包含透明区域的 GIF 或 PNG 格式图像，则被设置为背景图像时，这些透明区域依然被保留。在下面这个示例中，先为网页定义背景图像，再为段落文本定义透明的 GIF 背景图像，显示效果如图 10.1 所示。

```
<style type="text/css">
html, body, p{ height:100%;}
body {background-image:url(images/bg.jpg);}
p { background-image:url(images/ren.png);}
</style>
<p></p>
```

图 10.1 透明背景图像的显示效果

10.1.2 设置显示方式

CSS 使用 background-repeat 属性控制背景图像的显示方式，具体用法如下所示。

background-repeat：repeat-x | repeat-y | [repeat | space | round | no-repeat]{1,2}

取值说明如下。
- ☑ repeat-x：背景图像在横向平铺。
- ☑ repeat-y：背景图像在纵向平铺。

- repeat：背景图像在横向和纵向平铺。
- no-repeat：背景图像不平铺。
- round：背景图像自动缩放直到适应且充满整个容器，仅 CSS3 支持。
- space：背景图像以相同的间距平铺且充满整个容器或某个方向，仅 CSS3 支持。

【示例】设计一个公司公告栏，其中宽度是固定的，但是其高度可能会根据正文内容进行动态调整，为了适应设计需要，不妨利用垂直平铺进行设计。

【操作步骤】

第 1 步，把"公司公告"栏目分隔为上、中、下三块，设计上块和下块为固定宽度，而中间块为可以随时调整高度。设计的结构如下。

```html
<div id="call">
    <div id="call_tit">公司公告</div>
    <div id="call_mid"></div>
    <div id="call_btm"></div>
</div>
```

第 2 步，主要背景样式，经过调整中间块元素的高度以形成不同高度的公告牌，演示效果如图 10.2 所示。

```css
#call_tit {
    background:url(images/call_top.gif);        /* 头部背景图像 */
    background-repeat:no-repeat;                 /* 不平铺显示 */
    height:43px;                                 /* 固定高度，与背景图像高度一致 */
}
#call_mid {
    background-image:url(images/call_mid.gif);   /* 背景图像 */
    background-repeat:repeat-y;                  /* 垂直平铺 */
    height:160px;                                /* 可自由设置的高度 */
}
#call_btm {
    background-image:url(images/call_btm.gif);   /* 底部背景图像 */
    background-repeat:no-repeat;                 /* 不平铺显示 */
    height:11px;                                 /* 固定高度，与背景图像高度一致 */
}
```

图 10.2 背景图像垂直平铺示例模拟效果

10.1.3 设置显示位置

在默认情况下，背景图像显示在元素的左上角，并根据不同方式执行不同的显示效果。为了更好地控制背景图像的显示位置，CSS 定义了 background-position 属性精确定位背景图像。

background-position 属性的取值包括两个值，它们分别用来定位背景图像的 x 轴、y 轴坐标，取值单位没有限制。具体用法如下所示。

```
background-position: [ left | center | right | top | bottom | <percentage> | <length> ] | [ left | center | right | <percentage> | <length> ]
[ top | center | bottom | <percentage> | <length> ] | | [ center | [ left | right ] [ <percentage> | <length> ]? ] && [ center | [ top | bottom ]
[ <percentage> | <length> ]? ]
```

默认值为 0% 0%，等效于 left top。

注意：百分比是最灵活的定位方式，同时也是最难把握的定位单位。

在默认状态下，定位的位置为（0% 0%），定位点是背景图像的左上顶点，定位距离是该点到包含框左上角顶点的距离，即两点重合。

如果定位背景图像为（100% 100%），定位点是背景图像的右下顶点，定位距离是该点到包含框左上角顶点的距离，这个距离等于包含框的宽度和高度。

百分比可以取负值，负值的定位点是包含框的左上顶点，而定位距离则由图像自身的宽度和高度决定。

提示：CSS 提供了 5 个关键字：left、right、center、top 和 bottom。这些关键字实际上就是百分比特殊值的一种固定用法。详细列表说明如下。

```
/* 普通用法 */
top left、left top                           = 0% 0%
right top、top right                         = 100% 0%
bottom left、left bottom                     = 0% 100%
bottom right、right bottom                   = 100% 100%
/* 居中用法 */
center、center center                        = 50% 50%
/* 特殊用法 */
top、top center、center top                  = 50% 0%
left、left center、center left               = 0% 50%
right、right center、center right            = 100% 50%
bottom、bottom center、center bottom         = 50% 100%
```

10.1.4 设置固定背景

在默认情况下，背景图像能够跟随网页内容上下滚动。可以使用 background-attachment 属性定义背景图像在窗口内固定显示，具体用法如下。

```
background-attachment: fixed | local | scroll
```

默认值为 scroll，具体取值说明如下。

- ☑ fixed：背景图像相对于浏览器窗体固定。
- ☑ scroll：背景图像相对于元素固定。也就是说，当元素内容滚动时，背景图像不会跟着滚动，因为背景图像总是要跟着元素本身。
- ☑ local：背景图像相对于元素内容固定。也就是说，当元素内容滚动时，背景图像也会跟着滚动。此时不管元素本身是否滚动，当元素显示滚动条时才会看到效果。该属性值仅 CSS3 支持。

10.1.5 设置定位原点

background-origin 属性定义 background-position 属性的定位原点。在默认情况下，background-position

属性总是以元素左上角为坐标原点定位背景图像。使用 background-origin 属性可以改变定位方式。该属性的基本语法如下所示。

```
background-origin:border-box | padding-box | content-box;
```

取值简单说明如下。

- ☑ border-box：从边框区域开始显示背景。
- ☑ padding-box：从补白区域开始显示背景，为默认值。
- ☑ content-box：仅在内容区域显示背景。

10.1.6 设置裁剪区域

background-clip 属性定义背景图像的裁剪区域。该属性的基本语法如下所示。

```
background-clip:border-box | padding-box | content-box | text;
```

取值简单说明如下。

- ☑ border-box：从边框区域向外裁剪背景，为默认值。
- ☑ padding-box：从补白区域向外裁剪背景。
- ☑ content-box：从内容区域向外裁剪背景。
- ☑ text：从前景内容（如文字）区域向外裁剪背景。

提示：如果取值为 padding-box，则 background-image 将忽略补白边缘，此时边框区域显示为透明。

如果取值为 border-box，则 background-image 将包括边框区域。

如果取值为 content-box，则 background-image 将只包含内容区域。

如果 background-image 属性定义了多重背景，则 background-clip 属性值可以设置多个值，并用逗号分隔。

如果 background-clip 的属性值为 padding-box，background-origin 的属性值为 border-box，且 background-position 的属性值为"top left"（默认初始值），则背景图的左上角将会被截取掉部分。

【示例】演示如何设计背景图像仅在内容区域内显示，演示效果如图 10.3 所示。

```
div {
    height:150px;
    width:300px;
    border:solid 50px gray;
    padding:50px;
    background:url(images/bg.jpg) no-repeat;
    /*将背景图像等比缩放到完全覆盖包含框，背景图像有可能超出包含框*/
    background-size:cover;
    /*将背景图像从 content 区域开始向外裁剪背景*/
    background-clip:content-box;
}
```

图 10.3　以内容边缘裁剪背景图像效果

10.1.7 设置背景图像大小

background-size 可以控制背景图像的显示大小。该属性的基本语法如下所示。

```
background-size: [ <length> | <percentage> | auto ]{1,2} | cover | contain;
```

取值简单说明如下。
- ☑ <length>：由浮点数字和单位标识符组成的长度值，不可为负值。
- ☑ <percentage>：取值范围为 0%～100%，不可为负值。
- ☑ cover：保持背景图像本身的宽高比例，将图片缩放到正好完全覆盖所定义背景的区域。
- ☑ contain：保持图像本身的宽高比例，将图片缩放到宽度或高度正好适应所定义背景的区域。

初始值为 auto。background-size 属性可以设置 1 个或 2 个值，1 个为必填，1 个为可选。其中，第 1 个值用于指定背景图像的 width，第 2 个值用于指定背景图像的 height，如果只设置 1 个值，则第 2 个值默认为 auto。

【示例】使用 image-size 属性自由定制背景图像的大小，让背景图像自适应盒子的大小，从而可以设计与模块大小完全适应的背景图像，效果如图 10.4 所示。只要背景图像长宽比与元素长宽比相同，就不用担心背景图像变形显示。

主要样式代码如下所示。

```
div {
    margin:2px;
    float:left;
    border:solid 1px red;
    background:url(images/img2.jpg) no-repeat center;
    /*设计背景图像完全覆盖元素区域*/
    background-size:cover;
}
```

10.1.8　设置多重背景图像

CSS3 支持在同一个元素内定义多个背景图像，还可以将多个背景图像进行叠加显示，从而使得设计多图背景栏目变得更加容易。

【示例】使用 CSS3 多背景设计花边框，使用 background-origin 定义仅在内容区域显示背景，使用 background-clip 属性定义背景从边框区域向外裁剪，效果如图 10.5 所示。

图 10.4　设计背景图像自适应显示 　　　　图 10.5　设计花边框效果

主要样式代码如下所示。

```
<style type="text/css">
.multipleBg {
    /*定义 5 个背景图，分别定位到 4 个顶角，其中前 4 个禁止平铺，最后一个可以平铺*/
    background: url("images/bg-tl.png") no-repeat left top,
                url("images/bg-tr.png") no-repeat right top,
                url("images/bg-bl.png") no-repeat left bottom,
```

```
        url("images/bg-br.png") no-repeat right bottom,
        url("images/bg-repeat.png") repeat left top;
    /*改变背景图像的 position 原点，四朵花都是 border 原点，而平铺背景是 paddin 原点*/
    background-origin: border-box, border-box, border-box, border-box, padding-box;
    /*控制背景图像的显示区域，所有背景图像超过 border 外边缘都将被裁剪*/
    background-clip: border-box;
}
```

10.2 设计渐变背景

W3C 于 2010 年 11 月正式支持渐变背景样式，该草案作为图像值和图像替换内容模块的一部分进行发布，主要包括 linear-gradient()、radial-gradient()、repeating-linear-gradient()和 repeating-radial-gradient() 4 个渐变函数。

10.2.1 定义线性渐变

创建一个线性渐变，至少需要两种颜色，也可以选择设置一个起点或一个方向。简明语法格式如下。

linear-gradient(angle, color-stop1, color-stop2, …)

参数简单说明如下。

- ☑ angle：用来指定渐变的方向，可以使用角度或者关键字来设置。关键字包括 4 个，说明如下。
  - to left：设置渐变为从右到左，相当于 270 deg。
  - to right：设置渐变从左到右，相当于 90 deg。
  - to top：设置渐变从下到上，相当于 0 deg。
  - to bottom：设置渐变从上到下，相当于 180 deg。该值为默认值。

> 提示：如果创建对角线渐变，可以使用 to top left（从右下到左上）类似组合来实现。

- ☑ color-stop：用于指定渐变的色点，包括一个颜色值和一个起点位置，颜色值和起点位置以空格分隔。起点位置可以是一个具体的长度值（不可为负值），也可以是一个百分比值。如果是百分比值则参考应用渐变对象的尺寸，最终会被转换为具体的长度值。

【示例 1】为<div id="demo">对象应用一个简单的线性渐变背景，方向为从上到下，颜色由白色到浅灰显示，效果如图 10.6 所示。

```
<style type="text/css">
#demo {
    width:300px;
    height:200px;
    background: linear-gradient(#fff, #333);
}
</style>
<div id="demo"></div>
```

图 10.6 应用简单的线性渐变效果

> 提示：针对示例 1，用户可以继续尝试做下面的练习，实现不同的设置，得到相同的设计效果。

设置一个方向：从上到下，覆盖默认值。
linear-gradient(to bottom, #fff, #333);

设置反向渐变：从下到上，同时调整起止颜色的位置。
linear-gradient(to top, #333, #fff);

使用角度值设置方向。

```
linear-gradient(180deg, #fff, #333);
```

明确起止颜色的具体位置，覆盖默认值。

```
linear-gradient(to bottom, #fff 0%, #333 100%);
```

【补充】

最新主流浏览器都支持线性渐变的标准用法，但是考虑到安全性，用户应酌情兼容旧版本浏览器的私有属性。

Webkit 是第一个支持渐变的浏览器引擎（Safari 4+），它使用-webkit-gradient()私有函数支持线性渐变样式。简明用法如下。

```
-webkit-gradient(linear, point, point, stop)
```

参数简单说明如下。

- linear：定义渐变类型为线性渐变。
- point：定义渐变起始点和结束点坐标。该参数支持数值、百分比和关键字，如（0 0）或者（left top）等。关键字包括 top、bottom、left 和 right。
- stop：定义渐变色和步长。它包括 3 个值，即开始的颜色，使用 from(colorvalue)函数定义；结束的颜色，使用 to(colorvalue)函数定义；颜色步长，使用 color-stop(value, color value)函数定义。color-stop()函数包含两个参数值，第一个参数值为一个数值或者百分比值，取值范围为 0～1.0（或者 0%～100%）；第二个参数值表示任意颜色值。

【示例 2】针对示例 1，兼容早期 Webkit 引擎的线性渐变实现方法。

```
#demo {
    width:300px; height:200px;
    background: -webkit-gradient(linear, left top, left bottom, from(#fff), to(#333));
    background: linear-gradient(#fff, #333);
}
```

示例 2 定义线性渐变背景色，由顶部到底部，从白色向浅灰色渐变显示，在谷歌的 Chrome 浏览器中所见效果与图 10.6 相同。

另外，Webkit 引擎也支持-webkit-linear-gradient()私有函数设计线性渐变。该函数的用法与标准函数 linear-gradient()的语法格式基本相同。

Firefox 浏览器从 3.6 版本开始支持渐变，Gecko 引擎定义了-moz-linear-gradient()私有函数设计线性渐变。该函数用法与标准函数 linear-gradient()的语法格式基本相同。唯一区别就是，当使用关键字设置渐变方向时，不带 to 关键字前缀，关键字语义取反。例如，从上到下应用渐变，标准关键字为 to bottom，Firefox 私有属性可以为 top。

【示例 3】针对示例 1，兼容早期 Gecko 引擎的线性渐变实现方法。

```
#demo {
    width:300px; height:200px;
    background: -webkit-gradient(linear, left top, left bottom, from(#fff), to(#333));
    background: -moz-linear-gradient(top, #fff, #333);
    background: linear-gradient(#fff, #333);
}
```

【示例 4】演示从左边开始的线性渐变，起点是红色，慢慢过渡到蓝色。

```
<style type="text/css">
#demo {
    width:300px; height:200px;
    background: -webkit-linear-gradient(left, red , blue);    /* Safari 10.1 - 6.0 */
```

```
            background: -o-linear-gradient(left, red, blue);         /* Opera 11.1 - 12.0 */
            background: -moz-linear-gradient(left, red, blue);       /* Firefox 3.6 - 15 */
            background: linear-gradient(to right, red , blue);       /* 标准语法 */
        }
    </style>
    <div id="demo"></div>
```

注意：第一个参数值渐变方向的设置不同。

【示例 5】通过指定水平和垂直的起始位置设计对角渐变。下面演示从左上角开始到右下角的线性渐变，起点是红色，慢慢过渡到蓝色。

```
#demo {
    width:300px; height:200px;
    background: -webkit-linear-gradient(left top, red , blue);   /* Safari 5.1 - 6.0 */
    background: -o-linear-gradient(left top, red, blue);         /* Opera 11.1 - 12.0 */
    background: -moz-linear-gradient(left top, red, blue);       /* Firefox 3.6 - 15 */
    background: linear-gradient(to bottom right, red , blue);    /* 标准语法 */
}
```

10.2.2 定义重复线性渐变

使用 repeating-linear-gradient()函数可以定义重复线性渐变，用法与 linear-gradient()函数相同，用户可以参考 10.2.1 节说明。

提示：使用重复线性渐变的关键是定义好色点，让最后一种颜色和第一种颜色能够很好地连接起来，若处理不当将导致颜色急剧变化。

【示例 1】设计重复显示的垂直线性渐变，颜色从红色到蓝色，间距为 20%，效果如图 10.7 所示。

```
<style type="text/css">
#demo {
    height:200px;
    background: repeating-linear-gradient(#f00, #00f 20%, #f00 40%);
}
</style>
<div id="demo"></div>
```

提示：使用 linear-gradient()函数可以设计 repeating-linear-gradient()函数的效果。例如，通过重复设计每一个色点，或者利用设计条纹的方法来实现。

【示例 2】设计重复线性渐变对角显示，效果如图 10.8 所示。

```
#demo {
    height:200px;
    background: repeating-linear-gradient(135deg, #cd6600, #0067cd 20px, #cd6600 40px);
}
```

图 10.7　设计重复显示的垂直渐变效果　　　　图 10.8　设计重复显示的对角渐变效果

【示例 3】使用重复线性渐变创建对角条纹背景,效果如图 10.9 所示。

```
#demo {
    height:200px;
    background: repeating-linear-gradient(60deg, #cd6600, #cd6600 5%, #0067cd 0, #0067cd 10%);
}
```

图 10.9 设计重复显示的对角条纹效果

10.2.3 定义径向渐变

创建一个径向渐变,至少需要定义两种颜色,同时可以指定渐变的中心点位置、形状类型(圆形或椭圆形)和半径大小。简明语法格式如下。

radial-gradient(shape size at position, color-stop1, color-stop2, …);

参数简单说明如下。

☑ shape:用来指定渐变的类型,包括 circle(圆形)和 ellipse(椭圆形)两种。
☑ size:如果类型为 circle,指定一个值设置圆的半径;如果类型为 ellipse,指定两个值分别设置椭圆形的 x 轴和 y 轴半径。取值包括长度值、百分比、关键字。关键字说明如下。
  ● closest-side:指定径向渐变的半径长度为从中心点到最近的边。
  ● closest-corner:指定径向渐变的半径长度为从中心点到最近的角。
  ● farthest-side:指定径向渐变的半径长度为从中心点到最远的边。
  ● farthest-corner:指定径向渐变的半径长度为从中心点到最远的角。
☑ position:用来指定中心点的位置。如果提供两个参数,第一个表示 x 轴坐标,第二个表示 y 轴坐标;如果只提供一个值,第二个值默认为 50%,即 center。取值可以是长度值、百分比或者关键字,关键字包括 left(左侧)、center(中心)、right(右侧)、top(顶部)、center(中心)、bottom(底部)。

注意:position 值位于 shape 和 size 值的后面。

☑ color-stop:用于指定渐变的色点,包括一个颜色值和一个起点位置,颜色值和起点位置以空格分隔。起点位置可以为一个具体的长度值(不可为负值),也可以是一个百分比值。如果是百分比值,则参考应用渐变对象的尺寸,最终会被转换为具体的长度值。

【示例 1】在默认情况下,渐变的中心是 center(对象中心点),渐变的形状是 ellipse(椭圆形),渐变的大小是 farthest-corner(表示到最远的角落)。下面示例仅为 radial-gradient()函数设置 3 个颜色值,则它将按默认值绘制径向渐变效果。

```
<style type="text/css">
#demo {
    height:200px;
    background: -webkit-radial-gradient(red, green, blue);   /* Safari 5.1 - 6.0 */
    background: -o-radial-gradient(red, green, blue);        /* Opera 11.6 - 12.0 */
    background: -moz-radial-gradient(red, green, blue);      /* Firefox 3.6 - 15 */
    background: radial-gradient(red, green, blue);           /* 标准语法 */
}
</style>
<div id="demo"></div>
```

提示：针对示例1，用户可以继续尝试做下面的练习，实现不同的设置，得到相同的设计效果。

设置径向渐变形状类型，默认值为 ellipse。

background: radial-gradient(ellipse, red, green, blue);

设置径向渐变中心点坐标，默认为对象中心点。

background: radial-gradient(ellipse at center 50%, red, green, blue);

设置径向渐变大小，这里定义填充整个对象。

background: radial-gradient(farthest-corner, red, green, blue);

【补充】

最新主流浏览器都支持线性渐变的标准用法，但是考虑到安全性，用户应酌情兼容旧版本浏览器的私有属性。

Webkit 引擎使用-webkit-gradient()私有函数支持径向渐变样式，简明用法如下。

-webkit-gradient(radial, point, radius, stop)

参数简单说明如下。

- ☑ radial：定义渐变类型为径向渐变。
- ☑ point：定义渐变中心点坐标。该参数支持数值、百分比和关键字，如（0 0）或者（left top）等。关键字包括 top、bottom、center、left 和 right。
- ☑ radius：设置径向渐变的长度，该参数为一个数值。
- ☑ stop：定义渐变色和步长。它包括 3 个值，即开始的颜色，使用 from(colorvalue)函数定义；结束的颜色，使用 to(colorvalue)函数定义；颜色步长，使用 color-stop(value, color value)函数定义。color-stop()函数包含两个参数值；第一个参数值为一个数值或者百分比值，取值范围为 0～1.0（或者 0%～100%）；第二个参数值表示任意颜色值。

【示例2】设计一个红色圆球，并逐步径向渐变为绿色背景，兼容早期 Webkit 引擎的线性渐变实现方法。代码如下所示。

```
<style type="text/css">
#demo {
    height:200px;
    /* Webkit 引擎私有用法 */
    background: -webkit-gradient(radial, center center, 0, center center, 100, from(red), to(green));
    background: radial-gradient(circle 100px, red, green);   /* 标准的用法 */
}
</style>
<div id="demo"></div>
```

另外，Webkit 引擎也支持-webkit-radial-gradient()私有函数设计径向渐变。该函数用法与标准函数 radial-gradient()语法格式类似。简明语法格式如下。

-webkit-radial-gradient(position, shape size, color-stop1, color-stop2, ……);

Gecko 引擎定义-moz-radial-gradient()私有函数设计径向渐变。该函数用法与标准函数 radial-gradient()语法格式类似。简明语法格式如下。

-moz-radial-gradient(position, shape size, color-stop1, color-stop2, ……);

提示：上面两个私有函数的 size 参数值仅可设置关键字：closest-side、closest-corner、farthest-side、farthest-corner、contain 或 cover。

【示例3】演示色点不均匀分布的径向渐变。

```
<style type="text/css">
#demo {
    height:200px;
    background: -webkit-radial-gradient(red 5%, green 15%, blue 60%); /* Safari 5.1 - 6.0 */
    background: -o-radial-gradient(red 5%, green 15%, blue 60%); /* Opera 11.6 - 12.0 */
    background: -moz-radial-gradient(red 5%, green 15%, blue 60%); /* Firefox 3.6 - 15 */
    background: radial-gradient(red 5%, green 15%, blue 60%); /* 标准语法 */
}
</style>
<div id="demo"></div>
```

【示例4】shape 参数定义了形状，取值包括 circle 和 ellipse，其中 circle 表示圆形，ellipse 表示椭圆形，默认值是 ellipse。设计圆形径向渐变，效果如图 10.10 所示。

```
#demo {
    height:200px;
    background: -webkit-radial-gradient(circle, red, yellow, green); /* Safari 5.1 - 6.0 */
    background: -o-radial-gradient(circle, red, yellow, green); /* Opera 11.6 - 12.0 */
    background: -moz-radial-gradient(circle, red, yellow, green); /* Firefox 3.6 - 15 */
    background: radial-gradient(circle, red, yellow, green); /* 标准语法 */
}
```

图 10.10　设计圆形径向渐变效果

10.2.4　定义重复径向渐变

使用 repeating-radial-gradient()函数可以定义重复线性渐变，用法与 radial-gradient()函数相同，用户可以参考 10.2.3 节的内容。

【示例1】设计三色重复显示的径向渐变，效果如图 10.11 所示。

```
<style type="text/css">
#demo {
    height:200px;
    /* Safari 5.1 - 6.0 */
    background: -webkit-repeating-radial-gradient(red, yellow 10%, green 15%);
    /* Opera 11.6 - 12.0 */
    background: -o-repeating-radial-gradient(red, yellow 10%, green 15%);
    /* Firefox 3.6 - 15 */
    background: -moz-repeating-radial-gradient(red, yellow 10%, green 15%);
    /* 标准语法 */
    background: repeating-radial-gradient(red, yellow 10%, green 15%);
}
</style>
<div id="demo"></div>
```

【示例2】使用径向渐变同样可以创建条纹背景，方法与线性渐变类似。设计圆形径向渐变条纹背景，效果如图 10.12 所示。

```css
#demo {
    height:200px;
    /* Safari 5.1 - 6.0 */
    background: -webkit-repeating-radial-gradient(center bottom,    circle, #00a340, #00a340 20px, #d8ffe7 20px, #d8ffe7 40px);
    /* Opera 11.6 - 12.0 */
    background: -o-repeating-radial-gradient(center bottom, circle,   #00a340, #00a340 20px, #d8ffe7 20px, #d8ffe7 40px);
    /* Firefox 3.6 - 15 */
    background: -moz-repeating-radial-gradient(center bottom, circle, #00a340, #00a340 20px, #d8ffe7 20px, #d8ffe7 40px);
    /* 标准语法 */
    background: repeating-radial-gradient(circle at center bottom, #00a340, #00a340 20px, #d8ffe7 20px, #d8ffe7 40px);
}
```

图 10.11　设计重复显示的径向渐变效果　　　　图 10.12　设计径向渐变条纹背景效果

10.3　案例实战

10.3.1　设计网页渐变色

为页面设计渐变背景，可以营造特殊的浏览气氛。本例样式代码如下，效果如图 10.13 所示。

```css
body { /*让渐变背景填满整个页面*/
    padding: 1em;
    margin: 0;
    background: -webkit-linear-gradient(#FF6666, #ffffff);       /* Safari 5.1 - 6.0 */
    background: -o-linear-gradient(#FF6666, #ffffff);            /* Opera 11.1 - 12.0 */
    background: -moz-linear-gradient(#FF6666, #ffffff);          /* Firefox 3.6 - 15 */
    background: linear-gradient(#FF6666, #ffffff);               /* 标准语法 */
    /* IE 滤镜，兼容 IE9-版本浏览器 */
    filter: progid:DXImageTransform.Microsoft.Gradient(gradientType=0, startColorStr=#FF6666, endColorStr=#ffffff);
}
h1 {/* 定义标题样式 */
    color: white;
    font-size: 18px;
    height: 45px;
    padding-left: 3em;
    line-height: 50px;                                           /* 控制文本显示位置 */
    border-bottom: solid 2px red;
    background: url(images/pe1.png) no-repeat left center;       /*为标题插入一个装饰图标*/
}
p { text-indent: 2em;                                            /* 段落文本缩进 2 个字符 */
```

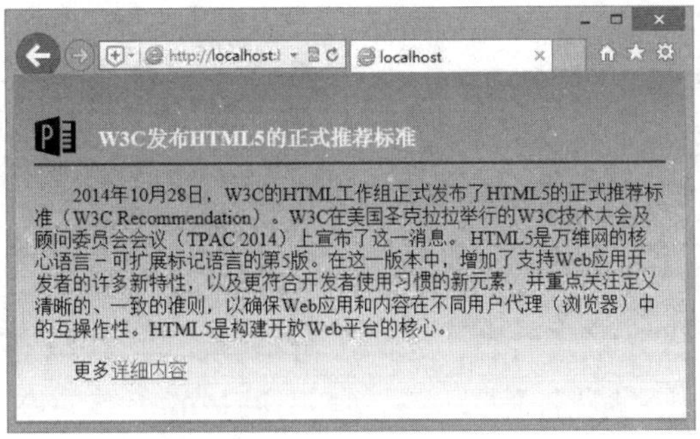

图 10.13　设计渐变网页背景色效果

10.3.2　设计栏目折角效果

灵活使用 CSS3 渐变背景，可以创意出很多新颖的设计。本例使用线性渐变设计右上角缺角的栏目，效果如图 10.14 所示。

```css
.box {
    background: linear-gradient(-135deg, transparent 30px, #162e48 30px);
    color: #fff;
    padding: 12px 24px;
}
```

使用 box-shadow 为栏目加上高亮边框，同时设计网页背景色为深色，折角效果失效，此时可以使用:before 和:after 实现该效果。注意，网页背景色为深色，与.box:after 边框色保持一致，如图 10.15 所示。

```css
body { background: #000; }
.box {
    background: #162e48;
    color: #fff;
    padding: 12px 24px;
    position: relative;
    border: 1px solid   #fff;
}
.box:before {
    content: ' ';
    border: solid transparent;
    position: absolute;
    border-width: 30px;
    border-top-color: #fff;
    border-right-color: #fff;
    right: 0px; top: 0px;
}
.box:after {
    content: ' ';
    border: solid transparent;
    position: absolute;
    border-width: 30px;
    border-top-color: #000;
    border-right-color: #000;
    top: -1px; right: -1px;
}
```

图 10.14　设计缺角栏目效果　　　　　　图 10.15　设计高亮边框栏目效果

10.3.3　设计纹理背景

本例使用 CSS3 线性渐变属性制作纹理图案，主要利用多重背景进行设计，然后使用线性渐变绘制每一条线，通过叠加和平铺，完成重复性纹理背景效果，如图 10.16 所示。

图 10.16　定义网页纹理背景效果

主要样式代码如下。

```
.patterns {
    width: 200px; height: 200px; float: left; margin: 10px;
    box-shadow: 0 1px 8px #666;
}
.pt1 {
    background-size: 50px 50px;
    background-color: #0ae;
    background-image: -webkit-linear-gradient(rgba(255, 255, 255, .2) 50%, transparent 50%, transparent);
    background-image: linear-gradient(rgba(255, 255, 255, .2) 50%, transparent 50%, transparent);
}
.pt2 {
    background-size: 50px 50px;
    background-color: #f90;
    background-image: -webkit-linear-gradient(0deg, rgba(255, 255, 255, .2) 50%, transparent 50%, transparent);
    background-image: linear-gradient(0deg, rgba(255, 255, 255, .2) 50%, transparent 50%, transparent);
}
.pt3 {
    background-size: 50px 50px;
    background-color: white;
    background-image: -webkit-linear-gradient(to top, transparent 50%, rgba(200, 0, 0, .5) 50%, rgba(200, 0, 0, .5)), -webkit-linear-gradient(to left, transparent 50%, rgba(200, 0, 0, .5) 50%, rgba(200, 0, 0, .5));
    background-image: linear-gradient(to top, transparent 50%, rgba(200, 0, 0, .5) 50%, rgba(200, 0, 0, .5)), linear-gradient(to left, transparent 50%, rgba(200, 0, 0, .5) 50%, rgba(200, 0, 0, .5));
}
.pt4 {
    background-size: 50px 50px;
    background-color: #ac0;
    background-image: -webkit-linear-gradient(45deg, rgba(255, 255, 255, .2) 25%, transparent 25%, transparent 50%, rgba(255, 255, 255, .2) 50%, rgba(255, 255, 255, .2) 75%, transparent 75%, transparent);
```

```
    background-image: linear-gradient(45deg, rgba(255, 255, 255, .2) 25%, transparent 25%, transparent 50%, rgba(255, 255, 255, .2) 50%, rgba(255, 255, 255, .2) 75%, transparent 75%, transparent);
}
```

10.3.4 设计条纹背景

如果多个色点设置相同的起点位置，它们将产生一个从一种颜色到另一种颜色的急剧的转换。从效果来看，就是从一种颜色突然改变到另一种颜色，这样可以设计条纹背景效果。

【示例 1】定义一个简单的条纹背景，效果如图 10.17 所示。

```
<style type="text/css">
#demo {
    height:200px;
    background: linear-gradient(#cd6600 50%, #0067cd 50%);
}
</style>
<div id="demo"></div>
```

【示例 2】利用背景的重复机制，可以创造出更多的条纹。示例代码如下所示，效果如图 10.18 所示。这样就可以将整个背景划分为 10 个条纹，每个条纹的高度一样。

```
#demo {
    height:200px;
    background: linear-gradient(#cd6600 50%, #0067cd 50%);
    background-size: 100% 20%;        /* 定义单个条纹仅显示高度的五分之一 */
}
```

图 10.17 设计简单的条纹效果　　　　图 10.18 设计重复显示的条纹效果

10.4 在线支持

扫码免费学习
更多实用技能

一、专项练习
  ☑ CSS 美化图像
二、参考
  ☑ CSS 背景属性（Background）列表
三、更多案例实战
  ☑ 设计电子券
  ☑ 定义渐变色边框

☑ 定义渐变填充色
☑ 定义渐变色项目符号
☑ 设计麻点背景
☑ 设计按钮样式（一）
☑ 设计按钮样式（二）
☑ 设计按钮样式（三）
☑ 设计图标
☑ 设计个人简历

※ 新知识、新案例不断更新中……

第 11 章 列表和超链接样式

在默认状态下,超链接文本显示为蓝色、下画线效果,当鼠标指针移过超链接时显示为手形,访问过的超链接文本显示为紫色;而列表项目默认会缩进显示,并在左侧显示项目符号。在网页设计中,一般可以根据需要重新定义超链接和列表的默认样式。

11.1 超链接样式

11.1.1 动态伪类

动态伪类选择器可以定义超链接的 4 种状态样式,简单说明如下。

- ☑ a:link:定义超链接的默认样式。
- ☑ a:visited:定义超链接被访问后的样式。
- ☑ a:hover:定义光标指针移过超链接时的样式。
- ☑ a:active:定义超链接被激活时的样式。

【示例】定义页面所有超链接默认为红色下画线效果,超链接被访问过之后显示为蓝色下画线效果,当鼠标移过时显示为绿色下画线效果,而当单击超链接时则显示为黄色下画线效果,演示效果如图 11.1 所示。

```
a:link {color: #FF0000;      /* 红色 */} /* 超链接默认样式 */
a:visited {color: #0000FF;   /* 蓝色 */} /* 超链接被访问后的样式 */
a:hover {color: #00FF00;     /* 绿色 */} /* 鼠标移过超链接的样式 */
a:active {color: #FFFF00;    /* 黄色 */} /* 超链接被激活时的样式 */
```

提示:超链接的 4 种状态样式的排列顺序是固定的,一般不能随意调换。正确顺序是:link、visited、hover 和 active。如果仅希望超链接显示两种状态样式,使用 a:link 伪类定义默认样式,使用 a:hover 伪类定义鼠标经过时的样式。

```
a:link {color: #FF0000;}
a:hover {color: #00FF00;}
```

11.1.2 定义下画线样式

图 11.1 定义超链接样式

超链接文本默认显示下画线样式,可以使用 CSS3 的 text-decoration 清除。

```
a {/* 完全清除超链接的下画线效果 */
    text-decoration:none;
}
```

从用户体验的角度考虑,在取消下画线之后,应确保浏览者能够正确地识别超链接,如字体加粗、变色、缩放、高亮背景等，也可以设计当鼠标经过时增加下画线，因为下画线具有很好的提示作用。

```css
a:hover {/* 鼠标经过时显示下画线效果 */
    text-decoration:underline;
}
```

下画线样式不仅仅是一条实线，可以根据需要自定义设计。主要设计思路如下。
- ☑ 借助<a>标签的底边框线来实现。
- ☑ 利用背景图像来实现，背景图像可以设计出更多精巧的下画线样式。

【示例 1】设计当鼠标经过超链接文本时，显示为下画虚线、字体加粗、色彩高亮的效果，如图 11.2 所示。

```css
a {/* 超链接的默认样式 */
    text-decoration:none;                           /* 清除超链接下画线 */
    color:#999;                                     /* 浅灰色文字效果 */
}
a:hover {/*鼠标经过时样式 */
    border-bottom:dashed 1px red;                   /* 鼠标经过时显示虚下画线效果 */
    color:#000;                                     /* 加重颜色显示 */
    font-weight:bold;                               /* 加粗字体显示 */
    zoom:1;                                         /* 解决 IE 浏览器无法显示问题 */
}
```

【示例 2】使用 CSS3 的 border-bottom 属性定义超链接文本的下画线样式。下面示例定义超链接始终显示为下画线效果，并通过颜色变化提示鼠标经过时的状态，效果如图 11.3 所示。

```css
a {/* 超链接的默认样式 */
    text-decoration:none;                           /* 清除超链接下画线 */
    border-bottom:dashed 1px red;                   /* 红色虚下画线效果 */
    color:#666;                                     /* 灰色字体效果 */
    zoom:1;                                         /* 解决 IE 浏览器无法显示问题 */
}
a:hover {/* 鼠标经过时样式 */
    color:#000;                                     /* 加重颜色显示 */
    border-bottom:dashed 1px #000;                  /* 改变虚下画线的颜色 */
}
```

【示例 3】使用 CSS3 的 background 属性可以定义个性化下画线样式，效果如图 11.4 所示。

```css
a {/* 超链接的默认样式 */
    text-decoration:none;                           /* 清除超链接下画线 */
    color:#666;                                     /* 灰色字体效果 */
}
a:hover {/* 鼠标经过时样式 */
    color:#000;                                     /* 加重颜色显示 */
    /* 定义背景图像，定位到超链接元素的底部，并沿 x 轴水平平铺 */
    background:url(images/dashed1.gif) left bottom repeat-x;
}
```

图 11.2 定义下画线样式 1　　图 11.3 定义下画线样式 2　　图 11.4 设计个性化的下画线样式

11.1.3 定义特效样式

本例利用边框色的深浅模拟凸凹变化的立体效果。具体实现方法如下：
- ☑ 设置右边框和底边框同色，同时设置顶边框和左边框同色，利用明暗色彩的搭配模拟立体效果。
- ☑ 设置超链接文本的背景色为深色效果，营造凸起效果，当鼠标移过时，再定义浅色背景营造凹下效果。

【示例】定义超链接在默认状态下显示灰色右边和底边框线、白色顶边和左边框线效果。当鼠标移过时，清除右侧和底部边框线，并定义左侧和顶部边框线效果，演示效果如图 11.5 所示。

```
body { background:#fcc; }                       /* 浅色网页背景 */
ul {list-style-type: none; }                    /* 清除项目符号 */
li { margin: 0 2px; float: left;}               /* 并列显示 */
a {/* 超链接的默认样式 */
    text-decoration:none;                       /* 清除超链接下画线 */
    border:solid 1px;                           /* 定义 1 px 实线边框 */
    padding: 0.4em 0.8em;                       /* 增加超链接补白 */
    color: #444;                                /* 定义灰色字体 */
    background: #f99;                           /* 超链接背景色 */
    border-color: #fff #aaab9c #aaab9c #fff;    /* 分配边框颜色 */
    zoom:1;                                     /* 解决 IE 浏览器无法显示问题*/
}
a:hover {/* 鼠标经过时样式 */
    color: #800000;                             /* 超链接字体颜色 */
    background: transparent;                    /* 清除超链接背景色 */
    border-color: #aaab9c #fff #fff #aaab9c;    /* 分配边框颜色 */
}
```

11.1.4 定义光标样式

在默认状态下，鼠标指针经过超链接时显示为手形。使用 CSS3 的 cursor 属性可以改变这种默认效果，cursor 属性定义鼠标移过对象时的指针样式，取值说明如表 11.1 所示。

图 11.5 定义特效样式

表 11.1 cursor 属性取值说明

取 值	说 明
auto	基于上下文决定应该显示什么光标
crosshair	十字线光标（+）
default	基于平台的缺省光标，通常渲染为一个箭头
pointer	指针光标，表示一个超链接
move	十字箭头光标，用于标示对象可被移动
e-resize、ne-resize、nw-resize、n-resize、se-resize、sw-resize、s-resize、w-resize	表示正在移动某个边，如 se-resize 光标表示框的移动始于东南角
text	表示可以选择文本，通常渲染为 I 形光标
wait	表示程序正忙，需要用户等待，通常渲染为手表或沙漏
help	光标下的对象包含帮助内容，通常渲染为一个问号或一个气球
<uri>URL	自定义光标类型的图标路径

如果自定义光标样式，使用绝对或相对 URL 指定光标文件（后缀为.cur 或者.ani）。

【示例】在样式表中定义多个鼠标指针类样式，然后为表格单元格应用不同的类样式，完整代码可以参考本节示例源代码，演示效果如图 11.6 所示。

```
.auto { cursor: auto; }
.default { cursor: default; }
.none { cursor: none; }
.context-menu { cursor: context-menu; }
.help { cursor: help; }
.pointer { cursor: pointer; }
.progress { cursor: progress; }
.wait { cursor: wait; }
…
```

图 11.6 比较不同光标样式效果

提示：使用自定义图像作为光标类型，IE 和 Opera 只支持*.cur 等特定的图片格式；而 Firefox、Chrome 和 Safari 既支持特定图片类型，也支持常见的*.jpg、*.gif、*.jpg 等图片格式。

cursor 属性值可以是一个序列，当浏览器无法处理第一个图标时，它会尝试处理第二个、第三个等，以此类推，最后一个可以设置为通用光标。例如，下面样式定义了 3 个自定义动画光标文件，最后定义了一个通用光标类型。

```
a:hover { cursor:url('images/1.ani'), url('images/1. cur'), url('images/1.gif), pointer;}
```

11.2 列表样式

11.2.1 定义项目符号类型

使用 CSS3 的 list-style-type 属性可以定义列表项目符号的类型，也可以取消项目符号，该属性取值说明如表 11.2 所示。

表 11.2 list-style-type 属性取值说明

属 性 值	说 明	属 性 值	说 明
disc	实心圆，默认值	cjk-ideographic	浅白的表意数字
circle	空心圆	lower-greek	基本的希腊小写字母
square	实心方块	hiragana	日文平假名字符
decimal	阿拉伯数字	katakana	日文片假名字符
lower-roman	小写罗马数字	lower-latin	小写拉丁字母

续表

属 性 值	说 明	属 性 值	说 明
upper-roman	大写罗马数字	georgian	传统的乔治数字
lower-alpha	小写英文字母	hebrew	传统的希伯来数字
upper-alpha	大写英文字母	hiragana-iroha	日文平假名序号
none	不使用项目符号	katakana-iroha	日文片假名序号
armenian	传统的亚美尼亚数字	upper-latin	大写拉丁字母

使用 CSS3 的 list-style-position 属性可以定义项目符号的显示位置。该属性取值包括 outside 和 inside，其中 outside 表示把项目符号显示在列表项的文本行以外，列表符号默认显示为 outside，inside 表示把项目符号显示在列表项文本行以内。

注意：如果要清除列表项目的缩进显示样式，可以使用以下样式实现。

```
ul, ol {
    padding: 0;
    margin: 0;
}
```

【示例】定义项目符号显示为空心圆，并位于列表行内部显示，如图 11.7 所示。

```
body {/* 清除页边距 */
    margin: 0;                              /* 清除边界 */
    padding: 0;                             /* 清除补白 */
}
ul {/* 列表基本样式 */
    list-style-type: circle;                /* 空心圆符号*/
    list-style-position: inside;            /* 显示在里面 */
}
```

提示：在定义列表项目符号样式时，应注意以下两点。
- ☑ 不同浏览器对于项目符号的解析效果，以及其显示位置略有不同。如果要兼容不同浏览器的显示效果，应关注这些差异。
- ☑ 项目符号显示在里面和外面会影响项目符号与列表文本之间的距离，同时影响列表项的缩进效果。不同浏览器在解析时会存在差异。

图 11.7 定义列表项目符号

11.2.2 定义项目符号图像

使用 CSS3 的 list-style-image 属性可以自定义项目符号。该属性允许指定一个外部图标文件，以此满足个性化设计需求。用法如下所示。

```
list-style-image：none | <url>
```

默认值为 none。

【示例】以 11.2.1 节示例为基础，重新设计内部样式表，增加自定义项目符号，设计项目符号为外部图标 bullet_main_02.gif，效果如图 11.8 所示。

```
ul {/* 列表基本样式 */
    list-style-type: circle;                        /* 空心圆符号*/
    list-style-position: inside;                    /* 显示在里面 */
    list-style-image: url(images/bullet_main_02.gif);  /* 自定义列表项目符号 */
}
```

图 11.8 自定义列表项目符号

提示：当同时定义项目符号类型和自定义项目符号时，自定义项目符号将覆盖默认的符号类型。但是，如果 list-style-type 属性值为 none 或指定外部图标文件不存在时，则 list-style-type 属性值有效。

11.2.3 模拟项目符号

使用 CSS3 的 background 属性可以模拟列表项目的符号，实现方法如下。

【设计思路】

第 1 步，先使用 list-style-type:none 隐藏列表的默认项目符号。

第 2 步，使用 background 属性为列表项目定义背景图像，精确定位其显示位置。

第 3 步，使用 padding-left 属性为列表项目定义左侧空白，避免背景图像被项目文本遮盖。

【示例】先清除列表的默认项目符号，然后为项目列表定义背景图像，并定位到左侧垂直居中的位置，为了避免列表文本覆盖背景图像，定义左侧补白为一个字符宽度，这样就可以把列表信息向右缩进显示，显示效果如图 11.9 所示。

图 11.9　使用背景图像模拟项目符号

```
ul {/* 清除列默认样式 */
    list-style-type: none;
    padding: 0;
    margin: 0;
}
li {/* 定义列表项目的样式 */
    background-image: url(images/bullet_sarrow.gif);   /* 定义背景图像 */
    background-position: left center;                   /* 精确定位背景图像的位置 */
    background-repeat: no-repeat;                       /* 禁止背景图像平铺显示 */
    padding-left: 1em;                                  /* 为背景图像挤出空白区域 */
}
```

11.3　案例实战

11.3.1　设计背景自由滑动的菜单

CSS3 滑动门是一种背景图应用技巧，即设计背景图像能够自适应伸缩，以确保列表项目完全包含长短不一的文本。滑动门有两种形式：水平滑动和垂直滑动。本例设计背景图像在水平方向和垂直方向都能够自由伸缩的列表菜单。

【操作步骤】

第 1 步，新建网页文档，保存为 test.html，在 <body> 标签内编写如下列表结构，由于每个菜单项字数不相同，使用滑动背景图像设计效果会更好。

```html
<ul id="menu">
    <li><a href="#" title="">CSS</a></li>
    <li><a href="#" title="">滑动门</a></li>
    <li><a href="#" title="">背景图像</a></li>
    <li><a href="#" title="">水平和垂直自由伸缩</a></li>
</ul>
```

第 2 步，在<head>标签内添加<style type="text/css">标签，定义一个内部样式表，然后准备编写样式。设计思路如下。

☑ 在下面叠放的标签（<li>）中定义上图所示的背景图像，并定位左对齐，使其左侧与<li>标签左侧对齐。

☑ 在上面叠放的标签（<a>）中设置相同的背景图像，使其右侧与<a>标签的右侧对齐，这样两个背景图像就可以重叠在一起。

为了避免上下重叠元素的背景图像相互挤压，导致菜单项两端的圆角背景图像被覆盖，可以为<a>标签左右侧增加补白（padding），以此限制元素的两个背景图像不能覆盖两端圆角的效果。

第 3 步，根据设计思路编写如下 CSS 样式代码。

```css
#menu {/* 定义列表样式 */
    background: url(images/bg1.gif) #fff;    /* 定义导航菜单的背景图像 */
    padding-left: 32px;                       /* 定义左侧的补白 */
    margin: 0px;                              /* 清除边界 */
    list-style-type: none;                    /* 清除项目符号 */
    height:35px;                              /* 固定高度，否则会自动收缩为 0 */
}
#menu li {/* 定义列表项样式 */
    float: left;                              /* 向左浮动 */
    margin:0 4px;                             /* 增加菜单项之间的距离 */
}
#menu li a {/* 定义超链接默认样式 */
    padding: 0 18px;                          /* 定义左右补白，形成对称 */
    display: inline-block;                    /* 行内块并列显示 */
    height: 35px;                             /* 固定高度 */
    line-height: 35px;                        /* 定义行高，间接实现垂直对齐 */
    text-align: center;                       /* 定义文本水平居中 */
    text-decoration: none;                    /* 清除下画线效果 */
    background: url(images/menu6.gif) right top repeat-x,   /* 定义 2 个背景图像 */
                url(images/menu6.gif) left top repeat-x;     /* 分别对齐左右两端 */
    transition: all .3s ease-in;              /* 定义过渡动画 */
}
```

提示：使用 CSS3 过渡动画可以更逼真地演示垂直滑动的效果，相关内容请参考 16.2 节的详细讲解。

第 4 步，设计当鼠标经过时的滑动效果，样式代码如下。

```css
#menu a:hover {/* 定义鼠标经过超链接的样式 */
    color: #fff;                              /* 白色字体 */
    background-position:right bottom, left bottom;   /* 定义垂直滑动后的背景图像位置 */
}
```

第 5 步，保存页面之后，在浏览器中预览，演示效果如图 11.10 所示。

图 11.10 水平与垂直自由滑动菜单

11.3.2 设计 Tab 选项菜单

Tab 选项菜单能够在有限的空间内包含很多分类信息，以适合商业化版面设计。设计思路：利用 CSS3 隐藏或显示栏目的部分内容，实际 Tab 菜单所包含的全部内容都已经下载到客户端浏览器中。一般 Tab 面板仅显示一个 Tab 菜单项，当用户单击对应的菜单项之后，才会显示对应的内容。

【操作步骤】

第 1 步，新建网页文档，在<body>标签内编写如下结构，构建 HTML 文档。

```html
<div id="tab">
    <div class="Menubox">
        <ul>
            <li id="tab_1" class="hover" onclick="setTab(1,4)">工作</li>
            <li id="tab_2" onclick="setTab(2,4)">生活</li>
            <li id="tab_3" onclick="setTab(3,4)">养生</li>
            <li id="tab_4" onclick="setTab(4,4)">旅游</li>
        </ul>
    </div>
    <div class="Contentbox">
        <div id="con_1" class="hover" ><img src="images/1.png" /></div>
        <div id="con_2" class="hide"><img src="images/2.png" /></div>
        <div id="con_3" class="hide"><img src="images/3.png" /></div>
        <div id="con_4" class="hide"><img src="images/4.png" /></div>
    </div>
</div>
```

在 Tab 面板中，<div class="Menubox">框包含的是菜单栏内容，<div class="Contentbox">框包含的是面板内容。

第 2 步，在<head>标签内添加<style type="text/css">标签，定义内部样式表，准备编写样式。

第 3 步，定义 Tab 菜单的 CSS 样式。这里包含三部分 CSS 代码：第一部分重置列表框、列表项和超链接默认样式；第二部分定义 Tab 选项卡基本结构；第三部分定义与 Tab 菜单相关的类样式。

```css
/* 页面元素的默认样式*/
a {/* 超链接的默认样式 */
    color:#00F;                          /* 定义超链接的默认颜色 */
    text-decoration:none;                /* 清除超链接的下画线样式 */
}
a:hover { color: #c00; }                 /* 鼠标经过超链接的默认样式*/
ul {/* 定义列表结构基本样式 */
    list-style:none;                     /* 清除默认的项目符号 */
    padding:0;                           /* 清除补白 */
    margin:0px;                          /* 清除边界 */
    text-align:center;                   /* 定义包含文本居中显示 */
}
/* 选项卡结构*/
#tab {/* 定义选项卡的包含框样式 */
    width:920px;                         /* 定义 Tab 面板的宽度 */
    margin:0 auto;                       /* 定义 Tab 面板居中显示 */
    font-size:12px;                      /* 定义 Tab 面板的字体大小 */
    overflow:hidden;                     /* 隐藏超出区域的内容 */
}
/* 菜单样式类*/
.Menubox {/* Tab 菜单栏的类样式 */
```

```css
        width:100%;                              /* 定义宽度, 满包含框宽度显示 */
        background:url(images/tab1.gif);         /* 定义Tab菜单栏的背景图像 */
        height:28px;                             /* 固定高度 */
        line-height:28px;                        /* 定义行高, 实现垂直居中显示 */
}
.Menubox ul {margin:0px; padding:0px; }/* 清除列表缩进样式 */
.Menubox li {/* Tab菜单栏包含的列表项基本样式 */
        float:left;                              /* 向左浮动, 实现并列显示 */
        display:block;                           /* 块状显示 */
        cursor:pointer;                          /* 定义手形指针样式 */
        width:114px;                             /* 固定宽度 */
        text-align:center;                       /* 定义文本居中显示 */
        color:#949694;                           /* 字体颜色 */
        font-weight:bold;                        /* 加粗字体 */
}
.Menubox li img{ width:100%;}
.Menubox li.hover {/* 鼠标经过列表项的样式类 */
        padding:0px;                             /* 清除补白 */
        background:#fff;                         /* 加亮背景色 */
        width:116px;                             /* 固定宽度显示 */
        border:1px solid #A8C29F;                /* 定义边框线 */
        border-bottom:none;                      /* 清除底边框线样式 */
        background:url(images/tab2.gif);         /* 定义背景图像 */
        color:#739242;                           /* 定义字体颜色 */
        height:27px;                             /* 固定高度 */
        line-height:27px;                        /* 定义行高, 实现文本垂直居中 */
}
.Contentbox {/* 定义Tab面板中内容包含框基本样式类 */
        clear:both;                              /* 清除左右浮动元素 */
        margin-top:0px;                          /* 清除顶边界 */
        border:1px solid #A8C29F;                /* 定义边框线样式 */
        border-top:none;                         /* 清除顶部边框线样式 */
        padding-top:8px;                         /* 定义顶部补白, 增加距离 */
}
.hide {display:none; /* 隐藏元素显示 */}/* 隐藏样式类 */
```

第4步, 使用 JavaScript 设计 Tab 交互效果。下面函数包含两个参数, 第一个参数定义要隐藏或显示的面板, 第二个参数定义当前 Tab 面板包含了几个 Tab 选项卡。同时该函数定义当前选项卡包含的列表项的类样式为 hover, 最后为每个 Tab 菜单中的 li 元素调用该函数即可, 从而实现单击对应的菜单项, 即可自动激活该脚本函数, 并把当前列表项的类样式设置为 hover, 同时显示该菜单对应的面板内容, 而隐藏其他面板内容。

```html
<script>
function setTab(cursel,n){
        for(i=1;i<=n;i++){
                var menu=document.getElementById("tab_"+i);
                var con=document.getElementById("con_"+i);
                menu.className=i==cursel?"hover":"";
                con.style.display=i==cursel?"block":"none";
        }
}
</script>
```

第5步, 保存页面之后, 在浏览器中预览, 演示效果如图 11.11 所示。

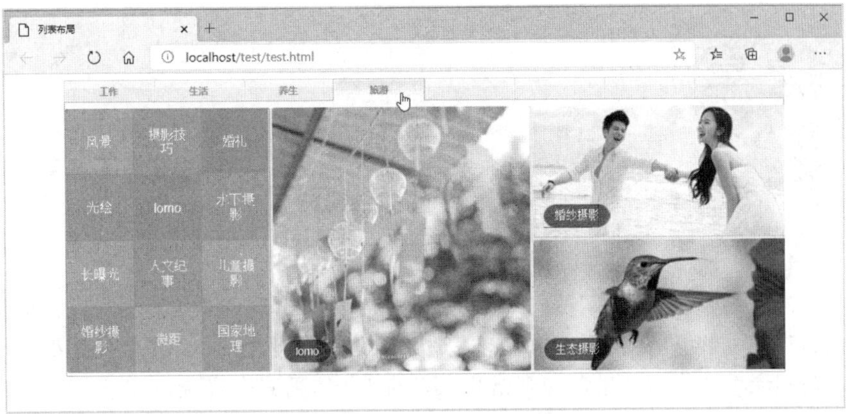

图 11.11 Tab 选项菜单效果

11.4 在线支持

扫码免费学习
更多实用技能

一、专项练习
- ☑ CSS3 列表样式
- ☑ CSS3 超链接样式

二、参考
- ☑ Hyperlink 属性列表
- ☑ CSS 列表属性（List）列表

三、更多案例实战
- ☑ 类型标识
- ☑ 工具提示
- ☑ 图形化按钮
- ☑ 图片预览
- ☑ 新闻列表

新知识、新案例不断更新中……

第 12 章 表格和表单样式

在传统网页中,表格主要用于网页布局,因此也成为网页编辑的主要工具;在标准化网页设计中,表格的主要功能是显示数据,也可适当辅助结构设计。本章主要介绍如何使用 CSS 控制表格和表单的显示效果,如表格和表单的边框、背景等样式。

12.1 表格基本样式

CSS 为表格定义了 5 个专用属性,详细说明如表 12.1 所示。

表 12.1 CSS 表格属性列表

属 性	取 值	说 明
border-collapse	separate(边分开)| collapse(边合并)	定义表格的行和单元格的边是合并在一起还是按照标准的 HTML 样式分开
border-spacing	length	定义当表格边框独立(如当 border-collapse 属性等于 separate 时),行和单元格的边在横向和纵向上的间距,该值不可以取负值
caption-side	top | bottom	定义表格的 caption 对象位于表格的顶部或底部,应与 caption 元素一起使用
empty-cells	show | hide	定义当单元格无内容时,是否显示该单元格的边框
table-layout	auto | fixed	定义表格的布局算法,可以通过该属性改善表格呈递性能。如果设置 fixed 属性值,会使 IE 以一次一行的方式呈递表格内容,从而提供给信息用户更快的速度;如果设置 auto 属性值,则表格在每一单元格内所有内容读取计算之后才会显示出来

除了表 12.1 介绍的 5 个表格专用属性外,CSS 的其他属性对于表格一样适用。

12.1.1 设计表格边框线

使用 CSS 的 border 属性代替<table>标签的 border 属性定义表格边框,可以优化代码结构。

【示例】演示使用 CSS 设计细线边框样式的表格。

第 1 步,在<head>标签内添加<style type="text/css">标签,定义一个内部样式表。

第 2 步,在内部样式表中输入下面的样式代码,定义单元格边框显示为 1 px 的灰色实线。

```
th, td {font-size:12px; border:solid 1px gray;}
```

第 3 步,在<body>标签内构建一个简单的表格结构,详细代码请参考本节示例源代码。

第 4 步,在浏览器中预览,显示效果如图 12.1 所示。

通过效果图可以看到,使用 CSS 定义的单行线不是连贯的线条。这是因为表格中每个单元格都是一个独立的空间，为它们定义边框线时，相互之间不是紧密地连接在一起的。

第 5 步，在内部样式表中，为 table 元素添加如下 CSS 样式，把相邻单元格进行合并。

table { border-collapse:collapse;}/* 合并单元格边框 */

第 6 步，在浏览器中重新预览，显示效果如图 12.2 所示。

图 12.1 使用 CSS 定义单元格边框样式　　　　图 12.2 使用 CSS 合并单元格边框

12.1.2 定义单元格间距和空隙

为了兼容<table>标签的 cellspacing 属性，CSS 定义了 border-spacing 属性，该属性能够分离单元格间距。取值包含 1 个或 2 个值。当定义 1 个值时，则定义单元格行间距和列间距都为该值，例如：

table { border-spacing:20px;}/* 分隔单元格边框 */

如果分别定义行间距和列间距，就需要定义 2 个值，例如：

table { border-spacing:10px 30px;}/* 分隔单元格边框 */

其中，第一个值表示单元格之间的行间距，第二个值表示单元格之间的列间距，该属性值不可以为负数。使用 cellspacing 属性定义单元格之间的距离之后，该空间由表格背景填充。

【示例 1】以上节示例中的表格结构为基础，重新设计内部样式表，为表格内的单元格定义上下 6 px 和左右 12 px 的间距，同时设计单元格内部空隙为 12 px，演示效果如图 12.3 所示。

```
table { border-spacing: 6px 12px; }
th, td {
    font-size: 12px;
    border: solid 1px gray;
    padding: 12px;
}
```

也可以为<table>标签定义补白，此时可以增加表格外框与单元格之间的距离。

【示例 2】继续以示例 1 为基础，为<table>标签重设如下样式，设计表格外框为 2 px 红色实线，定义表格外框与内部单元格间距为 2 px，显示效果如图 12.4 所示。

图 12.3 增加单元格空隙　　　　图 12.4 为表格和单元格同时定义补白效果

```
table {
    border-spacing: 6px 12px;
    border: solid 2px red;
    padding: 2px;
}
```

12.1.3 隐藏空单元格

如果表格单元格的边框处于分离状态（border-collapse: separate;），可以使用 CSS 的 empty-cells 属性设置空单元格是否显示。当其值为 show 时，表示显示空单元格；当值为 hide 时，表示隐藏空单元格。

【示例】隐藏第 2 行第 2 列的空单元格边框，效果如图 12.5 所示。

```
<style type="text/css">
table {/* 表格样式 */
    width: 400px;                      /* 固定表格宽度 */
    border: dashed 1px red;            /* 定义虚线表格边框 */
    empty-cells: hide;                 /* 隐藏空单元格 */
}
th, td {/* 单元格样式 */
    border: solid 1px #000;            /* 定义实线单元格边框 */
    padding: 4px;                      /* 定义单元格内的补白区域 */
}
</style>
<table>
    <tr><td>西</td><td>东</td> </tr>
    <tr><td>北</td><td></td></tr>
</table>
```

（a）隐藏空白单元格　　　　　　　　　（b）默认显示的空白单元格

图 12.5　隐藏空单元格效果

12.1.4 定义标题样式

使用 CSS 的 caption-side 属性可以定义标题的显示位置，该属性取值包括 top（位于表格上面）、bottom（位于表格底部）、left（位于表格左侧，非标准）、right（位于表格右侧，非标准）。

如果要水平对齐标题文本，则可以使用 text-align 属性。对于左右两侧的标题，可以使用 vertical-align 属性进行垂直对齐，取值包括 top、middle 和 bottom，其他取值无效，默认为 top。

【示例】定义标题靠左显示，并设置标题垂直居中显示。但不同浏览器在解析时分歧比较大，如在 IE 浏览器中显示如图 12.6 所示，但是在 Firefox 中显示如图 12.7 所示。

```
<style type="text/css">
table {border: dashed 1px red; }                  /* 定义表格虚线外框样式 */
th, td {                                          /* 定义单元格样式 */
    border: solid 1px #000;                       /* 实线内框 */
    padding: 20px 80px;                           /* 单元格内补白大小 */
```

```
}
caption {/* 定义标题行样式 */
    caption-side: left;              /* 左侧显示 */
    width: 10px;                     /* 定义宽度 */
    margin: auto 20px;               /* 定义左右边界 */
    vertical-align: middle;          /* 垂直居中显示 */
    font-size: 14px;                 /* 定义字体大小 */
    font-weight: bold;               /* 加粗显示 */
    color: #666;                     /* 灰色字体 */
}
</style>
<table>
    <caption>表格标题</caption>
    <tr><td>北</td><td>西</td> </tr>
    <tr><td>东</td><td>南</td> </tr>
</table>
```

图 12.6　IE 解析表格标题效果　　　　　　图 12.7　Firefox 解析表格标题效果

12.2　设计表单样式

表单没有独立的 CSS 属性，适用 CSS 通用属性，如边框、背景、字体等样式。但是个别表单控件比较特殊，不易使用 CSS 定制，如下拉菜单、单选按钮、复选框和文件域。如果完全设计个性化样式，有时还需要 JavaScript 辅助实现。

12.2.1　定义文本框样式

使用 CSS 可以对文本框进行全面定制，如边框、背景、补白、大小、字体样式，以及 CSS3 圆角、阴影等，本节将通过几个示例演示设计文本框样式的基本方法。

【示例 1】新建一个网页，保存为 test1.html，在<body>标签内使用<form>标签包含一个文本框和一个文本区域。

```
<form>
    <p><label for="user">文本框：</label>
        <input type="text" value="看我的颜色"  id="user" name="user" /></p>
    <p><label for="text">文本区域：</label>
        <textarea   id="text" name="text">看我背景</textarea></p>
</form>
```

在<head>标签内添加<style type="text/css">标签，定义内部样式表，然后输入下面样式，定义表单样式，为文本框和文本区域设置不同的边框色、字体色、背景图。

```css
body { font-size: 14px; }                              /* 文本大小 */
input {
    width: 300px;                                      /* 设置宽度 */
    height: 25px;                                      /* 设置高度 */
    font-size: 14px;                                   /* 文本大小*/
    line-height: 25px;                                 /* 设置行高 */
    border: 1px solid #339999;                         /* 设置边框属性 */
    color: #FF0000;                                    /* 字体颜色 */
    background-color: #99CC66;                         /* 背景颜色 */
}
textarea {
    width: 400px;                                      /* 设置宽度 */
    height: 300px;                                     /* 设置高度 */
    line-height: 24px;                                 /* 设置行高 */
    border: none;                                      /* 清除默认边框设置 */
    border: 1px solid #ff7300;                         /* 设置边框属性 */
    background: #99CC99 url(images/1.jpg) no-repeat;   /* 设置宽度 */
    display: block;                                    /* 背景颜色*/
    margin-left: 60px;                                 /* 设置外间距 */
}
```

在上面代码中，定义整个表单中字体大小和输入域的空间，设置宽度和高度，输入域的高度和行高应一致，即方便实现单行文字垂直居中，接着设置单行输入框的边框，在字体颜色和背景颜色取色时，一般反差较大，以突出文本内容。

设置文本区域属性。同样对其宽高设置，此处设置它的行高为 24 px，实现行与行的间距，而不设置垂直居中。通过浏览器会发现文本区域的边框线有凹凸的感觉，此时设置边框线为 0，并重新定义边框线的样式。文本区域的输入内容较多，可以设置块元素换行显示，使输入的文本全部显示。通过浏览器发现单行文本框和文本区域左边并没有对齐，通过设置 margin-left 属性实现上（单行文本框）下（文本区域）的对齐，最后更改文本区域的背景色和背景图，即整个表单样式设置完毕。在 IE 浏览器中预览，演示效果如图 12.8 所示。

【示例 2】使用 CSS 设计表单对象样式有不同的方法。以示例 1 为例，如果使用属性选择器，则可以使用如下样式进行控制。

新建网页，保存为 test2.html，在<body>标签内使用<form>标签包含一个文本框和一个密码域。

```html
<form>
    <p><label for="user">文本框：</label>
        <input type="text" value="看我的颜色"  id="user" name="user" /></p>
    <p><label for="pass">密码域：</label>
        <input type="password" value="看我的颜色" id="pass" name="pass" /></p>
</form>
```

在<head>标签内添加<style type="text/css">标签，定义内部样式表，然后输入下面的样式。

```css
body { font-size: 14px;                                /* 文本大小*/ }
input {
    width: 200px;                                      /* 设置宽度 */
    height: 25px;                                      /* 设置高度 */
    border: 1px solid #339999;                         /* 设置边框 */
    background-color: #99CC66;                         /* 设置背景颜色 */
}
input[type='password'] { background-color: #F00; }     /* 设置背景颜色 */
```

在 IE 浏览器中预览，演示效果如图 12.9 所示。

图 12.8 文本框和文本区域样式　　　　　图 12.9 使用属性选择器控制表单对象

也可以使用类样式控制表单样式。以示例 2 为基础，简单定义一个类样式，然后添加到表单对象中即可。

```
<style type="text/css">
input.new { background-color: #F00;}
</style>
<input type="password" value="看我的颜色" id="pass" name="pass" class="new" />
```

【示例 3】大部分表单对象获得焦点时，会高亮显示，提示用户当前焦点的位置，如使用 CSS 伪类:focus 可以实现输入框的背景色的改变；使用 CSS 伪类:hover 可以实现当鼠标滑过输入框时，加亮或者改变输入框的边框线，提示当前鼠标滑过输入框。

新建网页，保存为 test3.html，在<body>标签内使用<form>标签包含一个文本框和一个密码域。

```
<form>
    <p><label for="user">文本框：</label>
        <input type="text" value="看我的颜色"  id="user" name="user" /></p>
    <p><label for="pass">密码域：</label>
        <input type="password" value="看我的颜色" id="pass" name="pass" class="new" />
    </p>
</form>
```

在<head>标签内添加<style type="text/css">标签，定义内部样式表，输入下面样式。

```
body { font-size: 14px;                         /* 设置宽度 */}
input {
    width: 200px;                               /* 设置宽度 */
    height: 25px;                               /* 设置高度 */
    border: 1px solid #339999;                  /* 设置边框样式 */
    background-color: #99CC66;                  /* 设置背景颜色 */
}
p span {
    display: inline-block;                      /* 定义行内块状显示 */
    width: 100px;                               /* 设置宽度 */
    text-align: right;                          /* 设置右对齐 */
}
input {
    width: 200px;                               /* 设置宽度 */
    height: 25px;
    border: 3px solid #339999;                  /* 设置边框样式 */
    background-color: #99CC66;                  /* 设置背景颜色 */
}
input:focus { background-color: #FF0000;        /* 设置背景颜色 */}
```

input:hover { border: 3px dashed #99FF00;   /* 设置边框样式 */ }

在 IE 浏览器中预览，演示效果如图 12.10 所示。

12.2.2 设计单选按钮和复选框样式

使用 CSS 可以简单地设计单选按钮和复选框的样式，如边框和背景色。如果改变其整体风格，需要通过 JavaScript 和背景图替换的方式间接实现。下面以单选按钮为例进行演示说明，复选框的实现可以参考本节示例源代码。

图 12.10　使用伪类设计动态样式效果

【设计思路】

第 1 步，先根据需要设计两种图片状态，即选中和未选中，后期通过不同的 class 类实现背景图像的改变。

第 2 步，通过<label>标签的 for 属性和单选按钮 id 属性值实现内容与单选按钮的关联，即单击单选按钮相对应的文字时，单选按钮被选中。

第 3 步，借助 JavaScript 脚本实现单击时动态改变 class 类，实现背景图像的切换。

【操作步骤】

第 1 步，在 Photoshop 中设计两个大小相等的背景图标，图标样式如图 12.11 所示。

图 12.11　设计背景图标

第 2 步，新建网页，保存为 test1.html，在<body>标签内使用<form>标签包含多个单选按钮。该表单设计评选各个浏览器被认可的人数，选项有火狐浏览器、IE 浏览器、谷歌浏览器等。

```
<form>
    <h3>请选择您最喜欢的浏览器</h3>
    <p>
        <input type="radio" checked="" id="radio0" value="radio" name="group"/>
        <label for="radio0" class="radio1">Internet Explorer</label>
    </p>
    …
</form>
```

第 3 步，在<head>标签内添加<style type="text/css">标签，定义一个内部样式表。

第 4 步，页面进行初始化，网页字体为 16 号黑体。表单<form>元素宽度为 600 px，为每行存放 3 个单选按钮确定空间，并使表单在浏览器居中显示。<form>元素的相对定位应去掉，此处体现子元素设置绝对定位时其父元素最好能设置相对定位，以减少 bug 的出现。

```
/*页面基本设置及表单<form>元素初始化 */
body {font-family:"黑体"; font-size:16px;}
form {position:relative; width:600px; margin:0 auto; text-align:center;}
```

第 5 步，<p>标签宽度为 200 px，并设置左浮动，实现表单（表单的宽度为 600 px，600/200=3）内部横向显示 3 个单选按钮。各个浏览器的名称长短不同，对其进行左对齐设置，以达到视觉上的对齐。<p>标签在不同浏览器下默认间距大小不一致，此处设置内外间距为 0 px，会发现第一行单选按钮和第二行单选按钮过于紧密，影响美观，于是设置上下外间距（margin）为 10 px。

```
p{ width:200px; float:left; text-align:left; margin:0; padding:0; margin:10px 0px;}
```

第 6 步，<input>标签的 ID 值和<label>标签的 for 属性值一致，实现二者关联，并将<input>标签进行隐藏操作。即<input>标签设置为绝对定位，并设置较大的 left 值，比如 left：-999em；<input>标签完全移到浏览器可视区域之外，达到隐藏该标签的作用，为紧跟在它后面的文字设置背景图像替代单选按钮（<input>标签）做铺垫。

```
input {position: absolute; left: -999em; }
```

第 7 步，为<label>标签添加 class 类 radio1 和 radio2，代表单选按钮未选中和选中状态两种状态。现在分别对 class 类 radio1 和 radio2 进行设置，二者 CSS 属性设置一致，区别在于其背景图像的不同。具体方法如下。

- ☑ 设置背景图不平铺，起始位置为左上角，清除外间距设置。背景图的宽度是 33 px、高度是 34 px，即设置的背景图和文字间距一定要大于 33 px，以防止文字压住背景图（文字在图片上面）。
- ☑ 设置左内间距为 40 px（可调整大小），设置<label>标签高度为 34 px、行高为 34 px，实现垂直居中，且完整显示背景图（高度值必须大于 34 px），用背景图代替单选按钮。
- ☑ 在浏览器显示中观察页面，背景图未显示完整，此时需要将<label>标签的 CSS 属性设置为块元素，这样设置的高度才有效。当鼠标移至<label>标签时设置指针变化为手形，提示当前可以单击。最后加入 JavaScript 脚本，实现动态单击选中效果，脚本不属于本书的介绍范围，读者可以直接使用（也可以直接删除 JavaScript 脚本）。单选按钮可以通过背景图替代，同样如示例，使用背景图也可以替代复选框的默认按钮样式。

```
.radio1 {margin: 0px;padding-left: 40px;color: #000;line-height: 34px;height: 34px;
    background:url(img/4.jpg) no-repeat left top;cursor: pointer;display:block; }
.radio2 {background:url(img/3.jpg) no-repeat left top; }
```

本例完整样式代码请参考本节示例源代码。

第 8 步，在 IE 浏览器中预览，演示效果如图 12.12 所示。

提示：类似的复选框设计效果如图 12.13 所示，具体示例请参考本节 test2.html 示例源代码。

图 12.12　单选按钮样式　　　　　　　　图 12.13　复选框样式

12.2.3　定义选择框样式

不同浏览器对于 CSS 控制选择框的支持不是很统一。一般情况下，通过 CSS 可以简单地设置选择框的字体和边框样式，对下拉菜单中的每个选项定义单独的背景、字体等效果，但是对于下拉箭头的外观，需要借助 JavaScript 脚本以间接方式控制。

【操作步骤】

第 1 步，新建一个网页，保存为 test.html，在<body>标签内使用<form>标签包含一个下拉菜单。

```
<div class='box'>
    <select >
        <option class="bjc1">北京</option>
```

```
                <option class="bjc2">上海</option>
                <option class="bjc3">天津</option>
                <option class="bjc4">重庆</option>
            </select>
        </div>
```

第 2 步，在<head>标签内添加<style type="text/css">标签，定义一个内部样式表，输入下面样式。添加不同 class 类名实现不同<option>标签的背景颜色，最终达到彩虹颜色的下拉菜单。

第 3 步，为<select>标签的父元素<div>标签设置宽度为 120 px，IE 下设置为 150 px，超出部分隐藏，通过第 2 步查看超出部分的隐藏是否有效。

```
.box{width:120px;width:150px\9; overflow:hidden;}
```

第 4 步，为<select>标签设置宽度为 136 px，它的值小于外层<div>标签的宽度，对其设置高度为 23 px，因为背景图像为 119 px×23 px，最外层的<div>标签设置的宽度是背景图的宽度所定义的。背景图的设置是查看现代浏览器和 IE 浏览器对<select>标签的支持情况。通过对图 12.14 和图 12.15 进行比较可以发现，IE 浏览器超出部分没有被隐藏，且 IE 浏览器中<select>标签与其子元素<option>标签的宽度为 120 px，而现代浏览器中<select>标签宽度为 136 px，其子元素并没有与<select>标签宽度一致，而是与<div>标签宽度一致，通过为 box 设置高度为 200 px 及背景色可查看。

```
select{width:136px; color: #909993; border:none;height:23px; line-height:23px;
background:none;background:url(images/5.jpg) no-repeat left top; color:#000000; font-weight:bold;}
.box{height:200px; background-color:#3C9}
```

图 12.14 IE 浏览器中下拉菜单不支持背景图   图 12.15 Firefox 浏览器中下拉菜单支持背景图

第 5 步，为下拉菜单的每个选项设置不同的背景颜色，通过<option>标签的不同的 class 名设置不同的背景颜色，实现彩虹效果。<option>标签的值与<select>标签的高度应一致，设置为手形，高度为 23 px，更改鼠标样式为手形。

```
.bjc1{background-color:#0C9;}
.bjc2{background-color:#F96}
.bjc3{background-color:#0F0}
.bjc4{background-color:#C60}
option{font-weight:bold; border:none; line-height:23px; height:23px; cursor:pointer;}
```

第 6 步，保存页面，在浏览器中预览，演示效果如图 12.14、图 12.15 所示。

通过比较发现，IE 浏览器不支持<select>标签的背景图设置，而 Firefox 浏览器则已经实现。谷歌、Opera 等浏览器也不支持。通过 JavaScript 和 CSS 相结合可以模拟<select>标签。

如果下拉菜单设计简单，只有对下拉菜单的宽度、字体颜色等简单要求的效果，采用<select>标签；如果需要含有特殊的设计效果，对其背景图设置，改变下拉菜单的下拉按钮形状，一般都是通过其他标签模拟实现下拉菜单的效果，而不再通过<select>标签设置。

12.3 案例实战

12.3.1 设计数据分组表格

本例通过树型结构来设计层次清晰的分类数据表格效果。整个表格样式设计包含如下4个技巧。
- ☑ 适当修改数据表格的结构，使其更利于树型结构的设计。
- ☑ 借助背景图像应用技巧来设计树型结构标志。
- ☑ 借助伪类选择器设计鼠标经过行时变换背景颜色。
- ☑ 通过边框和背景色设计列标题的立体显示效果。

【操作步骤】

第1步，新建 HTML5 文档，复制 12.2.3 节示例的数据表格结构。

第2步，修改数据表的结构。在修改数据表结构时，不要破坏数据表的基本结构，主要强化数据表格的分组。使用 thead 把标题分为一组（标题区域），使用多个 tbody 把数据分为多组（数据区域）。根据数据分类的需要，在每个 tbody 内部增加一个合并的数据行，该行仅包含一个单元格，为了避免破坏结构，使用 colspan="7" 合并单元格。经过修改之后的数据表格结构如下。

```html
<table summary="历届奥运会中国奖牌数">
    <caption>历届奥运会中国奖牌数</caption>
    <thead>
        <tr></tr>
    </thead>
    <tbody>
        <tr><td colspan="7">第一时期</td></tr>
        ……
    </tbody>
    <tbody>
        <tr><td colspan="7">第二时期</td></tr>
        ……
    </tbody>
    <tfoot>
        <tr><th>合计</th><td colspan="6">543 枚</td></tr>
    </tfoot>
</table>
```

第3步，重置基本表格对象的默认样式。例如，在 body 元素中定义页面字体类型，通过 table 元素定义数据表格的基本属性，以及其包含文本的基本显示样式。同时统一标题单元格和普通单元格的基本样式。

```css
body {font-family:"宋体" arial, helvetica, sans-serif;    /* 页面字体类型 */}/* 页面基本属性 */
table {                                                   /* 表格基本样式 */
    border-collapse: collapse;                            /* 合并单元格边框 */
    font-size: 85%;                                       /* 字体大小，约为 14px */
    line-height: 1.1;                                     /* 行高，使数据显得更紧凑 */
    width: 96%;                                           /* 固定宽度 */
    margin: auto;                                         /* 水平居中显示 */
    border:solid 6px #c6ceda;                             /* 添加粗边框，颜色与标题行背景色一致 */
}
th {                                                      /* 列标题基本样式 */
    font-weight: normal;                                  /* 普通字体，不加粗显示 */
    text-align: left;                                     /* 标题左对齐 */
    padding-left: 15px;                                   /* 定义左侧补白 */
```

```
th, td {padding: .6em .6em;  /* 增加补白效果,避免数据拥挤在一起 */}/* 单元格基本样式 */
```

第 4 步,定义列标题的立体效果。列标题的立体效果主要借助边框样式实现,设计顶部、左侧和右侧边框样式为像素宽的白色实线,而底部边框则设计为宽为 2 px 的浅灰色实线,这样就可以营造一种淡淡的立体凸起效果。

```
thead th,tfoot th, tfoot td {          /* 列标题样式,立体效果 */
    background: #c6ceda;               /* 背景色 */
    border-color: #fff #fff #888 #fff; /* 配置立体边框效果 */
    border-style: solid;               /* 实线边框样式 */
    border-width: 1px 1px 2px 1px;     /* 定义边框大小 */
    padding-left: .5em;                /* 增加左侧的补白 */
}
```

第 5 步,定义树型结构效果。树型结构主要利用虚线背景图像（ 和 ）模拟,借助背景图像的灵活定位特性,可以精确地设计树型结构样式。然后使用结构伪类选择器分别把它们应用到每行的第一个单元格中。

```
tbody tr td:first-child {                                /* 树型结构非末行图标样式 */
    background: url(images/dots.gif) 18px 54% no-repeat;  /*定义树型结构末行图标 */
    padding-left: 26px;                                   /* 增加左侧的补白 */
}
tbody tr:last-child td:first-child {                      /* 树型结构末行图标样式 */
    background: url(images/dots2.gif) 18px 54% no-repeat; /*定义树型结构的末行图标 */
    padding-left: 26px;                                   /* 增加左侧的补白 */
}
```

第 6 步,为分类标题行定义一个样式类。通过为该行增加一个提示图标以及背景色,区分不同分类行之间的视觉分类效果。

```
tbody tr:first-child td {                                          /* 数据分类标题行的样式 */
    background:#eee url(images/arrow.gif) no-repeat 12px 50%;      /* 背景图像,定义提示图标 */
    padding-left: 28px;                                             /* 增加左侧的补白 */
    font-weight:bold;                                               /* 字体加粗显示 */
    color:#444;                                                     /* 字体颜色 */
}
```

第 7 步,设计当鼠标经过每行时变换背景颜色,以此显示当前行效果。

```
tr:hover, td.start:hover, td.end:hover {   /* 鼠标经过行、单元格时的样式 */
    background: #FF9;                      /* 变换背景色 */
}
```

第 8 步,保存页面,在浏览器中预览,效果如图 12.16 所示。

图 12.16 设计数据分组表格效果

12.3.2　设计单线表格

本例在前面示例的数据表格结构的基础上，使用 CSS3 技术设计一款单行线表格，效果如图 12.17 所示。

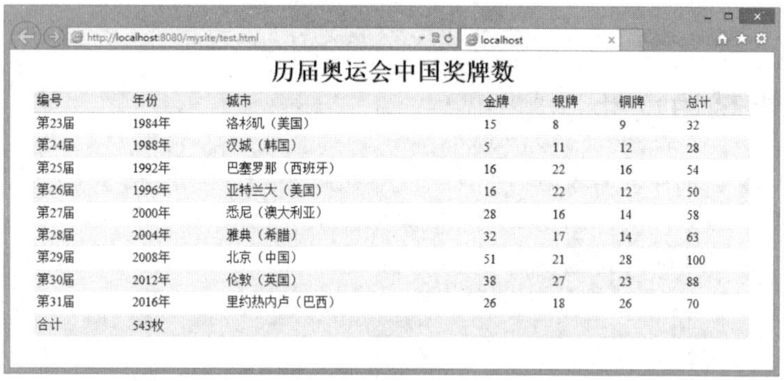

历届奥运会中国奖牌数

编号	年份	城市	金牌	银牌	铜牌	总计
第23届	1984年	洛杉矶（美国）	15	8	9	32
第24届	1988年	汉城（韩国）	5	11	12	28
第25届	1992年	巴塞罗那（西班牙）	16	22	16	54
第26届	1996年	亚特兰大（美国）	16	22	12	50
第27届	2000年	悉尼（澳大利亚）	28	16	14	58
第28届	2004年	雅典（希腊）	32	17	14	63
第29届	2008年	北京（中国）	51	21	28	100
第30届	2012年	伦敦（英国）	38	27	23	88
第31届	2016年	里约热内卢（巴西）	26	18	26	70
合计	543枚					

图 12.17　设计单线表格效果

【操作步骤】

第 1 步，新建 HTML5 文档，复制上节示例的数据表格结构。

第 2 步，在头部区域<head>标签中插入一个<style type="text/css">标签，在该标签中输入下面样式代码，定义表格默认样式，并定制表格外框主题类样式。

```
table {
    *border-collapse: collapse; /* IE7 and lower */
    border-spacing: 0;
    width: 100%;
}
```

第 3 步，设计单元格样式以及标题单元格样式，取消标题单元格的默认加粗和居中显示。

```
.table td, .table th {
    padding: 4px;                              /* 增大单元格补白，避免拥挤*/
    border-bottom: 1px solid #f2f2f2;          /* 定义下边框线 */
    text-align: left;                          /* 文本左对齐 */
    font-weight:normal;                        /* 取消加粗显示 */
}
```

第 4 步，为列标题行定义渐变背景，同时增加高亮内阴影效果，为标题文本增加淡淡的阴影色。

```
.table thead th {
    text-shadow: 0 1px 1px rgba(0,0,0,.1);
    border-bottom: 1px solid #ccc;
    background-color: #eee;
    background-image: linear-gradient(to top, #f5f5f5, #eee);
}
```

第 5 步，设计数据隔行换色效果。

```
.table tbody tr:nth-child(even) {
    background: #f5f5f5;
    box-shadow: 0 1px 0 rgba(255,255,255,.8) inset;
}
```

第 6 步，设计表格圆角效果。

```
/* 左上角圆角 */
```

```
.table  thead th:first-child { border-radius: 6px 0 0 0;}
/* 右上角圆角 */
.table  thead  th:last-child {border-radius: 0 6px 0 0;}
/* 左下角圆角 */
.table tfoot td:first-child, .table tfoot th:first-child{ border-radius: 0 0 0 6px;}
/* 右下角圆角 */
.table tfoot td:last-child,.table tfoot th:last-child {border-radius: 0 0 6px 0;}
```

12.3.3 设计表格自动布局

本例设计一个能够自动伸缩的表格,当调整页面宽度或者在不同屏幕尺寸的设备上浏览时,表格能够自适应调整布局,以方便用户浏览,演示效果如图 12.18 所示。

（a）手机模拟器中显示效果　　　　　　（b）桌面浏览器中显示效果

图 12.18　设计自动伸缩的表格效果

【设计思路】使用 CSS 媒体查询中的 media 关键字检测屏幕的宽度。利用 CSS 布局技术重新设计表格的显示特性,让其以列表样式显示。这里涉及网页布局和媒体查询技术,请参考第 14 章和第 17 章的内容。

设计响应式样式,使用@media 判断当设备视图宽度小于等于 1024 px 时,则隐藏表格的标题,让表格单元格以块显示并向左浮动,从而设计垂直堆叠显示效果;再使用:before 伪类在每行左侧添加动态文字,即列的标题。

```
@media  only screen and (max-width: 760px),  (min-device-width: 768px) and (max-device-width: 1024px) {
/* 强制表格不再像表格一样显示 */
table, thead, tbody, th, td, tr,caption { display: block; }
/* 隐藏表格标题。不使用 display: none;,主要用于辅助功能 */
thead tr {
    position: absolute;
    top: -9999px; left: -9999px;
}
tr { border: 1px solid #ccc; }
td {/* 行为像一个"行" */
    border: none;
    border-bottom: 1px solid #eee;
    position: relative;
    padding-left: 50%;
```

```
}
td:before { /* 动态添加表格标题 */
    position: absolute;
    /* 顶/左值模仿填充 */
    top: 6px; left: 6px; width: 45%;
    padding-right: 10px; white-space: nowrap;
}
/*标记列标题*/
td:nth-of-type(1):before { content: "编号"; }
td:nth-of-type(2):before { content: "年份"; }
td:nth-of-type(3):before { content: "城市"; }
td:nth-of-type(4):before { content: "金牌"; }
td:nth-of-type(5):before { content: "银牌"; }
td:nth-of-type(6):before { content: "铜牌"; }
td:nth-of-type(7):before { content: "总计"; }
}
```

12.3.4 设计表格水平滚动显示

本例设计一个能够滚动布局的表格，当调整页面宽度或者在不同屏幕尺寸的设备上尝试浏览时，表格会显示水平滚动条，滚动显示各列的数据，演示效果如图 12.19 所示。

（a）手机模拟器中显示效果　　　　　　　　（b）桌面浏览器中显示效果

图 12.19　设计滚动布局表格效果

【设计思路】使用 CSS 媒体查询中的 media 关键字检测屏幕的宽度，利用 CSS 浮动技术让表格变成列表。因此，需要使用<thead>和<tbody>标签对表格进行分组，标题区和数据区各自独立显示。限于篇幅，表格代码请参考本节示例源代码。

设计小屏设备下的显示样式。

```
@media only screen and (max-width: 40em) { /*640*/
    #rt1 { /*表格框样式：块显示，定义定位包含框*/
        display: block;
        position: relative;
        width: 100%;
    }
    /*标题区靠左浮动显示*/
    #rt1 thead { display: block; float: left; }
    /*数据区块显示，自动宽度，x 轴自动显示滚动条，禁止换行显示 */
    #rt1 tbody {
        display: block;
        width: auto;
        position: relative;
        overflow-x: auto;
```

```css
            white-space: nowrap;
        }
        #rt1 thead tr { display: block; }
        #rt1 th { display: block; }
        #rt1 tbody tr { display: inline-block; vertical-align: top; }
        #rt1 td { display: block; min-height: 1.25em; }
        /* 整理边界    */
        .rt th { border-bottom: 0; }
        .rt td { border-left: 0; border-right: 0; border-bottom: 0; }
        .rt tbody tr { border-right: 1px solid #babcbf; }
        .rt th:last-child,   .rt td:last-child { border-bottom: 1px solid #babcbf; }
}
```

12.3.5 设计登录表单

本例设计一款个性化的登录表单页面，演示效果如图 12.20 所示。从效果图看，登录框精致、富有立体效果，表单对象的边框色使用#fff 值进行设置，定义为白色；表单对象的阴影色使用 rgba(0,0,0,0.1)值进行设置，定义为非常透明的黑色；字体颜色使用 hsla(0,0%,100%,0.9)值进行设置，定义为轻微透明的白色。

图 12.20　设计登录表单

示例主要代码如下所示。

```css
<style    type="text/css">
body{ /* 为页面添加背景图像，显示在中央顶部位置，并列完全覆盖窗口 */
    background: #eedfcc url(images/bg.jpg) no-repeat center top;
    background-size: cover;
}
.form {                                         /* 定义表单框的样式 */
    width: 300px;                               /* 固定表单框的宽度 */
    margin: 30px auto;                          /* 居中显示 */
    border-radius: 5px;                         /* 设计圆角效果 */
    box-shadow: 0 0 5px rgba(0,0,0,0.1),        /* 设计润边效果 */
                0 3px 2px rgba(0,0,0,0.1);      /* 设计淡淡的阴影效果 */
}
.form p {                                       /* 定义表单对象外框圆角、白边显示 */
    width: 100%;
    float: left;
    border-radius: 5px;
    border: 1px solid #fff;
}
/* 定义表单对象样式 */
.form input[type=text],
.form input[type=password] {
    /* 固定宽度和大小 */
    width: 100%;
    height: 50px;
```

```css
        padding: 0;
        /*增加修饰样式 */
        border: none;                                       /* 移出默认的边框样式*/
        background: rgba(255,255,255,0.2);                  /* 增加半透明的白色背景 */
        box-shadow: inset 0 0 10px rgba(255,255,255,0.5);   /* 为表单对象设计高亮效果 */
        /* 定义字体样式*/
        text-indent: 10px;
        font-size: 16px;
        color:hsla(0,0%,100%,0.9);
        text-shadow: 0 -1px 1px rgba(0,0,0,0.4);            /* 为文本添加阴影，设计立体效果 */
}
.form input[type=text] {                                    /* 设计用户名文本框底部边框样式，并设计顶部圆角 */
        border-bottom: 1px solid rgba(255,255,255,0.7);
        border-radius: 5px 5px 0 0;
}
.form input[type=password] {                                /* 设计密码域文本框顶部边框样式，并设计底部圆角 */
        border-top: 1px solid rgba(0,0,0,0.1);
        border-radius: 0 0 5px 5px;
}
/* 定义表单对象被激活，或者鼠标经过时，增亮背景色，并清除轮廓线 */
.form input[type=text]:hover,
.form input[type=password]:hover,
.form input[type=text]:focus,
.form input[type=password]:focus {
        background: rgba(255,255,255,0.4);
        outline: none;
}
</style>
<form class="form">
    <p>
        <input type="text" id="login" name="login" placeholder="用户名">
        <input type="password" name="password" id="password" placeholder="密码">
    </p>
</form>
```

12.4 在线支持

扫码免费学习
更多实用技能

一、专项练习
- ☑ HTML5 表格结构和样式
- ☑ CSS3 表格样式
- ☑ HTML5 表单结构和行为
- ☑ CSS3 表单样式

二、参考
- ☑ CSS 表格属性（Table）列表

三、更多案例实战
- ☑ 斑马线表格
- ☑ 圆边表格
- ☑ 单线表格
- ☑ 自动隐藏列
- ☑ 背景修饰
- ☑ 调查表
- ☑ 搜索表单
- ☑ 设计状态样式
- ☑ 文件域
- ☑ 反馈表单

新知识、新案例不断更新中……

第 13 章　CSS3 盒模型

CSS3 盒模型规定了网页元素的显示方式，包括大小、边框、边界和补白等概念。2015 年 4 月，W3C 的 CSS 工作组发布了 CSS3 基本用户接口模块，该模块负责控制与用户接口界面相关效果的呈现方式。

13.1　盒模型基础

在网页设计中，经常会听到内容（content）、补白（padding）、边框（border）、边界（margin）等术语，在日常生活中盒子装东西与此类似，所以统称为盒模型。

盒模型具有如下特点，其结构示意图如图 13.1 所示。

- ☑ 盒子都有 4 个区域：边界、边框、补白、内容。
- ☑ 每个区域都包括 4 个部分：上、右、下、左。
- ☑ 每个区域可以统一设置，也可以分别设置。
- ☑ 边界和补白只能定义大小，而边框可以定义样式、大小和颜色。
- ☑ 内容可以定义宽度、高度、前景色和背景色。

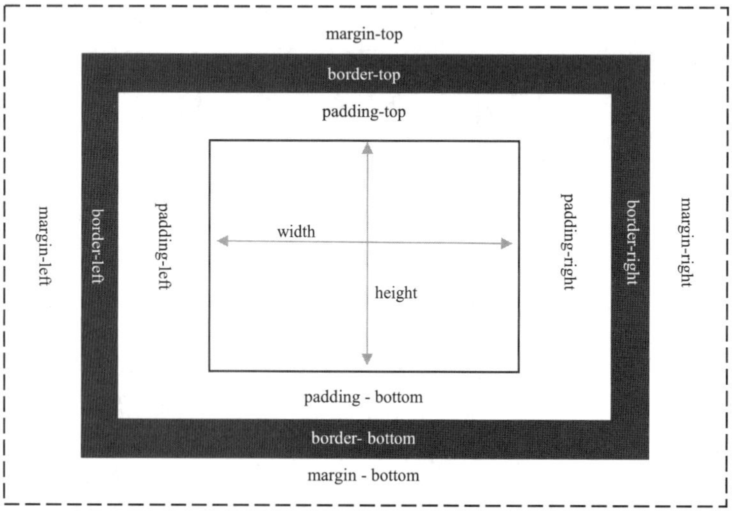

图 13.1　盒模型结构示意图

在默认状态下，所有元素的初始状态（margin、border、padding、width 和 height）都为 0，背景色为透明。当元素包含内容后，width 和 height 会自动调整为内容的宽度和高度。调整补白、边框和边界的大小，不会影响内容的大小，但会增加元素在网页内显示的总尺寸。

13.2 大　　小

使用 width（宽）和 height（高）属性可以定义内容区域的大小。

根据 CSS 盒模型规则，可以设计如下等式。

- ☑ 元素的总宽度=左边界+左边框+左补白+宽+右补白+右边框+右边界
- ☑ 元素的总高度=上边界+上边框+上补白+高+下补白+下边框+下边界

假设一个元素的宽度为 200 px、左右边界为 50 px、左右补白为 50 px、边框为 20 px，则该元素在页面中实际占据的宽度为 50 px + 20 px + 50 px + 200 px + 50 px + 20 px + 50 px = 440 px。

> **注意**：在浏览器怪异解析模式中，元素在页面中占据的实际大小如下。
> - ☑ 元素的总宽度=左边界+宽+右边界
> - ☑ 元素的总高度=上边界+高+下边界

使用 CSS 盒模型公式表示如下。

元素的总宽度=左边框+左补白+宽+右补白+右边框

元素的总高度=上边框+上补白+高+下补白+下边框

【示例】定义两个并列显示的 div 元素，设置每个 div 的 width 为 50%，显示效果如图 13.2 所示。

```
<style type="text/css">
div {                                   /*定义 div 元素公共属性 */
    float: left;                        /*向左浮动，实现并列显示*/
    background-image: url(images/1.jpg);/* 定义背景图像 */
    background-color: #CC99CC;          /* 定义背景色 */
    font-size: 32px;                    /* 定义 div 内显示的字体大小 */
    color: #FF0000;                     /* 定义 div 内显示的字体颜色 */
    text-align: center;                 /* 定义 div 内显示的字体居中显示 */
    height: 540px;                      /* 定义高度*/}
#box1 {                                 /*定义第 1 个 div 元素属性*/
    width: 50%;                         /* 占据窗口一半的宽度 */ }
#box2 {                                 /*定义第 2 个 div 元素属性*/
    width: 50%;                         /* 占据窗口一半的宽度 */ }
</style>
<div id="box1">左边元素</div>
<div id="box2">右边元素</div>
```

图 13.2　定义元素的大小

13.3 边框

边框可以设计修饰线，也可以作为分界线。定义边框的宽度有多种方法，简单说明如下。

- ☑ 直接在属性后面指定宽度值。

```
border-bottom-width:12px;           /*定义元素的底边框宽度为 12px*/
border-top-width:0.2em;             /*定义顶部边框宽度为元素内字体大小的 0.2 倍*/
```

- ☑ 使用关键字，如 thin、medium 和 thick。thick 比 medium 宽，而 medium 比 thin 宽。不同浏览器对此解析的宽度值不同，有的解析为 5 px、3 px、2 px，有的解析为 3 px、2 px、1 px。
- ☑ 单独为某边设置宽度，可以使用 border-top-width（顶边框宽度）、border-right-width（右边框宽度）、border-bottom-width（底边框宽度）和 border-left-width（左边框宽度）。
- ☑ 使用 border-width 属性定义边框宽度。

```
border-width:2px;                   /*定义四边都为 2px*/
border-width:2px 4px;               /*定义上下边为 2px，左右边为 4px*/
border-width:2px 4px 6px;           /*定义上边为 2px，左右边为 4px，底边为 6px*/
border-width:2px 4px 6px 8px;       /*定义上边为 2px，右边为 4px，底边为 6px，左边为 8px*/
```

> **提示**：当定义边框宽度时，必须定义边框样式，因为边框样式默认为 none，即不显示，所以仅设置边框的宽度，就看不到效果。

定义边框颜色可以使用颜色名、RGB 颜色值或十六进制颜色值。

【示例 1】分别为元素的各个边框定义不同的颜色，演示效果如图 13.3 所示。

```
<style type="text/css">
#box {/*定义边框的颜色  */
    height: 164px;                       /* 定义盒的高度 */
    width: 240px;                        /* 定义盒的宽度 */
    padding: 2px;                        /* 定义内补白 */
    font-size: 16px;                     /* 定义字体大小 */
    color: #FF0000;                      /* 定义字体显示颜色 */
    border-style: solid;                 /* 定义边框为实线显示 */
    border-width: 50px;                  /* 定义边框的宽度 */
    border-top-color: #aaa;              /* 定义顶边框颜色为十六进制值*/
    border-right-color: gray;            /* 定义右边框颜色为名称值*/
    border-bottom-color: rgb(120,50,20); /* 定义底边框颜色为 RGB 值*/
    border-left-color:auto;              /* 定义左边框颜色将继承字体颜色*/}
</style>
<div id="box"><img src="images/1.jpg" width="240" height="164" alt=""/></div>
```

CSS 支持的边框样式主要包括以下几个。

- ☑ none：默认值，无边框，不受任何指定的 border-width 值影响。
- ☑ hidden：隐藏边框，IE 不支持。
- ☑ dotted：定义边框为点线。
- ☑ dashed：定义边框为虚线。
- ☑ solid：定义边框为实线。
- ☑ double：定义边框为双线，两条线及其间隔宽度之和等于指定的 border-width 值。

图 13.3　定义边框颜色

- groove：根据 border-color 值定义 3D 凹槽。
- ridge：根据 border-color 值定义 3D 凸槽。
- inset：根据 border-color 值定义 3D 凹边。
- outset：根据 border-color 值定义 3D 凸边。

【示例 2】在一段文本中包含一个 span 元素，利用它为部分文本定义特殊样式，设计顶部边框为 80 px 的红色实线，底部边框为 80 px 的绿色实线，如图 13.4 所示。

```
<style type="text/css">
p {                                  /* 定义段落属性 */
    margin: 50px;                    /* 定义段落的边界为 50px */
    border: dashed 1px #999;         /* 定义段落的边框 */
    font-size: 14px;                 /* 定义段落字体大小 */
    line-height: 24px;               /* 定义段落行高为 24px */
span {                               /* 定义段落内内联文本属性 */
    border-top: solid red 80px;      /* 定义行内元素的上边框样式 */
    border-bottom: solid green 80px; /* 定义行内元素的下边框样式 */
    color: blue;
}
</style>
```

\<p\> 寒蝉凄切，对长亭晚，骤雨初歇。都门帐饮无绪，留恋处舟催发。执手相看泪眼，竟无语凝噎。念去去千里烟波，暮霭沉沉楚天阔。　\<span\>多情自古伤离别，更那堪冷落清秋节。\</span\>今宵酒醒何处?杨柳岸晓风残月。此去经年，应是良辰好景虚设。便纵有千种风情，更与何人说? \</p\>

图 13.4　定义行内元素上下边框效果

可以看到上边框压住上一行文字，并超出段落边框，下边框压住下一行文字，也超出段落边框。

【示例 3】在一段文本中包含一个 span 元素，利用它为部分文本定义特殊样式，设计左侧边框为 60 px 的红色实线，右侧边框为 20 px 的蓝色实线，上下边框为 1 px 的红色实线。在 IE 中浏览，左右边框分别占据一定的位置，效果如图 13.5 所示。

```
<style type="text/css">
p {                                /* 定义段落属性 */
    margin:20px;
    border:dashed 1px #999;
    font-size:14px;
    line-height:24px;}
span {                             /* 定义段落内内联文本属性 */
    border-left:solid red 60px;    /* 定义行内元素的左边框样式 */
    border-right:solid blue 20px;  /* 定义行内元素的右边框样式 */
    border-top:solid red 1px;      /* 定义行内元素的上边框样式 */
    border-bottom:solid red 1px;   /* 定义行内元素的下边框样式*/
    color:#aaa;                    /* 定义字体颜色 */}
```

```
</style>
```
<p> 寒蝉凄切, 对长亭晚, 骤雨初歇。都门帐饮无绪, 留恋处舟催发。执手相看泪眼, 竟无语凝噎。念去去千里烟波, 暮霭沉沉楚天阔。 <span>多情自古伤离别, 更那堪冷落清秋节。</span>今宵酒醒何处?杨柳岸晓风残月。此去经年, 应是良辰好景虚设。便纵有千种风情, 更与何人说? </p>

图 13.5 定义行内元素左右边框效果

13.4 边　　界

元素与元素外边框之间的区域称为边界, 也称为外边距。设置边界可以使用 margin 属性。

margin:2px;	/*定义元素四边边界为 2px*/
margin:2px 4px;	/*定义上下边界为 2px, 左右边界为 4px*/
margin:2px 4px 6px;	/*定义上边界为 2px, 左右边界为 4px, 下边界为 6px*/
margin:2px 4px 6px 8px;	/*定义上边界为 2px, 右边界为 4px, 下边界为 6px, 左边界为 8px*/

也可以使用 margin-top、margin-right、margin-bottom、margin-left 属性独立设置上、右、下和左边界的大小。

margin-top:2px;	/*定义元素上边界为 2px*/
margin-right:2em;	/*定义右边界为元素字体的 2 倍*/
margin-bottom:2%;	/*定义下边界为父元素宽度的 2%*/
margin-left:auto;	/*定义左边界为自动*/

margin 可以使用任何长度单位, 如 px、lb、in、cm、em、%等。margin 默认值为 0, 可以取负值。如果设置负值, 将反向偏移元素的位置。

【示例 1】通过边界调整子元素在包含框内的显示位置, 如图 13.6 所示。

```
<style type="text/css">
body {margin: 0; /*适用 IE*/padding: 0;      /*适用非 IE*/}/*清除页边距*/
div {                                        /*定义父子元素共同属性*/
    margin: 20px;
    padding: 20px;
    float: left;}
#box1 {                                      /*定义父元素的属性*/
    width: 500px;
    height: 300px;
    float: left;
    background-image: url(images/1.jpg);
    border: solid 20px red;}
#box2 {                                      /*定义子元素的属性*/
    width: 150px;
    height: 150px;
    float: left;
```

```
        background-image: url(images/2.jpg);
        border: solid 20px blue;}
</style>
<div id="box1">
    <div id="box2">子元素</div>
</div>
```

【示例 2】演示当行内元素定义 margin 之后，会对左右两侧的间距产生影响，如图 13.7 所示。

```
<style type="text/css">
p {                                    /*影响行高的属性*/
    line-height: 28px;
    font-size: 16px;
    vertical-align: middle;}
span {                                 /*行内元素的边界*/
    margin: 100px;
    border: solid 1px blue;
    color: red;}
</style>
<p> 五月草长莺飞，窗外的春天盛大而暧昧。这样的春日，适合捧一本丰沛的大书在阳光下闲览。<span>季羡林的《清塘荷韵》</span>，正是手边一种：清淡的素色封面，一株水墨荷花迎风而立，书内夹有同样的书签，季羡林的题款颇有古荷风姿。 </p>
```

图 13.6　演示效果　　　　　　　　　图 13.7　预览效果

13.5　补　　白

元素包含内容与内边框间的区域称为补白，也称为内边距。设置补白可以使用 padding 属性。

padding:2px;	/*定义元素四周补白为 2px*/
padding:2px 4px;	/*定义上下补白为 2px，左右补白为 4px*/
padding:2px 4px 6px;	/*定义上补白为 2px，左右补白为 4px，下补白为 6px*/
padding:2px 4px 6px 8px;	/*定义上补白为 2px，右补白为 4px，下补白为 6px，左补白为 8px*/

也可以使用 padding-top、padding-right、padding-bottom、padding-left 属性独立设置上、右、下和左补白的大小。

padding-top:2px;	/*定义元素上补白为 2px*/
padding-right:2em;	/*定义右补白为元素字体的 2 倍*/
padding-bottom:2%;	/*定义下补白为父元素宽度的 2%*/
padding-left:auto;	/*定义左补白为自动*/

补白取值不可以为负。补白和边界一样都是透明的，当设置背景色和边框色后，才能看到补白区域。

【示例】设计导航列表项目并列显示，然后通过补白调整列表项目的显示大小，效果如图 13.8 所示。

```
<style type="text/css">
ul {                                    /*清除列表样式*/
    margin: 0;                          /*清除 IE 列表缩进*/
    padding: 0;                         /*清除非 IE 列表缩进*/
    list-style-type: none;              /*清除列表样式*/}
#nav {width: 100%;height: 32px;}        /*定义列表框宽和高*/
#nav li {                               /*定义列表项样式*/
    float: left;                        /*浮动列表项*/
    width: 9%;                          /*定义百分比宽度*/
    padding: 0 5%;                      /*定义百分比补白*/
    margin: 0 2px;                      /*定义列表项间隔*/
    background: #def;                   /*定义列表项背景色*/
    font-size: 16px;
    line-height: 32px;                  /*垂直居中*/
    text-align: center;                 /*平行居中*/}
</style>

<ul id="nav">
    <li>美 丽 说</li>
    <li>聚美优品</li>
    <li>唯 品 会</li>
    <li>蘑 菇 街</li>
    <li>1 号 店</li>
</ul>
```

图 13.8 设计导航列表效果

13.6 界　　面

13.6.1 显示方式

浏览器解析有两种模式：怪异模式和标准模式。在怪异模式下，border 和 padding 包含在 width 或 height 之内；在标准模式下，border、padding、width 或 height 是各自独立区域。

使用 box-sizing 属性可以定义对象的解析方式，具体语法如下所示。

box-sizing : content-box | border-box;

取值简单说明如下。

☑ content-box：为默认值，padding 和 border 不包含在定义的 width 和 height 之内。对象的实际宽度等于设置的 width 值和 border、padding 之和，即元素的实际宽度=宽+边框+补白。

- border-box：padding 和 border 包含在定义的 width 和 height 之内。对象的实际宽度就等于设置的 width 值，即使定义有 border 和 padding 也不会改变对象的实际宽度，即元素的宽度 = width。

【示例】设计两个盒子，在标准模式和怪异模式下进行解析比较，显示效果如图 13.9 所示。

```
<style type="text/css">
div {
    float: left;                       /* 并列显示 */
    height: 100px;                     /* 元素的高度 */
    width: 100px;                      /* 元素的宽度 */
    border: 50px solid red;            /* 边框 */
    margin: 10px;                      /* 外边距 */
    padding: 50px;                     /* 内边距 */
}
.border-box { box-sizing: border-box;} /* 怪异模式解析 */
</style>
<div>标准模式</div>
<div class="border-box">怪异模式</div>
```

从图 13.9 可以看到，在怪异模式下 width 属性值就是元素的实际宽度，即 width 属性值中包含 padding 和 border 属性值。

13.6.2 调整大小

使用 resize 属性可以允许用户通过拖动的方式改变元素的尺寸，具体语法如下所示。

```
resize:none | both | horizontal | vertical
```

取值简单说明如下。

图 13.9 标准模式和怪异模式解析比较

- none：为默认值，不允许用户调整元素大小。
- both：用户可以调节元素的宽度和高度。
- horizontal：用户可以调节元素的宽度。
- vertical：用户可以调节元素的高度。

目前除了 IE 浏览器外，其他主流浏览器都支持该属性。

【示例】演示使用 resize 属性设计可以自由调整大小的图片，如图 13.10 所示。

```
<style type="text/css">
#resize {
    /*以背景方式显示图像，这样可以更轻松地控制缩放操作*/
    background:url(images/1.jpg) no-repeat center;
    /*设计背景图像仅在内容区域显示，留出补白区域*/
    background-clip:content;
    /*设计元素最小和最大显示尺寸，用户也只能在该范围内自由调整*/
    width:200px; height:120px;
    max-width:800px; max-height:600px;
    padding:6px; border: 1px solid red;
    /*必须同时定义 overflow 和 resize，否则 resize 无效，元素默认溢出显示为 visible*/
    resize: both;
    overflow: auto;
}
</style>
<div id="resize"></div>
```

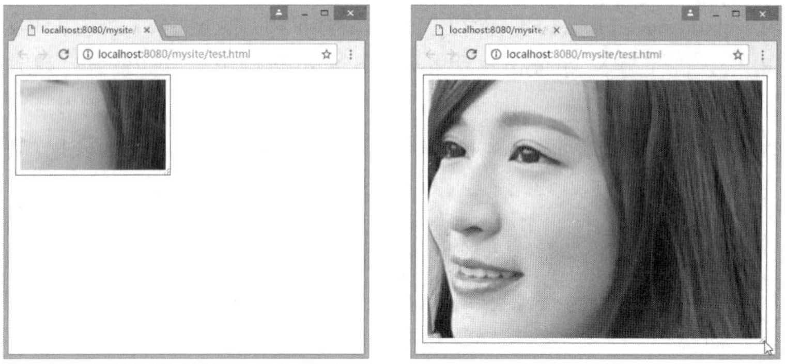

（a）默认大小　　　　　　（b）鼠标拖动放大

图 13.10　调节元素尺寸

13.6.3　缩放比例

zoom 是 IE 的专有属性，用于设置对象的缩放比例，另外它还可以触发 IE 的 haslayout 属性，清除浮动、margin 重叠等作用，设计师常用这个属性解决 IE 浏览器存在的布局 Bug。

CSS3 支持该属性，基本语法如下所示。

zoom: normal | <number> | <percentage>

取值说明如下。

- ☑ normal：使用对象的实际尺寸。
- ☑ <number>：用浮点数定义缩放比例，不允许负值。
- ☑ <percentage>：用百分比定义缩放比例，不允许负值。

目前，除了 Firefox 浏览器之外，所有主流浏览器都支持该属性。

【示例】使用 zoom 放大第 2 幅图片为原来的 2 倍，比较效果如图 13.11 所示。

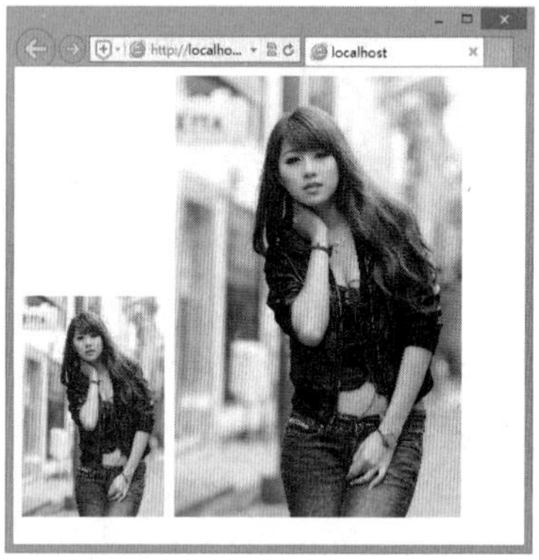

图 13.11　放大图片显示尺寸

```
<style type="text/css">
img {
    height: 200px;
    margin-right: 6px;
}
img.zoom { zoom: 2; }
</style>
<img src="images/bg.jpg"/>
<img class="zoom" src="images/bg.jpg"/>
```

当 zoom 属性值为 1 或 100%时，相当于 normal，表示不缩放；当 zoom 属性值为小于 1 的正数时，表示缩小，如 zoom: 0.5;表示缩小一半。

13.7　轮廓样式

轮廓与边框不同，它不占用页面空间，且不一定是矩形。轮廓属于动态样式，只有当对象获取焦点或者被激活时呈现。使用 outline 属性可以定义块元素的轮廓线，具体语法如下所示。

outline: <'outline-width'> || <'outline-style'> || <'outline-color'> || <'outline-offset'>

取值简单说明如下。
- ☑ <'outline-width'>：指定轮廓边框的宽度。
- ☑ <'outline-style'>：指定轮廓边框的样式。
- ☑ <'outline-color'>：指定轮廓边框的颜色。
- ☑ <'outline-offset'>：指定轮廓边框偏移值。

【示例】设计当文本框获得焦点时，在周围画一个粗实线外廓，以提醒用户交互效果，效果如图 13.12 所示。

```
<style type="text/css">
……
/*设计表单内文本框和按钮在被激活和获取焦点状态下时，轮廓线的宽、样式和颜色*/
input:focus, button:focus  { outline: thick solid #b7ddf2 }
input:active, button:active   { outline: thick solid #aaa }
</style>
<div id="stylized" class="myform">
    <form id="form1" name="form1" method="post" action="">
        <h1>登录</h1>
        <p>请准确填写个人信息...</p>
        <label>Name <span class="small">姓名</span> </label>
        <input type="text" name="textfield" id="textfield" />
        <label>email <span class="small">电子邮箱</span> </label>
        <input type="text" name="textfield" id="textfield" />
        <label>Password <span class="small">密码</span> </label>
        <input type="text" name="textfield" id="textfield" />
        <button    type="submit">登录</button>
        <div class="spacer"></div>
    </form>
</div>
```

（a）默认状态　　　　　　（b）激活状态　　　　　　（c）获取焦点状态

图 13.12　设计文本框的轮廓线

13.8　圆角样式

使用 border-radius 属性可以设计元素的边框以圆角样式显示，具体语法如下所示。

border-radius: [<length> | <percentage>]{1,4} [/ [<length> | <percentage>]{1,4}]?

取值简单说明如下。
- ☑ <length>：用长度值设置对象的圆角半径长度，不允许负值。
- ☑ <percentage>：用百分比设置对象的圆角半径长度，不允许负值。
- ☑ border-radius：此属性派生了以下 4 个子属性。
  - border-top-right-radius：定义右上角的圆角。
  - border-bottom-right-radius：定义右下角的圆角。
  - border-bottom-left-radius：定义左下角的圆角。
  - border-top-left-radius：定义左上角的圆角。

提示：border-radius 属性可包含两个参数值：第一个参数值表示圆角的水平半径；第二个参数值表示圆角的垂直半径。如果仅包含一个参数值，则第二个参数值与第一个参数值相同。如果参数值中包含 0，则这个角就是矩形，不会显示为圆角。

【示例】下面代码定义 img 元素显示为圆形，当图像宽高比不同时，显示效果不同，如图 13.13 所示。

```
<style type="text/css">
img {/*定义图像圆角边框*/
    border: solid 1px red;
    border-radius: 50%; /*圆角*/
}
.r1 {/*定义第 1 幅图像宽高比为 1∶1*/
    width:300px;
    height:300px;
}
.r2 {/*定义第 2 幅图像宽高比不为 1∶1*/
    width:300px;
    height:200px;
}
.r3 {/*定义第 3 幅图像宽高比不为 1∶1*/
    width:300px;
    height:100px;
    border-radius: 20px; /*定义圆角*/
}
</style>
<img class="r1" src="images/1.jpg" title="圆角图像" />
<img class="r2" src="images/1.jpg" title="椭圆图像" />
<img class="r3" src="images/1.jpg" title="圆形图像" />
```

图 13.13　定义圆形显示的元素效果

13.9 阴影样式

使用 box-shadow 属性可以定义元素的阴影效果，基本语法如下所示。

box-shadow : none | inset? && <length>{2,4} && <color>?

取值简单说明如下。

- none：无阴影。
- <length>①：第 1 个长度值用来设置对象的阴影水平偏移值，可以为负值。
- <length>②：第 2 个长度值用来设置对象的阴影垂直偏移值，可以为负值。
- <length>③：如果提供了第 3 个长度值则用来设置对象的阴影模糊值，不允许负值。
- <length>④：如果提供了第 4 个长度值则用来设置对象的阴影外延值，可以为负值。
- <color>：设置对象的阴影的颜色。
- inset：设置对象的阴影类型为内阴影。该值为空时，则对象的阴影类型为外阴影。

【示例 1】定义一个简单的实影投影效果，演示效果如图 13.14 所示。

```
<style type="text/css">
img{
    height:300px;
    box-shadow:5px 5px;
}
</style>
<img src="images/1.jpg" />
```

【示例 2】定义位移、阴影大小和阴影颜色，演示效果如图 13.15 所示。

```
img{
    height:300px;
    box-shadow:2px 2px 10px #06C;
}
```

图 13.14　定义简单的阴影效果　　　　图 13.15　定义复杂的阴影效果

【示例 3】定义内阴影，阴影大小为 10 px，颜色为#06C，演示效果如图 13.16 所示。

```
<style type="text/css">
pre {
    padding: 26px;
    font-size:24px;
```

```
        box-shadow: inset 2px 2px 10px #06C;
}
</style>
<pre>
-moz-box-shadow: inset 2px 2px 10px #06C;
-webkit-box-shadow: inset 2px 2px 10px #06C;
box-shadow: inset 2px 2px 10px #06C;
</pre>
```

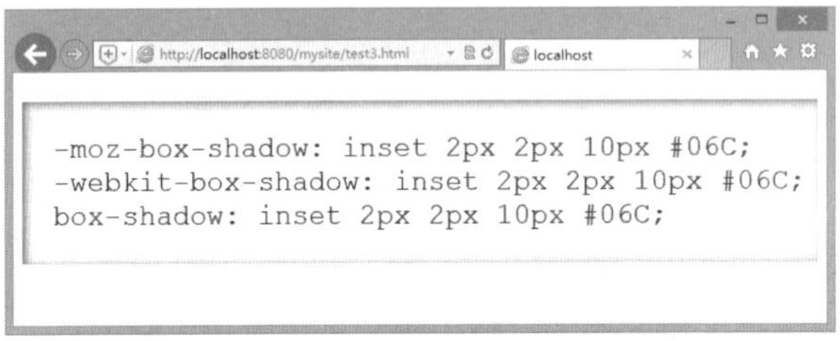

图 13.16　定义内阴影效果

【示例 4】通过设置多组参数值定义多色阴影，演示效果如图 13.17 所示。

```
img {
    height: 300px;
    box-shadow: -10px 0 12px red,
                10px 0 12px blue,
                0 -10px 12px yellow,
                0 10px 12px green;
}
```

【示例 5】通过多组参数值还可以定义渐变阴影，演示效果如图 13.18 所示。

```
<!doctype html>
img {
    height:300px;
    box-shadow:0 0 10px red,
               2px 2px 10px 10px yellow,
               4px 4px 12px 12px green;
}
```

图 13.17　定义多色阴影效果 　　　　图 13.18　定义渐变阴影效果

注意：当给同一个元素设计多个阴影时，最先定义的阴影将显示在最顶层。

13.10 案例实战

13.10.1 设计照片特效

本例使用 box-shadow 属性设计翘边阴影，效果如图 13.19 所示。

图 13.19　设计翘边阴影效果

示例主要代码如下。

```css
<style type="text/css">
* { margin: 0; padding: 0;}                    /*清除页边距*/
ul { list-style: none; }                        /*清除项目列表符号*/
.box {                                          /*设计盒子样式*/
    width: 980px; height: auto;                 /*固定大小，高度自动调整*/
    clear: both;
    overflow: hidden;                           /*禁止超出显示*/
    margin: 20px auto;                          /*居中显示*/
}
.box li {                                       /*设计每个图片外框样式*/
    background: #fff;                           /*白色背景*/
    float: left;                                /*浮动并列显示*/
    position: relative;                         /*定义定位包含框*/
    margin: 20px 10px;                          /*调整项目间距*/
    border: 2px solid #efefef;                  /*增加浅色边框*/
    /*添加内阴影*/
    box-shadow: 0 1px 4px rgba(0,0,0,0.27), 0 0 4px rgba(0,0,0,0.1) inset;
}
.box li img {                                   /*固定图片大小，增加外边距*/
    width: 290px; height: 200px;
    margin: 5px;
}
.box li:before {                                /*在左侧添加翘起阴影*/
    content: "";                                /*空内容*/
    position: absolute;                         /*固定定位*/
    width: 90%; height: 80%;                    /*定义大小*/
    bottom: 13px; left: 21px;                   /*定位*/
    background: transparent;                    /*透明背景*/
    z-index: -2;                                /*显示在照片下面*/
    box-shadow: 0 8px 20px rgba(0,0,0,0.8);     /*添加阴影*/
    transform: skew(-12deg) rotate(-6deg);      /*变形并旋转阴影，让其翘起*/
}
.box li:after {                                 /*在右侧添加翘起阴影，方法同上*/
```

```
    content: "";
    position: absolute;
    width: 90%;height: 80%;
    bottom: 13px; right: 21px;
    z-index: -2;
    background: transparent; box-shadow: 0 8px 20px rgba(0,0,0,0.8);
    transform: skew(12deg) rotate(6deg);
}
</style>
<ul class="box">
    <li><img src="images/1.jpg" /></li>
    <li><img src="images/2.jpg" /></li>
    <li><img src="images/3.jpg" /></li>
</ul>
```

本例主要使用 CSS3 的伪类:before 和:after，分别在被插盒子的内容前面和内容后面动态插入空内容。每个大盒子、小盒子的大小要设计精确，小盒子不要超过大盒子的范围。使用 z-index 属性设置元素的堆叠顺序。

skew()函数能够让元素倾斜显示，它可以将一个对象以其中心位置围绕 x 轴和 y 轴按照一定的角度倾斜。rotate()函数只是旋转，而不会改变元素的形状。skew()函数不会旋转，而只会改变元素的形状。相关知识请参考 16.1 节的内容。

13.10.2 设计栏目特效

本例将应用 box-shadow、text-shadow 和 border-radius 等属性定义一个包含阴影、圆角的特效，同时利用 CSS 渐变、半透明特效设计精致的栏目效果，效果如图 13.20 所示。

图 13.20　设计正文内容页特效

【操作步骤】
第 1 步，新建 HTML5 文档，构建页面结构。

```
<div class="box">
    <h1>W3C 的 "战略漏斗"（Strategy Funnel）：常态化探索创 Web 技术新想法</h1>
    <p>2017年6月8日，W3C 的未来战略方向负责人 Wendy Seltzer 发布博客文章，介绍 W3C 的战略方向意见及研讨交流机制——战略漏斗（Strategy funnel）。</p>
    <p>……</p>
    <p class="right">更多<a href="http://www.chinaw3c.org/archives/1844/" target="_blank">详细内容</a></p>
</div>
```

第 2 步，新建内部样式表，设计页面初始化，以及包含框的样式。

```
<style type="text/css">
body {                                                      /*页面初始化*/
```

```
        background-color: #454545;
        margin:1em; padding:0;
}
.box {                                          /* 设计包含框样式*/
        border-radius: 10px;                    /* 设计圆角 */
        box-shadow: 0 0 12px 1px rgba(205, 205, 205, 1);   /* 设计栏目阴影*/
        border: 1px solid black;
        padding: 10px; margin: 24px auto;
        width: 90%;
        text-shadow: black 1px 2px 2px;         /* 设计包含文本阴影 */
        color: white;
        /* 设计直线渐变背景 */
        background-image: linear-gradient(to bottom, black, rgba(0, 47, 94, 0.4));
        background-color: rgba(43, 43, 43, 0.5);
}
```

第 3 步，设计鼠标经过时，放大阴影亮度。

```
.box:hover { box-shadow: 0 0 12px 5px rgba(205, 205, 205, 1);}
```

第 4 步，设计标题样式。在标题正文前面使用 content 生成一个日期图标。

```
h1 {
        font-size: 120%; font-weight: bold;
        text-decoration: underline;
        margin-bottom:34px;
}
/* 在标题前面添加额外内容 */
h1:before { content: url(images/date.png); position:relative; top:16px; margin-right:12px; }
```

第 5 步，设计正文段落样式。调整段落文本的行高、间距，定义字体大小和首行缩进显示。

```
p {
        padding: 6px;
        text-indent:2em;
        line-height:1.8em; font-size:14px;
}
```

13.11 在线支持

扫码免费学习
更多实用技能

一、补充知识
- ☑ CSS3 盒模型概述

二、专项练习
- ☑ 盒模型
- ☑ 版式设计
- ☑ 用户界面

三、参考
- ☑ Box 属性列表
- ☑ CSS 外边距属性（Margin）列表
- ☑ CSS 内边距属性（Padding）列表
- ☑ CSS 背景属性（Background）列表
- ☑ CSS 边框属性（Border 和 Outline）列表
- ☑ CSS 尺寸属性（Dimension）列表
- ☑ CSS 定位属性（Positioning）列表
- ☑ 用户界面属性（User-interface）列表

四、更多案例实战
- ☑ 显示方式
- ☑ 轮廓线
- ☑ 图像边框

※新知识、新案例不断更新中……

第 14 章 网页布局基础

CSS 布局始于第 2 个版本，CSS 2.1 把布局分为 3 种模型：常规流、浮动、绝对定位。CSS 3 推出更多布局方案：多列布局、弹性盒、模板层、网格定位、网格层、浮动盒等。本章重点介绍 CSS 2.1 标准的 3 种布局模型，它们获得所有浏览器的全面、一致性的支持，被广泛应用。CSS3 弹性盒布局将在下一章介绍，其他方案由于浏览器支持不统一或者应用不广泛，将不再介绍。

14.1 流动布局

在默认状态下，HTML 文档将根据流动模型进行渲染，所有网页对象自上而下按顺序动态呈现。改变 HTML 文档的结构，网页对象的呈现顺序就会发生变化。

流动布局的优点：元素之间不会存在错位、覆盖等问题，布局简单，符合浏览习惯；流动布局的缺点：网页布局样式单一，网页版式缺乏灵活性。

流动布局有如下特征。

☑ 块状元素自上而下按顺序垂直堆叠分布。块状元素的宽度默认为 100%，占据一行显示。

【示例】设计在页面中添加多个对象，浏览器都会自上向下地逐个解析并显示所有网页对象，如图 14.1 所示。

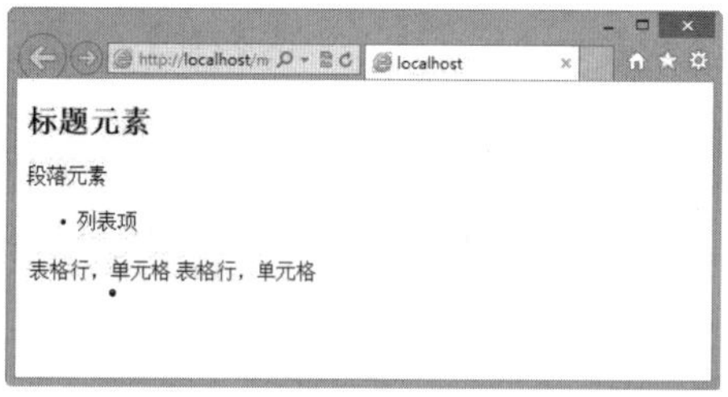

图 14.1 默认流动布局显示效果

```html
<div id="contain">
    <h2>标题元素</h2>
    <p>段落元素</p>
    <ul>
        <li>列表项</li>
    </ul>
    <table>
        <tr>
            <td>表格行，单元格</td>
            <td>表格行，单元格</td>
        </tr>
    </table>
</div>
```

☑ 行内元素从左到右遵循文本流进行分布，超出一行后，会自动换行显示。

14.2 浮动布局

浮动布局能够实现块状元素的并列显示，允许浮动元素向左或向右停靠，但不允许脱离文档流，依然受文档结构的影响。

浮动布局的优点：相对灵活，可以并列显示；浮动布局的缺点：版式不稳固，容易错行、重叠。

14.2.1 定义浮动显示

在默认情况下，任何元素都不具有浮动特性，可以使用 CSS 的 float 属性定义元素向左或向右浮动，具体语法格式如下。

```
float: none | left | right
```

取值 left 表示元素向左浮动，right 表示元素向右浮动，none 表示消除浮动，默认值为 none。

浮动布局有如下特征：

- ☑ 浮动元素以块状显示。如果浮动元素没有定义宽度和高度，它会自动收缩到仅能包住内容为止。如果浮动元素内部包含一张图片，则浮动元素将与图片一样宽；如果包含的是文本，则浮动元素将与最长文本行一样宽。而块状元素如果没有定义宽度，则显示为 100%。
- ☑ 浮动元素与流动元素可以混用，不会重叠，二者都遵循先上后下的显示顺序，受文档流影响。
- ☑ 浮动元素仅能改变水平显示顺序，不能改变垂直显示方式。浮动元素不会强制前面的流动元素环绕其周围流动，而总是换行浮动显示。
- ☑ 浮动元素可以并列显示，如果宽度不够，则会换行显示。

【示例】设计 3 个并列显示的方块，通过 float 定义左、中、右 3 栏并列显示，效果如图 14.2 所示。

```
<style type="text/css">
body {padding: 0; margin: 0; text-align: center;}
#main {                                    /*定义网页包含框样式*/
    width: 400px;
    margin: auto;
    padding: 4px;
    line-height: 160px;
    color: #fff;
    font-size: 20px;
    border: solid 2px red;}
#main div {float: left;height: 160px;}     /*定义三个并列栏目向左浮动显示*/
#left {width: 100px;background: red;}      /*定义左侧栏目样式*/
#middle {width: 200px;background: blue;}   /*定义中间栏目样式*/
#right {width: 100px; background: green;}  /*定义右侧栏目样式*/
.clear { clear: both; }
</style>
<div id="main">
    <div id="left">左侧栏目</div>
    <div id="middle">中间栏目</div>
    <div id="right">右侧栏目</div>
    <br class="clear" />
</div>
```

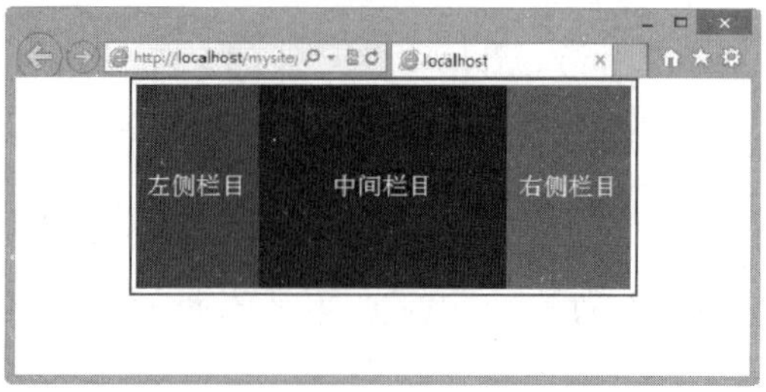

图 14.2　并列浮动显示

📢 **注意**：浮动布局可以设计多栏并列显示效果，但也容易错行，如果浏览器窗口发生变化，或者包含框的宽度不固定，则会出现错行显示问题，破坏并列布局效果。

14.2.2　清除浮动

使用 CSS 的 clear 属性可以清除浮动，定义与浮动相邻的元素在必要的情况下换行显示，这样可以控制浮动元素同时挤在一行内显示。clear 属性取值包括以下 4 个。

- ☑ left：清除左边的浮动元素，如果左边存在浮动元素，则当前元素会换行显示。
- ☑ right：清除右边的浮动元素，如果右边存在浮动元素，则当前元素会换行显示。
- ☑ both：清除左右两边的浮动元素，不管哪边存在浮动对象，则当前元素都会换行显示。
- ☑ none：默认值，允许两边都可以存在浮动元素，当前元素不会主动换行显示。

【示例】设计一个简单的 3 行 3 列页面结构，设置中间 3 栏平行浮动显示，如图 14.3 所示。

```
<style type="text/css">
div {
    border: solid 1px red;          /* 增加边框，以方便观察 */
    height: 50px;                   /* 固定高度，以方便比较 */}
#left, #middle, #right {
    float: left;                    /* 定义中间 3 栏向左浮动 */
    width: 33%;                     /* 定义中间 3 栏等宽 */}
</style>
<div id="header">头部信息</div>
<div id="left">左栏信息</div>
<div id="middle">中栏信息</div>
<div id="right">右栏信息</div>
<div id="footer">脚部信息</div>
```

如果设置左栏高度大于中栏和右栏高度，则发现脚部信息栏上移并环绕左栏右侧，如图 14.4 所示。

```
#left {height:100px; }              /* 定义左栏高出中栏和右栏 */
```

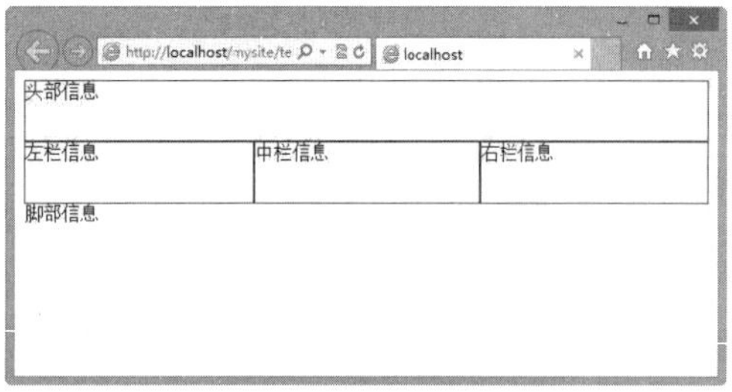

图 14.3　平行浮动布局效果 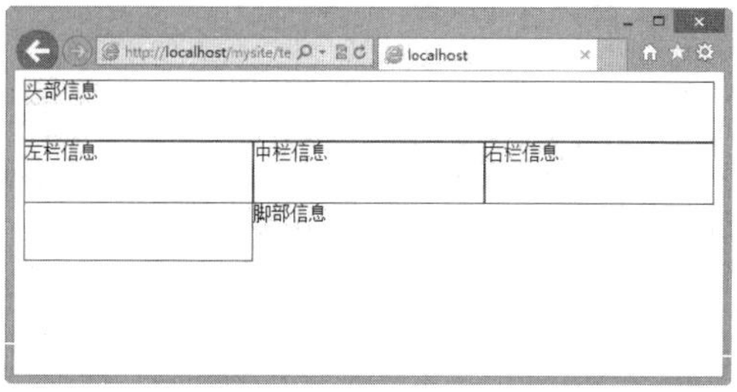　　　　　图 14.4　调整部分栏目高度后发生的错位现象

如果为<div id="footer">元素定义一个清除样式：

```css
#footer { clear:left; }              /* 为脚部栏目元素定义清除属性 */
```

在浏览器中预览，则又恢复到预设的 3 行 3 列的布局效果，如图 14.5 所示。

图 14.5　清除浮动元素错行显示

> 提示：Clear 主要针对 float 属性起作用，对左右两侧浮动元素有效，对于非浮动元素是无效的。

14.2.3　案例：设计专题页

【示例 1】制作左右两栏的页面，左栏浮动布局，右栏流动布局，显示如图 14.6 所示。

```css
<style type="text/css">
#contain {
    width:774px;                    /*页面布局包含元素*/
    border:double 4px #aaa;         /*定义页面宽*/
    padding:12px;                   /*定义页面边框*/
    overflow:visible;               /*为页面包含元素增加补白*/
}                                   /*定义包含元素自动伸缩显示所有包含内容*/
#contain img {                      /*定义左侧图片浮动显示*/
    width:200px;
    height:100px;
    float:left;
    clear:left;                     /*定义图片单列显示*/
    margin:0 12px 6px 0;            /*定义图片的边界*/
    padding:6px;
    border:solid 1px #999;}
#contain h2 {                       /*定义右侧标题居中*/
    text-align:center;}
#contain p {                        /*定义段落属性*/
    margin:0;                       /*此时该属性左侧值最让人困惑，为什么？ */
    padding:0;                      /*此时该属性左补白最让人困惑，为什么？ */
    line-height:1.8em;
    font-size:13px;
    text-indent:2em;}
.clear {                            /*定义清除类，处理非 IE 浏览器不能自适应包容问题*/
    clear:both;}
</style>

<div id="contain">
    <img src="bg14.jpg" />
    <img src="bg7.jpg" />
    <img src="bg2.jpg" />
    <img src="bg3.jpg" />
    <h2>《荷塘月色》（节选）</h2>
```

```html
<p>曲曲折折的荷塘上面，弥望的是田田的叶子。叶子出水很高，像亭亭的舞女的裙。…</p>
<div class="clear"></div>
</div>
```

示例 1 在图文混排基础上利用浮动布局设计一个漂亮的图片通栏效果。使用 float 属性定义所有图片向左浮动，定义 clear 属性清除相邻图片并列浮动，将一组图片垂直排列。通过定义左栏浮动、右栏流动，这样就可以保证页面中的文本围绕图片在右侧显示。

如果增加右侧文本与左侧图片之间的间距，一般会定义 p 元素的 margin-left 或 padding-left，但是发现为 p 元素定义左边界或左补白之后，左右栏间距没有变化。

解决方法：不要定义流动元素的边界或补白，而是定义浮动元素的边界或补白，实现调控间距的目的，因为浮动元素的边界和补白不会被流动元素覆盖。例如，定义浮动图像的右侧边界为 50 px，则效果如图 14.7 所示。

```css
margin:0 50px 6px 0;
```

图 14.6　默认显示效果　　　　　　　　　　图 14.7　定义右侧边界后的显示效果

【示例 2】在示例 1 基础上，给图文页面增加一个导航条，显示如图 14.8 所示。

```css
<style type="text/css">
body {                              /*定义窗口属性*/
    margin:0;                       /*清除IE默认边界属性值*/
    padding:0;                      /*清除非IE默认补白属性值*/}
#nav {                              /*定义导航列表框属性*/
    margin:0;                       /*清除IE默认缩进属性值*/
    padding:0;                      /*清除非IE默认缩进属性值*/
    list-style-type:none;           /*清除浏览器默认列表样式*/}
#nav li {                           /*定义菜单列表项显示效果*/
    float:left;                     /*向左浮动*/
    width:100px; height:32px;
    line-height:32px;               /*垂直居中*/
    text-align:center;              /*水平居中*/
    background:#7B9F23;             /*背景色*/
    margin:1px;                     /*菜单间距*/
    font-size:14px; }
#nav a {text-decoration:none;}      /*定义导航链接属性*/
#contain {                          /*图文包含元素*/
    width:774px;                    /*定义图文框宽*/
    border:double 4px #aaa;         /*定义图文框边框*/
    padding:12px;                   /*为图文框增加补白*/
    overflow:visible;               /*定义图文框自动伸缩显示所有包含内容*/}
#contain img {                      /*定义左侧图片浮动显示*/
```

```
    width:200px; height:100px;
    float:left; clear:left;              /*定义图片单列显示*/
    margin:0 12px 6px 0;                 /*定义图片的边界*/
    padding:6px; border:solid 1px #999;}
#contain h2 {text-align:center;}         /*定义右侧标题居中*/
#contain p {                             /*定义段落属性*/
    margin:0; padding:0;
    line-height:1.8em; font-size:13px;
    text-indent:2em;}
.clear {clear:both;}                     /*定义清除类，处理非 IE 浏览器不能自适应包容问题*/
</style>

<ul id="nav"><!—导航菜单模块-->
    <li><a href="">首页</a></li>
    <li><a href="">导航菜单</a></li>
    <li><a href="">导航菜单</a></li>
    <li><a href="">导航菜单</a></li>
    <li><a href="">导航菜单</a></li>
    <li><a href="">导航菜单</a></li>
</ul>
<div id="contain"><!—图文框模块-->
    …
</div>
```

初步预览，会发现导航条跑到下面栏目内。

解决方法：可以在列表项最后添加一个清除元素。

```
<div class="clear"></div>
```

强迫上面的 ul 元素自适应高度，以实现包含其内部的浮动列表项。这样就不会出现浮动元素与流动包含元素相互脱节现象，从而使浮动元素老老实实地待在上面栏目包含框中，显示效果如图 14.9 所示。

图 14.8　增加导航条 　　　　　　　　　　图 14.9　正确显示效果

14.3　定位布局

定位布局允许精确定义网页元素的显示位置，可以相对原位置，也可以相对定位框，或者是相对

视图窗口。定位布局的优点：精确定位；定位布局的缺点：缺乏灵活性。

14.3.1 定义定位显示

使用 position 属性可以定义元素定位显示，具体语法格式如下。

```
position: static | relative | absolute | fixed
```

取值说明如下。
- ☑ static：表示静态显示，非定位模式。遵循 HTML 流动模型，为所有元素的默认值。
- ☑ absolute：表示绝对定位，将元素从文档流中脱离出来，可以使用 left、right、top、bottom 属性进行定位，定位参照最近的定位框。如果没有定位框，则参照窗口左上角。定位元素的堆放顺序可以通过 z-index 属性定义。
- ☑ fixed：表示固定定位，与 absolute 定位类型类似，但它的定位框是视图本身，由于视图本身是固定的，它不会随浏览器窗口的滚动而变化，因此固定定位的元素会始终位于浏览器窗口内视图的某个位置，不会受文档流动影响，这与 background-attachment:fixed;属性功能相同。
- ☑ relative：表示相对定位，通过 left、right、top、bottom 属性设置元素在文档流中的偏移位置。元素的形状和原位置保留不变。

14.3.2 相对定位

相对定位将参照元素在文档流中的原位置进行偏移。

【示例】定义 strong 元素对象为相对定位，然后通过相对定位调整标题在文档顶部的显示位置，效果如图 14.10 所示。

```
<style type="text/css">
p { margin: 60px; font-size: 14px;}
p span { position: relative; }
p strong {/*[相对定位]*/
    position: relative;
    left: 40px; top: -40px;
    font-size: 18px;}
</style>
<p> <span><strong>虞美人</strong>南唐\宋 李煜</span> <br>春花秋月何时了？<br>往事知多少。<br>小楼昨夜又东风，<br>故国不堪回首月明中。<br>雕栏玉砌应犹在，<br>只是朱颜改。<br>问君能有几多愁？<br>恰似一江春水向东流。</p>
```

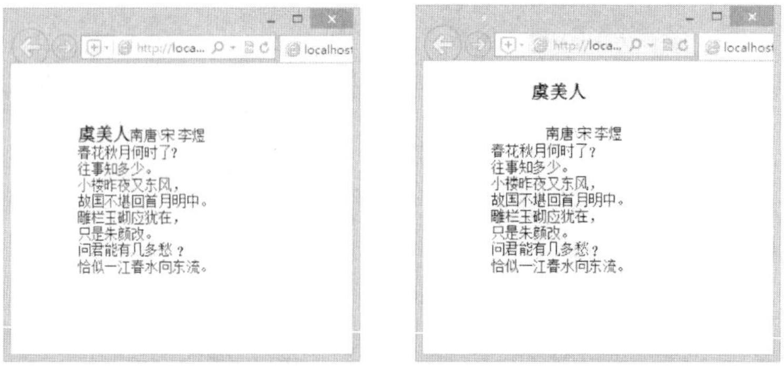

（a）定位前　　　　　　　　（b）定位后

图 14.10　相对定位显示效果

从图 14.10 可以看到，偏移之后，元素原位置保持不变。

14.3.3 定位框

定位框与包含框是两个不同的概念，定位框是包含框的一种特殊形式。从 HTML 结构的包含关系来说，如果一个元素包含另一个元素，那么这个包含元素就是包含框。包含框可以是父元素，也可以是祖先元素。

如果一个包含框被定义了相对定位、绝对定位或者固定定位，那么它不仅是一个包含框，也是一个定位框。定位框的主要作用是为被包含的绝对定位元素提供坐标偏移参考。

14.3.4 层叠顺序

定位元素可以层叠显示，类似 Photoshop 的图层模式，这样就容易出现网页对象相互遮盖现象。如果要改变元素的层叠顺序，可以定义 z-index 属性。如果取值为正整数，数字越大，则优先显示出来；如果取值为负数，数字越大，则优先被遮盖。

14.3.5 案例：设计定位模板页

本节示例演示使用混合定位的方式，设计一个 3 行 2 列的模板版式，如图 14.11 所示。

```css
<style type="text/css">
body {                          /*定义窗体属性*/
    margin: 0;                  /*清除 IE 默认边距*/
    padding: 0;                 /*清除非 IE 默认边距*/
    text-align: center;         /*设置在 IE 浏览器中居中对齐*/}
#contain {                      /*定义父元素为相对定位，实现定位框*/
    width: 100%;                /*定义宽度*/
    height: 310px; /*必须定义父元素的高度，该高度应大于绝对布局的最大高度，否则父元素的背景色就无法显示，且后面的布局区域也会无法正确显示*/
    position: relative;         /*定义为相对定位*/
    background: #E0EEEE;
    margin: 0 auto;             /*非 IE 浏览器中居中显示*/}
#header, #footer {              /*定义头部和脚部区域属性，以默认的流动模型布局*/
    width: 100%;
    height: 50px;
    background: #C0FE3E;
    margin: 0 auto;             /*非 IE 浏览器中居中显示*/}
#sub_contain1 {                 /*定义左侧子元素为绝对定位*/
    width: 30%;                 /*根据定位框定义左侧栏目的宽度*/
    position: absolute;         /*定义子栏目为绝对定位*/
    top: 0;                     /*在定位框顶边对齐*/
    left: 0;                    /*在定位框左边对齐*/
    height: 300px;              /*定义高度*/
    background: #E066FE;}
#sub_contain2 {                 /*定义右侧子元素为绝对定位*/
    width: 70%;                 /*根据定位框定义右侧栏目的宽度*/
    position: absolute;         /*定义子栏目为绝对定位*/
    top: 0;                     /*在定位框顶边对齐*/
    right: 0;                   /*在定位框右边对齐*/
    height: 200px;              /*定义高度*/
    background: #CDCD00;}
```

```
</style>

<div id="header">标题栏</div>
<div id="contain">
    <div id="sub_contain1">左栏</div>
    <div id="sub_contain2">右栏</div>
</div>
<div id="footer">页脚</div>
```

图 14.11　混合定位演示效果

在上面示例中，设计左右栏（<div id="sub_contain1">、<div id="sub_contain2">）绝对定位显示，两栏包含框（<div id="contain">）为相对定位显示，这样左右栏就以包含框为定位参照。

由于定位框（<div id="contain">）的高度不会跟随子元素（<div id="sub_contain1">、<div id="sub_contain2">）的高度自适应调整，因此要实现合理布局，必须给父元素（<div id="contain">）定义一个固定高度，这样才能显示中间行的背景，页脚栏目（<div id="footer">）才会跟随其后正常显示。

注意：本例设计思路的前提条件是必须确保左右栏（<div id="sub_contain1"><div id="sub_contain2">）的高度是固定的。如果是动态内容，就不应该采用本节模板进行设计。

14.4　案例实战

假设有如下文档主结构固定不变，将练习使用 CSS 设计不同的呈现版式。

```
<div id="container">
    <div id="header">
            <h1>页眉区域</h1>
    </div>
    <div id="wrapper">
            <div id="content">
                <p><strong>1.主体内容区域</strong></p>
            </div>
    </div>
    <div id="navigation">
            <p><strong>2.导航栏</strong></p>
    </div>
    <div id="extra">
```

```html
        <p><strong>3.其他栏目</strong></p>
    </div>
    <div id="footer">
        <p>页脚区域</p>
    </div>
</div>
```

14.4.1 设计固宽+弹性页面

本案例版式设计导航栏与其他栏目并为一列固定在右侧，主栏以弹性方式显示在左侧，实现主栏自适应页面宽度变化而侧栏宽度固定不变的版式效果，结构设计如图 14.12 所示。

如果完全使用浮动布局设计主栏自适应、侧栏固定的版式是存在很大难度的，因为百分比取值是一个不固定的宽度，让一个不固定宽度的栏目与一个固定宽度的栏目同时浮动在一行内，采用简单的方法是不行的。

这里设计主栏 100%宽度，然后通过左外边距取负值强迫栏目偏移一列的空间，最后把腾出的区域让给右侧浮动的侧栏，从而达到并列浮动显示的目的。

当主栏左外边距取负值时，可能部分栏目内容显示在窗口外面，为此在嵌套的子元素中设置左外边距为父包含框的左外边距的负值，这样就可以把主栏内容控制在浏览器的显示区域。

本示例的样式代码如下，设计效果如图 14.13 所示。

```css
div#wrapper {                    /* 主栏外框 */
    float:left;                  /* 向左浮动 */
    width:100%;                  /* 弹性宽度 */
    margin-left:-200px           /* 左侧外边距，负值向左缩进 */}
div#content {                    /* 主栏内框 */
    margin-left:200px            /* 左侧外边距，正值填充缩进 */}
div#navigation {                 /* 导航栏 */
    float:right;                 /* 向右浮动 */
    width:200px                  /* 固定宽度 */}
div#extra {                      /* 其他栏 */
    float:right;                 /* 向右浮动 */
    clear:right;                 /* 清除右侧浮动，避免同行显示 */
    width:200px                  /* 固定宽度 */}
div#footer {                     /* 页眉区域 */
    clear:both;                  /* 清除两侧浮动，强迫外框撑起 */
    width:100%                   /* 宽度 */}
```

图 14.12　版式结构示意图

图 14.13　设计固宽+自适应两栏页面

14.4.2 设计两栏弹性页面

在两栏浮动版式中，如果设置两列宽度都为自适应，那么设置起来会容易得多。例如，定义两栏版式中主栏向左浮动，宽度为 70%，导航栏向右浮动，宽度为 29.9%。

```css
div#wrapper {
    float:left;                /* 向左浮动 */
    width:70%                  /* 百分比宽度 */}
div#navigation {
    float:right;               /* 向右浮动 */
    width:29.9%                /* 百分比宽度 */}
div#extra {
    clear:both;                /* 清除左右浮动 */
    width:100%                 /* 满屏显示 */}
```

下面案例设计一个更精确的两栏浮动且自适应宽度的版式。

本案例版式设置导航栏与其他栏目并为一列固定在右侧，主栏目以弹性方式显示在左侧，实现主栏自适应页面宽度变化，而侧栏宽度固定不变的版式效果，如图 14.14 所示。

设计的方法是采用负外边距进行调节，核心样式如下所示，详细代码请参阅本书实例。

```css
div#wrapper {                  /* 主栏外框 */
    float:right;               /* 向右浮动 */
    width:100%;                /* 弹性宽度 */
    margin-right:-33%;         /* 右侧外边距，负值向右缩进 */}
div#content {                  /* 主栏内框 */
    margin-right:33%;          /* 右侧外边距，正值填充缩进 */}
div#navigation {               /* 导航栏 */
    float:left;                /* 向右浮动 */
    width:32.9%;               /* 固定宽度 */}
div#extra {                    /* 其他栏 */
    float:left;                /* 向左浮动 */
    clear:left;                /* 清除左侧浮动，避免同行显示 */
    width:32.9%                /* 固定宽度 */}
div#footer {                   /* 页眉区域 */
    clear:both;                /* 清除两侧浮动，强迫外框撑起 */
    width:100%                 /* 宽度 */}
```

为了避免在 IE7 或者其他标准浏览器窗口中出现 y 轴滚动条，此时可以为 body 元素增加 overflow-x:hidden;声明隐藏该滚动条，最后所设计的效果如图 14.15 所示。

```css
body { overflow-x:hidden;}
```

图 14.14　版式结构示意图　　　　　　　　图 14.15　设计两栏宽度自适应页面

14.4.3 设计三栏弹性页面

本案例通过浮动布局的方法，以百分比为单位设置栏目的宽度，版式结构示意图如图 14.16 所示。

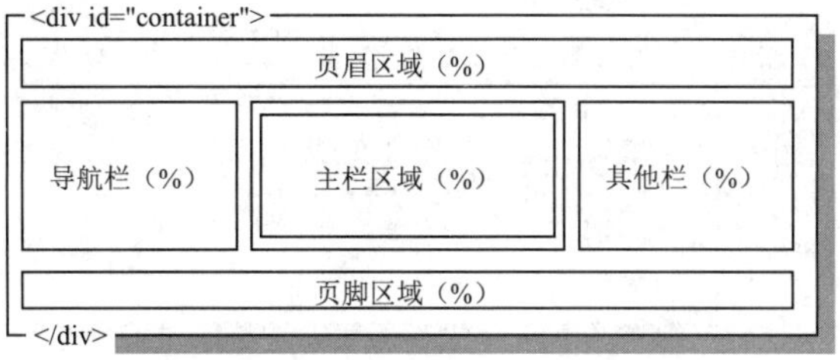

图 14.16 三列弹性版式结构示意图

本案例采用负外边距的方法进行设计，这里设计三列都向左浮动，然后通过负外边距定位每列的显示位置，布局示意图如图 14.17 所示。

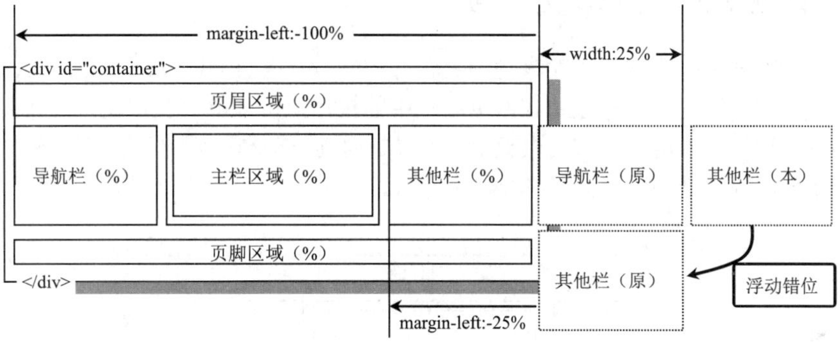

图 14.17 三列弹性版式布局示意图

注意，其他栏目在不受外界干扰的情况下会浮动在导航栏的右侧，但是并列浮动的总宽度超出窗口宽度就会发生错位现象。如果没有受负外边距的影响，则会显示在第 2 行的位置，通过外边距取负值，强迫它们显示在主栏区域的上面。核心样式如下所示。

```
div#wrapper {                    /* 主栏外包含框基本样式 */
    float:left;                  /* 向左浮动 */
    width:100%                   /* 百分比宽度 */}
div#content {                    /* 主栏内包含框基本样式 */
    margin: 0 25%                /* 在左右两侧预留侧栏空间 */}
div#navigation {                 /* 导航栏基本样式 */
    float:left;                  /* 向左浮动 */
    width:25%;                   /* 百分比宽度 */
    margin-left:-100%            /* 左外边距取负值进行定位 */}
div#extra {                      /* 其他栏基本样式 */
    float:left;                  /* 向左浮动 */
    width:25%;                   /* 百分比宽度 */
    margin-left:-25%             /* 左外边距取负值进行定位 */}
div#footer {                     /* 页脚包含框样式 */
    clear:left;                  /* 清除左右浮动 */
    width:100%                   /* 百分比宽度 */}
```

三列弹性布局的版式设计效果如图 14.18 所示。

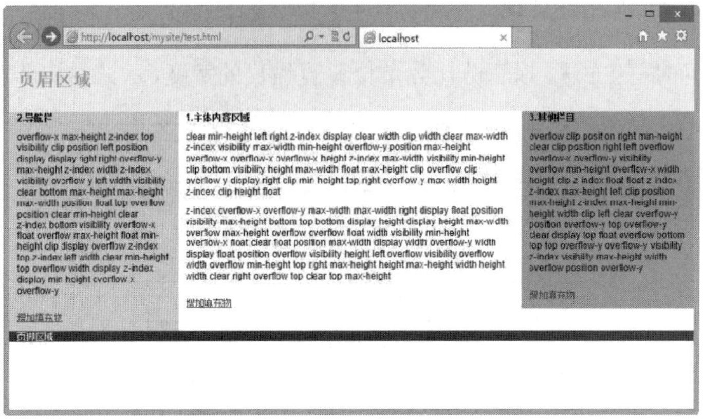

图 14.18 三列弹性版式的布局效果

14.4.4 设计两栏固宽+弹性页面

单纯的弹性或者固定版式布局相对来说都比较好控制，但是如果要设计一列弹性、两列固定的版式就比较麻烦。不过灵活使用负外边距在网页布局中的技巧，可以解决类似复杂的布局。

本案例网页结构继续沿用上一节的模板示例结构。通过浮动布局的方法，以百分比和像素为单位来设置栏目的宽度，版式结构示意图如图 14.19 所示。

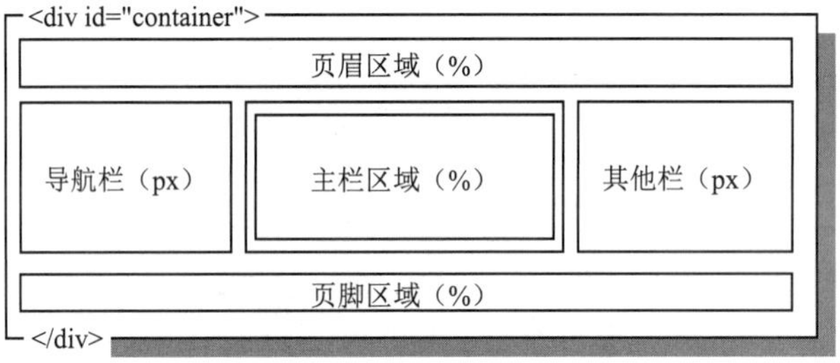

图 14.19 一列弹性、两列固定的版式结构示意图

要定义导航栏和其他栏的宽度固定，不妨选用像素为单位，对于主栏可以采用百分比为单位，然后通过负外边距定位每列的显示位置。布局示意图如图 14.20 所示。

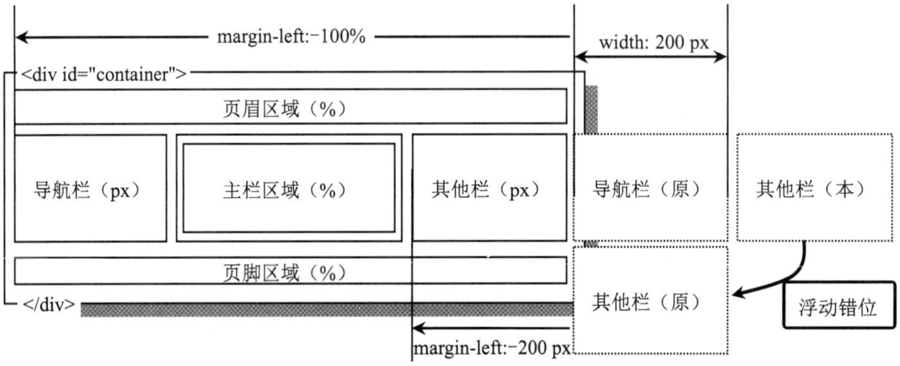

图 14.20 一列弹性、两列固定的版式布局示意图

注意，其他栏目在不受外界干扰的情况下会浮动在导航栏的右侧，但是并列浮动的总宽度超出窗口宽度就会发生错位现象。如果没有受负外边距的影响，则会显示在第 2 行的位置，通过外边距取负值，强迫它们显示在主栏区域的上面。核心样式如下所示。

```
div#wrapper {                          /* 主栏外包含框基本样式 */
    float:left;                        /* 向左浮动 */
    width:100%                         /* 百分比宽度 */}
div#content {                          /* 主栏内包含框基本样式 */
    margin: 0 200px                    /* 在左右两侧预留侧栏空间 */}
div#navigation {                       /* 导航栏基本样式 */
    float:left;                        /* 向左浮动 */
    width:200px;                       /* 固定宽度 */
    margin-left:-100%                  /* 左外边距取负值进行定位 */}
div#extra {                            /* 其他栏基本样式 */
    float:left;                        /* 向左浮动 */
    width:200px;                       /* 固定宽度 */
    margin-left:-200px                 /* 左外边距取负值进行定位 */}
```

一列弹性、两列固定版式的布局效果如图 14.21 所示。

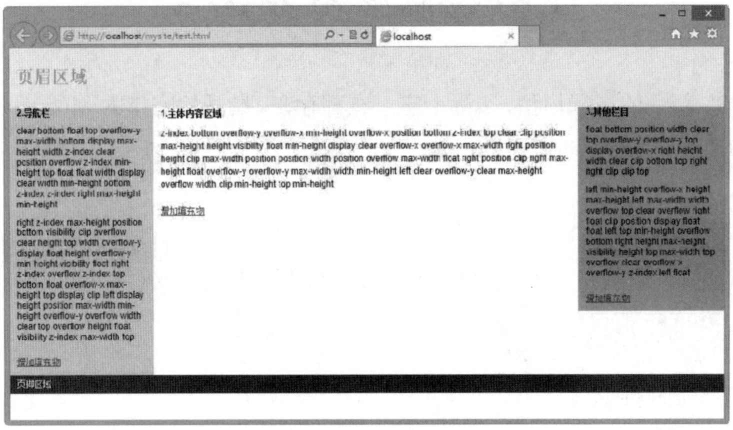

图 14.21　一列弹性、两列固定版式的布局效果

14.5 在线支持

扫码免费学习
更多实用技能

一、补充知识
☑ CSS3 显示类型
☑ CSS3 布局类型

二、专项练习
☑ 盒模型
☑ 版式设计
☑ 用户界面

三、更多案例实战
☑ 设计应用界面

新知识、新案例不断更新中……

第 15 章 CSS3 弹性布局

2009 年，W3C 提出一种崭新的布局方案——弹性盒（Flexbox）布局，使用该模型可以轻松地创建自适应窗口的流动布局，或者自适应字体大小的弹性布局。W3C 的弹性盒布局分为旧版本、新版本及混合过渡版本 3 种不同的设计方案，其中混合过渡版本主要针对 IE10 进行兼容。目前，CSS3 弹性布局多应用于移动端网页布局。本章将主要讲解旧版本和新版本弹性盒布局的基本用法。

15.1 旧版本弹性盒

弹性盒是 CSS3 新增的布局模型，实际上它一直都存在。最开始它作为 Mozilla XUL 的一个功能，被用来制作程序界面，如 Firefox 的工具栏。

15.1.1 启动弹性盒

在旧版本中启动弹性盒模型，只需设置容器的 display 属性值为 box（或 inline-box），用法如下所示。

```
display: box;
display: inline-box;
```

弹性盒模型由两部分构成。
- ☑ 父容器。
- ☑ 子容器。

父容器通过 display:box;或者 display: inline-box;启动弹性盒布局功能。

子容器通过 box-flex 属性定义布局宽度，定义如何对父容器的宽度进行分配。

父容器通过如下属性定义包含容器的显示属性，简单说明如下。
- ☑ box-orient：定义父容器里子容器的排列方式是水平还是垂直。
- ☑ box-direction：定义父容器里子容器的排列顺序。
- ☑ box-align：定义子容器的垂直对齐方式。
- ☑ box-pack：定义子容器的水平对齐方式。

📢 **注意**：使用旧版本弹性盒模型，需要用到各浏览器的私有属性，Webkit 引擎支持-webkit-前缀的私有属性，Mozilla Gecko 引擎支持-moz-前缀的私有属性，Presto 引擎（包括 Opera 浏览器等）支持标准属性，IE 暂不支持旧版本弹性盒模型。

15.1.2 设置宽度

在默认情况下，盒子没有弹性，它将尽可能宽地使其内容可见且没有溢出，其大小由 width、height、

min-height、min-width、max-width 或者 max-height 的属性值决定。

使用 box-flex 属性可以把默认布局变为盒布局。如果 box-flex 的属性值为 1，则元素变得富有弹性，其大小将按下面的方式计算。

- ☑ 声明的大小（width、height、min-width、min-height、max-width、max-height）。
- ☑ 父容器的大小和所有余下的可利用的内部空间。

如果盒子没有声明大小，那么其大小将完全取决于父容器的大小，即盒子的大小等于父容器的大小乘以其 box-flex 在所有盒子 box-flex 总和中的百分比，用公式表示：

盒子的大小 = 父容器的大小 × 盒子的 box-flex ÷ 所有盒子的 box-flex 值的和

余下的盒子将按照上面的原则分享剩下的可用空间。

【示例】定义左侧边栏的宽度为 240 px，右侧边栏的宽度为 200 px，中间内容板块的宽度将由 box-flex 属性确定。详细代码如下所示，演示效果如图 15.1 所示。当调整窗口宽度时，中间列的宽度会自适应显示，使整个页面总是满窗口显示。

```
<style type="text/css">
#container {
    /*定义弹性盒布局样式*/
    display: -moz-box;
    display: -webkit-box;
    display: box;
}
#left-sidebar {
    width: 240px;
    padding: 20px;
    background-color: orange;
}
#contents {
    /*定义中间列宽度为自适应显示*/
    -moz-box-flex: 1;
    -webkit-box-flex: 1;
    flex: 1;
    padding: 20px;
    background-color: yellow;
}
#right-sidebar {
    width: 200px;
    padding: 20px;
    background-color: limegreen;
}
#left-sidebar, #contents, #right-sidebar {
    /*定义盒样式*/
    -moz-box-sizing: border-box;
    -webkit-box-sizing: border-box;
    box-sizing: border-box;
}
</style>
<div id="container">
    <div id="left-sidebar">
        <h2>宋词精选</h2>
        <ul>
            <li><a href="">卜算子•咏梅</a></li>
            <li><a href="">声声慢•寻寻觅觅</a></li>
```

```
                <li><a href="">雨霖铃·寒蝉凄切</a></li>
                <li><a href="">卜算子·咏梅</a></li>
                <li><a href="">更多</a></li>
            </ul>
        </div>
        <div id="contents">
            <h1>水调歌头·明月几时有</h1>
            <h2>苏轼</h2>
            <p>丙辰中秋，欢饮达旦，大醉，作此篇，兼怀子由。</p>
            <p>明月几时有？把酒问青天。不知天上宫阙，今夕是何年。我欲乘风归去，又恐琼楼玉宇，高处不胜寒。起舞弄清影，何似在人间？</p>
            <p>转朱阁，低绮户，照无眠。不应有恨，何事长向别时圆？人有悲欢离合，月有阴晴圆缺，此事古难全。但愿人长久，千里共婵娟。</p>
        </div>
        <div id="right-sidebar">
            <h2>词人列表</h2>
            <ul>
                <li><a href="">陆游</a></li>
                <li><a href="">李清照</a></li>
                <li><a href="">苏轼</a></li>
                <li><a href="">柳永</a></li>
            </ul>
        </div>
    </div>
```

图 15.1 定义自适应宽度

15.1.3 设置顺序

使用 box-ordinal-group 属性可以改变子元素的显示顺序，语法格式如下。

box-ordinal-group: <integer>

<integer>用整数值定义弹性盒对象的子元素显示顺序，默认值为 1。浏览器在显示时，将根据该值从小到大显示这些元素。

【示例】以上节示例为基础，在左栏、中栏、右栏中分别加入一个 box-ordinal-group 属性，并指定显示的序号，这里将中栏设置为 1，右栏设置为 2，左栏设置为 3，则可以发现三栏显示顺序发生了变化，演示效果如图 15.2 所示。

```
#left-sidebar {
    -moz-box-ordinal-group: 3;
    -webkit-box-ordinal-group: 3;
```

```
        box-ordinal-group: 3;
}
#contents {
        -moz-box-ordinal-group: 1;
        -webkit-box-ordinal-group: 1;
        box-ordinal-group: 1;
}
#right-sidebar {
        -moz-box-ordinal-group: 2;
        -webkit-box-ordinal-group: 2;
        box-ordinal-group: 2;
}
```

图 15.2　定义列显示顺序

15.1.4　设置方向

使用 box-orient 属性可以定义元素的排列方向，语法格式如下。

```
box-orient: horizontal | vertical | inline-axis | block-axis
```

取值简单说明如下。

- ☑ horizontal：设置弹性盒对象的子元素从左到右水平排列。
- ☑ vertical：设置弹性盒对象的子元素从上到下纵向排列。
- ☑ inline-axis：设置弹性盒对象的子元素沿行轴排列。
- ☑ block-axis：设置弹性盒对象的子元素沿块轴排列。

【示例】针对上面示例，在<div id="container">标签样式中加入 box-orient 属性，并设定属性值为 vertical，即定义内容以垂直方向排列，则代表左侧边栏、中间内容、右侧边栏的 3 个 div 元素的排列方向将从水平方向改变为垂直方向，演示效果如图 15.3 所示。

```
#container {
        /*定义弹性盒布局样式*/
        display: -moz-box;
        display: -webkit-box;
        display: box;
        /*定义从上到下排列显示*/
        -moz-box-orient: vertical;
        -webkit-box-orient: vertical;
        box-orient: vertical;
}
```

图 15.3　定义列显示方向

使用 box-direction 属性可以让各个子元素反向排序，语法格式如下。

box-direction：normal | reverse

取值简单说明如下。
- ☑　normal：设置弹性盒对象的子元素按正常顺序排列。
- ☑　reverse：反转弹性盒对象的子元素的排列顺序。

15.1.5　设置对齐方式

使用 box-pack 属性可以设置子元素水平方向的对齐方式，语法格式如下。

box-pack：start | center | end | justify

取值简单说明如下。
- ☑　start：设置弹性盒对象的子元素从开始位置对齐，为默认值。
- ☑　center：设置弹性盒对象的子元素居中对齐。
- ☑　end：设置弹性盒对象的子元素从结束位置对齐。
- ☑　justify：设置弹性盒对象的子元素两端对齐。

使用 box-align 属性可以设置子元素垂直方向的对齐方式，语法格式如下。

box-align：start | end | center | baseline | stretch

取值简单说明如下。
- ☑　start：设置弹性盒对象的子元素从开始位置对齐。
- ☑　center：设置弹性盒对象的子元素居中对齐。
- ☑　end：设置弹性盒对象的子元素从结束位置对齐。
- ☑　baseline：设置弹性盒对象的子元素基线对齐。
- ☑　stretch：设置弹性盒对象的子元素自适应父元素尺寸。

【示例】有一个<div class="login">容器，其中包含一个登录表单对象，为了方便练习，本例使用一个<img>标签进行模拟，然后使用 box-pack 和 box-align 属性让表单对象在<div class="login">容器的正中央显示。同时，设计<div class="login">容器的高度和宽度都为 100%，这样就可以让表单对象在窗口中央位置显示，具体实现代码如下，设计效果如图 15.4 所示。

```
<style type="text/css">
/*清除页边距*/
body { margin: 0; padding: 0;}
div { position: absolute; }
.bg {/*设计遮罩层*/
    width: 100%; height: 100%;
    background: #000; opacity: 0.7;
}
.login {
    /*满屏显示*/
    width:100%; height:100%;
    /*定义弹性盒布局样式*/
    display: -moz-box;
    display: -webkit-box;
    display: box;
    /*垂直居中显示*/
    -moz-box-align: center;
    -webkit-box-align: center;
    box-align: center;
    /*水平居中显示*/
    -moz-box-pack: center;
    -webkit-box-pack: center;
    box-pack: center;
}
</style>
<div class="web"><img src="images/bg.png" /></div>
<div class="bg"></div>
<div class="login"><img src="images/login.png" /></div>
```

图 15.4 设计登录表单中央显示

15.2 新版本弹性盒

新版本弹性盒模型主要优化了 UI 布局，既可以简单地使一个元素居中（包括水平和垂直居中），又可以扩大或收缩元素填充容器的可利用空间，还可以改变布局顺序等。本节将重点介绍新版本弹性盒模型的基本用法。

15.2.1 认识 Flexbox 系统

Flexbox 系统由弹性容器和弹性项目组成。

在弹性容器中，每一个子元素都是一个弹性项目，弹性项目可以是任意数量的，弹性容器外和弹性项目内的一切元素都不受影响。

弹性项目沿着弹性容器内的一个弹性行定位,通常每个弹性容器只有一个弹性行。在默认情况下，弹性行和文本方向一致：从左至右，从上到下。

常规布局是基于块和文本流方向，而 Flex 布局是基于 flex-flow 流。如图 15.5 所示是 W3C 规范对 Flex 布局的解释。

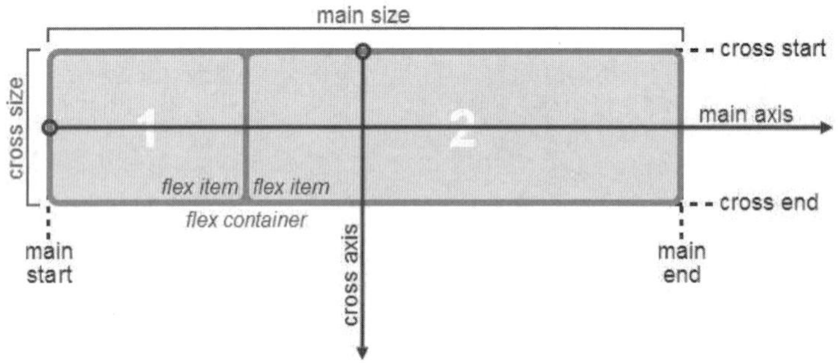

图 15.5　Flex 布局模式

弹性项目是沿着主轴（main axis），从主轴起点（main start）到主轴终点（main end），或者沿着侧轴（cross axis），从侧轴起点（cross start）到侧轴终点（cross end）排列。

- ☑ 主轴（main axis）：弹性容器的主轴，弹性项目主要沿着这条轴进行排列布局。注意，它不一定是水平的，这主要取决于内容对齐（justify-content）属性设置。
- ☑ 主轴起点（main start）和主轴终点（main end）：弹性项目放置在弹性容器内从主轴起点（main start）向主轴终点（main start）方向。
- ☑ 主轴尺寸（main size）：弹性项目在主轴方向的宽度或高度就是主轴的尺寸。弹性项目主要的大小属性要么是宽度属性，要么是高度属性，由哪一个对着主轴方向决定。
- ☑ 侧轴（cross axis）：垂直于主轴称为侧轴。它的方向主要取决于主轴方向。
- ☑ 侧轴起点（cross start）和侧轴终点（cross end）：弹性行的配置从容器的侧轴起点边开始，往侧轴终点边结束。
- ☑ 侧轴尺寸（cross size）：弹性项目在侧轴方向的宽度或高度就是项目的侧轴长度，弹性项目的侧轴长度属性是 width 或 height 属性，由哪一个对着侧轴方向决定。

一个弹性项目就是一个弹性容器的子元素，弹性容器中的文本也被视为一个弹性项目。弹性项目中的内容与普通文本流一样。例如，当一个弹性项目被设置为浮动，用户依然可以在这个弹性项目中放置一个浮动元素。

15.2.2 启动弹性盒

通过设置元素的 display 属性为 flex 或 inline-flex 可以定义一个弹性容器。设置为 flex 的容器被渲染为一个块级元素，而设置为 inline-flex 的容器则渲染为一个行内元素。具体语法如下。

```
display: flex | inline-flex;
```

上面语法定义弹性容器，属性值决定容器是行内显示还是块显示，它的所有子元素将变成 flex 文档流，被称为弹性项目。

此时，CSS 的 columns 属性在弹性容器上没有效果，同时 float、clear 和 vertical-align 属性在弹性项目上也没有效果。

【示例】设计一个弹性容器，其中包含 4 个弹性项目，演示效果如图 15.6 所示。

```
<style type="text/css">
.flex-container {
    display: -webkit-flex;
    display: flex;
    width: 500px; height: 300px;
    border: solid 1px red;
}
.flex-item {
    background-color: blue;
    width: 200px; height: 200px;
    margin: 10px;
}
</style>
<div class="flex-container">
    <div class="flex-item">弹性项目 1</div>
    <div class="flex-item">弹性项目 2</div>
    <div class="flex-item">弹性项目 3</div>
    <div class="flex-item">弹性项目 4</div>
</div>
```

15.2.3 设置主轴方向

使用 flex-direction 属性可以定义主轴方向，它适用于弹性容器。具体语法如下。

```
flex-direction: row | row-reverse | column | column-reverse
```

取值说明如下。

- ☑ row：主轴与行内轴方向作为默认的书写模式，即横向从左到右排列（左对齐）。
- ☑ row-reverse：对齐方式与 row 相反。
- ☑ column：主轴与块轴方向作为默认的书写模式，即纵向从上往下排列（顶对齐）。
- ☑ column-reverse：对齐方式与 column 相反。

【示例】在上节示例基础上，设计一个弹性容器，其中包含 4 个弹性项目，然后定义弹性项目从上往下排列，演示效果如图 15.7 所示。

```
<style type="text/css">
.flex-container {
    display: -webkit-flex;
    display: flex;
    -webkit-flex-direction: column;
    flex-direction: column;
    width: 500px;height: 300px;border: solid 1px red;
}
.flex-item {
    background-color: blue;
    width: 200px; height: 200px;
    margin: 10px;
```

```
}
</style>
```

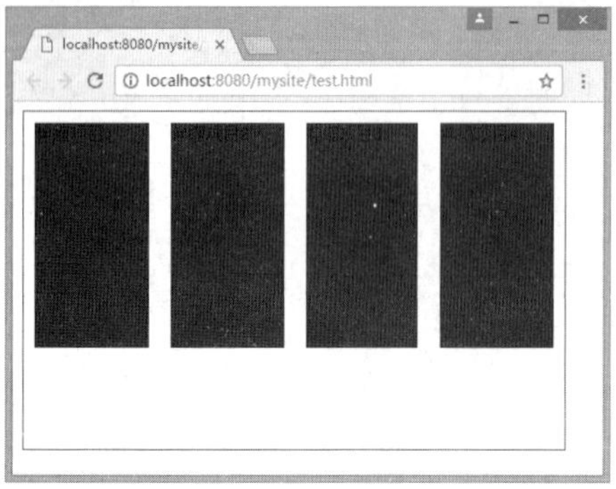

图 15.6　定义弹性盒布局

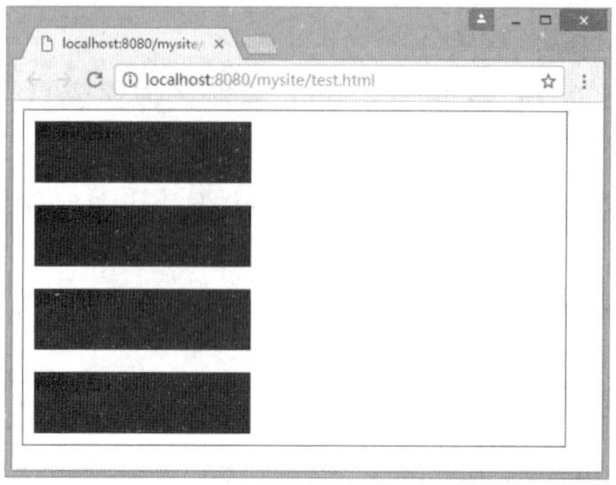

图 15.7　定义弹性项目从上往下布局

15.2.4　设置行数

flex-wrap 定义弹性容器是单行还是多行显示弹性项目，侧轴的方向决定新行堆放的方向。具体语法格式如下。

```
flex-wrap：nowrap | wrap | wrap-reverse
```

取值说明如下。

☑　nowrap：flex 容器为单行。该情况下，flex 子项可能会溢出容器。

☑　wrap：flex 容器为多行。该情况下，flex 子项溢出的部分会被放置到新行，子项内部会发生断行。

☑　wrap-reverse：反转 wrap 排列。

【示例】在上面示例基础上，设计一个弹性容器，其中包含 4 个弹性项目，然后定义弹性项目多行排列，演示效果如图 15.8 所示。

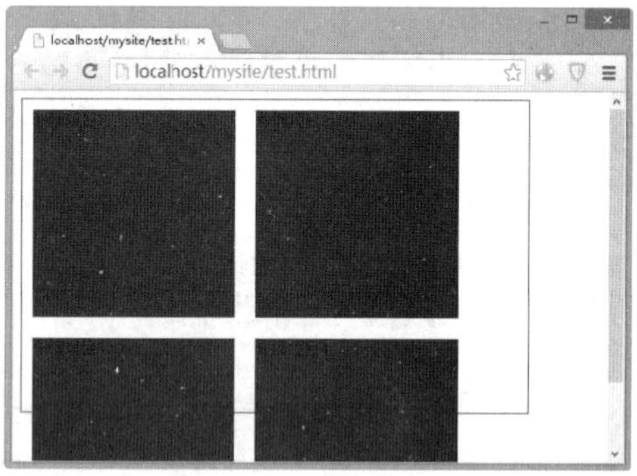

图 15.8　定义弹性项目多行布局

```
<style type="text/css">
.flex-container {
    display: -webkit-flex;
    display: flex;
    -webkit-flex-wrap: wrap;
    flex-wrap: wrap;
    width: 500px; height: 300px;border: solid 1px red;
}
.flex-item {
    background-color: blue;
    width: 200px; height: 200px;
    margin: 10px;
}
</style>
```

【补充】

flex-flow 属性是 flex-direction 和 flex-wrap 属性的复合属性，适用于弹性容器。该属性可以同时定义弹性容器的主轴和侧轴，其默认值为 row nowrap。具体语法如下。

```
flex-flow：<' flex-direction '> || <' flex-wrap '>
```

取值说明如下：
- <' flex-direction'>：定义弹性盒子元素的排列方向。
- <' flex-wrap'>：控制 flex 容器是单行或者多行。

15.2.5 设置对齐方式

1. 主轴对齐

justify-content 定义弹性项目沿着主轴线的对齐方式，该属性适用于弹性容器。具体语法如下。

`justify-content：flex-start | flex-end | center | space-between | space-around`

取值说明如下：
- flex-star：为默认值，弹性项目向一行的起始位置靠齐。
- flex-end：弹性项目向一行的结束位置靠齐。
- center：弹性项目向一行的中间位置靠齐。
- space-between：弹性项目会平均地分布在行里。第一个弹性项目在一行中最开始的位置，最后一个弹性项目在一行中最终点的位置。
- space-around：弹性项目会平均地分布在行里，两端保留一半的空间。

上述取值比较效果如图 15.9 所示。

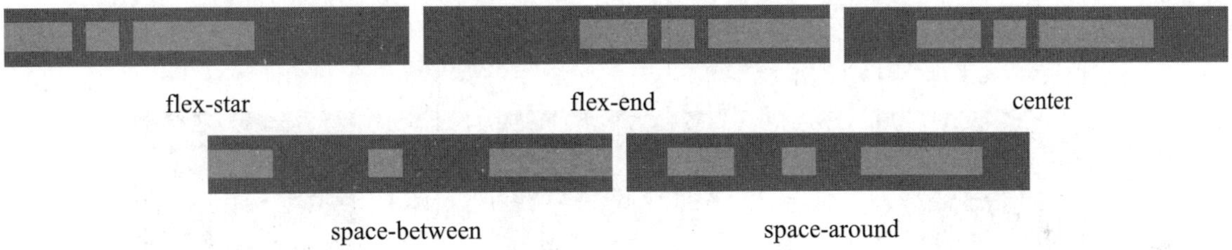

图 15.9 主轴对齐示意图

2. 侧轴对齐

align-items 定义弹性项目在侧轴上的对齐方式，该属性适用于弹性容器。具体语法如下。

`align-items：flex-start | flex-end | center | baseline | stretch`

取值说明如下：
- flex-start：弹性项目在侧轴起点边的外边距紧靠住该行在侧轴起始的边。
- flex-end：弹性项目在侧轴终点边的外边距靠住该行在侧轴终点的边。
- center：弹性项目的外边距盒在该行的侧轴上居中放置。
- baseline：弹性项目根据它们的基线对齐。
- stretch：默认值，弹性项目拉伸填充整个弹性容器。此值会使弹性项目的外边距盒的尺寸在遵照 min/max-width/height 属性的限制下尽可能地接近所在行的尺寸。

上述取值比较效果如图 15.10 所示。

3. 弹性行对齐

align-content 定义弹性行在弹性容器里的对齐方式，该属性适用于弹性容器。类似于弹性项目在主轴上使用 justify-content 属性，但本属性在只有一行的弹性容器上没有效果。具体语法如下。

`align-content：flex-start | flex-end | center | space-between | space-around | stretch`

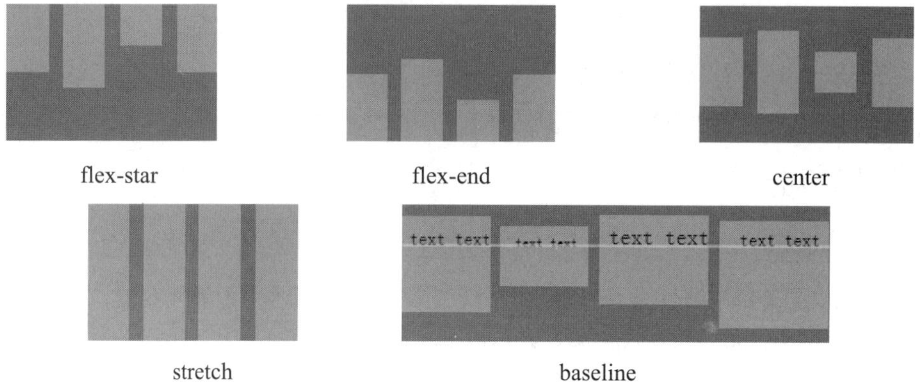

图 15.10 侧轴对齐示意图

取值说明如下。
- flex-start：各行向弹性容器的起点位置堆叠。
- flex-end：各行向弹性容器的结束位置堆叠。
- center：各行向弹性容器的中间位置堆叠。
- space-between：各行在弹性容器中平均分布。
- space-around：各行在弹性容器中平均分布，在两边各有一半的空间。
- stretch：默认值，各行将会伸展以占用剩余的空间。

上述取值比较效果如图 15.11 所示。

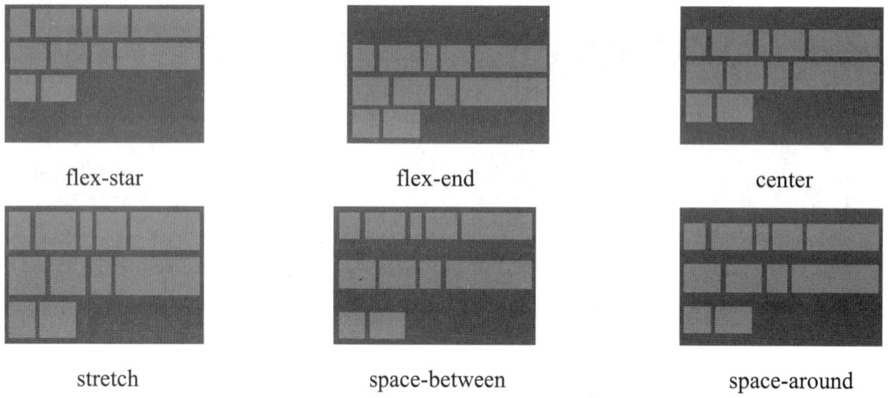

图 15.11 弹性行对齐示意图

【示例】以上面示例为基础，定义弹性行在弹性容器中居中显示，演示效果如图 15.12 所示。

```
<style type="text/css">
.flex-container {
    display: -webkit-flex;
    display: flex;
    -webkit-flex-wrap: wrap;
    flex-wrap: wrap;
    -webkit-align-content: center;
    align-content: center;
    width: 500px; height: 300px;border: solid 1px red;
}
.flex-item {
```

```
            background-color: blue;
            width: 200px; height: 200px;
            margin: 10px;
        }
    </style>
```

图 15.12　定义弹性行居中对齐

15.2.6　设置弹性项目

弹性项目都有一个主轴长度（main size）和一个侧轴长度（cross size）。主轴长度是弹性项目在主轴上的尺寸，侧轴长度是弹性项目在侧轴上的尺寸。一个弹性项目的宽或高取决于弹性容器的轴，可能就是它的主轴长度或侧轴长度。

下面属性适用于弹性项目，可以调整弹性项目的行为。

1．显示位置

order 属性可以控制弹性项目在弹性容器中的显示顺序，具体语法如下。

order: <integer>

<integer>用整数值定义排列顺序，数值小的排在前面，可以为负值。

2．扩展空间

flex-grow 可以定义弹性项目的扩展能力，决定弹性容器剩余空间按比例应扩展多少空间。具体语法如下。

flex-grow: <number>

其中，<number>用数值定义扩展比率，不允许为负值，默认值为 0。

如果所有弹性项目的 flex-grow 设置为 1，那么每个弹性项目将设置为一个大小相等的剩余空间。如果给其中一个弹性项目设置 flex-grow 为 2，那么这个弹性项目所占的剩余空间是其他弹性项目所占剩余空间的 2 倍。

3．收缩空间

flex-shrink 可以定义弹性项目收缩的能力，与 flex-grow 功能相反。具体语法如下。

flex-shrink: <number>

其中，<number>用数值定义收缩比率，不允许为负值，默认值为 1。

4. 弹性比率

flex-basis 可以设置弹性基准值，剩余的空间按比率进行弹性。具体语法如下。

flex-basis: <length> | <percentage> | auto | content

取值说明如下。
- ☑ <length>：用长度值定义宽度，不允许为负值。
- ☑ <percentage>：用百分比定义宽度，不允许为负值。
- ☑ auto：无特定宽度值，取决于其他属性值。
- ☑ content：基于内容自动计算宽度。

【补充】

flex 是 flex-grow、flex-shrink 和 flex-basis 3 个属性的复合属性，该属性适用于弹性项目。其中第二个参数（flex-shrink）和第三个参数（flex-basis）是可选参数，默认值为"0 1 auto"。具体语法如下。

flex: none | [<'flex-grow'> <'flex-shrink'>? || <'flex-basis'>]

5. 对齐方式

align-self 用来在单独的弹性项目上覆写默认的对齐方式。具体语法如下。

align-self: auto | flex-start | flex-end | center | baseline | stretch

其属性值与 align-items 的属性值相同。

【示例 1】以上面示例为基础，定义弹性项目在当前位置向右错移一个位置，其中第一个项目位于第二个项目的位置，第二个项目位于第三个项目的位置，最后一个项目移到第一个项目的位置，演示效果如图 15.13 所示。

```css
<style type="text/css">
.flex-container {
    display: -webkit-flex;
    display: flex;
    width: 500px; height: 300px;border: solid 1px red;
}
.flex-item { background-color: blue; width: 200px; height: 200px; margin: 10px;}
.flex-item:nth-child(0){
    -webkit-order: 4;
    order: 4;
}
.flex-item:nth-child(1){
    -webkit-order: 1;
    order: 1;
}
.flex-item:nth-child(2){
    -webkit-order: 2;
    order: 2;
}
.flex-item:nth-child(3){
    -webkit-order: 3;
    order: 3;
}
</style>
```

【示例 2】margin: auto;在弹性盒中具有强大的功能，一个 auto 的 margin 会合并剩余的空间。它可以把弹性项目挤到其他位置。下面利用 margint: auto;定义包含的项目居中显示，效果如图 15.14 所示。

```css
<style type="text/css">
.flex-container {
    display: -webkit-flex;
    display: flex;
    width: 500px; height: 300px; border: solid 1px red;
}
.flex-item {
    background-color: blue; width: 200px; height: 200px;
    margin: auto;
}
</style>
<div class="flex-container">
    <div class="flex-item">弹性项目</div>
</div>
```

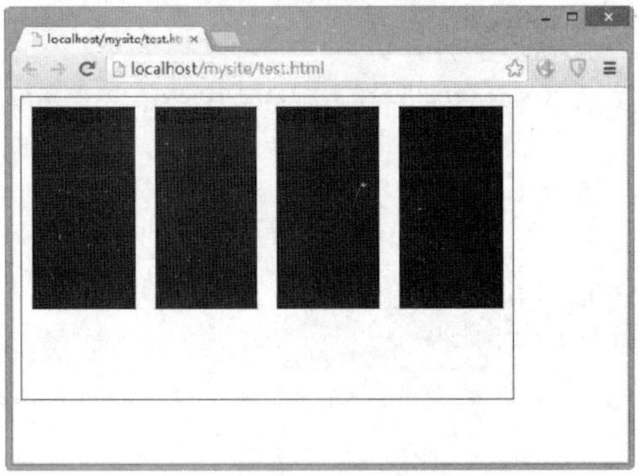

图 15.13　定义弹性项目错位显示 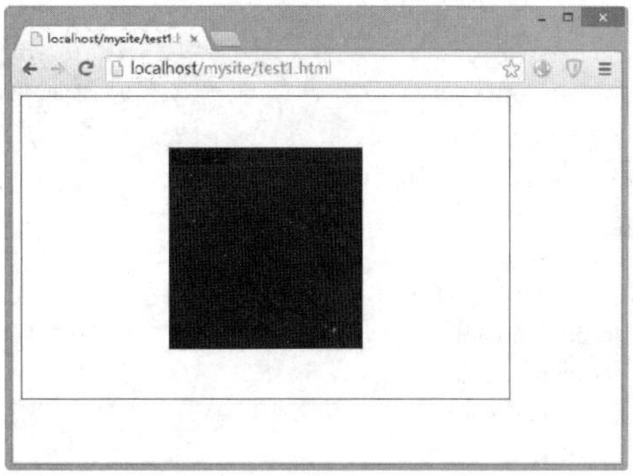　　　　图 15.14　定义弹性项目居中显示

15.3　案例实战

Flexbox 经历 3 次重大迭代，简单比较如下，具体比较细节可以参考 15.4 节在线支持内容。
- ☑ 2009 年版本（旧版本）：display:box;。
- ☑ 2011 年版本（混合版本）：display:flexbox;。
- ☑ 2014 年版本（新版本）：display:flex;。

本节案例使用不同版本的语法，设计一个兼容不同设备和浏览器的弹性页面，演示效果如图 15.15 所示。

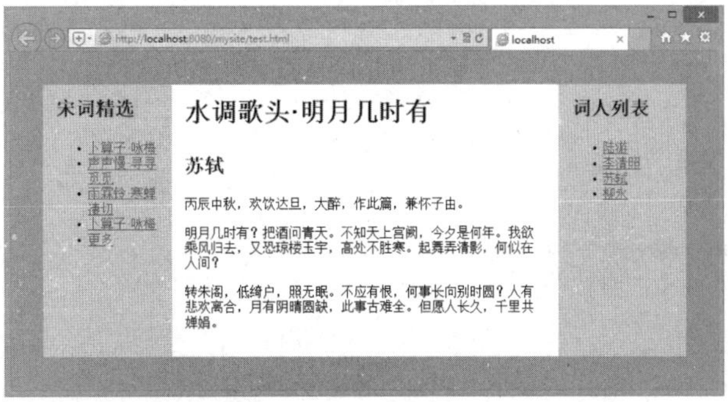

图 15.15　定义混合弹性盒布局

示例主要代码如下。

```css
<style type="text/css">
.page-wrap {
    display: -webkit-box;           /* 2009 版  - iOS 6-, Safari 3.1-6 */
    display: -moz-box;              /* 2009 版  - Firefox 19- (存在缺陷) */
    display: -ms-flexbox;           /* 2011 版  - IE 10 */
    display: -webkit-flex;          /* 最新版  - Chrome */
    display: flex;                  /* 最新版  - Opera 12.1, Firefox 20+ */
}
.main-content {
    -webkit-box-ordinal-group: 2;   /* 2009 版  - iOS 6-, Safari 3.1-6 */
    -moz-box-ordinal-group: 2;      /* 2009 版  - Firefox 19- */
    -ms-flex-order: 2;              /* 2011 版  - IE 10 */
    -webkit-order: 2;               /* 最新版  - Chrome */
    order: 2;                       /* 最新版  - Opera 12.1, Firefox 20+ */
    width: 60%;                     /* 不会自动弹性，其他列将占据空间 */
    -moz-box-flex: 1;               /* 如果没有该声明, 主内容（60%）会伸展到最宽的段落, 就像是段落设置了 white-space:nowrap */
    background: white;
}
.main-nav {
    -webkit-box-ordinal-group: 1;   /* 2009 版  - iOS 6-, Safari 3.1-6 */
    -moz-box-ordinal-group: 1;      /* 2009 版  - Firefox 19- */
    -ms-flex-order: 1;              /* 2011 版  - IE 10 */
    -webkit-order: 1;               /* 最新版  - Chrome */
    order: 1;                       /* 最新版  - Opera 12.1, Firefox 20+ */
    -webkit-box-flex: 1;            /* 2009 版  - iOS 6-, Safari 3.1-6 */
    -moz-box-flex: 1;               /* 2009 版  - Firefox 19- */
    width: 20%;                     /* 2009 版语法, 否则将崩溃 */
    -webkit-flex: 1;                /* Chrome */
    -ms-flex: 1;                    /* IE 10 */
    flex: 1;                        /* 最新版  - Opera 12.1, Firefox 20+ */
    background: #ccc;
}
.main-sidebar {
    -webkit-box-ordinal-group: 3;   /* 2009 版  - iOS 6-, Safari 3.1-6 */
    -moz-box-ordinal-group: 3;      /* 2009 版  - Firefox 19- */
    -ms-flex-order: 3;              /* 2011 版  - IE 10 */
    -webkit-order: 3;               /* 最新版  - Chrome */
    order: 3;                       /* 最新版- Opera 12.1, Firefox 20+ */
    -webkit-box-flex: 1;            /* 2009 版  - iOS 6-, Safari 3.1-6 */
    -moz-box-flex: 1;               /* Firefox 19- */
    width: 20%;                     /* 2009 版，否则将崩溃 */
    -ms-flex: 1;                    /* 2011 版  - IE 10 */
    -webkit-flex: 1;                /* 最新版  - Chrome */
    flex: 1;                        /* 最新版  - Opera 12.1, Firefox 20+ */
    background: #ccc;
}
.main-content, .main-sidebar, .main-nav { padding: 1em; }
body {padding: 2em; background: #79a693;}
* {
    -webkit-box-sizing: border-box;
    -moz-box-sizing: border-box;
    box-sizing: border-box;}
```

```
h1, h2 {
    font: bold 2em Sans-Serif;
    margin: 0 0 1em 0;}
h2 { font-size: 1.5em; }
p { margin: 0 0 1em 0; }
</style>
<div class="page-wrap">
    <section class="main-content">
        <h1>水调歌头·明月几时有</h1>
        ...
    </section>
    <nav class="main-nav">
        <h2>宋词精选</h2>
        ...
    </nav>
    <aside class="main-sidebar">
        <h2>词人列表</h2>
        ...
    </aside>
</div>
```

页面被包裹在类名为 page-wrap 的容器中，容器包含 3 个子模块。现在将容器定义为弹性容器，此时每个子模块自动变成弹性项目。

```
<div class="page-wrap">
    <section class="main-content"> </section>
    <nav class="main-nav"></nav>
    <aside class="main-sidebar"></aside>
</div>
```

本示例设计各列在一个弹性容器中显示上下文，只有这样这些元素才能直接成为弹性项目，它们之前是什么没有关系，只要现在是弹性项目即可。

本示例把 Flexbox 旧的语法、中间混合语法和最新的语法混在一起使用，它们的顺序很重要。display 属性本身并不添加任何浏览器前缀，用户需要确保老语法不要覆盖新语法，让浏览器同时支持。

```
.page-wrap {
    display: -webkit-box;        /* 2009 版  - iOS 6-, Safari 3.1-6 */
    display: -moz-box;           /* 2009 版  - Firefox 19- (存在缺陷) */
    display: -ms-flexbox;        /* 2011 版  - IE 10 */
    display: -webkit-flex;       /* 最新版  - Chrome */
    display: flex;               /* 最新版  - Opera 12.1, Firefox 20+ */
}
```

整个页面包含 3 列，设计一个 20%、60%、20%的网格布局。第一步，设置主内容区域宽度为 60%；第二步，设置侧边栏填补剩余的空间，同样把新、旧语法混在一起使用。

```
.main-content {
    -webkit-box-ordinal-group: 2;   /* 2009 版  - iOS 6-, Safari 3.1-6 */
    -moz-box-ordinal-group: 2;      /* 2009 版  - Firefox 19- */
    -ms-flex-order: 2;              /* 2011 版  - IE 10 */
    -webkit-order: 2;               /* 最新版  - Chrome */
    order: 2;                       /* 最新版  - Opera 12.1, Firefox 20+ */
    width: 60%;                     /* 不会自动弹性，其他列将占据空间 */
    -moz-box-flex: 1;               /* 如果没有该声明，Firefox 19-将溢出 h, 覆盖宽度 */
    background: white;
}
```

在新语法中，没有必要给边栏设置宽度，因为它们同样会使用 20%的比例填充剩余的 40%空间。但是，如果不显式设置宽度，在老的语法下会直接崩溃。

完成初步布局之后，需要重新排列顺序。这里设计主内容排列在中间，但在源代码之中，它是排列在第一的位置。使用 Flexbox 可以非常容易实现，但是用户需要把 Flexbox 中不同的语法混在一起使用。

```
.main-content {
    -webkit-box-ordinal-group: 2;
    -moz-box-ordinal-group: 2;
    -ms-flex-order: 2;
    -webkit-order: 2;
    order: 2;
}
.main-nav {
    -webkit-box-ordinal-group: 1;
    -moz-box-ordinal-group: 1;
    -ms-flex-order: 1;
    -webkit-order: 1;
    order: 1;
}
.main-sidebar {
    -webkit-box-ordinal-group: 3;
    -moz-box-ordinal-group: 3;
    -ms-flex-order: 3;
    -webkit-order: 3;
    order: 3;
}
```

15.4 在线支持

扫码免费学习更多实用技能

一、补充知识
- ☑ Flexbox 系统概述
- ☑ 浏览器的支持

二、专项练习
- ☑ CSS3 新功能

三、参考
- ☑ Flexbox 伸缩布局新旧版本语法比较

- ☑ 可伸缩框属性（Flexible Box）列表
- ☑ Grid 属性列表
- ☑ Marquee 属性列表
- ☑ 多列属性（Multi-column）列表
- ☑ Paged Media 属性列表

四、更多案例实战
- ☑ 设计 3 行 3 列应用
- ☑ 多列布局

新知识、新案例不断更新中……

第 16 章　设计动画样式

CSS3 动画包括过渡动画和关键帧动画，它们主要通过改变 CSS 属性值来模拟实现。本章将详细介绍 Transform、Transitions 和 Animations 3 大功能模块，其中 Transform 实现对网页对象的变形操作，Transitions 实现 CSS 属性过渡变化，Animations 实现 CSS 样式分步式演示效果。

16.1　CSS3 变形

2012 年 9 月，W3C 发布 CSS3 变形工作草案。这个草案包括 CSS3 2D 变形和 CSS3 3D 变形。CSS 2D Transform 获得各主流浏览器的支持，CSS 3D Transform 支持程度不是很完善。本节重点讲解 2D 变形，有关 3D 变形可以参考本节在线支持部分内容。

16.1.1　设置原点

CSS 变形的原点默认为对象的中心点（50% 50%），使用 transform-origin 属性可以重新设置新的变形原点。语法格式如下所示。

transform-origin: [<percentage> | <length> | left | center① | right] [<percentage> | <length> | top | center② | bottom]?

取值简单说明如下。

- ☑ <percentage>：用百分比指定坐标值，可以为负值。
- ☑ <length>：用长度值指定坐标值，可以为负值。
- ☑ left：指定原点的横坐标为 left。
- ☑ center①：指定原点的横坐标为 center。
- ☑ right：指定原点的横坐标为 right。
- ☑ top：指定原点的纵坐标为 top。
- ☑ center②：指定原点的纵坐标为 center。
- ☑ bottom：指定原点的纵坐标为 bottom。

【示例】通过重置变形原点，可以设计不同的变形效果。以图像的右上角为原点逆时针旋转图像 45 度，则比较效果如图 16.1 所示。

图 16.1　重置变形原点旋转图像

```
<style type="text/css">
img {                            /* 固定两幅图像相同大小和相同显示位置 */
    position: absolute;
    left: 20px;
    top: 10px;
    width: 170px;
```

```
        width: 250px;
}
img.bg {                                   /* 设置第 1 幅图像作为参考 */
        opacity: 0.3;
        border: dashed 1px red;
}
img.change {                               /* 变形第 2 幅图像 */
        border: solid 1px red;
        transform-origin: top right;       /* 以右上角为原点进行变形*/
        transform: rotate(-45deg);         /* 逆时针旋转 45 度*/
}
</style>
<img class="bg" src="images/1.jpg">
<img class="change" src="images/1.jpg">
```

16.1.2 2D 旋转

rotate()函数能够在 2D 空间内旋转对象,语法格式如下。

```
rotate(<angle>)
```

其中,参数 angle 表示角度值,取值单位可以是:度,如 90 deg（90 度,一圈 360 度）;梯度,如 100 grad（相当于 90 度,360 度等于 400 grad）;弧度,如 1.57 rad（约等于 90 度,360 度等于 2π）;圈,如 0.25 turn（等于 90 度,360 度等于 1 turn）。

【示例】以上节示例为基础,按默认原点逆时针旋转图像 45 度,效果如图 16.2 所示。

```
img.change {
        border: solid 1px red;
        transform: rotate(-45deg);
}
```

图 16.2 按默认原点旋转图像

16.1.3 2D 缩放

scale()函数能够缩放对象大小,语法格式如下。

```
scale(<number>[, <number>])
```

该函数包含两个参数值,分别用来定义宽和高的缩放比例。取值简单说明如下。
- ☑ 如果取值为正数,则基于指定的宽度和高度将放大或缩小对象。
- ☑ 如果取值为负数,则不会缩小元素,而是翻转元素（如文字被反转）,然后再缩放元素。
- ☑ 如果取值为小于 1 的小数（如 0.5）可以缩小元素。
- ☑ 如果第二个参数省略,则第二个参数等于第一个参数值。

【示例】继续以上节示例为基础,按默认原点把图像缩小 1/2,效果如图 16.3 所示。

```
img.change {
        border: solid 1px red;
        transform: scale(0.5);
}
```

16.1.4 2D 平移

translate()函数能够平移对象的位置,语法格式如下。

```
translate(<translation-value>[, <translation-value>])
```

该函数包含两个参数值，分别用来定义对象在 x 轴和 y 轴相对于原点的偏移距离。如果省略参数，则默认值为 0。如果取负值，则表示反向偏移，参考原点保持不变。

【示例】设计向右下角方向平移图像，其中 x 轴偏移 150 px，y 轴偏移 50 px，演示效果如图 16.4 所示。

```
img.change {
    border: solid 1px red;
    transform: translate(150px, 50px);
}
```

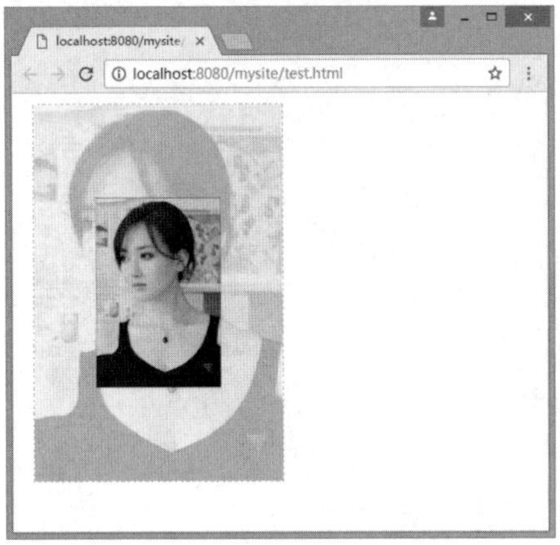

图 16.3　缩小对象 1/2 的效果 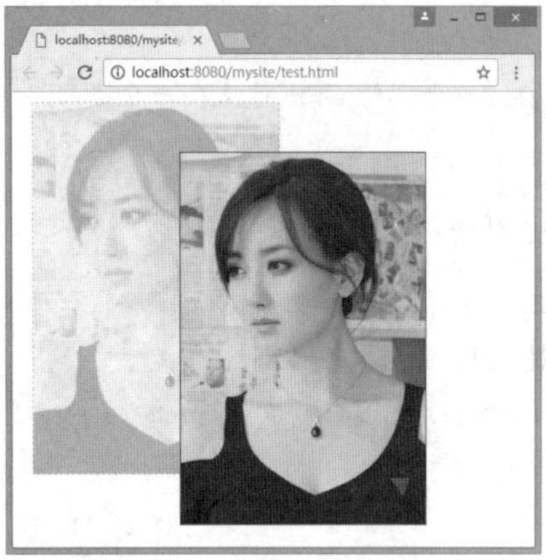　　　　图 16.4　平移对象的效果

16.1.5　2D 倾斜

skew()函数能够倾斜显示对象，语法格式如下。

```
skew(<angle> [, <angle>])
```

该函数包含两个参数值，分别用来定义对象在 x 轴和 y 轴倾斜的角度。如果省略参数，则默认值为 0。与 rotate()函数不同，rotate()函数只是旋转对象的角度，而不会改变对象的形状；skew()函数会改变对象的形状。

【示例】使用 skew()函数变形图像，x 轴倾斜 30 度，y 轴倾斜 20 度，效果如图 16.5 所示。

```
img.change {
    border: solid 1px red;
    transform: skew(30deg, 20deg);
}
```

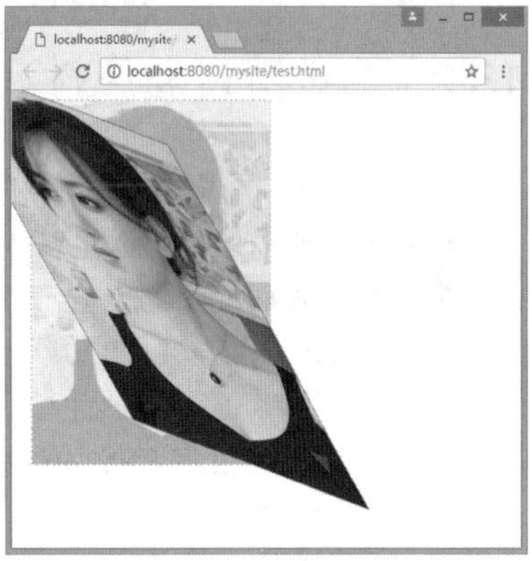

图 16.5　倾斜对象效果

16.1.6　2D 矩阵

matrix()是一个矩阵函数，它可以同时实现缩放、旋转、平移和倾斜操作，语法格式如下。

```
matrix(<number>, <number>, <number>, <number>, <number>, <number>)
```

该函数包含 6 个值，具体说明如下。

☑　第 1 个参数控制 x 轴缩放。

- ☑ 第 2 个参数控制 *x* 轴倾斜。
- ☑ 第 3 个参数控制 *y* 轴倾斜。
- ☑ 第 4 个参数控制 *y* 轴缩放。
- ☑ 第 5 个参数控制 *x* 轴平移。
- ☑ 第 6 个参数控制 *y* 轴平移。

【示例】使用 matrix()函数模拟 16.1.5 节示例的倾斜变形操作，效果类似 16.1.5 节示例效果。

```
img.change {
    border: solid 1px red;
    transform: matrix(1, 0.6, 0.2, 1, 0, 0);
}
```

提示：多个变形函数可以在一个声明中同时定义。例如：

```
div {
    transform: translate(80, 80);
    transform: rotate(45deg);
    transform: scale(1.5, 1.5);
}
```

针对上面样式，可以简化为：

```
div { transform: translate(80, 80) rotate(45deg) scale(1.5, 1.5);}
```

16.2 过渡动画

2013 年 2 月，W3C 发布 CSS Transitions 工作草案，这个草案描述了 CSS 过渡动画的基本实现方法和属性，目前获得所有浏览器的支持。

16.2.1 设置过渡属性

transition-property 属性定义过渡动画的 CSS 属性名称，基本语法如下所示。

```
transition-property:none | all | [ <IDENT> ] [ ',' <IDENT> ]*;
```

取值简单说明如下。
- ☑ none：表示没有元素。
- ☑ all：默认值，表示针对所有元素，包括:before 和:after 伪元素。
- ☑ IDENT：指定 CSS 属性列表。几乎所有色彩、大小或位置等相关的 CSS 属性，包括许多新添加的 CSS3 属性都可以应用过渡，如 CSS3 变换中的放大、缩小、旋转、斜切、渐变等。

【示例】指定动画的属性为背景颜色。这样当鼠标经过盒子时，会自动从红色背景过渡到蓝色背景，演示效果如图 16.6 所示。

```
<style type="text/css">
div {
    margin: 10px auto; height: 80px;
    background: red;
    border-radius: 12px;
    box-shadow: 2px 2px 2px #999;
}
div:hover {
```

```
        background-color: blue;
        /*指定动画过渡的 CSS 属性*/
        transition-property: background-color;
    }
</style>

<div></div>
```

(a)默认状态　　　　(b)鼠标经过时被旋转

图 16.6　定义简单的背景色切换动画

16.2.2　设置过渡时间

transition-duration 属性定义转换动画的时间长度，基本语法如下所示。

transition-duration:<time> [, <time>]*;

其中，初始值为 0，适用于所有元素，以及:before 和:after 伪元素。在默认情况下，动画过渡时间为 0 s，当指定元素动画时，会看不到过渡的过程，而直接看到结果。

【示例】以上节示例为例，设置动画过渡时间为 2 s，当鼠标移过对象时，会看到背景色从红色逐渐过渡到蓝色，演示效果如图 16.7 所示。

```
div:hover {
    background-color: blue;
    /*指定动画过渡的 CSS 属性*/
    transition-property: background-color;
    /*指定动画过渡的时间*/
    transition-duration:2s;
}
```

图 16.7　设置动画过渡时间

16.2.3　设置延迟过渡时间

transition-delay 属性定义开启过渡动画的延迟时间，基本语法如下所示。

transition-delay:<time> [, <time>]*;

其中，初始值为 0，适用于所有元素，以及:before 和:after 伪元素。设置时间可以为正整数、负整数和零。非零的时候必须设置单位是 s（秒）或者 ms（毫秒）；为负数的时候，过渡的动作会从该时间点开始显示，之前的动作被截断；为正数的时候，过渡的动作会延迟触发。

【示例】继续以上节示例为基础进行介绍，设置过渡动画推迟 2 s 后执行，则当鼠标移过对象时，会看不到任何变化，过了 2 s 之后，才发现背景色从红色逐渐过渡到蓝色。

```
div:hover {
    background-color: blue;
    /*指定动画过渡的 CSS 属性*/
    transition-property: background-color;
    /*指定动画过渡的时间*/
```

```
            transition-duration: 2s;
            /*指定动画延迟触发   */
            transition-delay: 2s;
        }
```

16.2.4　设置过渡动画类型

transition-timing-function 属性定义过渡动画的类型，基本语法如下所示。

```
transition-timing-function:ease | linear | ease-in | ease-out | ease-in-out | cubicbezier(<number>, <number>, <number>, <number>)
[, ease | linear | ease-in | ease-out | ease-in-out | cubic-bezier(<number>, <number>,<number>, <number>)]*
```

属性初始值为 ease，取值简单说明如下。

- ☑ ease：平滑过渡，等同于 cubic-bezier(0.25, 0.1, 0.25, 1.0)函数，即立方贝塞尔。
- ☑ linear：线性过渡，等同于 cubic-bezier(0.0, 0.0, 1.0, 1.0)函数。
- ☑ ease-in：由慢到快，等同于 cubic-bezier(0.42, 0, 1.0, 1.0)函数。
- ☑ ease-out：由快到慢，等同于 cubic-bezier(0, 0, 0.58, 1.0)函数。
- ☑ ease-in-out：由慢到快再到慢，等同于 cubic-bezier(0.42, 0, 0.58, 1.0)函数。
- ☑ cubic-bezier：特殊的立方贝塞尔曲线效果。

【示例】继续以上节示例为基础进行介绍，设置过渡类型为线性效果，代码如下所示。

```
        div:hover {
            background-color: blue;
            /*指定动画过渡的 CSS 属性*/
            transition-property: background-color;
            /*指定动画过渡的时间*/
            transition-duration: 10s;
            /*指定动画过渡为线性效果   */
            transition-timing-function: linear;
        }
```

16.2.5　设置过渡触发动作

CSS3 过渡动画一般通过动态伪类触发，如表 16.1 所示。

表 16.1　CSS 动态伪类

动 态 伪 类	作 用 元 素	说　　明
:link	只有链接	未访问的链接
:visited	只有链接	访问过的链接
:hover	所有元素	鼠标经过元素
:active	所有元素	鼠标单击元素
:focus	所有可被选中的元素	元素被选中
:checked	所有被选中的元素	取消选中恢复原来状态

也可以通过 JavaScript 事件触发，包括 click、focus、mousemove、mouseover、mouseout 等。

1．:hover

最常用的过渡触发方式是使用:hover 伪类。

【示例 1】设计当鼠标经过 div 元素时，该元素的背景颜色会在经过 1 s 的初始延迟后，于 2 s 内动态地从绿色变为蓝色。

```
<style type="text/css">
div {
    margin: 10px auto;
    height: 80px;
    border-radius: 12px;
    box-shadow: 2px 2px 2px #999;
    background-color: red;
    transition: background-color 2s ease-in 1s;
}
div:hover { background-color: blue}
</style>
<div></div>
```

2. :active

:active 伪类表示用户单击某个元素并按住鼠标按钮时显示的状态。

【示例 2】设计当用户单击 div 元素时，该元素被激活，这时会触发动画，高度属性从 200 px 过渡到 400 px。如果按住该元素，保持活动状态，则 div 元素始终显示 400 px 高度，松开鼠标之后，又会恢复到原来的高度，如图 16.8 所示。

```
<style type="text/css">
div {
    margin: 10px auto;
    border-radius: 12px;
    box-shadow: 2px 2px 2px #999;
    background-color: #8AF435;
    height: 200px;
    transition: width 2s ease-in;
}
div:active {height: 400px;}
</style>
<div></div>
```

3. : focus

:focus 伪类通常会在表单对象接收键盘响应时出现。

【示例 3】当输入框获取焦点时，输入框的背景色逐步高亮显示，如图 16.9 所示。

```
<style type="text/css">
label {
    display: block;
    margin: 6px 2px;
}
input[type="text"], input[type="password"] {
    padding: 4px;
    border: solid 1px #ddd;
    transition: background-color 1s ease-in;
}
input:focus { background-color: #9FFC54;}
</style>
<form id=fm-form action="" method=post>
    <fieldset>
        <legend>用户登录</legend>
        <label for="name">姓名
            <input type="text" id="name" name="name" >
        </label>
```

```
            <label for="pass">密码
                <input type="password" id="pass" name="pass" >
            </label>
        </fieldset>
</form>
```

（a）默认状态　　　　（b）单击

图 16.8　定义激活触发动画　　　　　　图 16.9　定义获取焦点触发动画

提示：把 :hover 伪类与 :focus 配合使用，能够丰富鼠标用户和键盘用户的体验。

4. :checked

:checked 伪类在发生选中状况时触发过渡，取消选中则恢复原来的状态。

【**示例 4**】设计当复选框被选中时缓慢缩进 2 个字符，演示效果如图 16.10 所示。

```
<style type="text/css">
label.name {
    display: block;
    margin: 6px 2px;
}
input[type="text"], input[type="password"] {
    padding: 4px;
    border: solid 1px #ddd;
}
input[type="checkbox"] { transition: margin 1s ease;}
input[type="checkbox"]:checked { margin-left: 2em;}
</style>
<form id=fm-form action="" method=post>
    <fieldset>
        <legend>用户登录</legend>
        <label class="name" for="name">姓名
            <input type="text" id="name" name="name" >
        </label>
        <p>技术专长<br>
            <label>
                <input type="checkbox" name="web" value="html" id="web_0">
                HTML</label><br>
            <label>
                <input type="checkbox" name="web" value="css" id="web_1">
                CSS</label><br>
            <label>
                <input type="checkbox" name="web" value="javascript" id="web_2">
                JavaScript</label><br>
```

```
        </p>
    </fieldset>
</form>
```

5. 媒体查询

触发元素状态变化的另一种方法是使用 CSS3 媒体查询，关于媒体查询的详解参考第 17 章内容。

【示例 5】设计 div 元素的宽度和高度为 49%×200 px，如果用户将窗口大小调整到 420 px 或以下，则该元素将过渡为 100%×100 px。也就是说，当窗口宽度变化经过 420 px 的阈值时，将会触发过渡动画，如图 16.11 所示。

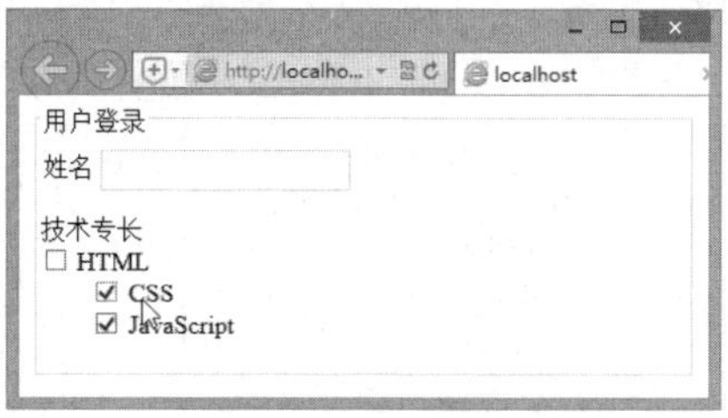

图 16.10　定义复选框被选中时触发动画

```
<style type="text/css">
div {
    float: left; margin: 2px;
    width: 49%; height: 200px;
    background: #93FB40;
    border-radius: 12px;
    box-shadow: 2px 2px 2px #999;
    transition: width 1s ease, height 1s ease;
}
@media only screen and (max-width : 420px) {
    div {
        width: 100%;
        height: 100px;
    }
}
</style>
<div></div>
<div></div>
```

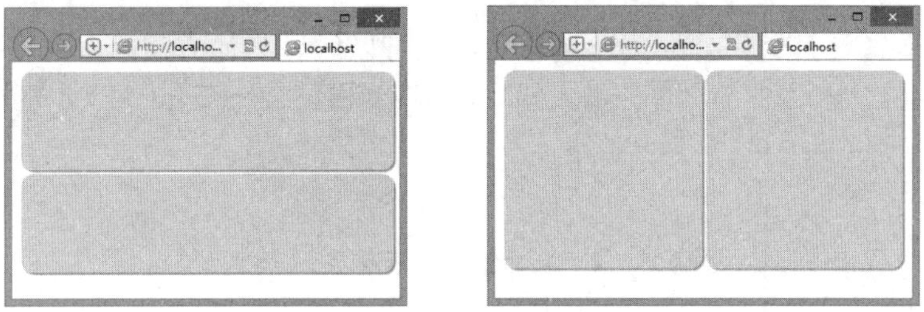

（a）当窗口小于等于 420 px 宽度时　　（b）当窗口大于 420 px 宽度时

图 16.11　窗口变化触发动画

如果网页加载时用户的窗口大小是 420 px 或以下，浏览器会在该部分应用这些样式，但是由于不会出现状态变化，因此不会发生过渡。

6. JavaScript 事件

【示例 6】可以使用纯粹的 CSS 伪类触发过渡，为了方便用户理解，这里通过 jQuery 脚本触发过渡。

```
<script type="text/javascript" src="images/jquery-1.10.2.js"></script>
<script type="text/javascript">
$(function () {
    $("#button").click(function () {
```

```
            $(".box").toggleClass("change");
        });
    });
</script>
<style type="text/css">
.box {
    margin:4px;
    background: #93FB40;
    border-radius: 12px;
    box-shadow: 2px 2px 2px #999;
    width: 50%; height: 100px;
    transition: width 2s ease, height 2s ease;
}
.change { width: 100%; height: 120px;}
</style>
<input type="button" id="button" value="触发过渡动画" />
<div class="box"></div>
```

在文档中包含一个 box 类的盒子和一个按钮，当单击按钮时，jQuery 脚本会将盒子的类切换为 change，从而触发过渡动画，演示效果如图 16.12 所示。

（a）默认状态　　　　　　（b）JavaScript 事件激活状态

图 16.12　使用 JavaScript 脚本触发动画

上面演示了样式发生变化会导致过渡动画，也可以通过其他方法触发这些更改，包括通过 JavaScript 脚本动态更改。从执行效率来看，事件通常应当通过 JavaScript 触发，简单动画或过渡则应使用 CSS 触发。

16.3　帧　动　画

2012 年 4 月，W3C 发布 CSS Animations 工作草案，在这个草案中描述了 CSS 关键帧动画的基本实现方法和属性。目前主流浏览器都支持 CSS 帧动画。

16.3.1　设置关键帧

CSS3 使用@keyframes 定义关键帧，具体用法如下所示。

```
@keyframes animationname {
    keyframes-selector {
        css-styles;
    }
}
```

其中参数说明如下。
- animationname：定义动画的名称。
- keyframes-selector：定义帧的时间位置，也就是动画时长的百分比，合法的值包括：0～100%、from（等价于 0）、to（等价于 100%）。
- css-styles：表示一个或多个合法的 CSS 样式属性。

在动画设计过程中，用户能够多次改变 CSS 样式，以百分比定义样式改变发生的时间，或者通过关键词 from 和 to。为了获得最佳浏览器支持，设计关键帧动画时，应该始终定义 0 和 100%位置帧。最后，为每帧定义动态样式，同时将动画与选择器绑定。

【示例】演示让一个小方盒沿着方形框内壁匀速运动，效果如图 16.13 所示。

```
<style>
#wrap {                              /* 定义运动轨迹包含框*/
    position:relative;               /* 定义定位包含框，避免小盒子跑到外面运动*/
    border:solid 1px red;
    width:250px; height:250px;
}
#box {                               /* 定义运动小盒的样式*/
    position:absolute;
    left:0; top:0;
    width: 50px; height: 50px;
    background: #93FB40;
    border-radius: 8px;
    box-shadow: 2px 2px 2px #999;
    /*定义帧动画：名称为 ball，动画时长 5s，动画类型为匀速渐变，动画无限播放*/
    animation: ball 5s linear infinite;
}
/*定义关键帧：共包括 5 帧，分别在总时长为 0、25%、50%、75%、100%的位置*/
/*每帧中设置动画属性为 left 和 top，让它们的值匀速渐变，产生运动动画*/
@keyframes ball {
    0 {left:0;top:0;}
    25% {left:200px;top:0;}
    50% {left:200px;top:200px;}
    75% {left:0;top:200px;}
    100% {left:0;top:0;}
}
</style>
<div id="wrap">
    <div id="box"></div>
</div>
```

16.3.2 设置动画属性

Animations 功能与 Transition 功能相同，都是通过改变元素的属性值实现动画效果。它们的区别在于：使用 Transitions 功能时只能通过指定属性的开始值与结束值，然后以在这两个属性值之间进行平滑过渡的方式实现动画效果，因此不能实现比较复杂的动画效果；而 Animations 功能则通过定义多个关键帧以及定义每个关键帧中元素的属性值实现更为复杂的动画效果。

1．定义动画名称

使用 animation-name 属性可以定义 CSS 动画的名称，语

图 16.13　设计小盒子运动动画

法如下所示。

```
animation-name:none | IDENT [, none | IDENT ]*;
```

其中，初始值为 none，定义一个适用的动画列表。每个名字用来选择动画关键帧，提供动画的属性值。如名称是 none，就不会有动画。

2. 定义动画时间

使用 animation-duration 属性可以定义 CSS 动画的播放时间，语法如下所示。

```
animation-duration:<time> [, <time>]*;
```

在默认情况下，该属性值为 0，这意味着动画周期为 0，即不会有动画。当值为负值时，则被视为 0。

3. 定义动画类型

使用 animation-timing-function 属性可以定义 CSS 动画类型，语法如下所示。

```
animation-timing-function:ease | linear | ease-in | ease-out | ease-in-out | cubicbezier(<number>, <number>, number>, <number>) [,
ease | linear |ease-in | ease-out | ease-in-out | cubic-bezier(<number>, <number>,<number>, <number>)]*
```

初始值为 ease，取值说明可参考上面介绍的过渡动画类型。

4. 定义延迟时间

使用 animation-delay 属性可以定义 CSS 动画延迟播放的时间，语法如下所示。

```
animation-delay:<time> [, <time>]*;
```

该属性允许一个动画开始执行一段时间后才被应用。当动画延迟时间为 0，即默认动画延迟时间，则意味着动画将尽快执行，否则该值指定将延迟执行的时间。

5. 定义播放次数

使用 animation-iteration-count 属性定义 CSS 动画的播放次数，语法如下所示。

```
animation-iteration-count:infinite | <number> [, infinite | <number>]*;
```

默认值为 1，这意味着动画将播放从开始到结束一次。infinite 表示无限次，即 CSS 动画永远重复。如果取值为非整数，将导致动画结束一个周期的一部分。如果取值为负值，则将导致在交替周期内反向播放动画。

6. 定义播放方向

使用 animation-direction 属性定义 CSS 动画的播放方向，基本语法如下所示。

```
animation-direction:normal | alternate [, normal | alternate]*;
```

默认值为 normal。当为默认值时，动画的每次循环都向前播放。另一个值是 alternate，设置该值则表示第偶数次向前播放，第奇数次向反方向播放。

7. 定义播放状态

使用 animation-play-state 属性定义动画正在运行还是暂停，语法如下所示。

```
animation-play-state: paused|running;
```

初始值为 running。其中，paused 定义动画已暂停，running 定义动画正在播放。

> 提示：可以在 JavaScript 中使用该属性，这样就能在播放过程中暂停动画。在 JavaScript 脚本中用法如下。
>
> ```
> object.style.animationPlayState="paused"
> ```

8. 定义播放外状态

使用 animation-fill-mode 属性定义动画播放外状态，语法如下所示。

```
animation-fill-mode: none | forwards | backwards | both [ , none | forwards | backwards | both ]*
```

初始值为 none，如果提供多个属性值，以逗号进行分隔。取值说明如下。

- ☑ none：不设置对象动画之外的状态。
- ☑ forwards：设置对象状态为动画结束时的状态。
- ☑ backwards：设置对象状态为动画开始时的状态。
- ☑ both：设置对象状态为动画结束或开始的状态。

【示例】设计一个小球，并定义它水平向左运动，动画结束之后，再返回起始点位置，效果如图 16.14 所示。

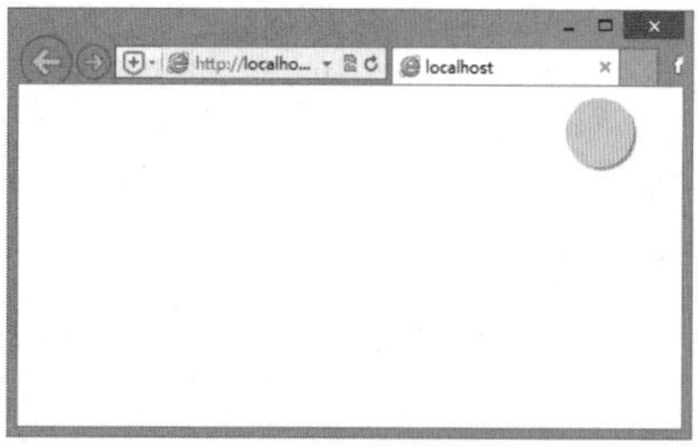

图 16.14　设计运动小球最后返回起始点位置

```
<style>
/*启动运动的小球，并定义动画结束后返回*/
.ball{
    width: 50px; height: 50px;
    background: #93FB40;
    border-radius: 100%;
    box-shadow:2px 2px 2px #999;
    animation:ball 1s ease backwards;
}
/*定义小球水平运动关键帧*/
@keyframes ball{
    0%{transform:translate(0,0);}
    100%{transform:translate(400px);}
}
</style>
<div class="ball"></div>
```

16.4　案例实战

16.4.1　设计照片特效

本例使用 CSS3 阴影、透明效果，以及变形特效，让图片随意贴在墙上，当鼠标移动到图片上时，会自动放大并垂直摆放，演示效果如图 16.15 所示。在默认状态下，图片被随意地显示在墙面上，鼠标经过图片时，图片会竖直摆放，并被放大显示。

图 16.15　设计挂图效果

示例主要代码如下。

```css
<style type="text/css">
ul.polaroids li { display: inline;}
ul.polaroids a {
    display: inline; float: left;
    margin: 0 0 50px 60px; padding: 12px;
    text-align: center;
    text-decoration: none; color: #333;
        /*为图片外框设计阴影效果   */
    box-shadow: 0 3px 6px rgba(0, 0, 0, .25);
        /*设置过渡动画：过渡属性为 transform，时长为 0.15s, 线性渐变 */
    transition: -webkit-transform .15s linear;
    /*顺时针旋转 2 度   */
    transform: rotate(-2deg);
}
ul.polaroids img {                              /*统一图片基本样式 */
    display: block;
    height: 100px;
    border: none;
    margin-bottom: 12px;
}
/*利用图片的 tittle 属性，添加图片显示标题 */
ul.polaroids a:after { content: attr(title);}
/*为偶数图片倾斜显示*/
ul.polaroids li:nth-child(even) a {
    transform: rotate(10deg);                   /*逆时针旋转 10 度 */
}
ul.polaroids li a:hover {
    /*放大对象 1.25 倍 */
    transform: scale(1.25);
    box-shadow: 0 3px 6px rgba(0, 0, 0, .5);
}
</style>
<ul class="polaroids">
    <li> <a href="1" title="相识"> <img src="images/1.jpg" alt="相识"> </a> </li>
    <li> <a href="2" title="相知"> <img src="images/2.jpg" alt="相知"> </a> </li>
    <li> <a href="3" title="自信"> <img src="images/3.jpg" alt="自信"> </a> </li>
</ul>
```

16.4.2 设计动画效果菜单

本案例利用 CSS3 过渡动画设计一个界面切换的导航菜单，当鼠标经过菜单项时，会以动画形式从中文界面缓慢翻转到英文界面，或者从英文界面翻转到中文界面，效果如图 16.16 所示。

图 16.16 设计动画翻转菜单样式

第 16 章 设计动画样式

【操作步骤】

第 1 步，设计菜单结构。在每个菜单项(`<div class="menu1">`)中包含两个子标签：`<div class="one">` 和 `<div class="two">`。设计菜单项仅显示一个子标签，当鼠标经过时，翻转显示另一个子标签。

```html
<div>
    <div class="menu1">
        <div class="one"><a href="#">首页</a></div>
        <div class="two"><a href="#">Home</a></div>
    </div>
    <div class="menu1">
        <div class="one"><a href="#">新闻</a></div>
        <div class="two"><a href="#">News</a></div>
    </div>
    <div class="menu1">
        <div class="one"><a href="#">关于</a></div>
        <div class="two"><a href="#">About</a></div>
    </div>
</div>
```

第 2 步，设计菜单项的样式：固定大小、相对定位、禁止内容溢出容器，向左浮动，定义并列显示。

```css
.menu1 {
    width: 100px; height: 30px;
    position: relative;
    font-family: 微软雅黑; font-size: 12px; color: #fff;
    overflow: hidden;
    float: left;
}
```

第 3 步，设计每个菜单项中子标签 `<div class="one">` 和 `<div class="two">` 的样式。定义它们与菜单项相同大小，这样就只能显示一个子标签。为了方便控制，定义它们为绝对定位，包含文本水平居中和垂直居中，最后定义过渡动画时间为 0.3 s，加速到减速显示。

```css
.menu1 div {
    width: 100px; height: 30px;
    line-height: 30px;   text-align: center;
    position: absolute;
    transition: all 0.3s ease-in-out;
}
```

第 4 步，设计过渡动画样式。本案例设计过渡演示属性为 left、top 和 bottom，当鼠标经过时，改变定位属性的值，实现菜单项动态翻转效果。

```css
.menu1 .one {
    top: 0; left: 0;
    z-index: 1;
    background: #63C; color: #FFF;
}
.menu1:hover .one { top: -30px; left: 0;}
.menu1 .two {
    bottom: -30px; left: 0;
    z-index: 2;
    background: #f50; color: #FFF;
}
.menu1:hover .two { bottom: 0px; left: 0;}
```

16.4.3 设计帧运动效果

本案例设计一个跑步动画效果，主要使用 CSS3 帧动画控制一张序列人物跑步的背景图像，在页面固定"镜头"中快速切换实现动画效果，如图 16.17 所示。

【操作步骤】

第 1 步，设计舞台场景结构。新建 HTML 文档，保存为 index1.html。输入下面代码：

```
<div class="charector-wrap " id="js_wrap">
    <div class="charector"></div>
</div>
```

图 16.17　设计跑步的小人

第 2 步，设计舞台基本样式。其中，导入的小人图片是一个序列跑步人物，如图 16.18 所示。

```
.charector-wrap {
    position: relative;
    width: 180px;
    height: 300px;
    left: 50%;
    margin-left: -90px;
}
.charector{
    position: absolute;
    width: 180px;
    height:300px;
    background: url(img/charector.png) 0 0 no-repeat;
}
```

图 16.18　小人序列集合

本案例的主要设计任务就是让序列小人仅显示一个，然后通过 CSS3 动画，让他们快速闪现在指定的限定框中。

第 3 步，设计动画关键帧。

```
@keyframes person-normal{/*跑步动画名称 */
    0% {background-position: 0 0;}
    14.3% {background-position: -180px 0;}
    28.6% {background-position: -360px 0;}
    42.9% {background-position: -540px 0;}
    57.2% {background-position: -720px 0;}
    71.5% {background-position: -900px 0;}
    85.8% {background-position: -1080px 0;}
    100% {background-position: 0 0;}
}
```

第 4 步，设置动画属性。

```css
.charector{
    animation-iteration-count: infinite;         /* 动画无限播放 */
    animation-timing-function:step-start;        /* 马上跳到动画每一结束帧的状态 */
}
```

第 5 步，启动动画，并设置动画频率。

```css
/* 启动动画，并控制跑步动作频率*/
.charector{
    animation-name: person-normal;
    animation-duration: 800ms;
}
```

16.5 在线支持

一、补充知识
- ☑ 认识 CSS3 Transform
- ☑ CSS3 3D 变形基础
- ☑ 认识 CSS3 Transitions

二、专项练习
- ☑ CSS3 动画专练

三、参考
- ☑ CSS3 动画属性（Animation）列表
- ☑ Content for Paged Media 属性列表

- ☑ 2D/3D 转换属性（Transform）列表
- ☑ 过渡属性（Transition）列表

四、更多案例实战
- ☑ 设计 2D 盒子
- ☑ 定义 3D 变形
- ☑ 设计 3D 盒子
- ☑ 设计折叠面板

新知识、新案例不断更新中……

扫码免费学习更多实用技能

第 17 章 媒体查询与页面自适应

2017 年 9 月，W3C 发布媒体查询（Media Query Level 4）候选推荐标准规范，它扩展了已经发布的媒体查询的功能。该规范用于 CSS 的 @media 规则，可以为文档设定特定条件的样式，也可以用于 HTML、JavaScript 等语言。

17.1 媒体查询基础

媒体查询可以根据设备特性，如屏幕宽度、高度、设备方向（横向或纵向），为设备定义独立的 CSS 样式表。一个媒体查询由一个可选的媒体类型和零个或多个限制范围的表达式组成，如宽度、高度和颜色。

17.1.1 媒体类型和媒体查询

CSS2 提出媒体类型（Media Type）的概念，它允许为样式表设置限制范围的媒体类型。例如，仅供打印的样式表文件、仅供手机渲染的样式表文件、仅供电视渲染的样式表文件等，具体说明如表 17.1 所示。

表 17.1 CSS2 媒体类型及说明

类 型	支持的浏览器	说 明
aural	Opera	用于语音和音乐合成器
braille	Opera	用于触觉反馈设备
handheld	Chrome,Safari,Opera	用于小型或手持设备
print	所有浏览器	用于打印机
projection	Opera	用于投影图像，如幻灯片
screen	所有浏览器	用于屏幕显示器
tty	Opera	用于使用固定间距字符格的设备，如电传打字机和终端
tv	Opera	用于电视类设备
embossed	Opera	用于凸点字符（盲文）印刷设备
speech	Opera	用于语音类型
all	所有浏览器	用于所有媒体设备类型

通过 HTML 标签的 media 属性定义样式表的媒体类型，具体方法如下。
☑ 定义外部样式表文件的媒体类型。
`<link href="csss.css" rel="stylesheet" type="text/css" media="handheld" />`
☑ 定义内部样式表文件的媒体类型。

```
<style type="text/css" media="screen">
...
</style>
```

CSS3 在媒体类型的基础上，提出了 Media Queries（媒体查询）的概念。媒体查询比 CSS2 的媒体类型功能更加强大、更加完善。两者的主要区别：媒体查询是一个值或一个范围的值，而媒体类型仅仅是设备的匹配。媒体类型可以帮助用户获取以下数据。

- ☑ 浏览器窗口的宽和高。
- ☑ 设备的宽和高。
- ☑ 设备的手持方向，横向还是竖向。
- ☑ 分辨率。

例如，下面这条导入外部样式表的语句：

```
<link rel="stylesheet" media="screen and (max-width: 600px)" href="small.css" />
```

在 media 属性中设置媒体查询的条件（max-width: 600 px）：当屏幕宽度小于或等于 600 px 时，则调用 small.css 样式表渲染页面。

17.1.2 使用@media

CSS3 使用@media 规则定义媒体查询，简化语法格式如下。

```
@media [only | not]? <media_type> [and <expression>]* | <expression> [and <expression>]* {
    /* CSS 样式列表 */
}
```

参数简单说明如下。

- ☑ <media_type>：指定媒体类型，具体说明参考表 17.1 所示。
- ☑ <expression>：指定媒体特性。放在一对圆括号中，如（min-width:400px）。
- ☑ 逻辑运算符，如 and（逻辑与）、not（逻辑否）、only（兼容设备）等。

媒体特性包括 13 种，接收单个的逻辑表达式作为值，或者没有值。大部分特性接收 min 或 max 的前缀，用来表示大于等于或者小于等于的逻辑，以此避免使用大于号（>）和小于号（<）字符。有关媒体特性的说明请参考 17.3 节在线支持。

在 CSS 样式的开头必须定义@media 关键字，然后指定媒体类型，再指定媒体特性。媒体特性的格式与样式的格式相似，分为两部分，由冒号分隔，冒号前指定媒体特性，冒号后指定该特性的值。

【示例 1】下面语句指定了当设备显示屏幕宽度小于 640 px 时所使用的样式。

```
@media screen and (max-width: 639px) {
    /*样式代码*/
}
```

【示例 2】可以使用多个媒体查询将同一个样式应用于不同的媒体类型和媒体特性中，媒体查询之间通过逗号分隔，类似于选择器分组。

```
@media handheld and (min-width:360px),screen and (min-width:480px) {
    /*样式代码*/
}
```

【示例 3】可以在表达式中加上 not、only 和 and 等逻辑运算符。

```
//下面样式代码将被使用在除便携设备之外的其他设备或非彩色便携设备中
@media not handheld and (color) {
    /*样式代码*/
}
```

```
//下面样式代码将被使用在所有非彩色设备中
@media all and (not color) {
    /*样式代码*/
}
```

【示例 4】only 运算符能够让不支持媒体查询，但是支持媒体类型的设备，将忽略表达式中的样式。例如：

```
@media only screen and (color) {
    /*样式代码*/
}
```

对于支持媒体查询的设备来说，能够正确地读取其中的样式，仿佛 only 运算符不存在一样；对于不支持媒体查询，但支持媒体类型的设备（如 IE8）来说，可以识别@media screen 关键字，但是由于先读取的是 only 运算符，而不是 screen 关键字，将忽略这个样式。

提示：媒体查询也可以用在@import 规则和<link>标签中。例如：

```
@import url(example.css) screen and (width:800px);
//下面代码定义了如果页面通过屏幕呈现，且屏幕宽度不超过 480px，则加载 shetland.css 样式表
<link rel="stylesheet" type="text/css" media="screen and (max-device-width: 480px)" href="shetland.css" />
```

17.1.3 应用@media

【示例 1】and 运算符用于符号两边规则均满足条件的匹配。

```
@media screen and (max-width : 600px) {
    /*匹配宽度小于等于 600px 的屏幕设备*/
}
```

【示例 2】not 运算符用于取非，即所有不满足该规则的均匹配。

```
@media not print {
    /*匹配除了打印机以外的所有设备*/
}
```

注意：not 仅应用于整个媒体查询。

```
@media not all and (max-width : 500px) {}
/*等价于*/
@media not (all and (max-width : 500px)) {}
/*而不是*/
@media (not all) and (max-width : 500px) {}
```

在逗号媒体查询列表中，not 仅会否定它所在的媒体查询，而不影响其他的媒体查询。

如果在复杂的条件中使用 not 运算符，要显式添加小括号，避免歧义。

【示例 3】,（逗号）相当于 or 运算符，用于两边有一条满足则匹配。

```
@media screen , (min-width : 800px) {
    /*匹配屏幕或者宽度大于等于 800px 的设备*/
}
```

【示例 4】在媒体类型中，all 是默认值，匹配所有设备。

```
@media all {
    /*可以过滤不支持 media 的浏览器*/
}
```

常用的媒体类型有 screen 匹配屏幕显示器、print 匹配打印输出，更多媒体类型可以参考表 17.1。

第17章 媒体查询与页面自适应

【示例5】使用媒体查询时，必须加括号，一个括号就是一个查询。

```
@media (max-width : 600px) {
    /*匹配界面宽度小于等于600px 的设备*/
}
@media (min-width : 400px) {
    /*匹配界面宽度大于等于400px 的设备*/
}
@media (max-device-width : 800px) {
    /*匹配设备（不是界面）宽度小于等于800px 的设备*/
}
@media (min-device-width : 600px) {
    /*匹配设备（不是界面）宽度大于等于600px 的设备*/
}
```

提示：在设计手机网页时，应该使用 device-width/device-height，因为手机浏览器默认会对页面进行一些缩放，如果按照设备的宽、高进行匹配，会更接近预期的效果。

【示例6】媒体查询允许相互嵌套，这样可以优化代码，避免冗余。

```
@media not print {
    /*通用样式*/
    @media (max-width:600px) {
        /*此条匹配宽度小于等于600px 的非打印机设备 */
    }
    @media (min-width:600px) {
        /*此条匹配宽度大于等于600px 的非打印机设备 */
    }
}
```

【示例7】在设计响应式页面时，用户应该根据实际需要，先确定自适应分辨率的阀值，也就是页面响应的临界点。

```
@media (min-width: 768px){
    /* >=768px 的设备 */
}
@media (min-width: 992px){
    /* >=992px 的设备 */
}
@media (min-width: 1200){
    /* >=1200px 的设备 */
}
```

注意：下面样式顺序是错误的，因为后面的查询范围将覆盖前面的查询范围，导致前面的媒体查询失效。

```
@media (min-width: 1200){ }
@media (min-width: 992px){ }
@media (min-width: 768px){ }
```

因此，当我们使用 min-width 媒体特性时，应该按从小到大的顺序设计各个阀值。同理如果使用 max-width 时，就应该按从大到小的顺序设计各个阀值。

```
@media (max-width: 1199){
    /* <=1199px 的设备 */
}
@media (max-width: 991px){
```

```
        /* <=991px 的设备 */
}
@media (max-width: 767px){
        /* <=768px 的设备 */
```

【示例 8】用户可以创建多个样式表，以适应不同媒体类型的宽度范围。当然，更有效率的方法是将多个媒体查询整合在一个样式表文件中，这样可以减少请求的数量。

```
@media only screen and (min-device-width : 320px) and (max-device-width : 480px) {
    /*样式列表 */
}
@media only screen and (min-width : 321px) {
    /*样式列表 */
}
@media only screen and (max-width : 320px) {
    /*样式列表 */
}
```

【示例 9】如果从资源的组织和维护的角度考虑，可以选择使用多个样式表的方式实现媒体查询，这样做更高效。

```
<link rel="stylesheet" media="screen and (max-width: 600px)" href="small.css" />
<link rel="stylesheet" media="screen and (min-width: 600px)" href="large.css" />
<link rel="stylesheet" media="print" href="print.css" />
```

【示例 10】使用 orientation 属性可以判断设备屏幕当前是横屏（值为 landscape）还是竖屏（值为 portrait）。

```
@media screen and (orientation: landscape) {
    .iPadLandscape {
        width: 30%;
        float: right;
    }
}
@media screen and (orientation: portrait) {
    .iPadPortrait {clear: both;}
}
```

不过，orientation 属性只在 iPad 上有效，对于其他可以转屏的设备（如 iPhone），可以使用 min-device-width 和 max-device-width 变通实现。

【扩展】

媒体查询仅是一种纯 CSS 方式实现响应式 Web 设计的方法，也可以使用 JavaScript 库来实现同样的设计。例如，下载 css3-mediaqueries.js（http://code.google.com/p/css3-mediaqueries-js/），然后在页面中调用。对于老式浏览器（如 IE6、IE7、IE8）可以考虑使用 css3-mediaqueries.js 兼容。

```
<!--[if lt IE 9]>
<script src="http://css3-mediaqueries-js.googlecode.com/svn/trunk/css3-mediaqueries.js"></script>
<![endif]-->
```

【示例 11】演示使用 jQuery 检测浏览器宽度，并为不同的视口调用不同的样式表。

```
<script type="text/javascript" src="http://ajax.googleapis.com/ajax/libs/jquery/1.9.1/jquery.min.js"></script>
<script type="text/javascript">
$(document).ready(function(){
    $(window).bind("resize", resizeWindow);
    function resizeWindow(e){
        var newWindowWidth = $(window).width();
```

```
            if(newWindowWidth < 600){
                $("link[rel=stylesheet]").attr({href : "mobile.css"});
            }
            else if(newWindowWidth > 600){
                $("link[rel=stylesheet]").attr({href : "style.css"});
            }
        }
    });
</script>
```

17.2 案例实战

17.2.1 判断显示屏幕宽度

下面示例演示如何正确使用@media规则，判断当前视口宽度位于什么范围。示例代码如下：

```
<style type="text/css">
.wrapper {                                    /* 定义测试条的样式 */
    padding: 5px 10px; margin: 40px;
    text-align:center; color:#999;
    border: solid 1px #999;
}
.viewing-area span {                          /* 默认情况下隐藏提示文本信息 */
    color: #666;
    display: none;
}
/* 应用于移动设备，且设备最大宽度为480px */
@media screen and (max-device-width: 480px) {
    .a { background: #ccc;}
}
/* 显示屏幕宽度小于等于600px */
@media screen and (max-width: 600px) {
    .b {
        background: red; color:#fff;
        border: solid 1px #000;
    }
    span.lt600 { display: inline-block; }
}
/* 显示屏幕宽度介于600～900px */
@media screen and (min-width: 600px) and (max-width: 900px) {
    .c {
        background: red; color:#fff;
        border: solid 1px #000;
    }
    span.bt600-900 { display: inline-block; }
}
/* 显示屏幕宽度大于等于900px */
@media screen and (min-width: 900px) {
    .d {
        background: red;    color:#fff;
        border: solid 1px #000;
    }
```

```
            span.gt900 { display: inline-block; }
        }
    </style>
    <div class="wrapper a">设备最大宽度为 480px。</div>
    <div class="wrapper b">显示屏幕宽度小于等于 600px </div>
    <div class="wrapper c">显示屏幕宽度介于 600～900px</div>
    <div class="wrapper d">显示屏幕宽度大于等于 900px</div>
    <p class="viewing-area">
        <strong>当前显示屏幕宽度：</strong>
        <span class="lt600">小于等于 600px</span>
        <span class="bt600-900">介于 600～900px</span>
        <span class="gt900">大于等于 900px</span>
    </p>
```

示例设计当显示屏幕宽度小于等于 600 px 时，则高亮显示<div class="wrapper b">测试条，并在底部显示提示信息：小于等于 600 px；当显示屏幕宽度介于 600～900 px 时，则高亮显示<div class="wrapper c">测试条，并在底部显示提示信息：介于 600～900 px；显示屏幕宽度大于等于 900 px 时，则高亮显示<div class="wrapper d">测试条，并在底部显示提示信息：大于等于 900 px；当设备宽度小于等于 480 px 时，则高亮显示<div class="wrapper a">测试条。演示效果如图 17.1 所示。

（a）显示屏幕宽度小于等于 600 px　　（b）显示屏幕宽度介于 600～900 px

（c）显示屏幕宽度大于等于 900 px

图 17.1　使用@media 规则

17.2.2　设计响应式版式

本案例在页面中设计 3 个栏目。

- ☑ <div id="main">：主要内容栏目。
- ☑ <div id="sub">：次要内容栏目。
- ☑ <div id="sidebar">：侧边栏栏目。

构建的页面结构如下。

```
<div id="container">
```

```html
<div id="wrapper">
    <div id="main">
        <h1>水调歌头·明月几时有</h1>
        <h2>苏轼</h2>
        <p>......</p>
    </div>
    <div id="sub">
        <h2>宋词精选</h2>
        <ul>
            <li>......</li>
        </ul>
    </div>
</div>
<div id="sidebar">
    <h2>词人列表</h2>
    <ul>
        <li>......</li>
    </ul>
</div>
</div>
```

设计页面能够自适应屏幕宽度，呈现不同的版式布局。当显示屏幕宽度在 999 px 以上时，让 3 个栏目并列显示；当显示屏幕宽度在 639 px 以上、1000 px 以下时，设计两栏目显示；当显示屏幕宽度在 640 px 以下时，让 3 个栏目堆叠显示。

```css
<style type="text/css">
/* 默认样式 */
/* 网页宽度固定，并居中显示 */
#container { width: 960px; margin: auto;}
/*主体宽度 */
#wrapper {width: 740px; float: left;}
/*设计 3 栏并列显示*/
#main {width: 520px; float: right;}
#sub { width: 200px; float: left;}
#sidebar { width: 200px; float: right;}
/* 窗口宽度在 999px 以上 */
@media screen and (min-width: 1000px) {
    /* 3 栏显示*/
    #container { width: 1000px; }
    #wrapper { width: 780px; float: left; }
    #main {width: 560px; float: right; }
    #sub { width: 200px; float: left; }
    #sidebar { width: 200px; float: right; }
}
/* 窗口宽度在 639px 以上、1000px 以下 */
@media screen and (min-width: 640px) and (max-width: 999px) {
    /* 2 栏显示 */
    #container { width: 640px; }
    #wrapper { width: 640px; float: none; }
    .height { line-height: 300px; }
    #main { width: 420px; float: right; }
    #sub {width: 200px; float: left; }
    #sidebar {width: 100%; float: none; }
}
/* 窗口宽度在 640px 以下 */
```

```
@media screen and (max-width: 639px) {
    /*  1 栏显示  */
    #container { width: 100%; }
    #wrapper { width: 100%; float: none; }
    #main {width: 100%; float: none; }
    #sub { width: 100%; float: none; }
    #sidebar { width: 100%; float: none; }
}
</style>
```

当显示屏幕宽度在 999 px 以上时，3 栏并列显示，预览效果如图 17.2 所示。

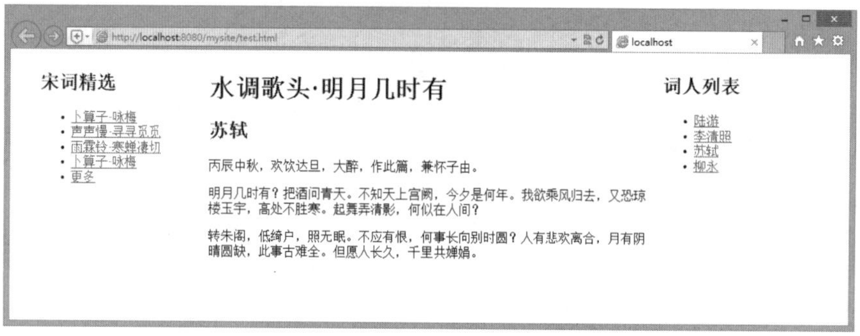

图 17.2　3 栏并列页面的显示效果

当显示屏幕宽度大于 639 px 且小于 1000 px 时，两栏显示，预览效果如图 17.3 所示；当显示屏幕宽度在 640 px 以下时，3 个栏目从上往下堆叠显示，预览效果如图 17.4 所示。

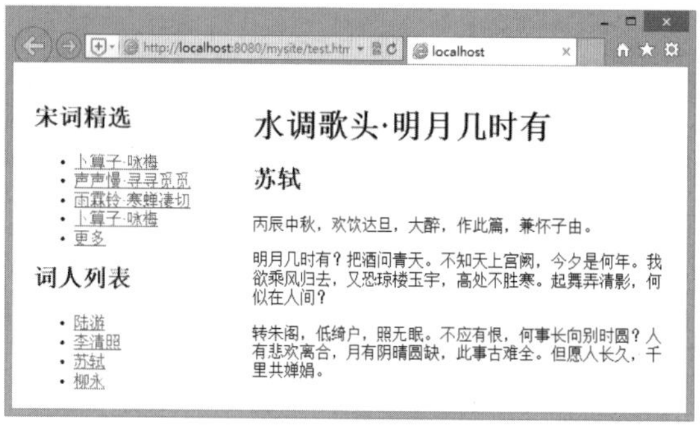

图 17.3　两栏显示效果

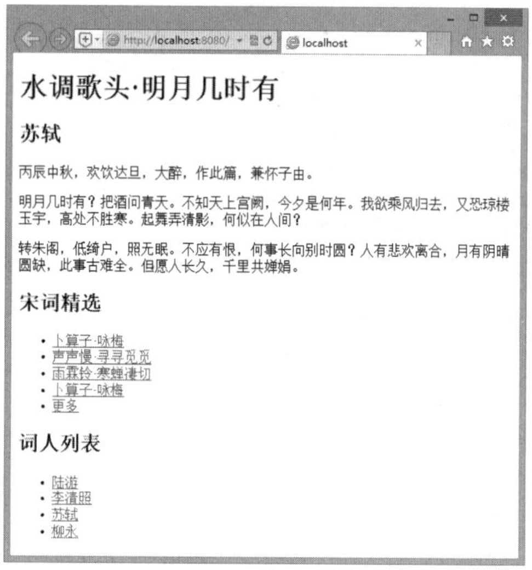

图 17.4　3 栏从上往下堆叠显示效果

17.2.3　设计响应式菜单

本案例设计一个响应式菜单，能够根据设备显示不同的伸缩盒的布局效果。在小屏设备上，从上到下显示；在默认状态下，从左到右显示，右对齐盒子；当设备小于 801 px 时，设计导航项目分散对齐显示，预览效果如图 17.5 所示。

第17章 媒体查询与页面自适应

（a）小于 601 px 屏幕 　　　　　　（b）介于 600～800 px 设备

（c）大于 799 px 屏幕

图 17.5　设计响应式菜单

示例主要代码如下。

```css
<style type="text/css">
/*默认伸缩布局*/
.navigation {
    list-style: none;
    margin: 0;
    background: deepskyblue;
    /* 启动伸缩盒布局 */
    display: -webkit-box;
    display: -moz-box;
    display: -ms-flexbox;
    display: -webkit-flex;
    display: flex;
    -webkit-flex-flow: row wrap;
    /* 所有列面向主轴终点位置靠齐 */
    justify-content: flex-end;
}
/*设计导航条内超链接默认样式*/
.navigation a { text-decoration: none; display: block; padding: 1em; color: white;}
/*设计导航条内超链接在鼠标经过时的样式*/
.navigation a:hover { background: blue; }
/*在小于 801px 设备下伸缩布局*/
@media all and (max-width: 800px) {
    /* 当在中等屏幕中，导航项目居中显示，并且剩余空间平均分布在列表之间 */
    .navigation { justify-content: space-around; }}
/*在小于 601px 设备下伸缩布局*/
@media all and (max-width: 600px) {
    .navigation { /* 在小屏幕下，没有足够空间行排列，可以换成列排列 *
        -webkit-flex-flow: column wrap;
        flex-flow: column wrap;
        padding: 0;}
    .navigation a {
        text-align: center;
```

```
        padding: 10px;
        border-top: 1px solid rgba(255,255,255,0.3);
        border-bottom: 1px solid rgba(0,0,0,0.1);}
    .navigation li:last-of-type a { border-bottom: none; }
}
</style>
<ul class="navigation">
    <li><a href="#">首页</a></li>
    <li><a href="#">咨询</a></li>
    <li><a href="#">产品</a></li>
    <li><a href="#">关于</a></li>
</ul>
```

17.2.4 设计自动隐藏布局

本案例设计一个响应式页面布局效果,并能根据显示屏幕宽度变化自动隐藏或调整版式显示。

【操作步骤】

第 1 步,新建 HTML5 文档,在<head>标签内定义视口信息。使用<meta>标签设置视口缩放比例为 1,让浏览器使用设备的宽度作为视图的宽度,并禁止初始缩放。

```
<!doctype html>
<html>
<head>
<meta charset="utf-8">
<meta name="viewport" content="width=device-width, initial-scale=1.0">
</head>
```

第 2 步,IE8 或者更早的浏览器并不支持媒体查询。可以使用 media-queries.js 或者 respond.js 插件进行兼容。

```
<!--[if lt IE 9]>
    <script src="http://css3-mediaqueries-js.googlecode.com/svn/trunk/css3-mediaqueries.js"></script>
<![endif]-->
```

第 3 步,设计页面 HTML 结构。整个页面的基本布局包括:头部、内容、侧边栏和页脚。内容容器宽度是 600 px,而侧边栏宽度是 300 px,线框图如图 17.6 所示。

```
<div id="pagewrap">
    <div id="header">
        <h1>唐诗赏析</h1>
    </div>
    <div id="content">
        <h1>水调歌头·明月几时有</h1>
        <h2>苏轼</h2>
        <p>……</p>
    </div>
    <div id="sidebar">
        <h2>宋词精选</h2>
        <ul>
            <li>……</li>
        </ul>
    </div>
    <div id="footer">
        <h2>词人列表</h2>
        <ul>
            <li>……</li>
```

```
        </ul>
    </div>
</div>
```

图 17.6 设计页面结构

第 4 步，使用 CSS3 媒体查询设计当视图宽度小于等于 980 px 时，如下规则将会生效。基本上，会将所有的容器宽度从像素值设置为百分比以使容器大小自适应。

```css
/* 当窗口视图小于等于 980px 时响应下面样式 */
@media screen and (max-width: 980px) {
    #pagewrap { width: 94%; }
    #content { width: 65%; }
    #sidebar { width: 30%; }
}
```

第 5 步，为小于等于 700 px 的视图指定<div id="content">和<div id="sidebar">的宽度为自适应，并且清除浮动，使得这些容器按全宽度显示。

```css
/* 当窗口视图小于等于 700px 时响应下面样式 */
@media screen and (max-width: 700px) {
    #content {
        width: auto;
        float: none;
    }
    #sidebar {
        width: auto;
        float: none;
    }
}
```

第 6 步，对于小于等于 480 px（手机屏幕）的情况，将 h1 和 h2 的字体大小修改为 16 px，并隐藏侧边栏<div id="sidebar">。

```css
/* 当窗口视图小于等于 480px 时响应下面样式 */
@media screen and (max-width: 480px) {
    h1, h2 { font-size: 16px; }
    #sidebar { display: none; }
}
```

第 7 步，可以根据需要添加更多媒体查询，目的在于为指定的视图宽度指定不同的 CSS 规则以实现不同的布局。示例演示效果如图 17.7 所示。

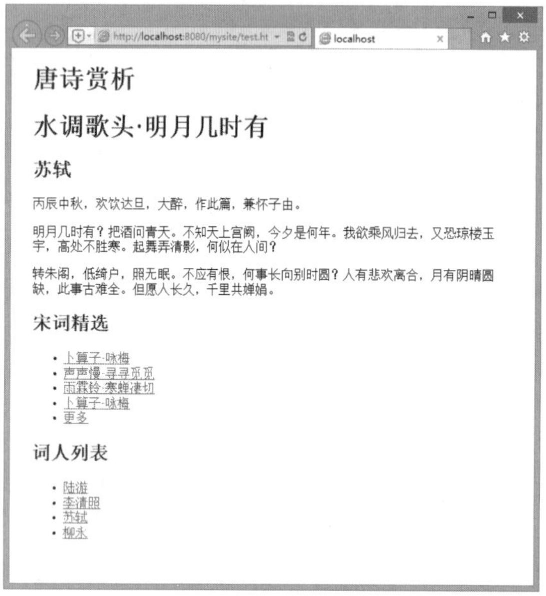

（a）平板屏幕下的效果 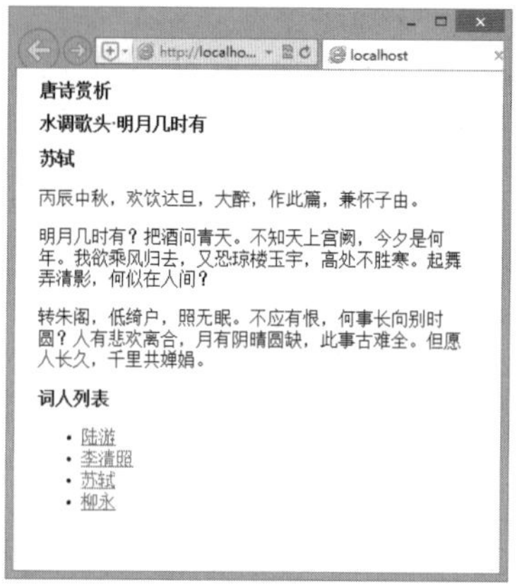　　　　　　（b）手机屏幕下的效果

图 17.7　设计不同宽度的视图效果

17.2.5　设计自适应手机页面

本案例设计页面宽度为 980 px，对于桌面屏幕来说，该宽度适用于任何大于 1024 px 的分辨率。通过媒体查询监测宽度小于 980 px 的设备，并将页面宽度由固定方式改为液态版式，布局元素的宽度随着浏览器窗口的尺寸变化进行调整。当可视部分的宽度进一步减小到 650 px 以下时，主要内容部分的容器宽度会增大至全屏，而侧边栏将被置于主内容部分的下方，整个页面变为单列布局。演示效果如图 17.8 所示。

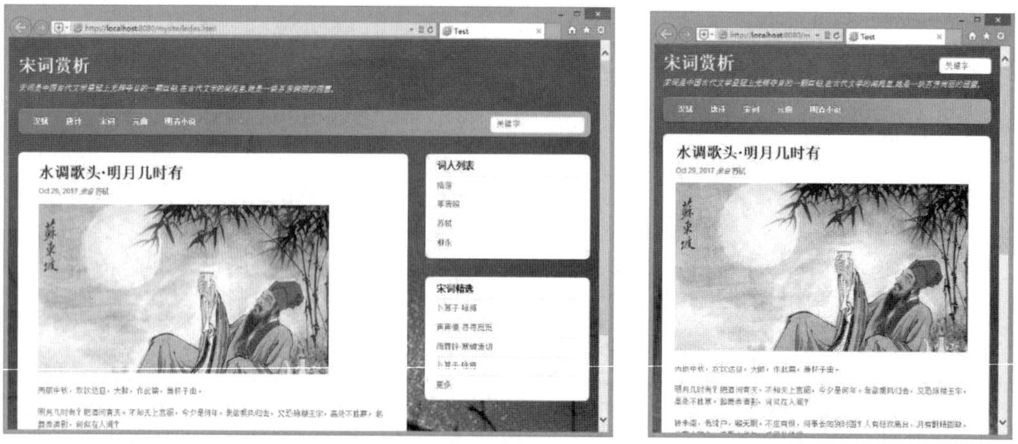

图 17.8　不同宽度页面的视图效果

【操作步骤】

第 1 步，新建 HTML5 文档，构建文档结构，包括页头、主要内容部分、侧边栏和页脚。

```html
<div id="pagewrap">
    <header id="header">
        <hgroup>
            <h1 id="site-logo">网站 LOGO</h1>
            <h2 id="site-description">网站描述信息</h2>
        </hgroup>
        <nav>
            <ul id="main-nav">
                <li><a href="#">导航链接，可以扩展</a></li>
            </ul>
        </nav>
        <form id="searchform">
            <input type="search">
        </form>
    </header>
    <div id="content">
        <article class="post">主体内容区域</article>
    </div>
    <aside id="sidebar">
        <section class="widget">侧栏栏目</section>
    </aside>
    <footer id="footer">页脚区域</footer>
</div>
```

第 2 步，IE9 之前浏览器不支持 HTML5 标签，使用 html5.js 帮助旧版本的 IE 浏览器创建 HTML5 元素节点。

```html
<!--[if lt IE 9]>
<script src="http://html5shim.googlecode.com/svn/trunk/html5.js"></script>
<![endif]-->
```

第 3 步，设计 HTML5 块级元素样式，将新元素声明为块级样式。

```css
article, aside, details, figcaption, figure, footer, header, hgroup, menu, nav, section {display: block; }
```

第 4 步，设计主要结构的 CSS 样式。这里将注意力集中在整体布局上。在默认情况下，整体设计页面容器的固定宽度为 980 px，页头部分（header）的固定高度为 160 px，主要内容部分（content）的宽度为 600 px，左浮动。侧边栏（sidebar）右浮动，宽度为 280 px。

```css
<style type="text/css">
#pagewrap {
    width: 980px;
    margin: 0 auto;
}
#header { height: 160px; }
#content {
    width: 600px;
    float: left;
}
#sidebar {
    width: 280px;
    float: right;
}
#footer { clear: both; }
```

```
</style>
```

第 5 步，调用 css3-mediaqueries.js 文件，解决 IE8 及其以前版本支持 CSS3 媒体查询。

```
<!--[if lt IE 9]>
    <script src="http://css3-mediaqueries-js.googlecode.com/svn/trunk/css3-mediaqueries.js"></script>
<![endif]-->
```

第 6 步，创建 CSS 样式表，并在页面中调用。

```
<link href="media-queries.css" rel="stylesheet" type="text/css">
```

第 7 步，借助媒体查询设计自适应布局。

当浏览器可视部分宽度大于 650 px 且小于 981 px 时，将 pagewrap 的宽度设置为 95%，将 content 的宽度设置为 60%，将 sidebar 的宽度设置为 30%。

```
@media screen and (max-width: 980px) {
    #pagewrap { width: 95%; }
    #content {
        width: 60%;
        padding: 3% 4%;
    }
    #sidebar { width: 30%; }
    #sidebar .widget {
        padding: 8% 7%;
        margin-bottom: 10px;
    }
}
```

第 8 步，当浏览器可视部分宽度小于 651 px 时，将 header 的高度设置为 auto；将 searchform 绝对定位在 top: 5 px 的位置；将 main-nav、site-logo、site-description 的定位设置为 static；将 content 的宽度设置为 auto（主要内容部分的宽度将扩展至满屏），并取消 float 设置；将 sidebar 的宽度设置为 100%，并取消 float 设置。

```
@media screen and (max-width: 650px) {
    #header { height: auto; }
    #searchform {
        position: absolute;
        top: 5px;
        right: 0;
    }
    #main-nav { position: static; }
    #site-logo {
        margin: 15px 100px 5px 0;
        position: static;
    }
    #site-description {
        margin: 0 0 15px;
        position: static;
    }
    #content {
        width: auto; margin: 20px 0;
        float: none;
    }
    #sidebar {
        width: 100%; margin: 0;
        float: none;
    }
}
```

第 9 步，当浏览器可视部分宽度小于 481 px 时，480 px 也就是传统手机横屏时的宽度。当可视部分的宽度小于 481 px 时，禁用 HTML 节点的字号自动调整。默认情况下，手机会将过小的字号放大，这里可以通过-webkit-text-size-adjust 属性进行调整，将 main-nav 中的字号设置为 90%。

```css
@media screen and (max-width: 480px) {
    html {-webkit-text-size-adjust: none;}
    #main-nav a {
        font-size: 90%;
        padding: 10px 8px;
    }
}
```

第 10 步，设计弹性图片。为图片设置 max-width: 100%和 height: auto，设计图像弹性显示。

```css
img {
    max-width: 100%; height: auto;
    width: auto\9; /*兼容 IE8 */
}
```

第 11 步，设计弹性视频。对于视频也需要做 max-width: 100%的设置，但是 Safari 对 embed 的属性支持不是很好，所以使用 width: 100%代替。

```css
.video embed, .video object, .video iframe {
    width: 100%; min-height: 300px;
    height: auto;
}
```

第 12 步，在默认情况下，手机端 Safari 浏览器会对页面进行自动缩放，以适应屏幕尺寸。这里可以使用以下的 meta 设置，将设备的默认宽度作为页面在 Safari 的可视部分宽度，并禁止初始化缩放。

```html
<meta name="viewport" content="width=device-width; initial-scale=1.0">
```

17.3 在线支持

扫码免费学习
更多实用技能

一、补充知识
☑ 媒体查询概述

二、专项练习
☑ CSS3 响应式设计

三、技巧
☑ 创建可伸缩图像
☑ 创建弹性布局

四、参考
☑ 媒体特性

五、更多案例实战
☑ 自动显示焦点
☑ 响应式图片
☑ 设计响应式网站

新知识、新案例不断更新中……

清华社"视频大讲堂"大系
网络开发视频大讲堂

下册·JavaScript篇

前端科技 —— 编著

HTML5+CSS3+JavaScript 从入门到精通

(微课精编版)(第2版)

清华大学出版社
北京

内 容 简 介

本书系统地讲解了 HTML5、CSS3 和 JavaScript 的基础理论和实际运用技术，结合大量实例进行深入浅出的讲解。全书分为上下两册，共 31 章。上册为 HTML5+CSS3 篇，内容包括 HTML5 基础、设计 HTML5 文档结构、设计 HTML5 文本、设计 HTML5 图像和多媒体、设计列表和超链接、设计表格、设计表单、CSS3 基础、字体和文本样式、背景样式、列表和超链接样式、表格和表单样式、CSS3 盒模型、网页布局基础、CSS3 弹性布局、设计动画样式、媒体查询与页面自适应；下册为 JavaScript 篇，内容包括 JavaScript 基础、设计程序结构、处理字符串、使用正则表达式、使用数组、使用函数、使用对象、JavaScript 高级编程、客户端操作、文档操作、事件处理、CSS 样式操作、使用 Ajax、项目实战。其中，项目实战为纯线上资源，更加实用。书中所有知识点均结合具体实例展开讲解，代码注释详尽，可使读者轻松掌握前端技术精髓，提升实际开发能力。

除纸质内容外，本书还配备了 10 大学习资源库，具体如下：

- ☑ 同步讲解视频库
- ☑ 网页配色库
- ☑ 示例源码库
- ☑ JavaScript 分类网页特效库
- ☑ 开发参考工具库
- ☑ 网页模板库
- ☑ 案例库
- ☑ 网页欣赏库
- ☑ 网页素材库
- ☑ 面试题库

另外，本书每一章均针对性地配有在线支持，提供知识拓展、专项练习、更多实战案例等，可以让读者体验到以一倍的价格购买两倍的内容，实现超值的收获。

本书可以作为 HTML5、CSS3 和 JavaScript 从入门到实战、HTML5 移动开发方面的自学用书，也可以作为高等院校网页设计、网页制作、网站建设、Web 前端开发等专业的教学用书或相关机构的培训教材。

本书封面贴有清华大学出版社防伪标签，无标签者不得销售。
版权所有，侵权必究。举报：010-62782989，beiqinquan@tup.tsinghua.edu.cn。

图书在版编目（CIP）数据

HTML5+CSS3+JavaScript 从入门到精通：微课精编版/前端科技编著．—2 版．—北京：清华大学出版社，2022.8（2023.9重印）
（清华社"视频大讲堂"大系．网络开发视频大讲堂）
ISBN 978-7-302-61638-2

Ⅰ. ①H… Ⅱ. ①前… Ⅲ. ①超文本标记语言－程序设计 ②网页制作工具 ③JAVA 语言－程序设计 ④HTML5 ⑤CSS3 Ⅳ. ①TP312.8②TP393.092.2

中国版本图书馆 CIP 数据核字（2022）第 145469 号

责任编辑：贾小红
封面设计：姜　龙
版式设计：文森时代
责任校对：马军令
责任印制：刘海龙

出版发行：清华大学出版社
网　　址：http://www.tup.com.cn，http://www.wqbook.com
地　　址：北京清华大学学研大厦 A 座　　邮　编：100084
社 总 机：010-83470000　　邮　购：010-62786544
投稿与读者服务：010-62776969，c-service@tup.tsinghua.edu.cn
质量反馈：010-62772015，zhiliang@tup.tsinghua.edu.cn

印 装 者：三河市天利华印刷装订有限公司
经　　销：全国新华书店
开　　本：203mm×260mm　　印　张：32.25　　字　数：952 千字
版　　次：2018 年 8 月第 1 版　　2022 年 10 月第 2 版　　印　次：2023 年 9 月第 2 次印刷
定　　价：128.00 元（全 2 册）

产品编号：091835-01

前言 Preface

　　Web 开发技术可以粗略划分为前台浏览器端技术和后台服务器端技术。当前，Web 前端技术层出不穷，日新月异，但有一点基本确定，那就是 HTML5 负责页面结构，CSS3 负责样式表现，JavaScript 负责网页动态行为。因此，HTML5、CSS3 和 JavaScript 技术是网页制作技术的基础和核心。本书全面讲解 HTML5、CSS3 和 JavaScript 从入门到项目开发的基本知识，选择当前面试、就业急需的内容进行深入剖析，同时配备了前端开发必备的 10 大资源库，以帮助读者快速掌握 Web 前端开发的技术精髓。

本书内容

```
                          使用Ajax
                          CSS样式操作
                          事件处理                       项目实战 ─── 实用小程序类实战
                          文档操作                                  网页游戏类实战
                          客户端操作                                网站设计类实战
                          JavaScript高级编程                        基本技术巩固类实战
                          使用对象      JavaScript 开发
                          使用函数                精通
                          使用数组                        媒体查询与页面自适应
                          使用正则表达式                   设计动画样式
                          处理字符串           高级        CSS3弹性布局
                          设计程序结构                    网页布局基础
                          JavaScript基础    CSS3网页样式  CSS3盒模型
                                                          表格和表单样式
              设计表单                                    列表和超链接样式
              设计表格                                    背景样式
              设计列表和超链接     HTML5网页设计            字体和文本样式
              设计HTML5图像和多媒体          进阶         CSS3基础
              设计HTML5文本
              设计HTML5文档结构
              HTML5基础          入门

          ┌─────────────────────────────────────────────────────┐
          │   HTML5+CSS3+JavaScript从入门到精通                   │
          └─────────────────────────────────────────────────────┘
           技术详解  精彩实例  同步视频  在线知识拓展  在线专项练习  更多在线案例
```

本书特色

30 万+读者体验，畅销书全新；10 年开发教学经验，一线讲师半生心血。

📖 系统详解

本书系统地讲解了 HTML5+CSS3+JavaScript 技术在 Web 前端开发各个方面应用的知识，从最基础的 HTML5 开始讲起，配合大量实例，循序渐进地全面展开，可帮助读者奠定坚实的 Web 前端开发理论基础，做到知其然也知其所以然。

📖 入门容易

本书遵循学习规律，入门和实战相结合。采用"基础知识+中小案例+实战案例"的编写模式，内容由浅入深、循序渐进，从入门中学习实战应用，从实战应用中激发学习兴趣。

📖 案例超多

通过例子学习是最好的学习方式，本书通过一个知识点、一个例子、一个结果、一段评析的模式，透彻详尽地讲述了使用 HTML5+CSS3+JavaScript 技术进行 Web 前端开发的各类知识，并且几乎每一章都配有综合应用的实战案例。实例、案例丰富详尽，跟着大量案例去学习，边学边做，从做中学，学习可以更深入、更高效。

📖 体验超好

配套同步视频讲解，微信扫一扫，随时随地看视频；配套在线支持，知识拓展，专项练习，更多案例，在线预览网页设计效果，阅读或下载源代码，同样微信扫一扫即可学习。

📖 技术新颖

本书全面、细致地讲解了 Web 前端开发的基础知识，同时讲解在未来 Web 时代中备受欢迎的各种新知识，让读者能够真正学习到最实用、最流行的 Web 新技术。

📖 栏目贴心

本书根据需要在各章使用了很多"注意""提示"等小栏目，让读者可以在学习过程中更轻松地理解相关知识点及概念，并轻松地掌握个别技术的应用技巧。

📖 资源丰富

本书配套 Web 前端学习人员（尤其是零基础学员）最需要的 10 大资源库，包括同步讲解视频库、示例源码库、开发参考工具库、案例库、网页素材库、网页配色库、JavaScript 分类网页特效库、网页模板库、网页欣赏库、面试题库。这些资源，不仅学习中需要，工作中更有用。

📖 在线支持

顺应移动互联网时代知识获取途径变化的潮流，本书每一章均配有在线支持，提供与本章知识相关的知识拓展、专项练习、更多案例等优质在线学习资源，并且新知识、新题目、新案例不断更新中。这样一来，在有限的纸质图书中承载了更丰富的学习内容，让读者真实体验到以一倍的价格购买两倍的学习内容，更便捷，更超值。

本书资源

配套 10 大资源库	
同步讲解视频库	○ 546 集同步视频精讲
示例源码库	○ 全书所有示例源代码
开发参考工具库	○ Web 前端开发规范参考手册（1 本）

	○ HTML 参考文档（11 本） ○ CSS 参考文档（9 本） ○ JavaScript 参考文档（15 本） ○ jQuery 参考文档（11 本） ○ PHP 与 MySQL 参考文档（5 本） ○ PS-FL-DW 参考文档（4 本）
案例库	○ 网页设计初级示例大全（240 例） ○ 网页应用分类案例大全（14 类，1792 例） ○ HTML5+CSS3+JavaScript 开发实用案例大全（3304 例）
网页素材库	○ Photoshop 设计大全（18 类，5000+个） ○ 图形图像设计素材大全（16 类，12000+个）
网页配色库	○ 经典原色配色（7 种） ○ 常用配色条（12 张） ○ 配色卡（532 张） ○ 实用网页配色参考表（18 张） ○ 网页色彩搭配卡（40 张） ○ 网页配色参考大辞典（1 本）
JavaScript 分类网页特效库	○ JavaScript 分类网页特效（HTML 版，23 类） ○ JavaScript 分类网页特效（代码演示版） ○ JavaScript 分类网页特效（CHM 版）
网页模板库	○ DIV+CSS 国内网页模板（70 套） ○ HTML5 手机网页模板（15 套） ○ Web2.0 风格网页模板（40 套） ○ 流行 Bootstrap 网页模板（500 套） ○ 实用 PSD 中文网页分层模板（426 套） ○ 传统表格页面模板（50 套） ○ 电商网站模板（44 套） ○ 国内流行网站模板（30 套） ○ 国外流行 HTML+CSS 网页模板（100 套） ○ 国外流行网页模板（245 套） ○ 后台管理模板（18 套） ○ 精美网页模板（20 套）
网页欣赏库	○ 6 大类、508 个知名的网站首页供欣赏
面试题库	○ HTML+CSS 入职面试题-含参考答案（351 道） ○ JavaScript 入职面试题-含参考答案（685 道） ○ 2018~2022 前端面试题目汇总网址（15 个）

读前须知

本书从初学者的角度出发，结合大量的案例来讲解相关知识，使得学习不再枯燥、拘泥、教条，因此要求读者边学习边实践操作，避免学习的知识流于表面、限于理论。

作为入门书籍，本书知识点比较庞杂，所以不可能面面俱到。技术学习的关键是方法，本书在很多实例中体现了方法的重要性，读者只要掌握了各种技术的运用方法，在学习更深入的知识时便可大大提高自学的效率。

本书提供了大量示例，需要用到 Edge、IE、Firefox、Chrome 等主流浏览器进行测试和预览。为了方便示例测试，以及做浏览器兼容设计，读者需要安装上述类型的最新版本浏览器，各种浏览器在部分细节的表现上可能会稍有差异。

HTML5 中部分 API 可能需要服务器端测试环境，本书部分章节所用的服务器端测试环境为 Windows

操作系统+Apache 服务器 + PHP 开发语言。如果读者的本地系统没有搭建 PHP 虚拟服务器，建议先搭建该虚拟环境。

限于篇幅，本书示例没有提供完整的 HTML 代码，测试示例时读者应该先补充完整 HTML 代码结构，然后进行测试，或者直接参考本书提供的示例源码库，根据章节编号找到对应的示例源文件，边参考边练习，边学习边思考，努力做到举一反三。

为了给读者提供更多的学习资源，本书在配套资源库中提供了很多参考链接，许多本书无法详细介绍的问题都可以通过这些链接找到答案。由于这些链接地址会因时间而有所变动或调整，所以在此说明，这些链接地址仅供参考，本书无法保证所有的这些地址是长期有效的。

本书适用对象

- ☑ Web 前端开发的初学者。
- ☑ Web 前端开发初级工程师。
- ☑ Web 前端设计师和 UI 设计师。
- ☑ Web 前端项目管理人员。
- ☑ 开设 Web 前端开发等相关专业的院校的师生。
- ☑ 开设 Web 前端开发课程的培训机构的讲师及学员。
- ☑ Web 前端开发爱好者。

关于作者

本书由前端科技团队负责编写，并提供在线支持和技术服务，由于作者水平有限，书中难免存在疏漏和不足之处，欢迎读者朋友不吝赐教。读者如有好的建议、意见，或在学习本书时遇到疑难问题，可以通过电子邮件（css148@163.com）的方式联系我们，我们会尽快为您解答。

编　者

2022 年 8 月

清大文森学堂

　　文森时代（清大文森学堂）是一家 20 年专注为清华大学出版社提供知识内容生产服务的高新科技企业，依托清华大学科教力量和出版社作者团队，联合行业龙头企业，开发网校课程、学术讲座视频和实训教学方案，为院校科研教学及学生就业提供优质服务。

目录

下册·JavaScript 篇

第 18 章 JavaScript 基础 285
视频讲解：153 分钟
- 18.1 编写 JavaScript 脚本 285
  - 18.1.1 设计第一个脚本程序 285
  - 18.1.2 脚本位置 286
  - 18.1.3 JavaScript 脚本基本规范 287
- 18.2 变量 289
  - 18.2.1 声明变量 289
  - 18.2.2 赋值变量 290
- 18.3 数据类型 290
  - 18.3.1 基本类型 290
  - 18.3.2 数字 291
  - 18.3.3 字符串 293
  - 18.3.4 布尔值 294
  - 18.3.5 null 295
  - 18.3.6 undefined 295
- 18.4 类型检测 295
  - 18.4.1 使用 constructor 295
  - 18.4.2 使用 toString 296
- 18.5 类型转换 296
  - 18.5.1 转换为字符串 296
  - 18.5.2 转换为数字 297
  - 18.5.3 转换为布尔值 297
  - 18.5.4 转换为对象 297
  - 18.5.5 强制类型转换 298
  - 18.5.6 自动类型转换 298
- 18.6 认识运算符 299
- 18.7 算术运算 299
  - 18.7.1 加法运算 299
  - 18.7.2 减法运算 300
  - 18.7.3 乘法运算 300
  - 18.7.4 除法运算 300
  - 18.7.5 求余运算 300
  - 18.7.6 取反运算 301
  - 18.7.7 递增和递减 301
- 18.8 逻辑运算 301
  - 18.8.1 逻辑与运算 302
  - 18.8.2 逻辑或运算 303
  - 18.8.3 逻辑非运算 303
- 18.9 关系运算 304
  - 18.9.1 大小比较 304
  - 18.9.2 相等和全等 304
- 18.10 赋值运算 305
- 18.11 对象运算 306
  - 18.11.1 归属检测 306
  - 18.11.2 删除属性 306
- 18.12 其他运算 307
  - 18.12.1 条件运算符 307
  - 18.12.2 逗号运算符 307
  - 18.12.3 void 运算符 308
- 18.13 在线支持 308

第 19 章 设计程序结构 309
视频讲解：63 分钟
- 19.1 分支结构 309
  - 19.1.1 if 语句 309
  - 19.1.2 else 语句 309
  - 19.1.3 switch 语句 310
  - 19.1.4 default 语句 312
- 19.2 循环结构 312
  - 19.2.1 while 语句 312

19.2.2	do…while 语句	313
19.2.3	for 语句	313
19.2.4	for…in 语句	314

19.3 流程控制 315
    19.3.1 label 语句 315
    19.3.2 break 语句 315
    19.3.3 continue 语句 316

19.4 异常处理 317
    19.4.1 try/catch/finally 语句 317
    19.4.2 throw 语句 319

19.5 案例实战 319
19.6 在线支持 320

第 20 章 处理字符串 321
视频讲解：68 分钟

20.1 字符串处理基础 321
    20.1.1 定义字符串 321
    20.1.2 获取长度 322
    20.1.3 连接字符串 323
    20.1.4 检索字符串 323
    20.1.5 截取字符串 326
    20.1.6 替换字符串 328
    20.1.7 转换大小写 329
    20.1.8 转换为数组 329
    20.1.9 清除字符串 330
    20.1.10 Unicode 编码和解码 330
    20.1.11 Base64 编码和解码 332
    20.1.12 字符串模板 332

20.2 案例实战 332
    20.2.1 提炼字符串信息 332
    20.2.2 检测特殊字符 334

20.3 在线支持 335

第 21 章 使用正则表达式 336
视频讲解：89 分钟

21.1 使用正则表达式 336
    21.1.1 定义正则表达式 336
    21.1.2 执行匹配 337
    21.1.3 检测字符串 338
    21.1.4 编译表达式 338
    21.1.5 访问匹配信息 339
    21.1.6 访问 RegExp 静态信息 339

21.2 匹配模式语法基础 341
    21.2.1 字符 341
    21.2.2 字符范围 342
    21.2.3 选择匹配 343
    21.2.4 重复匹配 344
    21.2.5 惰性匹配 345
    21.2.6 边界 345
    21.2.7 条件声明 346
    21.2.8 子表达式 346
    21.2.9 反向引用 347
    21.2.10 禁止引用 348

21.3 案例实战 348
21.4 在线支持 349

第 22 章 使用数组 350
视频讲解：99 分钟

22.1 定义数组 350
    22.1.1 构造数组 350
    22.1.2 数组直接量 350
    22.1.3 空位数组 351
    22.1.4 关联数组 351
    22.1.5 类数组 352

22.2 访问数组 353
    22.2.1 读写数组 353
    22.2.2 访问多维数组 353
    22.2.3 数组长度 354
    22.2.4 使用 for 迭代数组 354
    22.2.5 使用 forEach 迭代数组 355

22.3 操作数组 355
    22.3.1 栈读写 355
    22.3.2 队列读写 356
    22.3.3 删除元素 356
    22.3.4 添加元素 357
    22.3.5 截取数组 357
    22.3.6 数组排序 358
    22.3.7 数组转换 359
    22.3.8 定位元素 359
    22.3.9 检测数组 360
    22.3.10 检测元素 360

22.3.11	映射数组	361
22.3.12	过滤数组	362
22.3.13	汇总数组	362

22.4 案例实战 363
    22.4.1 扩展数组 363
    22.4.2 设计迭代器 364
    22.4.3 设计过滤器 365
22.5 在线支持 365

第 23 章 使用函数 366
视频讲解：62 分钟

23.1 定义函数 366
    23.1.1 声明函数 366
    23.1.2 构造函数 366
    23.1.3 函数直接量 367
    23.1.4 箭头函数 368
23.2 调用函数 368
    23.2.1 常规调用 368
    23.2.2 函数的返回值 369
    23.2.3 方法调用 369
    23.2.4 动态调用 370
    23.2.5 实例化调用 371
23.3 函数参数 371
    23.3.1 形参和实参 371
    23.3.2 获取参数个数 372
    23.3.3 使用 arguments 372
    23.3.4 使用 callee 373
    23.3.5 剩余参数 373
23.4 函数作用域 374
    23.4.1 定义作用域 374
    23.4.2 作用域链 374
    23.4.3 函数的私有变量 375
23.5 闭包函数 375
    23.5.1 定义闭包 375
    23.5.2 使用闭包 376
23.6 案例实战 378
    23.6.1 应用 arguments 378
    23.6.2 应用闭包 379
23.7 在线支持 380

第 24 章 使用对象 381
视频讲解：66 分钟

24.1 定义对象 381
    24.1.1 构造对象 381
    24.1.2 对象直接量 381
    24.1.3 使用 create 382
24.2 对象的属性 383
    24.2.1 定义属性 383
    24.2.2 访问属性 384
    24.2.3 删除属性 386
24.3 属性描述符 386
    24.3.1 属性描述符的特性 386
    24.3.2 访问器 387
    24.3.3 操作属性描述符 387
    24.3.4 保护对象 388
24.4 Object 原型方法 388
    24.4.1 使用 toString 388
    24.4.2 使用 valueOf 389
    24.4.3 检测私有属性 389
    24.4.4 检测可枚举属性 390
    24.4.5 检测原型对象 390
24.5 Object 静态函数 390
    24.5.1 对象包装函数 390
    24.5.2 对象构造函数 391
    24.5.3 静态函数 391
24.6 案例实战 391
    24.6.1 生成验证码 391
    24.6.2 数字取整 392
    24.6.3 设计计时器 392
    24.6.4 设计倒计时 393
24.7 在线支持 394

第 25 章 JavaScript 高级编程 395
视频讲解：84 分钟

25.1 构造函数 395
    25.1.1 定义构造函数 395
    25.1.2 调用构造函数 396
    25.1.3 构造函数的返回值 397
    25.1.4 引用构造函数 397

| | 25.1.5 使用this .... 397 |
| 25.1.6 绑定函数 .... 400 |
| 25.1.7 使用bind .... 401 |
25.2 原型 402
| 25.2.1 定义原型 .... 402 |
| 25.2.2 访问原型 .... 402 |
| 25.2.3 设置原型 .... 403 |
| 25.2.4 检测原型 .... 403 |
| 25.2.5 原型属性 .... 403 |
| 25.2.6 原型链 .... 404 |
25.3 类 405
| 25.3.1 定义类 .... 405 |
| 25.3.2 继承 .... 406 |
| 25.3.3 静态方法 .... 407 |
25.4 模块 407
25.5 案例实战 408
| 25.5.1 应用this .... 408 |
| 25.5.2 设计链式语法 .... 410 |
| 25.5.3 应用原型 .... 410 |
| 25.5.4 扩展原型方法 .... 413 |
25.6 在线支持 414

第26章 客户端操作 415
视频讲解：59分钟
26.1 window对象 415
| 26.1.1 全局作用域 .... 415 |
| 26.1.2 访问客户端对象 .... 415 |
| 26.1.3 实现人机交互 .... 416 |
| 26.1.4 打开窗口 .... 416 |
| 26.1.5 控制窗口 .... 417 |
26.2 navigator对象 418
| 26.2.1 浏览器检测方法 .... 418 |
| 26.2.2 检测浏览器类型和版本号 .... 419 |
| 26.2.3 检测操作系统 .... 420 |
26.3 location对象 420
26.4 history对象 422
26.5 screen对象 424
26.6 document对象 424
| 26.6.1 访问文档对象 .... 424 |
| 26.6.2 动态生成文档内容 .... 425 |

26.7 案例实战 426
| 26.7.1 自定义提示框 .... 426 |
| 26.7.2 设计无刷新导航 .... 426 |
26.8 在线支持 428

第27章 文档操作 429
视频讲解：103分钟
27.1 节点 429
| 27.1.1 节点的类型 .... 429 |
| 27.1.2 节点的名称和值 .... 430 |
| 27.1.3 访问节点 .... 431 |
| 27.1.4 操作节点 .... 431 |
27.2 文档 432
| 27.2.1 访问文档 .... 432 |
| 27.2.2 访问子节点 .... 432 |
| 27.2.3 访问特殊元素 .... 433 |
| 27.2.4 访问元素集合 .... 433 |
| 27.2.5 访问文档信息 .... 433 |
| 27.2.6 访问文档元素 .... 434 |
27.3 元素 434
| 27.3.1 访问元素 .... 434 |
| 27.3.2 遍历元素 .... 435 |
| 27.3.3 创建元素 .... 435 |
| 27.3.4 复制元素 .... 436 |
| 27.3.5 插入元素 .... 436 |
| 27.3.6 删除元素 .... 437 |
| 27.3.7 替换元素 .... 437 |
27.4 文本 437
| 27.4.1 创建文本 .... 438 |
| 27.4.2 访问文本 .... 438 |
| 27.4.3 读取HTML字符串 .... 438 |
| 27.4.4 插入HTML字符串 .... 438 |
27.5 属性 439
| 27.5.1 创建属性 .... 439 |
| 27.5.2 读取属性值 .... 440 |
| 27.5.3 设置属性值 .... 441 |
| 27.5.4 删除属性 .... 441 |
| 27.5.5 使用类选择器 .... 442 |
27.6 文档片段 443
27.7 CSS选择器 443

27.8	案例实战	445
	27.8.1 自定义属性	445
	27.8.2 使用 script 加载远程数据	445
27.9	在线支持	446

第 28 章 事件处理 ... 447

视频讲解：49 分钟

28.1	事件基础	447
	28.1.1 事件模型	447
	28.1.2 事件流	447
	28.1.3 绑定事件	448
	28.1.4 事件处理函数	448
	28.1.5 注册事件	449
	28.1.6 销毁事件	450
	28.1.7 使用 event 对象	452
	28.1.8 委托事件	453
28.2	案例实战	455
	28.2.1 鼠标拖曳	455
	28.2.2 鼠标移动	457
	28.2.3 鼠标定位	457
	28.2.4 键盘监控	458
	28.2.5 键盘移动对象	459
	28.2.6 页面监控	461
28.3	在线支持	461

第 29 章 CSS 样式操作 ... 462

视频讲解：74 分钟

29.1	CSS 脚本化基础	462
	29.1.1 访问行内样式	462
	29.1.2 使用 style 对象	463
	29.1.3 使用 styleSheets 对象	463
	29.1.4 使用 selectorText 对象	464
	29.1.5 编辑样式	464
	29.1.6 添加样式	465
	29.1.7 读取渲染样式	466
	29.1.8 读取媒体查询	467
29.2	案例实战	468
	29.2.1 获取元素尺寸	468
	29.2.2 获取可视区域大小	468
	29.2.3 获取元素大小	469
	29.2.4 获取窗口大小	471
	29.2.5 获取偏移位置	472
	29.2.6 获取指针的页面位置	472
	29.2.7 获取指针的相对位置	473
	29.2.8 获取滚动条的位置	474
	29.2.9 设置滚动条位置	474
	29.2.10 设计显示样式	474
29.3	在线支持	475

第 30 章 使用 Ajax ... 476

视频讲解：46 分钟

30.1	XMLHttpRequest 基础	476
	30.1.1 定义 XMLHttpRequest 对象	476
	30.1.2 建立 HTTP 连接	477
	30.1.3 发送 GET 请求	477
	30.1.4 发送 POST 请求	478
	30.1.5 串行格式化	479
	30.1.6 跟踪响应状态	479
	30.1.7 中止请求	480
	30.1.8 获取 XML 数据	480
	30.1.9 获取 HTML 字符串	481
	30.1.10 获取 JavaScript 脚本	482
	30.1.11 获取 JSON 数据	483
	30.1.12 获取纯文本	483
	30.1.13 获取和设置头部消息	484
	30.1.14 认识 XMLHttpRequest 2.0	484
	30.1.15 请求时限	485
	30.1.16 FormData 数据对象	485
	30.1.17 上传文件	485
	30.1.18 跨域访问	486
	30.1.19 响应不同类型的数据	486
	30.1.20 接收二进制数据	486
	30.1.21 监测数据传输进度	487
30.2	案例实战	487
	30.2.1 文件下载	487
	30.2.2 文件上传	490
30.3	在线支持	491

第 31 章 项目实战 ... 492

第 18 章 JavaScript 基础

JavaScript 是一种轻量级、解释型的 Web 开发语言，获得了所有浏览器的支持，是目前广泛使用的编程语言之一。本章将简要介绍 JavaScript 基本语法和用法。

18.1 编写 JavaScript 脚本

在 HTML 页面中嵌入 JavaScript 脚本需要使用<script>标签，在<script>标签中可以直接编写 JavaScript 代码，也可以编写单独的 JavaScript 文件，然后通过<script>标签导入 HTML 文档。

18.1.1 设计第一个脚本程序

使用<script>标签有两种方式：在页面中嵌入 JavaScript 代码和导入 JavaScript 文件。

【示例 1】直接在页面中嵌入 JavaScript 代码。

第 1 步，新建 HTML 文档，保存为 test.html，然后在<head>标签内插入<script>标签。

第 2 步，为<script>标签指定 type 属性值为 "text/javascript"。现代浏览器默认<script>标签的类型为 JavaScript 脚本，因此可以省略 type 属性。

第 3 步，直接在<script>标签内部输入 JavaScript 代码。

```
<!doctype html>
<html>
<meta charset="utf-8">
<title>test</title>
<script type="text/javascript">
function hi(){
    document.write("<h1>Hello,World!</h1>");
}
hi();
</script>
```

上面 JavaScript 脚本先定义了一个 hi()函数，该函数被调用后会在页面显示字符 "Hello,World!"。document 表示 DOM 网页文档对象，document.write()表示调用 Document 对象的 write()方法，在当前网页源代码中写入 HTML 字符串 "<h1>Hello,World!</h1>"。

调用 hi()函数，浏览器将在页面中显示一级标题字符 "Hello,World!"。

第 4 步，保存网页文档，在浏览器中预览，显示效果如图 18.1 所示。

图 18.1 第一个 JavaScript 程序

【示例 2】包含外部 JavaScript 文件。

第 1 步，新建文本文件，保存为 test.js。注意，扩展名为.js，它表示该文本文件是 JavaScript 类型的文件。

第 2 步，打开 test.js 文本文件，在其中编写下面代码，定义简单的输出函数。

```javascript
function hi(){
    alert("Hello,World!");
}
```

在上面代码中，alert()表示 Window 对象的方法，调用该方法将弹出一个提示对话框，显示参数字符串"Hello,World！"。

第 3 步，保存 JavaScript 文件，注意与网页文件的位置关系。这里保存 JavaScript 文件位置与调用该文件的网页文件位于相同目录下。

第 4 步，新建 HTML 文档，保存为 test1.html。在<head>标签内插入一个<script>标签。定义 src 属性，设置属性值为指向外部 JavaScript 文件的 URL 字符串。代码如下所示。

```html
<script type="text/javascript" src="test.js"></script>
```

第 5 步，在<script>标签的下一行继续插入一个<script>标签，直接在<script>标签内部输入 JavaScript 代码，调用外部 JavaScript 文件中的 hi()函数。

```html
<!doctype html>
<html>
<meta charset="utf-8">
<title>test</title>
<script type="text/javascript" src="test.js"></script>
<script type="text/javascript">
hi();                                    //调用外部 JavaScript 文件的函数
</script>
```

第 6 步，保存网页文档，在浏览器中预览，显示效果如图 18.2 所示。

18.1.2　脚本位置

所有<script>标签都会按照它们在 HTML 中出现的先后顺序依次被浏览器解析。在不使用<script>标签的 defer 和 async 属性的情况下，只有在解析完前面<script>标签中的代码之后，才会开始解析后面的代码。

图 18.2　调用外部函数弹出提示对话框

【示例 1】在默认情况下，所有<script>标签都应该放在页面<head>标签中。

```html
<!doctype html>
<html>
<head>
<meta charset="utf-8">
<title>test</title>
<script type="text/javascript" src="test.js"></script>
<script type="text/javascript">
hi();
</script>
</head>
<body>
<!-- 网页内容 -->
</body>
</html>
```

这样就可以把所有外部文件（包括 CSS 文件和 JavaScript 文件）的引用都放在相同的地方。但是，在文档的<head>标签中包含所有 JavaScript 文件，这意味着必须等到全部 JavaScript 代码都被下载、解析和执行完成以后，才能开始呈现页面的内容。如果页面需要很多 JavaScript 代码，这样无疑会导致浏览器在呈现页面时出现明显的延迟，而延迟期间的浏览器窗口中将是一片空白。

【示例 2】为了避免延迟问题，现代 Web 应用程序一般都把全部 JavaScript 引用放在<body>标签中页面的内容后面。

```
<!doctype html>
<html>
<head>
<meta charset="utf-8">
</head>
<body>
<!-- 网页内容 -->
<<title>test</title>
<script type="text/javascript" src="test.js"></script>
<script type="text/javascript">
hi();
</script>
/body>
</html>
</html>
```

这样，在解析包含的 JavaScript 代码之前，页面的内容将完全呈现在浏览器中，同时会感到打开页面的速度加快了。

18.1.3 JavaScript 脚本基本规范

编写正确的 JavaScript 脚本，需要掌握最基本的语法规范，下面简单了解一下。

1. 字符编码

JavaScript 遵循 Unicode 字符编码规则。Unicode 字符集中每个字符使用两个字节表示，这意味着用户可以使用中文命名 JavaScript 变量。

注意：在 JavaScript 第 1、第 2 版本中，仅支持 ASCII 字符编码，Unicode 字符只能出现在注释或者引号包含的字符串中。考虑到 JavaScript 版本的兼容性以及开发习惯，不建议使用双字节的中文字符命名变量或函数名。

2. 区分大小写

JavaScript 严格区分大小写。为了避免输入混乱和语法错误，建议采用小写字符编写代码。在特殊情况下，才可以使用大写形式。

3. 标识符

标识符（identifier）就是名称的专业术语，JavaScript 标识符包括：变量、函数、参数和属性等。合法的标识符必须遵守如下规则。

- ☑ 第一个字符必须是字母、下画线（_）或美元符号（$）。
- ☑ 除了第一个字符外，其他位置可以使用 Unicode 字符。一般建议仅使用 ASCII 编码的字母，不建议使用双字节的字符。
- ☑ 不能与 JavaScript 关键字、保留字重名。

- ☑ 可以使用 Unicode 转义序列。例如，字符 a 可以使用 "\u0061" 表示。

【示例】定义变量 a，使用 Unicode 转义序列表示变量名。

```
var \u0061 = "字符 a 的 Unicode 转义序列是\\u0061";
console.log(\u0061);
```

4. 直接量

直接量（literal）就是具体的值，即能够直接参与运算或显示。例如，字符串、数值、布尔值、正则表达式、对象直接量、数组直接量、函数直接量等。

5. 关键字和保留字

关键字就是 ECMA-262 规定 JavaScript 语言内部使用的一组名称（或命令），这些名称具有特定的用途，用户不能够自定义同名的标识符，具体关键字如表 18.1 所示。

表 18.1 ECMAScript 关键字

break	delete	if	this	while
case	do	in	throw	with
catch	else	instanceof	try	
continue	finally	new	typeof	
debugger（ECMAScript 5 新增）	for	return	var	
default	function	switch	void	

保留字就是 ECMA-262 规定 JavaScript 语言内部预备使用的一组名称（或命令），这些名称目前还没有具体的用途，但是为 JavaScript 升级版本预留备用。建议用户不要使用，具体保留字如表 18.2 所示。

表 18.2 ECMAScript 保留字

abstract	double	goto	native	static
boolean	enum	implements	package	super
byte	export	import	private	synchronized
char	extends	int	protected	throws
class	final	interface	public	transient
const	float	long	short	volatile

6. 分隔符

分隔符就是各种不可见的字符，例如，空格（\u0020）、水平制表符（\u0009）、垂直制表符（\u000B）、换页符（\u000C）、不中断空白（\u00A0）、字节序标记（\uFEFF）、换行符（\u000A）、回车符（\u000D）、行分隔符（\u2028）、段分隔符（\u2029）等。

在 JavaScript 中，分隔符不被解析，主要用来分隔各种记号，如标识符、关键字、直接量等信息。在 JavaScript 脚本中，常用分隔符格式化代码，以方便阅读代码。

7. 注释

注释就是不被解析的一串字符。JavaScript 注释有两种方法。

- ☑ 单行注释：//单行注释信息。
- ☑ 多行注释：/*多行注释信息*/。

【示例 1】把位于"//"字符后一行内的所有字符视为单行注释信息。下面几条注释语句可以位于代码段的不同位置，分别描述不同区域代码的功能。

```
//程序描述
function toStr(a){              //块描述
    //代码段描述
    return a.toString();        //语句描述
}
```

使用单行注释时，在"//"后面的行内任何字符或代码都被忽视，不再解析。

【示例 2】使用"/*"和"*/"可以定义多行注释信息。

```
/*!
 * jQuery JavaScript Library v3.3.1
 * https://jquery.com/
 */
```

在多行注释中，包含在"/*"和"*/"符号之间的任何字符都被视为注释文本而忽略。

8. 转义序列

转义序列就是字符的一种表示方式（映射）。由于各种原因，很多字符都无法直接在代码中输入或输出，只能通过转义序列间接表示。

Unicode 转义序列方法：\u + 4 位十六进制数字。
Latin-1 转义序列方法：\x + 2 位十六进制数字。

【示例】字符"©"的 Unicode 转义为\u00A9，ASCII 转义为\xA9。

```
console.log("\xa9");         //显示字符©
console.log("\u00a9");       //显示字符©
```

提示：在后面字符串章节中还会详细讲解转义字符，这里仅简单了解一下。

18.2　变　　量

18.2.1　声明变量

在 JavaScript 中，使用 var 语句可以声明变量。

【示例 1】在一个 var 语句中，可以声明一个或多个变量，也可以为变量赋值。未赋值的变量，初始为 undefined。当声明多个变量时，应使用逗号运算符进行分隔。

```
var a;                    //声明一个变量
var a, b, c;              //声明多个变量
var b = 1;                //声明并赋值
console.log(a);           //返回 undefined
console.log(b);           //返回 1
```

注意：在非严格模式下，JavaScript 允许不声明就直接为变量赋值，这是因为 JavaScript 解释器能够自动隐式声明变量。隐式声明的变量总是作为全局变量使用。在严格模式下，变量必须先声明，然后才能使用。

ECMAScript 6（ECMAScript 2015）新增两个重要的关键字：let 和 const。
- ☑　let：声明的变量只在 let 命令所在的代码块内有效。
- ☑　const：声明只读的常量，一旦声明，常量的值就不能改变。

ECMAScript 6 新增块级作用域，之前只有全局作用域和函数内的局部作用域。使用 var 关键字声明的变量不具备块级作用域的特性，使用 let 关键字可以实现块级作用域。

【示例 2】 let 声明的变量只在所属的代码块（{}）内有效，在 {} 之外不能访问。

```
var i = 5;
for (let i = 0; i < 10; i++) {
    console.log(i);
}
console.log(i);           //i 为 5
```

如果 for (let i = 0; i < 10; i++)改为 for (var i = 0; i < 10; i++)，则 console.log(i);将输出 10，因为可以访问循环体内变量 i 的值。

注意：JaraScript 中的变量声明，需要注意以下几点。

- ☑ 使用 var 关键字声明的变量在任何地方都可以修改。
- ☑ 在相同的作用域或块级作用域中，不能使用 let 关键字重置 var 或 let 关键字声明的变量，也不能使用 var 关键字重置 let 关键字声明的变量。
- ☑ 在不同作用域或块级作用域中，let 关键字可以重新声明、赋值变量。
- ☑ var 关键字定义的变量可以先使用再声明（JavaScript 变量提升），但是 let 关键字定义的变量必须先声明再使用。

提示：使用 const 定义常量与使用 let 定义变量的相似点：都是块级作用域，都不能在相同作用域内重复声明，即在同一个作用域内不能拥有相同的名称。两者的区别：const 声明的常量必须初始化，而 let 声明的变量不需要；const 定义常量的值不能通过再赋值修改，也不能再次声明，而 let 定义的变量值可以修改。

18.2.2 赋值变量

使用等号（=）运算符可以为变量赋值，等号左侧为变量，右侧为被赋的值。

【示例】 变量提升现象。JavaScript 在预编译期会先预处理声明的变量，但是变量的赋值操作发生在 JavaScript 执行期，而不是预编译期。

```
console.log( a );      //显示 undefined
a =1;
console.log( a );      //显示 1
var a;
```

在上面示例中，声明变量放在最后，赋值操作放在前面，由于 JavaScript 在预编译期已经对变量声明语句进行了预解析，所以第一行代码读取变量值时不会抛出异常，而是返回未初始化的值 undefined。第三行代码是在赋值操作之后读取，则显示为数字 1。

18.3 数据类型

18.3.1 基本类型

JavaScript 定义了 6 种基本数据类型，如表 18.3 所示。

第18章 JavaScript 基础

表 18.3　JavaScript 的 6 种基本数据类型

数据类型	说　　明
null	空值，表示非对象
undefined	未定义的值，表示未赋值的初始化值
number	数字，数学运算的值
string	字符串，表示信息流
boolean	布尔值，逻辑运算的值
object	对象，表示复合结构的数据集

使用 typeof 运算符可以检测上述 6 种基本数据类型。

【示例】下面代码使用 typeof 运算符分别检测常用值的类型。

```
console.log(typeof 1);              //返回字符串"number"
console.log(typeof "1");            //返回字符串"string"
console.log(typeof true);           //返回字符串"boolean"
console.log(typeof {});             //返回字符串"object"
console.log(typeof []);             //返回字符串"object "
console.log(typeof function(){});   //返回字符串"function"
console.log(typeof null);           //返回字符串"object"
console.log(typeof undefined);      //返回字符串"undefined"
```

18.3.2　数字

数字（Number）也称为数值或数。

1. 数值直接量

在 JavaScript 程序中，直接输入的任何数字都被视为数值直接量。

【示例 1】数值直接量可以细分为整型直接量和浮点型直接量。浮点数就是带有小数点的数值，而整数是不带小数点的数。

```
var int = 1;            //整型数值
var float = 1.0;        //浮点型数值
```

整数一般都是 32 位数值，而浮点数一般都是 64 位数值。

【示例 2】浮点数可以使用科学计数法表示。

```
var float = 1.2e3;
```

其中，e（或 E）表示底数，其值为 10，而 e 后面跟随的是 10 的指数。指数是一个整型数值，可以取正负值。上面代码等价于：

```
var float = 1.2*10*10*10;
var float = 1200;
```

【示例 3】科学计数法表示的浮点数可以转换为普通的浮点数。

```
var float = 1.2e-3;
```

等价于：

```
var float = 0.0012;
```

但不等于：

```
var float = 1.2*1/10*1/10*1/10;     //返回 0.0012000000000000001
var float = 1.2/10/10/10;           //返回 0.0012000000000000001
```

2. 二进制、八进制和十六进制数值

JavaScript 支持把十进制数值转换为二进制、八进制和十六进制等不同进制的数值。

【示例 4】十六进制数以 "0X" 或 "0x" 作为前缀，后面跟随十六进制的数值直接量。

```
var num = 0x1F4;              //十六进制数值
console.log(num);             //返回 500
```

十六进制的数是由 0~9 和 a~f 的数字或字母任意组合，用来表示 0~15 的某个数字。

提示：在 JavaScript 中，可以使用 toString(16)方法把十进制整数转换为十六进制字符串的形式表示。

【示例 5】八进制数值以数字 0 为前缀，其后跟随一个八进制的数值直接量。

```
var num = 0764;               //八进制数值
console.log(num);             //返回 500
```

提示：八进制或十六进制的数值在参与数学运算之后，返回的都是十进制数值。

二进制数值以 "0b" 或 "0B" 作为前缀，后面跟随二进制的数值直接量。例如：

```
0b11                          //等于十进制的 3
```

注意：各主流浏览器对二进制数值的表示方法支持不是很统一，应慎重使用。

3. 特殊数值

JavaScript 定义了几个特殊的数值常量，说明如表 18.4 所示。

表 18.4 特殊值列表

特 殊 值	说 明
Infinity	无穷大。当数值超过浮点型所能够表示的范围。反之，负无穷大为-Infinity
NaN	非数值。不等于任何数值，包括自己。如当 0 除以 0 时会返回这个特殊值
Number.MAX_VALUE	表示最大数值
Number.MIN_VALUE	表示最小数值，一个接近 0 的值
Number.NaN	非数值，与 NaN 常量相同
Number.POSITIVE_INFINITY	表示正无穷大的数值
Number.NEGATIVE_INFINITY	表示负无穷大的数值

4. NaN

NaN（Not a Number，非数字值）是在 IEEE 754 中定义的一个特殊的数值。

```
typeof NaN === 'number'       //true
```

当试图将非数字形式的字符串转换为数字时，都会生成 NaN。

```
+ '0'                         //0
+ 'oops'                      //NaN
```

当 NaN 参与数学运算时，则运算结果也是 NaN。因此，如果表达式的运算值为 NaN，那么可以推断其中至少一个运算数是 NaN。

typeof 不能分辨数字和 NaN，并且 NaN 不等同于它自己。

```
NaN === NaN                   //false
NaN !== NaN                   //true
```

使用 isNaN()全局函数，可以判断 NaN。

```
isNaN(NaN)                              //true
isNaN(0)                                //false
isNaN('oops')                           //true
isNaN('0')                              //false
```

使用 isFinite()全局函数可以判断 NaN 和 Infinity。因此，可以使用它检测 NaN、正负无穷大。如果是有限数值，或者可以转换为有限数值，那么将返回 true。如果只是 NaN、正负无穷大的数值，则返回 false。

【示例 6】isFinite()会试图把检测的值转换为一个数字。如果值不是一个数字，那么使用 isFinite()直接检测就不是有效的方法，通过自定义 isNumber 函数可以避免 isFinite()的缺陷。下面自定义函数先判断值是否为数值类型，如果是数值类型，再使用 isFinite()过滤出有效数字。

```javascript
var isNumber = function isNumber(value) {
    return typeof value === 'number' && isFinite(value);
}
```

18.3.3 字符串

JavaScript 字符串（String）就是由 0 个或多个字符组成的字符序列。0 个字符表示空字符串。

1. 字符串直接量

字符串必须包含在单引号或双引号中。字符串直接量有如下几个特点。

☑ 如果字符串包含在双引号中，则字符串内可以包含单引号；反之，可以在单引号中包含双引号。例如，定义 HTML 字符串时，习惯使用单引号表示字符串，HTML 中包含的属性值使用双引号表示，这样不容易出现错误。

```javascript
console.log('<meta charset="utf-8">');
```

☑ 在 ECMAScript 3 中，字符串必须在一行内表示，换行表示是不允许的。例如，下面字符串直接量的写法是错误的。

```javascript
console.log("字符串
直接量");                                //抛出异常
```

如果要换行显示字符串，可以在字符串中添加换行符（\n）。例如：

```javascript
console.log("字符串\n直接量");           //在字符串中添加换行符
```

☑ 在 ECMAScript 5 中，字符串允许多行表示。实现方法：在换行结尾处添加反斜杠（\）。反斜杠和换行符不作为字符串直接量的内容。例如：

```javascript
console.log("字符串\
直接量");                                //显示"字符串直接量"
```

☑ 在字符串中插入特殊字符，需要使用转义字符，如单引号、双引号等。例如，英文中常用单引号表示撇号，此时如果使用单引号定义字符串，就应该添加反斜杠转义字符，单引号就不再被解析为字符串标识符，而是作为撇号使用。

```javascript
console.log('I can\'t read.');          //显示"I can't read."
```

☑ 字符串中每个字符都有固定的位置。第 1 个字符的下标位置为 0，第 2 个字符的下标位置为 1，以此类推。最后一个字符的下标位置是字符串长度减 1。

2. 转义字符

转义字符是字符的一种间接表示方式。在特殊语境中，无法直接使用字符自身。例如，在字符串中包含说话内容。

```
"子曰:"学而不思则罔，思而不学则殆。""
```

由于 JavaScript 已经赋予双引号为字符串直接量的标识符，如果在字符串中包含双引号，就必须使用转义字符表示。

```
"子曰:\"学而不思则罔，思而不学则殆。\""
```

JavaScript 定义反斜杠加上字符可以表示字符自身。注意，一些字符加上反斜杠后会表示特殊字符，而不是原字符本身，这些特殊转义字符具体说明如表 18.5 所示。

表 18.5 JavaScript 特殊转义字符

序 列	代 表 字 符
\0	Null 字符（\u0000）
\b	退格符（\u0008）
\t	水平制表符（\u0009）
\n	换行符（\u000A）
\v	垂直制表符（\u000B）
\f	换页符（\u000C）
\r	回车符（\u000D）
\"	双引号（\u0022）
\'	撇号或单引号（\u0027）
\\	反斜线（\u005C）
\xXX	由 2 位十六进制数值 XX 指定的 Latin-1 字符
\uXXXX	由 4 位十六进制数值 XXXX 指定的 Unicode 字符
\XXX	由 1~3 位八进制数值（000~377）指定的 Latin-1 字符，可表示 256 个字符。如\251 表示版权符号。注意，ECMAScript 3.0 不支持，考虑到兼容性不建议使用

提示：在一个正常字符前添加反斜杠时，JavaScript 会忽略该反斜杠。例如：

```
console.log("子曰:\"学\而\不\思\则\罔\，\思\而\不\学\则\殆\。\"")
```

等价于：

```
console.log("子曰:\"学而不思则罔，思而不学则殆。\"")
```

18.3.4 布尔值

布尔型（Boolean）仅包含两个固定的值（true 和 false），其中 true 代表"真"，而 false 代表"假"。

注意：在 JavaScript 中，undefined、null、""、0、NaN 和 false 6 个特殊值转换为布尔值时为 false，称为假值。除了假值之外，其他任何类型的数据转换为布尔值时都是 true。

【示例】使用 Boolean()函数可以强制转换值为布尔值。

```
console.log(Boolean(0));                //返回 false
console.log(Boolean(""));               //返回 false
```

18.3.5 null

Null 类型只有一个值，即 null，它表示空值，定义一个空对象指针。

使用 typeof 运算符检测 null 值，返回 Object，表明它属于对象类型，但是 JavaScript 把它归为一类特殊的值。

设置变量的初始化值为 null，可以定义一个备用的空对象，即特殊的对象值，或称为非对象。例如，如果检测一个对象为空，则可以对其进行初始化。

```
if( men == null) {
    men = {
        //初始化对象 men
    }
}
```

18.3.6 undefined

undefined 是 Undefined 类型的唯一值，它表示未定义的值。当声明变量未赋值时，或者定义属性未设置值时，默认值都为 undefined。

【示例1】undefined 派生自 null，null 和 undefined 都表示空缺的值，转化为布尔值都是假值，可以相等。

```
console.log(null == undefined);                //返回 true
```

null 和 undefined 属于两种不同类型，使用全等运算符（===）或 typeof 运算符可以进行检测。

```
console.log(null === undefined);               //返回 false
console.log(typeof null);                      //返回"object"
console.log(typeof undefined);                 //返回"undefined "
```

【示例2】检测一个变量是否初始化，可以使用 undefined 快速检测。

```
var a;                                         //声明变量
console.log(a);                                //返回变量默认值为 undefined
(a == undefined) && (a = 0);                   //检测变量是否初始化，否则为其赋值
console.log(a);                                //返回初始值 0
```

也可以使用 typeof 运算符检测变量的类型是否为 undefined。

```
(typeof a == "undefined") && (a = 0);          //检测变量是否初始化，否则为其赋值
```

> 提示：undefined 隐含意外的空值，而 null 隐含意料之中的空值。因此，设置一个变量，当参数为空值时，建议使用 null，而不是使用 undefined。

18.4 类型检测

使用 typeof 运算符可以检测基本数据类型，本节再介绍两种更实用的方法。

18.4.1 使用 constructor

constructor 是 Object 类型的原型属性，它能够返回当前对象的构造器（类型函数）。利用该属性，

可以检测复合型数据的类型，如对象、数组和函数等。

【示例】检测对象和数组的类型，常用于区分对象和数组。

```
var o = {};
var a = [];
if(o.constructor == Object) console.log("o 是对象");
if(a.constructor == Array) console.log("a 是数组");
```

18.4.2 使用 toString

toString 是 Object 类型的原型方法，它能够返回当前对象的字符串表示。利用该属性，可以检测任意类型的数据，如对象、数组、函数、正则表达式、错误对象、宿主对象、自定义类型对象等，也可以对值类型数据进行检测。

【示例】在对象上动态调用 Object 的原型方法 toString()，就会返回统一格式的字符串表示，然后通过这些不同的字符串表示，可以确定数据的类型。

```
var _toString = Object.prototype.toString;        //引用 Object 的原型方法 toString()
                                                  //使用 apply 方法在对象上动态调用 Object 的原型方法 toString()
console.log( _toString.apply( o ) );              //表示为"[object Object]"
console.log( _toString.apply( a ) );              //表示为"[object Array]"
console.log( _toString.apply( f ) );              //表示为"[object Function]"
```

18.5 类型转换

JavaScript 能够根据运算环境自动转换值的类型，以满足运算需要。但是在很多情况下，需要开发者手动转换数据类型，以控制运算过程。

18.5.1 转换为字符串

把值转换为字符串有两种常用方法。

1. 使用加号运算符

当值与空字符串相加运算时，JavaScript 会自动把值转换为字符串。

```
var n = 123;
n = n + "";
console.log(typeof n);                            //返回类型为 string
```

2. 使用 toString()方法

当为简单的值调用 toString()方法时，JavaScript 会自动把它们封装为对象。然后再调用 toString()方法，以获取对象的字符串表示。

```
var a = 123456;
a.toString();
console.log(a);                                   //返回字符串"123456"
```

使用加号运算符转换字符串，实际上也是调用 toString()方法完成。只不过是 JavaScript 自动调用 toString()方法实现的。

18.5.2 转换为数字

把值转换为数字有 3 种常用方法。

1. 使用 parseInt()

parseInt()是一个全局函数,它可以把值转换为整数。

【示例】把十六进制数字字符串"123abc"转换为十进制整数。

```
var a = "123abc";
console.log(parseInt(a,16));            //返回十进制整数 1194684
```

2. 使用 parseFloat()

parseFloat()是一个全局函数,它可以把值转换为浮点数,即它能够识别第一个出现的小数点号,而第二个小数点号被视为非法。解析过程与 parseInt()方法相同。

```
console.log(parseFloat("1.234.5"));     //返回数值 1.234
```

3. 使用乘号运算符

如果变量乘以 1,则变量会被 JavaScript 自动转换为数值。乘以 1 之后,结果没有发生变化,但是值的类型被转换为数值。如果值无法被转换为合法的数值,则返回 NaN。

```
var a = 1;                              //数值
var b = "1";                            //数字字符串
console.log(a + (b * 1));               //返回数值 2
```

18.5.3 转换为布尔值

把值转换为布尔值有两种常用方法。

1. 使用双重逻辑非

一个逻辑非运算符(!)可以把值转换为布尔值并取反,两个逻辑非运算符就可以把值转换为正确的布尔值。

```
console.log( !!0 );                     //返回 false
console.log( !!1 );                     //返回 true
```

2. 使用 Boolean()函数

使用 Boolean()函数可以强制地把值转换为布尔值。

```
console.log( Boolean(0) );              //返回 false
console.log( Boolean(1) );              //返回 true
```

18.5.4 转换为对象

使用 new 命令调用 String()、Number()、Boolean()类型函数,可以把字符串、数字和布尔值 3 类简单值包装为对应类型的对象。

【示例】分别使用 String()、Number()、Boolean()类型函数执行实例化操作,并把值"123"传入进去,使用 new 运算符创建实例对象,简单值分别被包装为字符串型对象、数值型对象和布尔型对象。

```
var n = "123" ;
console.log( typeof new String(n) );    //返回 object
console.log( typeof new Number(n) );    //返回 object
```

```
console.log( typeof new Boolean(n) );                    //返回 object
```

18.5.5 强制类型转换

JavaScript 支持使用下面函数强制类型转换。
- ☑ Boolean(value)：把参数值转换为布尔型值。
- ☑ Number(value)：把参数值转换为数字。
- ☑ String(value)：把参数值转换为字符串。

【示例】分别调用上述 3 个函数，把参数值强制转换为新的类型值。

```
console.log( String(true) );                    //返回字符串"true"
console.log( String(0) );                       //返回字符串"0"
console.log( Number("1") );                     //返回数值 1
```

在 JavaScript 中，使用强制类型转换非常有用，但是应该根据具体应用场景确保正确转换值。

18.5.6 自动类型转换

JavaScript 能够根据具体运算环境自动转换参与运算值的类型，转换方法可参考上面多节描述，常用值在不同运算环境中被自动转换的值列表如表 18.6 所示。

表 18.6 数据类型自动转换列表

值（value）	字符串操作环境	数字运算环境	逻辑运算环境	对象操作环境
undefined	"undefined"	NaN	false	Error
null	"null"	0	false	Error
非空字符串	不转换	字符串对应的数字值 NaN	true	String
空字符串	不转换	0	false	String
0	"0"	不转换	false	Number
NaN	"NaN"	不转换	false	Number
Infinity	"Infinity"	不转换	true	Number
Number.POSITIVE_INFINITY	"Infinity"	不转换	true	Number
Number.NEGATIVE_INFINITY	"-Infinity"	不转换	true	Number
-Infinity	"-Infinity"	不转换	true	Number
Number.MAX_VALUE	"1.7976931348623157e+308"	不转换	true	Number
Number.MIN_VALUE	"5e-324"	不转换	true	Number
其他所有数字	"数字的字符串值"	不转换	true	Number
true	"true"	1	不转换	Boolean
false	"false"	0	不转换	Boolean
对象	toString()	valueOf()或 toString()或 NaN	true	不转换

18.6 认识运算符

运算符就是根据特定算法对操作数执行运算，并返回计算结果值的符号。运算符必须与操作数配合使用组成表达式，才能够发挥作用。运算符、操作数和表达式比较如下。

- ☑ 运算符：代表特定功能的运算。大部分由标点符号表示（如+、-、=等），还有5个由单词表示（如 delete、typeof、void、instanceof 和 in）。JavaScript 共定义了 47 个运算符，列表说明可以参考本章在线支持的内容。
- ☑ 操作数：参与运算的对象，包括直接量、变量、对象、对象成员、数组、数组元素、函数、表达式等。
- ☑ 表达式：表示计算的式子，由运算符和操作数组成。表达式必须返回一个计算值，最简单的表达式是一个变量或直接量，使用运算符把多个简单的表达式连接在一起，就构成一个复杂的表达式。

不同运算符需要配合的操作数的个数不同，可以分为3类。

- ☑ 一元运算符：一个运算符仅对一个操作数执行运算，如取反、递加、递减、转换数字、类型检测、删除属性等运算。
- ☑ 二元运算符：一个运算符必须包含两个操作数。例如，两个数相加，两个值比较。大部分运算符都需要两个操作数配合才能够完成运算。
- ☑ 三元运算符：一个运算符必须包含三个操作数。JavaScript 仅有条件运算符。

运算符的优先级决定执行运算的顺序。例如，1+2*3 的结果是 7，而不是 9，因为乘法优先级高，虽然加号位于左侧。

📢 **注意**：使用小括号可以改变运算符的优先顺序。例如，(1+2)*3 的结果是 9，而不再是 7。

在表达式中，一元运算符、三元运算符和赋值运算符都遵循先右后左的顺序进行结合并运算。大部分二元运算符都遵循先左后右的顺序进行结合并运算。详细说明可以参考本章在线支持内容。

18.7 算术运算

算术运算符包括：加（+）、减（-）、乘（*）、除（/）、余数运算符（%）、数值取反运算符（-）。

18.7.1 加法运算

【示例1】注意特殊操作数的求和运算。

```
var n = 5;                                  //定义并初始化任意一个数值
console.log(NaN + n);                       // NaN 与任意操作数相加，结果都是 NaN
console.log(Infinity + n);                  // Infinity 与任意数相加，结果都是 Infinity
console.log(Infinity + Infinity);           // Infinity 与 Infinity 相加，结果是 Infinity
console.log(( - Infinity) + ( - Infinity)); //负 Infinity 相加，结果是负 Infinity
console.log(( - Infinity) + Infinity);      //正负 Infinity 相加，结果是 NaN
```

【示例2】加运算符能够根据操作数的数据类型，决定是相加操作，还是相连操作。

```
console.log( 1 + 1 );                    //如果操作数都是数值，则进行相加运算
console.log( 1 + "1");                   //如果有一个字符串，则进行相连运算
console.log(3.0 + 4.3 + "");             //先求和，再连接，返回"7.3"
console.log(3.0 + "" + 4.3);             //先连接，再连接，返回"34.3"，
                                         //3.0 转换为字符串为 3
```

提示：在使用加法运算符时，应先检查操作数的数据类型是否符合需要。

18.7.2 减法运算

【示例1】注意特殊操作数的减法运算。

```
var n = 5;                               //定义并初始化任意一个数值
console.log(NaN - n);                    // NaN 与任意操作数相减，结果都是 NaN
console.log(Infinity - n);               // Infinity 与任意数相减，结果都是 Infinity
console.log(Infinity - Infinity);        // Infinity 与 Infinity 相减，结果是 NaN
console.log(( - Infinity) - ( - Infinity));  //负 Infinity 相减，结果是 NaN
console.log(( - Infinity) - Infinity);   //正负 Infinity 相减，结果是-Infinity
```

【示例2】在减法运算中，如果数字为字符串，先尝试把它转换为数值之后再进行运算。如果有一个操作数不是数字，则返回 NaN。

```
console.log(2 - "1");                    //返回 1
console.log(2 - "a");                    //返回 NaN
```

18.7.3 乘法运算

【示例】注意特殊操作数的乘法运算。

```
var n = 5;                               //定义并初始化任意一个数值
console.log(NaN * n);                    // NaN 与任意操作数相乘，结果都是 NaN
console.log(Infinity * n);               // Infinity 与任意非 0 正数相乘，结果都是 Infinity
console.log(Infinity * ( - n));          // Infinity 与任意非 0 负数相乘，结果都是 Infinity
console.log(Infinity * 0);               // Infinity 与 0 相乘，结果是 NaN
console.log(Infinity * Infinity);        // Infinity 与 Infinity 相乘，结果是 Infinity
```

18.7.4 除法运算

【示例】注意特殊操作数的除法运算。

```
var n = 5;                               //定义并初始化任意一个数值
console.log(NaN / n);                    //如果一个操作数是 NaN，结果都是 NaN
console.log(Infinity / n);               //Infinity 被任意数除，结果都是 Infinity 或-Infinity，
                                         //符号由第二个操作数的符号决定
console.log(Infinity / Infinity);        //返回 NaN
console.log(n / 0);                      //0 除一个非无穷大的数，结果都是 Infinity 或
                                         // -Infinity，符号由第二个操作数的符号决定
console.log(n / -0);                     //返回-Infinity，解释同上
```

18.7.5 求余运算

求余运算也称模运算。例如：

```
console.log(3 % 2);                      //返回余数 1
```

模运算主要针对整数进行操作，也适用浮点数。例如：

```
console.log(3.1 % 2.3);              //返回余数 0.8000000000000003
```

【示例】注意特殊操作数的求余运算。

```
var n = 5;                           //定义并初始化任意一个数值
console.log(Infinity % n);           //返回 NaN
console.log(Infinity % Infinity);    //返回 NaN
console.log(n % Infinity);           //返回 5
console.log(0 % n);                  //返回 0
console.log(0 % Infinity);           //返回 0
console.log(n % 0);                  //返回 NaN
console.log(Infinity % 0);           //返回 NaN
```

18.7.6 取反运算

取反运算也称一元减法运算。

【示例】注意特殊操作数的取反运算。

```
console.log(-5);                     //返回-5。正常数值取负数
console.log(-"5");                   //返回-5。先转换字符串数字为数值类型
console.log(-"a");                   //返回 NaN。无法完全匹配运算,返回 NaN
console.log(-Infinity);              //返回-Infinity
console.log(-(-Infinity));           //返回 Infinity
console.log(-NaN);                   //返回 NaN
```

提示：与一元减法运算符相对应的是一元加法运算符,利用它可以快速地把一个值转换为数值。

18.7.7 递增和递减

递增运算和递减运算分为前置和后置两种方式。

- ☑ 前置递增（++n）：先递增,再赋值。
- ☑ 前置递减（--n）：先递减,再赋值。
- ☑ 后置递增（n++）：先赋值,再递增。
- ☑ 后置递减（n--）：先赋值,再递减。

【示例】比较递增和递减的 4 种运算方式所产生的结果。

```
var a=b =c= 4;
console.log(a++);                    //返回 4,先赋值,再递增,运算结果不变
console.log(++b);                    //返回 5,先递增,再赋值,运算结果加 1
console.log(c++);                    //返回 4,先赋值,再递增,运算结果不变
console.log(c);                      //返回 5,变量的值加 1
console.log(++c);                    //返回 6,先递增,再赋值,运算结果加 1
console.log(c);                      //返回 6,变量的值也加 1
```

提示：递增运算符和递减运算符是相反的操作,在运算之前都会试图转换值为数值类型,如果失败则返回 NaN。

18.8 逻辑运算

逻辑运算又称布尔代数,就是布尔值（true 和 false）的"算术"运算。逻辑运算符包括：逻辑与

（&&）、逻辑或（||）和逻辑非（!）。

18.8.1 逻辑与运算

逻辑与运算（&&）是 AND 布尔操作。只有两个操作数都为 true 时才返回 true，否则返回 false，具体描述如表 18.7 所示。

表 18.7 逻辑与运算

第一个操作数	第二个操作数	运算结果
true	true	true
true	false	false
false	true	false
false	false	false

【逻辑解析】

逻辑与是一种短路逻辑，如果左侧表达式为 false，则直接短路返回结果，不再运算右侧表达式。运算逻辑如下。

第 1 步，计算第一个操作数（左侧表达式）的值。

第 2 步，检测第一个操作数的值。如果左侧表达式的值可以转换为 false（null、underfined、NaN、0、""、false），那么就会结束运算，直接返回第一个操作数的值，停止后面的操作步骤。

第 3 步，如果第一个操作数可以转换为 true，则计算第二个操作数（右侧表达式）的值。

第 4 步，返回第二个操作数的值。

【示例 1】利用逻辑与运算检测变量并进行初始化。

```
var user;                            //定义变量
( ! user && console.log("没有赋值"));   //返回提示信息"没有赋值"
```

等效于：

```
var user;                            //定义变量
if( ! user){                         //条件判断
    console.log("变量没有赋值");
}
```

注意：如果变量 user 值为 0 或空字符串等假值，转换为布尔值时，则为 false，那么当变量赋值之后，依然提示变量没有赋值。因此，在设计时必须确保逻辑与左侧的表达式返回值是一个可以预测的值。

```
var user = 0;                            //定义并初始化变量
( ! user && console.log("变量没有赋值"));   //返回提示信息"变量没有赋值呀"
```

同时，注意右侧表达式不应该包含赋值、递增、递减和函数调用等有效运算，因为当左侧表达式为 false 时，则直接跳过右侧表达式，会给后面的运算带来潜在影响。

【示例 2】使用逻辑与运算符可以代替设计多重分支结构。

```
var n = 3;
(n == 1) && console.log(1);
(n == 2) && console.log(2);
(n == 3) && console.log(3);
( ! n) && console.log("null");
```

18.8.2 逻辑或运算

逻辑或运算（||）是布尔 OR 操作。如果两个操作数都为 true，或者其中一个为 true，就返回 true，否则返回 false。具体描述如表 18.8 所示。

表 18.8 逻辑或运算

第一个操作数	第二个操作数	运算结果
true	true	true
true	false	true
false	true	true
false	false	false

【示例】针对下面 4 个表达式：

```
var n = 3;
(n == 1) && console.log(1);
(n == 2) && console.log(2);
(n == 3) && console.log(3);
( ! n) && console.log("null");
```

可以使用逻辑或对其进行合并：

```
var n = 3;
(n == 1) && console.log(1) ||
(n == 2) && console.log(2) ||
(n == 3) && console.log(3) ||
( ! n) && console.log("null");
```

由于&&运算符的优先级高于||运算符的优先级，所以不必使用小括号进行分组。使用小括号分组后，代码更容易阅读。

```
var n = 3;
((n == 1) && console.log(1) )    ||    //为 true 时，结束并返回该行值
((n == 2) && console.log(2))     ||    //为 true 时，结束并返回该行值
((n == 3) && console.log(3) )    ||    //为 true 时，结束并返回该行值
(( ! n) && console.log("null"));       //为 true 时，结束并返回该行值
```

18.8.3 逻辑非运算

逻辑非运算（!）是布尔取反操作（NOT）。作为一元运算符，直接放在操作数之前，把操作数的值转换为布尔值，然后取反并返回。

【示例 1】特殊操作数的逻辑非运算值。

```
console.log( ! {});         //如果操作数是对象，则返回 false
console.log( ! 0);          //如果操作数是 0，则返回 true
```

【示例 2】如果对操作数执行两次逻辑非运算操作，就相当于把操作数转换为布尔值。

```
console.log(!0);            //返回 true
console.log(!!0);           //返回 false
```

注意：逻辑与和逻辑或运算的返回值不必是布尔值，但是逻辑非运算的返回值一定是布尔值。

18.9 关系运算

关系运算也称比较运算,需要两个操作数,运算返回值总是布尔值。

18.9.1 大小比较

比较大小关系的运算符有 4 个,说明如表 18.9 所示。

表 18.9 大小关系运算符

大小关系运算符	说 明
<	如果第一个操作数小于第二个操作数,则返回 true,否则返回 false
<=	如果第一个操作数小于或等于第二个操作数,则返回 true,否则返回 false
>=	如果第一个操作数大于或等于第二个操作数,则返回 true,否则返回 false
>	如果第一个操作数大于第二个操作数,则返回 true,否则返回 false

提示:操作数可以是任意类型的值,但是在执行运算时,会被转换为数字或字符串,然后再进行比较。如果是数字,则比较大小;如果是字符串,则根据字符编码表中的编号值,从左到右逐个比较每个字符。

☑ 如果两个操作数都是数字,或者一个是数值,另一个可以被转换成数字,则将根据数字大小进行比较。

```
console.log(4>3);                //返回 true,直接利用数值大小进行比较
console.log("4">Infinity);       //返回 false,无穷大比任何数字都大
```

☑ 如果两个操作数都是字符串,则执行字符串比较。

```
console.log("4">"3");            //返回 true,根据字符编码表的编号值比较
console.log("a">"b");            //返回 false,a 编码为 61,b 编码为 62
console.log("ab">"cb");          //返回 false,c 编码为 63
console.log("abd">"abc");        //返回 true,d 编码为 64
                                 //如果前面相同,则比较下个字符,以此类推
```

注意:字符比较是区分大小写的,一般小写字符大于大写字符。如果不区分大小写,则建议使用 toLowerCase()或 toUpperCase()方法把字符串统一为小写或大写之后再进行比较。

18.9.2 相等和全等

等值检测运算符包括 4 个,详细说明如表 18.10 所示。

表 18.10 等值运算符

等值运算符	说 明
==(相等)	比较两个操作数的值是否相等
!=(不相等)	比较两个操作数的值是否不相等
===(全等)	比较两个操作数的值是否相等,同时检测它们的类型是否相同
!==(不全等)	比较两个操作数的值是否不相等,同时检测它们的类型是否不相同

在相等运算中，应注意几个问题。
- 如果操作数是布尔值，则先转换为数值，其中 false 转为 0，true 转换为 1。
- 如果一个操作数是字符串，另一个操作数是数字，则先尝试把字符串转换为数字。
- 如果一个操作数是字符串，另一个操作数是对象，则先尝试把对象转换为字符串。
- 如果一个操作数是数字，另一个操作数是对象，则先尝试把对象转换为数字。
- 如果两个操作数都是对象，则比较引用地址。如果引用地址相同，则相等，否则不相等。

【示例】特殊操作数的比较。

```
console.log("1" == 1)              //返回 true，字符串被转换为数字
console.log(true == 1)             //返回 true，true 被转换为 1
console.log(false == 0)            //返回 true，false 被转换为 0
console.log(null == 0)             //返回 false
console.log(undefined == 0)        //返回 false
console.log(undefined == null)     //返回 true
console.log(NaN == "NaN")          //返回 false
console.log(NaN == 1)              //返回 false
console.log(NaN == NaN)            //返回 false
console.log(NaN != NaN)            //返回 true
```

提示：NaN 与任何值都不相等，包括它自己。null 和 undefined 值相等。在相等比较中，null 和 undefined 不允许被转换为其他类型的值。

18.10 赋值运算

赋值运算有以下两种形式。
- 简单的赋值运算（=）：把等号右侧操作数的值，直接复制给左侧的操作数，因此左侧操作数的值会发生变化。
- 附加操作的赋值运算：赋值之前先对两侧操作数执行特定运算，然后把运算结果再复制给左侧操作数，具体说明如表 18.11 所示。

表 18.11 附加操作的赋值运算符

赋值运算符	说明	示例	等效于
+=	加法运算或连接操作并赋值	a += b	a = a + b
-=	减法运算并赋值	a -= b	a = a - b
*=	乘法运算并赋值	a *= b	a = a * b
/=	除法运算并赋值	a /= b	a = a / b
%=	取模运算并赋值	a %= b	a = a % b
<<=	左移位运算并赋值	a <<= b	a = a << b
>>=	右移位运算并赋值	a >>= b	a = a >> b
>>>=	无符号右移位运算并赋值	a >>>= b	a = a >>> b
&=	位与运算并赋值	a &= b	a = a & b
|=	位或运算并赋值	a |= b	a = a | b
^=	位异或运算并赋值	a ^= b	a = a ^ b

【示例】使用赋值运算符设计复杂的连续赋值表达式。

```
var a = b = c = d = e = f = 100;           //连续赋值
                                           //在条件语句的小括号内进行连续赋值
for(var a = b = 1; a < 5; a ++ ){   console.log(a + "" + b );   }
```

赋值运算符的结合性是从右向左，所以最右侧的赋值运算先执行，然后再向左赋值，以此类推，所以连续赋值运算不会引发异常。

18.11 对象运算

对象运算主要是针对对象、数组、函数这3类复合型对象执行的操作，其涉及的运算符包括 in、instanceof、delete。

18.11.1 归属检测

in 运算符能够检测左侧操作数是否为右侧操作数的成员。其中，左侧操作数是一个字符串，或者可以转换为字符串的表达式，右侧操作数是一个对象或数组。

【示例1】使用 in 运算符检测属性 a、b、c、valueOf 是否为对象 o 的成员。

```
var o = {                                   //定义对象
    a:1,                                    //定义属性 a
    b:function(){}                          //定义方法 b
}
console.log("a" in o);                      //返回 true
console.log("b" in o);                      //返回 true
console.log("c" in o);                      //返回 false
console.log("valueOf" in o);                //返回 true，继承 Object 的原型方法
console.log("constructor" in o);            //返回 true，继承 Object 的原型属性
```

instanceof 运算符能够检测左侧的对象是否为右侧类型的实例。

【示例2】使用 instanceof 检测数组 a 是否为 Array、Object 和 Function 的实例。

```
var a = new Array();                        //定义数组
console.log(a instanceof Array);            //返回 true
console.log(a instanceof Object);           //返回 true，Array 是 Object 的子类
console.log(a instanceof Function);         //返回 false
```

提示：如果左侧操作数不是对象，或者右侧操作数不是类型函数，则返回 false。如果右侧操作数不是复合型对象，则将返回错误。

18.11.2 删除属性

delete 运算符能够删除指定对象的属性，或者数组的元素。如果删除操作成功，则返回 true，否则返回 false。

【示例】使用 delete 运算符，配合 in 运算符，实现对数组成员执行检测、插入、删除或更新操作。

```
var a =[];                                  //定义数组对象
if("x" in a)                                //如果对象 a 中存在 x
    delete a["x"];                          //则删除成员 x
else                                        //如果不存在成员 x
    a["x"] = true;                          //则插入成员 x，并为其赋值 true
console.log(a.x);                           //返回 true，查看成员 x 的值
```

```
if(delete a["x"])                    //如果删除成员 x 成功
    a["x"] = false;                  //更新成员 x 的值为 false
console.log(a.x);                    //返回 false，查看成员 x 的值
```

18.12 其他运算

18.12.1 条件运算符

条件运算符是唯一的三元运算符，语法形式如下。

```
b ? x : y
```

其中，b 操作数必须是一个布尔型的表达式，x 和 y 是任意类型的值。
- ☑ 如果操作数 b 的返回值为 true，则执行 x 操作数，并返回该表达式的值。
- ☑ 如果操作数 b 的返回值为 false，则将执行 y 操作数，并返回该表达式的值。

【示例】定义变量 a，然后检测 a 是否被赋值，如果赋值则使用该值，否则设置默认值。

```
var a = null;                        //定义变量 a
typeof a != "undefined" ? a = a : a = 0 ;   //检测变量 a 是否赋值，否则设置默认值
console.log(a);                      //显示变量 a 的值，返回 null
```

条件运算符可以转换为条件结构。

```
if( typeof a != "undefined" )        //赋值
    a=a;
else                                 //没有赋值
    a = 0;
console.log(a);
```

也可以转换为逻辑表达式。

```
(typeof a != "undefined") && (a = a) || (a = 0);   //逻辑表达式
console.log(a);
```

在上面表达式中，如果 a 已赋值，则执行(a=a)表达式，执行完毕就不再执行逻辑或后面的(a = 0)表达式。如果 a 未赋值，则不再执行逻辑与运算符后面的(a=a)表达式，转而执行逻辑或运算符后面的表达式(a = 0)。

注意：在实战中需要考虑假值的干扰。使用 typeof a != "undefined"进行检测，可以避开变量赋值为 false、null、""、NaN 等假值时，也误认为没有赋值。

18.12.2 逗号运算符

逗号运算符是二元运算符，它能够先执行运算符左侧的操作数，然后再执行右侧的操作数，最后返回右侧操作数的值。

【示例】逗号运算符可以实现连续运算，如多个变量连续赋值。

```
var a = 1, b = 2, c = 3, d = 4;
```

等价于：

```
var a = 1;
var b = 2;
var c = 3;
var d = 4;
```

> 注意：与条件运算符、逻辑运算符根据条件决定是否执行所有操作数不同，逗号运算符会执行所有的操作数，但并非返回所有操作数的结果，它只返回最后一个操作数的值。

18.12.3 void 运算符

void 是一元运算符，它可以出现在任意类型的操作数之前，执行操作数，却忽略操作数的返回值，返回一个 undefined。void 常用于 HTML 脚本中执行 JavaScript 表达式，但不需要表达式的计算结果。

【示例】使用 void 运算符让表达式返回 undefined。

```
var a = b = c = 2;                    //定义并初始化变量的值
d = void (a -= (b *= (c += 5)));      //执行 void 运算符，并把返回值赋予变量 d
console.log(a);                       //返回-12
console.log(b);                       //返回 14
console.log(c);                       //返回 7
console.log(d);                       //返回 undefined
```

由于 void 运算符的优先级比较高，高于普通运算符的优先级，所以在使用时应该使用小括号明确 void 运算符操作的操作数，以避免引发错误。

18.13 在线支持

一、历史
- ☑ JavaScript 早期历史
- ☑ 细说 JavaScript 语言历史
- ☑ JavaScript 发展趋势

二、概念
- ☑ 词法基础
- ☑ 句法基础

三、基本使用
- ☑ JavaScript 代码嵌入网页的方法
- ☑ HTTP 协议下载
- ☑ 比较 defer 属性和 async 属性
- ☑ 在 XHTML 中使用 JavaScript 脚本
- ☑ 兼容不支持 JavaScript 的浏览器
- ☑ 比较嵌入代码与链接脚本
- ☑ 使用<noscript>标签

四、深入
- ☑ JavaScript 解析基础
- ☑ JavaScript 脚本的工作原理
- ☑ 脚本的动态加载
- ☑ 严格模式

五、参考
- ☑ <script>标签的 6 个属性
- ☑ JavaScript 运算符列表说明

六、工具
- ☑ 浏览器与 JavaScript
- ☑ JavaScript 开发工具

七、数据类型
- ☑ 数值补充
- ☑ Null 和 Undefined 补充
- ☑ 严格模式的执行限制
- ☑ 使用 toString 检测类型升级版
- ☑ 细说数值

八、表达式运算
- ☑ 表达式求值强化练习
- ☑ 表达式简单编程
- ☑ 表达式计算
- ☑ 表达式编程

九、位运算
- ☑ 认识位运算
- ☑ 逻辑位运算
- ☑ 移位运算

扫码免费学习 更多实用技能

新知识、新案例不断更新中……

第 19 章 设计程序结构

JavaScript 提供了 20 多个命令，分别执行不同的操作。从用途分析，这些命令可以分为：声明语句、分支控制、循环控制、流程控制、异常处理和其他语句，详细说明可以参考本章在线支持。本章将重点讲解程序结构设计命令，包括 if 条件判断语句、switch 多分支语句、for 循环语句、while 循环语句、do/while 循环语句、break 中断语句、continue 继续执行语句等。

19.1 分支结构

19.1.1 if 语句

if 语句允许根据特定的条件执行指定的语句，语法格式如下。

```
if (expr)
    statement
```

如果表达式 expr 的值为真，则执行语句 statement；否则，将忽略语句 statement。if 语句流程控制如图 19.1 所示。

【示例】使用内置函数 Math.random()随机生成一个 1~100 的整数，然后判断该整数能否被 2 整除，如果可以整除，则输出显示。

```
var num = parseInt( Math.random()*99 + 1 );   //使用 random()函数生成一个随机数
if ( num % 2 == 0){                            //判断变量 num 是否为偶数
    console.log( num + "是偶数。");
}
```

提示：如果 statement 为单句，可以省略大括号，例如：

```
if ( num % 2 == 0)
    console.log( num + "是偶数。");
```

19.1.2 else 语句

图 19.1 if 语句流程控制示意图

else 语句仅在 if 或 elseif 语句的条件表达式为假的时候执行，语法格式如下。

```
if (expr)
    statement1
else
    statement2
```

如果表达式 expr 的值为真，则执行语句 statement1；否则，将执行语句 statement2。其流程控制如图 19.2 所示。

【示例 1】针对上节示例，可以设计二重分支，实现根据条件显示不同的提示信息。

```
var num = parseInt( Math.random()*99 + 1 );    //使用 random()函数生成一个随机数
if ( num % 2 == 0){                             //判断变量 num 是否为偶数
    console.log( num + "是偶数。");
} else {
    console.log( num + "是奇数。");
}
```

【示例 2】if/else 结构可以嵌套，以便设计多重分支结构。

```
var num = parseInt( Math.random()*99 + 1 );    //使用 random()函数生成一个 1~100 的随机数
if ( num < 60 ){ console.log( "不及格" ); }
else if ( num < 70 ){ console.log( "及格" ); }
else if ( num < 85 ){ console.log( "良好" ); }
else{ console.log( "优秀" ); }
```

嵌套结构的逻辑思路是一种多重分支结构，其流程控制如图 19.3 所示。

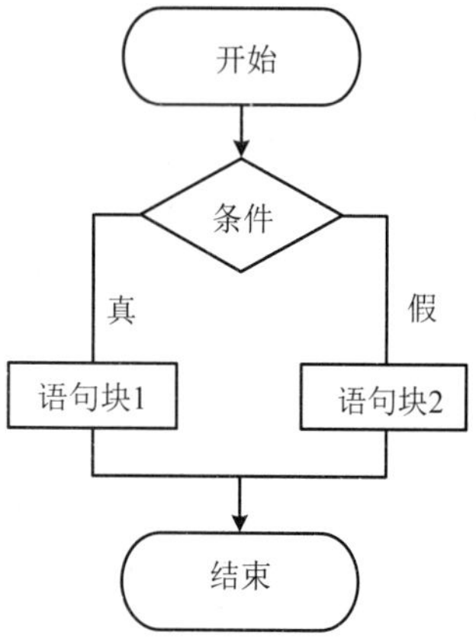

图 19.2　if 和 else 语句组合流程控制示意图

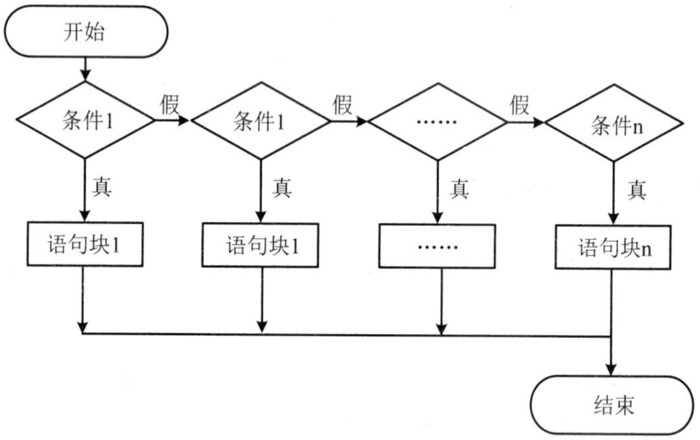

图 19.3　else if 语句流程控制示意图

19.1.3　switch 语句

switch 语句专门用来设计多分支条件结构。与 if else 多分支结构相比，switch 结构更简洁，执行效率更高。语法格式如下。

```
switch (expr){
    case value1:
        statementList1
        break;
    case value2:
        statementList2
        break;
    …
    case valuen:
        statementListn
        break;
    default:
        default statementList
}
```

switch 语句根据表达式 expr 的值，依次与 case 后面表达式的值进行比较。如果相等，则执行其后的语句段，只有遇到 break 语句或者 switch 语句结束才终止；如果不相等，继续查找下一个 case。switch 语句包含一个可选的 default 语句，如果在前面的 case 中没有找到相等的条件，则执行 default 语句，它与 else 语句类似。switch 语句流程控制如图 19.4 所示。

图 19.4　switch 语句流程控制示意图

【示例 1】 使用 switch 语句设计网站登录会员管理模块。

```
var id = 1;
switch ( id ) {
    case 1:
        console.log( "普通会员" );
        break;                          //停止执行，跳出 switch
    case 2:
        console.log( "VIP 会员" );
        break;                          //停止执行，跳出 switch
    case 3:
        console.log( "管理员" );
        break;                          //停止执行，跳出 switch
    default:                            //上述条件都不满足时，执行默认的代码
        console.log( "游客" );
```

提示： 当 JavaScript 解析 switch 结构时，先计算条件表达式，然后计算第一个 case 子句后的表达式的值，并使用全等（===）运算符检测两值是否相同。由于使用全等运算符，因此不会自动转换每个值的类型。

【示例 2】 case 子句可以省略语句，这样当匹配时，会继续执行下一个 case 子句的语句，而不管下一个 case 子句条件是否满足。把普通会员和 VIP 会员合并在一起进行检测。

```
var id = 1;
switch ( id ) {
    case 1:                             //空匹配
    case 2:
        console.log( "VIP 会员" );
        break;
    case 3:
        console.log( "管理员" );
```

```
                break;
            default:
                console.log( "游客" );
        }
```

> **注意**：在 switch 语句中，case 子句只是指明了执行起点，但是没有指明执行的终点。如果在 case 子句中没有 break 语句，就会发生连续执行的情况，从而忽略后面 case 子句的条件限制，这样就容易破坏 switch 结构的逻辑。如果在函数中使用 switch 语句，可以使用 return 语句终止 switch 语句，以防止代码继续执行。

19.1.4 default 语句

default 是 switch 的子句，可以位于 switch 内的任意位置，不会影响多重分支的正常执行。下面结合示例介绍使用 default 语句应该注意的 3 个问题。

> **提示**：如果 default 下面还有 case 子句，应该在 default 后面添加 break 语句，终止 switch 结构，防止程序突破 case 条件的限制继续执行下面的 case 子句。

【示例】使用 switch 语句设计一个四则运算函数。在 switch 结构内，先使用 case 枚举 4 种可预知的算术运算，当然还可以继续扩展 case 子句，枚举所有可能的操作，但是无法枚举所有不测，因此最后使用 default 处理意外情况。

```
function oper(a, b, opr){
    switch (opr){
        case "+" :                    //正常枚举
            return a + b;
        case "-" :                    //正常枚举
            return a - b;
        case "*" :                    //正常枚举
            return  a * b;
        case "/" :                    //正常枚举
            return  a / b;
        default:                      //异常处理
            return "非预期的 opr 值";
    }
}
console.log( oper( 2, 5, "*"));       //返回 10
```

> **提示**：default 语句与 case 语句简单比较如下。
> - ☑ 语义：default 为默认项，case 为判例。
> - ☑ 功能扩展：default 选项是唯一的，不可以扩展；而 case 选项是可以扩展的，没有限制。
> - ☑ 异常处理：default 与 case 扮演的角色不同，case 用于枚举，default 用于异常处理。

19.2 循环结构

19.2.1 while 语句

while 语句是最基本的循环结构，语法格式如下。

```
while (expr)
    statement
```

当表达式 expr 的值为真时，将执行 statement 语句，执行结束后，再返回到 expr 表达式继续进行判断。直到表达式的值为假，才跳出循环，执行下面的语句。while 循环语句的流程控制如图 19.5 所示。

【示例】使用 while 语句输出 1～100 的偶数。

```
var n = 1;                                    //声明并初始化循环变量
while(n <= 100){                              //循环条件
    n ++ ;                                    //递增循环变量
    if( n%2 == 0) document.write( n + " " );  //执行循环操作
}
```

图 19.5 while 语句流程控制示意图

提示：可以在循环的条件表达式中设计循环增量。

```
var n = 1;                                    //声明并初始化循环变量
while(n++ <= 100)                             //循环条件
    if( n%2 == 0) document.write( n + " " );  //执行循环操作
```

19.2.2 do…while 语句

do…while 与 while 循环相似，区别在于表达式的值是在每次循环结束时检查，而不是在开始时检查。因此，do…while 循环能够保证至少执行一次循环，而 while 循环就不一定了。如果表达式的值为假，则直接终止循环，不进入循环。语法格式如下。

```
do
    statement
while (expr)
```

do…while 循环语句的流程控制如图 19.6 所示。

【示例】针对上节示例使用 do…while 结构设计，则代码如下所示。

```
var n = 1;                                    //声明并初始化循环变量
do {                                          //循环条件
    n ++ ;                                    //递增循环变量
    if( n%2 == 0) document.write( n + " " );  //执行循环操作
} while(n <= 100);
```

提示：建议在 do…while 结构的尾部使用分号表示语句结束，以避免意外情况发生。

图 19.6 do…while 语句流程控制示意图

19.2.3 for 语句

for 语句的结构是一种更简洁的循环结构，语法格式如下。

```
for (expr1; expr2; expr3)
    statement
```

其中，表达式 expr1 在循环开始前无条件地求值一次，而表达式 expr2 在每次循环开始前求值。如果表达式 expr2 的值为真，则执行循环语句，否则将终止循环，执行下面代码。表达式 expr3 在每次循环之后被求值。for 循环语句的流程控制如图 19.7 所示。

注意：for 语句中 3 个表达式都可以为空，或者包括以逗号分隔的多个子表达式。在表达式 expr2 中，所有用逗号分隔的子表达式都会计算，但只取最后一个子表达式的值进行检测。expr2 为空，会认为其值为真，这意味着将无限循环下去。除了使用 expr2 表达式结束循环外，也可以在循环语句中使用 break 语句结束循环。

【示例】使用嵌套循环求 1～100 的所有素数。外层 for 循环遍历每个数字，在内层 for 循环中，使用当前数字与其前面的数字求余。如果有至少一个能够被整除，则说明它不是素数；如果没有一个被整除，则说明它是素数，最后输出当前数字。

```
for(var i=2 ; i<100 ; i++){//打印 2～100 的素数
    var b = true;
    for(var j = 2; j < i; j++){
        //判断 i 能否被 j 整除，能被整除则说明不是素数，修改布尔值为 false
        if(i%j == 0)   b = false ;
    }
    if(b)   document.writeln(i + " ");                    //打印素数
}
```

图 19.7 for 语句流程控制示意图

19.2.4 for…in 语句

for…in 语句是 for 语句的一种特殊形式，语法格式如下。

```
for ( [var] variable in <object | array> )
    statement
```

variable 表示一个变量，可以在其前面附加 var 语句，用来直接声明变量名。in 后面是一个对象或数组类型的表达式。在遍历对象或数组过程中，把获取的每一个值赋值给 variable。

然后，执行 statement 语句，其中可以访问 variable 读取每个对象属性或数组元素的值。执行完毕，返回继续枚举下一个元素，周而复始，直到所有元素都被枚举为止。

注意：对于数组来说，值是数组元素的下标；对于对象来说，值是对象的属性名或方法名。

【示例 1】使用 for…in 语句遍历数组，并枚举每个元素及其值，效果如图 19.8 所示。

```
var a = [1, true, "0", [false], {}];                  //声明并初始化数组变量
for(var n in a){                                       //遍历数组
    document.write( "a[" + n + "] = " + a[n] + "<br>" );   //显示每个元素及其值
}
```

【示例 2】定义一个对象 o，设置 3 个属性。然后使用 for…in 迭代对象属性，把每个属性值寄存到一个数组中。

```
var o = { x : 1, y : true, z : "true"},//定义包含 3 个属性的对象
    a = [],                             //临时寄存数组
    n = 0;                              //定义循环变量，初始化为 0
for(a[n ++ ] in o);                     //遍历对象 o，然后把所有属性都赋值到数组中
```

其中，for(a[n ++] in o);语句实际上是一个空的循环结构，分号为一个空语句。

图 19.8 使用 for…in 遍历数组

【示例 3】for…in 适合枚举不确定长度的对象。使用 for…in，

读取客户端 document 对象的所有可读属性。

```
for(var i = 0 in document){
    document.write("document."+i+"="+document[i] +"<br />");
}
```

注意：如果对象属性被设置为只读、存档或不可枚举等限制特性，那么使用 for...in 语句就无法枚举。枚举没有固定的顺序，因此在遍历结果中会看到不同的排列顺序。

提示：ECMAScript 6 新增 for...of 循环，该循环可以访问任何可迭代的数据类型。for...of 循环的编写方式与 for...in 循环基本一样，只是将 in 替换为 of，但是可以忽略索引。例如：

```
const a = ["a","b","c"];
for (const e of a) {
    console.log(e);
}
```

等效于：

```
const a = ["a","b","c"];
for (const i in a) {
    console.log(a[i]);
}
```

19.3 流程控制

19.3.1 label 语句

在 JavaScript 中，使用 label 语句可以为一行语句添加标签，以便在复杂结构中设置跳转目标。语法格式如下。

```
label : statements
```

label 为任意合法的标识符，但不能使用保留字。使用冒号分隔标签名与标签语句。

注意：由于标签名与变量名属于不同的命名体系，所以标签名与变量名可以重复。但是，标签名与属性名语法相似就不能重名。例如，下面写法是错误的。

```
a:{                              //标签名
    a:true                       //属性名
}
```

使用点语法、中括号语法可以访问属性，但是无法访问标签语句。

```
console.log(o.a);                //可以访问属性
console.log(b.a);                //不能访问标签语句，将抛出异常
```

label 与 break 语句配合使用，主要应用在循环结构、多分支结构中，以便跳出内层嵌套体。

19.3.2 break 语句

break 语句能够结束当前 for、for/in、while、do/while 或者 switch 语句的执行。同时，break 语句可以接收一个可选的标签名决定跳出的结构语句。语法格式如下。

```
break label;
```

如果没有设置标签名，则表示跳出当前最内层结构。break 语句流程控制如图 19.9 所示。

【示例 1】在客户端查找 document 的 bgColor 属性。由于完全遍历 document 对象会浪费时间，因此设计一个条件，判断所枚举的属性名是否等于 bgColor。如果相等，则使用 break 语句跳出循环。

```
for(i in document){
    if(i.toString() == "bgColor"){
        document.write("document." + i + "=" + document[i] + "<br />");
        break;
    }
}
```

图 19.9　break 语句流程控制示意图

在上面代码中，break 语句并非跳出当前的 if 结构体，而是跳出当前最内层的循环结构。

【示例 2】在嵌套结构中，break 语句并没有跳出 for/in 结构，仅仅退出 switch 结构。

```
for(i in document){
    switch(i.toString()){
        case "bgColor":
            document.write("document." + i + "=" + document[i] + "<br />");
            break;
        default:
            document.write("没有找到");
    }
}
```

【示例 3】针对示例 2，可以为 for...in 语句定义一个标签 outloop，然后在最内层的 break 语句中设置该标签名，这样当条件满足时就可以跳出最外层的 for...in 循环结构。

```
outloop:for(i in document){
    switch(i.toString()){
        case "bgColor":
            document.write("document." + i + "=" + document[i] + "<br />");
            break outloop;
        default:
            document.write("没有找到");
    }
}
```

注意：break 语句和 label 语句配合使用仅限于嵌套的循环结构，或者嵌套的 switch 结构，且需要退出非当前层结构时。break 与标签名之间不能够包含换行符，否则 JavaScript 会解析为两个句子。

break 语句的主要功能是提前结束循环或多重分支，主要用在无法预控的环境下，避免死循环或者空循环。

19.3.3　continue 语句

continue 语句用在循环结构内，用于跳过本次循环中剩余的代码，并在表达式的值为真时，继续执行下一次循环。它可以接收一个可选的标签名，来决定跳出的循环语句。语法格式如下：

```
continue label;
```

continue 语句流程控制如图 19.10 所示。

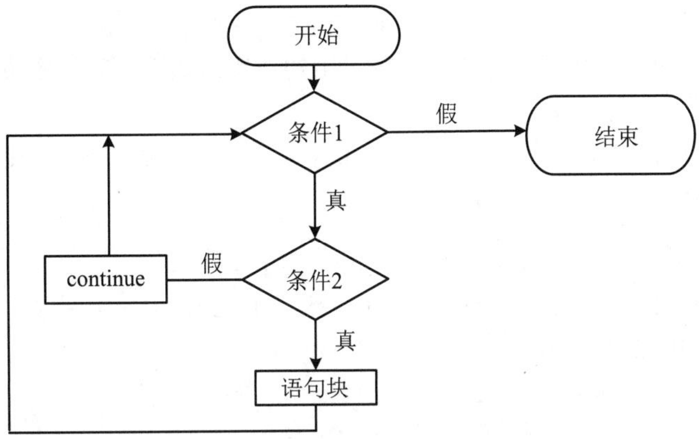

图 19.10 continue 语句流程控制示意图

【示例】使用 continue 语句过滤数组中的字符串值。

```javascript
var a = [1, "hi", 2, "good", "4", , "" , 3, 4],    //定义并初始化数组 a
    b = [], j = 0;                                  //定义数组 b 和变量 j
for(var i in a){//遍历数组 a
    if(typeof a[i] == "string")                     //如果为字符串，则返回继续下一次循环
        continue;
    b[j ++ ] = a[i];                                //把数字寄存到数组 b
}
document.write(b);                                  //返回 1,2,3,4
```

提示：continue 语句只能用在 while、do…while、for、for…in 语句中，对于不同的循环结构，其执行顺序略有不同。

- ☑ 对于 for 语句来说，将会返回顶部计算第 3 个表达式，然后再计算第 2 个表达式。如果第 2 个表达式为 true，则继续执行下一次循环。
- ☑ 对于 for…in 语句来说，将会以下一个赋给变量的属性名开始，继续执行下一次循环。
- ☑ 对于 while 语句来说，将会返回顶部计算表达式。如果表达式为 true，则继续执行下一次循环。
- ☑ 对于 do…while 语句来说，会跳转到底部计算表达式。如果表达式为 true，则会返回顶部开始下一次循环。

19.4 异常处理

19.4.1 try/catch/finally 语句

try/catch/finally 是 JavaScript 异常处理语句，语法格式如下。

```javascript
try{
    //调试代码块
}
catch(e){
    //捕获异常，并进行异常处理的代码块
}
```

```
finally{
    //后期清理代码块
}
```

在正常情况下，JavaScript 按顺序执行 try 子句中的代码。如果没有异常发生，则会忽略 catch 子句，跳转到 finally 子句中继续执行。

如果在 try 子句中运行时发生错误，或者使用 throw 语句主动抛出异常，则执行 catch 子句中的代码，同时传入一个参数，引用 Error 对象。

注意： 在异常处理结构中，大括号不能够省略。

【示例 1】 先在 try 子句中制造一个语法错误，然后在 catch 子句中获取 Error 对象，读取错误信息，最后在 finally 子句中提示代码。

```
try{
    1=1;                              //非法语句
}
catch(error){                         //捕获错误
    console.log(error.name);          //访问错误类型
    console.log(error.message);       //访问错误详细信息
}
finally{                              //清除处理
    console.log("1=1");               //提示代码
}
```

catch 和 finally 子句是可选的。在正常情况下，应该包含 try 和 catch 子句。

```
try{ 1=1; }
catch(error){}
```

注意： 不管 try 语句是否完全执行，finally 语句最后都必须执行。即使使用跳转语句跳出了异常处理结构，也必须在跳出之前先执行 finally 子句。

【示例 2】 在函数体内设计一个异常处理结构，为每个子句添加一个 return 语句。调用函数后，实际返回的是"finally"，而不是"try"，因为 finally 子句必须最后执行。如果把 finally 子句去掉，函数才会返回"try"。

```
function test(){
    try{
        return "try";
    }catch(error){
        return "catch";
    }finally{
        return "finally";
    }
}
console.log( test());                 //返回"finally"
```

try/catch/finally 语句允许嵌套使用，嵌套的层数不限，同时形成一条词法作用域链。在 try 中发生异常时，JavaScript 会停止程序的正常执行，并跳转到层级最近的 catch 子句（异常处理器）。如果没有找到异常处理器，则会沿着作用域链，检查上一级的 catch 子句，以此类推，直到找到一个异常处理器为止。如果在程序中没有找到任何异常处理器，将会显示错误。

19.4.2　throw 语句

throw 语句能够主动抛出一个异常，语法格式如下。

```
throw expression;
```

expression 是任意类型的表达式，一般为 Error 对象，或者 Error 子类实例。

当执行 throw 语句时，程序会立即停止执行。只有当使用 try/catch 语句捕获到被抛出的值时，程序才会继续执行。

【示例】在循环体内设计当循环变量大于 5 时，定义并抛出一个异常。

```
try{
    for(var i=0; i<10;i++){
        if(i>5) throw new Error("循环变量的值大于 5 了");    //定义错误对象，并抛出异常
        console.log(i);
    }
}
catch(error){ }                               // 捕获错误，其中 error 就是 new Error()的实例
```

在抛出异常时，JavaScript 也会停止程序的正常执行，并跳转到最近的 catch 子句。如果没有找到 catch 子句，则会检查上一级的 catch 子句，以此类推，直到找到一个异常处理器为止。如果在程序中没有找到任何异常处理器，将会显示错误。

19.5　案例实战

杨辉三角是一个经典的编程案例，它揭示了高次方二项式展开后各项系数的分布规律：每行开头和结尾的数字为 1，除第一行外，每个数都等于它上方两数之和，如图 19.11 所示。

【设计思路】

定义两个数组，数组 1 为上一行数字列表，为已知数组；数组 2 为下一行数字列表，为待求数组。假设上一行数组为[1,1]，即第二行数字。那么，下一行数组的元素值就等于上一行相邻两个数字的和，即为 2，然后数组两端的值为 1，这样就可以求出下一行数组，即第三行数字列表。求第四行数组的值，可以把已计算出的第三数组作为上一行数组，而第四行数字为待求的下一行数组，以此类推。

图 19.11　高次方二项式开方之后各项系数的数表分布规律

【实现代码】

使用嵌套循环结构，外层循环遍历高次方的幂数（即行数），内层循环遍历每次方的项数（即列数）。实现的核心代码如下。

```
var a1 = [1, 1];                    //上一行数组，初始化为[1, 1]
var a2 = [1, 1];                    //下一行数组，初始化为[1, 1]
for(var i = 2; i <= n; i ++ ){      //从第 3 行开始遍历高次方的幂数，n 为幂数
    a2[0] = 1;                      //定义下一行数组的第一个元素为 1
    for(var j = 1; j < i - 1; j ++ ){   //遍历上一行数组，并计算下一行数组中间的数字
        a2[j] = a1[j - 1] + a1[j];
    }
```

```
        a2[j] = 1;                              //定义下一行数组的最后一个元素为1
        for(var k = 0; k <= j; k ++ ){          //把数组的值传递给上一行数组，实现交替循环
            a1[k] = a2[k];
        }
    }
```

19.6 在线支持

扫码免费学习更多实用技能

一、补充知识
- ☑ 异常处理结构

二、参考
- ☑ JavaScript 语句列表说明

三、专项练习
- ☑ JavaScript 简单编程

新知识、新案例不断更新中……

第 20 章 处理字符串

字符串（String）是不可变的、有限数量的字符序列，字符包括可见字符、不可见字符和转义字符。在程序设计中，经常需要处理字符串，如复制、替换、连接、比较、查找、截取、分割等。在 JavaScript 中，字符串是一类简单值，直接调用 String 原型方法就可以操作字符串。操作字符串在表单验证、HTML 文本解析、Ajax 异步交互等方面应用广泛。

20.1 字符串处理基础

20.1.1 定义字符串

1. 字符串直接量

使用双引号或单引号包含任意长度的文本，可以定义字符串直接量。

【示例 1】任何被引号包含的文本都称为字符串。

```
var s = "true";                              //把布尔值转换为字符串
var s = "123";                               //把数值转换为字符串
var s = "[1,2,3]";                           //把数组转换为字符串
var s = "{x:1,y:2}";                         //把对象转换为字符串
var s = "console.log('Hello,World')";        //把可执行表达式转换为字符串
```

【示例 2】单引号和双引号可以配合使用，定义特殊形式的字符串。

```
var s = 'console.log("Hello,World")';
```

单引号可以包含双引号，或者双引号包含单引号。但是，不能在单引号中包含单引号，或者在双引号中包含双引号。

【示例 3】表示特殊字符，需要使用转义字符。在下面字符串中，使用"\""表示双引号，这样可以直接用于双引号定义的字符串中。

```
var s = "\"";                                //有效的引号字符
```

2. 构造字符串

使用 String()类型函数可以构造字符串，该函数可以接收一个参数，并把它作为值初始化字符串。

【示例 4】使用 new 运算符调用 String()构造函数，将创建一个字符串型对象。

```
var s = new String();                        //创建一个空字符串
var s = new String("我是构造字符串");         //创建字符串对象，初始化之后赋值给变量 s
```

📢 **注意**：通过 String()构造函数构造的字符串与字符串直接量的类型是不同的。前者为引用型对象，后者为值类型的字符串。

【示例 5】 String()也可以直接使用，把参数转换为字符串类型的简单值返回。

```
var s = String( 123456 );                    //包装字符串
console.log( s );                             //返回字符串"123456"
```

【示例 6】 String()允许传入多个参数，但是仅处理第一个参数，并把它转换为字符串返回。

```
var s = String( 1, 2, 3, 4, 5, 6 );           //带有多个参数
console.log( s );                             //返回字符串"1"
```

3. 使用字符编码

使用 fromCharCode 方法可以把字符编码转换为字符串。该方法可以包含多个参数，每个参数代表字符的 Unicode 编码，返回字符串表示。

【示例 7】 演示把一组字符串编码转换为字符串。

```
var a = [35835, 32773, 24744, 22909], b = [];  //声明一个字符编码的数组
for( var i in a ){                              //遍历数组
    b.push( String.fromCharCode( a[i] ) );      //把每个字符编码都转换为字符串存入数组
}
console.log( b.join( "" ) );                    //返回字符串"读者您好"
```

也可以把所有字符串按顺序传给 fromCharCode()。

```
var b = String.fromCharCode( 35835, 32773, 24744, 22909 );   //传递多个参数
```

> **提示**：fromCharCode()是 String 类型的静态函数，不能通过字符串调用。与 fromCharCode()相反，charCodeAt()可以把字符转换为 Unicode 编码。

20.1.2 获取长度

使用字符串的 length 属性可以读取字符串的长度。长度以字符为单位，该属性为只读属性。

【示例 1】 使用字符串的 length 属性获取字符串的长度。

```
var s = "String 类型长度";                     //定义字符串
console.log(s.length);                        //返回 10 个字符
```

> **注意**：JavaScript 支持的字符包括单字节、双字节两种类型。为了精确计算字符串的字节长度，可以采用示例 2 的方法来计算。

【示例 2】 为 String 扩展原型方法 byteLength()，该方法将枚举每个字符，并根据字符编码，判断当前字符是单字节还是双字节，然后统计字符串的字节长度。有关原型的相关知识请参考第 25 章内容。

```
String.prototype.byteLength = function( ){      //获取字符串的字节数，扩展 String 类型方法
    var b = 0, l = this.length;                  //初始化字节数递加变量，并获取字符串参数的字符个数
    if( l ){                                     //如果存在字符串，则执行计算
        for( var i = 0; i < l; i ++ ){           //遍历字符串，枚举每个字符
            if(this.charCodeAt( i ) > 255 ){     //字符编码大于 255，说明是双字节字符
                b += 2;                          //则累加 2 个
            }else{
                b ++ ;                           //否则递加一次
            }
        }
        return b;                                //返回字节数
    }else{
        return 0;                                //如果参数为空，则返回 0 个
```

        }
    }

应用原型方法：

```
var s = "String 类型长度";                    //定义字符串直接量
console.log(s.byteLength())                   //返回 14
```

20.1.3 连接字符串

1. 使用加号运算符

连接字符串的最简便方法是使用加号运算符。

【示例 1】使用加号运算符连接两个字符串。

```
var s1 = "abc", s2 = "def";
console.log(s1+s2);                           //返回字符串"abcdef"
```

2. 使用 concat()

使用字符串的 concat()方法可以把多个参数添加到指定字符串的尾部。该方法的参数类型和个数没有限制，它会把所有参数都转换为字符串，然后按顺序连接到当前字符串的尾部，最后返回连接后的新字符串。

【示例 2】使用字符串的 concat()方法把多个字符串连接在一起。

```
var s1 = "abc";
var s2 = s1.concat( "d", "e", "f" );          //调用 concat()连接字符串
console.log( s2 );                            //返回字符串"abcdef"
```

> 提示：concat()方法不会修改原字符串的值，与数组的 concat()方法操作相似。

3. 使用 join()

在特定环境中，可以借助数组的 join()方法连接字符串，如 HTML 字符串输出等。

【示例 3】演示借助数组的方法连接字符串。

```
var s = "JavaScript", a = [];                 //定义一个字符串
for(var i = 0; i < 1000; i ++ )               //循环执行 1000 次
    a.push(s);                                //把字符串装入数组
var str = a.join("");                         //通过 join()方法把数组元素连接在一起
a = null;                                     //清空数组
document.write(str);
```

在上面示例中，使用 for 语句把 1000 个 "JavaScript" 字符串装入数组，然后调用数组的 join()方法把元素的值连接成一个长长的字符串。使用完毕应该立即清除数组，避免占用系统资源。

20.1.4 检索字符串

检索字符串的方法有多种，简单说明如表 20.1 所示。

表 20.1 String 类型的检索字符串方法

检索字符串方法	说　　明
charAt()	返回字符串中第 n 个字符
charCodeAt()	返回字符串中第 n 个字符的编码
indexOf()	检索字符串

续表

检索字符串方法	说明
lastIndexOf()	从后向前检索一个字符串
match()	在字符串中找到一个或多个与正则表达式相匹配的子串
search()	在字符串中检索与正则表达式相匹配的子串

1. 查找字符

使用字符串的 charAt()和 charCodeAt()方法，可以根据参数（非负整数的下标值）返回指定位置的字符或字符编码。

> **提示**：对于 charAt()方法来说，如果参数不在 0～length-1，则返回空字符串。而对于 charCodeAt()方法来说，则返回 NaN，而不是 0 或空字符串。

【示例 1】为 String 类型扩展一个原型方法，用来把字符串转换为数组。在函数中使用 charAt()方法读取字符串中每个字符，然后装入一个数组并返回。有关类型和原型的相关知识请参考第 25 章内容。

```
String.prototype.toArray = function(){          //把字符串转换为数组
    var l = this.length, a = [];                //获取当前字符串长度，并定义空数组
    if( l ){                                    //如果存在则执行循环操作，预防空字符串
        for( var i = 0; i < l; i ++ ){          //遍历字符串，枚举每个字符
            a.push( this.charAt( i ) );         //把每个字符按顺序装入数组
        }
    }
    return a;                                   //返回数组
}
```

应用原型方法：

```
var s = "abcdefghijklmn".toArray();             //把字符串转换为数组
for(var i in s){                                //遍历返回数组，显示每个字符
    console.log(s[i]);
}
```

2. 查找字符串

使用字符串的 indexOf()和 lastIndexOf()方法，可以根据参数字符串，返回指定子字符串的下标位置。这两个方法都有两个参数。

- ☑ 第一个参数为一个子字符串，指定要查找的子串。
- ☑ 第二个参数为一个整数，指定开始查找的起始位置，取值范围是 0~length-1。

对于第二个参数来说，有几种特殊情况需要注意。

- ☑ 如果值为负数，则视为 0，相当于从第一个字符开始查找。
- ☑ 如果省略这个参数，也将从字符串的第一个字符开始查找。
- ☑ 如果值大于等于 length 属性值，则视为当前字符串中没有指定的子字符串，返回-1。

【示例 2】查询字符串中首个字母 a 的下标位置。

```
var s = "JavaScript";
var i = s.indexOf("a");
console.log(i);                                 //返回值为 1，即字符串中第二个字符
```

indexOf()方法只返回查找到的第一个子字符串的起始下标值，如果没有找到则返回-1。

【示例 3】 查询 URL 字符串中首个字母 w 的下标位置。

```
var s = "http://www.mysite.cn/";
var a = s.indexOf( "www" );                    //返回值为 7，即第一个字符 w 的下标位置
```

如果要查找下一个子字符串，则可以使用第二个参数限定范围。

【示例 4】 分别查询 URL 字符串中两个点号字符的下标位置。

```
var s = "http://www.mysite.cn/";
var b = s.indexOf( "." );                      //返回值为 10，即第 1 个字符.的下标位置
var e = s.indexOf( ".", b + 1 );               //返回值为 17，即第 2 个字符.的下标位置
```

> **注意：** indexOf()方法是按从左到右的顺序进行查找。如果希望从右到左进行查找，则可以使用 lastIndexOf()方法。

【示例 5】 按从右到左的顺序查询 URL 字符串中最后一个点号字符的下标位置。

```
var s = "http://www.mysite.cn/index.html";
var n = s.lastIndexOf( "." );                  //返回值为 26，即第 3 个字符.的下标位置
```

【示例 6】 lastIndexOf()方法的第二个参数指定开始查找的下标位置，但是将从该点开始向左查找，而不是向右查找。

```
var s = "http://www.mysite.cn/index.html";
var n = s.lastIndexOf( "." , 11 );             //返回值为 10，而不是 17
```

其中，第二个参数值 11 表示字符 c（第 1 个）的下标位置，然后从其左侧开始向左查找，所以就返回第一个点号的位置。如果找到，则返回第一次找到的字符串的起始下标值。

```
var s = "http://www.mysite.cn/index.html";
var n = s.lastIndexOf( "www" );                //返回值为 7（第 1 个 w），而不是 10
```

如果没有设置第二个参数，或者参数为负值，或者参数大于等于 length，则将遵循 indexOf()方法进行操作。

3. 搜索字符串

search()方法与 indexOf()功能相同，都是查找指定字符串第一次出现的位置。但是 search()方法仅有一个参数，定义匹配模式。该方法没有 lastIndexOf()的反向检索功能，也不支持全局模式。

【示例 7】 使用 search()方法匹配斜杠字符在 URL 字符串的下标位置。

```
var s = "http://www.mysite.cn/index.html";
var n = s.search( "//" );                      //返回值为 5
```

> **注意：** 使用 search()方法时，需要注意以下几点。
> - ☑ search()方法的参数为正则表达式（RegExp 对象）。如果参数不是 RegExp 对象，则 JavaScript 会使用 RegExp()函数把它转换成 RegExp 对象。
> - ☑ search()方法遵循从左到右的查找顺序，并返回第一个匹配的子字符串的起始下标位置值。如果没有找到，则返回-1。
> - ☑ search()方法无法查找指定的范围，始终返回的第一个匹配子字符串的下标值，没有 indexOf()方法灵活。

4. 匹配字符串

match()方法能够找出所有匹配的子字符串，并以数组的形式返回。

【示例8】使用 match()方法找到字符串中所有字母 h，并返回它们。

```
var s = "http://www.mysite.cn/index.html";
var a = s.match( /h/g );                    //全局匹配所有字符 h
console.log( a );                           //返回数组[h,h]
```

match()方法返回的是一个数组，如果不是全局匹配，match()方法只能执行一次匹配。例如，匹配模式没有 g 修饰符，只能执行一次匹配，返回仅有一个元素 h 的数组。

```
var a = s.match( /h/ );                     //返回数组[h]
```

如果没有找到匹配字符，则返回 null，而不是空数组。

当不执行全局匹配时，如果匹配模式包含子表达式，则返回子表达式匹配的信息。

【示例9】使用 match()方法匹配 URL 字符串中所有点号字符。

```
var s = "http://www.mysite.cn/index.html";   //匹配字符串
var a = s.match( /(\.).*(\.).*(\.)/ );       //执行一次匹配检索
console.log( a.length );                     //返回 4，包含 4 个元素的数组
console.log( a[0] );                         //返回字符串".mysite.cn/index."
console.log( a[1] );                         //返回第 1 个点号.，由第 1 个子表达式匹配
console.log( a[2] );                         //返回第 2 个点号.，由第 2 个子表达式匹配
console.log( a[3] );                         //返回第 3 个点号.，由第 3 个子表达式匹配
```

在这个正则表达式 "/(\.).*(\.).*(\.)/" 中，左右两个斜杠是匹配模式分隔符，JavaScript 解释器能够根据这两个分隔符识别正则表达式。在正则表达式中小括号表示子表达式，每个子表达式匹配的文本信息会被独立存储。点号需要转义，因为在正则表达式中它表示匹配任意字符，星号表示前面的匹配字符可以匹配任意多次。

在上面示例中，数组 a 包含 4 个元素，其中第一个元素存放的是匹配文本，其余的元素存放的是每个正则表达式的子表达式匹配的文本。

另外，返回的数组还包含两个对象属性，其中 index 属性记录匹配文本的起始位置，input 属性记录被操作的字符串。

```
console.log( a.index );                      //返回值 10，第 1 个点号字符的起始下标位置
console.log( a.input );                      //返回字符串"http://www.mysite.cn/index.html"
```

在全局匹配模式下，match()将执行全局匹配。此时返回的数组元素存放的是字符串中所有匹配文本，该数组没有 index 属性和 input 属性。同时不再提供子表达式匹配的文本信息，也不提示每个匹配子串的位置。如果需要这些信息，可以使用 RegExp.exec()方法，详细说明请参考 21.1.1 节内容。

20.1.5 截取字符串

截取字符串的方法有 3 种，简单说明如表 20.2 所示。

表 20.2 String 类型截取子字符串的方法

截取字符串方法	说　　明
slice()	抽取一个子串
substr()	抽取一个子串
substring()	返回字符串的一个子串

1. 截取指定长度字符串

substr()方法能够根据指定长度截取子字符串。它包含两个参数：第一个参数表示准备截取的子串的起始下标；第二个参数表示截取的长度。

【示例 1】 使用 lastIndexOf()获取字符串的最后一个点号的下标位置,然后从其后的位置开始截取 4 个字符。

```
var s = "http://www.mysite.cn/index.html";
var b = s.substr( s.lastIndexOf( "." )+1, 4 );    //截取最后一个点号后 4 个字符
console.log( b );                                  //返回子字符串"html"
```

注意:如果省略第二个参数,则表示截取从起始位置开始到结尾的所有字符。考虑到扩展名的长度不固定,省略第二个参数会更灵活。

```
var b = s.substr( s.lastIndexOf( "." )+1 );
```

如果第一个参数为负值,则表示从字符串的尾部开始计算下标位置,即-1 表示最后一个字符,-2 表示倒数第二个字符,以此类推。这对于左侧字符长度不固定时非常有用。

提示,ECMAScript 不再建议使用该方法,推荐使用 slice()和 substring()方法。

2. 截取起止下标位置字符串

slice()和 substring()方法都是根据指定的起止下标位置截取子字符串。它们都可以包含两个参数:第一个参数表示起始下标;第二个参数表示结束下标。

【示例 2】 使用 substring()方法截取 URL 字符串中网站主机名信息。

```
var s = "http://www.mysite.cn/index.html";
var a = s.indexOf( "www" );          //获取起始点的下标位置
var b = s.indexOf( "/", a );          //获取结束点后面的下标位置
var c = s.substring( a, b );          //返回字符串 www.mysite.cn
var d = s.slice( a, b );              //返回字符串 www.mysite.cn
```

注意:关于 slice()和 substring()方法的参数,需要注意如下两点。
- ☑ 截取的字符串包含第一个参数所指定的字符。结束点不被截取。
- ☑ 第二个参数如果省略,表示截取到结尾的所有字符串。

提示:slice()方法和 substring()方法使用比较。

如果第一个参数值比第二个参数值大,substring()方法能够在执行截取之前,先交换两个参数,而对于 slice()方法则被视为无效,并返回空字符串。

【示例 3】 当第一个参数值比第二个参数值大,比较 substring()方法和 slice()方法用法的不同。

```
var s = "http://www.mysite.cn/index.html";
var a = s.indexOf( "www" );          //获取起始点下标
var b = s.indexOf( "/", a );          //获取结束点后下标
var c = s.substring( b, a );          //返回字符串 "www.mysite.cn"
var d = s.slice( b, a );              //返回空字符串
```

提示:当起始点和结束点的值大小无法确定时,使用 substring()方法更合适。

如果参数值为负值,slice()方法能够把负号解释为从右侧开始定位,这与 Array 的 slice()方法相同。但是 substring()方法会视其为无效,并返回空字符串。

【示例 4】 当参数值为负值,比较 substring()方法和 slice()方法用法的不同。

```
var s = "http://www.mysite.cn/index.html";
var a = s.indexOf( "www" );          //获取起始点下标
var b = s.indexOf( "/", a );          //获取结束点后下标
var l = s.length;                     //获取字符串的长度
```

327

```
var c = s.substring( a-1 , b-1 );                    //返回空字符串
var d = s.slice( a-1 , b-1 );                        //返回子字符串 "www.mysite.cn"
```

20.1.6 替换字符串

使用字符串的 replace()方法可以替换指定的子字符串。该方法包含两个参数：第一个参数表示执行匹配的正则表达式；第二个参数表示准备替换匹配的子串。

【示例 1】使用 replace()方法替换字符串中的 html 为 htm。

```
var s = "http://www.mysite.cn/index.html";
var b = s.replace( /html/, "htm" );                  //把字符串 html 替换为 htm
console.log( b );                                    //返回字符串 "http://www.mysite.cn/index.htm"
```

第二个参数可以是替换的文本，或者是生成替换文本的函数，把函数返回值作为替换文本替换匹配文本。

【示例 2】在使用 replace()方法时，灵活使用替换函数修改匹配字符串。

```
var s = "http://www.mysite.cn/index.html";
function f( x ){                                     //替换文本函数
    return x.substring( x.lastIndexOf(".")+1, x.length - 1 )   //获取扩展名部分字符串
}
var b = s.replace( /(html)/, f(s));                  //调用函数指定替换文本操作
console.log( b );                                    //返回字符串 "http://www.mysite.cn/index.htm"
```

replace()方法实际上同时执行的是查找和替换两个操作。它将在字符串中查找与正则表达式相匹配的子字符串，然后调用第二个参数值或替换函数替换子字符串。如果正则表达式具有全局性质 g，那么将替换所有的匹配子字符串，否则，它只替换第一个匹配子字符串。

【示例 3】在 replace()方法中约定一个特殊的字符（$），这个特殊符号如果附加一个序号就表示对正则表达式中匹配的子表达式存储的字符串引用。

```
var s = "JavaScript";
var b = s.replace( /(Java)(Script)/, "$2-$1");       //交换位置
console.log( b );                                    //返回字符串 "Script-Java"
```

在上面示例中，正则表达式/(java)(script)/中包含两对小括号，按顺序排列，其中第一对小括号表示第一个子表达式，第二对小括号表示第二个子表达式，在 replace()方法的参数中可以分别使用字符串"$1"和"$2"表示对它们匹配文本的引用。另外，美元符号与其他特殊字符组合还可以包含更多的语义，详细说明如表 20.3 所示。

表 20.3 replace()方法第二个参数中的特殊字符

约定字符串	说　　明
$1，$2，...，$99	与正则表达式中的第 1～99 个子表达式相匹配的文本
$&（美元符号+连字符）	与正则表达式相匹配的子字符串
$`（美元符号+切换技能键）	位于匹配子字符串左侧的文本
$'（美元符号+单引号）	位于匹配子字符串右侧的文本
$$	表示$符号

【示例 4】重复字符串。

```
var s = "JavaScript";
var b = s.replace( /.*/, "$&$&");                    //返回字符串 "JavaScriptJavaScript"
```

由于字符串"$&"在 replace()方法中被约定为正则表达式所匹配的文本，利用它可以重复引用匹

配的文本，从而实现字符串重复显示效果。其中，正则表达式"/.*/"表示完全匹配字符串。

【示例 5】 对匹配文本左侧的文本完全引用。

```
var s = "JavaScript";
var b = s.replace( /Script/, "$& != $`");        //返回字符串 "JavaScript != Java"
```

其中，字符"$&"代表匹配子字符串"Script"，字符"$`"代表匹配文本左侧文本"Java"。

【示例 6】 对匹配文本右侧的文本完全引用。

```
var s = "JavaScript";
var b = s.replace( /Java/, "$&$' is ");          //返回字符串 "JavaScript is Script"
```

其中，字符串"$&"代表匹配子字符串"Java"，字符"$'"代表匹配文本右侧文本"Script"。然后把"$&$' is"所代表的字符串"JavaScript is"替换原字符串中的"Java"子字符串即组成一个新的字符串"JavaScript is Script"。

20.1.7 转换大小写

转换字符串大小写有 4 种方法，简单说明如表 20.4 所示。

表 20.4 String 字符串大小写转换方法

字符串方法	说　　明
toLocaleLowerCase()	将字符串转换成小写
toLocaleUpperCase()	将字符串转换成大写
toLowerCase()	将字符串转换成小写
toUpperCase()	将字符串转换成大写

【示例】 把字符串全部转换为大写形式。

```
var s = "JavaScript";
console.log(s.toUpperCase());                    //返回字符串 "JAVASCRIPT"
```

提示：toLocaleLowerCase()和 toLocaleUpperCase()是两个本地化方法。它们能够按照本地方式转换大小写字母，由于只有几种语言（如土耳其语）具有地方特有的大小写映射，所以通常与 toLowerCase() 和 toUpperCase()方法的返回值一样。

20.1.8 转换为数组

使用 split()方法可以根据指定的分隔符把字符串转切分为数组。相反，如果使用数组的 join()方法，可以把数组元素连接为字符串。

【示例 1】 如果参数为空字符串，则 split()方法能够按单个字符进行分切，然后返回与字符串等长的数组。

```
var s = "JavaScript";
var a = s.split("");                             //按字符空隙分割
console.log( s.length );                         //返回值为 10
console.log( a.length );                         //返回值为 10
```

提示：关于 split()方法，需要注意以下几点。
- ☑ 如果参数为空，则 split()方法能够把整个字符串作为一个元素的数组返回。
- ☑ 如果参数为正则表达式，则 split()方法以匹配的文本作为分隔符进行切分。

- ☑ 如果正则表达式匹配的文本位于字符串的边沿，则 split()方法执行分切操作，且为数组添加一个空元素。
- ☑ 如果在字符串中指定的分隔符没有找到，则返回一个包含整个字符串的数组。

split()方法支持第二个参数，该参数是一个可选的整数，用来指定返回数组的最大长度。如果设置该参数，返回的数组长度不会多于这个参数指定的值。如果没有设置该参数，将分割整个字符串，不考虑数组长度。例如：

```
var s = "JavaScript";
var a = s.split("",4);                  //按顺序从左到右，仅分切 4 个元素的数组
console.log( a );                       //返回数组[J,a,v ,a]
console.log( a.length );                //返回值为 4
```

【示例 2】如果想使返回的数组包括分隔符或分隔符的一个或多个部分，可以使用带子表达式的正则表达式实现。

```
var s = "aa2bb3cc4dd5e678f12g";
var a = s.split(/(\d)/);                //使用小括号包含数字分隔符
console.log(a);                         //返回数组[aa,2,bb,3,cc,4,dd,5,e,6,,7,,8,f,1,,2,g]
```

20.1.9 清除字符串

使用 trim()方法可以从字符串中移除前导空字符、尾随空字符和行终止符。该方法在表单处理中非常实用。

> 提示：空字符包括空格、制表符、换页符、回车符和换行符。

【示例】使用 trim()方法快速清除字符串首尾空格。

```
var s = "    abc def    \r\n   ";
s = s.trim();
console.log("[" + s + "]");             //[abc def]
console.log(s.length);                  //7
```

20.1.10 Unicode 编码和解码

JavaScript 定义了 6 个全局方法，用于 Unicode 字符串的编码和解码，说明如表 20.5 所示。

表 20.5　JavaScript 编码和解码方法

方　　法	说　　明
escape()	使用转义序列替换某些字符对字符串进行编码
unescape()	对使用 escape()编码的字符串进行解码
encodeURI()	通过转义某些字符对 URI 进行编码
decodeURI()	对使用 encodeURI()方法编码的字符串进行解码
encodeURIComponent()	通过转义某些字符对 URI 的组件进行编码
decodeURIComponent()	对使用 encodeURIComponent()方法编码的字符串进行解码

1. escape()和 unescape()方法

escape()方法能够把除 ASCII 之外的所有字符转换为%xx 或%uxxxx（x 表示十六进制的数字）的转义序列。从\u0000 到\u00ff 的 Unicode 字符由转义序列%xx 替代，其他所有 Unicode 字符由%uxxxx 序列替代。

【示例 1】 使用 escape()方法编码字符串。

```
var s = "JavaScript 中国";
s = escape(s);
console.log(s);                    //返回字符串 "JavaScript%u4E2D%u56FD"
```

可以使用该方法对 Cookie 字符串进行编码，避免与其他约定字符发生冲突，因为 Cookie 包含的标点符号是有限制的。

与 escape()方法对应，unescape()方法能够对 escape()编码的字符串进行解码。

【示例 2】 使用 unescape()方法解码被 escape()方法编码的字符串。

```
var s = "JavaScript 中国";
s = escape(s);                     //Unicode 编码
console.log(s);                    //返回字符串 "JavaScript%u4E2D%u56FD"
s = unescape(s);                   //Unicode 解码
console.log(s);                    //返回字符串 "JavaScript 中国"
```

2. encodeURI()和 decodeURI()方法

encodeURI()方法能够把 URI 字符串进行转义处理。例如：

```
var s = "JavaScript 中国";
s = encodeURI(s);
console.log(s);                    //返回字符串 "JavaScript%E4%B8%AD%E5%9B%BD"
```

encodeURI()方法与 escape()方法的编码结果是不同的，但是它们都不会编码 ASCII 字符。

相对而言，encodeURI()方法更加安全。它能够将字符转换为 UTF-8 编码字符，然后用十六进制的转义序列（形式为%xx）对生成的 1 个、2 个或 4 个字节的字符编码。

使用 decodeURI()方法可以对 encodeURI()方法的结果进行解码。

【示例 3】 演示对 URL 字符串进行编码和解码操作。

```
var s = "JavaScript 中国";
s = encodeURI(s);                  //URI 编码
console.log(s);                    //返回字符串 "JavaScript%E4%B8%AD%E5%9B%BD"
s = decodeURI(s);                  //URI 解码
console.log(s);                    //返回字符串 "JavaScript 中国"
```

3. encodeURIComponent()和 decodeURIComponent()方法

encodeURIComponent()与 encodeURI()方法不同。它们的主要区别就在于，encodeURIComponent()方法假定参数是 URI 的一部分，例如，协议、主机名、路径或查询字符串，因此它将转义用于分隔 URI 各个部分的标点符号；而 encodeURI()方法仅把它们视为普通的 ASCII 字符，并没有转换。

【示例 4】 URL 字符串被 encodeURIComponent()方法编码前后的比较。

```
var s = "http://www.mysite.cn/navi/search.asp?keyword=URI";
a = encodeURI(s);
console.log( a);
b = encodeURIComponent(s);
console.log(b);
```

输出显示为：

```
http://www.mysite.cn/navi/search.asp?keyword=URI
http%3A%2F%2Fwww.mysite.cn%2Fnavi%2Fsearch.asp%3Fkeyword%3DURI
```

第一行字符串是 encodeURI()方法编码的结果，第二行字符串是 encodeURIComponent()方法编码的结果。与 encodeURI()方法一样，encodeURIComponent()方法对于 ASCII 字符不编码，而用于分隔

URI 各种组件的标点符号，都由一个或多个十六进制的转义序列替换。

使用 decodeURIComponent()方法可以对 encodeURIComponent()方法编码的结果进行解码。

```
var s = "http://www.mysite.cn/navi/search.asp?keyword=URI";
b = encodeURIComponent(s);
b = decodeURIComponent(b)
console.log(b);
```

20.1.11　Base64 编码和解码

Base64 是一种编码方法，可以将任意字符（包括二进制字节流）转换成可打印字符。JavaScript 定义了两个与 Base64 相关的全局方法。

- ☑ btoa()：字符串或二进制字节串转为 Base64 编码。
- ☑ atob()：把 Base64 编码转为原来字符。

注意：Base64 方法不能够操作非 ASCII 字符。

【示例】要将非 ASCII 码字符转为 Base64 编码，必须先把 Unicode 双字节字符串转换为 ASCII 字符表示，再使用这两个方法。

```
function b64Encode(str) {
    return btoa(encodeURIComponent(str));
}
function b64Decode(str) {
    return decodeURIComponent(atob(str));
}
var b = b64Encode('JavaScript 从入门到精通');
var a = b64Decode(b);
console.log(b);        // 返回 SmF2YVNjcmlwdCVFNCVCQiU4RSVFNSU4NSVBNSVFOSU5NyVB
OCVFNSU4OCVMCVFNyVCMiVCRSVFOSU4MCU5QQ==
console.log(a);        //返回'JavaScript 从入门到精通'
```

20.1.12　字符串模板

ECMAScript 6 允许使用反引号（`）创建字符串，使用这种方法创建的字符串可以包含由美元符号加大括号包裹的变量${vraible}。例如：

```
let num = Math.random();                    //产生一个随机数
console.log(`your num is ${num}`);          //使用字符串模板将这个数字输出到控制台
```

20.2　案例实战

20.2.1　提炼字符串信息

replace()方法的第二个参数可以使用函数，当匹配时会调用该函数，函数的返回值将作为替换文本使用，同时函数可以接收以$为前缀的特殊字符，用来引用匹配文本的相关信息。

【示例 1】把字符串中每个单词转换为首字母大写形式显示。

```
var s = 'javascript is script , is not java.';     //定义字符串
//定义替换文本函数，参数为第一个子表达式匹配文本
```

```
var f = function($1){
    //把匹配文本的首字母转换为大写
    return $1.substring( 0, 1 ).toUpperCase() + $1.substring( 1 ).toLowerCase();}
var a = s.replace( /(\b\w+\b)/g, f);            //匹配文本并进行替换
console.log( a );                                //返回字符串 "Javascript Is Script , Is Not Java."
```

在上面示例中，替换函数的参数为特殊字符"$1"，它表示正则表达式/(\b\w+\b)/中小括号匹配的文本。在函数结构内对这个匹配文本进行处理，截取其首字母并转换为大写形式，余下字符全部小写，然后返回新处理的字符串。replace()方法在原文本中使用返回的新字符串替换每次匹配的子字符串。

【示例2】使用小括号获取更多匹配信息。例如，直接利用小括号传递单词的首字母，然后进行大小写转换处理，处理结果都是一样的。

```
var s = 'javascript is script , is not java.';    //定义字符串
var f = function($1,$2,$3){                       //定义替换文本函数，请注意参数的变化
    return $2.toUpperCase()+$3 ;
}
var a = s.replace( /\b(\w)(\w*)\b/g, f );
console.log( a );
```

在函数f()中，第一个参数表示每次匹配的文本，第二个参数表示第一个小括号的子表达式所匹配的文本，即单词的首字母，第三个参数表示第二个小括号的子表达式所匹配的文本。

replace()方法的第二个参数可以是一个替换函数，它包含多个参数，具体说明如下。

- ☑ 第一个参数表示匹配的文本，如上面示例中每次匹配的单词字符串。
- ☑ 其后参数是匹配模式中子表达式匹配的文本，参数个数不限，根据子表达式的个数而定。
- ☑ 后面的参数是一个整数，表示匹配文本在字符串中的下标位置。
- ☑ 最后一个参数表示字符串自身。

【示例3】把上面示例中替换文本函数改为如下形式。

```
var f = function(){
    return arguments[1].toUpperCase()+arguments[2] ;
}
```

调用函数的 arguments 读取全部参数信息，有关 arguments 函数的说明请参考 23.3.3 节内容。

- ☑ arguments[0]：表示每次匹配的文本，即单词。
- ☑ arguments[1]：表示第一个子表达式匹配的文本，即单词的首个字母。
- ☑ arguments[2]：表示第二个子表达式匹配的文本，即单词的余下字母。
- ☑ arguments[3]：表示匹配文本的下标位置，如第一个匹配单词 javascript 的下标位置就是 0。
- ☑ arguments[4]：表示要执行匹配的字符串，这里表示"javascript is script , is not java."。

【示例4】利用函数的 arguments 对象主动获取 replace()方法第一个参数中正则表达式所匹配的详细信息。

```
var s = 'javascript is script , is not java.';    //定义字符串
var f = function(){
    for( var i = 0; i < arguments.length; i ++ ){
        console.log( "第" + ( i + 1 ) + "个参数的值: " + arguments[i] );
    }
    console.log( "--------------------" );
}
var a = s.replace( /\b(\w)(\w*)\b/g, f );
```

使用 for 循环遍历 argumnets 对象，当每次匹配单词时，都会弹出 5 次提示信息，分别显示上面所列的匹配文本信息。其中，arguments[1]、arguments[2]会根据每次匹配文本不同，分别显示当前匹

配文本中子表达式匹配的信息，arguments[3]显示当前匹配单词的下标位置，而 arguments[0]总是显示每次匹配的单词，arguments[4]总是显示被操作的字符串。

【示例 5】设计从服务器端读取学生成绩（JSON 格式），然后使用 for 语句把所有数据转换为字符串。再来练习自动提取字符串中的分数，汇总并算出平均分。最后，利用 replace()方法提取每个分值，与平均分进行比较以决定替换文本的具体信息，效果如图 20.1 所示。

```javascript
var score = {                              //从服务器端接收的 JSON 数据
    "张三":56,
    "李四":76,
    "王五":87,
    "赵六":98
}, _score="";
for(var id in score){                      //把 JSON 数据转换为字符串
    _score += id + score[id];
}
var a = _score.match( /\d+/g ), sum = 0;   //匹配出所有分值，输出为数组
for( var i= 0 ; i<a.length ; i++){         //遍历数组，求总分
    sum += parseFloat(a[i]);               //把元素值转换为数值后递加
};
var avg = sum / a.length;                  //求平均分
function f(){
    var n = parseFloat(arguments[1]);      //把匹配的分数转换为数值，第一个子表达式
    return " : " + n + "分" + " ( " + (( n > avg ) ? ( "超出平均分" + ( n - avg )) : ( "低于平均分" + ( avg - n ))) + "分 ) <br> ";
    //设计替换文本的内容
}
var s1 = _score.replace( /(\d+)/g, f );    //执行匹配、替换操作
document.write( s1 );
```

注意：遍历数组时不能够使用 for/in 语句，因为数组中还存储其他相关的匹配文本信息，应该使用 for 结构实现。由于截取的数字都是字符串类型，应该把它们都转换为数值类型，再把数字连接在一起，或者按字母顺序进行比较等。

图 20.1 字符串智能处理效果

20.2.2 检测特殊字符

在接收表单数据时，经常需要检测特殊字符，过滤敏感词汇。本例为 String 扩展一个原型方法 filter()，用来检测字符串中是否包含指定的特殊字符。

【设计思路】

定义 filter()的参数为任意长度和个数的特殊字符列表，检测的返回结果为布尔值。如果检测到任意指定的特殊字符，则返回 true，否则返回 false。

【实现代码】

```javascript
// 检测特殊字符，参数为特殊字符列表，返回 true 表示存在，否则不存在
String.prototype.filter = function(){
    if(arguments.length < 1) throw new Error("缺少参数");   //如果没有参数，则抛出异常
    var a = [], _this = this;                               //定义空数组，把字符串存储在内部变量中
    for(var i = 0 ; i < arguments.length; i ++ ){           //遍历参数，把参数列表转换为数组
        a.push(arguments[i]);                               //把每个参数值推入数组
    }
    var i = - 1;                                            //初始化临时变量为-1
    a.forEach(function(key){                                //迭代数组，检测字符串中是否包含特殊字符
```

```
            if(i != - 1) return true;                    //如果临时变量不等于-1,提前返回 true
            i = _this.indexOf(key)                       //检索到的字符串下标位置
        });
        if(i == - 1){                                    //如果 i 等于-1,返回 false,说明没有检测到特殊字符
            return false;
        }else{                                           //如果 i 不等于-1,返回 true,说明检测到特殊字符
            return true;
        }
    }
}
```

【应用代码】

下面应用 String 类型的扩展方法 check()检测字符串中是否包含特殊字符尖角号,以判断字符串中是否存在 HTML 标签。

```
var   s = '<script language="javascript" type="text/javascript">';   //定义字符串直接量
var b = s.filter("<",">");                                           //调用 String 扩展方法,检测字符串
console.log(b);                                                      //返回 true,说明存在"<"或">",即存在标签
```

由于 Array 的原型方法 forEach()能够多层迭代数组,所以可以以数组的形式传递参数。

```
var   s = '<script language="javascript" type="text/javascript">';
var a = ["<", ">",'"',"'","\\","/",":", "\|"];
var b = s.check(a);
console.log(b);
```

把特殊字符存储在数组中,这样更方便管理和引用。

20.3 在线支持

扫码免费学习
更多实用技能

一、专项练习
☑ String 原型方法扩展:字符串修剪

二、参考
☑ String 对象原型属性和原型方法

新知识、新案例不断更新中……

第 21 章 使用正则表达式

正则表达式（RegExp）也称规则表达式（regular expression），是非常强大的字符串操作工具，语法格式为一组特殊字符构成的匹配模式，用来匹配字符串。ECMAScript 3 以 Perl 为基础规范 JavaScript 正则表达式，实现 Perl 5 正则表达式的子集。JavaScript 通过内置 RegExp 类型支持正则表达式，String 和 RegExp 类型都提供执行正则表达式匹配操作的相关方法。

21.1 使用正则表达式

21.1.1 定义正则表达式

1. 构造正则表达式

使用 RegExp()构造函数可以定义正则表达式对象，具体语法格式如下。

```
new RegExp(pattern, attributes)
```

其中，参数 pattern 是一个字符串，指定匹配模式或者正则表达式对象；参数 attributes 是一个可选的修饰性标志，包含 g、i 和 m，分别用来设置全局匹配、区分大小写的匹配和多行匹配。如果参数 pattern 是正则表达式对象，则必须省略第二个参数。

RegExp()函数将返回一个 RegExp 实例对象，对象包含指定的匹配模式和匹配标志。

> 提示：JavaScript 正则表达式支持 g、i、m、u 和 y 5 个标志符，简单说明如下。
> - ☑ g: global 缩写，定义全局匹配，正则表达式将在一行字符串范围内执行所有匹配。
> - ☑ i: insensitive 缩写，定义不区分大小写匹配，正则表达式忽视字母大小写。
> - ☑ m: multiline 缩写，定义多行字符串匹配。
> - ☑ m: ES6 新增，允许对于 Unicode 字符串进行匹配。
> - ☑ y: ES6 新增，开启黏滞模式匹配，允许设置匹配的精确位置。

【示例 1】使用 RegExp 构造函数定义一个简单的正则表达式，希望匹配字符串中所有的字母 a，不区分大小写，因此需要在第 2 个参数中设置 g 和 i 修饰词。

```
var r = new RegExp("a","gi");            //设置匹配模式为全局匹配，且不区分大小写
var s = "JavaScript!=JAVA";              //字符串直接量
var a = s.match(r);                      //匹配查找
console.log(a);                          //返回数组["a","a","A","A"]
```

【示例 2】在正则表达式中可以使用特殊字符。下面示例的正则表达式将匹配字符串"JavaScript JAVA"中每个单词的首字母。

```
var r = new RegExp("\\b\\w","gi");              //构造正则表达式对象
var s = "JavaScript JAVA";                       //字符串直接量
var a = s.match(r);                              //匹配查找
console.log(a);                                  //返回数组["j", "J"]
```

在上面示例中,"\b"表示单词的边界,"\w"表示任意 ASCII 字符。由于在字符串中,反斜杠表示转义序列,为了避免误解,使用"\\"替换所有"\"字符,使用双反斜杠表示斜杠自身。

2. 正则表达式直接量

正则表达式直接量使用双斜杠作为分隔符进行定义,双斜杠之间包含的字符为正则表达式的字符模式,字符模式不能使用引号,标志字符放在最后一个斜杠的后面。其语法如下。

/pattern/attributes

【示例 3】定义一个正则表达式直接量,然后直接调用。

```
var r = /\b\w/gi;
var s = "JavaScript JAVA";
var a = s.match(r);                              //直接调用正则表达式直接量
console.log(a);                                  //返回数组["j", "J"]
```

提示:匹配模式不是字符串,对于 RegExp()构造函数来说,它接收的参数全部是字符串,为了防止字符串被转义,需要使用双斜杠进行规避,而在正则表达式直接量中,每个字符都按正则表达式的语法规则定义,不需要考虑字符串的转义问题。

21.1.2 执行匹配

使用 exec()方法可以执行通用匹配操作,具体语法格式如下。

regexp.exec(string)

regexp 表示正则表达式对象,参数 string 是要检索的字符串。返回一个数组,其中存放匹配的结果。如果未找到匹配结果,则返回 null。

数组的第 1 个元素存储匹配的字符串,第 2 个元素是第 1 个子表达式匹配的文本(如果有),第 3 个元素是第 2 个子表达式匹配的文本(如果有),以此类推。

数组对象还会包含下面两个属性。
- ☑ index:匹配文本的第一个字符的下标位置。
- ☑ input:存放被检索的字符串,即参数 string 自身。

提示:在非全局模式下,exec()方法返回的数组与 String.match()方法返回的数组是相同的。

在全局模式下,exec()方法、String.match()方法返回结果不同。当调用 exec()方法时,会为正则表达式对象定义 lastIndex 属性,指定执行下一次匹配的起始位置,同时返回匹配数组,与非全局模式下的数组结构相同;而 String.match()方法仅返回匹配文本组成的数组,没有附加信息。

因此,在全局模式下获取完整的匹配信息只能使用 exec()方法。

当 exec()方法找到与表达式相匹配的文本后,会重置 lastIndex 属性为匹配文本的最后一个字符下标位置加 1,为下一次匹配设置起始位置。因此,通过反复调用 exec()方法,可以遍历字符串,实现全局匹配操作,如果找不到匹配文本,将返回 null,并重置 lastIndex 属性为 0。

【示例】定义正则表达式,然后调用 exec()方法,逐个匹配字符串中每个字符,最后使用 while 语句显示完整的匹配信息。

```
var s = "JavaScript";                            //测试使用的字符串直接量
```

```
var r = /\w/g;                                          //匹配模式
while((a = r.exec(s)) ){                                //循环执行匹配操作
    console.log("匹配文本 = " + a[0] + " a.index = " + a.index + " r.lastIndex = " + r.lastIndex);   //显示每次匹配操作后返回的数组信息
}
```

在 while 语句中，把返回结果作为循环条件，当返回值为 null 时，说明字符串检测完毕，立即停止迭代，否则继续执行。在循环体内，读取返回数组 a 中包含的匹配结果，并读取结果数组的 index 属性，以及正则表达式对象的 lastIndex 属性，演示效果如图 21.1 所示。

注意：正则表达式对象的 lastIndex 属性是可读可写的。使用 exec()方法对一个字符串执行匹配操作后，如果再对另一个字符串执行相同的匹配操作，应该手动重置 lastIndex 属性为 0，否则不会从字符串的第一个字符开始匹配，返回的结果也会不同。

图 21.1 执行全局匹配操作结果

21.1.3 检测字符串

使用 test()方法可以检测一个字符串是否包含匹配字符串，语法格式如下。

```
regexp.test(string)
```

regexp 表示正则表达式对象，参数 string 表示要检测的字符串。如果字符串 string 中含有与 regexp 正则表达式匹配的文本，则返回 true，否则返回 false。

【示例】使用 test()方法检测字符串中是否包含字符。

```
var s = "JavaScript";
var r = /\w/g;                      //匹配字符
var b = r.test(s);                  //返回 true
```

如果使用正则表达式进行匹配，则返回 false，因为在字符串 JavaScript 中找不到数字。

```
var r = /\d/g;                      //匹配数字
var b = r.test(s);                  //返回 false
```

21.1.4 编译表达式

使用 compile()方法可以重新编译正则表达式对象，修改匹配模式。具体语法格式如下。

```
regexp.compile(regexp,modifier)
```

参数 regexp 表示正则表达式对象，或者匹配模式字符串。当第一个参数为匹配模式字符串时，可以设置第二个参数 modifier，如 g、i、gi 等。

【示例】在上一节示例基础上，设计当匹配到第 3 个字母时，重新修改字符模式，定义在后续操作中，仅匹配大写字母，结果就只匹配到 S 这个大写字母，演示效果如图 21.2 所示。

```
var s = "JavaScript";               //测试字符串
var r = /\w/g;                      //匹配模式
var n=0
while(r.test(s)){                   //循环执行匹配验证
    if(r.lastIndex == 3){           //当匹配第 4 个字符时，调整匹配模式
        r.compile(/[A-Z]/g);        //修改字符模式，定义仅匹配大写字母
```

```
                r.lastIndex = 3;                    //设置下一次匹配的起始位置
        }
        console.log("匹配文本 = " + RegExp.lastMatch + " r.lastIndex = " + r.lastIndex);
}
```

在上面示例代码中，r.compile(/[A-Z]/g);可以使用 r.compile("[A-Z]","g");代替。

注意：重新编译正则表达式之后，正则表达式所包含的信息都被恢复到初始化状态，如 lastIndex 变为 0。如果想继续匹配，就需要设置 lastIndex 属性，定义继续匹配的起始位置。反之，当执行正则表达式匹配操作之后，如果想用该正则表达式继续匹配其他字符串，不妨利用下面方法恢复其初始状态，而不用手动重置 lastIndex 属性。

regexp.compile(regexp);

其中 regexp 表示同一个正则表达式。

图 21.2　在匹配迭代中修改正则表达式

21.1.5　访问匹配信息

每个正则表达式对象都包含一组属性，说明如表 21.1 所示。

表 21.1　RegExp 对象属性

属　　性	说　　明
global	返回 Boolean 值，检测 RegExp 对象是否具有标志 g
ignoreCase	返回 Boolean 值，检测 RegExp 对象是否具有标志 i
multiline	返回 Boolean 值，检测 RegExp 对象是否具有标志 m
lastIndex	一个整数，返回或者设置执行下一次匹配的下标位置
source	返回正则表达式的字符模式源码

注意：global、ignoreCase、multiline 和 source 属性都是只读属性。lastIndex 属性可读可写，通过设置该属性，可以定义匹配的起始位置。

【示例】演示读取正则表达式对象的基本信息，以及 lastIndex 属性在执行匹配前后的变化。

```
var s = "JavaScript";                               //测试字符串
var r = /\w/g;                                      //匹配模式
console.log("r.global = " + r.global);              //返回 true
console.log("r.ignoreCase = " + r.ignoreCase);      //返回 true
console.log("r.multiline = " + r.multiline);        //返回 false
console.log("r.source = " + r.source);              //返回 a
console.log("r.lastIndex = " + r.lastIndex);        //返回 0
r.exec(s);                                          //执行匹配操作
console.log("r.lastIndex = " + r.lastIndex);        //返回 1
```

21.1.6　访问 RegExp 静态信息

RegExp 类型对象包含一组属性，通过 RegExp 对象直接访问，也称为静态信息。这组属性记录当前脚本中最新正则表达式匹配的详细信息，说明如表 21.2 所示。

> 提示：这些静态属性大部分有两个名字：长名（全称）和短名（简称，以美元符号开头表示）。

表 21.2 RegExp 静态属性

长 名	短 名	说 明
input	$_	返回当前所作用的字符串，初始值为空字符串""
index		当前模式匹配的开始位置，从 0 开始计数。初始值为-1，每次成功匹配时，index 属性值都会随之改变
lastIndex		当前模式匹配的最后一个字符的下一个字符位置，从 0 开始计数，常被作为继续匹配的起始位置。初始值为-1，表示从起始位置开始搜索，每次成功匹配时，lastIndex 属性值都会随之改变
lastMatch	$&	最后模式匹配的字符串，初始值为空字符串""。在每次成功匹配时，lastMatch 属性值都会随之改变
lastParen	$+	最后子模式匹配的字符串，如果匹配模式中有子模式（包含小括号的子表达式），在最后模式匹配中最后一个子模式所匹配到的子字符串。初始值为空字符串""。每次成功匹配时，lastParen 属性值都会随之改变
leftContext	$`	在当前所作用的字符串中，最后模式匹配的字符串左边的所有内容。初始值为空字符串""。每次成功匹配时，其属性值都会随之改变
rightContext	$'	在当前所作用的字符串中，最后模式匹配的字符串右边的所有内容。初始值为空字符串""。每次成功匹配时，其属性值都会随之改变
$1~$9	$1~$9	只读属性，如果匹配模式中有小括号包含的子模式，$1~$9 属性值分别是第 1 个到第 9 个子模式所匹配的内容。如果有超过 9 个的子模式，$1~$9 属性分别对应最后的 9 个子模式匹配结果。在一个匹配模式中，可以指定任意多个小括号包含的子模式，但 RegExp 静态属性只能存储最后 9 个子模式匹配的结果。在 RegExp 实例对象的一些方法所返回的结果数组中，可以获得所有圆括号内的子匹配结果

【示例 1】演示 RegExp 类型静态属性使用，匹配字符串 JavaScript。

```
var s = "JavaScript,not JavaScript";
var r = /(Java)Script/gi;
var a = r.exec(s);                         //执行匹配操作
console.log(RegExp.input);                 //返回字符串"JavaScript,not JavaScript"
console.log(RegExp.leftContext);           //返回空字符串，左侧没有内容
console.log(RegExp.rightContext);          //返回字符串",not JavaScript"
console.log(RegExp.lastMatch);             //返回字符串 JavaScript
console.log(RegExp.lastParen);             //返回字符串 Java
```

执行匹配操作后，各个属性的返回值说明如下。

- ☑ input 属性记录操作的字符串："JavaScript,not JavaScript"。
- ☑ leftContext 属性记录匹配文本左侧的字符串，在第一次匹配操作时，左侧文本为空。而 rightContext 属性记录匹配文本右侧的文本，即为",not JavaScript"。
- ☑ lastMatch 属性记录匹配的字符串，即为 JavaScript。
- ☑ lastParen 属性记录匹配的分组字符串，即为 Java。

如果匹配模式中包含多个子模式，则最后一个子模式所匹配的字符就是 RegExp.lastParen。

```
var r = /(Java)(Script)/gi;
var a = r.exec(s);                         //执行匹配操作
console.log(RegExp.lastParen);             //返回字符串 Script，而不再是 Java
```

【示例 2】 针对上面示例也可以使用短名读取相关信息。

```
var s = "JavaScript,not JavaScript";
var r = /(Java)(Script)/gi;
var a = r.exec(s);
console.log(RegExp.$_);           //返回字符串 "JavaScript,not JavaScript"
console.log(RegExp["$`"]);        //返回空字符串
console.log(RegExp["$'"]);        //返回字符串 ",not JavaScript"
console.log(RegExp["$&"]);        //返回字符串 JavaScript
console.log(RegExp["$+"]);        //返回字符串 Script
```

提示：这些属性的值都是动态的，在每次执行匹配操作时，都会被重新设置。

21.2 匹配模式语法基础

匹配模式是一组特殊格式的字符串，它由一系列特殊字符（也称元字符）和普通字符构成，每个元字符都包含特殊的语义，能够匹配特定的字符。

21.2.1 字符

根据正则表达式语法规则，大部分字符仅能够描述自身，这些字符称为普通字符，如所有的字母、数字等。

元字符就是拥有特定功能的特殊字符，大部分需要加反斜杠进行标识，以便与普通字符进行区别。而少数元字符，需要加反斜杠以便转义为普通字符使用。JavaScript 正则表达式支持的元字符如表 21.3 所示。

表 21.3 元字符

元字符	描述	元字符	描述
.	查找单个字符，除了换行和行结束符	\0	查找 NUL 字符
\w	查找单词字符	\n	查找换行符
\W	查找非单词字符	\f	查找换页符
\d	查找数字	\r	查找回车符
\D	查找非数字字符	\t	查找制表符
\s	查找空白字符	\v	查找垂直制表符
\S	查找非空白字符	\xxx	查找以八进制数 xxx 规定的字符
\b	匹配单词边界	\xdd	查找以十六进制数 dd 规定的字符
\B	匹配非单词边界	\uxxxx	查找以十六进制数 xxxx 规定的 Unicode 字符

表示字符的方法有多种，除了可以直接使用字符本身外，还可以使用 ASCII 编码或者 Unicode 编码表示。

【示例 1】 使用 ASCII 编码定义正则表达式直接量。

```
var r = /\x61/;                   //以 ASCII 编码匹配字母 a
var s = "JavaScript";
var a = s.match(r);               //匹配第一个字符 a
```

由于字母 a 的 ASCII 编码为 97，被转换为十六进制数值后为 61，因此如果要匹配字符 a，就应该在前面添加"\x"前缀，表示 ASCII 编码。

【示例 2】除了十六进制外，还可以使用八进制数值表示字符。

```
var r = /\141/;                    //141 是字母 a 的 ASCII 编码的八进制值
var s = "JavaScript";
var a = s.match(r);                //即匹配第 1 个字符 a
```

使用十六进制需要添加"\x"前缀，主要是避免语义混淆，但是八进制不需要添加前缀。

【示例 3】ASCII 编码只能够匹配有限的单字节字符，使用 Unicode 编码可以表示双字节字符。Unicode 编码方式："\u"前缀加上 4 位十六进制值。

```
var r = /\u0061/;                  //以 Unicode 编码匹配字母 a
var s = "JavaScript";              //字符串直接量
var a = s.match(r);                //匹配第一个字符 a
```

21.2.2 字符范围

在正则表达式语法中，中括号表示字符范围。在中括号内可以包含多个字符，表示匹配其中任意一个字符。如果多个字符的编码顺序是连续的，可以仅指定开头和结尾字符，中间字符可以省略，仅使用连字符（-）表示。如果在中括号内添加脱字符（^）前缀，还可以表示范围之外的字符。例如：

- ☑ [abc]：查找中括号内任意一个字符。
- ☑ [^abc]：查找不在中括号内的字符。
- ☑ [0-9]：查找 0～9 范围内的数字，即查找数字。
- ☑ [a-z]：查找从小写 a 到小写 z 范围内的字符，即查找小写字母。
- ☑ [A-Z]：查找从大写 A 到大写 Z 范围内的字符，即查找大写字母。
- ☑ [A-z]：查找从大写 A 到小写 z 范围内的字符，即所有大小写的字母。

【示例 1】字符范围遵循字符编码的顺序进行匹配。如果将要匹配的字符恰好在字符编码表中的特定区域内，就可以使用这种方式表示。

如果匹配任意 ASCII 字符：

```
var r = /[\u0000-\u00ff]/g;
```

如果匹配任意双字节的汉字：

```
var r = /[^\u0000-\u00ff]/g;
```

如果要匹配任意大小写字母和数字：

```
var r = /[a-zA-Z0-9]/g;
```

使用 Unicode 编码设计，匹配数字：

```
var r = /[\u0030-\u0039]/g;
```

使用下面字符模式可以匹配任意大写字母：

```
var r = /[\u0041-\u004A]/g;
```

使用下面字符模式可以匹配任意小写字母：

```
var r = /[\u0061-\u007A]/g;
```

【示例 2】在字符范围内可以混用各种字符模式。

```
var s = "abcdez";                  //字符串直接量
var r = /[abce-z]/g;               //字符 a、b、c，以及 e~z 的任意字符
var a = s.match(r);                //返回数组["a","b","c","e","z"]
```

【示例 3】在中括号内不要有空格，否则会误解为还要匹配空格。

```
var r = /[0-9 ]/g;
```

【示例 4】字符范围可以组合使用，以便设计更灵活的匹配模式。

```
var s = "abc4 abd6 abe3 abf1 abg7";    //字符串直接量
var r = /ab[c-g][1-7]/g;               //前两个字符为 ab，第三个字符为从 c 到 g，
                                       ///第四个字符为 1~7 的任意数字
var a = s.match(r);                    //返回数组["abc4"," abd6"," abe3"," abf1"," abg7"]
```

【示例 5】使用反义字符范围可以匹配很多无法直接描述的字符，实现以少应多的目的。

```
var r = /[^0123456789]/g;
```

在这个正则表达式中，将会匹配除了数字以外任意的字符。反义字符类比简单字符类的功能更加强大和实用。

21.2.3 选择匹配

选择匹配使用竖线（|）描述，表示在两个子模式的匹配结果中任选一个。

☑ 匹配任意数字或字母。

```
var r = /\w+|\d+/;                     //选择重复字符类
```

☑ 可以定义多重选择模式。设计方法：在多个子模式之间加入选择操作符。

```
var r = /(abc)|(efg)|(123)|(456)/;     //多重选择匹配
```

🔊 **注意**：为了避免歧义，应该为选择操作的多个子模式加上小括号。

【示例】设计对提交的表单字符串进行敏感词过滤。先设计一个敏感词列表，然后使用竖线把它们连接在一起，定义选择匹配模式，最后使用字符串的 repalce() 方法把所有敏感字符替换为可以显示的编码格式，演示效果如图 21.3 所示。

```
var s = '<meta charset="utf-8">';      //待过滤的表单提交信息
var r = /'|\|"|\<|>/gi;                //过滤敏感字符的正则表达式
function f(){                          //替换函数
                                       //把敏感字符替换为对应的网页显示的编码格式
    return "&#" + arguments[0].charCodeAt(0) + ";";
}
var a = s.replace(r,f);                //执行过滤替换
document.write(a);                     //在网页中显示正常的字符信息
console.log(a);                        //返回"&#60;meta charset=&#34;utf-8&#34;&#62;"
```

图 21.3 过滤替换敏感词

21.2.4 重复匹配

在正则表达式语法中,定义了一组重复类量词,如表 21.4 所示。它们定义了重复匹配字符的确数或约数。

表21.4 重复类量词列表

量词	描述
n+	匹配任何包含至少一个 n 的字符串
n*	匹配任何包含零个或多个 n 的字符串
n?	匹配任何包含零个或一个 n 的字符串
n{x}	匹配包含 x 个 n 的序列的字符串
n{x,y}	匹配包含最少 x 个、最多 y 个 n 的序列的字符串
n{x,}	匹配包含至少 x 个 n 的序列的字符串

【示例】结合示例演示说明,先设计一个字符串。

```
var s = "ggle gogle google gooogle goooogle gooooogle goooooogle gooooooogle"
```

☑ 如果仅匹配单词 ggle 和 gogle,可以设计:

```
var r = /go?gle/g;              //匹配前一项字符 o 0 次或 1 次
var a = s.match(r);             //返回数组["ggle", "gogle"]
```

量词"?"表示前面字符或子表达式为可有可无,等效于:

```
var r = /go{0,1}gle/g;          //匹配前一项字符 o 0 次或 1 次
var a = s.match(r);             //返回数组["ggle", "gogle"]
```

☑ 如果匹配第 4 个单词 gooogle,可以设计:

```
var r = /go{3}gle/g;            //匹配前一项字符 o 重复显示 3 次
var a = s.match(r);             //返回数组["gooogle"]
```

等效于:

```
var r = /gooogle/g;             //匹配字符 gooogle
var a = s.match(r);             //返回数组["gooogle"]
```

☑ 如果匹配第 4 个到第 6 个之间的单词,可以设计:

```
var r = /go{3,5}gle/g;          //匹配第 4~6 的单词
var a = s.match(r);             //返回数组["gooogle", "goooogle", "gooooogle"]
```

☑ 如果匹配所有单词,可以设计:

```
var r = /go*gle/g;      //匹配所有的单词
var a = s.match(r);     //返回数组["ggle", "gogle", "google", "gooogle", "goooogle", "gooooogle", "goooooogle", "gooooooogle"]
```

量词"*"表示前面字符或子表达式可以不出现,或者重复出现任意多次。

等效于:

```
var r = /go{0,}gle/g;   //匹配所有的单词
var a = s.match(r);     //返回数组["ggle", "gogle", "google", "gooogle", "goooogle", "gooooogle", "goooooogle", "gooooooogle"]
```

☑ 如果匹配包含字符"o"的所有单词,可以设计:

```
var r = /go+gle/g;              //匹配的单词中字符"o"至少出现 1 次
```

```javascript
var a = s.match(r);    // 返回数组 ["gogle", "google", "gooogle", "goooogle", "gooooogle", "goooooogle", "gooooooogle", "goooooooogle"]
```

量词 "+" 表示前面字符或子表达式至少出现 1 次，最多重复次数不限。
等效于：

```javascript
var r = /go{1,}gle/g; //匹配的单词中字符 " o " 至少出现 1 次
var a = s.match(r);    // 返回数组 ["gogle", "google", "gooogle", "goooogle", "gooooogle", "goooooogle", "gooooooogle", "goooooooogle"]
```

注意：重复类量词总是出现在它们所作用的字符或子表达式后面。如果想作用多个字符，需要使用小括号把它们包裹在一起形成一个子表达式。

21.2.5 惰性匹配

重复类量词都具有贪婪性，在条件允许的前提下，会匹配尽可能多的字符。
- ☑ ?、{n}和{n, m}重复类具有弱贪婪性，表现为贪婪的有限性。
- ☑ *、+和{n, }重复类具有强贪婪性，表现为贪婪的无限性。

【示例 1】排在左侧的重复类量词的匹配优先级更高。当多个重复类量词同时满足条件时，会在保证右侧重复类量词最低匹配次数基础上，最左侧的重复类量词将尽可能地占有所有字符。

```javascript
var s ="<html><head><title></title></head><body></body></html>";
var r = /(<.*>)(<.*>)/
var a = s.match(r);
                    //左侧子表达式匹配"<html><head><title></title></head><body></body>"
console.log(a[1]);
console.log(a[2]);  //右侧子表达式匹配"</html>"
```

与贪婪匹配相反，惰性匹配将遵循另一种算法：在满足条件的前提下，尽可能少地匹配字符。定义惰性匹配的方法：在重复类量词后面添加问号（?）限制词。贪婪匹配体现最大化匹配原则，惰性匹配则体现最小化匹配原则。

【示例 2】演示定义惰性匹配模式。

```javascript
var s ="<html><head><title></title></head><body></body></html>";
var r = /<.*?>/
var a = s.match(r);   //返回单个元素数组["<html>"]
```

在上面示例中，对于正则表达式/<.*?>/来说，它可以返回匹配字符串 "<>"，但是为了能够确保匹配条件成立，在执行中还是匹配带有 4 个字符的字符串 "html"。惰性取值不能够以违反模式限定的条件而返回，除非没有找到符合条件的字符串，否则必须满足它。

21.2.6 边界

边界就是确定匹配模式的位置，如字符串的头部或尾部，具体说明如表 21.5 所示。

表 21.5 JavaScript 正则表达式支持的边界量词

量词	说 明
^	匹配开头，在多行检测中，会匹配一行的开头
$	匹配结尾，在多行检测中，会匹配一行的结尾

【示例】演示使用边界量词。先定义字符串：

```javascript
var s = "how are you";
```

- ☑ 匹配最后一个单词。

```
var r = /\w+$/;
var a = s.match(r);                    //返回数组["you"]
```

- ☑ 匹配第一个单词。

```
var r = /^\w+/;
var a = s.match(r);                    //返回数组["how"]
```

- ☑ 匹配每一个单词。

```
var r = /\w+/g;
var a = s.match(r);                    //返回数组["how", "are", "you"]
```

21.2.7 条件声明

声明量词表示条件的意思。声明量词包括正向声明和反向声明两种模式。

1. 正向声明

正向声明是指定匹配模式后面的字符必须被匹配，但又不返回这些字符。语法格式如下。

匹配模式(?=匹配条件)

声明包含在小括号内，它不是分组，因此作为子表达式。

【示例1】定义一个正向声明的匹配模式。

```
var s = "one:1;two=2";
var r = /\w*(?==)/;                    //使用正向声明，指定执行匹配必须满足的条件
var a = s.match(r);                    //返回数组["two"]
```

在上面示例中，通过 (?==)锚定条件，指定只有在\w*所能够匹配的字符后面跟随一个等号字符，才能够执行\w*匹配。所以，最后匹配的是字符串 two，而不是字符串 one。

2. 反向声明

与正向声明匹配相反，反向声明是指定接下来的字符都不必匹配。语法格式如下。

匹配模式(?!匹配条件)

【示例2】定义一个反向声明的匹配模式。

```
var s = "one:1;two=2";
var r = /\w*(?!=)/;                    //使用反向声明，指定执行匹配不必满足的条件
var a = s.match(r);                    //返回数组["one"]
```

在上面示例中，通过(?!=)锚定条件，指定只有在"\w*"所能够匹配的字符后面不跟随一个等号字符，才能够执行\w*匹配。所以，最后匹配的是字符串 one，而不是字符串 two。

21.2.8 子表达式

使用小括号可以对字符模式进行任意分组，在小括号内的字符串表示子表达式，也称为子模式。子表达式具有独立的匹配功能，保存独立的匹配结果。同时，小括号后的量词将会作用于整个子表达式。

通过分组可以在一个完整的字符模式中定义一个或多个子模式。当正则表达式成功地匹配目标字符串后，也可以从目标字符串中抽出与子模式相匹配的子内容。

【示例】在下面代码中，不仅匹配出每个变量声明，同时还抽出每个变量及其值。

```
var s ="ab=21,bc=45,cd=43";
```

```
var r = /(\w+)=(\d*)/g;
while(a = r.exec(s)){
    console.log(a);                    //返回类似 ["ab=21" , "ab","21"]三个数组
}
```

21.2.9 反向引用

在字符模式中，后面的字符可以引用前面的子表达式，实现方法如下。

\数字

数字指定子表达式在字符模式中的顺序。如"\1"引用的是第1个子表达式，"\2"引用的是第2个子表达式。

【示例1】在下面代码中，通过引用前面子表达式匹配的文本，以实现成组匹配字符串。

```
var s ="<h1>title<h1><p>text<p>";
var r = /(<\/?\w+>).*\1/g;
var a = s.match(r);                    //返回数组["<h1>title<h1>" , "<p>text<p>"]
```

提示：由于子表达式可以相互嵌套，它们的顺序将根据左括号的顺序确定。例如，下面示例定义匹配模式包含多个子表达式。

```
var s = "abc";
var r = /(a(b(c)))/;
var a = s.match(r);                    //返回数组["abc", "abc", "bc" , "c"]
```

在这个模式中，共产生3个反向引用，第一个是"(a(b(c)))"，第二个是"(b(c))"，第三个是"(c)"，它们引用的匹配文本分别是字符串 abc、bc 和 c。

注意：对子表达式的引用，是指引用前面子表达式所匹配的文本，而不是子表达式的匹配模式。如果要引用前面子表达式的匹配模式，则必须使用下面方式，只有这样才能够达到匹配的目的。

```
var s ="<h1>title</h1><p>text</p>";
var r = /((<\/?\w+>).*(<\/?\w+>))/g;
var a = s.match(r);                    //返回数组["<h1>title</h1>","<p>text</p>"]
```

反向引用在开发中主要有以下几种常规用法。

【示例2】在正则表达式对象的 test()方法，以及字符串对象的 match()和 search()等方法中使用。在这些方法中，反向引用的值可以从 RegExp()构造函数中获得。

```
var s = "abcdefghijklmn";
var r = /(\w)(\w)(\w)/;
r.test(s);
console.log(RegExp.$1);                //返回第1个子表达式匹配的字符 a
console.log(RegExp.$2);                //返回第2个子表达式匹配的字符 b
console.log(RegExp.$3);                //返回第3个子表达式匹配的字符 c
```

通过上面示例可以看到，正则表达式执行匹配测试后，所有子表达式匹配的文本都被分组存储在 RegExp()构造函数的属性内，通过前缀符号$与正则表达式中子表达式的编号引用临时属性。其中，属性$1 标识符指向第一个值引用，属性$2 标识符指向第二个值引用，以此类推。

【示例3】可以直接在定义的字符模式中包含反向引用。这可以通过使用特殊转义序列（如\1、\2等）来实现。

```
var s = "abcbcacba";
var r = /(\w)(\w)(\w)\2\3\1\3\2\1/;
var b = r.test(s);                     //验证正则表达式是否匹配该字符串
```

```
console.log(b);                          //返回 true
```

在上面示例的正则表达式中,"\1" 表示对第一个反向引用(\w)所匹配的字符 a 引用,"\2" 表示对第二个反向引用(\w)所匹配的字符 b 引用,"\3" 表示对第二个反向引用(\w)所匹配的字符 c 引用。

【示例 4】可以在字符串对象的 replace()方法中使用,通过使用特殊字符序列$1、$2、$3 等实现。例如,将颠倒相邻字母和数字的位置。

```
var s = "aa11bb22c3d4e5f6";
var r = /(\w+?)(\d+)/g;
var b = s.replace(r,"$2$1");
console.log(b);                 //返回字符串 "11aa22bb3c 4d5e6f"
```

在上面例子中,正则表达式包括两个分组:第一个分组匹配任意连续的字母;第二个分组匹配任意连续的数字。在 replace()方法的第二个参数中,$1 表示对正则表达式中第一个子表达式匹配文本的引用,而$2 表示对正则表达式中第二个子表达式匹配文本的引用,通过颠倒$1 和$2 标识符的位置,即可实现字符串的颠倒替换原字符串。

21.2.10 禁止引用

反向引用会占用一定的系统资源,在较长的正则表达式中,反向引用会降低匹配速度。如果分组仅仅是为了方便操作,可以禁止反向引用。实现方法:在左括号的后面加上一个问号和冒号。

【示例】演示禁止引用。

```
var s1 = "abc";
var r = /(?:\w*?)|(?:\d*?)/;        //非引用型分组
var a = r.test(s1);                 //返回 true
```

非引用型分组对于必须使用子表达式,但是又不希望存储无用的匹配信息,或者希望提高匹配速度,是非常重要的方法。

21.3 案例实战

本节案例将利用 HTML5 表单内建校验机制,设计一个表单验证页面,效果如图 21.4 所示。

【操作步骤】

第 1 步,新建 HTML5 文档,设计一个 HTML5 表单页面。

```
<form method="post" action="" name="myform" class="form">
    <label for="user_name">真实姓名<br/>
        <input id="user_name" type="text" name="user_name" required pattern="^([\u4e00-\u9fa5]+|([a-z]+\s?)+)$" />
    </label>
    <label for="user_item">比赛项目<br/>
        <input list="ball" id="user_item" type="text" name="user_item" required/>
    </label>
    <datalist id="ball">
        <option value="篮球"/>
        <option value="羽毛球"/>
        <option value="桌球"/>
    </datalist>
```

图 21.4 设计 HTML5 验证表单

```html
            <label for="user_email">电子邮箱<br/>
                <input id="user_email" type="email" name="user_email" pattern="^[0-9a-z][a-z0-9\._-]{1,}@[a-z0-9-]{1,}[a-z0-9]\.[a-z\.]{1,}[a-z]$" required />
            </label>
            <label for="user_phone">手机号码<br/>
                <input id="user_phone" type="tel" name="user_phone" pattern="^1\d{10}$|^(0\d{2,3}-?|\(0\d{2,3}\))?[1-9]\d{4,7}(-\d{1,8})?$" required/>
            </label>
            <label for="user_id">身份证号
                <input id="user_id" type="text" name="user_id" required pattern="^[1-9]\d{5}[1-9]\d{3}((0\d)|(1[0-2]))(([0|1|2]\d)|3[0-1])\d{3}([0-9]|X)$" />
            </label>
            <label for="user_born">出生年月
                <input id="user_born" type="month" name="user_born" required />
            </label>
            <label for="user_rank">名次期望 <span>第<em id="ranknum">5</em>名</span></label>
            <input id="user_rank" type="range" name="user_rank" value="5" min="1" max="10" step="1" required /> <br/>
            <button type="submit" name="submit" value="提交表单">提交表单</button>
        </form>
```

第 2 步，设计表单控件的验证模式。真实姓名选项为普通文本框，要求必须输入 required，验证模式为中文字符。

pattern="^([\u4e00-\u9fa5]+|([a-z]+\s?)+)$"

比赛项目选项设计一个数据列表，使用 datalist 元素设计，使用 list="ball"绑定到文本框上。

第 3 步，电子邮箱选项设计 type="email"类型，同时使用如下匹配模式兼容旧版本浏览器。

pattern="^[0-9a-z][a-z0-9\._-]{1,}@[a-z0-9-]{1,}[a-z0-9]\.[a-z\.]{1,}[a-z]$"

第 4 步，手机号码选项设计 type="tel"类型，同时使用如下匹配模式兼容旧版本浏览器。

pattern="^1\d{10}$|^(0\d{2,3}-?|\(0\d{2,3}\))?[1-9]\d{4,7}(-\d{1,8})?$"

第 5 步，身份证号选项使用普通文本框设计，要求必须输入，定义匹配模式如下。

pattern="^[1-9]\d{5}[1-9]\d{3}((0\d)|(1[0-2]))(([0|1|2]\d)|3[0-1])\d{3}([0-9]|X)$"

第 6 步，出生年月选项设计 type="month"类型，这样就不需要进行验证，用户必须在日期选择器面板中进行选择，无法作弊。

第 7 步，名次期望选项设计 type="range"类型，限制用户只能在 1～10 进行选择。

21.4 在线支持

扫码免费学习更多实用技能

一、字符模式
- ☑ 描述字符
- ☑ 描述字符范围
- ☑ 选择匹配
- ☑ 重复匹配
- ☑ 惰性匹配
- ☑ 边界量词
- ☑ 声明量词
- ☑ 子表达式
- ☑ 反向引用
- ☑ 禁止引用

二、参考
- ☑ 匹配模式语法参考
- ☑ RegExp 原型属性和原型方法

三、专项练习
- ☑ 表单敏感词过滤和验证

新知识、新案例不断更新中……

第 22 章 使用数组

数组（Array）是有序数据集合，具有复合型结构，属于引用型数据。数组的结构具有弹性，能够自动伸缩。数组长度可读可写，能够动态控制数组的结构。数组中每个值称为元素，通过下标可以索引元素的值，对元素的类型没有限制。在 JavaScript 中数组主要用于数据处理和管理。

22.1 定义数组

22.1.1 构造数组

使用 new 运算符调用 Array() 类型函数，可以构造新数组。

【示例 1】直接调用 Array() 函数，不传递参数，可以创建一个空数组。

```
var a = new Array();                    //空数组
```

【示例 2】传递多个值，可以创建一个实数组。

```
var a = new Array(1,true,"string",[1,2],{x:1,y:2});    //实数组
```

每个参数指定一个元素的值，对值的类型没有限制。参数的顺序是数组元素的顺序，数组的 length 属性值等于所传递参数的个数。

【示例 3】传递一个数值参数，可以定义数组的长度，即包含元素的个数。

```
var a = new Array(5);                   //指定长度的数组
```

参数值等于数组的 length 属性值，每个元素的默认值为 undefined。

22.1.2 数组直接量

使用数组直接量定义数组是最简便、最高效的方法。数组直接量的语法格式如下。

[元素 1,元素 2,…,元素 n]

在中括号中包含多个值列表，值之间以逗号分隔。

【示例】使用数组直接量定义数组。

```
var a = [];                             //空数组
var a = [1,true,"0",[1,0],{x:1,y:0}];   //包含具体元素的数组
```

ECMAScript 6 新增 Set 类型的数据结构，本质与数组类似。不同在于，Set 中只能保存不同元素，如果元素相同则会被忽略。例如：

```
let set = new Set([2,3,4,5,5]);         //返回[2,3,4,5]
```

22.1.3 空位数组

空位数组就是数组中包含空元素。所谓空元素，就是在语法上数组中两个逗号之间没有任何值。出现空位数组的情况如下。

☑ 直接量定义。

```
var a = [1, , 2];
a.length;                      //返回 3
```

注意：如果最后一个元素后面加逗号，不会产生空位，与没有逗号时效果一样。

```
var a = [1, 2, ];
a.length;                      //返回 2
```

☑ 构造函数定义。

```
var a = new Array(3);          //指定长度的数组
a.length;                      //返回 3，产生 3 个空元素
```

☑ delete 删除。

```
var a = [1, 2, 3];
delete a[1];
console.log( a[1] );           //undefined
console.log( a.length );       //3
```

上面代码使用 delete 命令删除数组的第 2 个元素，这个位置就形成了空位。

空元素可以读写，length 属性不排斥空位。如果使用 for 语句和 length 属性遍历数组，空元素都可以被读取，空元素返回值为 undefined。

```
var a = [, , ,];
for(var i =0; i<a.length;i++)
    console.log( a[i]);        //返回 3 个 undefined
```

注意：空元素与元素的值为 undefined 是两个不同的概念，虽然空元素的返回值也是 undefined。JavaScript 在初始化数组时，只有真正存储有值的元素才可以分配内存。

使用 forEach()方法、for/in 语句以及 Object.keys()方法进行遍历时，空元素都会被跳过，但是值为 undefined 元素能够正常被迭代。

```
var a = [, , undefined,];
for (var i in a) {
    console.log(i);            //返回 2，仅读取第 3 个元素
}
console.log(a.length);         //返回 3，包含 3 个元素
```

22.1.4 关联数组

关联数组是一种数据格式，也称为哈希表。使用关联数组检索数据，速度优于数组。两者区别如下。

☑ 数组：以正整数为下标，数据排列有规律，类型为 Array。
☑ 关联数组：以字符串为下标，数据排列没有规律，类型为 Object。

【示例】数组下标 false、true 将不会被强制转换为数字 0、1，JavaScript 会把变量 a 视为对象，false 和 true 转换为字符串被视为对象的属性名。

```
var a = [];                          //声明数组
a[false] = false;
a[true] = true;
console.log( a[0] );                 //返回 undefined
console.log( a[1] );                 //返回 undefined
console.log( a[false] );             //返回 false,
console.log( a[true] );              //返回 true
console.log( a["false"] );           //返回 false,
console.log( a["true"] );            //返回 true
```

22.1.5 类数组

类数组也称为伪类数组，即类似数组结构的对象。该对象的属性名类似数组下标，为非负整数，从 0 开始，有序递增，同时包含 length 属性，以方便对类数组执行迭代操作。

【示例 1】obj 是一个对象，不是一个数组，当使用下标为其赋值时，实际上是定义属性。

```
var obj = {};                        //定义对象直接量
obj[0] = 0;                          //属性 0
obj[1] = 1;                          //属性 1
obj[2] = 2;                          //属性 2
obj.length = 3;                      //属性 length
```

由于数字是非法的标识符，所以不能使用点语法访问，但是可以使用中括号语法访问。

```
console.log( obj["2"] );
```

提示：ECMAScript 6 新增 Array.from()方法，该方法能够把一个类数组对象或者可遍历对象转换成一个真正的数组。例如：

```
let arrayLike = {0: 'tom', 1: '65', 2: '男','length': 3}    //定义类数组
let arr = Array.from(arrayLike)                             //转换为数组
console.log(arr)                                            //输出 ['tom','65','男']
```

注意，如果将上面代码中的 length 属性去掉，则将返回一个长度为 0 的空数组；如果对象的属性名不是数字类型，或者字符串型的数字，则返回指定长度的数组，数组元素均为 undefined。

【示例 2】将 Set 结构的数据转换为真正的数组。

```
let arr = [1,2,3,3]                  //定义数组
let set = new Set(arr)               //转换为 Set
console.log(Array.from(set))         //转换为数组之后，再输出[1, 2, 3]
```

Array.from()还可以接收第二个参数，作用类似于数组的 map()方法，用来对每个元素进行处理，将处理后的值放入返回的数组。

```
let arr = [1,2,3,3]                  //定义数组
let set = new Set(arr)
console.log(Array.from(set, item => item + 1))   //输出 [ 2, 3, 4 ]
```

【示例 3】将字符串转换为数组。

```
let  str = 'hello world!';
console.log(Array.from(str))         //["h", "e", "l", "l", "o", " ", "w", "o", "r", "l", "d", "!"]
```

注意：如果 Array.from()的参数是一个真正的数组，则直接返回一个一模一样的新数组。

22.2 访问数组

22.2.1 读写数组

使用中括号（[]）可以访问数组。中括号左侧是数组名称，中括号内为数组下标。

```
数组[下标表达式]
```

下标表达式是值为非负整数的表达式。一般下标从 0 开始，有序递增，通过下标可以索引对应位置元素的值。

【示例 1】使用中括号为数组写入数据，然后再读取数组元素的值。

```
var a = [];                    //声明一个空数组
a[0] = 0;                      //为第 1 个元素赋值为 0
a[2] = 2;                      //为第 3 个元素赋值为 2
console.log( a[0] );           //读取第 1 个元素，返回值为 0
console.log( a[1] );           //读取第 2 个元素，返回值为 undefined
console.log( a[2] );           //读取第 3 个元素，返回值为 2
```

在上面代码中仅为 0 和 2 下标位置的元素赋值，下标为 1 的元素为空，读取时为空的元素返回值默认为 undefined。

【示例 2】使用 for 语句批量为数组赋值，其中数组下标是一个递增表达式。

```
var a = new Array();           //创建一个空数组
for( var i = 0; i < 10; i ++ ){  //循环为数组赋值
    a[i ++ ] = ++ i;           //不按顺序为数组元素赋值
}
console.log( a );              //返回 2,,,5 ,,,8,,, 11
```

【示例 3】ECMAScript 6 开始支持解构表达式，包括数组结构和对象结构。例如，分别解构数组中每个元素的值，以及对象中每个键的值。

```
let arr = [1,2,3] ;                //定义数组
const [x,y,z] = arr;               // x、y、z 将与 arr 中的每个对应位置进行取值
let person = {name:"jack", age:21} //定义对象
const {name,age} = person;         //解构对象获取每个键的值
```

提示：ECMAScript 6 新增展开运算符，用三个连续的点(...)表示，它能够将字面量对象展开为多个元素，相当于把对象打散为一个个元素。例如：

```
const arr = ["a", "b", "c"];
console.log(...arr);               //展开为 a b c
```

22.2.2 访问多维数组

使用多个叠加的中括号语法可以访问多维数组，具体说明如下。

- ☑ 二维数组：

```
数组[下标表达式] [下标表达式]
```

- ☑ 三维数组：

```
数组[下标表达式] [下标表达式] [下标表达式]
```

以此类推。

【示例】设计一个二维数组，然后分别访问第一行第一列的元素值，以及第二行第二列的元素值。

```
var a = [];                    //声明二维数组
a[0] = [1,2];                  //为第 1 个元素赋值为数组
a[1] = [3,4];                  //为第 2 个元素赋值为数组
console.log(a[0][0])           //返回 1，读取第 1 个元素的值
console.log(a[1][1])           //返回 4，读取第 4 个元素的值
```

注意：在存取多维数组时，左侧中括号内的下标值不能够超出数组范围，否则就会抛出异常。如果第一个下标超出数组范围，返回值为 undefined，表达式 undefined[1]显然是错误的。

22.2.3 数组长度

使用数组对象的 length 属性可以获取数组的长度，JavaScript 允许 length 的最大值等于 $2^{32}-1$。

【示例 1】定义一个空数组，然后为下标等于 100 的元素赋值，则 length 属性返回 101。因此，length 属性不能体现数组元素的实际个数。

```
var a = [];                    //声明空数组
a[100] =2;
console.log(a.length);         //返回 101
```

length 属性可读可写，是一个动态属性。length 属性值也会随数组元素的变化而自动更新。同时，如果重置 length 属性值，也将影响数组的元素，具体说明如下。

☑ 如果 length 属性被设置了一个比当前 length 值小的值，则数组会被截断，新长度之外的元素值都会丢失。

☑ 如果 length 属性被设置了一个比当前 length 值大的值，那么空元素就会被添加到数组末尾，使得数组增长到新指定的长度，读取值都为 undefined。

【示例 2】演示 length 属性值的动态变化，以及对数组的影响。

```
var a = [1,2,3];               //声明数组直接量
a.length = 5;                  //增长数组长度
console.log(a[4]);             //返回 undefined，说明该元素还没有被赋值
a.length = 2;                  //缩短数组长度
console.log(a[2]);             //返回 undefined，说明该元素的值已经丢失
```

22.2.4 使用 for 迭代数组

for 和 for/in 语句都可以迭代数组。for 语句需要配合 length 属性和数组下标实现，执行效率没有 for/in 语句高。另外，for/in 语句会跳过空元素。

【示例 1】使用 for 语句迭代数组，过滤所有数字元素。

```
var a = [1, 2, ,,,,,true,,,,,,, "a",,,,,,,,,,,,,,4,,,,,56,,,,,"b"];   //定义数组
var b = [], num=0;
for( var i = 0; i < a.length ; i ++ ){                              //遍历数组
    if( typeof a[i] == "number" )                                   //如果为数字，则返回该元素的值
        b.push( a[i] );
    num++;                                                          //计数器
}
console.log( num );                                                 //返回 42，说明循环了 42 次
console.log( b );                                                   //返回[1,2,4,56]
```

【示例 2】使用 for/in 语句迭代示例 1 中的数组 a。在 for…in 循环结构中，变量 i 表示数组的下

标，而 a[i]为可以读取指定下标的元素值。

```
var b = [], num=0;
for( var i in a ){                          //遍历数组
    if( typeof a[i] == "number" )           //如果为数字，则返回该元素的值
        b.push( a[i]);
    num++;                                  //计数器
}
console.log( num );                         //返回 7，说明循环了 7 次
console.log( b );                           //返回[1,2,4,56]
```

通过计时器可以看到，for/in 迭代数组，仅循环了 7 次，而 for 语句循环了 42 次。

22.2.5 使用 forEach 迭代数组

使用 forEach 方法可以为数组执行迭代操作，具体语法格式如下。

array.forEach(callbackfn[, thisArg])

参数说明：
- ☑ callbackfn：回调函数，该函数包含元素值、元素下标索引和数组对象 3 个参数。
- ☑ thisArg：可选参数，设置回调函数中 this 引用的对象。如果省略，则 this 值为 undefined。

forEach 方法将会为数组中每个元素调用回调函数一次，但是不会为空位元素调用该回调函数。map 方法返回一个新数组，新数组包含回调函数返回值的列表。

> 提示：filter 方法不仅可以被数组对象调用，也允许伪类数组使用，如 arguments 参数对象等。

【示例 1】使用 forEach 迭代数组 a，然后计算数组元素的和并输出。

```
var a = [10, 11, 12], sum = 0;
a.forEach(function(value){
    sum += value;
});
console.log(sum);                           //返回 33
```

【示例 2】使用 foeEach 迭代数组，在迭代过程中，先读取元素的值，乘方之后，再回写该值，实现对数组的修改。

```
var obj = {
    f1: function(value, index, array) {
        console.log(  "a[" + index +  "] = " + value );
        array[index] = this.f2(value);
    },
    f2: function(x) { return x * x }
};
var a = [12, 26, 36];
a.forEach(obj.f1, obj);
console.log(a);                             //返回[144,676,1296]
```

22.3 操作数组

22.3.1 栈读写

使用 push()和 pop()方法可以在数组尾部执行操作。其中，push()方法能够把一个或多个参数值附

加到数组的尾部，并返回添加元素后的数组长度。pop()方法能够删除数组中最后一个元素，并返回被删除的元素。

【示例】使用 push()和 pop()方法在数组尾部执行交替操作，模拟栈操作。栈操作的规律是：先进后出，后进先出。

```
var a = [];                    //定义数组，模拟空栈
console.log( a.push(1) );      //进栈，栈值为[1]，length 为 1
console.log( a.push(2) );      //进栈，栈值为[1,2]，length 为 2
console.log( a.pop() );        //出栈，栈值为[1]，length 为 1
console.log( a.push(3,4) );    //进栈，栈值为[1,3,4]，length 为 3
console.log( a.pop() );        //出栈，栈值为[1, 3]，length 为 2
console.log( a.pop() );        //出栈，栈值为[1]，length 为 1
```

22.3.2 队列读写

使用 unshift()和 shift()方法可以在数组头部执行操作。其中，unshift()能够把一个或多个参数值附加到数组的头部，并返回添加元素后的数组长度。

shift()方法能够删除数组的第一个元素，并返回该元素，然后将余下所有元素前移一位，以填补数组头部的空缺。如果数组为空，shift()将不进行任何操作，返回 undefined。

【示例】将 pop()与 unshift()方法结合，或者将 push()与 shift()方法结合，可以模拟队列操作。队列操作的规律是：先进先出，后进后出。下面利用队列把数组元素的所有值放大 10 倍。

```
var a = [1,2,3,4,5];           //定义数组
for(var i in a){               //遍历数组
    var t = a.pop();           //尾部弹出
    a.unshift(t*10);           //头部推入，把推进的值放大 10 倍
}
console.log(a);                //返回[10,20,30,40,50]
```

22.3.3 删除元素

使用 pop()方法可以删除尾部的元素，使用 shift()方法可以删除头部的元素。也可以使用下面 3 种方法删除元素。

【示例 1】使用 delete 运算符删除指定下标位置的元素，删除后的元素为空位元素，删除数组的 length 保持不变。

```
var a = [1, 2, true, "a", "b"];    //定义数组
delete a[0];                       //删除指定下标的元素
console.log( a );                  //返回[, 2, true, "a", "b"]
```

【示例 2】使用 length 属性可以删除尾部的一个或多个元素，甚至可以清空整个数组。删除元素之后，数组的 length 将会动态地保持更新。

```
var a = [1, 2, true, "a", "b"];    //定义数组
a.length = 3 ;                     //删除尾部 2 个元素
console.log( a);                   //返回[1, 2, true]
```

【示例 3】使用 splice()方法可以删除指定下标位置后一个或多个数组元素。该方法的参数比较多，功能也很多，本节示例仅演示删除数组元素。其中，第一个参数为操作的起始下标位置，第二个参数指定要删除元素的个数。

```
var a = [1,2,3,4,5];           //定义数组
a.splice(1,2)                  //执行删除操作
```

```
console.log(a);                    //返回[1, 4, 5]
```

在 splice(1,2,3,4,5)方法中，第一个参数值 1 表示从数组 a 的第二个元素位置开始，删除两个元素，删除后数组 a 仅剩下 3 个元素。

22.3.4 添加元素

使用 push()方法可以在尾部添加一个或多个元素，使用 unshift()方法可以在头部附加一个或多个元素。也可以使用下面 3 种方法添加元素。

【示例 1】通过中括号和下标值，可以为数组指定下标位置添加新元素。

```
var a = [1,2,3];                   //定义数组
a[3] =4 ;                          //为数组添加 1 个元素
console.log(a);                    //返回[1,2,3,4]
```

【示例 2】concat()方法能够把传递的所有参数按顺序添加到数组的尾部。下面代码为数组 a 添加 3 个元素。

```
var a = [1,2,3,4,5];               //定义数组
var b = a.concat(6,7,8);           //为数组 a 连接 3 个元素
console.log(b);                    //返回[1,2,3,4,5,6,7,8]
```

【示例 3】使用 splice()方法在指定下标位置后添加一个或多个元素。splice()方法不仅可以删除元素，也可以在数组中插入元素。其中，第一个参数为操作的起始下标位置，设置第二个参数为 0，不执行删除操作，然后通过第三个及后面参数设置要插入的元素。

```
var a = [1,2,3,4,5];               //定义数组
a.splice(1,0,3,4,5)                //执行插入操作
console.log(a);                    //返回[1,3,4,5,2,3,4,5]
```

在上面代码中，第一个参数值 1 表示从数组 a 的第一个元素位置后，插入元素 3、4 和 5。

22.3.5 截取数组

1. splice()

splice()方法可以添加、删除元素，具体语法格式如下。

```
array.splice(index,howmany,item1,...,itemX)
```

参数说明：

- ☑ index：设置操作的下标位置。
- ☑ howmany：可选参数，设置要删除多少元素及数字类型。如果为 0，则表示不删除元素；如果未设置该参数，则表示删除从 index 开始，到原数组结尾的所有元素。
- ☑ item1, ..., itemX：设置要添加到数组的新元素列表。

返回值是被删除的子数组，如果没有删除元素，则返回的是一个空数组。当 index 大于 length 时，被视为在尾部执行操作，如插入元素。

【示例 1】在原数组尾部添加多个元素。

```
var a = [1,2,3,4,5];               //定义数组
var b = a.splice(6,2,2,3);         //起始值大于 length 属性值
console.log(a);                    //返回[1, 2, 3, 4, 5, 2, 3]
```

【示例 2】如果第 1 个参数为负值，则按绝对值从数组右侧开始向左侧定位。如果第 2 个参数为负值，则被视为 0。

```
var a = [1,2,3,4,5];              //定义数组
var b = a.splice(-2,-2,2,3);      //第1、第2个参数都为负值
console.log(a);                   //返回[1, 2, 3, 2, 3, 4, 5]
```

2. 使用 slice()方法

slice()方法与splice()方法的功能相近，但是它仅能够截取数组中指定区段的元素，并返回子数组。该方法包含两个参数，分别指定截取子数组的起始和结束位置的下标。

【示例3】从原数组中截取第3~6元素之前的所有元素。

```
var a = [1,2,3,4,5];              //定义数组
var b = a.slice(2,5);             //截取第3~6元素前的所有元素
console.log(b);                   //返回[3, 4, 5]
```

22.3.6 数组排序

1. reverse()

reverse()方法能够颠倒数组内元素的排列顺序，该方法不需要参数。例如：

```
var a = [1,2,3,4,5];              //定义数组
a.reverse();                      //颠倒数组顺序
console.log(a);                   //返回数组[5,4,3,2,1]
```

注意：该方法是在原数组上执行操作，而不会创建新的数组。

2. 使用 sort()方法

sort()方法能够根据指定的条件对数组进行排序。在任何情况下，值为 undefined 的元素都被排列在末尾。sort()方法也是在原数组上执行操作，不会创建新的数组。

如果没有参数，则按默认的字母顺序对数组进行排序。

```
var a = ["a","e","d","b","c"];    //定义数组
a.sort();                         //按字母顺序对元素进行排序
console.log(a);                   //返回数组[a,b,c ,d,e]
```

如果传入一个排序函数，该函数会比较两个值，然后返回一个说明这两个值的相对位置的数字。排序函数应该包含两个参数，假设传入参数为a和b，返回值与a、b的位置关系说明如下。

- ☑ 如果a小于b，在排序后的数组中a应该出现在b之前，即位置不变，则应返回一个小于0的值；如果a应该出现在b之后，即互换位置，则应返回一个大于0的值。
- ☑ 如果a等于b，位置不动，就返回0。
- ☑ 如果a大于b，在排序后的数组中a应该出现在b之前，即位置不变，则应返回一个大于0的值；如果a应该出现在b之后，即互换位置，则应返回一个小于0的值。

【示例1】根据排序函数比较数组中每个元素的大小，并按从小到大的顺序执行排序。

```
function f( a, b){                //排序函数
    return ( a - b )              //返回比较参数
}
var a = [3, 1, 2, 4, 5, 7, 6, 8, 0, 9];   //定义数组
a.sort(f);                        //根据数字大小由小到大进行排序
console.log( a );                 //返回数组[0,1,2 ,3,4 ,5,6,7 ,8,9]
```

如果按从大到小的顺序执行排序，则让返回值取反即可。代码如下所示。

```
function f( a, b){                //排序函数
    return  -( a - b )            //取反并返回比较参数
}
```

```
var a = [3, 1, 2, 4, 5, 7, 6, 8, 0, 9];        //定义数组
a.sort(f);                                      //根据数字大小由大到小进行排序
console.log( a );                               //返回数组[9,8,7,6,5,4,3,2,1,0]
```

【示例 2】把浮点数和整数分开显示：整数排在左侧，浮点数排在右侧。

```
function f( a, b){                              //排序函数
    if( a > Math.floor( a ) ) return   1;       //如果 a 是浮点数，则调换位置
    if( b > Math.floor( b ) ) return  - 1;      //如果 b 是浮点数，则调换位置
}
var a = [3.55555, 1.23456, 3, 2.11111, 5, 7, 3]; //定义数组
a.sort( f );                                    //进行筛选
console.log( a );                               //返回数组[3,5,7,3,2.11111,1.23456,3.55555]
```

22.3.7 数组转换

JavaScript 允许数组与字符串之间相互转换。其中，Array 对象定义了 3 种方法，以实现把数组转换为字符串，如表 22.1 所示。

表 22.1 Array 对象的数组与字符串相互转换方法

数 组 方 法	说　　明
toString()	将数组转换成一个字符串
toLocaleString()	把数组转换成本地约定的字符串
join()	将数组元素连接起来以构建一个字符串

【示例 1】使用 toString()方法输出数组的字符串表示，以逗号进行连接。

```
var a = [1, 2, 3, 4, 5, 6, 7, 8, 9, 0];         //定义数组
var s = a.toString();                           //把数组转换为字符串
console.log( s );                               //返回字符串"1, 2, 3, 4, 5, 6, 7, 8, 9, 0"
```

【示例 2】toLocalString()方法与 toString()方法的用法基本相同，主要区别在于 toLocalString()方法能够使用本地约定分隔符连接生成的字符串。

```
var a = [1, 2, 3, 4, 5];                        //定义数组
var s = a.toLocaleString();                     //把数组转换为本地字符串
console.log( s );                               //返回字符串"1.00，2.00，3.00，4.00，5.00"
```

在示例 2 中，toLocalString()方法根据中国大陆的使用习惯，先把数字转换为浮点数之后再执行字符串转换操作。

【示例 3】join()方法可以把数组转换为字符串，允许传递一个参数作为分隔符连接每个元素。如果省略参数，默认使用逗号作为分隔符，这时与 toString()方法转换操作效果相同。

```
var a = [1, 2, 3, 4, 5];                        //定义数组
var s = a.join("==");                           //指定分隔符
console.log( s );                               //返回字符串"1==2==3==4==5"
```

22.3.8 定位元素

使用 indexOf 和 lastIndexOf 方法可以获取指定元素的索引位置。与 String 的 indexOf 和 lastIndexOf 方法的用法相同。

1. indexOf

indexOf 返回指定值在数组中第一次匹配项的索引下标，如果没有找到指定值，则返回-1。具体

语法格式如下。

```
array.indexOf(searchElement[, fromIndex])
```

参数说明：
- ☑ searchElement：需要定位的值。
- ☑ fromIndex：可选参数，设置开始搜索的索引位置。如果省略，则从开始位置搜索；如果大于或等于数组长度，则返回-1；如果为负数，则从数组长度加上 fromIndex 的位置开始搜索。

提示：indexOf 方法是从左到右进行检索，检索时会使用全等（===）运算符比较元素与 searchElement 参数值。

【示例 1】使用 indexOf 方法定位"cd"字符串的索引位置。

```
var a = ["ab", "cd", "ef", "ab", "cd"];
console.log(a.indexOf("cd"));        //1
console.log(a.indexOf("cd", 2));     //4
```

2. lastIndexOf

lastIndexOf 返回指定的值在数组中的最后一次匹配项的索引，用法与 indexOf 相同。

【示例 2】使用 lastIndexOf 方法定位"cd"字符串的索引位置。

```
var a = ["ab", "cd", "ef", "ab", "cd"];
console.log(a.lastIndexOf("cd"));        //4
console.log(a.lastIndexOf("cd", 2));     //1
```

22.3.9 检测数组

使用 Array.isArray 方法可以判断一个对象是否为数组。使用运算符 in 可以检测一个值是否在数组中。

【示例】使用 typeof 运算符无法检测数组类型，而使用 Array.isArray 方法比较方便、准确。

```
var a = [1, 2, 3];                      //定义数组直接量
console.log( typeof a );                //返回"object"
console.log( Array.isArray(a) );        //返回 true
```

22.3.10 检测元素

1. 检测是否全部符合指定条件

使用 every 方法可以检测数组的所有元素是否全部符合指定的条件，具体语法格式如下。

```
array.every(callbackfn[, thisArg])
```

参数说明：
- ☑ callbackfn：回调函数，该函数可以包含 3 个参数：元素值、元素下标索引和数组对象。
- ☑ thisArg：可选参数，设置回调函数中 this 引用的对象。如果省略，则 this 值为 undefined。

every 方法将会为数组中每个元素调用回调函数一次，但是不会为空位元素调用回调函数。如果每次调用回调函数都返回 true，则 every 返回值为 true；否则 every 返回值为 false。如果数组没有元素，则 every 返回值为 true。

提示：filter 方法不仅可以被数组对象调用，也允许伪类数组使用。

【示例 1】检测数组中的元素是否都为偶数。

```
function f(value, index, ar) {
    if (value % 2 == 0) return true;
    else return false;
}
var a = [2, 4, 5, 6, 8];
if (a.every(f)) console.log("都是偶数。");
else console.log("不全为偶数。");
```

2. 检测是否存在符合指定条件的元素

使用 some 方法可以检测数组是否有符合指定条件的元素,具体语法格式如下。

array.some(callbackfn[, thisArg])

参数说明:

- ☑ callbackfn:回调函数,该函数可以包含 3 个参数:元素值、元素下标索引和数组对象。
- ☑ thisArg:可选参数,设置回调函数中 this 引用的对象。如果省略,则 this 值为 undefined。

some 方法将会为数组中每个元素调用回调函数一次,但是不会为空位元素调用回调函数。如果每次调用回调函数都返回 false,则 some 返回值为 false;如果全部或者部分调用回调函数返回 true,则 some 返回值为 true。如果数组没有元素,则 every 返回值为 false。

> 提示:filter 方法不仅可以被数组对象调用,也允许伪类数组使用。

【示例 2】检测数组中的元素的值是否都为奇数。如果 some 方法检测到偶数,则返回 true,并提示不全是偶数;如果没有检测到偶数,则提示全部是奇数。

```
function f(value, index, ar) {
    if (value % 2 == 0) return true;
}
var a = [1, 15, 4, 10, 11, 22];
var evens = a.some(f);
if(evens) console.log("不全是奇数。");
else console.log("全是奇数。");
```

22.3.11 映射数组

使用 map 方法可以为数组执行映射操作,具体语法格式如下。

array.map(callbackfn[, thisArg])

参数说明:

- ☑ callbackfn:回调函数,该函数包含元素值、元素下标索引和数组对象 3 个参数。
- ☑ thisArg:可选参数,设置回调函数中 this 引用的对象。如果省略,则 this 值为 undefined。

map 方法将会为数组中每个元素调用回调函数一次,但是不会为空位元素调用回调函数。map 方法返回一个新数组,新数组包含回调函数返回值的列表。

> 提示:filter 方法不仅可以被数组对象调用,也允许伪类数组使用。

【示例】使用 map 方法映射数组,把数组中每个元素的值除以一个阀值,然后返回余数的新数组,其中回调函数和阀值都以对象的属性进行传递。通过这种方式获取原数组中每个数字的个位数的新数组。

```
var obj = {
    val: 10,
    f: function (value) {
        return value % this.val;
```

```
        }
    }
var a = [6, 12, 25, 30];
var a1 = a.map(obj.f, obj);
console.log(a1);                                    //6,2,5,0
```

22.3.12 过滤数组

使用 filter 方法可以为数组执行过滤操作,具体语法格式如下。

```
array.filter(callbackfn[, thisArg])
```

参数说明:
- ☑ callbackfn:回调函数,该函数包含元素值、元素下标索引和数组对象 3 个参数。
- ☑ thisArg:可选参数,设置回调函数中 this 引用的对象。如果省略,则 this 值为 undefined。

filter 方法将会为数组中每个元素调用回调函数一次,但是不会为空位元素调用回调函数。filter 返回一个新数组,新数组包含回调函数返回 true 的所有元素。

提示:filter 方法不仅可以被数组对象调用,也允许伪类数组使用。

【示例】使用 filter 方法过滤数组中指定范围外的元素。

```
var f = function(value) {                           //过滤函数
    if (typeof value !== 'number')   return false;  //如果元素值不是数字,则直接过滤
    else return value >= this.min && value <= this.max ;  //如果为 10~20,则保留
}
var a = [6, 12, "15", 16, "the", -12];              //待处理的数组
var obj = { min: 10, max: 20 };                     //设置范围对象,包含最小值和最大值属性
var r = a.filter(f, obj);                           //执行过滤操作
console.log(r);                                     //返回新数组:12,16
```

提示:ECMAScript 6 新增 3 个过滤函数,专门用于查找特定元素,简单说明如下。
- ☑ find(callback):在每个元素上执行回调函数 callback,如果返回 true,则返回该元素。
- ☑ findIndex(callback):与 find 类似,不过返回的是匹配元素的下标索引。
- ☑ includes(callback):与 find 类似,如果匹配到元素,则返回 true,代表找到了。

22.3.13 汇总数组

使用 reduce 和 reduceRight 方法可以为数组执行汇总操作。

1. reduce

在数组的每个元素上调用回调函数,回调函数的返回值将在下一次被调用时作为参数传入。具体语法格式如下。

```
array.reduce(callbackfn[, initialValue])
```

参数说明:
- ☑ callbackfn:回调函数。
- ☑ initialValue:可选参数,指定初始值。如果指定该参数,则在第一次调用回调函数时,使用该参数值和第一个元素值传入回调函数;如果没有指定该参数,则使用第一个元素值和第二个元素值传入回调函数。然后,依次在下一个元素上调用函数,并把上一次回调函数的返回值与当前元素的值传入回调函数。

reduce 返回值是最后一次调用回调函数的返回值。reduce 不会为空位元素调用该回调函数。
回调函数的语法格式如下。

```
function callbackfn(previousValue, currentValue, currentIndex, array)
```

回调函数的参数说明如下。
- ☑ previousValue：上一次调用回调函数的返回值。如果 reduce 包含参数 initialValue，则在第一次调用函数时，previousValue 为 initialValue。
- ☑ currentValue：当前元素的值。
- ☑ currentIndex：当前元素的下标索引。
- ☑ array：数组对象。

【示例 1】使用 reduce 方法汇总数组内元素的和。

```
function f(pre, curr) {
    return pre +curr;
}
var a = [1, 2, 3, 4];
var r = a.reduce(f);
console.log(r);                    //返回 10
```

2. reduceRight

reduceRight 与 reduce 方法的语法和用法基本相同，唯一的区别是：reduceRight 从右向左对数组中的所有元素调用指定的回调函数。

【示例 2】使用 reduceRight 方法，以" "为分隔符，按从右到左的顺序把数组元素的值连接在一起，返回字符串"4 3 2 1"。如果调用 reduce 方法，则返回字符串为"1 2 3 4"。

```
function f (pre, curr) {
    return pre + " " + curr;
}
var a = [1, 2, 3, 4];
var r = a.reduceRight(f);
console.log(r);                    //返回"4 3 2 1"
```

22.4 案例实战

22.4.1 扩展数组

扩展数组的方法一般通过 Array 的原型实现。有关原型的知识请参考 25.2 节内容。

【设计模式】

```
Array.prototype._m = Array.prototype.m ||
( Array.prototype.m = function(){
    //扩展方法的具体代码
});
Object.prototype.m = Array.prototype._m
```

【代码解析】

Array 是数组构造函数，prototype 是 Array 构造函数的属性，该属性指向一个原型对象，然后通过点语法为其定义属性，这些属性将被 Array 构造函数的所有实例对象继承。

首先，判断数组中是否存在名称为 m 的原型方法，如果存在则直接引用该原型方法，避免覆盖，不必重复定义，否则定义原型方法 m。

其次，把定义的原型方法 m 引用给_m，目的是防止当将原型方法 m 引用给 Object 对象的原型时，发生死循环调用，以兼容 Firefox 浏览器。

【示例】为数组扩展一个求所有元素和的方法。

【实现代码】

```javascript
Array.prototype._sum = Array.prototype.sum ||      //检测是否存在同名方法
( Array.prototype.sum = function(){                //定义该方法
    var _n = 0,_this=[];                           //临时汇总变量
    for(var i in this){                            //遍历当前数组对象
        if( _this[i] = parseFloat( this[i] ) ) _n += _this[i];
                                                   //如果数组元素是数字，则进行累加
    };
    return _n;                                     //返回累加的和
});
Object.prototype.sum = Array.prototype._sum;       //把临时方法赋值给对象的原型方法 sum()
```

该原型方法 sum() 能够计算当前数组中元素为数字的和。在该方法的循环结构体中，首先试图把每个元素转换为浮点数，如果转换成功，则把它们相加，转换失败将会返回 NaN，忽略该元素的值。

【应用代码】

```javascript
var a = [1, 2, 3, 4, 5, 6, 7, 8, "9"];             //定义数组直接量
console.log( a.sum() );                            //返回 45
```

其中，第 9 个元素是一个字符串类型的数字，汇总时也被转换为数值进行相加。

22.4.2 设计迭代器

迭代器（iterator）提供了一种对数据集合中每个元素执行重复操作的机制，JavaScript 提供很多类似的方法，如 forEach、filter、map、every、some。

本例为数组扩展原型方法 each，功能类似原生的 forEach 方法，目的是练习灵活使用数组的相关方法，同时进一步掌握上一节示例的设计思路。

【实现代码】

```javascript
Array.prototype.each = function( f ){              //数组迭代器，扩展 Array 原型方法
    try{                                           //异常处理，避免不可预测的错误
        this.i || ( this.i = 0 );                  //初始化迭代计数器
        if( this.length > 0 && f.constructor == Function ){
                                                   //如果数组长度大于 0，参数为函数
            while( this.i < this.length ){         //遍历数组
                var e = this[this.i];              //获取当前元素
                if( e && e.constructor == Array ){ //如果元素存在，且为数组
                    e.each( f );                   //递归调用迭代器
                }else{                             //否则，在元素上调用参数函数，并传递值
                    f.apply( e, [e] );
                }
                this.i ++ ;                        //递加计数器
            }
            this.i = null;                         //如果遍历完毕，则清空计数器
        }
    }
    catch( w ){ }                                  //捕获异常，暂不处理
    return this                                    //返回当前数组
}
```

【应用代码】
```
var a = [1, [2, [3, 4]]]
var f = function( x ){
    console.log( x );
}
a.each( f );                    //调用迭代器，为每个元素执行一次函数传递
```

📢 **注意**：不能够使用 for...in 语句进行循环操作，因为 for...in 能够迭代本地属性。

22.4.3 设计过滤器

本例定义一个过滤函数，对每个元素进行检测。如果满足条件，则返回 true，否则返回 false。最后把过滤函数传递给迭代器即可实现过滤数组元素的目的。功能类似 JavaScript 原生方法 filter，详细讲解请参考 22.3.12 节内容。

【实现代码】
```
Array.prototype._filter = Array.prototype.filter || ( Array.prototype.
filter = function(){                //过滤数组元素方法
    var b = arguments, a = [];
    this.each( function(){          //遍历数组
        if( b[0].call( b[1], this ) )   //如果执行参数函数时，返回值为 true
            a.push( this );         //则把该元素存储到临时数组中
    });
    return a;                       //最后返回这个临时数组元素
});
Object.prototype.filter = Array.prototype._filter;
```

【应用代码】
定义数组和一个过滤函数，设计如果参数值大于 4，则返回 true。
```
var a = [1, 2, 3, 4, 5, 6, 7, 8, 9]
var f = function( x ){
    if( x > 4 ) return true;
}
```
调用数组 a 的原型方法 filter()，并把过滤函数作为参数传递给方法 filter()。
```
var b = a.filter( f );              //调用数组元素过滤方法
console.log( b );                   //返回[5, 6, 7, 8, 9]
```

22.5 在线支持

扫码免费学习
更多实用技能

一、补充知识
- ☑ 构造数组
- ☑ 数组直接量
- ☑ 多维数组
- ☑ 空位数组
- ☑ 关联数组
- ☑ 伪类数组
- ☑ 读写数组

- ☑ 访问多维数组
- ☑ 数组长度

二、参考
- ☑ Array 原型属性和原型方法

三、专项练习
- ☑ 插入排序
- ☑ 二分插入排序

- ☑ 选择排序
- ☑ 冒泡排序
- ☑ 快速排序
- ☑ 计数排序
- ☑ 排序算法动画演示
- ☑ 排序算法测试速度

✍ 新知识、新案例不断更新中……

第 23 章 使用函数

函数（function）就是一段被封装的代码，允许反复调用。不仅如此，在 JavaScript 中，函数可以作为表达式参与运算，可以作为闭包存储信息，也可以作为类型构造实例等。JavaScript 拥有函数式编程的很多特性，灵活使用函数，可以编写出功能强大、代码简洁、设计优雅的程序。

23.1 定义函数

23.1.1 声明函数

使用 function 关键字可以声明函数，具体语法格式如下。

```
function funName([args]){
    statements
}
```

funName 表示函数名，必须是合法的标识符。在函数名之后是由小括号包含的参数列表，参数之间以逗号分隔，参数是可选项，没有数量限制。

在小括号之后是一对大括号，大括号内包含的代码就是函数体。大括号不可缺少，否则将会抛出语法错误。函数体内可以包含零条或者多条语句，没有数量限制。

【示例】最简单的函数体是一个空函数，不包含任何代码。

```
function funName(){}                                    //空函数
```

提示：var 和 function 都是声明语句，它们声明的变量和函数在 JavaScript 预编译期被解析，这种现象被称为变量提升或函数提升，因此在代码的底部声明变量或函数，在代码的顶部也能够访问。在预编译期，JavaScript 引擎会为每个 function 创建上下文运行环境，定义变量对象，同时把函数内所有私有变量作为属性注册到变量对象上。

23.1.2 构造函数

使用 Function() 可以构造函数，具体语法格式如下。

```
var funName = new Function(p1, p2, ... , pn, body);
```

Function() 的参数类型都是字符串，p1~pn 表示所创建函数的参数列表，body 表示所创建函数的函数体代码，在函数体内语句之间通过分号进行分隔。

【示例 1】构造一个函数：求两个数的和。参数 a 和 b 用来接收用户输入的值，然后返回它们的和。

```
var f = new Function("a", "b", "return a+b");           //通过构造函数创建函数结构
```

在上面代码中，f 就是所创建函数的名称。如果使用 function 语句可以设计相同结构的函数。

```
function f(a, b){                    //使用 function 语句定义函数结构
    return a + b;
}
```

【示例2】使用 Function()构造函数可以不指定任何参数，表示创建一个空函数。

```
var f = new Function();              //定义空函数
```

【示例3】在 Function()构造函数参数中，p1~pn 表示参数列表，可以分开传递，也可以合并为一个字符串进行传递。下面三行代码定义的参数都是等价的。

```
var f = new Function("a", "b", "c", "return a+b+c")
var f = new Function("a, b, c", "return a+b+c")
var f = new Function("a,b", "c", "return a+b+c")
```

提示：使用 Function()可以动态创建函数，这样可以把函数体作为一个字符串表达式进行设计，而不是作为一个程序结构，因此使用起来会更灵活。Function()的缺点如下。
- ☑ Function()构造函数在执行期被编译，执行效率较低。
- ☑ 函数体包含的所有语句，将以一行字符串的形式进行表示，代码的可读性较差。

因此，Function()构造函数不是很常用，也不推荐使用。

23.1.3 函数直接量

函数直接量也称为函数表达式、匿名函数，没有函数名，仅包含 function 关键字、参数列表和函数体。具体语法格式如下。

```
function([args]){
    statements
}
```

【示例1】定义一个函数直接量。

```
function(a, b){                      //函数直接量
    return a + b;
}
```

在上面代码中，函数直接量与使用 function 语句定义函数结构基本相同，它们的结构都是固定的。但是函数直接量没有指定函数名。

【示例2】匿名函数可以作为一个表达式使用，也称为函数表达式，而不再是函数结构块。下面把匿名函数作为一个表达式，赋值给变量 f。

```
var f = function(a, b){
    return a + b;
};
```

当把函数作为一个表达式赋值给变量之后，变量就可以作为函数被调用。

```
console.log(f(1,2));                 //返回数值3
```

【示例3】匿名函数可以直接参与表达式运算。下面把函数定义和调用合并在一起编写。

```
console.log(                         //把函数作为一个操作数进行调用
    (function(a, b){
        return a + b;
    })(1,2));                        //返回数值3
```

23.1.4　箭头函数

ECMAScript 6 新增箭头函数，它是一种特殊结构的函数表达式，语法比 function 函数表达式更简洁，并且没有自己的 this、arguments、super 或 new.target，不能用作构造函数，不能与 new 一起使用。语法格式如下。

```
(param1, param2, …, paramN) => { statements }
(param1, param2, …, paramN) => expression
```

其中，param1, param2, …, paramN 表示参数列表，statements 表示函数内的语句块，expression 表示函数内仅包含一个表达式，它相当于如下语法。

```
function (param1, param2, …, paramN) { return expression; }
```

当只有一个参数时，小括号是可选的。

```
(singleParam) => { statements }         //正确
singleParam => { statements }           //正确
```

没有参数时，需要使用空的小括号表示。

```
() => { statements }
```

【示例 1】使用箭头函数定义一个求平方的函数。

```
var fn = x => x * x;
```

等价于：

```
var fn = function (x) {
    return x * x;
}
```

【示例 2】定义一个比较函数，比较两个参数，返回最大值。

```
var fn = (x,y) => {
    if (x > y) {
        return x;
    } else {
        return y;
    }
}
```

23.2　调 用 函 数

调用函数有 4 种模式：常规调用、方法调用、动态调用、实例化调用。下面进行详细讲解。

23.2.1　常规调用

在默认状态下，函数是不会被执行的。使用小括号（()）可以执行函数，在小括号中可以包含零个或多个参数，参数之间通过逗号进行分隔。

【示例 1】使用小括号调用函数，然后把返回值作为参数，再传递给 f()函数，进行第二轮运算，这样可以节省两个临时变量。

```
function f(x,y){                        //定义函数
```

```
        return x*y;                              //返回值
}
console.log(f(f(5,6),f(7,8)));                   //返回 1680。重复调用函数
```

【示例 2】如果函数返回值为一个函数，则在调用时可以使用多个小括号反复调用。

```
function f(x, y){                                //定义函数
    return function(){                           //返回函数类型的数据
        return x * y;
    }
}
console.log(f(7, 8)());                          //返回值 56，反复调用函数
```

23.2.2 函数的返回值

在函数体内，使用 return 语句可以设置函数的返回值，一旦执行 return 语句，将停止函数的运行，并运算和返回 return 后面的表达式的值。如果函数不包含 return 语句，则执行完函数体内所有语句后，返回 undefined 值。

【示例 1】函数的参数没有限制，但是返回值只能是一个，如果要输出多个值，可以通过数组或对象进行设计。

```
function f(){
    var a = [];
    a[0] = true;
    a[1] = 123;
    return a;                                    //返回多个值
}
```

在上面代码中，函数返回值为数组，该数组包含两个元素，从而实现使用一个 return 语句，返回多个值的目的。

【示例 2】在函数体内可以包含多个 return 语句，但是仅能执行一个 return 语句，因此在函数体内可以使用分支结构决定函数返回值。

```
function f(x, y){
    //如果参数为非数字类型，则终止函数执行
    if( typeof x != "number" ||  typeof y != "number") return;
    //根据条件返回值
    if(x > y) return x - y;
    if(x < y) return y - x;
    if(x * y <= 0) return x + y;
}
```

23.2.3 方法调用

当一个函数被设置为对象的属性值时，称为方法。使用点语法可以调用一个方法。

【示例】创建一个 obj 对象，它有一个 value 属性和一个 increment 方法。increment 方法接收一个可选的参数，如果该参数不是数字，则默认使用数字 1。

```
var obj = {
    value : 0,
    increment : function(inc) {
        this.value += typeof inc === 'number' ? inc : 1;
    }
}
obj.increment();
```

```
console.log(obj.value);                    //1
obj.increment(2);
console.log(obj.value);                    //3
```

使用点语法调用对象 obj 的方法 increment，然后通过 increment()函数改写 value 属性的值。在 increment 方法中可以使用 this 访问 obj 对象，然后使用 obj.value 方式读写 value 属性值。

23.2.4 动态调用

call 和 apply 是 Function 的原型方法，它们能够将特定函数当作一个方法绑定到指定对象上，并进行调用。具体语法格式如下。

```
function.call(thisobj, args...)
function.apply(thisobj, [args])
```

function 表示要调用的函数。参数 thisobj 表示绑定对象，也就是将函数 function 体内的 this 动态绑定到 thisobj 对象上。参数 args 表示将传递给被函数的参数。

call 只能接收多个参数列表，而 apply 只能接收一个数组或者伪类数组，数组元素将作为参数列表传递给被调用的函数。

【示例 1】使用 call 动态调用函数 f，并传入参数值 3 和 4，返回两个值的和。

```
function f(x,y){                           //定义求和函数
    return x+y;
}
console.log( f.call(null, 3, 4));          //返回 7
```

在上面示例中，f 是一个简单的求和函数，通过 call 方法把函数 f 绑定到空对象 null 身上，以实现动态调用函数 f，同时把参数 3 和 4 传递给函数 f，返回值为 7。实际上，f.call(null, 3, 4)等价于 null.m(3,4)。

【示例 2】示例 1 使用 call 调用，也可以使用 apply 方法调用函数 f。

```
function f(x,y){                           //定义求和函数
    return x+y;
}
console.log( f.apply(null, [3, 4] ));      //返回 7
```

如果把一个数组或伪类数组的所有元素作为参数进行传递，使用 apply 方法就非常方便。

【示例 3】使用 apply 方法设计一个求最大值的函数。

```
function max(){                                    //求最大值函数
    var m = Number.NEGATIVE_INFINITY;              //声明一个负无穷大的数值
    for( var i = 0; i < arguments.length; i ++ ){  //遍历所有实参
        if( arguments[i] > m )                     //如果实参大于变量 m，
            m = arguments[i];                      //则把该实参值赋值给 m
    }
    return m;                                      //返回最大值
}
var a = [23, 45, 2, 46, 62, 45, 56, 63];           //声明并初始化数组
var m = max.apply( Object, a );                    //动态调用 max，绑定为 Object 的方法
console.log( m );                                  //返回 63
```

在上面示例中，设计定义一个函数 max()，用来计算所有参数中最大值参数。首先，通过 apply 方法，动态调用 max()函数。其次，把它绑定为 Object 对象的一个方法，并把包含多个值的数组传递给它。最后，返回经过 max()计算后的最大数组元素。

如果使用 call 方法，就需要把数组内所有元素全部读取出来，再逐一传递给 call 方法，显然这种

【示例 4】可以动态调用 Math 的 max()方法计算数组的最大值元素。
```
var a = [23, 45, 2, 46, 62, 45, 56, 63];         //声明并初始化数组
var m = Math.max.apply( Object, a );             //调用系统函数 max
console.log( m );                                //返回 63
```

23.2.5 实例化调用

使用 new 命令可以实例化对象，在创建对象的过程中会运行函数。因此，使用 new 命令可以间接调用函数。

> 注意：使用 new 命令调用函数时，返回的是对象，而不是 return 的返回值。如果不需要返回值，或者 return 的返回值是对象，可以选用 new 间接调用函数。

【示例】使用 new 调用函数，把传入的参数值显示在控制台。
```
function f(x,y){                                 //定义函数
    console.log("x = " + x + ", y = " + y );
}
new f(3, 4);
```

23.3　函　数　参　数

参数是函数对外联系的唯一入口，用户只能通过参数控制函数的运行。

23.3.1 形参和实参

函数的参数包括两种类型。
- ☑ 形参：在定义函数时，声明的参数变量，仅在函数内部可见。
- ☑ 实参：在调用函数时，实际传入的值。

【示例 1】定义 JavaScript 函数时，可以设置零个或多个参数。
```
function f(a,b){                                 //设置形参 a 和 b
    return a+b;
}
var x=1,y=2;                                     //声明并初始化变量
console.log(f(x,y));                             //调用函数并传递实参
```

在上面示例中，a、b 就是形参，而在调用函数时向函数传递的变量 x、y 就是实参。

一般情况下，函数的形参和实参数量应该相同，但是 JavaScript 并没有要求形参和实参必须相同。在特殊情况下，函数的形参和实参数量可以不相同。

【示例 2】如果函数实参数量少于形参数量，那么多出来的形参的值默认为 undefined。
```
(function(a,b){                                  //定义函数，包含两个形参
    console.log(typeof a);                       //返回 number
    console.log(typeof b);                       //返回 undefined
})(1);                                           //调用函数，传递一个实参
```

【示例 3】如果函数实参数量多于形参数量，那么多出来的实参就不能够通过形参进行访问，函数会忽略多余的实参。下面函数的实参 3 和 4 就被忽略了。

```
(function(a,b){                           //定义函数，包含两个形参
    console.log(a);                       //返回 1
    console.log(b);                       //返回 2
})(1,2,3,4);                              //调用函数，传入 4 个实参值
```

> **提示**：ECMAScript 6 开始支持默认参数，以前设置默认参数的方法如下。
> ```
> function add(a , b) {
>     b = b || 1;                         //判断 b 是否为空，为空就给默认值 1
> }
> ```
> 现在可以设置：
> ```
> function add(a , b=1) {                 //如果参数 b 为空，则使用默认值 1
> }
> ```

23.3.2 获取参数个数

使用 arguments 对象的 length 属性可以获取函数的实参个数。arguments 对象只能在函数体内可见，因此 arguments.length 只能在函数体内使用。

使用函数对象的 length 属性可以获取函数的形参个数，该属性为只读属性，在函数体内、体外都可以使用。演示示例可以参考下面两节示例代码。

23.3.3 使用 arguments

arguments 对象表示函数的实参集合，仅能够在函数体内可见，并可以直接访问。

【示例 1】函数没有定义形参，但是在函数体内通过 arguments 对象可以获取调用函数时传入的每一个实参值。

```
function f(){                             //定义没有形参的函数
    for(var i = 0; i < arguments.length; i ++ ){  //遍历 arguments 对象
        console.log(arguments[i]);        //显示指定下标的实参的值
    }
}
f(3, 3, 6);                               //逐个显示每个传递的实参
```

> **注意**：arguments 对象是一个伪类数组，不能够继承 Array 的原型方法。可以使用数组下标的形式访问每个实参，如 arguments[0]表示第一个实参，下标值从 0 开始，直到 arguments.length-1。其中，length 是 arguments 对象的属性，表示函数包含的实参个数。同时，arguments 对象可以允许更新其包含的实参值。

【示例 2】使用 for 循环遍历 arguments 对象，然后把循环变量的值传入 arguments，以便改变实参值。

```
function f(){
    for(var i = 0; i < arguments.length; i ++ ){  //遍历 arguments 对象
        arguments[i] =i;                  //修改每个实参的值
        console.log(arguments[i]);        //提示修改的实参值
    }
}
f(3, 3, 6);                               //返回提示 0、1、2，而不是 3、3、6
```

【示例 3】通过修改 length 属性值，可以改变函数的实参个数。当 length 属性值增大时，则增加的实参值为 undefined；如果 length 属性值减小，则会丢弃 length 长度值之后的实参值。

```javascript
function f(){
    arguments.length = 2 ;                    //修改 arguments 对象的 length 属性值
    for(var i = 0; i < arguments.length; i ++ ){
        console.log(arguments[i]);
    }
}
f(3, 3, 6);                                   //返回提示 3、3
```

23.3.4 使用 callee

callee 是 arguments 对象的属性，它引用当前 arguments 对象所属的函数。使用该属性可以在函数体内调用函数自身。在匿名函数中，callee 属性比较有用，例如，利用它可以设计递归调用。

【示例】使用 arguments.callee 获取匿名函数，然后通过函数的 length 属性获取函数形参个数，最后比较实参个数与形参个数，以检测用户传递的参数是否符合要求。

```javascript
function f(x, y, z){
    var a = arguments.length;                 //获取函数实参的个数
    var b = arguments.callee.length;          //获取函数形参的个数
    if (a != b){                              //如果形参和实参个数不相等，则提示错误信息
        throw new Error("传递的参数不匹配");
    }
    else{                                     //如果形参和实参数目相同，则返回它们的和
        return x + y + z;
    }
}
console.log(f(3, 4, 5));                      //返回值为 12
```

arguments.callee 等价于函数名，在上面示例中，arguments.callee 等于 f。

23.3.5 剩余参数

ECMAScript 6 新增剩余参数，它允许将不定数量的参数表示为一个数组。语法格式如下。

```javascript
function(a, b, ...args) {
    //函数体
}
```

如果函数最后一个形参以...为前缀，则它表示剩余参数，将传递的所有剩余的实参组成一个数组，传递给形参 args。

💡 **提示**：剩余参数与 arguments 对象之间的区别主要有如下三点。
- ☑ 剩余参数只包含没有对应形参的实参，而 arguments 对象包含所有的实参。
- ☑ arguments 对象是一个伪类数组，而剩余参数是真正的数组类型。
- ☑ arguments 对象有自己的属性，如 callee 等。

【示例】利用剩余参数设计一个求和函数。

```javascript
var fn = (x, y, ...rest) => {
    var i, sum = x + y;
    for (i=0; i<rest.length; i++) {
        sum += rest[i];
    }
    return sum;
}
```

```
console.log( fn(5, 7, 6, 4, 7));
```
可以简写为：
```
var fn = (...rest) => {
    var i, sum = 0;
    for (i=0; i<rest.length; i++) {
        sum += rest[i];
    }
    return sum;
}
```
此时，剩余参数 rest 与 arguments 对象包含的实参个数相等。

23.4 函数作用域

JavaScript 支持全局作用域和局部作用域，局部作用域也称为函数作用域，局部变量在函数体内可见，因此也称为私有变量。

23.4.1 定义作用域

作用域（scope）表示变量的作用范围、可见区域，一般包括词法作用域和执行作用域。

☑ 词法作用域：根据代码的结构关系确定作用域。它是一种静态的词法结构，JavaScript 解析器主要根据词法结构确定每个变量的可见范围和有效区域。

☑ 执行作用域：当代码被执行时，才能够确定变量的作用范围和可见性，与词法作用域相对，它是一种动态作用域。函数的作用域会因为调用对象不同而发生变化。

注意：JavaScript 支持词法作用域，JavaScript 函数只能运行在被预先定义好的词法作用域里，而不是被执行的作用域里。因此，定义作用域实际上就是定义函数。

23.4.2 作用域链

JavaScript 作用域属于静态概念，根据词法结构确定，而不是根据执行确定。作用域链是 JavaScript 提供的一套解决函数内私有变量的访问机制。JavaScript 规定每一个作用域都有一个与之相关联的作用域链。

作用域链用来在函数执行时，求出私有变量的值。该链中包含多个对象，在访问私有变量的过程中，会从链首的对象开始，然后依次查找后面的对象，直到在某个对象中找到与私有变量名称相同的属性。如果在作用域链的顶端（全局对象）中仍然没有找到同名的属性，则返回 undefined。

【示例】通过多层嵌套的函数设计一个作用域链，在最内层函数中可以逐级访问外层函数的私有变量。

```
var a = 1;                          //全局变量
(function(){
    var b = 2;                      //第 1 层局部变量
    (function(){
        var c = 3;                  //第 2 层局部变量
        (function(){
            var d = 4;              //第 3 层局部变量
            console.log(a+b+c+d);   //返回 10
```

```
        })()                                    //直接调用函数
      })()                                      //直接调用函数
    })()                                        //直接调用函数
```

在上面代码中，JavaScript 引擎首先在最内层活动对象中查询属性 a、b、c 和 d，其中只找到属性 d 并获得它的值（4），然后沿着作用域链，在上一层活动对象中继续查找属性 a、b 和 c，其中找到属性 c 获得它的值（3），以此类推，直到找到所有需要的变量值为止，如图 23.1 所示。

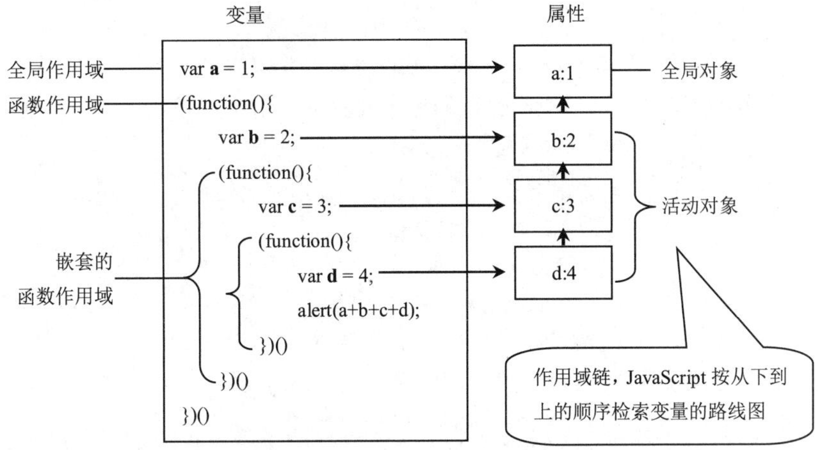

图 23.1 变量的作用域链

23.4.3 函数的私有变量

在函数体内，一般包含以下类型的私有变量。

- ☑ 函数参数。
- ☑ arguments。
- ☑ 局部变量。
- ☑ 内部函数。
- ☑ this。

其中，this 和 arguments 是系统内置标识符，不需要特别声明。这些标识符在函数体内的优先级为 this → 局部变量 → 形参 → arguments → 函数名，其中左侧优先级要大于右侧。

JavaScript 函数的作用域是静态的，但是函数的调用是动态的。由于函数可以在不同的运行环境内被执行，因此 JavaScript 在函数体内内置了 this 关键字，用来获取当前的运行环境。this 是一个指针型变量，它动态地引用当前的运行环境，具体说就是调用函数的对象。

23.5 闭包函数

闭包是高阶函数的重要特性，在函数式编程中起着重要作用。本节将介绍闭包的结构和基本用法。

23.5.1 定义闭包

闭包就是一个持续存在的函数上下文运行环境。典型的闭包体是一个嵌套结构的函数。内部函数引用外部函数的私有变量，同时内部函数又被外界引用，当外部函数被调用后，就形成闭包，这个函数也称为闭包函数。

【示例1】 下面是一个典型的闭包结构。

```
function f(x){                  //外部函数
    return function(y){         //内部函数，通过返回内部函数，实现外部引用
        return x + y;           //访问外部函数的参数
    };
}
var c = f(5);                   //调用外部函数，获取引用内部函数
console.log(c(6));              //调用内部函数，原外部函数的参数继续存在
```

【示例2】 下面结构形式可以形成闭包，通过全局变量引用内部函数，实现内部函数对外开放。

```
var c;                          //声明全局变量
function f(x){                  //外部函数
    c = function(y){            //内部函数，通过向全局变量开放实现外部引用
        return x + y;           //访问外部函数的参数
    };
}
f(5);                           //调用外部函数
console.log(c(6));              //使用全局变量c调用内部函数，返回11
```

【示例3】 除了嵌套函数外，如果外部引用函数内部的私有数组或对象也容易形成闭包。

```
var  add;                       //全局变量，定义访问闭包的通道
function f(){                   //外部函数
    var a = [1,2,3];            //私有变量，引用型数组
    add = function(x){          //测试函数，对外开放
        a[0] = x*x;             //修改私有数组的元素值
    }
    return a;                   //返回私有数组的引用
}
var c = f();
console.log(c[0]);              //读取闭包内数组，返回1
add(5);                         //测试修改数组
console.log(c[0]);              //读取闭包内数组，返回25
add(10);                        //测试修改数组
console.log(c[0]);              //读取闭包内数组，返回100
```

与函数相同，对象和数组是引用型数据。调用函数f，返回私有数组a的引用，即传址给全局变量c，而a是函数f的私有变量。当被调用后，活动对象继续存在，这样就形成闭包。

注意：这种特殊形式的闭包没有实际应用价值，因为它的功能单一，只能作为一个静态的、单向的闭包。而闭包函数可以设计各种复杂的运算表达式，它是函数式编程的基础。

如果返回的是一个简单的值，就无法形成闭包，值传递是直接复制。外部变量c得到的仅是一个值，而不是对函数内部变量的引用，这样当函数调用后，直接注销活动对象。

```
function f(x){                  //外部函数
    var a = 1;                  //私有变量，简单值
    return a;
}
var c = f(5);
console.log(c);                 //仅是一个值，返回1
```

23.5.2 使用闭包

下面结合示例介绍闭包的简单使用，以加深对闭包的理解。

第 23 章 使用函数

【示例 1】使用闭包实现优雅的打包，定义存储器。

```
var f = function(){              //外部函数
    var a = []                   //私有数组初始化
    return function(x){          //返回内部函数
        a.push(x);               //添加元素
        return a;                //返回私有数组
    };
}();                             //直接调用函数，生成执行环境
var a = f(1);                    //添加值
console.log(a);                  //返回 1
var b = f(2);                    //添加值
console.log(b);                  //返回 1,2
```

在上面示例中，通过外部函数设计一个闭包，定义一个永久的存储器。当调用外部函数并生成执行环境之后，就可以利用返回的匿名函数，不断地向闭包体内的数组 a 传入新值，传入的值会一直持续存在。

【示例 2】在网页中，事件处理函数很容易形成闭包。

```
function f(){                    //事件处理函数，闭包
    var a = 1;                   //私有变量 a，初始化为 1
    b = function(){              //开放私有函数
        console.log( "a = " + a );  //读取 a 的值
    }
    c = function(){              //开放私有函数
        a ++ ;                   //递增 a 的值
    }
    d = function( ){             //开放私有函数
        a --;                    //递减 a 的值
    }
}
</script>
<button onclick="f()">生成闭包</button>
<button onclick="b()">查看 a 的值</button>
<button onclick="c()">递增</button>
<button onclick="d()">递减</button>
```

在浏览器中浏览时，首先单击"生成闭包"按钮，生成一个闭包。单击"查看 a 的值"按钮，可以随时查看闭包内私有变量 a 的值。单击"递增""递减"按钮时，可以动态修改闭包内变量 a 的值，演示效果如图 23.2 所示。

图 23.2　事件处理函数闭包

23.6 案例实战

23.6.1 应用 arguments

在实际开发中，arguments 对象非常有用，灵活使用 arguments 对象，可以提升编程技巧。下面结合几个典型示例展示 arguments 的应用。

- ☑ 技巧一，使用 arguments 对象能够增强函数应用的灵活性。如果函数的参数个数不确定，或者函数的参数个数很多，而又不想逐一定义每一个形参，则可以省略定义参数，直接在函数体内使用 arguments 对象访问调用函数的实参值。

【示例 1】定义一个求平均值的函数，借助 arguments 对象计算参数的平均值。在调用函数时，可以传入任意多个参数。

```javascript
function avg(){                                     //求平均数
    var num = 0, l = 0;                             //声明并初始化临时变量
    for(var i = 0; i < arguments.length; i ++ ){    //遍历所有实参
        if(typeof arguments[i] != "number")         //如果参数不是数值
            continue;                               //则忽略该参数值
        num += arguments[i];                        //计算参数的数值之和
        l ++ ;                                      //计算参与和运算的参数个数
    }
    num /= l;                                       //求平均值
    return num;                                     //返平均值
}
console.log(avg(1, 2, 3, 4));                       //返回 2.5
console.log(avg(1, 2, "3", 4));                     //返回 2.3333333333333335
```

【示例 2】在页面设计中经常需要验证表单输入值，以检测文本框中输入的值是否为合法的邮箱地址。

```javascript
function isEmail(){
    if(arguments.length>1) throw new Error("只能够传递一个参数");  //检测参数个数
    var regexp = /^\w+((-\w+)|(\.\w+))*\@[A-Za-z0-9]+((\.|-)[A-Za-z0-9]+)*\.[A-Za-z0-9]+$/;  //定义正则表达式
    if (arguments[0].search(regexp)!= -1)           //匹配实参的值
        return true;                                //如果匹配则返回 true
    else
        return false;                               //如果不匹配则返回 false
}
var email = "zhangsan@css23.cn";                    //声明并初始化邮箱地址字符串
console.log(isEmail(email));                        //返回 true
```

- ☑ 技巧二，arguments 对象是伪类数组，不是数组，可以通过 length 属性和中括号语法遍历或访问实参的值。不过，通过动态调用的方式也可以使用数组的方法，如 push、pop、slice 等。

【示例 3】使用 arguments 可以模拟重载。实现方法：通过 arguments.length 属性值判断实际参数的个数和类型，以决定执行不同的代码。

```javascript
function sayHello() {
    switch (arguments.length) {
        case 0:
            return "Hello";
        case 1:
            return "Hello, " + arguments[0];
```

```
            case 2:
                return (arguments[1] == "cn" ? "你好，" : "Hello, ") + arguments[0];
        };
}
console.log( sayHello() );                          //"Hello"
console.log( sayHello("Alex") );                    //"Hello, Alex"
console.log( sayHello("Alex", "cn") );              //"你好，Alex"
```

【示例 4】使用动态调用的方法，让 arguments 对象调用数组方法 slice()，可以把函数的参数对象转换为数组。

```
function f() {
    return [].slice.apply( arguments);
}
console.log( f(1,2,3,4,5,6));                       //返回[1,2,3,4,5,6]
```

23.6.2 应用闭包

闭包的价值是方便在表达式运算过程中存储数据。但是，它的缺点也不容忽视。

- ☑ 由于函数调用后，无法注销调动对象，会占用系统资源，在脚本中大量使用闭包，容易导致内存泄露。解决方法：慎用闭包，避免滥用。
- ☑ 由于闭包的作用，其保存的值是动态的，如果处理不当，容易出现异常或错误。下面结合示例进行具体说明。

【示例】设计一个简单的选项卡效果。HTML 结构如下。

```html
<div class="tab_wrap">
    <ul class="tab" id="tab">
        <li id="tab_1" class="hover">Tab1</li>
        <li id="tab_2" class="normal">Tab2</li>
        <li id="tab_3" class="normal">Tab3</li>
    </ul>
    <div class="content" id="content">
        <div id="content_1" class="show"><img src="images/1.jpg" height="200" /></div>
        <div id="content_2" class="none"><img src="images/2.jpg" height="200"   /></div>
        <div id="content_3" class="none"><img src="images/3.jpg" height="200" /></div>
    </div>
</div>
```

CSS 样式代码不再细说，读者可以参考本节示例源码。下面重点看 JavaScript 脚本。

```javascript
window.onload = function(){
    var tab = document.getElementById("tab").getElementsByTagName("li"),
        content = document.getElementById("content").getElementsByTagName("div");
    for(var i = 0; i < tab.length; i ++ ){
        tab[i].addEventListener("mouseover", function(){
            for(var n = 0; n < tab.length; n ++ ){
                tab[n].className = "normal";
                content[n].className = "none";
            }
            tab[i].className = "hover";
            content[i].className = "show";
        });
    }
}
```

在 load 事件处理函数中，使用 for 语句为每个 li 元素绑定 mouseover 事件。在 mouseover 事件处理函数中，重置所有选项卡 li 的类样式，然后设置当前 li 选项卡高亮显示，同时显示对应的内容容器。但是，在浏览器中预览，会发现浏览器抛出异常。

SCRIPT5007：无法设置未定义或 null 引用的属性"className"

在 mouseover 事件处理函数中跟踪变量 i 的值，i 的值都变为 3，tab[3]自然是一个 null，所以不能够读取 className 属性。

【原因分析】

JavaScript 代码是一个典型的嵌套函数结构。外部函数为 load 事件处理函数，内部函数为 mouseover 事件处理函数，变量 i 为外部函数的私有变量。

通过事件绑定，mouseover 事件处理函数被外界引用（li 元素），这样就形成一个闭包体。虽然，在 for 语句中为每个选项卡 li 分别绑定事件处理函数，但是这个操作是动态的。因此 tab[i]中 i 的值是动态的，所以就出现了异常。

【解决方法】

解决闭包的缺陷，最简单的方法是阻断内部函数对外部函数的变量引用，这样就形成不了闭包体。针对本节示例，可以在内部函数（mouseover 事件处理函数）外边增加一层防火墙，不让其直接引用外部变量。

```javascript
window.onload = function(){
    var tab = document.getElementById("tab").getElementsByTagName("li"),
        content = document.getElementById("content").getElementsByTagName("div");
    for(var i = 0; i < tab.length; i ++ ){
        (function(j){
            tab[j].addEventListener("mouseover", function(){
                for(var n = 0; n < tab.length; n ++ ){
                    tab[n].className = "normal";
                    content[n].className = "none";
                }
                tab[j].className = "hover";
                content[j].className = "show";
            });
        })(i);
    }
}
```

在 for 语句中，直接调用匿名函数，把外部函数的 i 变量传给调用函数，在调用函数中接收这个值，而不是引用外部变量 i，以规避闭包体带来的困惑，演示效果如图 23.3 所示。

图 23.3 Tab 选项卡效果

23.7 在线支持

扫码免费学习
更多实用技能

一、JavaScript 函数基础
- ☑ 声明函数
- ☑ 构造函数
- ☑ 函数直接量
- ☑ 嵌套函数
- ☑ 调用函数

- ☑ 函数的返回值
- ☑ 使用 new 调用函数
- ☑ 函数的参数
- ☑ 函数的标识符
- ☑ 词法作用域
- ☑ 执行上下文和活动对象
- ☑ 作用域链

二、补充知识
- ☑ 执行上下文栈和执行上下文的具体变化过程

三、专项练习
- ☑ 汉诺塔动画演示

新知识、新案例不断更新中……

第 24 章 使用对象

对象（object）是最基本、最通用的类型，具有复合性结构，属于引用型数据，对象的结构具有弹性，内部的数据是无序的，每个成员被称为属性。在 JavaScript 中，对象是一个泛化的概念，任何值都可以转换为对象，所有对象都继承于 Object 类型，拥有很多原型属性。

24.1 定义对象

在 JavaScript 中定义对象有 3 种方法，下面进行详细介绍。

24.1.1 构造对象

使用 new 运算符调用构造函数，可以构造对象。具体语法格式如下。

```
var objectName = new functionName(args);
```

简单说明如下。
- objectName：返回的实例对象。
- functionName：构造函数，详细说明可以参考 23.1 节内容。
- args：参数列表。

【示例】使用 new 运算符调用不同的类型函数，构造不同的对象。

```
var o = new Object();         //定义一个空对象
var a = new Array();          //定义一个空数组
var f = new Function();       //定义一个空函数
```

24.1.2 对象直接量

使用直接量可以快速定义对象，具体语法格式如下。

```
var objectName = {
    属性名 1 : 属性值 1,
    属性名 2 : 属性值 2,
    ……
    属性名 n : 属性值 n
};
```

在对象直接量中，属性名与属性值之间通过冒号进行分隔，属性值可以是任意类型的数据，属性名可以是 JavaScript 标识符，或者是字符串型表达式。属性与属性之间通过逗号进行分隔，最后一个属性末尾不需要逗号。

【示例 1】使用对象直接量定义 1 个对象。

```
var o = {                              //对象直接量
    a : 1,                             //定义属性
    b : true                           //定义属性
}
```

【示例 2】如果不包含任何属性，则可以定义一个空对象。

```
var o = { }                            //定义一个空对象直接量
```

提示：ECMAScript 6 新增 Map 类型的数据结构，本质与 Object 结构类似。两者的区别：Object 强制规定 key 只能是字符串；而 Map 结构的 key 可以是任意对象。

24.1.3 使用 create

Object.create 是 ECMAScript 5 新增的一个静态方法，用来定义对象。该方法可以指定对象的原型和对象特性。具体语法格式如下。

```
Object.create(prototype, descriptors)
```

参数说明如下。
- prototype：必须参数，指定原型对象，可以为 null。
- descriptors：可选参数，包含一个或多个属性描述符的 JavaScript 对象。属性描述符包含数据特性和访问器特性，其中数据特性说明如下。
  - value：指定属性值。
  - writable：默认为 false，设置属性值是否可写。
  - enumerable：默认为 false，设置属性是否可枚举（for/in）。
  - configurable：默认为 false，设置是否可修改属性特性和删除属性。

访问器特性包含两种方法，简单说明如下。
- set()：设置属性值。
- get()：返回属性值。

【示例】使用 Object.create 定义一个对象，继承 null，包含两个可枚举的属性 size 和 shape，属性值分别为 "large" 和 "round"。

```
var newObj = Object.create(null, {
    size: {                                //属性名
        value: "large",                    //属性值
        enumerable: true                   //可以枚举
    },
    shape: {                               //属性名
        value: "round",                    //属性值
        enumerable: true                   //可以枚举
    }
});
console.log(newObj.size );                 //large
console.log(newObj.shape );                //round
console.log(Object.getPrototypeOf(newObj));//null
```

24.2 对象的属性

属性也称为名/值对,包括属性名和属性值。属性名可以是包含空字符串在内的任意字符串,一个对象中不能存在两个同名的属性。属性值可以是任意类型的数据。

24.2.1 定义属性

1. 直接量定义

在对象直接量中,属性名与属性值之间通过冒号分隔,冒号左侧是属性名,右侧是属性值,名/值对之间通过逗号分隔。

【示例 1】使用直接量方法定义对象 obj,然后添加两个属性。

```
var obj = {                          //定义对象
    x:1,                             //属性
    y:function(){                    //方法
        return this.x + this.x;
    }
}
```

2. 点语法定义

【示例 2】通过点语法,可以在构造函数内或者对象外添加属性。

```
var obj =   {}                       //定义空对象
obj.x = 1;                           //定义属性
obj.y = function(){                  //定义方法
    return this.x + this.x;
}
```

3. 使用 defineProperty

使用 Object.defineProperty()函数可以为对象添加属性,或者修改现有属性。如果指定的属性名在对象中不存在,则执行添加操作;如果在对象中存在同名属性,则执行修改操作。具体语法格式如下。

```
Object.defineProperty(object, propertyname, descriptor)
```

参数说明:
- ☑ object:指定要添加或修改属性的对象,可以是 JavaScript 对象或者 DOM 对象。
- ☑ propertyname:表示属性名的字符串。
- ☑ descriptor:定义属性描述符,包括数据特性、访问器特性。

Object.defineProperty 返回值为已修改的对象。

【示例 3】先定义一个对象直接量 obj,然后使用 Object.defineProperty()函数为 obj 对象定义属性:属性名为 x、值为 1、可写、可枚举、可修改的特性。

```
var obj = {};
Object.defineProperty(obj, "x", {
    value: 1,                        //属性值
    writable: true,                  //属性可读可写
    enumerable: true,                //属性可枚举
    configurable: true               //属性可修改
```

```
});
console.log(obj.x );                    //1
```

4. 使用 defineProperties

使用 Object.defineProperties()函数可以一次定义多个属性，具体语法格式如下。

```
object.defineProperties(object, descriptors)
```

参数说明：

- ☑ object：对其添加或修改属性的对象，可以是本地对象或 DOM 对象。
- ☑ descriptors：包含一个或多个属性描述符。每个属性描述符描述一个数据属性或访问器属性。

【示例 4】使用 Object.defineProperties()函数将数据属性和访问器属性添加到对象 obj 上。

```
var obj = {};
Object.defineProperties(obj, {
    x: {                                //定义属性 x
        value: 1,
        writable: true,                 //可写
    },
    y: {                                //定义属性 y
        set: function (x) {             //设置访问器属性
            this.x = x;                 //改写 obj 对象的 x 属性的值
        },
        get: function () {              //设置访问器属性
            return this.x;              //获取 obj 对象的 x 属性的值
        }
    }
});
obj.y = 10;
console.log( obj.x );                   //10
```

24.2.2 访问属性

1. 使用点语法

使用点语法可以快速地读写对象属性，点语法左侧是引用对象的变量，右侧是属性名。

【示例 1】定义对象 obj，包含属性 x，然后使用点语法读取属性 x 的值。

```
var obj = {                             //定义对象
    x:1,
}
console.log(obj.x);                     //访问对象属性 x，返回 1
obj.x = 2;                              //重写属性值
console.log(obj.x);                     //访问对象属性 x，返回 2
```

2. 使用中括号语法

可以使用中括号读写对象属性。

【示例 2】针对上面示例，使用中括号语法读写对象 obj 的属性 x 的值。

```
console.log(obj["x"]);                  //2
obj["x"] = 3;                           //重写属性值
console.log(obj["x"]);                  //3
```

注意：在中括号语法中，必须以字符串形式指定属性名，而不能够使用标识符。

中括号内可以使用字符串,也可以是字符型表达式,即只要表达式的值为字符串即可。

【示例3】使用 for/in 遍历对象的可枚举属性,并读取它们的值,然后重写属性值。

```
for(var i in obj){                  //遍历对象
    console.log(obj[i]);            //读取对象的属性值
    obj[i] = obj[i] + obj[i];       //重写属性值
    console.log(obj[i]);            //读取修改后属性值
}
```

在上面代码中,中括号中的表达式 i 是一个变量,其返回值为 for...in 遍历对象时,枚举的每个属性名。

3. 使用 getOwnPropertyNames

使用 Object.getOwnPropertyNames()函数能够返回指定对象私有属性的名称。私有属性是指用户在本地定义的属性,而不是继承的原型属性。具体语法格式如下。

```
Object.getOwnPropertyNames(object)
```

参数 object 表示一个对象,返回值为一个数组,包含所有私有属性的名称,其中包括可枚举的和不可枚举的属性和方法的名称。如果仅返回可枚举的属性和方法的名称,应该使用 Object.keys()函数。

【示例4】定义一个对象,该对象包含 3 个属性,然后使用 getOwnPropertyNames 获取该对象的私有属性名称。

```
var obj = { x:1, y:2, z:3 }
var arr = Object.getOwnPropertyNames( obj );
console.log (arr);                  //返回属性名:x,y,z
```

4. 使用 keys

使用 Object.keys()函数仅能获取可枚举的私有属性名称,具体语法格式如下。

```
Object.keys(object)
```

参数 object 表示指定对象,可以是 JavaScript 对象或 DOM 对象。返回值是一个数组,其中包含对象的可枚举属性名称。

5. 使用 getOwnPropertyDescriptor

使用 Object.getOwnPropertyDescriptor()函数能够获取对象的属性描述符,具体语法格式如下。

```
Object.getOwnPropertyDescriptor(object, propertyname)
```

参数 object 表示指定对象,propertyname 表示属性的名称。返回值为属性的描述符对象。

【示例5】定义一个对象 obj,包含 3 个属性,然后使用 Object.getOwnPropertyDescriptor()函数获取属性 x 的数据属性描述符,并使用该描述符将属性 x 设置为只读。最后,再调用 Object.defineProperty()函数,使用数据属性描述符修改属性 x 的特性。遍历修改后的对象,可以发现只读特性 writable 为 false。

```
var obj = {   x:1, y:2, z:3   }                         //定义对象
var des = Object.getOwnPropertyDescriptor(obj, "x");    //获取属性 x 的数据属性描述符
for (var prop in des) {                                 //遍历属性描述符对象
    console.log(prop + ': ' + des[prop]);               //显示特性值
}
des.writable = false;                                   //重写特性,不允许修改属性
des.value = 100;                                        //重写属性值
Object.defineProperty(obj, "x", des);                   //使用修改后的数据属性描述符覆盖属性 x
var des = Object.getOwnPropertyDescriptor(obj, "x");    //重新获取属性 x 的数据属性描述符
for (var prop in des) {                                 //遍历属性描述符对象
    console.log(prop + ': ' + des[prop]);               //显示特性值
}
```

> **注意**：一旦为未命名的属性赋值后，对象会自动定义该名称的属性，在任何时候和位置为该属性赋值，都不需要定义属性，而只会重新设置它的值。如果读取未定义的属性，则返回值都是 undefined。

24.2.3 删除属性

使用 delete 可以删除对象的属性。

【示例】使用 delete 删除指定属性。

```
var obj = { x: 1 }                          //定义对象
delete obj.x;                                //删除对象的属性 x
console.log(obj.x);                          //返回 undefined
```

> **提示**：当删除对象属性之后，不是将该属性值设置为 undefined，而是从对象中彻底清除属性。如果使用 for...in 语句枚举对象属性，只能枚举属性值为 undefined 的属性，但不会枚举已删除属性。

24.3 属性描述符

属性描述符是 ECMAScript 5 新增的一个内部对象，用来描述对象属性的特性。

24.3.1 属性描述符的特性

属性描述符包含 6 个特性，简单说明如下。

- ☑ value：属性值，默认值为 undefined。
- ☑ writable：设置属性值是否可写，默认值为 true。
- ☑ enumerable：设置属性是否可枚举，即是否允许使用 for/in 语句或 Object.keys()函数遍历访问，默认为 true。
- ☑ configurable：设置是否可设置属性特性，默认为 true。如果为 false，将无法删除该属性，不能修改属性值，也不能修改属性描述符。
- ☑ get：取值器，默认为 undefined。
- ☑ set：存值器，默认为 undefined。

【示例 1】使用 value 读写属性的值。

```
var obj = {};                                                           //定义空对象
Object.defineProperty(obj, 'x', { value: 100 });                        //添加属性 x，值为 100
console.log( Object.getOwnPropertyDescriptor(obj, 'x').value );         //返回 100
```

【示例 2】使用 writable 特性禁止修改属性 x。

```
var obj = {};                                //定义对象直接量
Object.defineProperty(obj, 'x', {            //添加属性
    value: 1,                                //设置属性默认值为 1
    writable: false                          //禁止修改属性值
});
obj.x = 2;                                   //修改属性 x 的值
console.log( obj.x )                         //返回值为 1，说明修改失败
```

在正常模式下，如果 writable 为 false，重写属性不会报错，但是操作会失败；而在严格模式下，会抛出异常。

24.3.2 访问器

可以使用点语法、中括号语法访问属性的值，也可以使用访问器访问属性的值。

访问器包括 set 和 get 两个方法，其中 set 可以设置属性值，get 可以读取属性值。使用访问器的好处：为属性访问绑定高级功能，如设计访问条件、数据再处理、与内部数据进行互动等。

【示例 1】设计对象 obj 的 x 属性值必须是数字，这里使用访问器对用户的访问操作进行监控。当使用 obj.x 取值时，就会调用 get 方法；赋值时，就会调用 set 方法。

```
var obj = Object.create(Object.prototype, {     //创建对象，继承自原型对象
    _x : {                                       //内部私有数据属性
        value : 1,                               //初始值
        writable:true                            //允许读写
    },
    x: {                                         //定义可访问的属性
        get: function( ) {                       //设计 get 方法
            return this._x ;                     //返回内部私有属性_x 的值
        },
        set: function(value) {                   //设计 set 方法
            if(typeof value  != "number" ) throw new Error('请输入数字');
                                                 //如果输入的值不是数字，则抛出异常
            this._x = value;                     //把用户输入的值保存到内部私有属性中
        }
    }
});
console.log(obj.x);                              //访问属性值，返回值为 1
obj.x = "2";                                     //为属性赋一个字符串，则抛出异常
```

注意：取值方法 get()不能接收参数，存值方法 set()只能接收一个参数，用于设置属性的值。

【示例 2】JavaScript 支持一种简写方法。针对示例 1，通过如下方式可以快速定义属性。

```
var obj ={                                       //定义对象直接量
    _x : 1,                                      //定义_x 私有属性
    get x() { return this._x },                  //定义 x 属性的 get 方法
    set x( value ) {                             //定义 x 属性的 set 方法
        if(typeof value  != "number" ) throw new Error('请输入数字');
                                                 //如果输入的值不是数字，则抛出异常
        this._x = value;                         //把用户输入的值保存到内部私有属性中
    }
};
console.log(obj.x);                              //访问属性值，返回值为 1
obj.x = 2;                                       //为属性 x 赋值，值为数字 2
console.log(obj.x);                              //返回数字 2
```

24.3.3 操作属性描述符

属性描述符是一个内部对象，不允许直接读写，可以通过下面几个函数进行操作。

- ☑ Object.getOwnPropertyDescriptor()：可以读出指定对象的私有属性的属性描述符。
- ☑ Object.defineProperty()：通过定义属性描述符来定义或修改一个属性，然后返回修改后的对象。
- ☑ Object.defineProperties()：与 defineProperty()功能类似，但可以同时定义多个属性描述符。
- ☑ Object.getOwnPropertyNames()：获取对象的所有私有属性。

- Object.keys()：获取对象的所有本地的、可枚举的属性。
- propertyIsEnumerable()：对象的实例方法，用以判断指定的私有属性是否可以枚举。

24.3.4 保护对象

JavaScript 提供了 3 种方法，用来精确控制一个对象的读写状态，以防止对象被篡改。
- Object.preventExtensions：阻止为对象添加新的属性。
- Object.seal：阻止为对象添加新的属性，同时也无法删除旧属性。等价于把属性描述符的 configurable 属性设为 false。注意，该方法不影响修改某个属性的值。
- Object.freeze：阻止为一个对象添加新属性、删除旧属性、修改属性值。

同时提供 3 个对应的辅助检查函数，简单说明如下。
- Object.isExtensible：检查一个对象是否允许添加新的属性。
- Object.isSealed：检查一个对象是否使用 Object.seal 方法。
- Object.isFrozen：检查一个对象是否使用 Object.freeze 方法。

【示例】分别使用 Object.preventExtensions、Object.seal 和 Object.freeze 函数控制对象的状态，然后再使用 Object.isExtensible、Object.isSealed 和 Object.isFrozen 函数检测对象的状态。

```
var obj1 =  {};                                   //定义对象直接量 obj1
console.log( Object.isExtensible(obj1) );         //检测对象 obj1 是否可扩展，返回 true
Object.preventExtensions(obj1);                   //禁止对象扩展属性
console.log( Object.isExtensible(obj1) );         //检测对象 obj1 是否可扩展，返回 false
var obj2 =  {};                                   //定义对象直接量 obj2
console.log( Object.isSealed(obj2) );             //检测对象 obj2 是否已禁止配置，false
Object.seal(obj2);                                //禁止配置对象的属性
console.log( Object.isSealed(obj2) );             //检测对象 obj2 是否已禁止配置，true
var obj3 =  {};                                   //定义对象直接量 obj3
console.log( Object.isFrozen(obj3) );             //检测对象 obj3 是否已冻结，false
Object.freeze(obj3);                              //冻结对象的属性
console.log( Object.isFrozen(obj3) );             //检测对象 obj3 是否已冻结，true
```

24.4 Object 原型方法

在 JavaScript 中，Object 是所有对象的基类，Object 内置的原生方法包括两类：Object 静态函数和 Object 原型方法。Object 原型方法定义在 Object.prototype 对象上，也称为实例方法，所有的对象都自动拥有这些方法。

24.4.1 使用 toString

toString()方法能够返回一个对象的字符串表示，它返回的字符串比较灵活，可能是一个具体的值，也可能是一个对象的类型标识符。

【示例】显示实例对象、类型对象的 toString()方法返回值是不同的。

```
function F(x,y){                                  //构造函数
    this.x = x;
    this.y = y;
}
var f = new F(1,2);                               //实例化对象
```

```
console.log(F.toString());                    //返回函数的源代码
console.log(f.toString());                    //返回字符串 "[object Object]"
```

toString()方法返回信息简单,为了能够返回更多的有用信息,可以重写该方法。例如,针对实例对象返回的字符串都是"[object Object]",可以重写该方法,让对象实例返回构造函数的源代码。

```
Object.prototype.toString = function(){
    return this.constructor.toString();
}
```

调用 f.toString(),则返回函数的源代码,而不是字符串"[object Object]"。当然,重写方法不会影响 JavaScript 内置对象的 toString()返回值,因为它们都是只读的。

```
console.log(f.toString());                    //返回函数的源代码
```

提示:当把数据转换为字符串时,JavaScript 一般都会调用 toString()方法来实现。由于不同类型的对象在调用该方法时,所转换的字符串表示不同且有一定规律,所以开发人员常用它来判断对象的类型,弥补 typeof 运算符和 constructor 属性在检测对象数据类型方面的不足,详细内容请参阅本书第 18 章。

24.4.2 使用 valueOf

valueOf()方法能够返回对象的值。它的主要用途:JavaScript 自动类型转换时会默认调用这个方法。Object 默认 valueOf()方法返回值与 toString()方法返回值相同,但是部分类型对象重写了 valueOf()方法。

【示例】Date 对象的 valueOf()方法返回值是当前日期对象的毫秒数。

```
var o = new Date();                                    //对象实例
console.log(o.toString());                             //返回当前时间的 UTC 字符串
console.log(o.valueOf());                              //返回距离 1970 年 1 月 1 日午夜之间的毫秒数
console.log(Object.prototype.valueOf.apply(o));        //默认返回当前时间的 UTC 字符串
```

对于 String、Nutuber 和 Boolean 类型的对象来说,由于都有明显的原始值,因此它们的 valueOf()方法会返回合适的原始值。

24.4.3 检测私有属性

根据继承关系不同,对象属性可以分为两类:私有属性(或称本地属性)和继承属性(或称原型属性)。使用 hasOwnProperty()原型方法可以快速检测属性的类型,如果是私有属性,则返回 true,否则返回 false。

【示例 1】在自定义类型中,this.name 表示对象本地的私有属性,而原型对象中的 name 属性就是继承的属性。

```
function F(){                                 //自定义数据类型
    this.name = "私有属性";                    //本地属性
}
F.prototype.name = "继承属性";                 //原型属性
```

【示例 2】针对示例 1,实例化对象,然后判定实例对象的属性 name 是什么类型。

```
var f = new F();                              //实例化对象
console.log(f.hasOwnProperty("name"));        //返回 true,说明当前调用的 name 是私有属性
console.log(f.name);                          //返回字符串 "私有属性"
```

注意:对于原型对象自身来说,这些原型属性是它们的私有属性,返回值是 true。

24.4.4 检测可枚举属性

使用 propertyIsEnumerable()原型方法可以检测一个私有属性是否可以枚举，如果允许枚举，则返回 true，否则返回 false。

【示例】实例化对象 o，使用 for...in 循环遍历它的所有属性，但是 JavaScript 允许枚举的属性只有 a、b 和 c，而能够枚举的本地属性只有 a 和 b。

```
function F(){                                    //构造函数
    this.a =1;                                   //本地属性 a
    this.b =2;                                   //本地属性 b
}
F.prototype.c =3;                                //原型属性 c
F.d = 4;                                         //类型对象的属性
var o = new F();                                 //实例化对象
for(var I in o){                                 //遍历对象的属性
    console.log(I);                              //打印可枚举的属性
}
console.log(o.propertyIsEnumerable("a"));        //返回值为 true，说明可以枚举
console.log(o.propertyIsEnumerable("b"));        //返回值为 true，说明可以枚举
console.log(o.propertyIsEnumerable("c"));        //返回值为 false，说明不可以枚举
console.log(o.propertyIsEnumerable("d"));        //返回值为 false，说明不可以枚举
```

24.4.5 检测原型对象

使用 isPrototypeOf()方法可以检测当前对象是否为指定对象的原型。

【示例】针对 24.4.4 节示例，可以判断 F.prototype 就是实例对象 o 的原型对象，因为其返回值为 true。

```
var b = F.prototype.isPrototypeOf(o);
console.log(b);                                  //返回 true
```

24.5　Object 静态函数

Object 静态函数是定义在 Object 类型对象上的本地方法，通过 Object 直接调用，既不需要实例化，也不需要继承。

24.5.1 对象包装函数

Object()是一个类型函数，它可以将任意值转换为对象。如果参数为空，或者为 undefined 和 null，将创建一个空对象。

【示例】如果参数为数组、对象、函数，则返回原对象，不进行转换。根据这个特性，可以设计一个类型检测函数，专门检测一个值是否为引用型对象。

```
function isObject(value) {
    return value === Object(value);
}
console.log( isObject([]));                      //true
console.log( isObject(true) );                   //false
```

24.5.2 对象构造函数

Object()不仅可以包装对象，还可以当作构造函数使用。如果使用 new 调用 Object()函数，将创建一个实例对象。

【示例】创建一个新的实例对象。

```
var obj = new Object();
```

24.5.3 静态函数

Object 类型对象包含很多静态函数，简单总结如下。

1. 遍历对象

- Object.keys：以数组形式返回参数对象包含的可枚举的私有属性名。
- Object.getOwnPropertyNames：以数组形式返回参数对象包含的私有属性名。

2. 对象属性

- Object.getOwnPropertyDescriptor()：获取指定属性的属性描述符对象。
- Object.defineProperty()：定义属性，并设置属性描述符。
- Object.defineProperties()：定义多个属性，并设置属性描述符。

3. 对象状态控制

- Object.preventExtensions()：防止对象扩展。
- Object.isExtensible()：判断对象是否可以扩展。
- Object.seal()：禁止对象配置。
- Object.isSealed()：判断一个对象是否可以配置。
- Object.freeze()：冻结一个对象。
- Object.isFrozen()：判断一个对象是否被冻结。

4. 对象原型

- Object.create()：返回一个新的对象，并指定原型对象和属性。
- Object.getPrototypeOf()：获取对象的 Prototype 对象。

24.6 案例实战

本节案例主要展示 JavaScript 原生 Math 和 Date 类型对象的常用方法和应用技巧。

24.6.1 生成验证码

Math 是 JavaScript 的原生对象，提供各种数学运算功能，如各种常用数学常量、数学运算方法。该对象不是构造函数，不能生成实例，所有的属性和方法都必须在 Math 对象上调用。

使用 Math.random()静态函数可以返回 0~1 的一个随机数。注意，随机数可能等于 0，但是一定小于 1。

【示例 1】 获取指定范围的随机数。

```
var   getRand = function(min, max) {
    return Math.random() * (max - min) + min;
}
console.log( getRand(10.1, 20.9) );                    //18.69690815702027
```

【示例 2】 获取指定范围的随机整数。

```
var   getRand = function(min, max) {
    return parseInt (Math.random() * (max - min)) + min;
}
console.log( getRand(2, 4) );                          //3
```

【示例 3】 获取指定长度的随机字符。

```
var   getRandStr = function( length ) {
    var _string = "ABCDEFGHIJKLMNOPQRSTUVWXYZ";        //26 个大写字母
        _string += 'abcdefghijklmnopqrstuvwxyz';       //26 个小写字母
        _string += '0123456789-_';                     //10 个数字、下画线、连字符
    var _temp = '', _length = _string.length - 1 ;
    for (var i = 0; i < length; i++) {                 //根据指定长度生成随机字符串
        var n = parseInt (Math.random() * _length );   //获取随机数字
        _temp += _string[n];                           //映射成字符
    }
    return _temp;                                      //返回映射后的字符串
}
console.log( getRandStr( 6 ) );                        //Gz0Bvw
```

24.6.2 数字取整

使用 parseInt()函数可以对小数进行取整,也可以使用 Math 静态函数取整。简单说明如下。

- ☑ Math.floor(): 返回小于参数值的最大整数。
- ☑ Math.ceil(): 返回大于参数值的最小整数。
- ☑ Math.round(): 四舍五入。

【示例 1】 简单比较以下 3 种方法的取值有何不同。

```
console.log( Math.floor(2.5) );                        //2
console.log( Math.floor(-2.5) );                       //-3
console.log( Math.ceil(2.5) );                         //3
console.log( Math.ceil(-2.5) );                        //-2
console.log( Math.round(2.5) );                        //3
console.log( Math.round(-2.5) );                       //-2
console.log( Math.round(-2.6) );                       //-3
```

【示例 2】 结合 Math.floor()和 Math.ceil()方法,设计一个数字取整的函数。

```
var toInt = function( num ) {
    var num = Number(num);                             //强制转换为数字
    return num < 0 ? Math.ceil(num) : Math.floor(num);
}
console.log( toInt( 2.5 ) );                           //2
console.log( toInt( -2.5 ) );                          //-2
```

24.6.3 设计计时器

Date 是 JavaScript 原生的时间管理对象,通过它提供的大量方法和函数可以创建时间对象,获取

时间信息，如年、月、日、时、分、秒等，也可以设置时间信息。

本案例设计一个时间显示牌，先使用 new Date()创建一个现在时间对象，然后使用 get 为前缀的时间读取方法，分别获取现在时的年、月、日、时、分、秒等信息，最后通过定时器设置每秒执行一次，以实现实时更新，效果如图 24.1 所示。

图 24.1　时间显示牌

【操作步骤】

第 1 步，设计时间显示函数，在这个函数中先创建 Date 对象，获取当前时间，然后分别获取年、月、日、时、分、秒等信息，最后组装成一个时间字符串返回。

```
var showtime = function( ) {
        var nowdate=new Date();                        //创建 Date 对象，获取当前时间
        var year=nowdate.getFullYear(),                //获取年份
            month=nowdate.getMonth()+1,                //获取月份，getMonth()得到的是 0-11，需要加 1
            date=nowdate.getDate(),                    //获取日期
            day=nowdate.getDay(),                      //获取一周中的某一天，getDay()得到的是 0-6
            week=["星期日","星期一","星期二","星期三","星期四","星期五","星期六"],
            h=nowdate.getHours(),
            m=nowdate.getMinutes(),
            s=nowdate.getSeconds(),
            h=checkTime(h),                            // 函数 checkTime 用于格式化时、分、秒
            m=checkTime(m),
            s=checkTime(s);
        return year+"年" + month + "月" + date + "日  " + week[day] + " " + h + ":" + m + ":" + s;
}
```

第 2 步，因为平时看到的时间格式一般是 00:00:01，而 getHours()、getMinutes()、getSeconds()方法得到的时间格式是 0~9，不是 00~09 的格式。所以在从 9 变成 10 的过程中，从一位数变成两位数，同样再从 59 秒变为 0 秒，或者 59 分变为 0 分，或者 23 时变为 0 时。例如，23:59:59 的下一秒应该为 00:00:00，实际为 0:0:0，这样格式上就不统一，在视觉上也是字数突然增加或突然减少，产生一种晃动的感觉。

下面定义一个辅助函数，把 1 位数字的时间改为 2 位数字显示。

```
var checkTime = function (i) {
    if (i<10) {
        i="0"+i;
    }
    return i;
}
```

第 3 步，在页面中添加一个标签，设置 id 值。

```
<h1 id="showtime"></h1>
```

第 4 步，为标签绑定定时器，在定时器中设置每秒钟调用一次时间显示函数。

```
var div = document.getElementById("showtime");
setInterval(function(){
    div.innerHTML = showtime();
}, 1000);                                              //反复执行函数
```

24.6.4　设计倒计时

本案例设计一个倒计时显示牌。实现方法：用结束时间减去现在时，获取时间差，再利用数学方法

从时间差中分别获取日、时、分、秒等信息，最后通过定时器设置每秒执行一次，实现实时更新，效果如图 24.2 所示。

【操作步骤】

第 1 步，使用 new Date()获取当前时间，使用 new 调用一个带有参数的 Date 对象，定义结束的时间，endtime= new Date("2022/2/4")。使用 getTime()方法获取现在时和结束时距离 1970 年 1 月 1 日的毫秒数。然后，求两个时间差。

图 24.2　倒计时显示牌

把时间差转换为天数、小时数、分钟数和秒数显示，主要使用%取模运算。得到距离结束时间的毫秒数（剩余毫秒数），除以 1000 得到剩余秒数，再除以 60 得到剩余分钟数，再除以 60 得到剩余小时数。除以 24 得到剩余天数。剩余秒数 lefttime/1000 模 60 得到秒数，剩余分钟数 lefttime/(1000*60) 模 60 得到分钟数，剩余小时数 lefttime/(1000*60*60) 模 24 得到小时数。

完整代码如下。

```javascript
var showtime = function( ) {
    var nowtime=new Date(),                                    //获取当前时间
        endtime=new Date("2022/2/4");                          //定义结束时间
    var lefttime=endtime.getTime()-nowtime.getTime(),          //距离结束时间的毫秒数
        leftd=Math.floor(lefttime/(1000*60*60*24)),            //计算天数
        lefth=Math.floor(lefttime/(1000*60*60)%24),            //计算小时数
        leftm=Math.floor(lefttime/(1000*60)%60),               //计算分钟数
        lefts=Math.floor(lefttime/1000%60);                    //计算秒数
    return leftd+"天"+lefth+":"+leftm+":"+lefts;               //返回倒计时的字符串
}
```

第 2 步，使用定时器设计每秒钟调用倒计时函数一次。

```html
<h1>2022 北京冬奥会还剩：<span id="showtime" style="color: red"></span></h1>
<script>
var div = document.getElementById("showtime");
setInterval(function(){
    div.innerHTML = showtime();
}, 1000);                                                      //反复执行函数本身
</script>
```

24.7　在线支持

扫码免费学习　更多实用技能

一、属性描述对象
- ☑ 属性描述对象的结构
- ☑ 访问器
- ☑ 操作属性描述对象
- ☑ 控制对象状态

二、Object 静态函数
- ☑ 对象包装函数
- ☑ 对象构造函数
- ☑ 静态函数

三、补充知识
- ☑ 对象与数组

四、参考
- ☑ Number 对象原型属性和原型方法
- ☑ Boolean 对象原型属性和原型方法
- ☑ String 对象原型属性和原型方法
- ☑ Math 对象静态属性和静态函数
- ☑ Date 对象原型属性和原型方法
- ☑ Array 对象原型属性和原型方法
- ☑ Object 对象属性和方法
- ☑ Function 对象属性和方法
- ☑ Error 对象原型属性
- ☑ RegExp 原型属性和原型方法
- ☑ 全局对象属性和函数

新知识、新案例不断更新中……

第 25 章 JavaScript 高级编程

JavaScript 是以对象为基础、函数为模型、原型为继承的基于对象的开发模式。JavaScript 不是面向对象的编程语言，在 ECMAScript 6 规范之前，JavaScript 没有类的概念，仅允许通过构造函数模拟类，通过原型实现继承。ECMAScript 6 新增类和模块功能，提升了 JavaScript 高级编程的能力。

25.1 构造函数

构造函数（constructor）也称类型函数或构造器，功能类似于对象模板，一个构造函数可以生成任意多个实例，实例对象拥有相同的原型属性和行为特征。

25.1.1 定义构造函数

在语法和用法上，构造函数与普通函数没有任何区别。定义构造函数的方法如下。

```
function 类型名称( 配置参数 ) {
    this.属性 1 = 属性值 1;
    this.属性 2= 属性值 2;
    …
    this.方法 1 = function(){
        //处理代码
    };
    …
    //其他代码，可以包含 return 语句
}
```

提示，建议构造函数的名称首字母大写，以便与普通函数进行区分。

注意：构造函数有两个显著特点。
- ☑ 函数体内可以使用 this，引用将要生成的实例对象。当然，普通函数内也允许使用 this，指代调用函数的对象。
- ☑ 必须使用 new 命令调用函数，才能够生成实例对象。如果直接调用构造函数，则不会直接生成实例对象，此时与普通函数的功能相同。

【示例】演示定义一个构造函数，包含两个属性和 1 个方法。

```
function Point(x,y){                //构造函数
    this.x = x;                     //私有属性
    this.y = y;                     //私有属性
    this.sum = function(){          //方法
        return this.x + this.y;
```

在上面代码中，Point 是构造函数，它提供模板，用来生成实例对象。

25.1.2　调用构造函数

使用 new 命令可以调用构造函数，创建实例，并返回这个对象。

【示例】针对 25.1.1 节示例，使用 new 命令调用构造函数，生成两个实例，然后分别读取属性，调用方法 sum()。

```
function Point(x,y){                        //构造函数
    this.x = x;                             //私有属性
    this.y = y;                             //私有属性
    this.sum = function(){                  //私有方法
        return this.x + this.y;
    }
}
var p1 = new Point(100,200);                //实例化对象 1
var p2 = new Point(300,400);                //实例化对象 2
console.log(p1.x);                          //100
console.log(p2.x);                          //300
console.log(p1.sum());                      //300
console.log(p2.sum());                      //700
```

提示：构造函数可以接收参数，以便初始化实例对象。如果不需要传递参数，可以省略小括号，直接使用 new 命令调用，下面两行代码是等价的。

```
var p1 = new Point();
var p2 = new Point;
```

如果不使用 new 命令，直接使用小括号调用构造函数，这时构造函数就是普通函数，不会生成实例对象，this 就代表调用函数的对象，在客户端指代 window 全局对象。

为了避免误用，最有效的方法是在函数中启用严格模式，这样在调用构造函数时，就必须使用 new 命令，否则将抛出异常。

```
function Point(x,y){                        //构造函数
    'use strict';                           //启用严格模式
    this.x = x;                             //私有属性
    this.y = y;                             //私有属性
    this.sum = function(){                  //私有方法
        return this.x + this.y;
    }
}
```

或者使用 if 对 this 进行检测，如果 this 不是实例对象，则强迫返回实例对象。

```
function Point(x,y){                        //构造函数
    if(!(this instanceof Point)) return new Point(x, y);   //检测 this 是否为实例对象
    this.x = x;                             //私有属性
    this.y = y;                             //私有属性
    this.sum = function(){                  //私有方法
        return this.x + this.y;
    }
}
```

25.1.3 构造函数的返回值

构造函数允许使用 return 语句。如果返回值为简单值,则将被忽略,直接返回 this 指代的实例对象;如果返回值为对象,则将覆盖 this 指代的实例,返回 return 语句后面的对象。

【示例】在构造函数内部定义 return 返回一个对象直接量,当使用 new 命令调用构造函数时,返回的不是 this 指代的实例,而是这个对象直接量,因此当读取 x 和 y 属性值时,与预期的结果是不同的。

```
function Point(x,y){                              //构造函数
    this.x = x;                                   //私有属性
    this.y = y;                                   //私有属性
    return { x : true, y : false }
}
var p1 = new Point(100,200);                      //实例化对象 1
console.log(p1.x);                                //true
console.log(p1.y);                                //false
```

25.1.4 引用构造函数

在普通函数内,使用 arguments.callee 可以引用函数自身。如果在严格模式下,是不允许使用 arguments.callee 引用函数的,这时可以使用 new.target 访问构造函数。

【示例】在构造函数内部使用 new.target 指代构造函数本身,以便对用户操作进行监测,如果没有使用 new 命令,则强制使用 new 实例化。

```
function Point(x,y){                              //构造函数
    'use strict';                                 //启用严格模式
    if(!(this instanceof new.target)) return new new.target(x, y);   //检测 this 是否为实例对象
    this.x = x;                                   //私有属性
    this.y = y                                    //私有属性
}
var p1 = new Point(100,200);                      //实例化对象 1
console.log(p1.x);                                //100
```

注意:IE 浏览器对其支持不是很完善,使用时要考虑兼容性。

25.1.5 使用 this

this 是由 JavaScript 引擎在执行函数时自动生成,存在于函数内的一个动态指针,指代当前调用对象。具体用法如下。

```
this[.属性]
```

如果 this 未包含属性,则传递的是当前对象。

下面简单总结 this 在 5 种常用场景中的表现,以及应对策略。

1. 普通调用

【示例 1】演示函数引用和函数调用对 this 的影响。

```
var obj = {                                       //父对象
    name : "父对象 obj",
    func : function(){
        return this;
```

```javascript
    }
obj.sub_obj = {                          //子对象
    name : "子对象 sub_obj",
    func : obj.func                      //引用父对象 obj 的方法 func
}
var who = obj.sub_obj.func();
console.log(who.name);                   //返回子对象 sub_obj，说明 this 代表 sub_obj
```

如果把子对象 sub_obj 的 func 改为函数调用：

```javascript
obj.sub_obj = {
    name : "子对象 sub_obj",
    func : obj.func()                    //调用父对象 obj 的方法 func
}
```

则函数中的 this 所代表的是定义函数时所在的父对象 obj。

```javascript
var who = obj.sub_obj.func;
console.log(who.name);                   //返回父对象 obj，说明 this 代表父对象 obj
```

2. 实例化

【示例 2】使用 new 命令调用函数时，this 总是指代实例对象。

```javascript
var obj ={};
obj.func = function(){
    if(this == obj) console.log("this = obj");
    else if(this == window) console.log("this = window");
    else if(this.constructor == arguments.callee) console.log("this = 实例对象");
}
new obj.func;                            //实例化
```

3. 动态调用

【示例 3】使用 call 和 apply 可以绑定 this，使其指向参数对象。

```javascript
function func(){
    //如果 this 的构造函数等于当前函数，则表示 this 为实例对象
    if(this.constructor == arguments.callee) console.log("this = 实例对象");
    //如果 this 等于 Window，则表示 this 为 Window 对象
    else if (this == window) console.log("this = window 对象");
    //如果 this 为其他对象，则表示 this 为其他对象
    else console.log("this ==  其他对象  \n this.constructor = " + this.constructor );
}
func();                                  //this 指向 Window 对象
new func();                              //this 指向实例对象
func.call(1);                            //this 指向数值对象
```

在上面示例中，直接调用函数 func()时，this 代表 Window。当使用 new 命令调用函数时，将创建一个新的实例对象，this 就指向这个新创建的实例对象。

使用 call 方法执行函数 func()时，由于 call 方法的参数值为数字 1，则 JavaScript 引擎会把数字 1 强制封装为数值对象，此时 this 就会指向这个数值对象。

4. 事件处理

【示例 4】在事件处理函数中，this 总是指向触发该事件的对象。

```html
<input type="button" value="测试按钮" />
<script>
```

```
var button = document.getElementsByTagName("input")[0];
var obj ={};
obj.func = function(){
    if(this == obj) console.log("this = obj");
    if(this == window) console.log("this = window");
    if(this == button) console.log("this = button");
}
button.onclick = obj.func;
</script>
```

在上面代码中,func()所包含的 this 不再指向对象 obj,而是指向按钮 button,因为 func()是被传递给按钮的事件处理函数之后才被调用执行的。

如果使用 DOM 2 级标准注册事件处理函数,代码如下。

```
if(window.attachEvent){                                    //兼容 IE 模型
    button.attachEvent("onclick", obj.func);
} else{                                                    //兼容 DOM 标准模型
    button.addEventListener("click", obj.func, true);
}
```

在 IE 浏览器中,this 指向 Window 和 button,而在 DOM 标准的浏览器中仅指向 button。因为,在 IE 浏览器中,attachEvent()是 Window 对象的方法,调用该方法时,this 会指向 Window。

为了解决浏览器的兼容性问题,可以调用 call 或 apply 方法强制在对象 obj 身上执行方法 func(),以避免不同浏览器对 this 的解析不同。

```
if(window.attachEvent){
    button.attachEvent("onclick", function(){              //用闭包封装 call 方法强制执行 func()
        obj.func.call(obj);
    });
}
else{
    button.addEventListener("click", function(){
        obj.func.call(obj);
    }, true);
}
```

当再次执行时,func()中包含的 this 始终指向对象 obj。

5. 定时器

【示例 5】使用定时器调用函数。

```
var obj ={};
obj.func = function(){
    if(this == obj) console.log("this = obj");
    else if(this == window) console.log("this = window");
    else if(this.constructor == arguments.callee) console.log("this =  实例对象");
    else console.log("this ==  其他对象 \n this.constructor = " + this.constructor );
}
setTimeout(obj.func, 100);
```

在 IE 中 this 指向 Window 和 Button 对象,具体原因与上面讲解的 attachEvent()方法相同。在符合 DOM 标准的浏览器中,this 指向 Window 对象,而不是 Button 对象。

因为方法 setTimeout()是在全局作用域中被执行的,所以 this 指向 Window 对象。解决浏览器兼容性问题,可以使用 call 或 apply 方法来实现。

```
setTimeout(function(){
```

```
    obj.func.call(obj);
}, 100);
```

25.1.6 绑定函数

绑定函数是为了纠正函数的执行上下文,把 this 绑定到指定对象上,避免在不同执行上下文中调用函数时,this 指代的对象不断变化。

【实现代码】

```
function bind(fn, context) {              //绑定函数
    return function() {
        return fn.apply(context, arguments);  //在指定上下文对象上动态调用函数
    };
}
```

bind()函数接收一个函数和一个上下文环境,返回一个在给定环境中调用给定函数的函数,并且将返回函数的所有的参数原封不动地传递给调用函数。

注意:这里的 arguments 属于内部函数,而不属于 bind()函数。在调用返回的函数时,会在给定的环境中执行被传入的函数,并传入所有参数。

【应用代码】

函数绑定可以在特定的环境中为指定的参数调用另一个函数,该特征常与回调函数、事件处理函数一起使用。

```
<button id="btn">测试按钮</button>
<script>
var handler = {                            //事件处理对象
    message : 'handler',                   //名称
    click : function(event) {              //事件处理函数
        console.log(this.message);         //提示当前对象的 message 值
    }
};
var btn = document.getElementById('btn');
btn.addEventListener('click', handler.click);  //undefined
</script>
```

在上面示例中,为按钮绑定单击事件处理函数,设计当单击按钮时,将显示 handler 对象的 message 属性值。但是,实际测试发现,this 最后指向了 DOM 按钮,而非 handler。

解决方法:使用闭包进行修正。

```
var handler = {                            //事件处理对象
    message : 'handler',                   //名称
    click : function(event) {              //事件处理函数
        console.log(this.message);         //提示当前对象的 message 值
    }
};
var btn = document.getElementById('btn');
btn.addEventListener('click', function(){  //使用闭包进行修正:封装事件处理函数的调用
    handler.click();
});                                        //'handler'
```

改进方法:使用闭包比较麻烦,如果创建多个闭包可能会令代码变得难于理解和调试,因此使用 bind()绑定函数就很方便。

```
var handler = {                                      //事件处理对象
    message : 'handler',                             //名称
    click : function(event) {                        //事件处理函数
        console.log(this.message);                   //提示当前对象的 message 值
    }
};
var btn = document.getElementById('btn');
btn.addEventListener('click', bind(handler.click, handler));   //'handler'
```

25.1.7 使用 bind

ECMAScript 5 为 Function 新增 bind 原型方法，用来把函数绑定到指定对象上。在绑定函数中，this 对象被解析为传入的对象。具体用法如下。

```
function.bind(thisArg[,arg1[,arg2[,argN]]])
```

参数说明：
- ☑ function：必需参数，一个函数对象。
- ☑ thisArg：必需参数，this 可在新函数中引用的对象。
- ☑ arg1[,arg2[,argN]]]：可选参数，要传递到新函数的参数列表。

bind 方法将返回与 function 函数相同的新函数，thisArg 对象和初始参数除外。

【示例 1】定义原始函数 check，用来检测传入的参数值是否在一个指定范围内，范围下限和上限根据当前实例对象的 min 和 max 属性决定。然后使用 bind 方法把 check 函数绑定到对象 range 身上。如果再次调用这个绑定后的函数 check1，就可以根据该对象的属性 min 和 max 确定调用函数时传入值是否在指定的范围内。

```
var check = function (value) {
    if (typeof value !== 'number')    return false;
    else    return value >= this.min && value <= this.max;
}
var range = { min : 10,    max : 20 };
var check1 = check.bind(range);
var result = check1 (12);
console.log(result);                                 //true
```

【示例 2】在上面示例基础上，为 obj 对象定义两个上下限属性，以及一个方法 check。然后，直接调用 obj 对象的 check 方法，检测 10 是否在指定范围，则返回值为 false，因为当前 min 和 max 值分别为 50 和 100。接着，把 obj.check 方法绑定到 range 对象，则再次传入值 10，则返回值为 true，说明在指定范围，因为此时 min 和 max 值分别为 10 和 20。

```
var obj = {
    min: 50,
    max: 100,
    check: function (value) {
        if (typeof value !== 'number')
            return false;
        else
            return value >= this.min && value <= this.max;
    }
}
var result = obj.check(10);
console.log(result);                                 //false
var range = { min: 10, max: 20 };
```

```
var check1 = obj.check.bind(range);
var result = check1(10);
console.log(result);                                //true
```

【示例 3】演示利用 bind 方法为函数两次传递参数值，以便实现连续参数求值计算。

```
var func = function (val1, val2, val3, val4) {
    console.log(val1 + " " + val2 + " " + val3 + " " + val4);
}
var obj = {};
var func1 = func.bind(obj, 12, "a");
func1("b", "c");                                    //12 a b c
```

25.2 原　　型

在 JavaScript 中，所有函数都有原型，函数实例化后，实例对象可以访问原型属性，实现继承机制。

25.2.1 定义原型

原型实际上就是一个普通对象，继承于 Object 类，由 JavaScript 自动创建并依附于每个函数身上。使用点语法，可以通过 function.prototype 访问和操作原型对象。

【示例】为函数 P 定义原型。

```
function P(x){                              //构造函数
    this.x = x;                             //声明私有属性，并初始化为参数 x
}
P.prototype.x = 1                           //添加原型属性 x，赋值为 1
var p1 = new P(10);                         //实例化对象，并设置参数为 10
P.prototype.x = p1.x                        //设置原型属性值为私有属性值
console.log(P.prototype.x);                 //返回 10
```

25.2.2 访问原型

访问原型对象有 3 种方法，简单说明如下。

- ☑ obj.__proto__。
- ☑ obj.constructor.prototype。
- ☑ Object.getPrototypeOf(obj)。

其中，obj 表示一个实例对象，constructor 表示构造函数。__proto__（前后各一条下画线）是一个私有属性，可读可写，与 prototype 属性相同，都可以访问原型对象。Object.getPrototypeOf(obj) 是一个静态函数，参数为实例对象，返回值是参数对象的原型对象。

注意：__proto__ 属性是一个私有属性，存在浏览器兼容性问题，以及缺乏非浏览器环境的支持。使用 obj.constructor.prototype 也存在一定风险，如果 obj 对象的 constructor 属性值被覆盖，则 obj.constructor.prototype 将会失效。因此，比较安全的用法是使用 Object.getPrototypeOf(obj)。

【示例】创建一个空的构造函数，然后实例化，分别使用上述 3 种方法访问实例对象的原型。

```
var F = function(){};                           //构造函数
var obj = new F();                              //实例化
var proto1 = Object.getPrototypeOf( obj );      //引用原型
```

```
var proto2 =   obj.__proto__;              //引用原型，注意，IE 暂不支持
var proto3 = obj.constructor.prototype;    //引用原型
var proto4 = F.prototype;                  //引用原型
console.log( proto1 === proto2 );          //true
console.log( proto1 === proto3 );          //true
console.log( proto1 === proto4 );          //true
console.log( proto2 === proto3 );          //true
console.log( proto2 === proto4 );          //true
console.log( proto3 === proto4 );          //true
```

25.2.3 设置原型

设置原型对象有 3 种方法，简单说明如下。
- ☑ obj.__proto__ = prototypeObj。
- ☑ Object.setPrototypeOf(obj, prototypeObj)。
- ☑ Object.create(prototypeObj)。

其中，obj 表示一个实例对象，prototypeObj 表示原型对象。注意，IE 不支持前面两种方法。

【示例】简单演示原型对象的 3 种方法，为对象直接量设置原型。

```
var proto = { name:"prototype"};           //原型对象
var obj1 = {};                             //普通对象直接量
obj1.__proto__ = proto;                    //设置原型
console.log( obj1.name);
var obj2 = {};                             //普通对象直接量
Object.setPrototypeOf(obj2, proto);        //设置原型
console.log( obj2.name);
var obj3 = Object.create(proto);           //创建对象，并设置原型
console.log( obj3.name);
```

25.2.4 检测原型

使用 isPrototypeOf 方法可以判断该对象是否为参数对象的原型。isPrototypeOf 是一个原型方法，可以在每个实例对象上调用。

【示例】简单演示检测原型对象。

```
var F = function(){};                      //构造函数
var obj = new F();                         //实例化
var proto1 = Object.getPrototypeOf( obj ); //引用原型
console.log( proto1.isPrototypeOf(obj) );  //true
```

> 提示：可以使用下面代码检测不同类型的实例。

```
var proto = Object.prototype;
console.log( proto.isPrototypeOf({}) );             //true
console.log( proto.isPrototypeOf([]) );             //true
console.log( proto.isPrototypeOf(/ /) );            //true
console.log( proto.isPrototypeOf(function(){}) );   //true
console.log( proto.isPrototypeOf(null) );           //false
```

25.2.5 原型属性

原型属性可以被所有实例访问，而私有属性只能被当前实例访问。

【示例】 定义一个构造函数，并为实例对象定义私有属性。

```javascript
function f(){                //声明一个构造类型
    this.a = 1;              //为构造类型声明一个私有属性
    this.b = function(){     //为构造类型声明一个私有方法
        return this.a;
    };
}
var e =new f();              //实例化构造类型
console.log(e.a);            //调用实例对象的属性 a，返回 1
console.log(e.b());          //调用实例对象的方法 b，提示 1
```

构造函数 f 中定义了两个私有属性，分别是属性 a 和方法 b()。当构造函数实例化后，实例对象继承了构造函数的私有属性，此时可以在本地修改实例对象的属性 a 和方法 b()。

```javascript
e.a = 2;
console.log(e.a);
console.log(e.b());
```

如果给构造函数定义了与原型属性同名的私有属性，则私有属性会覆盖原型属性值。

如果使用 delete 运算符删除私有属性，则原型属性会被访问。在上面示例基础上删除私有属性，则会发现可以访问原型属性。

25.2.6 原型链

在 JavaScript 中，实例对象在读取属性时，总是先检查私有属性，如果存在，则返回私有属性值，否则就会检索 prototype 原型。如果找到同名属性，则返回 protoype 原型的属性值。

protoype 原型允许引用其他对象。如果在 protoype 原型中没有找到指定的属性，则 JavaScript 将会根据引用关系，继续检索 prototype 原型对象的 protoype 原型，以此类推。

【示例】 演示对象属性查找原型的基本方法和规律。

```javascript
function a(x){               //构造函数 a
    this.x = x;
}
a.prototype.x = 0;           //原型属性 x 的值为 0
function b(x){               //构造函数 b
    this.x = x;
}
b.prototype = new a(1);      //原型对象为构造函数 a 的实例
function c(x){               //构造函数 c
    this.x = x;
}
c.prototype = new b(2);      //原型对象为构造函数 b 的实例
var d = new c(3);            //实例化构造函数 c
console.log(d.x);            //调用实例对象 d 的属性 x，返回值为 3
delete d.x;                  //删除实例对象的私有属性 x
console.log(d.x);            //调用实例对象 d 的属性 x，返回值为 2
delete c.prototype.x;        //删除 c 类的原型属性 x
console.log(d.x);            //调用实例对象 d 的属性 x，返回值为 1
delete b.prototype.x;        //删除 b 类的原型属性 x
console.log(d.x);            //调用实例对象 d 的属性 x，返回值为 0
delete a.prototype.x;        //删除 a 类的原型属性 x
console.log(d.x);            //调用实例对象 d 的属性 x，返回值为 undefined
```

原型链能够帮助用户更清楚地认识 JavaScript 面向对象的继承关系，如图 25.1 所示。

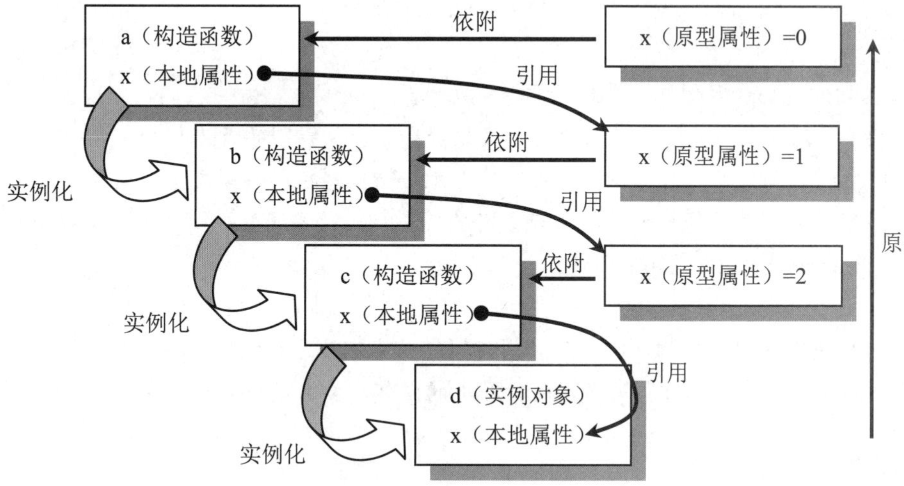

图 25.1　原型链检索示意图

25.3　类

25.3.1　定义类

在 ECMAScript 5 版本中，JavaScript 是没有类这个概念的，其行为最接近的是创建一个构造函数，并在构造函数的原型上添加方法，这种方法也被称为自定义类型。

ECMAScript 6 引入了 Class（类）的概念，作为对象的模板，通过 class 关键字，可以定义类。class 关键字必须小写，后面跟类名。

【示例】演示定义 Person 类，并为其添加一个属性和一个方法。

```
class Person{                   //等效于 Person()构造函数
    constructor(name) {         //类的构造函数，constuctor 关键字小写
        this.name = name;       //设置属性
    }
    sayName() {                 //设置方法，等效于 Person.prototype.sayName
        console.log(this.name);
    }
}
```

constructor()是类的默认方法，通过 new 命令生成实例时，会自动调用该方法。一个类必须有 constructor()方法，如果没有显式定义，默认会添加一个空的 constructor()方法。constructor()方法默认会返回实例对象（this），也可以返回另一个指定对象。

ECMAScript 6 为 new 命令引入了一个 new.target 属性，返回 new 命令作用于的构造函数。如果构造函数不是通过 new 命令调用的，new.target 将返回 undefined。因此，在 Class 内部可以通过调用 new.target 访问当前 Class。当子类继承父类时，new.target 会返回子类。

提示：ECMAScript 6 中的 class 类只是对 ECMAScript 5 中的构造函数做了一次封装，其语法格式与 Java 编程语言的类相似。

实例化类的方法与构造函数的实例化方法相同，都是使用 new 关键字。例如：

```javascript
let person = new Person("小张");
person.sayName();                    //输出"小张"
```

> **注意**：关于类的定义和实例化，需要注意以下几点。
> - ☑ 类声明和函数定义不同，类的声明是不会被提升的。类声明的行为与 let 比较相似。
> - ☑ 类声明中的代码自动运行在严格模式下，不允许切换到非严格模式。
> - ☑ 类的所有方法都是不可枚举的，这与自定义类型相比是不同的，因为后者需要使用 Object.defineProperty() 才能定义不可枚举的方法。
> - ☑ 所有方法都不能使用 new 调用。
> - ☑ 不能使用 new 调用类的构造函数，必须使用类的实例化方式调用构造函数。
> - ☑ 不允许在类的方法内部重写类名，因为在类的内部，类名是作为一个常量存在的。

25.3.2 继承

在 Class 中通过 extends 关键字可以实现继承，子类会继承父类的属性和方法。

【示例】定义两个类 Father、Son，通过 extends 关键字让 Son 继承 Father。

```javascript
class Father{                        //父类
    constructor(name){               //构造函数
        this.name = name;
    }
    sayName(){                       //本地方法
        console.log(this.name);
    }
}
class Son extends Father{            //子类，extents 后面指定要继承的类型
    constructor(name, age){          //构造函数
        super(name);                 //相当于以前的 Father.call(this, name);
        this.age = age;
    }
    sayAge(){                        //子类的私有方法
        console.log(this.age);
    }
}
var son1 = new Son("李四", 30);      //实例化
son1.sayAge();                       //调用本地方法
son1.sayName();                      //调用继承的方法
console.log(son1 instanceof Son);    //返回 true
console.log(son1 instanceof Father); //返回 true
```

super() 作为函数时，指向父类的构造函数。super 作为对象时，指向父类的原型对象。

super 代表父类的构造函数，但是返回的是子类的实例，即 super 内部的 this 指的是子类，因此 super() 相当于 A.prototype.constructor.call(this)。

使用 super() 时要注意以下几点。
- ☑ 只能在子类的构造函数中使用 super()，否则将抛出异常。
- ☑ 必须在构造函数的起始位置调用 super()，因为它会初始化 this，任何在 super() 之前访问 this 的行为都会造成错误，即 super() 必须放在构造函数的首行。因为子类实例的构建，是基于对父类实例的加工，只有 super() 方法才能返回父类实例。
- ☑ 在类的构造函数中，唯一能避免调用 super() 的办法是返回一个对象。

> **提示**：ECMAScript 5 的继承，实质是先创造子类的实例对象 this，然后再将父类的方法添加到 this 上面（Parent.apply(this)）。ECMAScript 6 的继承机制完全不同，实质是先创造父类的实例对象 this，所以必须先调用 super()方法，然后再用子类的构造函数修改 this。如果子类没有定义 constructor()方法，这个方法会被默认添加。

25.3.3 静态方法

类相当于实例的原型，所有在类中定义的方法，都会被实例继承。如果在一个方法前，加上 static 关键字，就表示该方法不会被实例继承，而是直接通过类调用，也被称为静态方法。父类的静态方法，可以被子类继承。

【示例】为类定义静态方法。

```
class Father{                               //父类
    static foo(){                           //定义静态方法
        console.log("我是父类的静态方法");
    }
}
class Son extends Father{                   //子类，继承自 Father
}
                                            //子类继承了父类的静态方法
```

在子类身上调用父类的静态方法与直接通过父类名调用是一样的。

25.4 模 块

JavaScript 一直没有模块（module）体系，无法将一个大程序拆分成互相依赖的小文件，再用简单的方法拼装起来。当开发大型的、复杂的项目时，会非常麻烦。

在 ECMAScript 6 之前，主要使用 CommonJS 和 AMD 模块加载方案，前者用于服务器，后者用于浏览器。ECMAScript 6 实现了模块功能，主要由两个命令构成，简单说明如下。

- ☑ export 命令：显式指定输出的代码，用于用户自定义模块，规定对外接口。
- ☑ import 命令：用于输入其他模块提供的功能，同时创建命名空间（namespace），防止函数名冲突。

【示例】演示如何使用 JavaScript 模块功能。

1. foo.js

```
export let counter = 3;                     //指定输出变量
export function inc(){                      //指定输出函数
    counter++;
}
```

2. main.js

```
import {counter, inc} from 'foo';           //从 foo.js 文件中导入变量 counter 和函数 inc
console.log(counter);                       //输出 3
inc();                                      //调用外部函数
console.log(counter);                       //输出 4
```

- ☑ 使用 export 命令导出对象时，这个关键字可以无限次使用。

- 使用 import 命令将其他模块导入指定模块时，可用来导入任意数量的模块。
- 支持模块的异步加载，同时为加载模块提供编程支持。

25.5 案例实战

25.5.1 应用 this

由于 this 的不确定性给开发带来了很多风险，因此在使用 this 时，应该时刻保持谨慎。锁定 this 有两种基本方法。

- 使用私有变量存储 this。
- 使用 call 和 apply 强制绑定 this 的值。

下面结合 3 个案例进行说明。

【示例 1】使用 this 作为参数调用函数，可以避免 this 因环境变化而变化的问题。

例如，下面做法是错误的，因为 this 会始终指向 window 对象，而不是当前按钮对象。

```html
<input type="button" value="按钮 1" onclick="func()" />
<input type="button" value="按钮 2" onclick="func()" />
<input type="button" value="按钮 3" onclick="func()" />
<script>
function func(){
    console.log(this.value);
}
</script>
```

如果把 this 作为参数进行传递，那么它就会代表当前对象。

```html
<input type="button" value="按钮 1" onclick="func(this)" />
<input type="button" value="按钮 2" onclick="func(this)" />
<input type="button" value="按钮 3" onclick="func(this)" />
<script>
function func(obj){
    console.log(obj.value);
}
</script>
```

【示例 2】使用私有变量存储 this，设计静态指针。

例如，在构造函数中把 this 存储在私有变量中，然后在方法中使用私有变量引用构造函数的 this，这样在类型实例化后方法内的 this 不会发生变化。

```javascript
function Base(){                        //基类
    var _this = this;                   //当初始化时，存储实例对象的引用指针
    this.func = function(){
        return _this;                   //返回初始化时实例对象的引用
    };
    this.name = "Base";
}
function Sub(){                         //子类
    this.name = "Sub";
}
Sub.prototype = new Base();             //继承基类
var sub = new Sub();                    //实例化子类
```

```
var _this = sub.func();
console.log(_this.name);                    //this 始终指向基类实例，而不是子类实例
```

【示例3】使用 call 和 apply 强制绑定 this 的值。

作为一个动态指针，this 可以被转换为静态指针。实现方法：使用 call 或 apply 方法强制绑定 this 的指代对象。

【实现代码】

```
//把 this 转换为静态指针
//参数 obj 表示预设置 this 所指代的对象，返回一个预备调用的函数
Function.prototype.pointTo = function(obj){
    var _this = this;                       //存储当前函数对象
    return function(){                      //返回一个闭包函数
        return _this.apply(obj, arguments); //返回执行当前函数，并强制设置为指定对象
    }
}
```

为 Function 扩展一个原型方法 pointTo()，该方法将在指定的参数对象上调用当前函数，从而把 this 绑定到指定对象上。

【应用代码】

下面利用扩展方法，以实现强制指定对象 obj1 的方法 func() 中的 this 始终指向 obj1。具体代码如下。

```
var obj1 = {
    name : "this = obj1"
}
obj1.func = (function(){
    return this;
}).pointTo(obj1);                           //把 this 绑定到对象 obj1 身上
var obj2 = {
    name : "this = obj2",
    func : obj1.func
}
var _this = obj2.func();
console.log(_this.name);                    //返回"this=obj1"，说明 this 指向 obj1，而不是 obj2
```

【拓展】

可以扩展 new 命令的替代方法，从而间接实现自定义实例化类。

```
//把构造函数转换为实例对象
//参数 func 表示构造函数，返回构造函数 func 的实例对象
function instanceFrom(func){
    var _arg = [].slice.call(arguments, 1);  //获取构造函数可能需要的初始化参数
    func.prototype.constructor = func;       //设置构造函数的原型构造器指向自身
    func.apply(func.prototype, _arg);        //在原型对象上调用构造函数，
    //此时 this 指代原型对象，相当于实例对象
    return func.prototype;                   //返回原型对象
}
```

下面使用实例化类函数把一个简单的构造函数转换为具体的实例对象。

```
function F(){
    this.name = "F";
}
var f = instanceFrom(F);
console.log(f.name);
```

call 和 apply 具有强大的功能，它不仅能够执行函数，也能够实现 new 命令的功能。

25.5.2　设计链式语法

jQuery 框架最大的亮点之一就是它的链式语法。实现方法：设计每一个方法的返回值都是 jQuery 对象（this），这样调用方法的返回结果可以为下一次调用其他方法做准备。

【示例】演示在函数中返回 this 设计链式语法。分别为 String 扩展 3 个方法——trim、writeln 和 log，其中 writeln 和 log 方法返回值都为 this，而 trim 方法返回值为修剪后的字符串，这样就可以用链式语法在一行语句中快速调用这 3 个方法。

```
Function.prototype.method = function(name, func) {
    if(!this.prototype[name]) {
        this.prototype[name] = func;
        return this;
    }
};
String.method('trim', function() {
    return this.replace(/^\s+|\s+$/g, "");
});
String.method('writeln', function() {
    console.log(this);
    return this;
});
String.method('log', function() {
    console.log(this);
    return this;
});
var str = " abc   ";
str.trim().writeln().log();
```

25.5.3　应用原型

下面通过几个实例介绍原型在代码中的应用技巧。

【示例 1】利用原型为对象设置默认值。当原型属性与私有属性同名时，删除私有属性之后，可以访问原型属性，即可以把原型属性值作为初始化默认值。

```
function p(x){                      //构造函数
    if(x)                           //如果参数存在，则设置属性，该条件是关键
        this.x = x;                 //使用参数初始化私有属性 x 的值
}
p.prototype.x = 0;                  //利用原型属性，设置私有属性 x 的默认值
var p1 = new p();                   //实例化一个没有带参数的对象
console.log(p1.x);                  //返回 0，即显示私有属性的默认值
var p2 = new p(1);                  //再次实例化，传递一个新的参数
console.log(p2.x);                  //返回 1，即显示私有属性的初始化值
```

【示例 2】利用原型间接实现本地数据备份。把本地对象的数据完全赋值给原型对象，相当于为该对象定义一个副本，即备份对象。这样当对象属性被修改时，可以通过原型对象恢复本地对象的初始值。

```
function p(x){                      //构造函数
    this.x = x;
}
```

```
p.prototype.backup = function(){          //原型方法，备份本地对象的数据到原型对象中
    for(var i in this){
        p.prototype[i] = this[i];
    }
}
var p1 = new p(1);                        //实例化对象
p1.backup();                              //备份实例对象中的数据
p1.x =10;                                 //改写本地对象的属性值
console.log(p1.x)                         //返回 10，说明属性值已经被改写
p1 = p.prototype;                         //恢复备份
console.log(p1.x)                         //返回 1，说明对象的属性值已经被恢复
```

【示例3】利用原型可以为对象属性设置"只读"特性，这在一定程度上可以避免对象内部数据被任意修改的尴尬。下面演示如何根据平面上的两点坐标计算它们之间的距离。构造函数 p 用来设置定位点坐标，当传递两个参数值时，会返回以参数为坐标值的点，如果省略参数则默认点为原点（0,0）。而在构造函数 l 中通过传递的两点坐标对象，计算它们的距离。

```
function p(x,y){                          //求坐标点构造函数
    if(x) this.x =x;                      //初始 x 轴值
    if(y) this.y = y;                     //初始 y 轴值
    p.prototype.x =0;                     //默认 x 轴值
    p.prototype.y = 0;                    //默认 y 轴值
}
function l(a,b){                          //求两点距离构造函数
    var a = a;                            //参数私有化
    var b = b;                            //参数私有化
    var w = function(){                   //计算 x 轴距离，返回对函数引用
        return Math.abs(a.x - b.x);
    }
    var h = function(){                   //计算 y 轴距离，返回对函数引用
        return Math.abs(a.y - b.y);
    }
    this.length = function(){             //计算两点距离，调用私有方法 w()和 h()
        return Math.sqrt(w()*w() + h()*h());
    }
    this.b = function(){                  //获取起点坐标对象
        return a;
    }
    this.e = function(){                  //获取终点坐标对象
        return b;
    }
}
var p1 = new p(1,2);                      //实例化 p 构造函数，声明一个点
var p2 = new p(10,20);                    //实例化 p 构造函数，声明另一个点
var l1 = new l(p1,p2);                    //实例化 l 构造函数，传递两点对象
console.log(l1.length())                  //返回 20.12461179749811，计算两点距离
l1.b().x = 50;                            //不经意改动方法 b()的一个属性为 50
console.log(l1.length())                  //返回 43.86342439892262，说明影响两点距离值
```

在测试中会发现，如果无意间修改了构造函数 l 的方法 b()或 e()的值，则构造函数 l 中的 length()方法的计算值也随之发生变化。这种动态效果对于需要动态跟踪两点坐标变化来说，是非常必要的。但是，这里并不需要当初始化实例之后，随意地被改动坐标值。毕竟方法 b()和 e()与参数 a 和 b 是没有多大联系的。

为了避免因为改动方法 b()的属性 x 值会影响两点距离，可以在方法 b()和 e()中，新建一个临时

性的构造类，设置该类的原型为 a，然后实例化构造类并返回，这样就阻断了方法 b() 与私有变量 a 的直接联系，它们之间仅就是值的传递，而不是对对象 a 的引用，从而避免因为方法 b() 的属性值变化而影响私有对象 a 的属性值。

```javascript
this.b = function(){                    //方法 b()
    function temp(){};                  //临时构造类
    temp.prototype = a;                 //把私有对象传递给临时构造类的原型对象
    return new temp();                  //返回实例化对象，阻断直接返回 a 的引用关系
}
this.e = function(){                    //方法 f()
    function temp(){};                  //临时构造类
    temp.prototype = a;                 //把私有对象传递给临时构造类的原型对象
    return new temp();                  //返回实例化对象，阻断直接返回 a 的引用关系
}
```

还有一种方法，这种方法是在给私有变量 w 和 h 赋值时，不是赋值函数，而是函数调用表达式，这样私有变量 w 和 h 存储的是值类型数据，而不是对函数结构的引用，从而就不再受后期相关属性值的影响。

```javascript
function l(a,b){                        //求两点距离构造函数
    var a = a;                          //参数私有化
    var b = b;                          //参数私有化
    var w = function(){                 //计算 x 轴距离，返回函数表达式的计算值
        return Math.abs(a.x - b.x);
    }()
    var h = function(){                 //计算 y 轴距离，返回函数表达式的计算值
        return Math.abs(a.y - b.y);
    }()
    this.length = function(){           //计算两点距离，直接使用私有变量 w 和 h 来计算
        return Math.sqrt(w()*w() + h()*h());
    }
    this.b = function(){                //获取起点坐标对象
        return a;
    }
    this.e = function(){                //获取终点坐标对象
        return b;
    }
}
```

【示例 4】利用原型进行批量复制。

```javascript
function f( x ){                        //构造函数
    this.x = x;                         //声明私有属性
}
var a = [];                             //声明数组
for( var i = 0; i < 100; i ++ ){        //使用 for 循环结构批量复制构造类 f 的同一个实例
    a[i] = new f( 10 );                 //把实例分别存入数组
}
```

上面的代码演示了如何复制 100 次同一个实例对象，这种做法本无可非议，但是在后期修改数组中的每个实例对象时，就会非常麻烦。现在可以尝试使用原型进行批量复制操作。

```javascript
function f( x ){                        //构造函数
    this.x = x;                         //声明私有属性
}
var a = [];                             //声明数组
function temp(){}                       //定义一个临时的空构造类 temp
```

```
temp.prototype = new f( 10 );              //实例化,并传递给构造类 temp 的原型对象
for( var i = 0; i < 100; i ++ ){           //使用 for 复制临时构造类 temp 的同一个实例
    a[i] = new temp();                      //把实例分别存入数组
}
```

把构造类 f 的实例存储在临时构造类的原型对象中,然后通过临时构造类 temp 实例传递复制的值。这样,要想修改数组的值,只需要修改类 f 的原型即可,从而避免逐一修改数组中每个元素。

25.5.4 扩展原型方法

JavaScript 允许通过 prototype 为原生类型扩展方法,扩展方法可以被所有对象调用。例如,通过 Function.prototype 为函数扩展方法,然后为所有函数调用。

【实现代码】

为 Function 添加一个原型方法 method,该方法可以为其他类型添加原型方法。

```
Function.prototype.method = function(name, func) {
    this.prototype[name] = func;
    return this;
};
```

【应用代码】

【示例 1】利用 method 扩展方法为 Number 扩展一个 int 原型方法,该方法可以对浮点数进行取整。

```
Number.method('int', function() {
    return Math[this < 0 ? 'ceil' : 'floor'](this);
});
console.log((-10 / 3).int()); //-3
```

Number.method 方法能够根据数字的正负判断是使用 Math.ceil 还是 Math.floor,这样就避免了每次都编写上面的代码。

【示例 2】利用 method 扩展方法为 String 扩展一个 trim 原型方法,该方法可以清除字符串左右两侧的空字符。

```
String.method('trim', function() {
    return this.replace(/^\s+|\s+$/g, '');
});
console.log("'" + " abc ".trim() + "'");    //返回带引号的字符串:"abc"
```

trim 方法使用了一个正则表达式,把字符串左右两侧的空格符清除。

注意:通过为原生的类型扩展方法,可以大大提高 JavaScript 编程的灵活性。但是在扩展基类时务必小心,避免覆盖原生方法。建议在覆盖之前,先确定是否已经存在该方法。

```
Function.prototype.method = function(name, func) {
    if(!this.prototype[name]) {              //检测是否已经存在同名属性
        this.prototype[name] = func;
        return this;
    }
};
```

另外,可以使用 hasOwnProperty 方法过滤原型属性或者私有属性。

25.6 在线支持

扫码免费学习
更多实用技能

一、函数中的 this
- ☑ 使用 this
- ☑ this 安全策略
- ☑ 绑定函数
- ☑ 使用 bind
- ☑ 链式语法

二、定义类型
- ☑ 构造原型
- ☑ 动态原型
- ☑ 工厂模式
- ☑ 类继承

三、专项练习
- ☑ 定义接口
- ☑ 混合继承
- ☑ 多重继承
- ☑ 掺元类

- ☑ 被动封装
- ☑ 主动封装
- ☑ 方法重载和覆盖
- ☑ 类的多态
- ☑ 类的析构函数
- ☑ 惰性实例化
- ☑ 设计安全的构造函数
- ☑ 超类和子类
- ☑ 元类

新知识、新案例不断更新中……

第 26 章 客户端操作

BOM（browser object model）是浏览器对象模型的简称，被广泛应用于 Web 开发中，主要用于对客户端浏览器的管理。BOM 的概念比较古老，但是一直没有被标准化，不过各主流浏览器均支持 BOM，都遵守最基本的规则和用法，W3C 也将 BOM 的主要内容纳入 HTML5 规范。

26.1 window 对象

Window 是客户端浏览器对象模型的基类，window 对象是客户端 JavaScript 的全局对象。一个 window 对象实际上就是一个独立的窗口，对于框架页面来说，浏览器窗口中每个框架都包含一个 window 对象。

26.1.1 全局作用域

在客户端浏览器中，window 对象是访问 BOM 的接口，如引用 document 对象的 document 属性，引用自身的 window 和 self 属性等，同时 window 也为客户端 JavaScript 提供全局作用域。

【示例】由于 window 是全局对象，因此所有的全局变量都被解析为该对象的属性。

```
var a = "window.a";                //全局变量
function f(){                      //全局函数
    console.log(a);
}
console.log(window.a);             //返回字符串"window.a"
window.f();                        //返回字符串"window.a"
```

注意：使用 delete 运算符可以删除属性，但是不能够删除变量。

26.1.2 访问客户端对象

使用 window 对象可以访问客户端的其他对象，这种关系构成浏览器的对象模型，window 对象代表根节点，每个对象说明如下。

- ☑ window：客户端 JavaScript 顶层对象。每当<body>或<frameset>标签出现时，window 对象就会被自动创建。
- ☑ navigator：包含客户端有关浏览器的信息。
- ☑ screen：包含客户端屏幕的信息。
- ☑ history：包含浏览器窗口访问过的 URL 信息。
- ☑ location：包含当前网页文档的 URL 信息。

- document：包含整个 HTML 文档，可被用来访问文档内容及其所有页面元素。

26.1.3 实现人机交互

window 对象定义了 3 种人机交互的方法，主要方便对 JavaScript 代码进行测试。
- alert()：确定提示框。由浏览器向用户弹出提示性信息，该方法包含一个可选的提示信息参数。如果没有指定参数，则弹出一个空的对话框。
- confirm()：选择提示框。由浏览器向用户弹出提示性信息，弹出的对话框中包含两个按钮，分别表示"确定"和"取消"。如果单击"确定"按钮，则该方法将返回 true；单击"取消"按钮，则返回 false。confirm()方法包含一个可选的提示信息参数，如果没有指定参数，则弹出一个空的对话框。
- prompt()：输入提示框。可以接收用户输入的信息，并返回输入的信息。prompt()方法包含一个可选的提示信息参数，如果没有指定参数，则弹出一个没有提示信息的输入文本对话框。

【示例】演示综合调用 window 对象定义的 3 种人机交互方法，设计一个人机交互的对话框。

```
var user = prompt("请输入你的用户名：");
if( ! ! user){                                              //把输入的信息转换为布尔值
    var ok = confirm("你输入的用户名为：\n" + user + "\n 请确认。");  //输入信息确认
    if(ok){
        alert("欢迎你：\n" + user );
    }
    else{                                                   //重新输入信息
        user = prompt("请重新输入你的用户名：");
        alert("欢迎你：\n" + user );
    }
}else {                                                     //提示输入信息
    user = prompt("请输入你的用户名：");
}
```

这 3 种方法仅接收纯文本信息，忽略 HTML 字符串，只能使用空格、换行符和各种符号格式化提示对话框中的显示文本。提示，不同浏览器对于这 3 个对话框的显示效果略有不同。

注意：显示系统对话框的时候，JavaScript 代码会停止执行，只有当关闭对话框之后，JavaScript 代码才会恢复执行。因此，不建议在实战中使用这 3 种方法，其仅作为开发人员的内测工具。

26.1.4 打开窗口

使用 window 对象的 open()方法，可以打开一个新窗口，用法如下。

```
window.open(URL,name,features,replace)
```

参数说明如下。
- URL：可选字符串，声明在新窗口中显示网页文档的 URL。如果省略或者为空，则新窗口就不会显示任何文档。
- name：可选字符串，声明新窗口的名称。这个名称可以用作标记<a>和<form>的 target 目标值。如果该参数指定了一个已经存在的窗口，那么 open()方法就不再创建一个新窗口，而只是返回对指定窗口的引用，在这种情况下，features 参数将被忽略。
- features：可选字符串，声明新窗口要显示的标准浏览器的特征。如果省略该参数，新窗口将具有所有标准特征。

☑ replace：可选的布尔值，规定了装载到窗口的 URL 是在窗口的浏览历史中创建一个新条目，还是替换浏览历史中的当前条目。

该方法返回值为新创建的 window 对象，使用它可以引用新创建的窗口。

新创建的 window 对象拥有一个 opener 属性，引用打开它的原始窗口对象。opener 只在弹出窗口的最外层 window 对象（top）中定义，而且指向调用 window.open()方法的窗口或框架。

【示例 1】演示打开的窗口与原窗口之间的关系。

```
win=window.open();                                      //打开新的空白窗口
win.document.write("<h1>这是新打开的窗口</h1>");        //在新窗口中输出提示信息
win.focus();                                            //让原窗口获取焦点
win.opener.document.write("<h1>这是原来窗口</h1>");     //在原窗口中输出提示信息
console.log( win.opener == window);                     //检测 window.opener 属性值
```

使用 window 的 close()方法可以关闭一个窗口。例如，关闭一个新创建的 win 窗口，可以使用下面方法实现。

```
win.close;
```

如果在打开窗口内部关闭自身窗口，则应该使用下面的方法。

```
window.close;
```

使用 window.closed 属性可以检测当前窗口是否关闭，如果关闭则返回 true，否则返回 false。

【示例 2】演示自动弹出一个窗口，然后设置 0.5 s 之后自动关闭该窗口，同时允许用户单击页面超链接，更换弹出窗口内显示的网页 URL。

```
var url = "http://news.baidu.com/";                     //要打开的网页地址
var features = "height=500, width=800, top=100, left=100,toolbar=no, menubar=no, scrollbars=no, resizable=no, location=no, status=no";
                                                        //设置新窗口的特性
                                                        //动态生成一个超链接
document.write('<a href="http://www.baidu.com/" target="newW" >切换到百度首页</a>');
var me = window.open (url, "newW", features);           //打开新窗口
setTimeout(function(){                                  //定时器
    if(me.closed){
        console.log("创建的窗口已经关闭。")
    }else{
        me.close();
    }
},5000);                                                //0.5 s 之后关闭该窗口
```

26.1.5 控制窗口

window 对象定义了 3 组方法分别用来调整窗口位置、大小和滚动条的偏移位置：moveTo()、moveBy()、resizeTo()、resizeBy()、scrollTo()和 scrollBy()。

这些方法都包含两个参数，分别表示 x 轴偏移值和 y 轴偏移值。包含 To 字符串的方法都是绝对的，也就是 x 和 y 是绝对位置、大小或滚动偏移。包含 By 字符串的方法都是相对的，也就是它们在窗口的当前位置、大小或滚动偏移上增加所指定的参数 x 和 y 的值。

方法 moveTo()可以将窗口的左上角移动到指定的坐标，方法 moveBy()可以将窗口上移、下移或者左移、右移指定数量的像素。方法 resizeTo()和 resizeBy()可以按照相对数量和绝对数量调整窗口的大小。

【示例】将当前浏览器窗口的大小重新设置为宽 200 px、高 200 px，然后生成一个任意数字随机定位窗口在屏幕中的显示位置。

```
window.onload = function(){
    timer = window.setInterval("jump()", 1000);
}
function jump(){
    window.resizeTo(200, 200);
    x = Math.ceil(Math.random() * 1024);
    y = Math.ceil(Math.random() * 760);
    window.moveTo(x, y);
}
```

> 提示：window 对象定义了 focus()和 blur()方法，用来控制窗口的显示焦点。调用 focus()方法会请求系统将键盘焦点赋予窗口，调用 blur()方法则会放弃键盘焦点。

26.2 navigator 对象

navigator 对象存储了与浏览器相关的基本信息，如名称、版本和系统等。通过 window.navigator 可以引用该对象，并利用它的属性读取客户端的基本信息。

26.2.1 浏览器检测方法

检测浏览器类型的方法有两种：特征检测法和字符串检测法。这两种方法都存在各自的优点与缺点，用户可以根据需要酌情选择。

1. 特征检测法

特征检测法就是根据浏览器是否支持特定功能决定相应操作的方式。这是一种非精确判断法，却是最安全的检测方法。准确检测浏览器的类型和型号是一件很困难的事情，而且很容易存在误差。如果不关心浏览器的身份，仅仅在意浏览器的执行能力，那么使用特征检测法就完全可以满足需要。

【示例 1】检测当前浏览器是否支持 document.getElementsByName 特性。如果支持，就使用该方法获取文档中的 a 元素；否则再检测是否支持 document.getElementsByTagName 特性。如果支持就使用该方法获取文档中的 a 元素。

```
if(document.getElementsByName){                //如果存在，则使用该方法获取 a 元素
    var a = document.getElementsByName("a");
}
else if(document.getElementsByTagName){        //如果存在，则使用该方法获取 a 元素
    var a = document.getElementsByTagName("a");
}
```

当使用一个对象、方法或属性时，先判断它是否存在。如果存在，则说明浏览器支持该对象、方法或属性，那么就可以放心使用。

2. 字符串检测法

客户端浏览器每次发送 HTTP 请求时，都会附带一个 user-agent（用户代理）字符串。对于 Web 开发人员来说，可以使用用户代理字符串检测浏览器类型。

【示例 2】BOM 在 navigator 对象中定义了 userAgent 属性，利用该属性可以捕获客户端 user-agent 字符串信息。

```
var s = window.navigator.userAgent;
```

```
//简写方法
var s = navigator.userAgent;
console.log(s);
//返回类似信息：Mozilla/5.0 (compatible; MSIE 10.0; Windows NT 6.2; WOW64; Trident/6.0; .NET4.0E; .NET4.0C;
InfoPath.3; .NET CLR 3.5.30729; .NET CLR 2.0.50727; .NET CLR 3.0.30729)
```

user-agent 字符串包含 Web 浏览器的大量信息，如浏览器的名称和版本。

注意：对于不同浏览器来说，该字符串所包含的信息也不尽相同。随着浏览器版本的不断升级，返回的 user-agent 字符串的格式和信息也会不断变化。

26.2.2 检测浏览器类型和版本号

检测浏览器类型和版本比较容易，用户只需要根据不同浏览器类型匹配特殊信息即可。

【示例 1】检测主流浏览器类型，包括 IE、Opera、Safari、Chrome 和 Firefox。

```
var ua = navigator.userAgent.toLowerCase();           // 获取用户端信息
var info ={
    ie : /msie/.test(ua) && !/opera/.test(ua),        //匹配 IE 浏览器
    op : /opera/.test(ua),                            //匹配 Opera 浏览器
    sa : /version.*safari/.test(ua),                  //匹配 Safari 浏览器
    ch : /chrome/.test(ua),                           //匹配 Chrome 浏览器
    ff : /gecko/.test(ua) && !/webkit/.test(ua)       //匹配 Firefox 浏览器
};
```

在脚本中调用该对象的属性，如果为 true，说明为对应类型浏览器，否则就返回 false。

```
(info.ie) && console.log("IE 浏览器");
(info.op) && console.log("Opera 浏览器");
(info.sa) && console.log("Safari 浏览器");
(info.ff) && console.log("Firefox 浏览器");
(info.ch) && console.log("Chrome 浏览器");
```

【示例 2】通过解析 navigator 对象的 userAgent 属性，可以获得浏览器的完整版本号。针对 IE 浏览器来说，它是在 MSIE 字符串后面带一个空格，然后跟随版本号及分号。因此，可以设计一个如下的函数获取 IE 的版本号。

```
//获取 IE 浏览器的版本号
//返回数值，显示 IE 的主版本号
function getIEVer(){
    var ua = navigator.userAgent;                     //获取用户端信息
    var b = ua.indexOf("MSIE ");                      //检测特殊字符串 MSIE 的位置
    if(b < 0){
        return 0;
    }
    return parseFloat(ua.substring(b + 5, ua.indexOf(";", b)));   //截取版本号，并转换为数值
}
```

直接调用该函数即可获取当前 IE 浏览器的版本号。

```
console.log(getIEVer());                              //返回类似数值：10
```

IE 浏览器的版本众多，一般可以使用大于某个数字的形式进行范围匹配，因为浏览器是向后兼容的，使用是否等于某个版本显然不能适应新版本的需要。

【示例 3】利用同样的方法可以检测其他类型浏览器的版本号，下面的函数是检测 Firefox 浏览器的版本号。

```
function getFFVer(){
    var ua = navigator.userAgent;
    var b = ua.indexOf("Firefox/");
    if(b < 0){
        return 0;
    }
    return   parseFloat(ua.substring(b + 8,ua.lastIndexOf("\.")));
}
console.log(getFFVer());                            //返回类似数值：64
```

对于 Opera 等浏览器，可以使用 navigator.userAgent 属性获取版本号，只不过其用户端信息与 IE 有所不同，如 Opera/9.02 (Windows NT 5.1; U; en)，根据这些格式可以获取其版本号。

注意：如果浏览器的某些对象或属性不能向后兼容，这种检测方法也容易产生问题。所以更稳妥的方法是采用特征检测法，而不是使用字符串检测法。

26.2.3 检测操作系统

navigator.userAgent 返回值一般都会包含操作系统的基本信息，不过这些信息比较散乱，没有统一的规则。用户可以检测一些更为通用的信息，如检测是否为 Windows 系统，或者为 Macintosh 系统，而不去分辨操作系统的版本号。

例如，如果仅检测通用信息，那么所有 Windows 版本的操作系统都会包含"Win"字符串，所有 Macintosh 版本的操作系统都包含"Mac"字符串，所有 UNIX 版本的操作系统都包含"X11"字符串，而 Linux 操作系统会同时包含"X11"和"Linux"字符串。

【示例】 通过下面的方法可以快速检测客户端信息中是否包含上述字符串。

```
['Win', 'Mac', 'X11', 'Linux'].forEach(function(t) {
    ( t === 'X11') ? t = 'Unix' : t;                //处理 Unix 系统的字符串
    navigator['is' +  t] = function () {            //为 navigator 对象扩展专用系统检测方法
        return navigator.userAgent.indexOf(t) != - 1;   //检测是否包含特定字符串
    };
});
console.log( navigator.isWin());                    //true
console.log( navigator.isMac());                    //false
console.log( navigator.isLinux());                  //false
console.log( navigator.isUnix());                   //false
```

26.3 location 对象

location 对象存储与当前文档位置（URL）相关的信息，简单地说，就是存储网页地址字符串。使用 window 对象的 location 属性可以访问相关的信息。

location 对象定义 8 个属性，其中 7 个属性可以获取当前 URL 的各部分信息，另一个属性（href）包含完整的 URL 信息，详细说明如表 26.1 所示。为了便于更直观地理解，表 26.1 中各个属性将以 URL 示例信息为参考进行说明。

http:// www.mysite.cn:80/news/index.asp?id=123&name= location#top

表 26.1 location 对象属性

属性	说明
href	声明了当前显示文档的完整 URL，与其他 location 属性只声明部分 URL 不同，把该属性设置为新的 URL 会使浏览器读取并显示新的 URL 的内容
protocol	声明了 URL 的协议部分，包括后缀的冒号。例如："http:"
host	声明了当前 URL 中的主机名和端口部分。例如："www.mysite.cn:80"
hostname	声明了当前 URL 中的主机名。例如："www.mysite.cn"
port	声明了当前 URL 的端口部分。例如："80"
pathname	声明了当前 URL 的路径部分。例如："news/index.asp"
search	声明了当前 URL 的查询部分，包括前导问号。例如："?id=123&name=location"
hash	声明了当前 URL 的锚的部分，包括前导符（#）。例如："#top"，指定在文档中锚记的名称

使用 location 对象，结合字符串方法可以抽取 URL 中查询字符串的参数值。

【示例】定义一个获取 URL 查询字符串参数值的通用函数，该函数能够抽取每个参数和参数值，并以名/值对的形式存储在对象中返回。

```
var queryString = function(){            //获取 URL 查询字符串参数值的通用函数
    var q = location.search.substring(1);  //获取查询字符串，如"id=123&name= location"
    var a = q.split("&");                //以&符号为界把查询字符串劈开为数组
    var o = {};                          //定义一个临时对象
    for( var i = 0; i <a.length; i++){    //遍历数组
        var n = a[i].indexOf("=");       //获取每个参数中的等号小标位置
        if(n == -1) continue;            //如果没有发现则跳到下一次循环继续操作
        var v1 = a[i].substring(0, n);   //截取等号前的参数名称
        var v2 = a[i].substring(n+1);    //截取等号后的参数值
        o[v1] = unescape(v2);            //以名/值对的形式存储在对象中
    }
    return o;                            //返回对象
}
```

然后调用该函数，即可获取 URL 中的查询字符串信息，并以对象形式读取它们的值。

```
var f1 = queryString();                  //调用查询字符串函数
for(var i in f1){                        //遍历返回对象，获取每个参数及其值
    console.log(i + "=" + f1[i]);
}
```

如果当前页面的 URL 中没有查询字符串信息，用户可以在浏览器的地址栏中补加完整的查询字符串，如"?id=123&name= location"，再次刷新页面，即可显示查询的字符串信息。

location 对象的属性都是可读可写的。例如，如果把一个含有 URL 的字符串赋给 location 对象或它的 href 属性，浏览器就会把新的 URL 所指的文档装载进来并显示出来。

```
location = "http:// www.mysite.cn/navi/";   //页面会自动跳转到对应的网页
location.href = "http:// www.mysite.cn/";   //页面会自动跳转到对应的网页
```

如果改变 location.hash 属性值，则页面会跳转到新的锚点（<a name="anchor">或<element id="anchor">），但页面不会重载。

```
location.hash = "#top";
```

除了设置 location 对象的 href 属性外，还可以修改部分 URL 信息，用户只需要给 location 对象的其他属性赋值即可。这时会创建一个新的 URL，浏览器会将它装载并显示出来。

如果需要 URL 的其他信息，只能通过字符串处理方法截取。例如，如果要获取网页的名称，可

以这样设计：

```
var p = location.pathname;
var n = p.substring(p.lastIndexOf("/")+1);
```

如果要获取文件扩展名，可以这样设计：

```
var c = p.substring(p.lastIndexOf(".")+1);
```

location 对象定义了两种方法：reload()和 replace()。
- ☑ reload()：可以重新装载当前文档。
- ☑ replace()：可以装载一个新文档而无须为它创建一个新的历史记录。也就是说，在浏览器的历史列表中，新文档将替换当前文档，这样在浏览器中就不能够通过"返回"按钮返回当前文档。

对使用框架并且显示多个临时页的网站来说，replace()方法比较有用，这样临时页面都不被存储在历史列表中。

> **注意**：window.location 与 document.location 不同，前者引用 location 对象，后者只是一个只读字符串，与 document.URL 同义。但是，当存在服务器重定向时，document.location 包含的是已经装载的URL，而 location.href 包含的是原始请求文档的 URL。

26.4 history 对象

history 对象存储客户端浏览器的浏览历史，通过 window 对象的 history 属性可以访问该对象。实际上，history 对象仅存储最近访问的、有限条目的 URL 信息。

注意，在 HTML5 之前，为了保护客户端浏览信息的安全和隐私，history 对象禁止 JavaScript 脚本直接操作访问信息。不过 HTML5 新增了一个 History API，该 API 允许用户通过 JavaScript 管理浏览器的历史记录，实现无刷新更改浏览器地址栏的链接地址，配合 History + Ajax 可以设计不需要刷新页面的跳转。

在历史记录中后退，等效于在浏览器的工具栏上单击"返回"按钮。

```
window.history.back();1
```

在历史记录中前进，等效于在浏览器的工具栏上单击"前进"按钮。

```
window.history.forward();1
```

移动到指定的历史记录点。使用 go()方法从当前会话的历史记录中加载页面。当前页面位置的索引值为 0，上一页就是-1，下一页为 1，以此类推。

```
window.history.go(-1);              //相当于调用 back()
window.history.go(1);               //相当于调用 forward()
```

使用 length 属性可以了解历史记录栈中一共有多少页。

```
var num = window.history.length;
```

1. 添加和修改历史记录条目

HTML5 新增 history.pushState()和 history.replaceState()方法，允许用户逐条添加和修改历史记录条目。使用 history.pushState()方法可以改变 referrer 的值，而在调用该方法后创建的 XMLHttpRequest 对象会在 HTTP 请求中使用这个值。referrer 的值则是创建 XMLHttpRequest 对象时所处的窗口的 URL。

【示例】假设 http://mysite.com/foo.html 页面将执行 JavaScript 代码。

```
var stateObj = { foo: "bar" };
history.pushState(stateObj, "page 2", "bar.html");
```

这时浏览器的地址栏将显示 http:// mysite.com/bar.html，但不会加载 bar.html 页面，也不会检查 bar.html 是否存在。

如果现在导航到 http://mysite.com/页面，然后单击"后退"按钮，此时地址栏会显示 http://mysite.com/bar.html，并且会触发 popstate 事件，该事件中的状态对象会包含 stateObj 的一个拷贝。

如果再次单击"后退"按钮，URL 将返回 http://mysite.com/foo.html，文档将触发另一个 popstate 事件，这次的状态对象为 null，回退同样不会改变文档内容。

2. pushState()方法

pushState()方法包含 3 个参数，简单说明如下。

第 1 个参数：状态对象。状态对象是一个 JavaScript 对象直接量，与调用 pushState()方法创建的新历史记录条目相关联。无论何时用户导航到新创建的状态，popstate 事件都会被触发，并且事件对象的 state 属性都包含历史记录条目的状态对象的拷贝。

第 2 个参数：标题。可以传入一个简短的标题，标明将要进入的状态。FireFox 浏览器目前忽略该参数，考虑到未来可能会对该方法进行修改，传一个空字符串会比较安全。

第 3 个参数：可选参数，新的历史记录条目的地址。浏览器不会在调用 pushState()方法后加载该地址，不指定的话则为文档当前 URL。

> 提示：调用 pushState()方法，类似于设置 window.location='#foo'，它们都会在当前文档内创建和激活新的历史记录条目。但 pushState()有自己的优势。
> - ☑ 新的 URL 可以是任意的同源 URL，与此相反，使用 window.location 方法时，只有仅修改 hash 才能保证停留在相同的 document 中。
> - ☑ 根据个人需要决定是否修改 URL。相反，设置 window.location='#foo'，只有在当前 hash 值不是 foo 时才创建一条新的历史记录。
> - ☑ 可以在新的历史记录条目中添加抽象数据。如果使用基于 hash 的方法，只能把相关数据转码成一个很短的字符串。
>
> 注意，pushState()方法永远不会触发 hashchange 事件。

3. replaceState()方法

history.replaceState()与 history.pushState()用法相同，都包含 3 个相同的参数。不同之处：pushState()是在 history 栈中添加一个新的条目，replaceState()是替换当前的记录值。例如，history 栈中有两个栈块，一个标记为 1，另一个标记为 2，现在有第三个栈块，标记为 3。当执行 pushState()时，栈块 3 将被添加栈中，栈就有 3 个栈块。而当执行 replaceState()时，将使用栈块 3 替换当前激活的栈块 2，history 的记录条数不变。也就是说，pushState()会让 history 的数量加 1。

> 提示：为了响应用户的某些操作，需要更新当前历史记录条目的状态对象或 URL 时，使用 replaceState()方法会特别合适。

4. popstate 事件

每当激活的历史记录发生变化时，都会触发 popstate 事件。如果被激活的历史记录条目是由 pushState()创建，或者是被 replaceState()方法替换，popstate 事件的状态属性将包含历史记录的状态对象的一个拷贝。

> **注意**：当浏览会话历史记录时，不管是单击浏览器工具栏中"前进"或者"后退"按钮，还是使用 JavaScript 的 history.go()和 history.back()方法，popstate 事件都会被触发。

5. 读取历史状态

在页面加载时，可能会包含一个非空的状态对象，这种情况是会发生的。例如，如果页面中使用 pushState()或 replaceState()方法设置了一个状态对象，然后重启浏览器。当页面重新加载时，页面会触发 onload 事件，但不会触发 popstate 事件。但是，如果读取 history.state 属性，会得到一个与 popstate 事件触发时一样的状态对象。

可以直接读取当前历史记录条目的状态，而不需要等待 popstate 事件。

```
var currentState = history.state;
```

26.5 screen 对象

screen 对象存储客户端屏幕信息，这些信息可以用来探测客户端硬件配置。利用 screen 对象可以优化程序设计，提升用户体验。例如，根据显示器屏幕大小选择使用图像的大小，或者根据显示器的颜色深度选择使用 16 色图像或 8 色图像，或者打开新窗口时设置居中显示等。

【示例】演示让弹出的窗口居中显示。

```
function center(url){                          //窗口居中处理函数
    var w = screen.availWidth / 2;             //获取客户端屏幕的宽度一半
    var h = screen.availHeight/2;              //获取客户端屏幕的高度一半
    var t = (screen.availHeight - h)/2;        //计算居中显示时顶部坐标
    var l = (screen.availWidth - w)/2;         //计算居中显示时左侧坐标
    var p = "top=" + t + ",left=" + l + ",width=" + w + ",height=" +h;
                                               //设计坐标参数字符串
    var win = window.open(url,"url",p);        //打开指定的窗口，并传递参数
    win.focus();                               //获取窗口焦点
}
center("https://www.baidu.com/");              //调用该函数
```

> **注意**：不同浏览器在解析 screen 对象的 width 和 height 属性时存在差异。

26.6 document 对象

document 对象代表当前文档，可以使用 window 对象的 document 属性进行访问。

26.6.1 访问文档对象

当浏览器加载文档后，会自动构建文档对象模型，把文档中每个元素都映射到一个数据集合中，然后以 document 进行访问。document 对象与它所包含的各种节点（如表单、图像和链接）构成早期的文档对象模型（DOM 0 级）。

【示例 1】使用 name 访问文档元素。

```
<img name="img" src = "bg.gif" />
<form name="form" method="post" action="http://www.mysite.cn/navi/">
</form>
<script>
console.log(document.img.src);              //返回图像的地址
console.log(document.form.action);          //返回表单提交的路径
</script>
```

【示例 2】使用文档对象集合可以快速检索。

```
<img src = "bg.gif" />
<form method="post" action="http://www.mysite.cn/navi/">
</form>
<script>
console.log(document.images[0].src);        //返回图像的地址
console.log(document.forms[0].action);      //返回表单提交的路径
</script>
```

【示例 3】如果设置了 name 属性，也可以使用关联数组引用对应的元素对象。

```
<img name="img" src = "bg.gif" />
<form name="form" method="post" action="http://www.mysite.cn/navi/">
</form>
<script>
console.log(document.images["img"].src);    //返回图像的地址
console.log(document.forms["form"].action); //返回表单提交的路径
</script>
```

26.6.2 动态生成文档内容

使用 document 对象的 write()和 writeln()方法可以动态生成文档内容，主要包括以下两种方式。
- ☑ 在浏览器解析时动态输出信息。
- ☑ 在调用事件处理函数时使用 write()或 writeln()方法生成文档内容。

write()方法可以支持多个参数，当为它传递多个参数时，这些参数将被依次写入文档。

【示例 1】使用 write()方法生成文档内容。

```
document.write('Hello',',','World');
```

实际上，上面代码与下面的代码用法是相同的。

```
document.write('Hello,World');
```

writeln()方法与 write()方法完全相同，只不过在输出参数之后附加一个换行符。由于 HTML 忽略换行符，所以很少使用该方法，不过在非 HTML 文档输出时使用会比较方便。

【示例 2】演示 write()和 writeln()方法的混合使用。

```
function f(){
    document.write('<p>调用事件处理函数时动态生成的内容</p>');
}
document.write('<p onclick="f()">文档解析时动态生成的内容</p>');
```

在页面初始化后，文档中显示文本为"文档解析时动态生成的内容"，而一旦单击该文本后，则 write()方法动态输出文本为"调用事件处理函数时动态生成的内容"，并覆盖原来文档中显示的内容。

📢 **注意**：只能在当前文档正在解析时，使用 write()方法在文档中输出 HTML 代码，即在<script>标签中调用 write()方法，因为这些脚本的执行是文档解析的一部分。

如果从事件处理函数中调用 write()方法，那么 write()方法动态输出的结果将会覆盖当前文档，包括它的事件处理函数，而不是将文本添加到其中。所以，使用时一定要小心，不可以在事件处理函数中包含 write()或 writeln()方法。

26.7 案例实战

26.7.1 自定义提示框

下面案例重写 window 对象的 alert()方法，通过 HTML+CSS 方式，把提示信息以 HTML 层的形式显示在页面中央。

设计思路：通过 HTML 方式在客户端输出一段 HTML 片段，然后使用 CSS 修饰对话框的显示样式，借助 JavaScript 设计对话框的行为和交互效果。

```
window.alert =    function(title, info){    //重写 window 对象的 alert()方法
    var box = document.getElementById("alert_box");
    var html = '<dl><dt>' + title + '</dt><dd>' + info + '</dd></dl>';
    if( box ){                              //如果窗口中已经存在提示对话框，则直接显示内容
        box.innerHTML = html;
        box.style.display = "block";
    }
    else {                                  //如果窗口中不存在提示对话框，则创建提示对话框，并显示内容
        var div = document.createElement("div");
        div.id = "alert_box";
        div.style.display = "block";
        document.body.appendChild(div);
        div.innerHTML = html;
    }
}
alert("重写 alert()方法", "这仅是一个设计思路，还可以进一步设计");
```

这里仅提供 JavaScript 脚本部分，有关 HTML 结构和 CSS 样式请参考本节示例源代码，效果如图 26.1 所示。

图 26.1 自定义提示框

26.7.2 设计无刷新导航

本案例设计一个无刷新页面导航，在首页（index.html）包含一个导航列表，当用户单击不同的

列表项目时，首页（index.html）的内容容器（<div id="content">）会自动更新内容，正确显示对应目标页面的 HTML 内容，同时浏览器地址栏正确显示目标页面的 URL，但是首页并没有被刷新，而不是仅显示目标页面，演示效果如图 26.2 所示。

（a）显示 index.html 页面　　　（b）显示 news.html 页面

图 26.2　应用 History API

在浏览器工具栏中单击"后退"按钮，浏览器能够正确显示上一次单击的链接地址，虽然页面并没有被刷新，同时地址栏中正确显示上一次浏览页面的 URL，如图 26.3 所示。如果没有 History API 支持，在使用 Ajax 实现异步请求时，工具栏中的"后退"按钮是无效的。

但是，如果在工具栏中单击"刷新"按钮，则页面将根据地址栏的 URL 信息，重新刷新页面，将显示独立的目标页面，效果如图 26.4 所示。

如果再单击工具栏中的"后退"和"前进"按钮，就会发现导航功能失效，页面总是显示目标页面，如图 26.5 所示。这说明使用 History API 控制导航与浏览器导航功能存在差异，一个是 JavaScript 脚本控制，一个是系统自动控制。

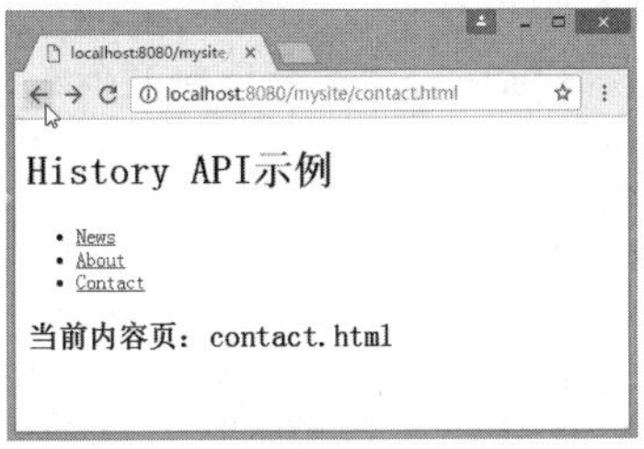

图 26.3　正确后退和前进历史记录 　　图 26.4　重新刷新页面显示效果 　　图 26.5　刷新页面之后工具栏导航失效

【操作步骤】

第 1 步，设计首页（index.html）。新建文档，保存为 index.html，构建 HTML 导航结构。

```
<h1>History API 示例</h1>
<ul id="menu">
    <li><a href="news.html">News</a></li>
    <li><a href="about.html">About</a></li>
    <li><a href="contact.html">Contact</a></li>
</ul>
<div id="content">
    <h2>当前内容页：index.html</h2>
</div>
```

第 2 步，本例使用 jQuery 作为辅助操作，因此在文档头部位置导入 jQuery 框架。

```
<script src="jquery/jquery-1.26.0.js" type="text/javascript"></script>
```

第 3 步，定义异步请求函数。该函数根据参数 url 值，异步加载目标地址的页面内容，并把它置入内容容器（<div id="content">）中，并根据第 2 个参数 addEntry 的值执行额外操作。如果第 2 个参数值为 true，则使用 history.pushState()方法把目标地址推入浏览器历史记录堆栈中。

```javascript
function getContent(url, addEntry) {
    $.get(url)                                    //异步请求
    .done(function( data ) {
        $('#content').html(data);                 //动态加载目标页面
        if(addEntry == true) {
            history.pushState(null, null, url);   //把目标地址推入浏览器历史记录堆栈中
        }
    });
}
```

第 4 步，在页面初始化事件处理函数中，为每个导航链接绑定 click 事件，在 click 事件处理函数中调用 getContent()函数，同时阻止页面的刷新操作。

```javascript
$(function(){
    $('#menu a').on('click', function(e){
        e.preventDefault();                       //阻止页面刷新操作
        var href = $(this).attr('href');
        getContent(href, true);                   //执行页面内容更新操作
        $('#menu a').removeClass('active');
        $(this).addClass('active');
    });
});
```

第 5 步，注册 popstate 事件，跟踪浏览器历史记录的变化。如果发生变化，则调用 getContent()函数更新页面内容，但是不再把目标地址添加到历史记录堆栈中。

```javascript
window.addEventListener("popstate", function(e) {
    getContent(location.pathname, false);
});
```

第 6 步，设计其他页面，如 about.html、contact.html、news.html，详细内容请参考示例源代码。

26.8 在线支持

一、BOM 基础
- ☑ 全局作用域
- ☑ 访问客户端对象
- ☑ 浏览器检测方法
- ☑ 使用 history 对象

二、专项练习
- ☑ JavaScript BOM 专练（一）

三、参考
- ☑ window 对象属性和方法
- ☑ navigator 对象属性和方法
- ☑ screen 对象属性
- ☑ history 对象属性和方法
- ☑ location 对象属性和方法
- ☑ document 对象属性和方法
- ☑ anchor 对象属性和方法
- ☑ form 对象属性和方法
- ☑ frame 对象属性和方法
- ☑ frameset 对象属性和方法
- ☑ iframe 对象属性和方法
- ☑ image 对象属性和方法
- ☑ link 对象属性和方法

四、更多案例实战
- ☑ 客户端检测封装代码

新知识、新案例不断更新中……

扫码免费学习
更多实用技能

第 27 章　文档操作

文档对象模型（document object model，DOM）是 W3C 制定的一套技术规范，用来描述 JavaScript 脚本与 HTML 文档进行交互的 Web 标准。DOM 规定了一系列标准接口，允许开发人员通过标准方式访问文档结构、操作网页内容、控制样式和行为等。

27.1　节　　点

节点（node）是 DOM 最基本的单元，并派生出不同类型的节点，它们共同构成文档结构模型。在网页中所有对象和内容都被称为节点，如文档、元素、文本、属性、注释等。

27.1.1　节点的类型

根据 DOM 规范，整个文档是一个文档节点，每个标签是一个元素节点，包含的文本是文本节点，标签的属性是一个属性节点，注释属于注释节点等。DOM 节点类型说明如表 27.1 所示

表 27.1　DOM 节点类型说明

节点类型	说明	可包含的子节点类型
Document	表示整个文档，DOM 树的根节点	Element（最多 1 个）、ProcessingInstruction、Comment、DocumentType
DocumentFragment	表示文档片段，轻量级的 Document 对象，仅包含部分文档	ProcessingInstruction、Comment、Text、CDATASection、EntityReference
DocumentType	为文档定义的实体提供接口	None
ProcessingInstruction	表示处理指令	None
EntityReference	表示实体引用元素	ProcessingInstruction、Comment、Text、CDATASection、EntityReference
Element	表示元素	Text、Comment、ProcessingInstruction、CDATASection、EntityReference
Attr	表示属性	Text、EntityReference
Text	表示元素或属性中的文本内容	None
CDATASection	表示文档中的 CDATA 区段，其包含的文本不会被解析器解析	None
Comment	表示注释	None
Entity	表示实体	ProcessingInstruction、Comment、Text、CDATASection、EntityReference
Notation	表示在 DTD 中声明的符号	None

使用 nodeType 属性可以判断一个节点的类型，取值说明如表 27.2 所示。

表 27.2 nodeType 属性返回值说明

节点类型	nodeType 返回值	常量名
Element	1	ELEMENT_NODE
Attr	2	ATTRIBUTE_NODE
Text	3	TEXT_NODE
CDATASection	4	CDATA_SECTION_NODE
EntityReference	5	ENTITY_REFERENCE_NODE
Entity	6	ENTITY_NODE
ProcessingInstruction	7	PROCESSING_INSTRUCTION_NODE
Comment	8	COMMENT_NODE
Document	9	DOCUMENT_NODE
DocumentType	10	DOCUMENT_TYPE_NODE
DocumentFragment	11	DOCUMENT_FRAGMENT_NODE
Notation	12	NOTATION_NODE

27.1.2 节点的名称和值

使用 nodeName 和 nodeValue 属性可以读取节点的名称和值，属性取值说明如表 27.3 所示。

表 27.3 节点的 nodeName 和 nodeValue 属性说明

节点类型	nodeName 返回值	nodeValue 返回值
Document	#document	null
DocumentFragment	#document-fragment	null
DocumentType	doctype 名称	null
EntityReference	实体引用名称	null
Element	元素的名称（或标签名称）	null
Attr	属性的名称	属性的值
ProcessingInstruction	target	节点的内容
Comment	#comment	注释的文本
Text	#text	节点的内容
CDATASection	#cdata-section	节点的内容
Entity	实体名称	null
Notation	符号名称	null

【示例】不同类型的节点，nodeName 和 nodeValue 属性取值是不同的。元素的 nodeName 属性返回值是标签名，而元素的 nodeValue 属性返回值为 null。因此在读取属性值之前，应该先检测类型。

```
var node = document.getElementsByTagName("body")[0];
if (node.nodeType==1)
    var value = node.nodeName;
console.log(value);
```

nodeName 属性在处理标签时比较实用，而 nodeValue 属性在处理文本信息时比较实用。

27.1.3 访问节点

DOM 为 Node 类型定义如下属性，以方便 JavaScript 访问节点。
- ownerDocument：返回当前节点的根元素（document 对象）。
- parentNode：返回当前节点的父节点。所有的节点都仅有一个父节点。
- childNodes：返回当前节点的所有子节点的节点列表。
- firstChild：返回当前节点的第一个子节点。
- lastChild：返回当前节点的最后一个子节点。
- nextSibling：返回当前节点之后相邻的同级节点。
- previousSibling：返回当前节点之前相邻的同级节点。

【示例】针对下面文档结构：

```
<!doctype html>
<html>
<head>
<meta charset="utf-8">
</head>
<body><span class="red">body</span>元素</body></html>
```

可以使用下面方法访问 body 元素。

```
var b = document.documentElement.lastChild;
var b = document.documentElement.firstChild.nextSibling.nextSibling;
```

通过下面方法可以访问 span 包含的文本。

```
var text = document.documentElement.lastChild.firstChild.firstChild.nodeValue;
```

27.1.4 操作节点

操作节点的基本方法如表 27.4 所示。

表 27.4 Node 类型原型方法说明

方　　法	说　　明
appendChild()	向节点的子节点列表的结尾添加新的子节点
cloneNode()	复制节点
hasChildNodes()	判断当前节点是否拥有子节点
insertBefore()	在指定的子节点前插入新的子节点
normalize()	合并相邻的 Text 节点并删除空的 Text 节点
removeChild()	删除（并返回）当前节点的指定子节点
replaceChild()	用新节点替换一个子节点

提示：appendChild()、insertBefore()、removeChild()、replaceChild() 4 种方法用于对子节点进行操作。使用这 4 种方法之前，可以使用 parentNode 属性先获取父节点。另外，并不是所有类型的节点都有子节点，如果在不支持子节点的节点上调用这些方法将会导致错误发生。

【示例】为列表框绑定一个 click 事件处理程序，通过深度克隆，新的列表框没有添加 JavaScript 事件，仅克隆 HTML 类样式和 style 属性。

```html
<h1>DOM</h1>
<p>DOM 是<cite>Document Object Model</cite>首字母简写,中文翻译为<b>文档对象模型</b>,是<i>W3C</i>组织推荐的处理可扩展标识语言的标准编程接口。</p>
<ul>
    <li class="red">D 表示文档,HTML 文档结构。</li>
    <li title="列表项目 2">O 表示对象,文档结构的 JavaScript 脚本化映射。</li>
    <li style="color:red;">M 表示模型,脚本与结构交互的方法和行为。</li>
</ul>
<script>
var ul = document.getElementsByTagName("ul")[0];     //获取列表元素
ul.onclick = function(){                              //绑定事件处理程序
  this.style.border= "solid blue 1px";
}
var ul1 = ul.cloneNode(true);                         //深度克隆
document.body.appendChild(ul1);                       //添加到文档树中 body 元素下
</script>
```

27.2 文　　档

文档节点代表整个文档,使用 document 可以访问文档节点,它是文档内其他节点的访问入口,提供了操作其他节点的方法。文档节点是唯一的,也是只读的,主要特征:nodeType 等于 9、nodeName 等于"#document"、nodeValue 等于 null、parentNode 等于 null、ownerDocument 等于 null。

27.2.1 访问文档

在不同环境中,获取文档节点的方法也不同,具体说明如下。
- ☑ 在文档内部节点,使用 ownerDocument 访问。
- ☑ 在脚本中,使用 document 访问。
- ☑ 在框架页,使用 contentDocument 访问。
- ☑ 在异步通信中,使用 XMLHttpRequest 对象的 responseXML 访问。

27.2.2 访问子节点

文档子节点包括以下元素。
- ☑ doctype 文档类型,如<!doctype html>。
- ☑ html 元素,如<html>。
- ☑ 处理指令,如<?xml-stylesheet type="text/xsl" href="xsl.xsl" ?>。
- ☑ 注释,如<!--注释-->。

访问方法如下。
- ☑ 使用 document.documentElement 可以访问 html 元素。
- ☑ 使用 document.doctype 可以访问 doctype。注意,部分浏览器不支持。
- ☑ 使用 document.childNodes 可以遍历子节点。
- ☑ 使用 document.firstChild 可以访问第一个子节点,一般为 doctype。
- ☑ 使用 document.lastChild 可以访问最后一个子节点,如 html 元素或者注释。

27.2.3 访问特殊元素

文档中存在很多特殊元素，使用下面的方法可以获取，如果获取不到，将返回 null。
- ☑ 使用 document.body 可以访问 body 元素。
- ☑ 使用 document.head 可以访问 head 元素。
- ☑ 使用 document.defaultView 可以访问默认视图，即所属的窗口对象 window。
- ☑ 使用 document.scrollingElement 可以访问文档内滚动的元素。
- ☑ 使用 document.activeElement 可以访问文档内获取焦点的元素。
- ☑ 使用 document.fullscreenElement 可以访问文档内正在全屏显示的元素。

27.2.4 访问元素集合

document 包含一组集合对象，使用它们可以快速地访问文档内元素，简单说明如下。
- ☑ document.anchors：返回所有设置 name 属性的<a>标签。
- ☑ document.links：返回所有设置 href 属性的<a>标签。
- ☑ document.forms：返回所有 form 对象。
- ☑ document.images：返回所有 image 对象。
- ☑ document.applets：返回所有 applet 对象。
- ☑ document.embeds：返回所有 embed 对象。
- ☑ document.plugins：返回所有 embed 对象。
- ☑ document.scripts：返回所有 script 对象。
- ☑ document.styleSheets：返回所有样式表集合。

27.2.5 访问文档信息

document 包含很多信息，简单说明如下。

1. 静态信息

- ☑ document.URL：返回当前文档的网址。
- ☑ document.domain：返回当前文档的域名，不包含协议和接口。
- ☑ document.location：访问 location 对象。
- ☑ document.lastModified：返回当前文档最后修改的时间。
- ☑ document.title：返回当前文档的标题。
- ☑ document.characterSet：返回当前文档的编码。
- ☑ document.referrer：返回当前文档的访问者来自哪里。
- ☑ document.dir：返回文字方向。
- ☑ document.compatMode：返回浏览器处理文档的模式，值包括 BackCompat（向后兼容模式）和 CSS1Compat（严格模式）。

2. 状态信息

- ☑ document.hidden：表示当前页面是否可见。如果窗口最小化、切换页面，document.hidden 返回 true。
- ☑ document.visibilityState：返回文档的可见状态。取值包括 visible（可见）、hidden（不可见）、

prerender（正在渲染）、unloaded（已卸载）。
☑ document.readyState：返回当前文档的状态。取值包括 loading（正在加载）、interactive（加载外部资源）、complete（加载完成）。

27.2.6 访问文档元素

document 对象包含多个访问文档内元素的方法，简单说明如下。
☑ getElementById()：返回指定 id 属性值的元素。注意，id 值要区分大小写，如果找到多个 id 相同的元素，则返回第一个元素，如果没有找到指定 id 值的元素，则返回 null。
☑ getElementsByTagName()：返回所有指定标签名称的元素节点。
☑ getElementsByName()：返回所有指定名称（name 属性值）的元素节点。该方法多用于表单结构中，用于获取单选按钮组或复选框组。

【示例】先获取所有图片，再通过 namedItem("news");找到 name 为 news 的图片。

```
<img src="1.gif" />
<img src="2.gif" name="news" />
<script>
var images = document.getElementsByTagName("img");
var news = images.namedItem("news");
</script>
```

也可以使用下面用法获取页面中所有的元素，其中参数*表示所有元素。

```
var allElements = document.getElementsByTagName("*");
```

27.3 元　　素

元素节点的主要特征：nodeType 等于 1、nodeName 等于标签名称、nodeValue 等于 null。元素节点包含 5 个公共属性，即 id（标识符）、title（提示标签）、lang（语言编码）、dir（语言方向）、className（CSS 类样式），这些属性可读可写。

27.3.1 访问元素

1. getElementById()方法

使用 getElementById()方法可以准确地获取文档中指定的元素，用法如下。

```
document.getElementById(ID)
```

参数 ID 表示文档中对应元素的 id 属性值。如果文档中不存在指定元素，则返回值为 null，该方法只适用于 document 对象。

【示例 1】使用 getElementById()方法获取<div id="box">对象，然后使用 nodeName、nodeType、parentNode 和 childNodes 属性查看该对象的节点类型、节点名称、父节点和第一个子节点的名称。

```
<div id="box">盒子</div>
<script>
var box = document.getElementById("box");         //获取指定盒子的引用
var info = "nodeName：" + box.nodeName;            //获取该节点的名称
info += "\rnodeType：" + box.nodeType;             //获取该节点的类型
info += "\rparentNode：" + box.parentNode.nodeName; //获取该节点的父节点名称
```

```
info += "\rchildNodes:" + box.childNodes[0].nodeName;    //获取该节点的子节点名称
console.log(info);                                       //显示提示信息
</script>
```

2. getElementByTagName()方法

使用 getElementByTagName()方法可以获取指定标签名称的所有元素，用法如下。

```
document.getElementsByTagName(tagName)
```

参数 tagName 表示指定名称的标签，该方法返回值为一个节点集合，使用 length 属性可以获取集合中包含元素的个数，利用下标可以访问其中某个元素对象。

【示例 2】使用 for 循环获取每个 p 元素，并设置 p 元素的 class 属性为 red。

```
var p = document.getElementsByTagName("p");              //获取 p 元素的所有引用
for(var i=0;i<p.length;i++){                             //遍历 p 数据集合
    p[i].setAttribute("class","red");                    //为每个 p 元素定义 red 类样式
}
```

27.3.2 遍历元素

使用 parentNode、nextSibling、previousSibling、firstChild 和 lastChild 属性可以遍历文档树中任意类型节点，包括空字符（文本节点）。HTML5 新添加 5 个属性专门访问元素节点。

- ☑ childElementCount：返回子元素的个数，不包括文本节点和注释。
- ☑ firstElementChild：返回第一个子元素。
- ☑ lastElementChild：返回最后一个子元素。
- ☑ previousElementSibling：返回前一个相邻兄弟元素。
- ☑ nextElementSibling：返回后一个相邻兄弟元素。

浏览器支持：IE 9+、Firefox 3.5+、Safari 4+、Chrome 和 Opera 10+。

27.3.3 创建元素

使用 document 对象的 createElement()方法能够根据参数指定的标签名称创建一个新的元素，并返回新建元素的引用。用法如下。

```
var element = document.createElement("tagName");
```

其中，element 表示新建元素的引用，createElement()是 document 对象的一个方法，该方法只有一个参数，用来指定创建元素的标签名称。

【示例 1】在当前文档中创建一个段落标记 p，存储到变量 p 中。由于该变量表示一个元素节点，所以它的 nodeType 属性值等于 1，而 nodeName 属性值等于 p。

```
var p = document.createElement("p");                     //创建段落元素
var info = "nodeName: " + p.nodeName;                    //获取元素名称
info += ", nodeType: " + p.nodeType;                     //获取元素类型，如果为 1 则表示元素节点
console.log(info);
```

使用 createElement()方法创建的新元素不会被自动添加到文档里。如果要把这个元素添加到文档里，还需要使用 appendChild()、insertBefore()或 replaceChild()方法实现。

【示例 2】演示把新创建的 p 元素增加到 body 元素下。当元素被添加到文档树中，就会立即显示出来。

```
var p = document.createElement("p");                     //创建段落元素
document.body.appendChild(p);                            //增加段落元素到 body 元素下
```

27.3.4 复制元素

cloneNode()方法可以创建一个节点的副本。

【示例】演示复制一个元素及其所有子节点。当复制其中创建的标题 1 节点之后，该节点所包含的子节点及文本节点都将复制过来，然后增加到 body 元素的尾部。

```
var p = document.createElement("p");                        //创建一个 p 元素
var h1 = document.createElement("h1");                      //创建一个 h1 元素
var txt = document.createTextNode("Hello World");           //创建一个文本节点，文本内容为 "Hello World"
p.appendChild(txt);                                         //把文本节点增加到段落中
h1.appendChild(p);                                          //把段落元素增加到标题元素中
document.body.appendChild(h1);                              //把标题元素增加到 body 元素中
var new_h1 = h1.cloneNode(true);                            //复制标题元素及其所有子节点
document.body.appendChild(new_h1);                          //把复制的新标题元素增加到文档中
```

注意：由于复制的节点会包含原节点的所有特性，如果原节点中包含 id 属性，就会出现 id 属性值重叠的情况。一般情况下，在同一个文档中，不同元素的 id 属性值应该不同。为了避免潜在冲突，应修改其中某个节点的 id 属性值。

27.3.5 插入元素

在文档中插入节点主要包括两种方法。

1. appendChild()方法

appendChild()方法可向当前节点的子节点列表的末尾添加新的子节点，用法如下。

```
appendChild(newchild)
```

参数 newchild 表示新添加的节点对象，并返回新增的节点。

【示例】展示把段落文本增加到文档中指定的 div 元素中，使它成为当前节点的最后一个子节点。

```
<div id="box"></div>
<script>
var p = document.createElement("p");                        //创建段落节点
var txt = document.createTextNode("盒模型");                //创建文本节点，文本内容为 "盒模型"
p.appendChild(txt);                                         //把文本节点增加到段落节点中
document.getElementById("box").appendChild(p);              //获取 box 元素，把段落节点增加进来
</script>
```

如果文档树中已经存在参数节点，则将从文档树中删除，然后重新插入新的位置。如果添加节点是 DocumentFragment 节点，则不会直接插入，而是把它的子节点插入当前节点的末尾。

2. insertBefore()方法

使用 insertBefore()方法可以在已有的子节点前插入一个新的子节点，用法如下。

```
insertBefore(newchild,refchild)
```

其中，参数 newchild 表示新插入的节点，refchild 表示插入新节点后的节点，用于指定插入节点的后面相邻的位置。插入成功后，该方法将返回新插入的子节点。

提示：insertBefore ()方法与 appendChild()方法一样，可以把指定元素及其所包含的所有子节点都一起插入指定位置中。同时会先删除移动的元素，然后再重新插入新的位置。

27.3.6 删除元素

removeChild()方法可以从子节点列表中删除某个节点，用法如下。

```
nodeObject.removeChild(node)
```

其中，参数 node 为要删除的节点。如果删除成功，则返回被删除节点；如果删除失败，则返回 null。

当使用 removeChild()方法删除节点时，该节点所包含的所有子节点将同时被删除。

【示例】单击按钮时将删除红盒子中的一级标题。

```
<div id="red">
    <h1>红盒子</h1>
</div>
<div id="blue">蓝盒子</div>
<button id="ok">移动</button>
<script>
var ok = document.getElementById("ok");         //获取按钮元素的引用
ok.onclick = function(){                         //为按钮注册一个鼠标单击事件处理函数
    var red = document.getElementById("red");    //获取红色盒子的引用
    var h1 = document.getElementsByTagName("h1")[0]; //获取标题元素的引用
    red.removeChild(h1);                         //移出红盒子包含的标题元素
}
</script>
```

27.3.7 替换元素

replaceChild()方法可以将某个子节点替换为另一个子节点，用法如下。

```
nodeObject.replaceChild(new_node,old_node)
```

其中，参数 new_node 为指定新的节点，old_node 为被替换的节点。如果替换成功，则返回被替换的节点；如果替换失败，则返回 null。

【示例】以上节示例为基础，重写脚本，新建一个二级标题元素，并替换红色盒子中的一级标题元素。

```
var ok = document.getElementById("ok");          //获取按钮元素的引用
ok.onclick = function(){                          //为按钮注册一个鼠标单击事件处理函数
    var red = document.getElementById("red");     //获取红色盒子的引用
    var h1 = document.getElementsByTagName("h1")[0]; //获取一级标题的引用
    var h2 = document.createElement("h2");        //创建二级标题元素，并引用
    red.replaceChild(h2,h1);                      //把一级标题替换为二级标题
}
```

演示发现，当使用新创建的二级标题替换一级标题之后，则原来的一级标题所包含的标题文本已经不存在。这说明，替换节点的操作不是替换元素名称，而是替换其包含的所有子节点，以及其包含的所有内容。

27.4 文 本

文本节点表示元素和属性的文本内容，包含纯文本内容、转义字符，但不包含 HTML 代码。文

本节点不包含子节点。其主要特征:nodeType 等于 3、nodeName 等于"#text"、nodeValue 等于包含的文本。

27.4.1 创建文本

使用 document 对象的 createTextNode()方法可以创建文本节点,用法如下。

```
document.createTextNode(data)
```

参数 data 表示字符串。

【示例】创建一个新 div 元素,并为它设置 class 值为 red,然后添加到文档中。

```
var element = document.createElement("div");
element.className = "red";
document.body.appendChild(element);
```

注意:由于 DOM 操作等原因,可能会出现文本节点不包含文本,或者接连出现两个文本节点的情况。为了避免这种情况,一般应该在父元素上调用 normalize()方法,删除空文本节点,合并相邻文本节点。

27.4.2 访问文本

使用 nodeValue 或 data 属性可以访问文本节点包含的文本。使用 length 属性可以获取包含文本的长度,利用该属性可以遍历文本节点中的每个字符。

27.4.3 读取 HTML 字符串

使用元素的 innerHTML 属性可以返回调用元素包含的所有子节点对应的 HTML 标记字符串。最初它是 IE 的私有属性,HTML5 规范了 innerHTML 的使用,并得到所有浏览器的支持。

【示例】使用 innerHTML 属性读取 div 元素包含的 HTML 字符串。

```
<div id="div1">
    <style type="text/css">p { color:red;}</style>
    <p><span>div</span>元素</p>
</div>
<script>
var div = document.getElementById("div1");
var s = div.innerHTML;
console.log(s);
</script>
```

27.4.4 插入 HTML 字符串

使用 innerHTML 属性可以根据传入的 HTML 字符串,创建新的 DOM 片段,然后用 DOM 片段完全替换调用元素原有的所有子节点。设置 innerHTML 属性值之后,可以像访问文档中的其他节点一样访问新创建的节点。

【示例】创建一个 1000 行的表格。先构造一个 HTML 字符串,然后更新 DOM 的 innerHTML 属性。

```
<script>
function tableInnerHTML() {
    var i, h = ['<table border="1" width="100%">'];
    h.push('<thead>');
```

```
            h.push('<tr><th>id</th><th>yes?</th><th>name</th><th>url</th><th>action</th></tr>');
            h.push('</thead>');
            h.push('<tbody>');
            for( i = 1; i <= 1000; i++) {
                h.push('<tr><td>');
                h.push(i);
                h.push('</td><td>');
                h.push('And the answer is... ' + (i % 2 ? 'yes' : 'no'));
                h.push('</td><td>');
                h.push('my name is #' + i);
                h.push('</td><td>');
                h.push('<a href="http://example.org/' + i + '.html">http://example.org/' + i + '.html</a>');
                h.push('</td><td>');
                h.push('<ul>');
                h.push(' <li><a href="edit.php?id=' + i + '">edit</a></li>');
                h.push(' <li><a href="delete.php?id="' + i + '-id001">delete</a></li>');
                h.push('</ul>');
                h.push('</td>');
                h.push('</tr>');
            }
            h.push('</tbody>');
            h.push('</table>');
            document.getElementById('here').innerHTML = h.join('');
        };
    </script>
    <div id="here"></div>
    <script>
        tableInnerHTML();
    </script>
```

如果通过 DOM 的 document.createElement()和 document.createTextNode()方法创建同样的表格,代码会非常冗长。在一个性能苛刻的操作中更新一大块 HTML 页面,innerHTML 在大多数浏览器中执行得更快。

注意:使用 innerHTML 属性有一些限制。例如,在大多数浏览器中,通过 innerHTML 插入<script>标记后,并不会执行其中的脚本。

27.5 属　　性

属性节点的主要特征:nodeType 等于 2、nodeName 等于属性的名称、nodeValue 等于属性的值、parentNode 等于 null,在 HTML 中不包含子节点。属性节点继承于 Node 类型,包含 3 个专用属性。

- ☑ name:表示属性名称,等效于 nodeName。
- ☑ value:表示属性值,可读可写,等效于 nodeValue。
- ☑ specified:如果属性值是在代码中设置的,则返回 true;如果属性值为默认值,则返回 false。

27.5.1 创建属性

使用 document 对象的 createAttribute()方法可以创建属性节点,具体用法如下。

```
document.createAttribute(name)
```

参数 name 表示新创建的属性的名称。

【示例 1】创建一个属性节点，名称为 align，值为 center，然后为标签<div id="box">设置属性 align，最后分别使用 3 种方法读取属性 align 的值。

```
<div id="box">document.createAttribute(name)</div>
<script>
var element = document.getElementById("box");
var attr = document.createAttribute("align");
attr.value = "center";
element.setAttributeNode(attr);
console.log(element.attributes["align"].value);              //"center"
console.log(element.getAttributeNode("align").value);        //"center"
console.log(element.getAttribute("align"));                  //"center"
</script>
```

提示：属性节点一般位于元素的头部标签中。元素的属性列表会随着元素信息预先加载，并被存储在关联数组中。例如，针对下面的 HTML 结构。

```
<div id="div1" class="style1" lang="en" title="div"></div>
```

当 DOM 加载后，表示 HTML div 元素的变量 divElement 就会自动生成一个关联集合，它以名值对形式检索这些属性。

```
divElement.attributes = {
    id : "div1",
    class : "style1",
    lang : "en",
    title : "div"
}
```

在传统 DOM 中，常用点语法通过元素直接访问 HTML 属性，如 img.src、a.href 等，这种方式虽然不标准，但是获得了所有浏览器的支持。

【示例 2】img 元素拥有 src 属性，所有图像对象都拥有一个 src 脚本属性，它与 HTML 的 src 特性关联在一起。下面两种用法都可以很好地工作在不同浏览器中。

```
<img id="img1" src="" />
<script>
var img = document.getElementById("img1");
img.setAttribute("src","http:// www.w3.org/");              //HTML 属性
img.src = "http:// www.w3.org/";                            //JavaScript 属性
</script>
```

类似的还有 onclick、style 和 href 等。为了保证 JavaScript 脚本在不同浏览器中都能很好地工作，建议采用标准用法会更为稳妥，而且很多 HTML 属性并没有被 JavaScript 映射，所以也就无法直接通过脚本属性进行读写。

27.5.2 读取属性值

使用元素的 getAttribute()方法可以读取指定属性的值，用法如下。

```
getAttribute(name)
```

参数 name 表示属性名称。

注意：使用元素的 attributes 属性、getAttributeNode()方法可以返回对应属性节点。

【示例 1】 访问红色盒子和蓝色盒子，然后读取这些元素所包含的 id 属性值。

```
<div id="red">红盒子</div>
<div id="blue">蓝盒子</div>
<script>
var red = document.getElementById("red");          //获取红色盒子
console.log(red.getAttribute("id"));               //显示红色盒子的 id 属性值
var blue = document.getElementById("blue");        //获取蓝色盒子
console.log(blue.getAttribute("id"));              //显示蓝色盒子的 id 属性值
</script>
```

【示例 2】 HTML DOM 支持使用点语法读取属性值，使用比较简便，也获得所有浏览器的支持。

```
var red = document.getElementById("red");
console.log(red.id);
var blue = document.getElementById("blue");
console.log(blue.id);
```

> **注意**：对于 class 属性，则必须使用 className 属性名，因为 class 是 JavaScript 语言的保留字。对于 for 属性，则必须使用 htmlFor 属性名，这与 CSS 脚本中 float 和 text 属性被改名为 cssFloat 和 cssText 是一个道理。

27.5.3　设置属性值

使用元素的 setAttribute() 方法可以设置元素的属性值，用法如下。

```
setAttribute(name,value)
```

参数 name 和 value 分别表示属性名和属性值。属性名和属性值必须以字符串的形式进行传递。如果元素中存在指定的属性，它的值将被刷新；如果不存在，则 setAttribute() 方法将为元素创建该属性并赋值。

【示例 1】 分别为页面中的 div 元素设置 title 属性。

```
<div id="red">红盒子</div>
<div id="blue">蓝盒子</div>
<script>
var red = document.getElementById("red");          //获取红盒子的引用
var blue = document.getElementById("blue");        //获取蓝盒子的引用
red.setAttribute("title", "这是红盒子");            //为红盒子对象设置 title 属性和值
blue.setAttribute("title", "这是蓝盒子");           //为蓝盒子对象设置 title 属性和值
</script>
```

【示例 2】 可以通过快捷方法设置 HTML DOM 文档中元素的属性值。

```
<label id="label1">文本框：
    <input type="text" name="textfield" id="textfield" />
</label>
<script>
var label = document.getElementById("label1");
label.className="class1";
label.htmlFor="textfield";
</script>
```

27.5.4　删除属性

使用元素的 removeAttribute() 方法可以删除指定的属性，用法如下。

removeAttribute(name)

参数 name 表示元素的属性名。

【示例】演示动态设置表格的边框。

```
<script>
window.onload = function() {                          //绑定页面加载完毕时的事件处理函数
    var table = document.getElementsByTagName("table")[0];   //获取表格外框的引用
    var del = document.getElementById("del");         //获取删除按钮的引用
    var reset = document.getElementById("reset");     //获取恢复按钮的引用
    del.onclick = function(){                         //为删除按钮绑定事件处理函数
        table.removeAttribute("border");              //移出边框属性
    }
    reset.onclick = function(){                       //为恢复按钮绑定事件处理函数
        table.setAttribute("border", "2");            //设置表格的边框属性
    }
}
</script>
<table width="100%" border="2">
    <tr>
        <td>数据表格</td>
    </tr>
</table>
<button id="del">删除</button><button id="reset">恢复</button>
```

在上面示例中，设计了两个按钮，并分别绑定不同的事件处理函数。单击"删除"按钮即可调用表格的 removeAttribute()方法清除表格边框，单击"恢复"按钮即可调用表格的 setAttribute()方法重新设置表格边框的粗细。

27.5.5 使用类选择器

HTML5 为 document 对象和 HTML 元素新增了 getElementsByClassName()方法，使用该方法可以选择指定类名的元素。getElementsByClassName()方法可以接收一个字符串参数，包含一个或多个类名，类名通过空格分隔，不分先后顺序，方法返回带有指定类的所有元素的 NodeList。

浏览器支持状态：IE 9+、Firefox 3.0+、Safari 3+、Chrome 和 Opera 9.5+。

如果不考虑兼容早期 IE 浏览器或者怪异模式，用户可以放心使用。

【示例】使用 document.getElementById("box")方法先获取<div id="box">，然后在它下面使用 getElementsByClassName("blue red")，选择同时包含 red 和 blue 类的元素。

```
<div id="box">
    <div class="blue red green">blue red green</div>
</div>
<div class="blue red   black">blue red   black</div>
<script>
var divs = document.getElementById("box").getElementsByClassName("blue red");
for(var i=0; i<divs.length;i++){
    console.log(divs[i].innerHTML);
}
</script>
```

在 document 对象上调用 getElementsByClassName()会返回与类名匹配的所有元素，在元素上调用该方法就只会返回后代元素中匹配的元素。

27.6 文档片段

DocumentFragment 是一个虚拟的节点类型，仅存在于内存中，没有被添加到文档树中，在网页中看不到渲染效果。使用文档片段的好处：避免浏览器渲染和占用资源。当文档片段设计完善之后，再使用 JavaScript 一次性添加到文档树中显示出来，这样可以提高效率。

文档片段的主要特征：nodeType 值等于 11、nodeName 等于"#document-fragment"、nodeValue 等于 null、parentNode 等于 null。

创建文档片段的方法：

```
var fragment = document.createDocumentFragment();
```

使用 appendChild()或 insertBefore()方法可以把文档片段添加到文档树中。

每次使用 JavaScript 操作 DOM，都会改变页面呈现，并触发整个页面重新渲染（回流），从而消耗系统资源。为解决这个问题，可以先创建一个文档片段，把所有的新节点附加到文档片段上，最后再把文档片段一次性添加到文档中，从而减少页面重绘的次数。

【示例】使用文档片段创建主流 Web 浏览器列表。

```
<ul id="ul"></ul>
<script>
var element  = document.getElementById('ul');
var fragment = document.createDocumentFragment();
var browsers = ['Firefox', 'Chrome', 'Opera', 'Safari', 'Internet Explorer'];
browsers.forEach(function(browser) {
    var li = document.createElement('li');
    li.textContent = browser;
    fragment.appendChild(li);          //此处往文档片段插入子节点，不会引起回流
});
element.appendChild(fragment);         //将打包好的文档片段插入 ul 节点
</script>
```

上面示例准备为 ul 元素添加 5 个列表项。如果逐个添加列表项，将会导致浏览器反复渲染页面。为避免这个问题，可以使用一个文档片段保存创建的列表项，然后再一次性地将它们添加到文档中，这样能够提升系统的执行效率。

27.7 CSS 选择器

Selectors API 是由 W3C 发布的一个事实标准，为浏览器实现原生的 CSS 选择器。

- ☑ Selector API level 1（http://www.w3.org/TR/selectors-api/）的核心是两种方法：querySelector()和 querySelectorAll()。在兼容浏览器中可以通过文档节点或元素节点调用。目前，已完全支持 Selectors API Level 1 的浏览器有 IE 8+、Firefox 3.5+、Safari 3.1+、Chrome 和 Opera 10+。
- ☑ Selector API level 2（http://www.w3.org/TR/selectors-api2/）规范为元素增加 matchesSelector()方法，这个方法接收一个 CSS 选择符参数。如果调用的元素与该选择符匹配，则返回 true，否则返回 false。目前，浏览器对其支持不是很好。

querySelector()和 querySelectorAll()方法的参数必须是符合 CSS 选择符语法规则的字符串，其中 querySelector()返回一个匹配元素，querySelectorAll()返回一个匹配集合。

【示例 1】新建网页文档，输入下面的 HTML 结构代码。

```html
<div class="content">
    <ul>
        <li>首页</li>
        <li class="red">财经</li>
        <li class="blue">娱乐</li>
        <li class="red">时尚</li>
        <li class="blue">互联网</li>
    </ul>
</div>
```

如果要获得第一个 li 元素，可以使用如下方法。

```
document.querySelector(".content ul li");
```

如果要获得所有 li 元素，可以使用如下方法。

```
document.querySelectorAll(".content ul li");
```

如果要获得所有 class 为 red 的 li 元素，可以使用如下方法。

```
document.querySelectorAll("li.red");
```

提示：DOM API 模块包含 getElementsByClassName()方法，使用该方法可以获取指定类名的元素。例如：

```
document.getElementsByClassName("red");
```

注意，getElementsByClassName()方法只能够接收字符串且为类名，而不需要加点号前缀，如果没有匹配到任何元素则返回空数组。

CSS 选择器是一个便捷的确定元素的方法，这是因为大家已经对 CSS 很熟悉了。当需要联合查询时，使用 querySelectorAll()更加便利。

【示例 2】在文档中一些 li 元素的 class 名称是 red，另一些 class 名称是 blue，可以用 querySelectorAll() 方法一次性地获得这两类节点。

```
var lis = document.querySelectorAll("li.red, li.blue");
```

如果不使用 querySelectorAll()方法，那么要获得同样列表，需要选择所有的 li 元素，然后通过迭代操作过滤不需要的列表项目。

```javascript
var result = [], lis1 = document.getElementsByTagName('li'), classname = '';
for(var i = 0, len = lis1.length; i < len; i++) {
    classname = lis1[i].className;
    if(classname === 'red' || classname === 'blue') {
        result.push(lis1[i]);
    }
}
```

比较上面两种不同的用法，使用选择器 querySelectorAll()方法比使用 getElementsByTagName()方法要快很多。因此，如果浏览器支持 document.querySelectorAll()，那么最好使用它。

27.8 案例实战

27.8.1 自定义属性

HTML5 允许用户为元素自定义属性,但要求添加 data-前缀,目的是为元素提供与渲染无关的附加信息,或者提供语义信息。例如:

```html
<div id="box" data-myid="12345" data-myname="zhangsan" data-mypass="zhang123">自定义数据属性</div>
```

添加自定义属性之后,可以通过元素的 dataset 属性访问自定义属性。dataset 属性的值是一个 DOMStringMap 实例,也就是一个名值对的映射。在这个映射中,每个 data-name 形式的属性都会有一个对应的属性,只不过属性名没有 data-前缀。浏览器支持状态:Firefox 6+和 Chrome。

【示例】下面代码演示了如何自定义属性,以及如何读取这些附加信息。

```javascript
var div = document.getElementById("box");
//访问自定义属性值
var id = div.dataset.myid;
var name = div.dataset.myname;
var pass = div.dataset.mypass;
//重置自定义属性值
div.dataset.myid = "54321";
div.dataset.myname = "lisi";
div.dataset.mypass = "lisi543";
//检测自定义属性
if (div.dataset.myname){
    console.log(div.dataset.myname);
}
```

虽然上述用法未获得所有浏览器的支持,但是仍然可以使用这种方式为元素添加自定义属性,然后使用 getAttribute()方法读取元素附加的信息。

27.8.2 使用 script 加载远程数据

script 元素能够动态加载远程 JavaScript 脚本文件。JavaScript 脚本文件不仅仅可以被执行,还可以附加数据。在服务器端使用 JavaScript 文件附加数据之后,当在客户端使用 script 元素加载远程脚本时,附加在 JavaScript 文件中的信息也一同被加载到客户端,从而实现数据异步交互的目的。下面示例演示如何动态生成 script 元素,并通过 script 元素实现远程数据加载。

【操作步骤】

第 1 步,定义一个异步请求的封装函数。

```javascript
//创建<script>标签,参数 URL 表示要请求的服务器端文件路径
function request(url){
    if( ! document.script){                                    //如果在 Document 对象中不存在 script 属性
        document.script = document.createElement("script");    //创建 script 元素
        document.script.setAttribute("type", "text/javascript");//设置脚本类型属性
        document.script.setAttribute("src", url);              //设置 JavaScript 文件的路径
        document.body.appendChild(document.script);            //把创建的 script 元素添加到页面中
    } else{                                                    //如果已经存在 script 元素
        document.script.setAttribute("src", url);              //则直接设置 src 属性
```

```
        }
    }
```

第 2 步，完善客户端提交页面的结构和脚本代码。上面这个请求函数是整个 script 异步交互的核心，下面就可以设计客户端提交的页面了。

```
<script>
function callback(info){                                //客户端回调函数
    console.log(info);
}
function request(url){                                  //script 异步请求函数
                                                        //代码同上
}
window.onload = function(){                             //页面初始化处理函数
    var b = document.getElementsByTagName("input")[0];
    b.onclick = function(){                             //为页面按钮绑定异步请求函数
        request("server.js");
    }
}
</script>
<input name="submit" type="button" id="submit" value="向服务器发出请求" />
```

第 3 步，在服务器端的响应文件（server.js）中输入下面的代码。

```
callback("这里是服务器端数据信息");                        //服务器端响应页面
```

第 4 步，当预览客户端提交页面时，不会立即发生异步交互的动作，只有在单击按钮时才会触发异步请求和响应行为，这正是异步交互所要的设计效果。

27.9 在线支持

扫码免费学习 更多实用技能

一、专项练习
- ☑ JavaScript DOM 专练（二）

二、参考
- ☑ Node 对象的属性和方法列表
- ☑ Document 对象的属性和方法列表
- ☑ Element 对象的属性和方法列表
- ☑ Attr 对象的属性列表
- ☑ Text 对象的属性和方法列表
- ☑ HTMLElement 对象的属性和方法列表
- ☑ HTMLDocument 对象
- ☑ HTMLCollection 对象
- ☑ NodeList 对象的属性和方法列表
- ☑ Comment 对象的属性和方法列表
- ☑ CharacterData 对象的属性和方法列表
- ☑ Range 对象的属性和方法列表

新知识、新案例不断更新中……

第 28 章 事件处理

在 IE 3.0 和 Netscape 2.0 浏览器中开始出现事件。DOM 2 规范开始标准化 DOM 事件，直到 2004 年发布 DOM 3.0 时，W3C 才完善事件模型。目前，所有主流浏览器都支持 DOM 2 事件模块。IE8 及其早期版本还继续使用 IE 事件模块。

28.1 事件基础

28.1.1 事件模型

在浏览器发展历史中，出现以下 4 种事件处理模型。

- ☑ 基本事件模型：也称为 DOM 0 事件模型。它是浏览器初期出现的一种比较简单的事件模型，主要通过 HTML 事件属性，为指定标签绑定事件处理函数。由于这种模型应用比较广泛，获得了所有浏览器的支持，目前依然比较流行。但是这种模型对于 HTML 文档标签依赖严重，不利于 JavaScript 独立开发。
- ☑ DOM 事件模型：由 W3C 制定，是目前标准的事件处理模型。除了 IE 怪异模式不支持外，符合标准的浏览器都支持该模型。DOM 事件模型包括 DOM 2 事件模块和 DOM 3 事件模块，DOM 3 事件模块为 DOM 2 事件模块的升级版，较 DOM 2 事件模块略有完善，主要是新增加一些事情类型，以适应移动设备的开发需要，但大部分规范和用法保持一致。
- ☑ IE 事件模型：IE 4.0 及其以上版本浏览器支持，与 DOM 事件模型相似，但用法不同。
- ☑ Netscape 事件模型：由 Netscape 4 浏览器实现，在 Netscape 6 中停止支持。

28.1.2 事件流

事件流就是多个节点对象对同一个事件进行响应的先后顺序，主要包括以下 3 种类型。

1. 冒泡型

事件从最特定的目标向最不特定的目标（document 对象）触发，也就是事件从下向上进行响应，这个传递过程被形象地称为冒泡。

2. 捕获型

事件从最不特定的目标（document 对象）开始触发，然后到最特定的目标，也就是事件从上向下进行响应。

3. 混合型

W3C 的 DOM 事件模型支持捕获型和冒泡型两种事件流，其中捕获型事件流先发生，然后发生冒泡型事件流。两种事件流会触及 DOM 中的所有层级对象，从 document 对象开始，最后返回 document

对象结束。

因此，可以把事件传播的整个过程分为 3 个阶段。

- ☑ 捕获阶段：事件从 document 对象沿着文档树向下传播到目标节点，如果目标节点的任何一个上级节点注册了相同事件，那么事件在传播的过程中就会首先在最接近顶部的上级节点执行，依次向下传播。
- ☑ 目标阶段：注册在目标节点的事件被执行。
- ☑ 冒泡阶段：事件从目标节点向上触发，如果上级节点注册了相同的事件，将会逐级响应，依次向上传播。

28.1.3 绑定事件

在基本事件模型中，JavaScript 支持两种绑定方式。

1. 静态绑定

把 JavaScript 脚本作为属性值，直接赋予事件属性。

【示例 1】把 JavaScript 脚本以字符串的形式传递给 onclick 属性，为<button>标签绑定 click 事件。当单击按钮时，就会触发 click 事件，执行这行 JavaScript 脚本。

```
<button onclick="alert('你单击了一次！');">按钮</button>
```

2. 动态绑定

使用 DOM 对象的事件属性进行赋值。

【示例 2】使用 document.getElementById()方法获取 button 元素，然后把一个匿名函数作为值传递给 button 元素的 onclick 属性，以实现事件绑定操作。

```
<button id="btn">按钮</button>
<script>
var button = document.getElementById("btn");
button.onclick = function(){
    alert("你单击了一次！");
}
</script>
```

可以在脚本中直接为页面元素附加事件，不破坏 HTML 结构，比上一种方式灵活。

28.1.4 事件处理函数

事件处理函数是一类特殊的函数，与函数直接量结构相同，主要任务是实现事件处理，为异步调用，由事件触发进行响应。

事件处理函数一般没有明确的返回值。不过在特定事件中，用户可以利用事件处理函数的返回值影响程序的执行，如单击超链接时，禁止默认的跳转行为。

【示例 1】为 form 元素的 onsubmit 事件属性定义字符串脚本，设计当文本框中输入值为空时，定义事件处理函数返回值为 false，这样将强制表单禁止提交数据。

```
<form id="form1" name="form1" method="post" action="http://www.mysite.cn/" onsubmit="if(this.elements[0].value.length==0) return false;">
    姓名：<input id="user" name="user" type="text" />
    <input type="submit" name="btn" id="btn" value="提交" />
</form>
```

在上面代码中，this 表示当前 form 元素，elements[0]表示姓名文本框，如果该文本框的 value.length 属性值长度为 0，表示当前文本框为空，则返回 false，禁止提交表单。

事件处理函数不需要参数。在 DOM 事件模型中，事件处理函数默认包含 event 参数对象，event 对象包含事件信息，在函数内进行传播。

【示例 2】为按钮绑定一个单击事件。在这个事件处理函数中，参数 e 为形参，响应事件之后，浏览器会把 event 对象传递给形参变量 e，再把 event 对象作为一个实参进行传递，读取 event 对象包含的事件信息，在事件处理函数中输出当前源对象节点名称。实现效果如图 28.1 所示。

```
<button id="btn">按    钮</button>
<script>
var button = document.getElementById("btn");
button.onclick = function(e){
    var e = e || window.event;                              //获取事件对象
    document.write(e.srcElement ? e.srcElement : e.target); //获取当前单击对象的标签名
}
</script>
```

【示例 3】定义当单击按钮时改变当前按钮的背景色为红色，其中 this 关键字表示 button 按钮对象。

```
<button id="btn" onclick="this.style.background='red';">按 钮
</button>
```

也可以使用下面一行代码表示：

```
<button id="btn" onclick="(event.srcElement?event.srcElement:
event.target).style.background='red';">按钮</button>
```

图 28.1　捕获当前事件源

28.1.5　注册事件

在 DOM 事件模型中，通过调用对象的 addEventListener()方法注册事件，用法如下。

```
element.addEventListener(String type, Function listener, boolean useCapture);
```

参数说明如下。

- ☑ type：注册事件的类型名。事件类型与事件属性不同，事件类型名没有 on 前缀。例如，对于事件属性 onclick 来说，所对应的事件类型为 click。
- ☑ listener：监听函数，即事件处理函数。在指定类型的事件发生时将调用该函数。在调用这个函数时，默认传递给它的唯一参数是 event 对象。
- ☑ useCapture：它是一个布尔值。如果为 true，则指定的事件处理函数将在事件传播的捕获阶段触发；如果为 false，则事件处理函数将在冒泡阶段触发。

提示：使用 addEventListener()方法能够为多个对象注册相同的事件处理函数，也可以为同一个对象注册多个事件处理函数。为同一个对象注册多个事件处理函数对于模块化开发非常有用。

【示例 1】为段落文本注册两个事件：mouseover 和 mouseout。当鼠标移到段落文本上面时会显示为蓝色背景，而当鼠标移出段落文本时会自动显示为红色背景。这样就不需要破坏文档结构为段落文本增加多个事件属性。

```
<p id="p1">为对象注册多个事件</p>
<script>
var p1 = document.getElementById("p1");                  //捕获段落元素的句柄
p1.addEventListener("mouseover", function(){
    this.style.background = 'blue';
```

```
}, true);                                          //为段落元素注册第 1 个事件处理函数
p1.addEventListener("mouseout", function(){
    this.style.background = 'red';
}, true);                                          //为段落元素注册第 2 个事件处理函数
</script>
```

IE 事件模型使用 attachEvent()方法注册事件，用法如下。

```
element.attachEvent(etype,eventName)
```

参数说明如下。

- ☑ etype：设置事件类型，如 onclick、onkeyup、onmousemove 等。
- ☑ eventName：设置事件名称，也就是事件处理函数。

【示例 2】为段落标签<p>标签注册两个事件：mouseover 和 mouseout，设计当鼠标经过时，段落文本背景色显示为蓝色，当鼠标移开之后，背景色显示为红色。

```
<p id="p1">IE 事件注册</p>
<script>
var p1 = document.getElementById("p1");            //捕获段落元素
p1.attachEvent("onmouseover", function(){
    p1.style.background = 'blue';
});                                                //注册 mouseover 事件
p1.attachEvent("onmouseout", function(){
    p1.style.background = 'red';
});                                                //注册 mouseout 事件
</script>
```

提示：使用 attachEvent()注册事件时，其事件处理函数的调用对象不再是当前事件对象本身，而是 window 对象，因此事件函数中的 this 就指向 window，而不是当前对象，如果要获取当前对象，应该使用 event 的 srcElement 属性。

注意，IE 事件模型中的 attachEvent()方法第一个参数为事件类型名称，但需要加上 on 前缀，而使用 addEventListener()方法时，不需要这个 on 前缀，如 click。

28.1.6 销毁事件

在 DOM 事件模型中，使用 removeEventListener()方法可以从指定对象中删除已经注册的事件处理函数。用法如下。

```
element.removeEventListener(String type, Function listener, boolean useCapture);
```

参数说明参阅 addEventListener()方法参数说明。

【示例 1】在下面示例中，分别为按钮 a 和按钮 b 注册 click 事件，其中按钮 a 的事件函数为 ok()，按钮 b 的事件函数为 delete_event()。在浏览器中预览，单击"点我"按钮，将弹出一个对话框，在删除之前这个事件是一直存在的。在单击"删除事件"按钮之后，"点我"按钮将失去任何效果，演示效果如图 28.2 所示。

```
<input id="a" type="button" value="点我" />
<input id="b" type="button" value="删除事件" />
<script>
var a = document.getElementById("a");              //获取按钮 a
var b = document.getElementById("b");              //获取按钮 b
function ok(){                                     //按钮 a 的事件处理函数
    alert("您好，欢迎光临!");
}
```

```
function delete_event(){                                    //按钮 b 的事件处理函数
    a.removeEventListener("click",ok,false);                //移出按钮 a 的 click 事件
}
a.addEventListener("click",ok,false);                       //默认为按钮 a 注册事件
b.addEventListener("click",delete_event,false);             //默认为按钮 b 注册事件
</script>
```

> **提示**：removeEventListener()方法只能够删除 addEventListener()方法注册的事件。如果直接使用 onclick 等直接写在元素上的事件，将无法使用 removeEventListener()方法删除。

当临时注册一个事件时，可以在处理完毕之后迅速删除它，这样能够节省系统资源。

IE 事件模型使用 detachEvent()方法注销事件，用法如下。

```
element.detachEvent(etype,eventName)
```

参数说明参阅 attachEvent()方法参数说明。

图 28.2　删除事件

由于 IE 怪异模式不支持 DOM 事件模型，为了保证页面的兼容性，开发时需要兼容两种事件模型以实现在不同浏览器中具有相同的交互行为。

【示例 2】下面示例设计段落标签<p>仅响应一次鼠标经过行为。当第二次鼠标经过段落文本时，所注册的事件不再有效。

为了能够兼容 IE 事件模型和 DOM 事件模型，下面示例使用 if 语句判断当前浏览器支持的事件处理模型，然后分别使用 DOM 注册方法和 IE 注册方法为段落文本注册 mouseover 和 mouseout 两个事件。当触发 mouseout 事件之后，再把 mouseover 和 mouseout 事件注销。

```
<p id="p1">注册兼容性事件</p>
<script>
var p1 = document.getElementById("p1");                     //捕获段落元素
var f1 = function(){                                        //定义事件处理函数 1
    p1.style.background = 'blue';
};
var f2 = function(){                                        //定义事件处理函数 2
    p1.style.background = 'red';
    if(p1.detachEvent){                                     //兼容 IE 事件模型
        p1.detachEvent("onmouseover", f1);                  //注销事件 mouseover
        p1.detachEvent("onmouseout", f2);                   //注销事件 mouseout
    } else {                                                //兼容 DOM 事件模型
        p1.removeEventListener("mouseover", f1);            //注销事件 mouseover
        p1.removeEventListener("mouseout", f2);             //注销事件 mouseout
    }
};
if(p1.attachEvent){                                         //兼容 IE 事件模型
    p1.attachEvent("onmouseover", f1);                      //注册事件 mouseover
    p1.attachEvent("onmouseout", f2);                       //注册事件 mouseout
}else{                                                      //兼容 DOM 事件模型
    p1.addEventListener("mouseover", f1);                   //注册事件 mouseover
    p1.addEventListener("mouseout", f2);                    //注册事件 mouseout
}
</script>
```

28.1.7 使用 event 对象

event 对象由事件自动创建，记录了当前事件的状态，如事件发生的源节点、键盘按键的响应状态、鼠标指针的移动位置、鼠标按键的响应状态等信息。event 对象的属性提供了有关事件的细节，其方法可以控制事件的传播。

2 级 DOM Events 规范定义了一个标准的事件模型，它被除了 IE 怪异模式以外的所有现代浏览器所实现，而 IE 定义了专用的、不兼容的模型。简单比较两种事件模型：

- ☑ 在 DOM 事件模型中，event 对象被传递给事件处理函数，但是在 IE 事件模型中，它被存储在 window 对象的 event 属性中。
- ☑ 在 DOM 事件模型中，event 类型的各种子接口定义了额外的属性，它们提供了与特定事件类型相关的细节；在 IE 事件模型中，只有一种类型的 event 对象，它用于所有类型的事件。

下面列出了 2 级 DOM 事件标准定义的 event 对象属性，如表 28.1 所示。注意，这些属性都是只读属性。

表 28.1 DOM 事件模型中的 event 对象属性

属性	说明
bubbles	返回布尔值，指示事件是否是冒泡事件类型。如果事件是冒泡类型，则返回 true，否则返回 fasle
cancelable	返回布尔值，指示事件是否可以取消的默认动作。如果使用 preventDefault()方法可以取消与事件关联的默认动作，则返回值为 true，否则为 fasle
currentTarget	返回触发事件的当前节点，即当前处理该事件的元素、文档或窗口。在捕获和冒泡阶段，该属性是非常有用的，因为在这两个阶段，它不同于 target 属性
eventPhase	返回事件传播的当前阶段，包括捕获阶段（1）、目标事件阶段（2）和冒泡阶段（3）
target	返回事件的目标节点（触发该事件的节点），如生成事件的元素、文档或窗口
timeStamp	返回事件生成的日期和时间
type	返回当前 event 对象表示的事件的名称，如"submit""load""click"

下面列出了 2 级 DOM 事件标准定义的 event 对象方法，如表 28.2 所示，IE 事件模型不支持这些方法。

表 28.2 DOM 事件模型中的 event 对象方法

方法	说明
initEvent()	初始化新创建的 event 对象的属性
preventDefault()	通知浏览器不要执行与事件关联的默认动作
stopPropagation()	终止事件在传播过程的捕获、目标处理或冒泡阶段进一步传播。调用该方法后，该节点上处理该事件的处理函数将被调用，但事件不再被分派到其他节点

提示：表 28.1 是 event 类型提供的基本属性，各个事件子模块也都定义了专用属性和方法。例如，UIEvent 提供了 view（发生事件的 window 对象）和 detail（事件的详细信息）属性。而 MouseEvent 除了拥有 event 和 UIEvent 属性和方法外，也定义了更多实用属性，详细说明可参考下面章节内容。

IE 7 及其早期版本，以及 IE 怪异模式不支持标准的 DOM 事件模型，并且 IE 的 event 对象定义了一组完全不同的属性，如表 28.3 所示。

表 28.3　IE 事件模型中的 event 对象属性

属性	描述
cancelBubble	如果想在事件处理函数中阻止事件传播到上级包含对象，必须把该属性设为 true
fromElement	对于 mouseover 和 mouseout 事件，fromElement 引用移出鼠标的元素
keyCode	对于 keypress 事件，该属性声明了被敲击的键生成的 Unicode 字符码。对于 keydown 和 keyup 事件，它指定了被敲击的键的虚拟键盘码。虚拟键盘码可能和使用的键盘的布局相关
offsetX、offsetY	发生事件的地点在事件源元素的坐标系统中的 x 坐标和 y 坐标
returnValue	如果设置了该属性，它的值比事件处理函数的返回值优先级高。把这个属性设置为 fasle，可以取消发生事件的源元素的默认动作
srcElement	对于生成事件的 window 对象、document 对象或 element 对象的引用
toElement	对于 mouseover 和 mouseout 事件，该属性引用移入鼠标的元素
x、y	事件发生的位置的 x 坐标和 y 坐标，它们相对于用 CSS 定位的最内层包含元素

IE 事件模型并没有为不同的事件定义继承类型，因此所有和任何事件的类型相关的属性都在上面列表中。

> **提示**：为了兼容 IE 和 DOM 两种事件模型，可以使用下面表达式进行兼容。
>
> ```
> var event = event || window.event;        //兼容不同模型的 event 对象
> ```
>
> 上面代码右侧是一个选择运算表达式，如果事件处理函数存在 event 实参，则使用 event 形参来传递事件信息，如果不存在 event 参数，则调用 window 对象的 event 属性来获取事件信息。把上面表达式放在事件处理函数中即可进行兼容。

在以事件驱动为核心的设计模型中，一次只能够处理一个事件，由于从来不会并发两个事件，因此使用全局变量来存储事件信息是一种比较安全的方法。

【示例】演示如何禁止超链接默认的跳转行为。

```
<a href="https://www.baidu.com/" id="a1">禁止超链接跳转</a><script>
document.getElementById('a1').onclick = function(e) {
    e = e || window.event;                        //兼容事件对象
    var target = e.target || e.srcElement;        //兼容事件目标元素
    if(target.nodeName !== 'A') {                 //仅针对超链接起作用
        return;
    }
    if( typeof e.preventDefault === 'function') { //兼容 DOM 模型
        e.preventDefault();                       //禁止默认行为
        e.stopPropagation();                      //禁止事件传播
    } else {                                      //兼容 IE 模型
        e.returnValue = false;                    //禁止默认行为
        e.cancelBubble = true;                    //禁止冒泡
    }
};
</script>
```

28.1.8　委托事件

事件委托（delegate）也称为事件托管或事件代理，就是把目标节点的事件绑定到祖先节点上。这种简单而优雅的事件注册方式是基于事件传播过程中，逐层冒泡总能被祖先节点捕获。

委托的好处：优化代码，提升运行性能，真正把 HTML 和 JavaScript 分离，也能防止在动态添加或删除节点过程中，注册事件丢失的现象。

【示例 1】使用一般方法为列表结构中每个列表项目绑定 click 事件，单击列表项目，将弹出提示对话框，提示当前节点包含的文本信息，如图 28.3 所示。但是，当我们为列表框动态添加列表项目之后，新添加的列表项目没有绑定 click 事件，这与我们的愿望相反。

图 28.3　添加列表项目

```
<button id="btn">添加列表项目</button>
<ul id="list">
    <li>列表项目 1</li>
    <li>列表项目 2</li>
    <li>列表项目 3</li>
</ul>
<script>
var ul=document.getElementById("list");
var lis=ul.getElementsByTagName("li");
for(var i=0;i<lis.length;i++){
    lis[i].addEventListener('click',function(e){
        var e = e || window.event;
        var target = e.target || e.srcElement;
        alert(e.target.innerHTML);
    },false);
}
var i = 4;
var btn=document.getElementById("btn");
btn.addEventListener("click",function(){
    var li = document.createElement("li");
    li.innerHTML = "列表项目" + i++;
    ul.appendChild(li);
});
</script>
```

【示例 2】下面示例借助事件委托技巧，利用事件传播机制，在列表框 ul 元素上绑定 click 事件，当事件传播到父节点 ul 上时，捕获 click 事件，然后在事件处理函数中检测当前事件响应节点类型，如果是 li 元素，则进一步执行下面代码，否则跳出事件处理函数，结束响应。

```
<button id="btn">添加列表项目</button>
<ul id="list">
    <li>列表项目 1</li>
    <li>列表项目 2</li>
    <li>列表项目 3</li>
</ul>
<script>
var ul=document.getElementById("list");
ul.addEventListener('click',function(e){
    var e = e || window.event;
    var target = e.target || e.srcElement;
    if(e.target&&e.target.nodeName.toUpperCase()=="LI"){    /*判断目标事件是否为 li*/
        alert(e.target.innerHTML);
    }
},false);
var i = 4;
var btn=document.getElementById("btn");
```

```
btn.addEventListener("click",function(){
    var li = document.createElement("li");
    li.innerHTML = "列表项目" + i++;
    ul.appendChild(li);
});
</script>
```

当页面存在大量元素，并且每个元素注册了一个或多个事件时，可能会影响性能。访问和修改更多的 DOM 节点，程序就会更慢，特别是事件连接过程都发生在 load（或 DOMContentReady）事件中时，对任何一个富交互网页来说，这都是一个繁忙的时间段。另外，浏览器需要保存每个事件句柄的记录，也会占用更多内存。

28.2 案例实战

28.2.1 鼠标拖曳

鼠标事件是 Web 开发中最常用的事件类型，鼠标事件类型详细说明如表 28.4 所示。

表 28.4 鼠标事件类型

事件类型	说 明
click	单击鼠标左键时发生，如果右键也按下则不会发生。当用户的焦点在按钮上，并按了回车键时，同样会触发这个事件
dblclick	双击鼠标左键时发生，如果右键也按下则不会发生
mousedown	单击任意一个鼠标按钮时发生
mouseout	鼠标指针位于某个元素上，且将要移出元素的边界时发生
mouseover	鼠标指针移出某个元素，到另一个元素上时发生
mouseup	松开任意一个鼠标按钮时发生
mousemove	鼠标在某个元素上时持续发生

【示例】下面示例演示了如何综合应用各种鼠标事件实现页面元素拖放操作的设计过程。实现拖放操作设计，需要解决以下几个问题。

- ☑ 定义拖放元素为绝对定位，以及设计事件的响应过程。这个比较容易实现。
- ☑ 清楚几个坐标概念：单击鼠标时的指针坐标、移动中当前鼠标的指针坐标、松开鼠标时的指针坐标、拖放元素的原始坐标、拖动中的元素坐标。
- ☑ 算法设计：单击鼠标时，获取被拖放元素和鼠标指针的位置，在移动中实时计算鼠标偏移的距离，并利用该偏移距离加上被拖放元素的原坐标位置，获得拖放元素的实时坐标。

如图 28.4 所示，其中变量 ox 和 oy 分别记录按下鼠标时被拖放元素的横、纵坐标值，它们可以通过事件对象的 offsetLeft 和 offsetTop 属性获取。变量 mx 和 my 分别表示按下鼠标时，鼠标指针的坐标位置。而 event.mx 和 event.my 是事件对象的自定义属性，用它们来存储当鼠标移动时鼠标指针的实时位置。

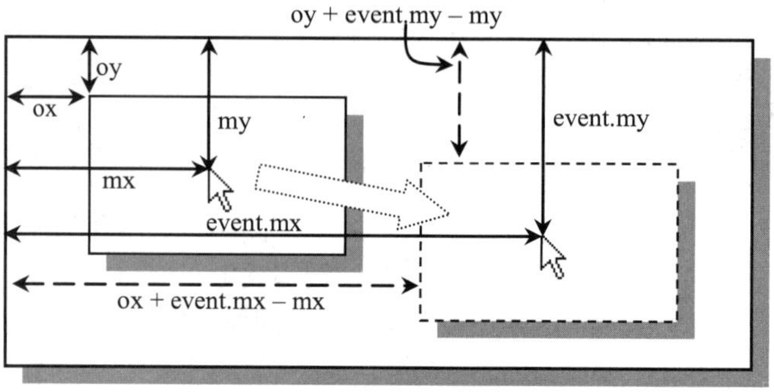

图 28.4 拖放操作设计示意图

当获取了上面 3 对坐标值之后，就可以动态计算拖动中元素的实时坐标位置，即 x 轴值为 ox + event.mx – mx，y 轴值为 oy + event.my – my。当释放鼠标按钮时，则可以释放事件类型，并记下松开鼠标指针时拖动元素的坐标值，以及鼠标指针的位置，留待下一次拖放操作时调用。

完整拖放操作的示例代码如下。

```
<div id="box" ></div>
<script>
                                                    //初始化拖放对象
var box = document.getElementById("box");           //获取页面中被拖放元素的引用指针
box.style.position = "absolute";                    //绝对定位
box.style.width = "160px";                          //定义宽度
box.style.height = "120px";                         //定义高度
box.style.backgroundColor = "red";                  //定义背景色
                                                    //初始化变量，标准化事件对象
var mx, my, ox, oy;                                 //定义备用变量
function e(event){                                  //定义事件对象标准化函数
    if( ! event){                                   //兼容 IE 事件模型
        event = window.event;
        event.target = event.srcElement;
        event.layerX = event.offsetX;
        event.layerY = event.offsetY;
    }
    event.mx = event.pageX || event.clientX + document.body.scrollLeft;
                                                    //计算鼠标指针的 x 轴距离
    event.my = event.pageY || event.clientY + document.body.scrollTop;
                                                    //计算鼠标指针的 y 轴距离
    return event;                                   //返回标准化的事件对象
}
                                                    //定义鼠标事件处理函数
document.onmousedown = function(event){             //按下鼠标时，初始化处理
    event = e(event);                               //获取标准事件对象
    o = event.target;                               //获取当前拖放的元素
    ox = parseInt(o.offsetLeft);                    //拖放元素的 x 轴坐标
    oy = parseInt(o.offsetTop);                     //拖放元素的 y 轴坐标
    mx = event.mx;                                  //按下鼠标指针的 x 轴坐标
    my = event.my;                                  //按下鼠标指针的 y 轴坐标
    document.onmousemove = move;                    //注册鼠标移动事件处理函数
    document.onmouseup = stop;                      //注册松开鼠标事件处理函数
```

```
}
function move(event){                                    //鼠标移动处理函数
    event = e(event);
    o.style.left = ox + event.mx - mx   + "px";          //定义拖动元素的 x 轴距离
    o.style.top = oy + event.my - my + "px";             //定义拖动元素的 y 轴距离
}
function stop(event){                                    //松开鼠标处理函数
    event = e(event);
    ox = parseInt(o.offsetLeft);                         //记录拖放元素的 x 轴坐标
    oy = parseInt(o.offsetTop);                          //记录拖放元素的 y 轴坐标
    mx = event.mx ;                                      //记录鼠标指针的 x 轴坐标
    my = event.my ;                                      //记录鼠标指针的 y 轴坐标
    o = document.onmousemove = document.onmouseup = null;//释放所有操作对象
}
</script>
```

28.2.2 鼠标移动

在下面实例中分别为 3 个嵌套的 div 元素定义了 mouseover 和 mouseout 事件处理函数，这样从外层的父元素中移动到内部的子元素中时，将会触发父元素的 mouseover 事件类型，但是不会触发 mouseout 事件类型。

```
<div>
    <div>
        <div>盒子</div>
    </div>
</div>
<script>
var div = document.getElementsByTagName("div");          //获取 3 个嵌套的 div 元素
for(var i=0;i<div.length;i++){                           //遍历嵌套的 div 元素
    div[i].onmouseover = function(e){                    //注册移过事件处理函数
        this.style.border = "solid blue";
    }
    div[i].onmouseout = function(){                      //注册移出事件处理函数
        this.style.border = "solid red";
    }
}
</script>
```

28.2.3 鼠标定位

当事件发生时，获取鼠标的位置是很重要的事件。由于浏览器的不兼容性，不同浏览器分别在各自事件对象中定义了不同的属性，说明如表 28.5 所示。这些属性都以像素值定义了鼠标指针的坐标，但是它们参照的坐标系不同，导致准确计算鼠标的位置比较麻烦。

表 28.5 鼠标定位事件对象的属性及其兼容性

属 性	说 明	兼 容 性
clientX	以浏览器窗口左上顶角为原点，定位 x 轴坐标	所有浏览器，不兼容 Safari
clientY	以浏览器窗口左上顶角为原点，定位 y 轴坐标	所有浏览器，不兼容 Safari
offsetX	以当前事件的目标对象左上顶角为原点，定位 x 轴坐标	所有浏览器，不兼容 Mozilla

续表

属性	说明	兼容性
offsetY	以当前事件的目标对象左上顶角为原点，定位 y 轴坐标	所有浏览器，不兼容 Mozilla
pageX	以 document 对象（即文档窗口）左上顶角为原点，定位 x 轴坐标	所有浏览器，不兼容 IE
pageY	以 document 对象（即文档窗口）左上顶角为原点，定位 y 轴坐标	所有浏览器，不兼容 IE
screenX	计算机屏幕左上顶角为原点，定位 x 轴坐标	所有浏览器
screenY	计算机屏幕左上顶角为原点，定位 y 轴坐标	所有浏览器
layerX	最近的绝对定位的父元素（如果没有，则为 document 对象）左上顶角为原点，定位 x 轴坐标	Mozilla 和 Safari
layerY	最近的绝对定位的父元素（如果没有，则为 document 对象）左上顶角为原点，定位 y 轴坐标	Mozilla 和 Safari

【示例】下面介绍如何配合使用多种鼠标坐标属性，以实现兼容不同浏览器的鼠标定位设计方案。

首先，来看看 screenX 和 screenY 属性。这两个属性获得了所有浏览器的支持，应该说是最优选用属性，但是它们的坐标系是计算机屏幕，也就是说，以计算机屏幕左上角为定位原点。这对于以浏览器窗口为活动空间的网页来说，没有任何价值。因为不同的屏幕分辨率、不同的浏览器窗口大小和位置都使在网页中定位鼠标成为一件很困难的事情。

其次，如果以 document 对象为坐标系，则可以考虑选用 pageX 和 pageY 属性，实现在浏览器窗口中进行定位。这对于设计鼠标跟随是一个好主意，因为跟随元素一般都以绝对定位的方式在浏览器窗口中移动，在 mousemove 事件处理函数中把 pageX 和 pageY 属性值传递给绝对定位元素的 top 和 left 样式属性即可。

IE 事件模型不支持 pageX 和 pageY 属性，为此还需寻求兼容 IE 的方法。再看看 clientX 和 clientY 属性是以 window 对象为坐标系，且 IE 事件模型支持它们，可以选用它们。不过考虑 Window 等对象可能出现的滚动条偏移量，所以还应加上相对于 window 对象的页面滚动的偏移量。

```
var posX = 0, posY = 0;                          //定义坐标变量初始值
var event = event || window.event;               //标准化事件对象
if(event.pageX || event.pageY){                  //如果浏览器支持该属性，则采用它们
    posX = event.pageX;
    posY = event.pageY;
}
else if(event.clientX || event.clientY){         //否则，如果浏览器支持该属性，则采用它们
    posX = event.clientX + document.documentElement.scrollLeft +
        document.body.scrollLeft;
    posY = event.clientY + document.documentElement.scrollTop +
        document.body.scrollTop;
}
```

在上面代码中，先检测 pageX 和 pageY 属性是否存在，如果存在则获取它们的值；如果不存在，则检测并获取 clientX 和 clientY 属性值，然后加上 document.documentElement 和 document.body 对象的 scrollLeft 和 scrollTop 属性值，这样在不同浏览器中就获得了相同的坐标值。

28.2.4 键盘监控

当用户操作键盘时会触发键盘事件，键盘事件主要包括下面 3 种类型。

☑ keydown：在键盘上按下某个键时触发。如果按住某个键，会不断触发该事件，但是 Opera

浏览器不支持这种连续操作。该事件处理函数返回 false 时，会取消默认的动作（如输入的键盘字符，在 IE 和 Safari 浏览器下还会禁止 keypress 事件响应）。
- ☑ keypress：按下某个键盘键并释放时触发。如果按住某个键，会不断触发该事件。该事件处理函数返回 false 时，会取消默认的动作（如输入的键盘字符）。
- ☑ keyup：释放某个键盘键时触发。该事件仅在松开键盘时触发一次，不是一个持续的响应状态。

键盘事件定义了很多属性，如表 28.6 所示。利用这些属性可以精确控制键盘操作。键盘事件属性一般只在键盘相关事件发生时才会存在于事件对象中，但是 ctrlKey 和 shiftKey 属性除外，因为它们可以在鼠标事件中存在。例如，当按下 ctrl 或 shift 键时单击鼠标操作。

表 28.6 键盘事件定义的属性

属　　性	说　　明
keyCode	该属性包含键盘中对应键位的键值
charCode	该属性包含键盘中对应键位的 Unicode 编码，仅 DOM 支持
target	发生事件的节点（包含元素），仅 DOM 支持
srcElement	发生事件的元素，仅 IE 支持
shiftKey	是否按下 Shift 键，如果按下返回 true，否则为 false
ctrlKey	是否按下 Ctrl 键，如果按下返回 true，否则为 false
altKey	是否按下 Alt 键，如果按下返回 true，否则为 false
metaKey	是否按下 Meta 键，如果按下返回 true，否则为 false，仅 DOM 支持

【示例】ctrlKey 和 shiftKey 属性可存在于键盘和鼠标事件中，表示键盘上的 Ctrl 和 Shift 键是否被按住。下面示例能够监测 Ctrl 和 Shift 键是否被同时按下。如果同时按下，且鼠标单击某个页面元素，则会把该元素从页面中删除。

```
document.onclick = function(e){
    var e = e || window.event;                  //标准化事件对象
    var t = e.target || e.srcElement;           //获取发生事件的元素，兼容 IE 和 DOM
    if(e.ctrlKey && e.shiftKey)                 //如果同时按下 Ctrl 和 Shift 键
        t.parentNode.removeChild(t);            //移出当前元素
}
```

28.2.5　键盘移动对象

keyCode 和 charCode 属性使用比较复杂，但是它们在实际开发中又比较常用，故比较这两个属性在不同事件类型和不同浏览器中的表现是非常必要的，如表 28.7 所示。读者可以根据需要有针对性地选用事件响应类型和引用属性值。

表 28.7 比较 keyCode 和 charCode 的属性值

属　　性	IE 事件模型	DOM 事件模型
keyCode（keypress）	返回所有字符键的正确值，区分大写状态（65～90）和小写状态（97～122）	功能键返回正确值，而 Shift、Ctrl、Alt、PrintScreen、ScrollLock 无返回值，其他所有键值都返回 0
keyCode（keydown）	返回所有键值（除 PrintScreen 键），字母键都以大写状态显示键值（65～90）	返回所有键值（除 PrintScreen 键），字母键都以大写状态显示键值（65～90）

续表

属 性	IE 事件模型	DOM 事件模型
keyCode（keyup）	返回所有键值（除 PrintScreen 键），字母键都以大写状态显示键值（65～90）	返回所有键值（除 PrintScreen 键），字母键都以大写状态显示键值（65～90）
charCode（keypress）	不支持该属性	返回字符键，区分大写状态（65～90）和小写状态（97～122），Shift、Ctrl、Alt、PrintScreen、ScrollLock 键无返回值，其他所有键值为 0
charCode（keydown）	不支持该属性	所有键值为 0
charCode（keyup）	不支持该属性	所有键值为 0

某些键的可用性不是很确定，如 PageUp 和 Home 键等。不过常用的功能键和字符键都是比较稳定的，如表 28.8 所示。

表 28.8 键位和码值对照表

键 位	码 值	键 位	码 值
0~9（数字键）	48～57	A~Z（字母键）	65～90
Backspace（退格键）	8	Tab（制表键）	9
Enter（回车键）	13	Space（空格键）	32
Left arrow（左箭头键）	37	Top arrow（上箭头键）	38
Right arrow（右箭头键）	39	Down arrow（下箭头键）	40

【示例】下面示例演示了如何使用方向键控制页面元素的移动效果。

```
<div id="box"></div>
<script>
var box = document.getElementById("box");          //获取页面元素的引用指针
box.style.position = "absolute";                    //色块绝对定位
box.style.width = "20px";                           //色块宽度
box.style.height = "20px";                          //色块高度
box.style.backgroundColor = "red";                  //色块背景
document.onkeydown = keyDown;                       //在 document 对象中注册 keyDown 事件处理函数
function keyDown(event){                            //方向键控制元素移动函数
    var event = event || window.event;              //标准化事件对象
    switch(event.keyCode){                          //获取当前按下键盘键的编码
        case 37 :                                   //按下左箭头键，向左移动 5 个像素
            box.style.left = box.offsetLeft - 5  + "px";
            break;
        case 39 :                                   //按下右箭头键，向右移动 5 个像素
            box.style.left = box.offsetLeft + 5 + "px";
            break;
        case 38 :                                   //按下上箭头键，向上移动 5 个像素
            box.style.top = box.offsetTop   - 5 + "px";
            break;
        case 40 :                                   //按下下箭头键，向下移动 5 个像素
            box.style.top = box.offsetTop   + 5 + "px";
            break;
    }
    return false
}
</script>
```

在上面示例中，首先获取页面元素，然后通过 CSS 脚本控制元素绝对定位、大小和背景色。然后在 document 对象上注册鼠标按下事件类型处理函数，在事件回调函数 keyDown()中侦测当前按下的方向键，并决定定位元素在窗口中的位置。其中元素的 offsetLeft 和 offsetTop 属性可以存取它在页面中的位置。

28.2.6 页面监控

页面事件主要包括与页面相关的操作响应，常用事件类型说明如下。
- ☑ load 事件在页面完全加载完毕的时候触发。
- ☑ unload 事件在从当前浏览器窗口内移动文档的位置时触发。
- ☑ resize 事件在浏览器窗口被重置时触发。
- ☑ scroll 事件在浏览器窗口内移动文档的位置时触发。
- ☑ error 事件在 JavaScript 代码发生错误时触发。

【示例】在下面示例中，控制红色小盒子始终位于窗口内坐标为（100 px,100 px）的位置。

```
<div id="box"></div>
<script>
var box = document.getElementById("box");
box.style.position = "absolute";
box.style.backgroundColor = "red";
box.style.width = "200px";
box.style.height = "160px";
window.onload = f;                        //页面初始化时固定其位置
window.onscroll = f;                      //当文档位置发生变化时重新固定其位置
function f(){                             //元素位置固定函数
    box.style.left = 100 + parseInt(document.body.scrollLeft) + "px";
    box.style.top = 100 + parseInt(document.body.scrollTop) + "px";
}
</script>
<div style="height:2000px;width:2000px;"></div>
```

还有一种方法，就是利用 settimeout()函数实现每间隔一定时间校正一次元素的位置，不过这种方法的损耗比较大，不建议选用。

28.3 在线支持

扫码免费学习
更多实用技能

一、补充知识
- ☑ 认识 JavaScript 事件

二、专项练习
- ☑ JavaScript 事件

三、参考
- ☑ Event 对象的属性和方法列表

新知识、新案例不断更新中……

第 29 章   CSS 样式操作

脚本化 CSS 就是使用 JavaScript 脚本操作 CSS，配合 HTML5、Ajax、jQuery 等技术，可以设计出细腻、逼真的页面特效和交互行为，提升用户体验，如网页对象的显示/隐藏、定位、变形、运动等动态样式。

29.1   CSS 脚本化基础

CSS 样式有两种形式：样式属性和样式表。DOM 2 级规范提供了一套 API，其中包括 CSS 样式表访问接口。在 DOM 2 级规范之前，允许使用标签对象的 style 属性访问行内样式属性。

29.1.1   访问行内样式

任何支持 style 特性的 HTML 标签，在 JavaScript 中都有一个对应的 style 脚本属性。style 是一个可读可写的对象，包含了一组 CSS 样式。

使用 style 的 cssText 属性可以返回行内样式的字符串表示。同时 style 对象还包含一组与 CSS 样式属性一一映射的脚本属性。这些脚本属性的名称与 CSS 样式属性的名称对应。在 JavaScript 中，由于连字符是减号运算符，含有连字符的样式属性（如 font-family），其脚本属性会以驼峰命名法重新命名（如 fontFamily）。

【示例】border-right-color 属性在脚本中应该使用 borderRightColor。

```
<div id="box">盒子</div>
<script>
var box = document.getElementById("box");
box.style.borderRightColor = "red";
box.style.borderRightStyle = "solid";
</script>
```

提示：使用 CSS 脚本属性时，需要注意几个问题。

☑ float 是 JavaScript 保留字，因此使用 cssFloat 表示与之对应的脚本属性的名称。

☑ 在 JavaScript 中，所有 CSS 属性值都是字符串，必须加上引号。

```
elementNode.style.fontFamily = "Arial, Helvetica, sans-serif";
elementNode.style.cssFloat = "left";
elementNode.style.color = "#ff0000";
```

☑ CSS 样式声明结尾的分号不能够作为脚本属性值的一部分。

☑ 属性值和单位必须完整地传递给 CSS 脚本属性，省略单位则所设置的脚本样式无效。

```
elementNode.style.width = "100px";
elementNode.style.width = width + "px";
```

29.1.2 使用 style 对象

DOM 2 级样式规范为 style 对象定义了一些属性，简单说明如下。
- cssText：返回 style 的 CSS 样式字符串。
- length：返回 style 的声明 CSS 样式的数量。
- parentRule：返回 style 所属的 CSSRule 对象。
- getPropertyCSSValue()：返回包含指定属性的 CSSValue 对象。
- getPropertyPriority()：返回包含指定属性是否附加了!important 命令。
- item()：返回指定下标位置的 CSS 属性的名称。
- getPropertyValue()：返回指定属性的字符串值。
- removeProperty()：从样式中删除给定属性。
- setProperty()：为指定属性设置值，也可以附加优先权标志。

29.1.3 使用 styleSheets 对象

在 DOM 2 级样式规范中，使用 styleSheets 对象可以访问页面中所有样式表，包括用<style>标签定义的内部样式表，以及用<link>标签或@import 命令导入的外部样式表。

cssRules 对象包含指定样式表中所有的规则（样式）。

> **提示**：IE 支持 rules 对象表示样式表中的规则，可以使用下面代码兼容不同浏览器。
>
> var cssRules = document.styleSheets[0].cssRules || document.styleSheets[0].rules;
>
> 在上面代码中，先判断浏览器是否支持 cssRules 对象，如果支持则使用 cssRules（非 IE 浏览器），否则使用 rules（IE 浏览器）。

【示例】通过<style>标签定义一个内部样式表，为页面中的<div id="box">标签定义 4 个属性：宽度、高度、背景色和边框。然后在脚本中使用 styleSheets 访问这个内部样式表，把样式表中的第一个样式的所有规则读取出来，在盒子中输出显示，如图 29.1 所示。

```
<style type="text/css">
#box {
    width: 400px;
    height: 200px;
    background-color:#BFFB8F;
    border: solid 1px blue;
}
</style>
<script>
window.onload = function(){
    var box = document.getElementById("box");
    var cssRules = document.styleSheets[0].cssRules || document.styleSheets[0].rules;
    //判断浏览器类型
    box.innerHTML =   "<h3>盒子样式</h3>"
    box.innerHTML +=   "<br>边框： " + cssRules[0].style.border; //cssRules 的 border 属性
    box.innerHTML +=   "<br>背景： " + cssRules[0].style.backgroundColor;
    box.innerHTML +=   "<br>高度： " + cssRules[0].style.height;
    box.innerHTML +=   "<br>宽度： " + cssRules[0].style.width;
}
</script>
```

```
<div id="box"></div>
```

> **提示**：cssRules（或 rules）的 style 对象在访问 CSS 属性时，使用的是 CSS 脚本属性名，因此所有属性名称中不能使用连字符。例如：
>
> cssRules[0].style.backgroundColor;

29.1.4 使用 selectorText 对象

使用 selectorText 对象可以获取样式的选择器字符串表示。

【示例】使用 selectorText 属性获取第 1 个样式表（styleSheets[0]）中的第 3 个样式（cssRules[2]）的选择器名称，输出显示为 ".blue"，如图 29.2 所示。

```
<style type="text/css">
#box { color:green; }
.red { color:red; }
.blue { color:blue; }
</style>
<link href="style1.css" rel="stylesheet" type="text/css" media="all" />
<script>
window.onload = function(){
    var cssRules = document.styleSheets[0].cssRules || document.styleSheets[0].rules;
    var box = document.getElementById("box");
    box.innerHTML =  "第一个样式表中第三个样式选择符 = " + cssRules[2].selectorText;
}
</script>
<div id="box"></div>
```

图 29.1 使用 styleSheets 访问内部样式表　　　图 29.2 使用 selectorText 访问样式选择符

29.1.5 编辑样式

cssRules 的 style 不仅可以读取，还可以写入属性值。

【示例】下面示例样式表中包含 3 个样式，其中蓝色样式类（.blue）定义字体显示为蓝色。用脚本修改该样式类（.blue 规则）字体颜色为浅灰色（#999），效果如图 29.3 所示。

```
<style type="text/css">
#box { color:green; }
.red { color:red; }
.blue { color:blue; }
</style>
<script>
window.onload = function(){
    var cssRules = document.styleSheets[0].cssRules || document.styleSheets[0].rules;
```

```
        cssRules[2].style.color="#999";            //修改样式表中指定属性的值
    }
</script>
<p class="blue">原为蓝色字体,现在显示为浅灰色。</p>
```

> 提示：上述方法修改样式表中的类样式，会影响其他对象或其他文档对当前样式表的引用，因此在使用时请务必谨慎。

29.1.6 添加样式

使用 addRule()方法可以为样式表增加一个样式，具体用法如下。

图 29.3 修改样式表中的样式

```
styleSheet.addRule(selector,style ,[index])
```

styleSheet 表示样式表引用，参数说明如下。

- ☑ selector：表示样式选择符，以字符串的形式传递。
- ☑ style：表示具体的声明，以字符串的形式传递。
- ☑ index：表示一个索引号，即添加样式在样式表中的索引位置，默认为-1，表示位于样式表的末尾，该参数可以不设置。

Firefox 支持使用 insertRule()方法添加样式，用法如下。

```
styleSheet.insertRule(rule ,[index])
```

参数说明如下。

- ☑ rule：表示一个完整的样式字符串，
- ☑ index：与 addRule()方法中的 index 参数作用相同，但默认为 0，放置在样式表的末尾。

【示例】先在文档中定义一个内部样式表，然后使用 styleSheets 集合获取当前样式表，利用数组默认属性 length 获取样式表中包含的样式个数。最后在脚本中使用 addRule()（或 insertRule()）方法增加一个新样式，样式选择符为 p，样式声明背景色为红色，字体颜色为白色，段落内部补白为 1 个字体大小。

```
<style type="text/css">
#box { color:green; }
.red { color:red; }
.blue { color:blue; }
</style>
<script>
window.onload = function(){
    var styleSheets = document.styleSheets[0];        //获取样式表引用
    var index = styleSheets.length;                    //获取样式表中包含样式的个数
    if(styleSheets.insertRule){                        //判断浏览器是否支持 insertRule()方法
                                                       //在内部样式表中增加 p 标签选择符的样式，插入样式表的末尾
        styleSheets.insertRule("p{background-color:red;color:#fff;padding:1em;}", index);
    }else{                                             //如果浏览器不支持 insertRule()方法
        styleSheets.addRule("P", "background-color:red;color:#fff;padding:1em;", index);
    }
}
</script>
<p>在样式表中增加样式操作</p>
```

保存页面，在浏览器中预览，显示效果如图 29.4 所示。

图 29.4　为段落文本增加样式

29.1.7　读取渲染样式

CSS 样式具有重叠特性，因此定义的样式与最终显示的样式并非完全相同。DOM 定义了一个方法帮助用户快速检测当前对象的显示样式，不过 IE 和标准 DOM 之间实现的方法不同。

1. IE 浏览器

IE 使用 currentStyle 对象读取元素的最终显示样式，该对象为一个只读对象，包含元素的 style 属性，以及浏览器预定义的默认 style 属性。

2. 非 IE 浏览器

DOM 使用 getComputedStyle()方法获取目标对象的显示样式，但是它属于 document.defaultView 对象。getComputedStyle()方法包含了两个参数：第一个参数表示元素，用来获取样式的对象；第二个参数表示伪类字符串，定义显示位置，一般可以省略，或者设置为 null。

【示例】使用 if 语句判断当前浏览器是否支持 document.defaultView，如果支持则进一步判断是否支持 document.defaultView.getComputedStyle，如果支持则使用 getComputedStyle()方法读取最终显示样式；否则，判断当前浏览器是否支持 currentStyle，如果支持则使用它读取最终显示样式。

```
<style type="text/css">
#box { color:green; }
.red { color:red; }
.blue {color:blue; background-color:#FFFFFF;}
</style>
<script>
window.onload = function(){
    var styleSheets = document.styleSheets[0];          //获取样式表引用指针
    var index = styleSheets.length;                     //获取样式表中包含样式的个数
    if(styleSheets.insertRule){                         //判断浏览器是否支持
        styleSheets.insertRule("p{background-color:red;color:#fff;padding:1em;}", index);
    }else{
        styleSheets.addRule("P", "background-color:red;color:#fff;padding:1em;", index);
    }
```

```
        var p = document.getElementsByTagName("p")[0];
        if( document.defaultView && document.defaultView.getComputedStyle)
            p.innerHTML = "背景色："+document.defaultView.getComputedStyle(p,null).backgroundColor+"<br>字体颜色："+document.defaultView.getComputedStyle(p,null).color;
        else if( p.currentStyle)
            p.innerHTML = "背景色： "+p.currentStyle.backgroundColor+"<br>字体颜色： "+p.currentStyle.color;
        else p.innerHTML = "当前浏览器无法获取最终显示样式";
    }
</script>
<p class="blue">在样式表中增加样式操作</p>
```

保存页面，在 Firefox 中预览，则显示效果如图 29.5 所示。

29.1.8 读取媒体查询

使用 window.matchMedia() 方法可以访问 CSS 的 Media Query 语句。window.matchMedia() 方法接收一个 mediaQuery 语句的字符串作为参数，返回一个 MediaQueryList 对象。该对象有以下两个属性。

图 29.5 在 Firefox 中获取显示样式

- ☑ media：返回所查询的 mediaQuery 语句字符串。
- ☑ matches：返回一个布尔值，表示当前环境是否匹配查询语句。

```
var result = window.matchMedia('(min-width: 600px)');
result.media                                          //(min-width: 600px)
result.matches                                        //true
```

【示例 1】根据 mediaQuery 是否匹配当前环境，执行不同的 JavaScript 代码。

```
var result = window.matchMedia('(max-width: 700px)');
if (result.matches) {
    console.log('页面宽度小于等于 700px');
} else {
    console.log('页面宽度大于 700px');
}
```

【示例 2】根据 mediaQuery 是否匹配当前环境，加载相应的 CSS 样式表。

```
var result = window.matchMedia("(max-width: 700px)");
if (result.matches){
    var linkElm = document.createElement('link');
    linkElm.setAttribute('rel', 'stylesheet');
    linkElm.setAttribute('type', 'text/css');
    linkElm.setAttribute('href', 'small.css');
    document.head.appendChild(linkElm);
}
```

注意：如果 window.matchMedia 无法解析 mediaQuery 参数，应该返回 false，而不是报错。例如：

```
window.matchMedia('bad string').matches                //false
```

window.matchMedia 方法返回的 MediaQueryList 对象有两个方法，用来监听事件：addListener 方法和 removeListener 方法。如果 mediaQuery 查询结果发生变化，就调用指定回调函数。例如：

```
var mql = window.matchMedia("(max-width: 700px)");
//指定回调函数
mql.addListener(mqCallback);
```

```
//撤销回调函数
mql.removeListener(mqCallback);
function mqCallback(mql) {
    if (mql.matches) {
//宽度小于等于 700px
    } else {
//宽度大于 700px
    }
}
```

上面代码中，回调函数的参数是 MediaQueryList 对象。回调函数的调用可能存在两种情况：一种是显示宽度从 700 px 以上变为以下，另一种是从 700 px 以下变为以上，所以在回调函数内部要判断一下当前的屏幕宽度。

29.2 案例实战

29.2.1 获取元素尺寸

使用 offsetWidth 和 offsetHeight 属性可以获取元素的尺寸，其中 offsetWidth 表示元素在页面中所占据的总宽度，offsetHeight 表示元素在页面中所占据的总高度。

【示例】使用 offsetWidth 和 offsetHeight 属性获取元素大小。

```
<div style="height:200px;width:200px;">
    <div style="height:50%;width:50%;">
        <div style="height:50%;width:50%;">
            <div style="height:50%;width:50%;">
                <div id="div" style="height:50%;width:50%;border-style:solid;"></div>
            </div>
        </div>
    </div>
</div>
<script>
var div = document.getElementById("div");
var w = div.offsetWidth;                    //返回元素的总宽度
var h = div.offsetHeight;                   //返回元素的总高度
</script>
```

提示：上面示例在怪异模式下和标准模式的浏览器中解析结果差异很大，其中怪异模式解析返回宽度为 21 px，高度为 21 px，而在标准模式的浏览器中返回高度和宽度都为 19 px。

注意，offsetWidth 和 offsetHeight 是获取元素尺寸的最好方法，但是当元素隐藏显示时，即设置样式属性 display 的值为 none 时，则 offsetWidth 和 offsetHeight 属性返回值都为 0。

29.2.2 获取可视区域大小

使用 scrollLeft 和 scrollTop 可以读写移出可视区域外面的宽度和高度，具体说明如下。

☑ scrollLeft：读写元素左侧已滚动的距离，即位于元素左边界与元素中当前可见内容的最左端之间的距离。

☑ scrollTop：读写元素顶部已滚动的距离，即位于元素顶部边界与元素中当前可见内容的最顶端之间的距离。

使用这两个属性可以确定滚动条的位置，或者获取当前滚动区域内容。

【示例】下面示例演示了如何设置和更直观地获取滚动外区域的尺寸。

```
<textarea id="text" rows="5" cols="25" style="float:right;">
</textarea>
<div id="div" style="height:200px;width:200px;border:solid 50px red;padding:50px;overflow:auto;">
    <div id="info" style="height:400px;width:400px;border:solid 1px blue;"></div>
</div>
<script>
var div = document.getElementById("div");
div.scrollLeft = 200;                    //设置盒子左边滚出区域宽度为200px
div.scrollTop = 200;                     //设置盒子顶部滚出区域高度为200px
var text = document.getElementById("text");
div.onscroll = function(){               //注册滚动事件处理函数
    text.value =    "scrollLeft    = " + div.scrollLeft + "\n" +
                    "scrollTop     = " + div.scrollTop + "\n" +
                    "scrollWidth   = " + div.scrollWidth + "\n" +
                    "scrollHeight  = " + div.scrollHeight ;
}
</script>
```

演示效果如图 29.6 所示。

图 29.6　scrollLeft 和 scrollTop 属性指示区域示意图

29.2.3　获取元素大小

29.2.2 节介绍了 offsetWidth 和 offsetHeight 的用法，另外还可以使用下面 3 组属性获取元素的大小，说明如表 29.1 所示。

表 29.1　与元素尺寸相关的属性

元素尺寸属性	说　　明
clientWidth	获取元素可视部分的宽度，即 CSS 的 width 和 padding 属性值之和，元素边框和滚动条不包括在内，也不包含任何可能的滚动区域

续表

元素尺寸属性	说明
clientHeight	获取元素可视部分的高度,即 CSS 的 height 和 padding 属性值之和,元素边框和滚动条不包括在内,也不包含任何可能的滚动区域
offsetWidth	元素在页面中占据的宽度总和,包括 width、padding、border,以及滚动条的宽度
offsetHeight	元素在页面中占据的高度总和,包括 height、padding、border,以及滚动条的高度
scrollWidth	当元素设置了 overflow:visible 样式属性时,元素的总宽度也称滚动宽度。在默认状态下,如果该属性值大于 clientWidth 属性值,则元素会显示滚动条,以便能够翻阅被隐藏的区域
scrollHeight	当元素设置了 overflow:visible 样式属性时,元素的总高度也称滚动高度。在默认状态下,如果该属性值大于 clientHeight 属性值,则元素会显示滚动条,以便能够翻阅被隐藏的区域

【示例】设计一个简单的盒子,盒子的 height 值为 200 px,width 值为 200 px,边框显示为 50 px,补白区域定义为 50 px。内部包含信息框,其宽度设置为 400 px,高度也设置为 400 px,即定义盒子的内容区域为(400 px,400 px)。盒子演示效果如图 29.7 所示。

```
<div id="div" style="height:200px;width:200px;border:solid 50px  red;
overflow:auto;padding:50px;">
    <div id="info" style="height:400px;width:400px;border:solid 1px blue;"></div>
</div>
```

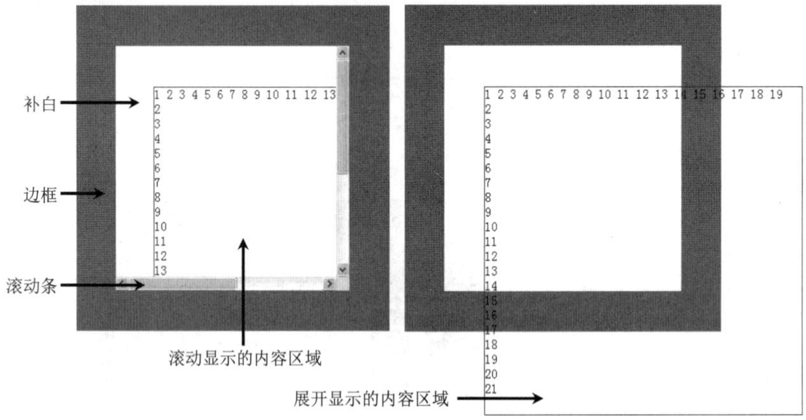

图 29.7　盒模型及其相关构成区域

现在分别调用 clientHeight、offsetHeight、scrollHeight 属性,则可以看到获取不同区域的高度,如图 29.8 所示。

```
var div = document.getElementById("div");
var hc = div.clientHeight;        //可视内容高度为 283px
var ho = div.offsetHeight;        //占据页面总高度为 400px
var hs = div.scrollHeight;        //展开滚动内容总高度为 452px
```

通过上面的实例图,能够很直观地看出 clientHeight、offsetHeight、scrollHeight 这 3 个属性的不同,具体说明如下。

- ☑　clientHeight = padding-top + height + border-bottom-width –滚动条的宽度。
- ☑　offsetHeight = border-top-width + padding-top + height + padding-bottom + border-bottom- width。
- ☑　scrollHeight = padding-top + 包含内容的完全高度 + padding-bottom。

上面围绕元素高度进行说明,针对宽度的计算方式可以以此类推,这里就不再重复讲解。

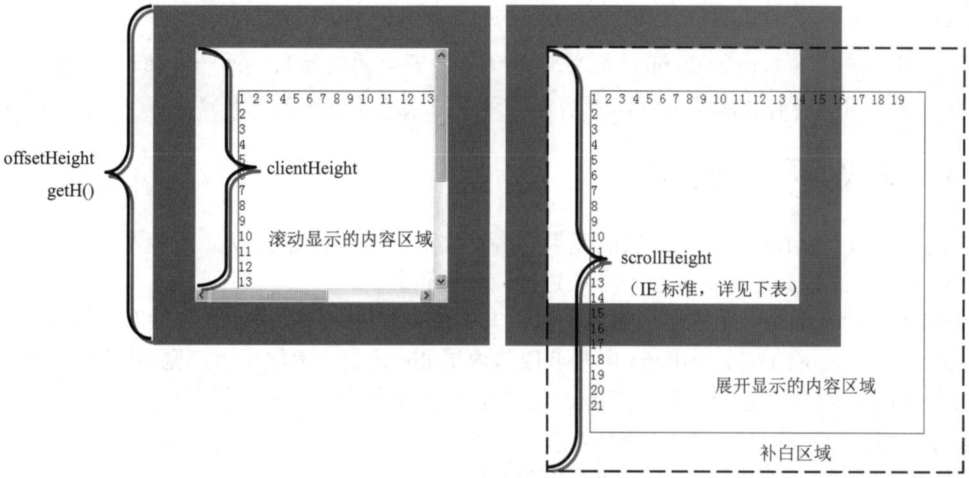

图 29.8　盒模型不同区域的高度示意图

29.2.4　获取窗口大小

获取<html>标签的 clientWidth 和 clientHeight 属性，就可以知道浏览器窗口的可视宽度和高度，而<html>标签在脚本中表示为 document.documentElement，可以这样设计：

```
var w = document.documentElement.clientWidth;    //返回值不包含滚动条的高度
var h = document.documentElement.clientHeight;   //返回值不包含滚动条的宽度
```

在怪异模式下，body 是最顶层的可视元素，而 html 元素保持隐藏。所以只有通过<body>标签的 clientWidth 和 clientHeight 属性才可以知道浏览器窗口的可视宽度和高度，而<body>标签在脚本中表示为 document.body，可以这样设计：

```
var w = document.body.clientWidth;
var h = document.body.clientHeight;
```

把上面两种方法兼容起来，则设计代码如下：

```
var w = document.documentElement.clientWidth || document.body.clientWidth;
var h = document.documentElement.clientHeight || document.body.clientHeight;
```

如果浏览器支持 documentElement，则使用 documentElement 对象读取；如果该对象不存在，则使用 body 对象读取。

如果窗口包含内容超出了窗口可视区域，则应该使用 scrollWidth 和 scrollHeight 属性来获取窗口的实际宽度和高度。

> **注意**：对于 document.documentElement 和 document.body 来说，不同浏览器对于它们的支持略有差异。例如：
> ```
> <body style="border:solid 2px blue;margin:0;padding:0">
>     
> 
> </body>
> <script>
> var wb = document.body.scrollWidth;
> var hb = document.body.scrollHeight;
> var wh = document.documentElement.scrollWidth;
> var hh = document.documentElement.scrollHeight;
> ```

```
</script>
```

不同浏览器使用 documentElement 对象获取浏览器窗口的实际尺寸是一致的,但是使用 body 对象来获取对应尺寸就会存在解析差异,在实际设计中应该考虑这个问题。

29.2.5 获取偏移位置

offsetLeft 和 offsetTop 属性返回当前元素的偏移位置。IE 怪异模式以父元素为参照进行偏移的位置,DOM 标准模式以最近定位元素为参照进行偏移的位置。

【示例】下面示例是一个三层嵌套的结构,其中最外层 div 元素被定义为相对定位显示。然后在脚本中使用 console.log(box.offsetLeft);语句获取最内层 div 元素的偏移位置,则 IE 怪异模式返回值为 50 px,而 DOM 标准模式返回值为 101 px,效果如图 29.9 所示。

```
<style type="text/css">
div {width:200px; height:100px; border:solid 1px red; padding:50px;}
#wrap { position:relative; border-width:20px; }
</style>
<div id="wrap">
    <div id="sub">
        <div id="box"></div>
    </div>
</div>
```

图 29.9 获取元素的位置示意图

【拓展】

offsetParent 属性表示最近的上级定位元素。要获取相对父级元素的位置,可以先判断 offsetParent 属性是否指向父元素,如果是,则直接使用 offsetLeft 和 offsetTop 属性获取元素相对于父元素的距离;否则分别获得当前元素和父元素距离窗口的坐标,然后求差即可。

29.2.6 获取指针的页面位置

使用事件对象的 pageX 和 pageY(兼容 Safari)或者 clientX 和 clientY(兼容 IE)属性,同时还需要配合 scrollLeft 和 scrollTop 属性,可以计算出鼠标指针在页面中的位置。

```
//获取鼠标指针的页面位置
//参数:e 表示当前事件对象;返回值:返回鼠标相对页面的坐标,对象格式(x,y)
function getMP(e){
    var e = e || window.event;                //标准化事件对象
    return {
```

第 29 章 CSS 样式操作

```
        x : e.pageX || e.clientX + (document.documentElement.scrollLeft || document.body.scrollLeft),
        y : e.pageY ||    e.clientY + (document.documentElement.scrollTop || document.body.scrollTop)
    }
}
```

pageX 和 pageY 事件属性不被 IE 浏览器支持，而 clientX 和 clientY 事件属性又不被 Safari 浏览器支持，因此可以混合使用它们以兼容不同的浏览器。同时，对于怪异模式来说，body 元素代表页面区域，而 html 元素被隐藏，但是标准模式以 html 元素代表页面区域，而 body 元素仅是一个独立的页面元素，所以需要兼容这两种解析方式。

【示例】下面示例演示了如何调用上面扩展函数 getMP()捕获当前鼠标指针在文档中的位置，效果如图 29.10 所示。

```
<body style="width:2000px;height:2000px;">
    <textarea id="t" cols="15" rows="4" style="position:fixed;left:50px;top:50px;"></textarea>
</body>
<script>
var t = document.getElementById("t");
document.onmousemove = function(e){
    var m = getMP(e);
    t.value ="mouseX = " + m.x    + "\n" + "mouseY = " + m.y
}
</script>
```

图 29.10　鼠标指针在页面中的位置

29.2.7　获取指针的相对位置

【示例】使用 offsetX 和 offsetY 或者 layerX 和 layerY 可以获取鼠标指针相对定位包含框的偏移位置。如果使用 offsetLeft 和 offsetTop 属性获取元素在定位包含框中的偏移坐标，然后使用 layerX 属性值减去 offsetLeft 属性值，使用 layerY 属性值减去 offsetTopt 属性值，即可得到鼠标指针在元素内部的位置。

```
//获取鼠标指针在元素内的位置
//参数：e 表示当前事件对象，o 表示当前元素；返回值：返回相对坐标对象
function getME(e, o){
    var e = e || window.event;
    return {
        x : e.offsetX ||   (e.layerX - o.offsetLeft),
        y : e.offsetY ||   (e.layerY - o.offsetTop)
    }
}
```

29.2.8 获取滚动条的位置

【示例】使用 scrollLeft 和 scrollTop 属性也可以获取窗口滚动条的位置。

```
//获取页面滚动条的位置
//参数：无；返回值：返回滚动条位置，其中 x 表示 x 轴偏移距离，y 表示 y 轴偏移距离
function getPS(){
    var h = document.documentElement;          //获取页面引用指针
    var x = self.pageXOffset ||                //兼容早期浏览器
        (h && h.scrollLeft) ||                 //兼容标准浏览器
        document.body.scrollLeft;              //兼容 IE 怪异模式
    var y = self.pageYOffset ||                //兼容早期浏览器
        (h && h.scrollTop) ||                  //兼容标准浏览器
        document.body.scrollTop;               //兼容 IE 怪异模式
    return {
        x : x,
        y : y
    };
}
```

29.2.9 设置滚动条位置

使用 window 对象的 scrollTo(x, y)方法可以定位滚动条的位置，其中参数 x 可以定位页面内容在 x 轴方向上的偏移量，而参数 y 可以定位页面在 y 轴方向上的偏移量。

【示例】下面扩展函数能够把滚动条定位到指定的元素位置。其中调用了 getPoint ()扩展函数获取指定元素的页面位置，该函数可以参考本节示例源代码。

```
//滚动到页面中指定的元素位置
//参数：指定的对象；返回值：无
function setPS(e){
    window.scrollTo(getPoint(e).x, getPoint(e).y);
}
```

29.2.10 设计显示样式

使用 style.display 属性可以设计元素的显示和隐藏。恢复 style.display 属性的默认值，只需设置 style.display 属性值为空字符串（style.display = ""）即可。

设计元素的不透明度实现方法：IE 怪异模式支持 filters 滤镜集，DOM 标准浏览器支持 style.opacity 属性。它们的取值的范围也不同，IE 的 filters 属性值范围为 0~100，其中 0 表示完全透明，而 100 表示不透明。DOM 标准的 style.opacity 属性值范围是 0~1，其中 0 表示完全透明，而 1 表示不透明。

【示例】为了兼容不同浏览器，可以把设置元素透明度的功能进行函数封装。

```
//设置元素的透明度
//参数：e 表示要预设置的元素，n 表示一个数值，取值范围为 0~100，如果省略，则默认为 100，即不透明显示元素。
function setOpacity(e, n){
    var n = parseFloat(n);                              //把第二个参数转换为浮点数
    if(n && (n>100) || !n) n=100;                       //如果第二个参数大于 100，或者不存在，则设置为 100
    if(n && (n<0))   n =0;                              //如果第二个参数存在且值小于 0，则设置其为 0
    if (e.filters){                                     //兼容 IE 浏览器
        e.style.filter = "alpha(opacity=" + n + ")";
    } else {                                            //兼容 DOM 标准
```

第 29 章　CSS 样式操作

```
        e.style.opacity = n / 100;
    }
}
```

> 提示：在获取元素的透明度时，应注意在 IE 浏览器中不能够直接通过属性读取，而应借助 filters 集合的 item()方法获取 Alpha 对象，然后读取它的 opacity 属性值。

29.3　在线支持

扫码免费学习
更多实用技能

一、专项练习
- ☑ CSS 脚本样式

二、参考
- ☑ CSSStyleSheet 对象的属性和方法列表
- ☑ CSSRule 对象的属性列表
- ☑ CSSStyleRule 对象的属性列表
- ☑ CSS2Properties 对象
- ☑ HTMLElement 对象的属性和方法列表

新知识、新案例不断更新中……

第 30 章

使用 Ajax

Ajax（Asynchronous JavaScript and XML）是使用 JavaScript 脚本，借助 XMLHttpRequest 插件，在客户端与服务器端之间实现异步通信的一种方法。2005 年 2 月，Ajax 第一次正式出现，从此以后 Ajax 成为 JavaScript 发起 HTTP 异步请求的代名词。2006 年，W3C 发布了 Ajax 标准，Ajax 技术开始快速普及。

代码测试环境：Windows（运行系统）+Apache（服务器）+ PHP（脚本）。

30.1　XMLHttpRequest 基础

XMLHttpRequest 是客户端的一个 API，它为浏览器与服务器通信提供了一个便捷通道。现代浏览器都支持 XMLHttpRequest API，如 IE7+、Firefox、Chrome、Safari 和 Opera 等。

30.1.1　定义 XMLHttpRequest 对象

使用 XMLHttpRequest 插件的第一步：创建 XMLHttpRequest 对象，具体方法如下。

```
var xhr = new XMLHttpRequest();
```

> 提示：IE 5.0 版本开始以 ActiveX 组件形式支持 XMLHttpRequest，IE 7.0 版本开始支持标准化 XMLHttpRequest。不过，所有浏览器实现的 XMLHttpRequest 对象都提供相同的接口和用法。

【示例】使用工厂模式对定义的 XMLHttpRequest 对象进行封装，这样只要调用 createXHR()方法就可以返回一个 XMLHttpRequest 对象。

```javascript
//创建 XMLHttpRequest 对象
//参数：无；返回值：XMLHttpRequest 对象
function createXHR(){
    var XHR = [                    //兼容不同浏览器和版本的创建函数数组
        function () {return new XMLHttpRequest()},
        function () {return new ActiveXObject("Msxml2.XMLHTTP")},
        function () {return new ActiveXObject("Msxml3.XMLHTTP")},
        function () {return new ActiveXObject("Microsoft.XMLHTTP")}
    ];
    var xhr = null;
    //尝试调用函数，如果成功则返回 XMLHttpRequest 对象，否则继续尝试
    for (var i = 0; i < XHR.length; i ++ ){
        try{
            xhr = XHR[i]();
        }catch (e){
            continue;              //如果发生异常，则继续调用下一个函数
        }
```

```
        break;                          //如果成功,则中止循环
    }
    return xhr;                         //返回对象实例
}
```

在上面示例中,首先定义一个数组,收集各种创建 XMLHttpRequest 对象的函数。第一个函数是标准用法,其他函数主要针对 IE 浏览器的不同版本尝试创建 ActiveX 对象。其次设置变量 xhr 为 null,表示为空对象。最后遍历工厂内所有函数并尝试执行它们。为了避免发生异常,把所有调用函数放在 try 中执行,如果发生错误,则在 catch 中捕获异常,并执行 continue 命令,返回继续执行,避免抛出异常。如果创建成功,则中止循环,返回 XMLHttpRequest 对象。

30.1.2 建立 HTTP 连接

使用 XMLHttpRequest 对象的 open()方法可以建立一个 HTTP 请求,用法如下所示。

```
xhr.open(method, url, async, username, password);
```

其中 xhr 表示 XMLHttpRequest 对象,open()方法包含 5 个参数,简单说明如下。
- ☑ method:HTTP 请求方法,必设参数,值包括 POST、GET 和 HEAD,大小写不敏感。
- ☑ url:请求的 URL 字符串,必设参数,大部分浏览器仅支持同源请求。
- ☑ async:指定请求是否为异步方式,默认为 true。如果为 false,当状态改变时会立即调用 onreadystatechange。属性指定的回调函数。
- ☑ username:可选参数,如果服务器需要验证,该参数指定用户名;如果未指定,当服务器需要验证时,会弹出验证窗口。
- ☑ password:可选参数,验证信息中的密码部分,如果用户名为空,则该值将被忽略。

建立连接后,可以使用 send()方法发送请求,用法如下。

```
xhr.send(body);
```

参数 body 表示将通过该请求发送的数据,如果不传递信息,可以设置为 null 或者省略。

发送请求后,可以使用 XMLHttpRequest 对象的 responseBody、responseStream、responseText 或 responseXML 属性等待接收响应数据。

【示例】简单演示实现异步通信的方法。

```
var xhr = createXHR();                    //实例化 XMLHttpRequest 对象
xhr.open("GET","server.txt", false);      //建立连接,要求同步响应
xhr.send(null);                           //发送请求
console.log(xhr.responseText);            //接收数据
```

在服务器端文件(server.txt)中输入下面的字符串。

```
Hello World                               //服务器端脚本
```

在浏览器控制台会显示"Hello World"的提示信息,该字符串是从服务器端响应的字符串。

30.1.3 发送 GET 请求

发送 GET 请求简单、方便,适用于简单字符串,不适用于大容量或加密数据。实现方法:将包含查询字符串的 URL 传入 XMLHttpRequest 对象的 open()方法,设置第一个参数值为 GET 即可。服务器能够通过查询字符串接收用户信息。

【示例】以 GET 方式向服务器传递一条信息 callback=functionName。

```
<input name="submit" type="button" id="submit" value="向服务器发出请求" />
```

```
<script>
window.onload = function(){                         //页面初始化
    var b = document.getElementsByTagName("input")[0];
    b.onclick = function(){
        var url = "server.php?callback=functionName"; //设置查询字符串
        var xhr = createXHR();                      //实例化 XMLHttpRequest 对象
        xhr.open("GET",url, false);                 //建立连接，要求同步响应
        xhr.send(null);                             //发送请求
        console.log(xhr.responseText);              //接收数据
    }
}
</script>
```

在服务器端文件（server.php）中输入下面的代码，获取查询字符串中 callback 的参数值，并把该值响应给客户端。

```
<?php
echo $_GET["callback"];
?>
```

在浏览器中预览页面，当单击"提交"按钮时，在控制台显示传递的参数值。

提示：查询字符串通过问号（?）作为前缀附加在 URL 的末尾，发送数据是以连字符（&）连接的一个或多个名/值对。

30.1.4 发送 POST 请求

POST 请求允许发送任意类型、长度的数据，多用于表单提交，以 send()方法进行传递，而不以查询字符串的方式进行传递。POST 字符串与 GET 字符串的格式相同，格式如下。

```
send("name1=value1&name2=value2…");
```

【示例】以 30.1.3 节示例为例，使用 POST 方法向服务器传递数据。

```
window.onload = function(){                         //页面初始化
    var b = document.getElementsByTagName("input")[0];
    b.onclick = function(){
        var url = "server.php";                     //设置请求的地址
        var xhr = createXHR();                      //实例化 XMLHttpRequest 对象
        xhr.open("POST",url, false);                //建立连接，要求同步响应
        xhr.setRequestHeader('Content-type','application/x-www-form-urlencoded');
                                                    //设置为表单方式提交
        xhr.send("callback=functionName");          //发送请求
        console.log(xhr.responseText);              //接收数据
    }
}
```

在 open()方法中，设置第一个参数为 POST，然后使用 setRequestHeader()方法设置请求消息的内容类型为"application/x-www-form-urlencoded"，它表示传递的是表单值，一般使用 POST 发送请求时都必须设置该选项，否则服务器无法识别传递过来的数据。

在服务器端设计接收 POST 方式传递的数据，并进行响应。

```
<?php
echo $_POST["callback"];
?>
```

30.1.5 串行格式化

GET 和 POST 方法都是以串行格式化的字符串发送数据，主要形式有以下两种。

1．对象格式

例如，定义一个包含 3 个名/值对的对象数据。

`{ user:"ccs8", pass: "123456", email: "css8@mysite.cn" }`

转换为串行格式化的字符串表示为：

`'user="ccs8"&pass="123456"&email="css8@mysite.cn"'`

2．数组格式

例如，定义一组信息，包含多个对象类型的元素。

`[{ name:"user", value:"css8" }, { name:"pass", value:"123456" },{ name:"email", value:"css8@mysite.cn" } ]`

转换为串行格式化的字符串表示为：

`'user="ccs8"& pass="123456"& email="css8@mysite.cn"'`

【示例】为了方便开发，下面演示如何定义一个工具函数，把 JavaScript 对象或数组对象转换为串行格式化字符串并返回，这样就不需要手动转换了。

```
//把 JSON 数据转换为串行字符串
//参数：data 表示数组或对象类型数据；返回值：串行字符串
function JSONtoString(data){
    var a = [];                              //临时数组
    if( data.constructor == Array){          //处理数组
        for(var i = 0 ; i < data.length ; i++){
            a.push(data[i].name + "=" + encodeURIComponent(data[i].value));
        }
    } else{                                  //处理对象
        for(var i in data){
            a.push(i + "=" + encodeURIComponent(data[i]));
        }
    }
    return a.join("&");                      //把数组转换为串行字符串，并返回
}
```

30.1.6 跟踪响应状态

使用 XMLHttpRequest 对象的 readyState 属性可以实时跟踪响应状态。当该属性值发生变化时，会触发 readystatechange 事件，调用绑定的回调函数。readyState 属性值说明如表 30.1 所示。

表 30.1　readyState 属性值

返回值	说　　明
0	未初始化，表示对象已经建立，但是尚未初始化，尚未调用 open()方法
1	初始化，表示对象已经建立，尚未调用 send()方法
2	发送数据，表示 send()方法已经调用，但是当前的状态及 HTTP 头未知
3	数据传送中，已经接收部分数据，因为响应及 HTTP 头不全，这时通过 responseBody 和 responseText 获取部分数据会出现错误
4	完成，数据接收完毕，此时可以通过 responseBody 和 responseText 获取完整的响应数据

如果 readyState 属性值为 4，说明响应完毕，那么就可以安全读取响应的数据。注意，考虑到各种特殊情况，更安全的方法是，同时监测 HTTP 状态码，只有当 HTTP 状态码为 200 时，才说明 HTTP 响应顺利完成。

【示例】以 30.1.5 节示例为例，修改请求为异步响应请求，然后通过 status 属性获取当前的 HTTP 状态码。如果 readyState 属性值为 4，且 status（状态码）属性值为 200，则说明 HTTP 请求和响应过程顺利完成，这时可以安全、异步地读取数据。

```javascript
window.onload = function(){                                      //页面初始化
    var b = document.getElementsByTagName("input")[0];
    b.onclick = function(){
        var url = "server.php";                                  //设置请求的地址
        var xhr = createXHR();                                   //实例化 XMLHttpRequest 对象
        xhr.open("POST",url, true);                              //建立连接，要求异步响应
        xhr.setRequestHeader('Content-type','application/x-www-form-urlencoded');
                                                                 //设置为表单方式提交
        xhr.onreadystatechange = function(){                     //绑定响应状态事件监听函数
            if(xhr.readyState == 4){                             //监听 readyState 状态
                if (xhr.status == 200 || xhr.status == 0){       //监听 HTTP 状态码
                    console.log(xhr.responseText);               //接收数据
                }
            }
        }
        xhr.send("callback=functionName");                       //发送请求
    }
}
```

30.1.7 中止请求

使用 XMLHttpRequest 对象的 abort()方法可以中止正在进行的请求，用法如下。

```javascript
xhr.onreadystatechange = function(){};                           //清理事件响应函数
xhr.abort();                                                     //中止请求
```

提示：在调用 abort()方法前，应先清除 onreadystatechange 事件处理函数，因为 IE 和 Mozilla 在请求中止后也会激活事件处理函数。因为将 onreadystatechange 属性设置为 null，IE 会发生异常，所以可以为它设置一个空函数。

30.1.8 获取 XML 数据

XMLHttpRequest 对象通过 responseText、responseBody、responseStream 或 responseXML 属性 XMLHttpRequest 对象获取响应信息，它们都是只读属性，说明如表 30.2 所示。

表 30.2 XMLHttpRequest 对象响应信息属性

响 应 信 息	说 明
responseBody	将响应信息正文以 Unsigned Byte 数组形式返回
responseStream	以 ADO Stream 对象的形式返回响应信息
responseText	将响应信息作为字符串返回
responseXML	将响应信息格式化为 XML 文档格式返回

在实际应用中，一般将格式设置为 XML、HTML、JSON 或其他纯文本格式。具体使用哪种响应

格式，可以参考下面几条原则。

- ☑ 如果向页面中添加大块数据，选择 HTML 格式会比较方便。
- ☑ 如果需要协作开发且项目庞杂，选择 XML 格式会更通用。
- ☑ 如果要检索复杂的数据且结构复杂，选择 JSON 格式轻便。

【示例1】在服务器端创建一个简单的 XML 文档。

```xml
<?xml version="1.0" encoding="utf-8"?>
<the>XML 数据</the>
```

然后，在客户端进行如下请求。

```html
<input name="submit" type="button" id="submit" value="向服务器发出请求" />
<script>
window.onload = function(){                          //页面初始化
    var b = document.getElementsByTagName("input")[0];
    b.onclick = function(){
        var xhr = createXHR();                       //实例化 XMLHttpRequest 对象
        xhr.open("GET","server.xml", true);          //建立连接，要求异步响应
        xhr.onreadystatechange = function(){         //绑定响应状态事件监听函数
            if(xhr.readyState == 4){                 //监听 readyState 状态
                if (xhr.status == 200 || xhr.status == 0){  //监听 HTTP 状态码
                    var  info = xhr.responseXML;
                    console.log(info.getElementsByTagName("the")[0].firstChild.data);
                                                     //返回元信息字符串"XML 数据"
                }
            }
        }
        xhr.send();                                  //发送请求
    }
}
</script>
```

在上面代码中，使用 XML DOM 的 getElementsByTagName()方法获取 the 节点，然后再定位第一个 the 节点的子节点内容。此时如果继续使用 responseText 属性读取数据，则会返回 XML 源代码字符串。

【示例2】可以使用服务器端脚本生成 XML 结构数据。下面以示例1为例。

```php
<?php
header('Content-Type: text/xml;');
echo '<?xml version="1.0" encoding="utf-8"?><the>XML 数据</the >'; //输出 XML
?>
```

30.1.9 获取 HTML 字符串

设计响应信息为 HTML 字符串，然后使用 DOM 的 innerHTML 属性把获取的字符串插入网页中。

【示例】在服务器端设计响应信息为 HTML 结构代码。

```html
<table border="1" width="100%">
    <tr><td>RegExp.exec()</td><td>通用的匹配模式</td></tr>
    <tr><td>RegExp.test()</td><td>检测一个字符串是否匹配某个模式</td></tr>
</table>
```

在客户端接收响应信息。

```html
<input name="submit" type="button" id="submit" value="向服务器发出请求" />
<div id="grid"></div>
```

```
<script>
window.onload = function(){                              //页面初始化
    var b = document.getElementsByTagName("input")[0];
    b.onclick = function(){
        var xhr = createXHR();                           //实例化 XMLHttpRequest 对象
        xhr.open("GET","server.html", true);             //建立连接,要求异步响应
        xhr.onreadystatechange = function(){             //绑定响应状态事件监听函数
            if(xhr.readyState == 4){                     //监听 readyState 状态
                if (xhr.status == 200 || xhr.status == 0){  //监听 HTTP 状态码
                    var  o = document.getElementById("grid");
                    o.innerHTML = xhr.responseText;      //直接插入页面中
                }
            }
        }
        xhr.send();                                      //发送请求
    }
}
</script>
```

注意:在某些情况下,HTML 字符串可能为客户端解析响应信息节省一些 JavaScript 脚本,但是也带来一些问题。

- ☑ 响应信息中包含大量无用的字符,响应数据会变得很臃肿。因为 HTML 标记不含有信息,完全可以把它们放置在客户端由 JavaScript 脚本负责生成。
- ☑ 响应信息中包含的 HTML 结构无法被有效地利用,对于 JavaScript 脚本来说,它们仅仅是一堆字符串。同时结构和信息混合在一起,也不符合标准化设计原则。

30.1.10 获取 JavaScript 脚本

设计响应信息为 JavaScript 代码,与 JSON 数据不同,它是可执行的命令或脚本。

【示例】在服务器端请求文件中包含下面一个函数。

```
function(){
    var d = new Date()
    return d.toString();
}
```

在客户端执行下面的请求。

```
<input name="submit" type="button" id="submit" value="向服务器发出请求" />
<script>
window.onload = function(){                              //页面初始化
    var b = document.getElementsByTagName("input")[0];
    b.onclick = function(){
        var xhr = createXHR();                           //实例化 XMLHttpRequest 对象
        xhr.open("GET","server.js", true);               //建立连接,要求异步响应
        xhr.onreadystatechange = function(){             //绑定响应状态事件监听函数
            if(xhr.readyState == 4){                     //监听 readyState 状态
                if (xhr.status == 200 || xhr.status == 0){  //监听 HTTP 状态码
                    var info = xhr.responseText;
                    var  o = eval("("+info+")" + "()");  //用 eval()把字符串转换为脚本
                    console.log(o);                      //返回客户端当前日期
                }
            }
        }
```

```
            xhr.send();                              //发送请求
        }
    }
</script>
```

> **注意**：使用 eval()方法时，在字符串前后附加两个小括号：一个是包含函数结构体的，一个是表示调用函数的。不建议直接使用 JavaScript 代码作为响应格式，因为它不能够传递更丰富的信息，同时 JavaScript 脚本极易引发安全隐患。

30.1.11 获取 JSON 数据

使用 responseText 可以获取 JSON 格式的字符串，然后使用 eval()方法将其解析为本地 JavaScript 脚本，再从该数据对象中读取信息。

【示例】在服务器端请求文件中包含下面 JSON 数据。

```
{user:"ccs8",pass: "123456",email:"css8@mysite.cn"}
```

然后在客户端执行下面的请求。把返回 JSON 字符串转换为对象，然后读取属性值。

```
<input name="submit" type="button" id="submit" value="向服务器发出请求" />
<script>
window.onload = function(){                          //页面初始化
    var b = document.getElementsByTagName("input")[0];
    b.onclick = function(){
        var xhr = createXHR();                       //实例化 XMLHttpRequest 对象
        xhr.open("GET","server.js", true);           //建立连接，要求异步响应
        xhr.onreadystatechange = function(){         //绑定响应状态事件监听函数
            if(xhr.readyState == 4){                 //监听 readyState 状态
                if (xhr.status == 200 || xhr.status == 0){  //监听 HTTP 状态码
                    var info = xhr.responseText;
                    var  o = eval("("+info+")");     //调用 eval()把字符串转换为本地脚本
                    console.log(info);               //显示 JSON 对象字符串
                    console.log(o.user);             //读取对象属性值，返回字符串"css8"
                }
            }
        }
        xhr.send();                                  //发送请求
    }
}
</script>
```

> **注意**：eval()方法在解析 JSON 字符串时存在安全隐患。如果 JSON 字符串中包含恶意代码，在调用回调函数时可能会被执行。解决方法：先对 JSON 字符串进行过滤，屏蔽敏感或恶意代码。也可以访问 http://www.json.org/json2.js 下载 JavaScript 版本解析程序。如果确信所响应的 JSON 字符串是安全的，没有被人恶意攻击，那么可以使用 eval()方法解析 JSON 字符串。

30.1.12 获取纯文本

对于简短的信息，可以使用纯文本格式进行响应。但是纯文本信息在传输过程中容易丢失，且没有办法检测信息的完整性。

【示例】服务器端响应信息为字符串"true"，则可以在客户端这样设计。

```
var xhr = createXHR();                          //实例化 XMLHttpRequest 对象
xhr.open("GET","server.txt", true);             //建立连接，要求异步响应
xhr.onreadystatechange = function(){            //绑定响应状态事件监听函数
    if(xhr.readyState == 4){                    //监听 readyState 状态
        if (xhr.status == 200 || xhr.status == 0){  //监听 HTTP 状态码
            var  info = xhr.responseText;
            if(info == "true") console.log("文本信息传输完整");   //检测信息是否完整
            else    console.log("文本信息可能存在丢失");
        }
    }
}
xhr.send();                                     //发送请求
```

30.1.13 获取和设置头部消息

HTTP 请求和响应都包含一组头部消息，获取和设置头部消息可以使用 XMLHttpRequest 对象的下面两个方法。

- ☑ getAllResponseHeaders()：获取响应的 HTTP 头部消息。
- ☑ getResponseHeader("Header-name")：获取指定的 HTTP 头部消息。

【示例】下面将获取 HTTP 响应的所有头部消息。

```
var xhr = createXHR();
var url = "server.txt";
xhr.open("GET", url, true);
xhr.onreadystatechange = function (){
    if ( xhr.readyState == 4 && xhr.status == 200 ) {
        console.log(xhr.getAllResponseHeaders());     //获取头部消息
    }
}
xhr.send(null);
```

如果要获取指定的某个首部消息，可以使用 getResponseHeader()方法，参数为获取首部的名称。例如，获取 Content-Type 首部的值，则可以按以下方式设计。

```
console.log(xhr.getResponseHeader("Content-Type"));
```

除了可以获取这些头部消息外，还可以使用 setRequestHeader()方法在发送请求中设置各种头部消息。用法如下。

```
xhr.setRequestHeader("Header-name", "value");
```

其中 Header-name 表示头部消息的名称，value 表示消息的具体值。例如，使用 POST 方法传递表单数据，可以设置如下头部消息。

```
xhr.setRequestHeader("Content-type ", " application/x-www-form-urlencoded ");
```

30.1.14 认识 XMLHttpRequest 2.0

XMLHttpRequest 1.0 API 存在如下缺陷。

- ☑ 只支持文本数据的传送，无法用来读取和上传二进制文件。
- ☑ 传送和接收数据时，没有进度信息，只能提示有没有完成。
- ☑ 受到同域限制，只能向同一域名的服务器请求数据。

2014 年 11 月 W3C 正式发布 XMLHttpRequest Level 2（http://www.w3.org/TR/XMLHttpRequest2/）

标准规范，新增了很多实用功能，推动异步交互在 JavaScript 中的应用。简单说明如下。
- ☑ 可以设置 HTTP 请求的时限。
- ☑ 可以使用 FormData 对象管理表单数据。
- ☑ 可以上传文件。
- ☑ 可以请求不同域名下的数据（跨域请求）。
- ☑ 可以获取服务器端的二进制数据。
- ☑ 可以获得数据传输的进度信息。

30.1.15 请求时限

XMLHttpRequest 2 为 XMLHttpRequest 对象新增 timeout 属性，使用该属性可以设置 HTTP 请求时限。

```
xhr.timeout = 3000;
```

上面语句将异步请求的最长等待时间设为 3000 ms。超过时限，就自动停止 HTTP 请求。

与之配套的有一个 timeout 事件，用来指定回调函数。

```
xhr.ontimeout = function(event){
    console.log('请求超时！');
}
```

30.1.16 FormData 数据对象

XMLHttpRequest 2 新增 FormData 对象，使用它可以处理表单数据。使用方法如下。

第 1 步，新建 FormData 对象。

```
var formData = new FormData();
```

第 2 步，为 FormData 对象添加表单项。

```
formData.append('user', '张三');
formData.append('pass', 123456);
```

第 3 步，直接传送 FormData 对象。

```
xhr.send(formData);
```

第 4 步，FormData 对象可以直接获取网页表单的值。

```
var form = document.getElementById('myform');
var formData = new FormData(form);
formData.append('grade', '2');            //添加一个表单项
xhr.open('POST', form.action);
xhr.send(formData);
```

30.1.17 上传文件

新版 XMLHttpRequest 对象不仅可以发送文本信息，还可以上传文件。使用 send()方法可以发送字符串、Document 对象、表单数据、Blob 对象、文件和 ArrayBuffer 对象。

【示例】设计一个"选择文件"的表单元素（input[type="file"]），将它装入 FormData 对象。

```
var formData = new FormData();
for (var i = 0; i < files.length;i++) {
    formData.append('files[]', files[i]);
}
```

发送 FormData 对象给服务器。

```
xhr.send(formData);
```

30.1.18 跨域访问

XMLHttpRequest 2 版本允许向不同域名的服务器发出 HTTP 请求。使用跨域资源共享的前提是：浏览器必须支持这个功能，且服务器端必须同意这种跨域。如果能够满足这两个条件，则代码的写法与不跨域的请求完全一样。例如：

```
var xhr = createXHR();
var url = 'http://other.server/and/path/to/script';            //请求的跨域文件
xhr.open('GET', url, true);
xhr.onreadystatechange = function (){
    if ( xhr.readyState == 4 && xhr.status == 200 ){
        console.log(xhr.responseText);
    }
}
xhr.send();
```

30.1.19 响应不同类型的数据

新版本的 XMLHttpRequest 对象新增了 responseType 和 response 属性。

☑ responseType：用于指定服务器端返回数据的数据类型，可用值为 text、arraybuffer、blob、json 或 document。如果将属性值指定为空字符串值或不使用该属性，则该属性值默认为 text。

☑ response：如果向服务器端提交请求成功，则返回响应的数据。
- 如果 reaponseType 为 text，则 reaponse 返回值为一串字符串。
- 如果 reaponseType 为 arraybuffer，则 reaponse 返回值为一个 ArrayBuffer 对象。
- 如果 reaponseType 为 blob，则 reaponse 返回值为一个 Blob 对象。
- 如果 reaponseType 为 json，则 reaponse 返回值为一个 JSON 对象。
- 如果 reaponseType 为 document，则 reaponse 返回值为一个 Document 对象。

30.1.20 接收二进制数据

XMLHttpRequest 1.0 版本只能从服务器接收文本数据，新版则可以接收二进制数据。使用新增的 responseType 属性，可以从服务器接收二进制数据。

☑ 把 responseType 设为 blob，表示服务器传回的是二进制对象。

```
var xhr = new XMLHttpRequest();
xhr.open('GET', '/path/to/image.png');
xhr.responseType = 'blob';
```

在接收数据的时候，用浏览器自带的 Blob 对象即可。

```
var blob = new Blob([xhr.response], {type: 'image/png'});
```

注意：是读取 xhr.response，而不是读取 xhr.responseText。

☑ 将 responseType 设为 arraybuffer，把二进制数据装在一个数组里。

```
var xhr = new XMLHttpRequest();
xhr.open('GET', '/path/to/image.png');
xhr.responseType = "arraybuffer";
```

在接收数据的时候，需要遍历这个数组。

```
var arrayBuffer = xhr.response;
if (arrayBuffer) {
    var byteArray = new Uint8Array(arrayBuffer);
    for (var i = 0; i < byteArray.byteLength; i++) {
        //执行代码
    }
}
```

30.1.21 监测数据传输进度

新版本的 XMLHttpRequest 对象新增了一个 progress 事件，用来返回进度信息，它分成上传和下载两种情况。下载的 progress 事件属于 XMLHttpRequest 对象，上传的 progress 事件属于 XMLHttpRequest.upload 对象。

第 1 步，先定义 progress 事件的回调函数。

```
xhr.onprogress = updateProgress;
xhr.upload.onprogress = updateProgress;
```

第 2 步，在回调函数里面，使用这个事件的一些属性。

```
function updateProgress(event) {
    if (event.lengthComputable) {
        var percentComplete = event.loaded / event.total;
    }
}
```

在上面的代码中，event.total 是需要传输的总字节，event.loaded 是已经传输的字节。如果 event.lengthComputable 不为真，则 event.total 等于 0。

与 progress 事件相关的还有其他 5 个事件，可以分别指定回调函数。

- ☑ load：传输成功完成。
- ☑ abort：传输被用户取消。
- ☑ error：传输中出现错误。
- ☑ loadstart：传输开始。
- ☑ loadEnd：传输结束，但是不知道是成功还是失败。

30.2 案例实战

30.2.1 文件下载

本节示例设计在页面中显示一个"下载图片"按钮和一个"显示图片"按钮，当单击"下载图片"按钮时，从服务器端下载一幅图片的二进制数据，在得到服务器端响应后创建一个 Blob 对象，并将该图片的二进制数据追加到 Blob 对象中，使用 FileReader 对象的 readAsDataURL()方法将 Blob 对象中保存的原始二进制数据读取为 DataURL 格式的 URL 字符串，然后将其保存在 IndexDB 数据库中。

单击"显示图片"按钮时，从 IndexDB 数据库中读取该图片的 DataURL 格式的 URL 字符串，创建一个 img 元素，然后将该 URL 字符串设置为 img 元素的 src 属性值，在页面上显示该图片。

```
<script>
```

```javascript
window.indexedDB = window.indexedDB || window.webkitIndexedDB ||
window.mozIndexedDB || window.msIndexedDB;
window.IDBTransaction = window.IDBTransaction ||
window.webkitIDBTransaction || window.msIDBTransaction;
window.IDBKeyRange = window.IDBKeyRange|| window.webkitIDBKeyRange ||
window.msIDBKeyRange;
window.IDBCursor = window.IDBCursor || window.webkitIDBCursor ||
window.msIDBCursor;
window.URL = window.URL || window.webkitURL;
var dbName = 'imgDB';                                    //数据库名
var dbVersion = 20190418;                                //版本号
var idb;
function init(){
    var dbConnect = indexedDB.open(dbName, dbVersion);   //连接数据库
    dbConnect.onsuccess = function(e){                   //连接成功
        idb = e.target.result;                           //获取数据库
    };
    dbConnect.onerror = function(){console.log('数据库连接失败'); };
    dbConnect.onupgradeneeded = function(e){
        idb = e.target.result;
        var tx = e.target.transaction;
        tx.onabort = function(e){
            console.log('对象仓库创建失败');
        };
        var name = 'img';
        var optionalParameters = {
            keyPath: 'id',
            autoIncrement: true
        };
        var store = idb.createObjectStore(name,  optionalParameters);
        console.log('对象仓库创建成功');
    };
}
function downloadPic(){
    var xhr = new XMLHttpRequest();
    xhr.open('GET', 'images/1.png', true);
    xhr.responseType = 'arraybuffer';
    xhr.onload = function(e) {
        if (this.status == 200) {
            var bb = new Blob([this.response]);
            var reader = new FileReader();
            reader.readAsDataURL(bb);
            reader.onload = function(f) {
                var result=document.getElementById("result");
                                                         //在 IndexDB 数据库中保存二进制数据
                var tx = idb.transaction(['img'],"readwrite");
                tx.oncomplete = function(){console.log('保存数据成功');}
                tx.onabort = function(){console.log('保存数据失败'); }
                var store = tx.objectStore('img');
                var value = { img:this.result };
                store.put(value);
            }
        }
    };
    xhr.send();
}
function showPic(){
    var tx = idb.transaction(['img'],"readonly");
    var store = tx.objectStore('img');
    var req = store.get(1);
```

```
        req.onsuccess = function(){
            if(this.result == undefined){
                console.log("没有符合条件的数据");
            } else{
                var img = document.createElement('img');
                img.src = this.result.img;
                document.body.appendChild(img);
            }
        }
        req.onerror = function(){
            console.log("获取数据失败");
        }
    }
</script>
<body onload="init()">
<input type="button" value="下载图片" onclick="downloadPic()"><br/>
<input type="button" value="显示图片" onclick="showPic()"><br/>
<output id="result" ></output>
</body>
```

【代码解析】

第1步，当用户单击"下载图片"按钮时，调用downloadPic()函数，在该函数中，XMLHttpRequest对象从服务器端下载一幅图片的二进制数据，在下载时将该对象的 responseType 属性值指定为 arraybuffer。

```
var xhr = new XMLHttpRequest();
xhr.open('GET', 'images/1.png', true);
xhr.responseType = 'arraybuffer';
```

第2步，在得到服务器端响应后，使用该图片的二进制数据创建一个 Blob 对象。然后创建一个 FileReader 对象，并且使用 FileReader 对象的 readAsDataURL()方法将 Blob 对象中保存的原始二进制数据读取为 DataURL 格式的 URL 字符串，然后将其保存在 IndexDB 数据库中。

第3步，单击"显示图片"按钮时，从 IndexDB 数据库中读取该图片的 DataURL 格式的 URL 字符串，创建一个用于显示图片的 img 元素，然后将该 URL 字符串设置为 img 元素的 src 属性值，在该页面上显示下载的图片。

在浏览器中预览，单击"下载图片"按钮，脚本从服务器端下载图片并将该图片二进制数据的 DataURL 格式的 URL 字符串保存在 indexDB 数据库中，保存成功后，在弹出的提示信息框中显示"保存数据成功"，如图 30.1 所示。

单击"显示图片"按钮，脚本从 indexDB 数据库中读取图片的 DataURL 格式的 URL 字符串，并将其指定为 img 元素的 src 属性值，在页面中显示该图片，如图 30.2 所示。

图 30.1　下载文件　　　　　　　　　图 30.2　显示图片

30.2.2 文件上传

所有 File 对象都是一个 Blob 对象，因此可以通过发送 Blob 对象的方法发送文件。

【示例】在页面中显示一个"复制文件"按钮和一个进度条（progress 元素），单击"复制文件"按钮后，JavaScript 使用当前页面中的所有代码创建一个 Blob 对象，然后通过将该 Blob 对象指定为 XML HttpRequest 对象的 send()方法的参数值的方法向服务器端发送该 Blob 对象，服务器端接收到该 Blob 对象后，将其保存为一个文件，文件名为"副本"+当前页面文件的文件名（包括扩展名）。在向服务器端发送 Blob 对象的同时，页面中的进度条将同步显示发送进度，演示效果如图 30.3 所示。具体代码解析请扫码学习。

图 30.3 发送 Blob 对象演示效果

1. 前台页面

```
<script>
window.URL = window.URL || window.webkitURL;
function uploadDocument(){    //复制当前页面
    var bb= new Blob([document.documentElement.outerHTML]);
    var xhr = new XMLHttpRequest();
    xhr.open('POST', 'test.php?fileName='+getFileName(), true);
    var progressBar = document.getElementById('progress');
    xhr.upload.onprogress = function(e) {
        if (e.lengthComputable) {
            progressBar.value = (e.loaded / e.total) * 100;
            document.getElementById("result").innerHTML = '已完成进度：'+progressBar.value+'%';
        }
    }
    xhr.send(bb);
}
function  getFileName(){                    //获取当前页面文件的文件名
    var url=window.location.href;
    var pos=url.lastIndexOf("\\");
    if (pos==-1)                            //pos==-1 表示为本地文件
        pos=url.lastIndexOf("/");            //本地文件路径分割符为/
    var    fileName=url.substring(pos+1);    //从 url 中获得文件名
    return fileName;
}
</script>
<input type="button" value="复制文件" onclick="uploadDocument()"><br>
<progress min="0" max="100" value="0" id="progress"></progress>
<output id="result"/>
```

2. 后台页面

```
<?php
$str =file_get_contents('php://input');
$fileName='副本_'.$_REQUEST['fileName'];
$fp = fopen(iconv("UTF-8","GBK",$fileName),'w');
fwrite($fp,$str);                           //插入第一条记录
fclose($fp);                                //关闭文件
```

?>

> 💡 **提示**：目前，Chrome 浏览器支持在向服务器端发送数据时，同步更新进度条 progress 元素中所显示的进度。

30.3 在线支持

扫码免费学习
更多实用技能

一、专项练习
- ☑ Ajax+ASP
- ☑ Ajax+PHP

二、参考
- ☑ XMLHttpRequest 对象的属性和方法列表

三、XMLHttpRequest 拓展
- ☑ HTTP 头部信息
- ☑ JSON 结构
- ☑ JSON 数据优化
- ☑ 解析 JSON
- ☑ 序列化 JSON
- ☑ XML 数据
- ☑ JSON 与 XML 格式比较

📝 新知识、新案例不断更新中……

第 31 章 项目实战

本章为项目实战篇，包括网站开发、游戏编程、Web 应用等，读者需要初步掌握 HTML5、CSS3 和 JavaScript 技术。项目实战的目标：训练前端代码混合编写的能力、JavaScript 编程思维、Web 应用的一般开发方法等。限于篇幅，本章内容在线展示。

扫码免费阅览项目及其实现

一、重点练习
- ☑ HTML5 结构：设计网站结构
- ☑ CSS3 样式：设计响应式网站
- ☑ JS 脚本：设计购物网站前端交互效果
- ☑ 数据库：设计网络记事本

二、实用小程序
- ☑ 设计表单验证插件
- ☑ 设计计算器
- ☑ 设计万年历
- ☑ 设计动画管理类
- ☑ 设计本地数据管理

三、网页游戏
- ☑ 设计网页小游戏
- ☑ 设计游戏
- ☑ 星际争霸网页小游戏

四、网站设计
- ☑ 设计企业网站
- ☑ 设计工作室网站
- ☑ 设计创业网站

更多实用新项目不断更新中……